Robert Kussauer • Max Ruprecht

Die häufigsten Mängel bei Beschichtungen und Wärmedämm-Verbundsystemen

Die häufigsten Mängel bei Beschichtungen und Wärmedämm-Verbundsystemen

Erkennen, vermeiden, beheben

3., aktualisierte und erweiterte Auflage

mit 376 Abbildungen und 92 Tabellen

Robert Kussauer

öffentlich bestellter und vereidigter Sachverständiger für das Maler- und Lackiererhandwerk mit Schwerpunkt Schimmelpilzproblematik, Wärmedämm-Verbund- und Innendämmsysteme (Handwerkskammer Ulm), staatlich geprüfter Farb- und Lacktechniker

Max Ruprecht

Lackchemiker und staatlich geprüfter Techniker für Farbe, Lack, Kunststoff sowie zertifizierter Energieberater für das Maler- und Lackiererhandwerk

Bibliografische Information der Deutschen Nationalbibliothek
Die Deutsche Nationalbibliothek verzeichnet diese Publikation in der Deutschen Nationalbibliografie; detaillierte bibliografische Daten sind im Internet über http://dnb.d-nb.de abrufbar.

3., aktualisierte und erweiterte Auflage 2014

Maßgebend für das Anwenden von Normen ist deren Fassung mit dem neuesten Ausgabedatum, die bei der Beuth Verlag GmbH, Burggrafenstraße 6, 10787 Berlin, erhältlich ist. Maßgebend für das Anwenden von Regelwerken, Richtlinien, Merkblättern, Hinweisen, Verordnungen usw. ist deren Fassung mit dem neuesten Ausgabedatum, die bei der jeweiligen herausgebenden Institution erhältlich ist. Zitate aus Normen, Merkblättern usw. wurden, unabhängig von ihrem Ausgabedatum, in neuer deutscher Rechtschreibung abgedruckt.

Das vorliegende Werk wurde mit größter Sorgfalt erstellt. Verlag und Autoren können dennoch für die inhaltliche und technische Fehlerfreiheit, Aktualität und Vollständigkeit des Werkes keine Haftung übernehmen.

Wir freuen uns, Ihre Meinung über dieses Fachbuch zu erfahren. Bitte teilen Sie uns Ihre Anregungen, Hinweise oder Fragen per E-Mail: fachmedien.bau@rudolf-mueller.de oder Telefax: 0221 5497-6141 mit.

Lektorat: Brigit Schmidt-Hurtienne, Düren
Umschlaggestaltung: Künkelmedia, Brühl
Satz: Hackethal Producing, Asbach
Druck und Bindearbeiten: Stürtz GmbH, Würzburg
Printed in Germany

ISBN 978-3-481-03238-8 (Buchausgabe)
ISBN 978-3-481-03239-5 (PDF als E-Book)

Vorwort zur dritten Auflage

Die Ergebnisse von handwerklichen Leistungen, vor allem die Qualität von Anstrich-, Beschichtungs- und Putzarbeiten, sind nicht nur von der Ausführung und der Materialwahl abhängig, sondern eng an die komplexen Bedingungen geknüpft, unter denen ein Bauwerk errichtet, ausgebaut oder saniert wird. Unzureichende Vorleistungen, seien es Planungs- und Zeitvorgaben oder mangelhaft erstellte Bauteile, beeinflussen die Qualität von Beschichtungen negativ. Bedingt durch Zeitdruck werden klimatische Bedingungen und notwendige Trockenzeiten zwischen den einzelnen Arbeitsschritten oft nicht genügend berücksichtigt. Da die Ausführung von Maler- und Stuckateurarbeiten stets am Ende der Bauabwicklungskette steht, verdichten sich die Probleme des Bau- und Ausführungsprozesses bei diesen Gewerken in besonderem Maße, sodass sich Mängel häufig erst hier bemerkbar machen.

Das Buch richtet sich deshalb an alle, die bei Beanstandungen im Zusammenhang mit Beschichtungen oder Wärmedämm-Verbundsystemen Antworten auf Fragen suchen, um Ursachen von Mängeln auf sichere Art und Weise zu erkennen und zu beheben, aber vor allem, um Mängel bereits von vornherein zu vermeiden. Es wird damit besonders Handwerkern, Sachverständigen, Planungsverantwortlichen in Architekturbüros und Immobilienverwaltungen, Auszubildenden und Lehrkräften in Fachschulen sowie Fachverkäufern in der Branche eine Hilfe sein.

Da Schäden und ihre Ursachen ein ungeheuer komplexes Thema sind, zeigen die Verfasser Mängel auf, die besonders häufig zu Auseinandersetzungen zwischen Auftraggeber und Auftragnehmer führen und die bei den zurückliegenden Untersuchungen und Schadensanalysen entsprechend oft vertreten waren. Großer Wert wurde darauf gelegt, mit anschaulichen Tabellen, Zeichnungen und Abbildungen die jeweiligen technischen Zusammenhänge entsprechend den gültigen Regeln der Technik sachlich richtig und leicht verständlich darzustellen. Die Themen sind so zusammengestellt, dass das Handbuch in der Praxis sowohl als Nachschlagewerk als auch zur Vertiefung von Hintergrundwissen genutzt werden kann. Gerade die vertiefenden Informationen sollen es dem Leser darüber hinaus ermöglichen, auch zu nicht explizit aufgezeigten Schadensfällen selbst Begründungen und praktikable Lösungen herleiten zu können.

Obwohl nur wenige Jahre zwischen der zweiten und der dritten Auflage vergangen sind, ist auf den Gebieten des Baurechts, der neuen Technologien von Beschichtungen und der erhöhten energetischen Anforderungen an Wärmedämm-Verbundsysteme die Entwicklung so rasant fortgeschritten, dass eine umfangreiche Neubearbeitung zu diesen Themen erforderlich wurde.

Im neu überarbeiteten Kapitel Energieeinsparverordnung wurde das Thema Innendämmung von Außenwänden als alternative Maßnahme zur Außendämmung mit seinen bauphysikalischen Problemen und den typischen Vor- und Nachteilen entsprechend dem Stand der Technik weiter vertieft und Problemlösungsmöglichkeiten wurden aufgezeigt.

Das bereits in der zweiten Auflage neu aufgenommenen Kapitel Nanotechnologie bietet Informationen über neue Materialeigenschaften und Funktionen von Beschichtungen sowie deren Nutzen und Grenzen bei der praktischen Anwendung.

Die überarbeiteten Kapitel zum Baurecht und zu Wärmedämm-Verbundsystemen geben unter Berücksichtigung geltender Gesetze, Rechtssprechungen und Verordnungen sowie einschlägiger Regelwerke und Informationen zu Programmen des Bundes zur Förderung von energetischen Sanierungs- und Baumaßnahmen fachgerechte Antworten zu vielfältigen Fragestellungen in der Praxis.

Zusammen mit den übrigen Kapiteln wie Bauphysik, Fassadenbeschichtungen und Farbtonabweichungen, die ebenfalls aktualisiert und weiter vertieft wurden, können mithilfe dieses Werkes die häufigsten Mängel bei Beschichtungen fachlich fundiert erkannt, saniert und vor allem von vornherein vermieden werden.

Dem Verlag, insbesondere Frau van Eymeren, Frau Hackethal und Frau Rosen, sowie allen Fachkollegen aus Firmen und Verbänden der Branche, die zur Realisierung dieses Fachbuches beigetragen und sie hilfreich unterstützt haben, danken die Autoren an dieser Stelle ganz besonders, vor allem Herrn Dr. Burkhard Frost, Frau Monserat Costa-Romero, Herrn Hans-Dieter Hack, Herrn Joachim Wilms, Sulvinil Brazil, Sao Paulo, Herrn Florian Degenhart, Wacker Chemie AG, München, Frau Silke Beschulte-Ding, BASF, Ludwigshafen, Frau Dipl.-Ing. Margit Pfundstein, BASF, Ludwigshafen, Herrn Dr. Ekkehard Jahns, BASF, Ludwigshafen, Herrn Dr. Hansulrich Reisacher, BASF, Ludwigshafen, Herrn Thomas Rentschler, Sachtleben Chemie, Duisburg, Frau Berger, Ejot Baubefestigungen GmbH, Bad Laasphe, Herrn Dr. Setzler, Fachverband Wärmedämm-Verbundsysteme, Baden-Baden, Herrn Borowski, PPW-Polyplan Werkzeuge GmbH, Hamburg, Herrn Meyer, APU AG, Schaffhausen, Herrn Fröwis, Fröwis Aktiengesellschaft, Schaanwald, Herrn Menden, Dosteba GmbH, Reutlingen-Betzingen, Herrn Weißert, Fachverband der Stuckateure, Stuttgart, Herrn Klaus Werner, Sachtleben Chemie, Duisburg, Herrn Max-Emanuel Ruprecht, TUM, München, und Frau Uta Kussauer.

Leutkirch, im September 2014 Robert Kussauer und Max Ruprecht

Inhalt

1 Baurechtliche Grundlagen

Die nachfolgenden Passagen aus der Vergabe- und Vertragsordnung für Bauleistungen (VOB) und dem Bürgerlichen Gesetzbuch (BGB) wurden ausgewählt, weil sie besonders bei der Auftragserfüllung, Ausführung und Qualität entscheidende Hinweise geben und zur Vermeidung von Mängeln beitragen können.

Aus rechtlicher Sicht ist es für den Auftragnehmer nicht ausreichend, seine Kenntnisse allein auf die technische und handwerkliche Verarbeitung der Produkte zu konzentrieren. Es ist unerlässlich, dass sich alle am Bau Beteiligten auch mit den rechtlichen Regelwerken auseinandersetzen. Im Zusammenhang mit der Beurteilung von Mängeln oder der Erfüllung des Bauvertrages lassen sich Unstimmigkeiten oft schon im Vorfeld vermeiden, wenn sich die beteiligten Parteien vorab mit den rechtlichen Grundlagen auseinandergesetzt haben.

Doch häufig beschäftigen sich Auftragnehmer mit den Rechten und Pflichten, die ein Bauvertrag mit sich bringt, erst dann, wenn ein Rechtsstreit unausweichlich scheint. Dies kann teure und teilweise auch nicht berechtigte Forderungen nach sich ziehen, die für den Auftraggeber bei Unkenntnis und Nichtbeachtung schwerwiegende Folgen haben.

Nachfolgend werden daher wichtige Passagen der VOB und des BGB aufgeführt, ohne jedoch Anspruch auf Vollständigkeit zu erheben, sowie Regeln erklärt, mit denen der Auftragnehmer laufend konfrontiert wird.

1.1 Rechtsvorschriften und vertragliche Vereinbarungen

1.1.1 Vergabe- und Vertragsordnung für Bauleistungen 2012

Die Regelungen der Allgemeinen Vertragsbedingungen für die Ausführung von Bauleistungen (VOB/B) werden Unternehmern, juristischen Personen des öffentlichen Rechts und von öffentlich-rechtlichen Sondervermögen zur Anwendung empfohlen. Es ist bereits der VOB 2009 zu entnehmen, dass sie **nicht zur Anwendung gegenüber Verbrauchern** vorgesehen ist. Die Regelungen von § 16 Abs. 5 Nr. 3 und Nr. 4 verweisen daher nur noch auf Abs. 2 des § 288 BGB.

Die Vergabe- und Vertragsordnung für Bauleistungen (VOB) gliedert sich in 3 Hauptteile auf:

- VOB Teil A – Allgemeine Bestimmungen für die Vergabe von Bauleistungen
- VOB Teil B – Allgemeine Vertragsbedingungen für die Ausführung von Bauleistungen (vertragliche Vereinbarungen z. B. zu Art und Umfang der Leistung, Gewährleistung, Abrechnung)

- VOB Teil C – Allgemeine Technische Vertragsbedingungen für Bauleistungen (z. B. DIN 18363 „Maler- und Lackiererarbeiten – Beschichtungen" [Ausgabe 2010])

1.1.2 Angaben im Leistungsverzeichnis

Manche Leistungsbeschreibungen geben die zu erbringenden Leistungen nur sehr ungenau wieder. Dies kann nach der Fertigstellung der Arbeiten verschiedene Auswirkungen auf die Abnahme und Abrechnung der Leistungen haben, z. B.:

- Der Auftragnehmer wird nach Ausführung der Arbeiten durch eine Mängelrüge angeblicher Fehler, bedingt durch eine angebliche Abweichung von der Leistungsbeschreibung, zur Nachbesserung aufgefordert.
- Die Angaben im Leistungsverzeichnis sind nicht ausreichend, um eine mangelfreie und funktionsgerechte Leistung zu erbringen. Der Auftragnehmer ist aber verpflichtet, den Erfolg seiner Leistung sicherzustellen.
- Der Auftragnehmer hat seine zu erbringende Leistung gemäß den Angaben der Leistungsbeschreibung kalkuliert und stellt später am Objekt fest, dass die Angaben im Leistungsverzeichnis nicht den tatsächlichen Gegebenheiten entsprechen und er sich dadurch teilweise verkalkuliert hat. Meistens muss er dann die zusätzlichen Kosten tragen.
- Die vom Auftraggeber erwartete Leistung weicht von der erbrachten Leistung ab.

Der Auftragnehmer schuldet nicht nur die im Leistungsverzeichnis beschriebene Leistung, sondern auch ein Leistungsergebnis, das den allgemein anerkannten Regeln der Technik entspricht. Sind die Angaben im Leistungsverzeichnis nicht ausreichend, um ein mangelfreies Ergebnis zu erzielen, sind vor der Ausführung schriftlich Bedenken gegenüber dem Auftraggeber anzumelden. Entscheidet der Auftraggeber trotz der Bedenken des Auftragnehmers, dass die Leistungen, wie in der Leistungsbeschreibung beschrieben, ausgeführt werden sollen, ist der Auftragnehmer von der Haftung wegen eventuell entstehender Mängel befreit.

VOB/A – Allgemeine Bestimmungen für die Vergabe von Bauleistungen

Um Unstimmigkeiten zwischen Auftraggeber und Auftragnehmer vorzubeugen, gibt die VOB/A (2012) eindeutig an, wie die Beschreibung der Leistung vorzunehmen ist. Unter § 7 Leistungsbeschreibung heißt es dort:

„***Allgemeines***

(1) 1. Die Leistung ist eindeutig und so erschöpfend zu beschreiben, dass alle Bewerber die Beschreibung im gleichen Sinne verstehen müssen und ihre Preise sicher und ohne umfangreiche Vorarbeiten berechnen können.

2. Um eine einwandfreie Preisermittlung zu ermöglichen, sind alle sie beeinflussenden Umstände festzustellen und in den Vergabeunterlagen anzugeben.

3. Dem Auftragnehmer darf kein ungewöhnliches Wagnis aufgebürdet werden für Umstände und Ereignisse, auf die er keinen Einfluss hat und deren Einwirkung auf die Preise und Fristen er nicht im Voraus schätzen kann.

4. Bedarfspositionen sind grundsätzlich nicht in die Leistungsbeschreibung aufzunehmen. Angehängte Stundenlohnarbeiten dürfen nur in dem unbedingt erforderlichen Umfang in die Leistungsbeschreibung aufgenommen werden.

5. Erforderlichenfalls sind auch der Zweck und die vorgesehene Beanspruchung der vorgesehenen Leistung anzugeben.

[…]

(2) Bei der Beschreibung der Leistung sind die verkehrsüblichen Bezeichnungen zu beachten.

Technische Spezifikationen

(3) Die technischen Anforderungen (Spezifikationen – siehe Anlage TS Nummer 1) an den Auftragsgegenstand müssen allen Bewerbern gleichermaßen zugänglich sein.

(4) Die technischen Spezifikationen sind in den Vergabeunterlagen zu formulieren:

1. entweder unter Bezugnahme auf die TS definierten technischen Spezifikationen in der Rangfolge

a) nationale Normen, mit denen europäische Normen umgesetzt werden,

b) europäische technische Zulassungen

c) gemeinsame technische Spezifikationen

d) internationale Normen und andere technische Bezugsysteme, die von den europäischen Normungsgremien erarbeitet wurden, oder,

e) falls solche Normen und Spezifikationen fehlen, nationale Normen, nationale technische Zulassungen oder nationale technische Spezifikationen für die Planung, Berechnung und Ausführung von Bauwerken und den Einsatz von Produkten.

Jede Bezugnahme ist mit dem Zusatz „oder gleichwertig" zu versehen;

2. oder in Form von Leistungs- oder Funktionsanforderungen, die so genau zu fassen sind, dass sie den Unternehmen ein klares Bild vom Auftragsgegenstand vermitteln und dem Auftraggeber die Erteilung des Zuschlags ermöglichen;

3. oder in Kombination von Nummer 1 und Nummer 2, d. h.

a) in Form von Leistungs- und Funktionsanforderungen unter Bezugnahme auf die Spezifikationen gemäß Nummer 1 als Mittel zur Vermutung der Konformität mit diesen Leistungs- oder Funktionsanforderungen;

b) oder mit Bezugnahme auf die Spezifikationen gemäß Nummer 1 hinsichtlich bestimmter Merkmale und mit Bezugnahme auf die Leistungs- oder Funktionsanforderungen gemäß Nummer 2 hinsichtlich anderer Merkmale."

In Leistungsverzeichnissen wird vom Auftraggeber häufig das gewünschte Produkt mit der Produktbezeichnung und dem jeweiligen Hersteller benannt. Jede Bezugnahme ist mit dem Zusatz **„oder gleichwertig"** zu versehen. Uneinigkeit besteht zwischen dem Auftraggeber und dem Auftragnehmer jedoch genau bei diesem Punkt: Was ist gleichwertig?

Verwendet der Auftragnehmer ein anderes als das im Leistungsverzeichnis benannte Produkt, muss er sicher sein, dass auch eine Gleichwertigkeit besteht, da seine Leistung sonst mangelhaft wäre. Da eine völlige Übereinstimmung von Produkten, auch der gleichen Art, nicht möglich ist, kann eine solche Übereinstimmung auch nicht verlangt werden.

Das gleichwertige zur Anwendung gekommene Produkt muss jedoch die vertraglich festgelegten Anforderungen erfüllen. Dies ist gegeben, wenn das verwendete Produkt keine erkennbaren Nachteile gegenüber dem im Leistungsverzeichnis angegebenen aufweist. Es ist z. B. unerheblich, ob eine Silikatfarbe nach VOB/C ATV DIN 18363 „Maler- und Lackierarbeiten – Beschichtungen" (2010) einen s_d-Wert von 0,1 m oder 0,4 m aufweist; die Funktionalität und die bauphysikalischen Eigenschaften sind trotz des vermeintlich großen Wertunterschiedes gleichwertig. Der Auftragnehmer muss im Leistungsverzeichnis das zur Anwendung kommende gleichwertige Produkt beschreiben. Wird dieses Produkt vom Auftraggeber im Leistungsverzeichnis akzeptiert, gilt es als vertraglich vereinbart.

Weiter heißt es in § 7 VOB/A:

„(5) *Verweist der Auftraggeber in der Leistungsbeschreibung auf die in Absatz 4 Nummer 1 genannten Spezifikationen, so darf er ein Angebot nicht mit der Begründung ablehnen, die angebotene Leistung entspräche nicht den herangezogenen Spezifikationen, sofern der Bieter in seinem Angebot dem Auftraggeber nachweist, dass die von ihm vorgeschlagenen Lösungen den Anforderungen der technischen Spezifikationen, auf die Bezug genommen wurde, gleichermaßen entsprechen. Als geeignetes Mittel kann eine technische Beschreibung des Herstellers oder ein Prüfbericht einer anerkannten Stelle gelten.*

(6) Legt der Auftraggeber die technischen Spezifikationen in Form von Leistungs- oder Funktionsanforderungen fest, so darf er ein Angebot, das einer nationalen Norm entspricht, mit der eine Europäische Norm umgesetzt wird, oder einer europäischen technischen Zulassung, einer gemeinsamen technischen Spezifikation, einer Internationalen Norm oder einem technischen Bezugssystem, das von den europäischen Normungsgremien erarbeitet wurde, entspricht, nicht zurückweisen, wenn diese Spezifikationen die geforderten Leistungs- oder Funktionsanforderungen betreffen. Der Bieter muss in seinem Angebot mit geeigneten Mitteln dem Auftraggeber nachweisen, dass die der Norm entsprechende jeweilige Leistung den Leistungs- oder Funktionsanforderungen des Auftraggebers entspricht. Als geeignetes Mittel kann eine technische Beschreibung des Herstellers oder ein Prüfbericht einer anerkannten Stelle gelten.
[…]

(8) Soweit es nicht durch den Auftragsgegenstand gerechtfertigt ist, darf in technischen Spezifikationen nicht auf eine bestimmte Produktion oder Herkunft oder ein besonderes Verfahren oder auf Marken, Patente, Typen eines bestimmten Ursprungs oder einer bestimmten Produktion verwiesen werden, wenn dadurch bestimmte Unternehmen oder bestimmte Produkte begünstigt oder ausgeschlossen werden. Solche Verweise sind jedoch ausnahmsweise zulässig, wenn der Auftragsgegenstand nicht hinreichend genau und allgemein verständlich beschrieben werden kann; solche Verweise sind mit dem Zusatz ‚oder gleichwertig' zu versehen.

Leistungsbeschreibung mit Leistungsverzeichnis
[…]

(10) Erforderlichenfalls ist die Leistung auch zeichnerisch oder durch Probestücke darzustellen oder anders zu erklären, z. B. durch Hinweise auf

ähnliche Leistungen, durch Mengen- oder statische Berechnungen. Zeichnungen und Proben, die für die Ausführung maßgebend sein sollen, sind eindeutig zu bezeichnen.“

Weiter sind in § 9 der gleichen Norm die Vertragsbedingungen hinsichtlich Ausführungsfristen und Verjährung der Ansprüche geregelt.

*„**§ 9 Vertragsbedingungen***
Ausführungsfristen
(1) 1. Die Ausführungsfristen sind ausreichend zu bemessen; Jahreszeit, Arbeitsbedingungen und etwaige besondere Schwierigkeiten sind zu berücksichtigen. Für die Bauvorbereitung ist dem Auftragnehmer genügend Zeit zu gewähren.
2. Außergewöhnlich kurze Fristen sind nur bei besonderer Dringlichkeit vorzusehen.
[...]

Verjährung der Mängelansprüche
(6) Andere Verjährungsfristen als nach § 13 Absatz 4 VOB/B sollen nur vorgesehen werden, wenn dies wegen der Eigenart der Leistung erforderlich ist. In solchen Fällen sind alle Umstände gegeneinander abzuwägen, insbesondere, wann etwaige Mängel wahrscheinlich erkennbar werden und wieweit die Mängelursachen noch nachgewiesen werden können, aber auch die Wirkung auf die Preise und die Notwendigkeit einer billigen Bemessung der Verjährungsfristen für Mängelansprüche.“

Zu Form und Inhalt der Angebote legt § 13 VOB/A u. a. fest, dass Muster und Proben so gekennzeichnet werden müssen, dass sie dem Angebot eindeutig zuzuordnen sind.

§ 14 VOB/A bezieht sich auf die Öffnung der Angebote und gibt vor, dass Muster und Proben termingerecht vorliegen müssen.

Weiter sind in § 16 VOB/A einige Punkte zur Eignung der Bieter und zur Bewertung der Angebote angeführt:

*„**Eignung***
*(2) 1. Bei Öffentlicher Ausschreibung ist zunächst die Eignung der Bieter zu prüfen. Dabei sind anhand der vorgelegten Nachweise die Angebote der Bieter auszuwählen, deren Eignung die für die Erfüllung der vertraglichen Verpflichtungen notwendigen Sicherheiten bietet; dies bedeutet, dass sie die **erforderliche Fachkunde, Leistungsfähigkeit und Zuverlässigkeit** besitzen und über ausreichende technische und wirtschaftliche Mittel verfügen.*
2. Bei Beschränkter Ausschreibung und Freihändiger Vergabe sind nur Umstände zu berücksichtigen, die nach Aufforderung zur Angebotsabgabe Zweifel an der Eignung des Bieters begründen (vgl. § 6 Absatz 3 Nummer 6).
[...]

Wertung
*(6) 1. Auf ein Angebot mit einem **unangemessenen hohen oder niedrigen Preis** darf der Zuschlag nicht erteilt werden.*

2. *Erscheint ein Angebotspreis unangemessen niedrig und ist anhand vorliegender Unterlagen über die Preisermittlung die Angemessenheit nicht zu beurteilen, ist in Textform vom Bieter Aufklärung über die Ermittlung der Preise für die Gesamtleistung oder für Teilleistungen zu verlangen, gegebenenfalls unter Festlegung einer zumutbaren Antwortfrist. Bei der Beurteilung der Angemessenheit sind die Wirtschaftlichkeit des Bauverfahrens, die gewählten technischen Lösungen oder sonstige günstige Ausführungsbedingungen zu berücksichtigen.*
3. *In die engere Wahl kommen nur solche Angebote, die unter Berücksichtigung rationellen Baubetriebs und sparsamer Wirtschaftsführung eine einwandfreie Ausführung einschließlich Haftung für Mängelansprüche erwarten lassen. Unter diesen Angeboten soll der Zuschlag auf das Angebot erteilt werden, das unter Berücksichtigung aller Gesichtspunkte, wie z. B. Qualität, Preis, technischer Wert, Ästhetik, Zweckmäßigkeit, Umwelteigenschaften, Betriebs- und Folgekosten, Rentabilität, Kundendienst und technische Hilfe oder Ausführungsfrist als das wirtschaftlichste erscheint. Der niedrigste Angebotspreis allein ist nicht entscheidend.“*

VOB/B – Allgemeine Vertragsbedingungen für die Ausführung von Bauleistungen

In DIN 1961 VOB Vergabe- und Vertragsordnung für Bauleistungen – Teil B: Allgemeine Vertragsbedingungen für die Ausführung von Bauleistungen (2012) sind die allgemeinen Vertragsbestimmungen definiert:

„***§ 4 Ausführung***

[…]

(1) 3. Der Auftraggeber ist befugt, unter Wahrung der dem Auftragnehmer zustehenden Leistung (Absatz 2) Anordnungen zu treffen, die zur vertragsgemäßen Ausführung der Leistungen notwendig sind. Die Anordnungen sind grundsätzlich nur dem Auftragnehmer oder seinem für die Leitung der Ausführung bestellten Vertreter zu erteilen, außer wenn Gefahr im Verzug ist. Dem Auftraggeber ist mitzuteilen, wer jeweils als Vertreter des Auftragnehmers für die Leitung der Ausführung bestellt ist.

4. Hält der Auftragnehmer die Anordnung des Auftraggebers für unberechtigt oder unzweckmäßig, so hat er seine Bedenken geltend zu machen, die Anordnung jedoch auf Verlangen auszuführen, wenn nicht gesetzliche oder behördliche Bestimmungen entgegenstehen. Wenn dadurch eine ungerechtfertigte Erschwerung verursacht wird, hat der Auftraggeber die Mehrkosten zu tragen.

(2) 1. Der Auftragnehmer hat die Leistungen unter eigener Verantwortung nach dem Vertrag auszuführen. Dabei hat er die anerkannten Regeln der Technik und die gesetzlichen und behördlichen Bestimmungen zu beachten. Es ist seine Sache, die Ausführung seiner vertraglichen Leistung zu leisten und für Ordnung auf seiner Arbeitsstelle zu sorgen.

[…]

(3) Hat der Auftragnehmer Bedenken gegen die vorgesehene Art der Ausführung (auch wegen der Sicherung gegen Unfallgefahren), gegen die Güte der vom Auftraggeber gelieferten Stoffe oder Bauteile oder gegen die Leistung anderer Unternehmer, so hat er sie dem Auftraggeber unverzüglich – möglichst schon vor Beginn der Arbeiten – schriftlich mitzuteilen; der Auf-

traggeber bleibt jedoch für seine Angaben, Anordnungen oder Lieferungen verantwortlich.“

Jeder Auftragnehmer, der seine Arbeit in engem Zusammenhang mit der Vorarbeit eines anderen oder überhaupt aufgrund von dessen Plänen auszuführen hat, muss deshalb prüfen und ggf. auch geeignete Erkundigungen einholen, ob diese Vorarbeiten, Stoffe oder Bauteile eine geeignete Grundlage für das eigene Werk bieten und keine Eigenschaften besitzen, die den Erfolg seiner Arbeit infrage stellen können. Die Grenzen dieser Verpflichtung ergeben sich aus dem Grundsatz der Zumutbarkeit, wie sie sich nach besonderen Umständen des Einzelfalls darstellt.

Weiter heißt es in § 4 VOB/B:

„*(5) Der Auftragnehmer hat die von ihm ausgeführten Leistungen und die ihm für die Ausführung übergebenen Gegenstände bis zur Abnahme vor Beschädigungen und Diebstahl zu schützen. Auf Verlangen des Auftraggebers hat er sie vor Winterschäden und Grundwasser zu schützen, ferner Schnee und Eis zu beseitigen. Obliegt ihm die Verpflichtung nach Satz 2 nicht schon nach dem Vertrag, so regelt sich die Vergütung nach § 2 Absatz 6.*

(6) Stoffe oder Bauteile, die dem Vertrag oder den Proben nicht entsprechen, sind auf Anordnung des Auftraggebers innerhalb einer von ihm bestimmten Frist von der Baustelle zu entfernen. Geschieht dies nicht, so können sie auf Kosten des Auftragnehmers entfernt oder für seine Rechnung veräußert werden.

(7) Leistungen, die schon während der Ausführung als mangelhaft oder vertragswidrig erkannt werden, hat der Auftragnehmer auf eigene Kosten durch mangelfreie zu ersetzen. Hat der Auftragnehmer den Mangel oder die Vertragswidrigkeit zu vertreten, so hat er auch den daraus entstehenden Schaden zu ersetzen. Kommt der Auftragnehmer der Pflicht zur Beseitigung des Mangels nicht nach, so kann ihm der Auftraggeber eine angemessene Frist zur Beseitigung des Mangels setzen und erklären, dass er ihm nach fruchtlosem Ablauf der Frist den Auftrag entziehe (§ 8 Absatz 3).

[...]

§ 6 Behinderung und Unterbrechung der Ausführung

(1) Glaubt sich der Auftragnehmer in der ordnungsgemäßen Ausführung der Leistung behindert, so hat er es dem Auftraggeber unverzüglich schriftlich anzuzeigen. Unterlässt er die Anzeige, so hat er nur dann Anspruch auf Berücksichtigung der hindernden Umstände, wenn dem Auftraggeber offenkundig die Tatsache und deren hindernde Wirkung bekannt waren.“

Weiter ist in § 6 VOB/B geregelt, dass Witterungseinflüsse während der Ausführungszeit, mit denen bei Abgabe des Angebots normalerweise gerechnet werden musste, nicht als Behinderung gelten.

§ 12 VOB/B spezifiziert schließlich die Bestimmungen zur Abnahme von Leistungen:

„§ 12 Abnahme

(1) Verlangt der Auftragnehmer nach der Fertigstellung – gegebenenfalls auch vor Ablauf der vereinbarten Ausführungsfrist – die Abnahme der Leistung,

so hat sie der Auftraggeber binnen 12 Werktagen durchzuführen; eine andere Frist kann vereinbart werden.

(2) Auf Verlangen sind in sich abgeschlossene Teile der Leistung besonders abzunehmen.

(3) Wegen wesentlicher Mängel kann die Abnahme verweigert werden.

(4) 1. Eine förmliche Abnahme hat stattzufinden, wenn eine Vertragspartei es verlangt. Jede Partei kann auf ihre Kosten einen Sachverständigen zuziehen. Der Befund ist in gemeinsamer Verhandlung schriftlich niederzulegen. In der Niederschrift sind etwaige Vorbehalte wegen bekannter Mängel und wegen Vertragsstrafen aufzunehmen, ebenso etwaige Einwendungen des Auftragnehmers. Jede Partei erhält eine Ausfertigung.

2. Die förmliche Abnahme kann in Abwesenheit des Auftragnehmers stattfinden, wenn der Termin vereinbart war oder der Auftraggeber mit genügender Frist dazu eingeladen hatte. Das Ergebnis der Abnahme ist dem Auftragnehmer alsbald mitzuteilen.

(5) 1. Wird keine Abnahme verlangt, so gilt die Leistung als abgenommen mit Ablauf von 12 Werktagen nach schriftlicher Mitteilung über die Fertigstellung der Leistung.

2. Wird keine Abnahme verlangt und hat der Auftraggeber die Leistung oder einen Teil der Leistung in Benutzung genommen, so gilt die Abnahme nach Ablauf von 6 Werktagen nach Beginn der Benutzung als erfolgt, wenn nichts anderes vereinbart ist. Die Benutzung von Teilen einer baulichen Anlage zur Weiterführung der Arbeiten gilt nicht als Abnahme.

[...]

§ 13 Mängelansprüche

(1) Der Auftragnehmer hat dem Auftraggeber seine Leistung zum Zeitpunkt der Abnahme frei von Sachmängeln zu verschaffen. Die Leistung ist zur Zeit der Abnahme frei von Sachmängeln, wenn sie die vereinbarte Beschaffenheit hat und dem Stand der Technik entspricht. Ist die Beschaffenheit nicht vereinbart, so ist die Leistung zur Zeit der Abnahme frei von Sachmängeln, 1. wenn sie sich für die nach dem Vertrag vorausgesetzte, sonst 2. für die gewöhnliche Verwendung eignet und eine Beschaffenheit aufweist, die bei Werken der gleichen Art üblich ist und die der Auftraggeber nach der Art der Leistung erwarten kann.

(2) Bei Leistungen nach Probe gelten die Eigenschaften der Probe als vereinbarte Beschaffenheit, soweit nicht Abweichungen nach der Verkehrssitte als bedeutungslos anzusehen sind. Dies gilt auch für Proben, die erst nach Vertragsabschluss als solche anerkannt sind.“

Im Handkommentar zur VOB, Teile A und B, Rechtsschutz im Vergabeverfahren von Heiermann u. a. (2008) heißt es dazu:

„Die Verpflichtung des Auftragnehmers zur Leistung nach Probe ist von vornherein oder aber nachträglich während der Bauausführung zu vereinbaren. Spätester Zeitpunkt dafür ist der Beginn der Werkleistung. Der Begriff ‚als solche anerkannt‘ erfordert die Vorlage der Probe oder des Musters, die Einigung der Vertragsparteien, dass die Probe oder das Muster nach ihrer Art und Beschaffenheit für die Leistung maßgebend ist, sowie die Festlegung der Leistungsausführung auf der Grundlage der Probe oder des Musters. Die Ergeb-

nisse einer Güteprüfung nach § 13 Nr. 1 Abs. 2 VOB/B sind in der Regel keine ‚Probe' im Sinne von § 13 Nr. 2 VOB/B.

Die Vereinbarung, dass die Eigenschaften einer Probe als vertragsgemäße Beschaffenheit gelten, muss nicht ausdrücklich geschlossen werden; sie kann sich auch durch Auslegung des Vertrages ergeben. Denn nicht jede Vorlage von Proben oder Mustern hat die Vereinbarung einer Leistung zur Probe zum Ziel, sondern kann auch vielfach zu Zwecken der Information oder Akquisition geschehen (Kleine-Möller/Merl § 12 Rdn. 200)." (Heiermann u. a., 2008, S. 1183)

Vereinbarte Beschaffenheit

Vorsicht ist auch geboten bei der Formulierung „vereinbarte Beschaffenheit". Wird z. B. vom Auftragnehmer ein Angebot für die Beschichtung einer Fassade erstellt und ein Produkt auf Acrylatbasis angeboten, dann muss auch ein Produkt auf Acrylatbasis verwendet werden. Entschließt sich der Auftragnehmer während der Ausführung dazu, z. B. ein Produkt auf Silikatbasis zu verwenden, entspricht das Ergebnis nicht der vereinbarten Beschaffenheit (auch nicht, wenn das zur Anwendung gekommene Material hochwertiger ist). Die Fassadenbeschichtung wäre aus rechtlicher Sicht mangelhaft und der Auftragnehmer zur Nachbesserung verpflichtet (z. B. durch Abbeizen und Neubeschichtung).

Wird im Angebot ein bestimmtes Material und/oder ein bestimmter Hersteller genannt, dann muss auch das angebotene Material verwendet werden. Eine Änderung bedarf des Einverständnisses des Auftraggebers.

Weiter wird in § 13 VOB/B auf die Anzeigepflicht des Auftragnehmers bei nicht selbst verschuldeten Mängeln hingewiesen.

„*(3) Ist ein Mangel zurückzuführen auf die Leistungsbeschreibung oder auf Anordnung des Auftraggebers, auf die von diesem gelieferten oder vorgeschriebenen Stoffe oder Bauteile oder die Beschaffenheit der Vorleistung eines anderen Unternehmers, haftet der Auftragnehmer, es sei denn, er hat die ihm nach § 4 Absatz 3 obliegende Mitteilung gemacht.*"

Daher ist das Leistungsverzeichnis vor Auftragsbeginn zu prüfen. Ebenso ist es unerlässlich, den zu bearbeitenden Untergrund und somit oftmals die Arbeiten der Vorgewerke ausreichend zu prüfen, um ggf. rechtzeitig schriftliche Bedenken anzumelden!

Abs. 4 regelt die Verjährungsfristen und Abs. 5 die Vorgaben zur Mängelbeseitigung:

„*(4) 1. Ist für Mängelansprüche keine Verjährungsfrist im Vertrag vereinbart, so beträgt sie für Bauwerke 4 Jahre, für andere Werke, deren Erfolg in der Herstellung, Wartung oder Veränderung einer Sache besteht, und für die vom Feuer berührten Teile von Feuerungsanlagen 2 Jahre. Abweichend von Satz 1 beträgt die Verjährungsfrist für feuerberührte und abgasdämmende Teile von industriellen Feuerungsanlagen 1 Jahr.*

[…]

3. Die Frist beginnt mit der Abnahme der gesamten Leistung; nur für in sich abgeschlossene Teile der Leistung beginnt sie mit der Teilabnahme (§ 12 Absatz 2).

(5) *1. Der Auftragnehmer ist verpflichtet, alle während der Verjährungsfrist hervortretenden Mängel, die auf vertragswidrige Leistung zurückzuführen sind, auf seine Kosten zu beseitigen, wenn es der Auftraggeber vor Ablauf der Frist schriftlich verlangt. Der Anspruch auf Beseitigung der gerügten Mängel verjährt in 2 Jahren, gerechnet vom Zugang des schriftlichen Verlangens an, jedoch nicht vor Ablauf der Regelfrist nach Absatz 4 oder der an ihrer Stelle vereinbarten Frist. Nach Abnahme der Mängelbeseitigungsleistung beginnt für diese Leistung eine Verjährungsfrist von 2 Jahren neu, die jedoch nicht vor Ablauf der Regelfristen nach Absatz 4 oder der an ihrer Stelle vereinbarten Frist endet.*

[…]

(6) *Ist die Beseitigung des Mangels für den Auftraggeber unzumutbar oder ist sie unmöglich oder würde sie einen unverhältnismäßig hohen Aufwand erfordern und wird sie deshalb vom Auftragnehmer verweigert, so kann der Auftraggeber durch Erklärung gegenüber dem Auftragnehmer die Vergütung mindern (§ 638 BGB).“*

Wenig aufschlussreiche Rechtsprechung findet sich bei Maler- und Stuckateurarbeiten in Bezug auf eine zweijährige Gewährleistungsfrist. Gemäß VOB/B § 13 Abs. 4 und BGB § 634a beträgt die Gewährleistungsfrist für Bauwerke 4 bzw. 5 Jahre. Für andere Werke, deren Erfolg in der Herstellung, Wartung oder Veränderung einer Sache besteht, jedoch 2 Jahre. Im Allgemeinen kann davon ausgegangen werden, dass eine zweijährige Gewährleistungsfrist nicht greift. Dies ist jedoch im Einzelfall juristisch zu prüfen.

In Bezug auf die Gewährleistung werden häufig die Begriffe Werkmangel und Verschleiß nicht klar getrennt. Der Verschleiß einer Beschichtung, auch bedingt durch eine mangelhafte Wartung, ist nicht zwingend mit einem Werkmangel gleichzusetzen. Wenn es für einen Auftragnehmer auch unter Einhaltung der allgemein anerkannten Regeln der Technik nicht möglich ist, eine vier- bzw. fünfjährige Haltbarkeit einer Beschichtung aufrechtzuerhalten, wie es z. B. bei stark bewitterten Lasuranstrichen vorkommen kann, sind solche verschleißbedingten Erscheinungen kein Mangel im juristischen Sinne, da solche Beschichtungen nach ihrer üblichen Beschaffenheit eine kürzere Lebensdauer aufweisen als die gesetzliche Gewährleistungszeit.

Liegt jedoch ein technischer Fehler vor, z. B. wenn die vorhandene Schichtdicke nicht den Herstellervorgaben entspricht, dann handelt es sich um einen Mangel im Sinne der Gewährleistung.

Vereinfacht ausgedrückt beschreibt die Gewährleistung die Zeitdauer, in der ein Auftraggeber berechtigte Mängel an der Werkleistung beanstanden kann. Wenn diese Mängel auf eine nicht fachgerechte Arbeit des Auftraggnehmers zurückzuführen sind, haftet der Auftragnehmer. Sind die Mängel auf natürlichen Verschleiß oder z. B. übermäßige Beanspruchung zurückzuführen, haftet der Auftragnehmer nicht, da er diese Einwirkungen nicht beeinflussen kann, ggf. sind jedoch vorab entsprechende Bedenken vom Auftragnehmer anzumelden.

Der Umfang der Prüfungspflicht hängt von den Umständen des Einzelfalls ab, die für den Auftragnehmer erkennbar sind. Vorausgesetzt wird vom Auftragnehmer ein entsprechender Kenntnisstand über die allgemein anerkannten Regeln der Technik. Der Auftragnehmer hat die Verpflichtung, sich über den Stand der allgemein anerkannten Regeln der Technik anhand von Fachliteratur zu informieren und auch die Diskussion in Fachkreisen zu verfolgen. Heiermann u. a. (2008) schreiben dazu:

„Wie das Werkvertragsrecht des BGB will auch die VOB/B in besonderem Maße durch § 13 Abs. 1 VOB/B erreichen, dass der Auftraggeber eine vertragsgemäße, mangelfreie Leistung erhält. Demzufolge sind Ansprüche wegen Minderung oder Schadenersatz nachrangig und grundsätzlich erst dann gegeben, wenn die Mangelbeseitigung gescheitert, nicht möglich oder nicht zumutbar ist oder aber wenn trotz der Mangelbeseitigung ein nicht behebbarer Schaden verbleibt. Daneben soll durch den vorrangigen Mängelbeseitigungsanspruch erreicht werden, dass der Auftragnehmer die Mängel selbst beseitigt, was in der Regel einen wesentlich geringeren finanziellen Aufwand erfordert als die Mängelbeseitigung durch einen Drittunternehmer.

Der Vorrang der Mängelbeseitigung hat zur Folge, dass die Neuherstellung des Werks auch noch nach der Abnahme gefordert werden kann, wenn diese Mangelfreiheit auf andere Weise nicht zu erreichen ist (vgl. § 13 VOB/B Rdn. 97).

Denn die Neuherstellung ist letztlich nur eine Nachbesserung im größtmöglichen Umfang, um insgesamt ein mangelfreies Werk entstehen zu lassen (vgl. Kapellmann/Messerschmid/Weyer § 13 VOB/B Rdn. 7f.). Dementsprechend wird die Neuherstellung in § 635 Abs. 1 BGB ausdrücklich als Alternative zur Mängelbeseitigung genannt, wobei der Oberbegriff die Nacherfüllung ist. Der Auftragnehmer kann jedoch die Mängelbeseitigung verweigern, wenn der damit in Richtung auf die Beseitigung des Mangels erzielte Erfolg oder Teilerfolg bei Abwägung aller Umstände des Einzelfalls in keinem vernünftigen Verhältnis zur Höhe des dafür gemachten Geldaufwandes steht. In diesem Fall würde es Treu und Glauben widersprechen, wenn der Auftraggeber diese Aufwendungen dem Auftragnehmer anlasten könnte (BGH, Urt. vom 29.06.2007 – VII ZR 86/05, ZfBR 2007, 668/671). Die VOB/B sieht im Rahmen des Mängelhaftungsrechts den Rücktritt vom Vertrag (Wandelung) anders als das Werkvertragsrecht des BGB (§ 634 Nr. 3 und § 636 BGB) nicht vor. Sie enthält eine abschließende Regelung der Mängelansprüche.“ (Heiermann u. a., 2008, S. 1155)

§ 13 Abs. 7 VOB/B legt schließlich den Umfang der geforderten Mängelbeseitigung fest:

„(7) 1. Der Auftragnehmer haftet bei schuldhaft verursachten Mängeln für Schäden aus der Verletzung des Lebens, des Körpers oder der Gesundheit.

2. Bei vorsätzlich oder grob fahrlässig verursachten Mängeln haftet er für alle Schäden.

3. Im Übrigen ist dem Auftraggeber der Schaden an baulichen Anlagen zu ersetzen, zu deren Herstellung, Instandhaltung oder Änderung die Leistung dient, wenn ein wesentlicher Mangel vorliegt, der die Gebrauchsfähigkeit erheblich beeinträchtigt und auf ein Verschulden des Auftrag-

nehmers zurückzuführen ist. Einen darüber hinausgehenden Schaden hat der Auftragnehmer nur dann zu ersetzen,

a) wenn der Mangel auf einem Verstoß gegen die anerkannten Regeln der Technik beruht,

b) wenn der Mangel in einem Fehlen einer vertraglich vereinbarten Beschaffenheit besteht […].“

Generell gilt:

- Die VOB/B ist in ihrer Gesamtheit zu vereinbaren; einzelne Bestandteile davon auszuschließen oder zu verändern, ist nicht erlaubt.
- Die VOB ist kein Gesetz, sondern eine „Allgemeine Geschäftsbedingung“, die wirksam zu vereinbaren ist.

Nach VOB bzw. BGB gilt zum Ausführungsbeginn:

- Der Ausführungsbeginn muss nach VOB/B spätestens 12 Werktage nach Aufforderung durch den Auftraggeber erfolgen.
- Die Ausführungsfristen sind ausreichend zu bemessen; Jahreszeit, Arbeitsbedingungen und etwaige besondere Schwierigkeiten sind zu berücksichtigen.
- Nach BGB muss der Ausführungsbeginn unverzüglich nach Vertragsabschluss erfolgen.

Bedenkenanmeldung

Eine Bedenkenanmeldung gehört zu den Pflichten des Auftragnehmers und muss gemäß § 4 Nr. 3 VOB/B **schriftlich** erfolgen, z. B. bei Bedenken gegen:

- die vorgesehene Art der Ausführung,
- die Güte der vom Auftraggeber gelieferten Stoffe oder Bauteile,
- die Leistungen anderer Unternehmer (Vorarbeiten).

Eine Bedenkenanmeldung muss des Weiteren

- unverzüglich,
- schriftlich beim VOB-Vertrag (auch sonst empfehlenswert),
- gegenüber dem richtigen Adressaten (Empfehlung: gegenüber Auftraggeber mit Abschrift an den Architekten),
- mit Begründung und Hinweisen auf mögliche Mängel bzw. Mangelfolgeschäden

erfolgen.

Übernimmt der Auftragnehmer auch **Planungsaufgaben**, z. B. Änderungen der Ausführung beim Aufbau des Außenputzes, so übernimmt er hierfür auch die Haftung.

1.1.3 Allgemein anerkannte Regeln der Technik und Stand der Technik

Grundsätzlich sind vom Auftragnehmer die allgemein anerkannten Regeln der Technik zu beachten. Verwendet der Auftragnehmer neuartige Produkte oder neuartige Verarbeitungstechniken oder wendet er Produkte an, die für diesen Einsatzbereich nicht vorgesehen sind, so entspricht diese Anwendung/Verarbeitung nicht den allgemein anerkannten Regeln der Technik. Der Auftraggeber muss vor der Ausführung der Arbeiten über diese Regelabweichung informiert werden. Neue Produkte und Verarbeitungstechniken entsprechen nicht automatisch den allgemein anerkannten Regeln der Technik. Der Auftraggeber hat jedoch einen bauvertraglichen Anspruch darauf, dass sich der Auftragnehmer an die allgemein anerkannten Regeln der Technik hält und seine Arbeiten entsprechend ausführt. Weicht der Auftragnehmer von diesen Regeln ab, liegt in der Bauausführung ein Mangel vor, auch wenn kein Schaden erkennbar ist.

Eine im Rahmen des Werkvertrags zu erbringende Leistung muss über die zugesicherten Eigenschaften hinaus auch noch den anerkannten Regeln der Technik entsprechen. Allgemein anerkannte Regeln der Technik sind, wo immer der Begriff vorkommt, keine Rechtsvorschriften, sondern schriftliche oder mündliche Erfahrungswerte für fachgerechte und daher mangelfreie Bauausführung. Solche allgemein anerkannten Regeln der Technik stellen meist Mindestanforderungen auf. Voraussetzung für die Einstufung als anerkannte Regeln der Technik ist, dass sie sowohl von Wissenschaftlern anerkannt werden als auch von Fachleuten am Bau, wo sie sich praktisch bewährt haben müssen. Zu den allgemein anerkannten Regeln gehören z. B. DIN-Normen, VDI-Richtlinien, BFS-Merkblätter und WTA-Merkblätter, sobald sie allgemein eingeführt sind.

Herstellerangaben entsprechen nicht unbedingt den allgemein anerkannten Regeln der Technik. So weicht z. B. eine Fassadenbeschichtung auf einem Wärmedämm-Verbundsystem mit einem Hellbezugswert (= Reflexionsgrad eines bestimmten Farbtons zwischen dem Schwarzpunkt 0 und dem Weißpunkt 100) von unter 20 von den allgemein anerkannten Regeln der Technik ab, auch wenn die Ausführung mit einem Hellbezugswert von unter 20 vom Hersteller angepriesen wird. Wird auf einem Wärmedämm-Verbundsystem ein Fassadenanstrich mit einem Hellbezugswert von unter 20 ausgeführt, ist dies demnach ein Regelverstoß und dem Auftraggeber steht eine Nachbesserung oder Minderung zu.

Schadlos hält sich der Auftragnehmer nur, wenn er beim Auftraggeber vor der Ausführung der Arbeiten schriftlich Bedenken anmeldet oder sich gegenüber dem Hersteller entsprechend absichert.

„Die ‚allgemein anerkannten Regeln der Technik' sind nicht deckungsgleich mit dem ‚Stand der Technik'. ‚Stand der Technik' ist nach einer Definition des Gemeinschaftsausschusses der Technik ‚[...] der zu einem bestimmten Zeitpunkt erreichte Stand technischer Einrichtungen, Erzeugnisse, Methoden und Verfahren, der sich nach Meinung der Mehrheit der Fachleute in der Praxis bewährt hat oder dessen Eignung für die Praxis von ihnen als nachgewiesen angesehen

wird'. In Bezug auf ,allgemein anerkannte Regeln der Technik' ist damit also der ,Stand der Technik' als eine Vorstufe anzusehen, da bei ihm das Merkmal ,allgemein anerkannt' noch fehlt und nicht sicher ist, ob es dazu kommen wird." (Haas, 2001, S. 222)

1.1.4 Musterbauordnung

Die Bauministerkonferenz koordiniert die Bauordnungen der deutschen Bundesländer. Sie ist die Arbeitsgemeinschaft der für Städtebau, Bau- und Wohnungswesen zuständigen Minister und Senatoren der 16 Länder (ARGEBAU), an deren Gremien regelmäßig auch der für das Bauwesen zuständige Bundesminister teilnimmt. Die Sachverständigenkommission hat ein Muster für die Bauordnungen der Länder ausgearbeitet – auf diese Musterbauordnung gehen die Bauordnungen sämtlicher Länder zurück. Die Landesbauordnungen weisen deshalb im Wesentlichen übereinstimmende Vorschriften auf. Die jeweilige Landesbauordnung gilt für bauliche Anlagen und Bauprodukte, Grundstücke, andere Anlagen und Einrichtungen, an die in diesem Gesetz oder in Vorschriften aufgrund dieses Gesetzes Anforderungen gestellt werden. Die Musterbauordnung vom November 2002 ist demnach eine Standard- und Mindestbauordnung, die den Ländern als Grundlage für deren jeweilige Landesbauordnungen dient.

Schutz gegen schädliche Einflüsse, § 13 Musterbauordnung

„*Bauliche Anlagen müssen so angeordnet, beschaffen und gebrauchstauglich sein, dass durch Wasser, Feuchtigkeit, pflanzliche und tierische Schädlinge sowie andere chemische, physikalische oder biologische Einflüsse Gefahren oder unzumutbare Belästigungen nicht entstehen. Baugrundstücke müssen für bauliche Anlagen geeignet sein.*"

Der § 13 Musterbauordnung „Schutz gegen schädliche Einflüsse" ist ein wichtiger Aspekt, z. B. bei der Beurteilung von Algenbefall auf Fassaden. Die Musterbauordnung gibt vor, dass bauliche Anlagen so angeordnet, beschaffen und gebrauchstauglich sein müssen, dass u. a. keine unzumutbaren Belastungen durch Wasser, Feuchtigkeit sowie biologische Einflüsse entstehen. Daraus ergibt sich die Überlegung, ob planerische Vorgaben, bei denen z. B. konstruktive Maßnahmen zum Schutz der Fassade nicht ausreichend berücksichtigt wurden, überhaupt der Musterbauordnung gerecht werden.

Landesrecht Baden-Württemberg

Im Landesrecht Baden-Württembergs wurde die Überbauung der Grundstücksgrenze mit Wärmedämm-Verbundsytemen mit der Änderung vom 12. Februar 2014 in § 7c „Überbau durch Wärmedämmung" neu geregelt:

„(1) Eigentümer und Nutzungsberechtigte eines Grundstücks haben zu dulden, dass eine Wärmedämmung, die nachträglich auf die Außenwand eines an der Grundstücksgrenze stehenden Gebäudes aufgebracht wurde, sowie die mit dieser in Zusammenhang stehenden untergeordneten Bauteile auf das Grundstück übergreifen, soweit und solange

1. diese die Benutzung des Grundstücks nicht oder nur geringfügig beeinträchtigen und eine zulässige beabsichtigte Nutzung des Grundstücks nicht oder nur geringfügig behindern und

2. die übergreifenden Bauteile nach öffentlich-rechtlichen Vorschriften zulässig oder zugelassen sind.

Eine nur geringfügige Beeinträchtigung im Sinne von Satz 1 Nummer 1 liegt insbesondere dann nicht vor, wenn die Überbauung die Grenze zum Nachbargrundstück in der Tiefe um mehr als 0,25 m überschreitet. Die Duldungspflicht besteht nur, wenn im Zeitpunkt der Anbringung der Wärmedämmung eine vergleichbare Wärmedämmung auf andere, die Belange der Eigentümer beziehungsweise Nutzungsberechtigten schonendere Weise mit vertretbarem Aufwand nicht vorgenommen werden konnte.

(2) Die Duldungspflicht nach Absatz 1 ist ausgeschlossen, wenn

1. die Errichtung des betroffenen Gebäudes an der Grundstücksgrenze öffentlich-rechtlichen Vorschriften widerspricht, es sei denn, der jeweilige Eigentümer beziehungsweise Nutzungsberechtigte des überbauten Grundstücks kann sich hierauf nach den Vorschriften des öffentlichen Rechts nicht oder nicht mehr berufen, oder

2. die Anbringung einer Wärmedämmung mit zumindest entsprechender räumlicher Ausdehnung bereits im Zeitpunkt der Errichtung des Gebäudes üblich war.

(3) Den Eigentümern und dinglich Nutzungsberechtigten des überbauten Grundstücks ist ein angemessener Ausgleich in Geld zu leisten. Soweit nichts anderes vereinbart wird, gelten § 912 Absatz 2 und §§ 913 und 914 des Bürgerlichen Gesetzbuchs (BGB) entsprechend.

(4) Eigentümer und Nutzungsberechtigte des überbauten Grundstücks können verlangen, dass die Eigentümer des durch den Wärmeschutzüberbau begünstigten Grundstücks die gedämmte Fassade in einem ordnungsgemäßen Zustand erhalten.

(5) Die Veranlasser des Überbaus haben den Eigentümern oder Nutzungsberechtigten des überbauten Grundstücks den durch den Überbau entstehenden Schaden ohne Rücksicht auf Verschulden zu ersetzen. Veranlassern stehen Eigentümer des durch den Wärmeschutzüberbau begünstigten Grundstücks gleich, wenn sie den Überbau zwar nicht veranlasst haben, ihn aber dulden."

Diese Änderung ist landesspezifisch, die Übertragbarkeit auf andere Bundesländer ist zu prüfen.

1.2 Muster zur Bedenken- und Behinderungsanzeige

Muster zur Bedenkenanmeldung nach § 4 Nr. 3 VOB/B

Einschreiben mit Rückschein:

Absender [Firmenname Auftragnehmer]
[Name Auftragnehmer]
[Anschrift Auftragnehmer]

Adressat [Name Auftraggeber]
[Anschrift Auftraggeber]

Datum …

Betreff Bedenkenanmeldung nach § 4 Nr. 3 VOB/B
Bauvorhaben: …
Gewerk: … [z. B. Malerarbeiten]
Bearbeiter: …

Sehr geehrter Herr/Sehr geehrte Frau …,

nach Prüfung der Ausführungsunterlagen bzw. Gegebenheiten melden wir bezüglich der Ausführung unserer Leistungen hiermit Bedenken an gegen

- ❑ die vorgesehene Ausführungsart, vorgegeben in Form von … am …
- ❑ die Sicherung gegen Unfallgefahren
- ❑ die Güte der von Ihnen gelieferten Stoffe/Bauteile
- ❑ die Vorleistung anderer Vorunternehmer vom …

Zur Erläuterung und Begründung unserer Bedenken führen wir an: … [kurze Beschreibung].

Um Verzögerungen zu vermeiden, erbitten wir Ihre Weisung bis … [Datum].

Wir weisen vorsorglich darauf hin, dass wir von der Mängelhaftung frei sind, falls Sie unsere Bedenken zu Unrecht zurückweisen und daraus ein Mangel entsteht.

Bis zur Mitteilung zum weiteren Vorgehen werden wir unsere Leistungen

- ❑ einstellen.
- ❑ fortführen.

Die vertraglich vereinbarte Ausführungsfrist verlängert sich entsprechend, voraussichtlich um … Tage.

Mit freundlichen Grüßen

- -

[Ort], den … [Datum] [Unterschrift]

Verteiler:

- Auftraggeber
- Bauleitung des Auftraggebers
- Bauleiter

Muster zur Bedenkenanmeldung nach § 4 Nr. 3 VOB/B – Bedenken gegen Anordnungen des Auftraggebers

Einschreiben mit Rückschein:

Absender [Firmenname Auftragnehmer]
[Name Auftragnehmer]
[Anschrift Auftragnehmer]

Adressat [Name Auftraggeber]
[Anschrift Auftraggeber]

Datum ...

Betreff Bedenkenanmeldung nach § 4 Nr. 3 VOB/B
Bauvorhaben: ...
Gewerk: ... [z. B. Malerarbeiten]
Bearbeiter: ...

Sehr geehrter Herr/Sehr geehrte Frau ...,

der in Ihrem Auftrag tätige leitende Architekt ... [Name] hat bei der Baubesprechung vom ... [Datum] um ... [Uhrzeit] die Durchführung folgender Maßnahmen angeordnet: ... [kurze Beschreibung].

Wir haben bereits auf der Baubesprechung vom ... [Datum] gegen eine solche Art der Ausführung unsere Bedenken geäußert. Der Bauleiter besteht jedoch trotz unserer Bedenken weiterhin auf dieser Art der Ausführung.

Daher melden wir hiermit formell Bedenken gegen die Anordnung Ihres Bauleiters gemäß § 4 Nr. 3 VOB/B an. Wir sind zwar bereit, dieser Anordnung Folge zu leisten, lehnen aber in diesem Fall jegliche Mängelhaftung ab. Bitte geben Sie uns bis ... [Datum] Nachricht, ob Sie von der Anordnung Ihres Bauleiters Abstand nehmen und wie wir stattdessen weiter verfahren sollen.

Hören wir bis zu dem genannten Zeitpunkt nichts von Ihnen, gehen wir davon aus, dass wir der Anordnung ohne Mängelhaftung Folge leisten sollen.

Mit freundlichen Grüßen

[Ort], den ... [Datum] [Unterschrift]

**Muster zur Bedenkenanmeldung nach § 4 Nr. 3 VOB/B –
Bedenken gegen die Leistungen eines Vorunternehmers**

Einschreiben mit Rückschein:

Absender	[Firmenname Auftragnehmer] [Name Auftragnehmer] [Anschrift Auftragnehmer]
Adressat	[Name Auftraggeber] [Anschrift Auftraggeber]
Datum	…
Betreff	Bedenkenanmeldung nach § 4 Nr. 3 VOB/B Bauvorhaben: … Gewerk: … [z. B. Malerarbeiten] Bearbeiter: …

Sehr geehrter Herr/Sehr geehrte Frau …,

bei der Überprüfung der Vorleistungen, auf die unser Gewerk aufbaut, haben wir Folgendes festgestellt: … [kurze Beschreibung]. Die Vorleistung ist damit nicht geeignet, unser Gewerk aufzunehmen. Es ist mit Mängeln zu rechnen.

Wir bitten Sie, uns kurzfristig noch vor Ausführungsbeginn mitzuteilen, was Sie hinsichtlich der Vorleistungen veranlassen werden. Wir haben uns dafür eine Frist von 6 Tagen notiert.

Da wir grundsätzlich nicht berechtigt sind, unsere Leistungen aufgrund von Mängeln an den Vorleistungen einzustellen, teilen wir Ihnen mit, dass wir nach Ablauf der Frist mit unseren Arbeiten fortfahren. Wir weisen aber darauf hin, dass wir in einem solchen Falle gemäß § 4 Nr. 3 VOB/B von einer Haftung befreit sind.

Mit freundlichen Grüßen

- -

[Ort], den … [Datum] [Unterschrift]

Verteiler:
- Auftraggeber
- Bauleitung des Auftraggebers
- Bauleiter

Muster zur Behinderungsanzeige nach § 6 Nr. 1 VOB/B

Einschreiben mit Rückschein:

Absender	[Firmenname Auftragnehmer] [Name Auftragnehmer] [Anschrift Auftragnehmer]
Adressat	[Name Auftraggeber] [Anschrift Auftraggeber]
Datum	…
Betreff	Bedenkenanmeldung nach § 4 Nr. 3 VOB/B Bauvorhaben: … Gewerk: … [z. B. Malerarbeiten] Bearbeiter: …

Sehr geehrter Herr/Sehr geehrte Frau …,

hiermit zeigen wir Ihnen gemäß § 6 Nr. 1 VOB/B an, dass wir derzeit in der ordnungsgemäßen Ausführung der uns übertragenen Leistungen behindert sind.

Der Grund liegt in folgenden Gegebenheiten: … [kurze Beschreibung].

Wir weisen Sie darauf hin, dass die hierdurch eintretenden Verzögerungen nicht zu unseren Lasten gehen. Die Behinderungsgründe sind vielmehr vom Auftraggeber zu vertreten. Die vereinbarten Ausführungsfristen sind angemessen zu verlängern.

Da sich die Dauer der Behinderung derzeit noch nicht abschließend beurteilen lässt, können wir auch die Dauer der Ausführungsfristen noch nicht eindeutig ermitteln. Sobald der Grund der Behinderung beseitigt ist, werden wir auf die Verlängerung der Ausführungsfristen zurückkommen.

Bereits zum heutigen Zeitpunkt machen wir Sie darauf aufmerksam, dass wir an eine vereinbarte Vertragsstrafe nicht mehr gebunden sind.

Mit freundlichen Grüßen

- -

[Ort], den … [Datum] [Unterschrift]

1.3 Der Begriff des Mangels bzw. Schadens

Der Begriff „Mangel“ beschreibt eine negative Abweichung des Ist-Zustandes vom allgemein üblichen Soll-Zustand oder vom vertraglich vereinbarten Zustand. Der Begriff „Schaden“ beschreibt eine negative Veränderung von Bauteileigenschaften, die durch einen Mangel, wie Rissbildungen, Feuchtigkeitsschäden, Schimmelpilzbildung etc., bedingt ist. Ein Schaden führt zu einem Nachteil, den jemand durch ein bestimmtes Ereignis an seinem Vermögen oder an seinen sonstigen rechtlich geschützten Rechtsgütern erleidet, und wenn vorsätzlich oder fahrlässig das Leben, der Körper, die Gesundheit, die Freiheit, das Eigentum oder ein sonstiges Recht eines anderen widerrechtlich verletzt werden.

Als fahrlässig kann unter Umständen auch die Ausschreibung und Verarbeitung von „neuen“, in der Praxis nicht (oder noch nicht) bewährten Produkten ausgelegt werden.

Sach- und Rechtsmangel, § 633 BGB

„(1) *Der Unternehmer hat dem Besteller das Werk frei von Sach- und Rechtsmängeln zu verschaffen.*

(2) *Das Werk ist frei von Sachmängeln, wenn es die vereinbarte Beschaffenheit hat. Soweit die Beschaffenheit nicht vereinbart ist, ist das Werk frei von Sachmängeln,*

   1. *wenn es sich für die nach dem Vertrag vorausgesetzte, sonst*
   2. *für die gewöhnliche Verwendung eignet und eine Beschaffenheit aufweist, die bei Werken der gleichen Art üblich ist und die der Besteller nach der Art des Werks erwarten kann.*

   Einem Sachmangel steht es gleich, wenn der Unternehmer ein anderes als das bestellte Werk oder das Werk in zu geringer Menge herstellt.

(3) *Das Werk ist frei von Rechtsmängeln, wenn Dritte in Bezug auf das Werk keine oder nur die im Vertrag übernommenen Rechte gegen den Besteller geltend machen können.*“

Die allgemein anerkannten Regeln der Technik sind einzuhalten und stellen das Minimum der Werkleistung dar.

Nacherfüllung, § 635 BGB

„(1) *Verlangt der Besteller Nacherfüllung, so kann der Unternehmer nach seiner Wahl den Mangel beseitigen oder ein neues Werk herstellen.*

(2) *Der Unternehmer hat die zum Zwecke der Nacherfüllung erforderlichen Aufwendungen, insbesondere Transport-, Wege-, Arbeits- und Materialkosten, zu tragen.*

(3) *Der Unternehmer kann die Nacherfüllung unbeschadet des § 275 Abs. 2 und 3 verweigern, wenn sie nur mit unverhältnismäßig hohen Kosten möglich ist.*

(4) *Stellt der Unternehmer ein neues Werk her, so kann er vom Besteller Rückgewähr des mangelhaften Werks nach Maßgabe der §§ 346 bis 348 verlangen.*“

Selbstvornahme, § 637 BGB

„(1) Der Besteller kann wegen eines Mangels des Werkes nach erfolglosem Ablauf einer von ihm zur Nacherfüllung bestimmten angemessenen Frist den Mangel selbst beseitigen und Ersatz der erforderlichen Aufwendungen verlangen, wenn nicht der Unternehmer die Nacherfüllung zu Recht verweigert.

(2) § 323 Abs. 2 findet entsprechende Anwendung. Der Bestimmung einer Frist bedarf es auch dann nicht, wenn die Nacherfüllung fehlgeschlagen oder dem Besteller unzumutbar ist.

(3) Der Besteller kann von dem Unternehmer für die zur Beseitigung des Mangels erforderlichen Aufwendungen Vorschuss verlangen."

Minderung, § 638 BGB

„(1) Statt zurückzutreten, kann der Besteller die Vergütung durch Erklärung gegenüber dem Unternehmer mindern. Der Ausschlussgrund des § 323 Abs. 5 Satz 2 findet keine Anwendung.

(2) Sind auf der Seite des Bestellers oder auf der Seite des Unternehmers mehrere beteiligt, so kann die Minderung nur von allen oder gegen alle erklärt werden.

(3) Bei der Minderung ist die Vergütung in dem Verhältnis herabzusetzen, in welchem zur Zeit des Vertragsschlusses der Wert des Werkes in mangelfreiem Zustand zu dem wirklichen Wert gestanden haben würde. Die Minderung ist, soweit erforderlich, durch Schätzung zu ermitteln.

(4) Hat der Besteller mehr als die geminderte Vergütung gezahlt, so ist der Mehrbetrag vom Unternehmer zu erstatten. § 346 Abs. 1 und § 347 Abs. 1 finden entsprechende Anwendung."

Abnahme, § 640 BGB

„(1) Der Besteller ist verpflichtet, das vertragsmäßig hergestellte Werk abzunehmen, sofern nicht nach der Beschaffenheit des Werkes die Abnahme ausgeschlossen ist. Wegen unwesentlicher Mängel kann die Abnahme nicht verweigert werden. Der Abnahme steht es gleich, wenn der Besteller das Werk nicht innerhalb einer ihm vom Unternehmer bestimmten angemessenen Frist abnimmt, obwohl er dazu verpflichtet ist.

(2) Nimmt der Besteller ein mangelhaftes Werk gemäß Absatz 1 Satz 1 ab, obschon er den Mangel kennt, so stehen ihm die in § 634 Nr. 1 bis 3 bezeichneten Rechte nur zu, wenn er sich seine Rechte wegen des Mangels bei der Abnahme vorbehält."

Die Abnahme darf somit wegen unwesentlicher Mängel nicht verweigert werden.

Mängel

Bei der Abnahme des vertraglich erbrachten Werks oder einer Werkleistung wird dieses auf die Mängelfreiheit überprüft. Gemäß § 640 BGB darf die Abnahme wegen unwesentlicher Mängel nicht verweigert werden.

Die Abgrenzung zwischen einem unwesentlichen und einem wesentlichen Mangel kann nur im Einzelfall entschieden werden. Dabei sind die beiderseitigen Interessen von Auftraggeber und Auftragnehmer gegeneinander abzuwägen. Eine Leistung gilt als im Wesentlichen mangelhaft, wenn das Werk nicht den allgemein anerkannten Regeln der Technik entspricht, oder ist anzunehmen, wenn die Gebrauchstauglichkeit des Werks für den Besteller beeinträchtigt ist. Auch gravierende optische Mängel können im Einzelfall einen wesentlichen Mangel darstellen. Ebenso können nicht fertiggestellte Restarbeiten einen wesentlichen Mangel darstellen. Ein wesentlicher Mangel an der Bauleistung berechtigt den Auftraggeber, die Abnahme zu verweigern.

Bei unwesentlichen Mängeln hat der Auftragnehmer gemäß § 640 BGB einen Anspruch auf Abnahme. Lehnt der Auftraggeber die Abnahme ab, obwohl dem Werk kein wesentlicher Mangel anhaftet oder die noch auszuführenden Restarbeiten geringfügig sind, erfolgt die Abnahmeverweigerung zu Unrecht. Der Auftragnehmer kann dann gemäß § 640 BGB eine angemessene Frist zur Abnahme setzen. Verläuft diese gesetzte Frist fruchtlos, gilt die Abnahme als erfolgt.

Eine Leistung gilt als abnahmereif, auch wenn sie mit nur unwesentlichen Mängeln behaftet ist und auch wenn vorhandene Restmängel nach allen Umständen des Einzelfalles an Bedeutung so weit zurücktreten, dass es unter Abwägung der beiderseitigen Interessen dem Auftraggeber zumutbar ist, eine zügige Vertragsabwicklung nicht aufzuhalten und deshalb nicht mehr auf den Vorteilen zu bestehen, die sich ihm vor Abnahme bieten.

Unregelmäßigkeiten

Werden die vertraglich festgelegten Grenzwerte (z. B. Leistungsverzeichnis) nicht überschritten bzw. liegt die Ausführung der Arbeiten im Rahmen des vertraglich zu Erwartenden bzw. des allgemein Üblichen, so liegt kein Mangel vor. Unregelmäßigkeiten gelten dann als unvermeidbar.

Geringe Abweichungen vom Sollzustand

Werden die vertraglich festgelegten Grenzwerte z. B. aus dem Leistungsverzeichnis unterschritten bzw. liegt die Ausführung der Arbeiten nicht im Rahmen des vertraglich zu Erwartenden bzw. des allgemein Üblichen, so liegt ein Mangel vor.

Ist die Beeinträchtigung der Verwendungseignung durch diesen Mangel jedoch sehr gering, der Aufwand einer Nachbesserung aber unverhältnismäßig hoch, so kann der Mangel auch durch Minderung durch den Auftraggeber abgegolten werden. Zur Bewertung der Unverhältnismäßigkeit sind die Mangelbeseitigungskosten im Verhältnis zu dem mit der Mangelbeseitigung zu erreichenden Erfolg zu sehen und ist nicht, wie oft angenommen, das Verhältnis zwischen Werklohn- und Mangelbeseitigungskosten zugrunde zu legen.

Deutliche Abweichungen vom Sollzustand, gravierende Mängel

Werden die vertraglich festgelegten Grenzwerte, z. B. aus dem Leistungsverzeichnis, unterschritten bzw. liegt die Ausführung der Arbeiten nicht im Rahmen des vertraglich zu Erwartenden bzw. des allgemein Üblichen, so liegt ein Mangel vor.

Ist die Beeinträchtigung der Verwendungseignung und/oder der Beschaffenheit deutlich, so ist der Mangel ohne Ansehen des entstehenden Aufwandes gemäß § 635 BGB nachzubessern. Mängel, die eine Einschränkung der Gebrauchstauglichkeit nach sich ziehen, sind nicht hinnehmbare Mängel. Dies gilt auch für optische Mängel. Der Auftragnehmer hat je nach Art und Umfang des Mangels die Wahl, das Werk nachzubessern oder neu herzustellen. Die Nacherfüllung von nicht hinnehmbaren Mängeln ist erforderlich, da eine vereinbarte oder übliche Dauerhaftigkeit und Gebrauchstauglichkeit nicht zu erwarten ist. Lehnt der Auftragnehmer die Nacherfüllung wegen unverhältnismäßig hohem Aufwand ab, so kann der Besteller den Mangel gemäß § 637 BGB selbst beseitigen und Ersatz der erforderlichen Aufwendungen verlangen.

Verdeckte Mängel

Die Gesetzgebung kennt den Begriff des „verdeckten" oder „versteckten" Mangels nicht. Bei Bauleistungen sind die meisten Mängel optisch verdeckte Mängel. Wären sie offensichtlich, würde keine Abnahme vom jeweiligen Gewerk erfolgen.

Zeigt sich ein Mangel, z. B. eine mangelnde Haftung einer Beschichtung, erst im Laufe der Gewährleistungszeit, haftet der Auftragnehmer im Zuge der Vereinbarungen gemäß VOB und BGB.

Vorsätzliche Mängel

Ein vorsätzlicher Mangel kann entstehen, wenn z. B. vom Auftraggeber eine Beschichtung mit Grundierung, Zwischen- und Schlussbeschichtung gefordert wird, der Auftragnehmer aber nur die Zwischen- und Schlussbeschichtung ausführt, um Kosten einzusparen, und dies dem Auftraggeber arglistig verschweigt.

Dies kann die sog. deliktische Haftung auslösen, die erst nach 10 Jahren verjährt. Bei diesem Tatbestand muss der Auftraggeber den Mangel und die arglistige Absicht des Auftragnehmers nachweisen.

Mängel aufgrund falscher Herstellerangaben

Haftung für die Verbindlichkeit

Hersteller werben häufig bei neuen, innovativen Produkten mit besonderen technischen oder optischen Eigenschaften. Der Verarbeiter kann bei seriösen Herstellern davon ausgehen, dass die ihm angebotenen Produkte umfangreichen Laboruntersuchungen unterzogen wurden und sich eventuell in der Freibewitterung bewährt haben. Der Verarbeiter kann jedoch nicht davon ausgehen, dass diese Produkte automatisch den allgemein anerkannten Regeln der Technik entsprechen, da hierzu eine Bewährung in der Praxis erforderlich ist.

Verwendet der Auftragnehmer Produkte, die nicht den allgemein anerkannten Regeln der Technik entsprechen, muss er vorab den Auftraggeber umfassend über alle eventuell eintretenden Risiken informieren. Die Anwendung von Produkten, die nicht den allgemein anerkannten Regeln der Technik entsprechen, stellt einen Mangel dar. Wird dem Auftragnehmer die Verwendung solcher Produkte vom Auftraggeber vorgegeben, sollten schriftliche Bedenken angemeldet werden.

Der Verarbeiter haftet ebenso für Werbeaussagen der Hersteller in Verbindung mit den von ihm verwendeten Produkten. Preist ein Hersteller seine Produkte mit Versprechungen an, wie z. B. Selbstreinigungseffekt, dauerhafter Schutz vor Algen, Reduzierung der Oberflächenerwärmung oder auch wärmedämmenden Eigenschaften von Anstrichen, so haftet der Auftragnehmer, wenn die von ihm oder dem Hersteller versprochenen Zusagen nicht eintreffen.

Bei einem Werkliefervertrag haftet der Verkäufer. Der Verkäufer ist bei der Verarbeitung der Auftragnehmer, der das Produkt mit seiner Leistung (Ausführung) verkauft. Wird vom Auftraggeber eine Produktleistung beanstandet, weil sie nicht zutrifft, haftet der Auftragnehmer. Dieser hat dann nur die Möglichkeit, eventuelle Regressansprüche an den Hersteller weiterzugeben. Es empfiehlt sich daher, den Hersteller neuer Produkte vor der Produktanwendung durch eine Gewährleistung mit einzubinden.

Ansprüche gegenüber dem Hersteller

Wenn ein Auftragnehmer Produkte eines Herstellers verarbeitet, die sich nach der Verarbeitung als fehlerhaft herausstellen, hat der Auftraggeber aufgrund des Gewährleistungsanspruches einen Nachbesserungsanspruch (Ausbau oder Entfernen des fehlerhaften Produktes und Neueinbau oder Neubeschichtung mit fehlerfreiem Material). Der Auftragnehmer haftet nicht nur für das fehlerhafte Material, sondern auch für die Beschichtungs- und Einbaukosten sowie das Entfernen oder Ausbauen des fehlerhaften Materials.

Der Auftragnehmer hat einen Regressanspruch gegenüber dem Hersteller des Produkts von 5 Jahren. Dieser Regressanspruch (Nacherfüllungsanspruch) bezieht sich aber nur auf das erworbene Produkt selbst und nicht auf eventuell notwendige Ein- und Ausbaukosten. Kosten, die zusätzlich durch die Verwendung des fehlerhaften Produkts entstehen, sind nicht Gegenstand des Nacherfüllungsvertrags gemäß § 439 Abs. 1 BGB. Der Hersteller (Verkäufer) schuldet gegenüber dem Auftragnehmer (Käufer) nur die Nacherfüllung des Vertrags und somit die Lieferung des fehlerfreien Produkts.

2 Energieeinsparverordnung (EnEV)

Die Motivation und die Verpflichtung, Energieeinsparmaßnahmen generell durch internationale Abkommen umzusetzen, sind in Anbetracht globaler alarmierender Klimaveränderungen durch Luftschadstoffe aus Heiz- und Klimaanlagen, Fahrzeugverkehr, Industrieprozessen, begrenzter Vorkommen fossiler Energieträger, bereits erfolgter Energiekrisen und Ölkriege wohl eine unbestrittene Notwendigkeit. Der Klimaschutz und ein sparsamer Umgang mit Energiereserven u. a. durch Gebäudedämmungen haben daher eine hohe Priorität beim Neubau und bei der Altbausanierung, die nicht nur das Handwerk, sondern alle am Bau Beteiligten einschließlich des Bauherrn oder Eigentümers betreffen.

2.1 Vom Energieeinspargesetz zum Energieausweis

Seit der Einführung des Energieeinspargesetzes (EnEG) in der Bundesrepublik Deutschland im Jahre 1976 sind zahlreiche verschärfte Energieeinsparmaßnahmen durch gesetzliche Verordnungen und Normen nicht nur national, sondern EU-weit in die Wege geleitet worden, zuletzt mit der Richtlinie 2010/31/EU des Europäischen Parlaments und des Rates über die Gesamtenergieeffizienz von Gebäuden (EU-Gebäuderichtlinie) vom 8. Juli 2010. Auch außerhalb der EU werden mehr und mehr ähnliche nationale Ziele zur Energieeinsparung bei Gebäuden bezüglich des Klima- und Wärmeschutzes verfolgt.

Nach der erstmaligen nationalen Umsetzung der Energieeinsparverordnung (EnEV) im Jahre 2002 und der „redaktionellen“ Änderung im Jahre 2004 sind die einzuhaltenden Begrenzungen gegenüber der Wärmeschutzverordnung von 1995 gemäß den Vorschriften für Neubau und Altbausanierung zur Senkung des Gebäudeenergiebedarfs insgesamt nochmals um etwa 30 % herabgesetzt worden.

Ab dem 4. Januar 2006 sollte die Umsetzung der EU-Gebäuderichtlinie durch eine weitere Novellierung der bereits 2004 geänderten EnEV für Deutschland erfolgen, was sich jedoch wegen des Regierungswechsels im Herbst 2005 verzögert hat. In Deutschland müssen bereits seit der Wärmeschutzverordnung von 1995 Energieausweise als „Wärmebedarfsausweise“ ausgestellt werden. Seit der EnEV von 2002 sind sie als „Energiebedarfsausweis“ im Neubausektor sowie bei wesentlichen Gebäudeänderungen vorgeschrieben. Mit der Novellierung sollte u. a. die Einführung von „Energieausweisen“ im gesamten Gebäudebestand einschließlich Altbauten bei Neuvermietung und Eigentümerwechsel verpflichtend umgesetzt werden.

Die Novellierung und Umsetzung des Referentenentwurfs der EnEV von 2006 in nationales Recht ist am 1. Oktober 2007 mit der EnEV 2007 in Kraft getreten. Seit Einführung der letzten EnEV zum 1. Oktober 2009 mit der Änderung des Energieeinspargesetzes (EnEG) am 19. Dezember 2008 und der Einführung des Erneuerbare-Energien-Wärmegesetzes (EEWärmeG) vom 1. Januar 2009 ist bei Neubau und Sanierung eine Verschärfung der primärenergetischen Anforderung um weitere ca. 30 % für alle in der Verantwortung stehenden Baubeteiligten inklusive Eigentümer und Bauherr vorgeschrieben.

Am 1. Mai 2014 ist die novellierte Energieeinsparverordnung EnEV 2014 in Kraft getreten. Somit sind die Vorgaben der geänderten EU-Gebäuderichtlinie 2010 entsprechend des seit dem 13. Juli 2013 gültigen Energieeinspargesetzes (EnEG 2013) und des Erneuerbare-Energien-Wärmegesetzes vom 1. Mai 2011 (EEWärmeG 2011) in Deutschland umgesetzt. Demnach soll laut § 1 EnEV 2014 bis zum Jahr 2050 ein nahezu klimaneutraler Gebäudebestand erreicht werden. Neubauten müssen in den EU-Mitgliedsstaaten ab 2019 bei öffentlichen und ab 2021 bei sonstigen Gebäuden im sog. Niedrigenergiehausstandard mit nahezu Nullenergiebedarf errichtet werden. Hierzu sollen gemäß EnEG 2013 von der Bundesregierung die gültigen energetischen Richtwerte noch im Jahr 2018 geregelt und veröffentlicht werden. Für Bestandsgebäude sind dagegen, mit Ausnahme einiger Vorschriftsänderungen und Nachrüstverpflichtungen, keine solchen wesentlichen energetischen Verschärfungen vorgesehen.

Energieeinsparverordnung

Der Nachweis des flächenbezogenen Jahresprimärenergiebedarfs (Q_p) aus Nutzfläche und Gebäudevolumen in seiner Abhängigkeit von der Anlagenaufwandszahl (e_p) und vom Jahresheizwärmebedarf (Q_h) sowie vom Nutzwärmebedarf zur Warmwasseraufbereitung (Q_w) blieb mit Einführung der EnEV 2007 zunächst weiter bestehen, wobei die Anlagenaufwandszahl als Primärenergiefaktor für Strom von 3,0 auf 2,7, ab 2009 auf 2,6 gesenkt wurde und wegen des zunehmenden Einsatzes vorgeschriebener erneuerbarer Energien ab 1. Januar 2016 laut EnEV 2014 weiter auf 1,8 sinken wird. Bei der Ermittlung sind DIN V 4108-6 „Wärmeschutz und Energie-Einsparung in Gebäuden – Teil 6: Berechnung des Jahresheizwärme- und Jahresheizenergiebedarfs“ (2003) und DIN V 4701-10 „Energetische Bewertung heiz- und lufttechnischer Anlagen – Teil 10: Heizung, Trinkwassererwärmung, Lüftung“ (2003) zu berücksichtigen.

$$Q_P = (Q_h + Q_w) \cdot e_p$$

mit

Q_p = Jahresprimärenergiebedarf
Q_h = Jahresheizwärmebedarf
Q_w = Zuschlag für Warmwasser
e_p = Anlagenaufwandszahl

Anforderungen an Wohn- und Nichtwohngebäude

Bei Wohngebäuden im Altbaubestand sind den Kauf- und Mietinteressenten seit der Umsetzung der EnEV 2007 von Eigentümern, Vermietern oder Pächtern bedarfsorientierte oder verbrauchsorientierte Energieausweise zugänglich zu machen. Auch sind bei der Umsetzung der EnEV 2007 keine gravierenden Änderungen in den Wärmeschutzanforderungen gegenüber der EnEV 2004 erfolgt. Erst mit Einführung der EnEV 2009 wurden auch für Bauteile wie Wärmedämm-Verbundsysteme etc. die Anforderungen bei energetischen Sanierungen im Altbau deutlich verschärft. Unverändert gilt hingegen bei anstehenden Gebäudesanierungen gemäß des gültigen Energieeinspargesetzes der darin vorgegebene Wärmeschutz, der nach § 5 EnEG als „wirtschaftlich vertretbare Forderung, abhängig von der üblichen Nutzungsdauer" definiert ist. Seither ist das Wirtschaftlichkeitsprinzip bei der Umsetzung und praktischen Anwendung der EnEV-Vorschrift weiter aufrechterhalten geblieben. Auch blieben die in der EnEV im Abschnitt 3 genannten Regelungen und Anforderungen über Höchstwerte der Wärmedurchgangskoeffizienten (*U*-Werte) für Bauteile wie Außenwände, Fenster, Türen, Verglasungen, Decken, Dächer und Wände etc. weiter verankert, bevor sie vom Gesetzgeber entsprechend den europäischen Klimaschutzzielen zuletzt auf das Niveau entsprechend § 9 EnEV 2009 um ca. 30 % stark herabgesetzt wurden.

Mit dem Inkrafttreten der EnEV 2014 am 1. Mai 2014 werden nun im Ergebnis die weiteren primärenergetischen Verschärfungen ab 1. Januar 2016 um 25 % bei neu gebauten Wohn- und Nichtwohngebäuden wirksam und die Anforderungen für die Wärmedämmung der Gebäudehülle um ca. 20 % weiter erhöht (siehe Tabellen 2.1 und 2.2).

Nichtwohngebäude, wie Bürogebäude, Gebäude mit hohem Publikumsverkehr, Kliniken, Schulen, Hotels, Sport- und Schwimmhallen etc., für die nach EnEV 2004 ähnliche Vorschriften wie für Wohngebäude galten, sind mit der gültigen EnEV 2009 nicht mehr allein auf der Grundlage des Primärenergiebedarfs, bezogen auf das Nutzflächen-Gebäudevolumen-Verhältnis, zu bewerten, weil die Nutzungsbedingungen und der entsprechende Energiebedarf von Klima-, Lüftungs-, Beleuchtungs- und Warmwassererzeugungsanlagen sehr unterschiedlich sind. Hierfür sind seitdem, wie für zu errichtende Wohngebäude und ggf. für Sanierungen im Gebäudebestand, Primärenergie-Bedarfsberechnungen auf der Grundlage von DIN V 18599 „Energetische Bewertung von Gebäuden – Berechnung des Nutz-, End- und Primärenergiebedarfs für Heizung, Kühlung, Lüftung, Trinkwarmwasser und Beleuchtung" mit den teils aktualisierten Teilen 1 bis 10 neben den bisweilen anwendbaren Normen (DIN V 4180-6/4701-10) situationskonform zu berücksichtigen. Der Energiebedarf eines Nichtwohngebäudes darf seit der EnEV 2009 u. a. maximal dem eines definierten „Referenzgebäudes" mit gleichartiger Geometrie und Nutzung entsprechen.

ENERGIEAUSWEIS für Wohngebäude

gemäß den §§ 16 ff. der Energieeinsparverordnung (EnEV) vom [1]

Erfasster Energieverbrauch des Gebäudes

Registriernummer [2]
(oder: „Registriernummer wurde beantragt am...")

3

Energieverbrauch

Endenergieverbrauch dieses Gebäudes
kWh/(m²·a)

A+ | A | B | C | D | E | F | G | H
0 25 50 75 100 125 150 175 200 225 >250

kWh/(m²·a)
Primärenergieverbrauch dieses Gebäudes

Endenergieverbrauch dieses Gebäudes

[Pflichtangabe für Immobilienanzeigen]

kWh/(m²·a)

Verbrauchserfassung – Heizung und Warmwasser

Zeitraum von	Zeitraum bis	Energieträger [3]	Primär-energie-faktor	Energieverbrauch [kWh]	Anteil Warmwasser [kWh]	Anteil Heizung [kWh]	Klima-faktor

Vergleichswerte Endenergie

A+ | A | B | C | D | E | F | G | H
0 25 50 75 100 125 150 175 200 225 >250

Effizienzhaus 40
MFH Neubau
EFH Neubau
EFH energetisch gut modernisiert
Durchschnitt Wohngebäudebestand
MFH energetisch nicht wesentlich modernisiert
EFH energetisch nicht wesentlich modernisiert
4

Die modellhaft ermittelten Vergleichswerte beziehen sich auf Gebäude, in denen die Wärme für Heizung und Warmwasser durch Heizkessel im Gebäude bereitgestellt wird.
Soll ein Energieverbrauch eines mit Fern- oder Nahwärme beheizten Gebäudes verglichen werden, ist zu beachten, dass hier normalerweise ein um 15 bis 30 % geringerer Energieverbrauch als bei vergleichbaren Gebäuden mit Kesselheizung zu erwarten ist.

Erläuterungen zum Verfahren

Das Verfahren zur Ermittlung des Energieverbrauchs ist durch die Energieeinsparverordnung vorgegeben. Die Werte der Skala sind spezifische Werte pro Quadratmeter Gebäudenutzfläche (A_N) nach der Energieeinsparverordnung, die im Allgemeinen größer ist als die Wohnfläche des Gebäudes. Der tatsächliche Energieverbrauch einer Wohnung oder eines Gebäudes weicht insbesondere wegen des Witterungseinflusses und sich ändernden Nutzerverhaltens vom angegebenen Energieverbrauch ab.

[1] siehe Fußnote 1 auf Seite 1 des Energieausweises
[2] siehe Fußnote 2 auf Seite 1 des Energieausweises
[3] gegebenenfalls auch Leerstandszuschläge, Warmwasser- oder Kühlpauschale in kWh
[4] EFH: Einfamilienhaus, MFH: Mehrfamilienhaus

Abb. 2.1: Teilansicht eines Musterenergieausweises auf Basis des Energiebedarfs nach EnEV 2014. Verkäufer und Vermieter sind zur Übergabe an Käufer und Mieter bereits bei der Besichtigung von Immobilien verpflichtet. Er enthält Pflichtangaben, u. a. des Endenergiebedarfs, bei Veröffentlichungen in Immobilienanzeigen und bei Ausweiserstellungen und ab 1. Mai 2014 die verpflichtende zusätzliche Angabe der Effizienzklasse A+ bis H (Quelle: EnEV 2014, Anlage 6 zu § 16).

Entsprechend § 3 Abs. 1 und § 4 Abs. 1 EnEV 2009 sowie EnEV 2014 sind neu zu errichtende Wohngebäude und Wohngebäude im Altbaubestand bei Erweiterung oder Ausbau um beheizte oder gekühlte Räume von mehr als 50 m² Nutzfläche mit den betreffenden Außenbauteilen **des neuen Gebäudeteils** und ähnlichen Nichtwohngebäuden wie folgt auszuführen:

„*§ 3 Anforderungen an Wohngebäude*

(1) Zu errichtende Wohngebäude sind so auszuführen, dass der Jahresprimärenergiebedarf für Heizung, Warmwasserbereitung, Lüftung und Kühlung den Wert des Jahresprimärenergiebedarfs eines Referenzgebäudes gleicher Geometrie, Gebäudenutzfläche und Ausrichtung mit der in Anlage 1, Tabelle 1 [siehe Tabelle 2.1] *angegebenen technischen Referenzausführung nicht überschreitet.*

§ 4 Anforderungen an Nichtwohngebäude

(1) Zu errichtende Nichtwohngebäude sind so auszuführen, dass der Jahresprimärenergiebedarf für Heizung, Warmwasserbereitung, Lüftung, Kühlung und eingebaute Beleuchtung den Wert des Jahresprimärenergiebedarfs eines Referenzgebäudes gleicher Geometrie, Nettogrundfläche, Ausrichtung und Nutzung einschließlich der Anordnung der Nutzungseinheiten mit der in Anlage 2, Tabelle 1 angegebenen technischen Referenzausführung nicht überschreitet.“

Darüber hinaus müssen nach EnEV 2014 Transmissionswärmeverluste entsprechend der Umfassungsfläche des neuen Gebäudeteils nach Anlage 1 Tabelle 2 EnEV (siehe Tabelle 2.2) sowie der Wärmeschutz im Sommer einschließlich der vorgeschriebenen Berechnungsmethoden beachtet und eingehalten werden:

„*Ab dem 1. Januar 2016 darf der spezifische, auf die wärmeübertragende Umfassungsfläche bezogene Transmissionswärmeverlust eines zu errichtenden Wohngebäudes das 1,0-Fache des entsprechenden Wertes des jeweiligen Referenzgebäudes nicht überschreiten. Die jeweiligen Höchstwerte der Tabelle 2 dürfen dabei nicht überschritten werden.*“

Dies bedeutet, dass in der Praxis bei solchen Gebäudeerweiterungen in der Regel nur der bauvorlagenberechtigte Architekt als Planer, ggf. alternativ ein berechtigter und ausgebildeter „Sachverständiger (u. a. Energieberater)“, nach §§ 21 und 29 EnEV 2009 und EnEV 2014 bei der Erstellung von Energieausweisen (siehe Abb. 2.1) tätig werden darf. Nicht betroffen von diesen Vorschriften ist dagegen der unsanierte, nicht erweiterte bzw. ausgebaute Bestandsgebäudeteil.

Tabelle 2.1: Ausschnitt der Tabelle 1 zur Ausführung des Referenzgebäudes (nach Anlage 1 EnEV 2014 zu den §§ 3 und 9 „Anforderungen an Wohngebäude"). Gemäß EnEV 2014 ist der Primärenergiebedarf des Referenzgebäudes ab dem 1. Januar 2016 bei Neubauvorhaben mit dem Faktor 0,75 zu multiplizieren.

Zeile	**Bauteil/System**	**Referenzausführung/Wert (Maßeinheit)**	
		Eigenschaft	
1.1	Außenwand, Geschossdecke gegen Außenluft	Wärmedurchgangskoeffizient	$U = 0{,}28\ \mathrm{W/(m^2 \cdot K)}$
1.2	Außenwand gegen Erdreich, Bodenplatte, Wände und Decken zu unbeheizten Räumen	Wärmedurchgangskoeffizient	$U = 0{,}35\ \mathrm{W/(m^2 \cdot K)}$
1.3	Dach, oberste Geschossdecke, Wände zu Abseiten	Wärmedurchgangskoeffizient	$U = 0{,}20\ \mathrm{W/(m^2 \cdot K)}$
1.4	Fenster, Fenstertüren	Wärmedurchgangskoeffizient	$U_w = 1{,}30\ \mathrm{W/(m^2 \cdot K)}$
		Gesamtenergiedurchlassgrad der Verglasung	$g\perp = 0{,}60$
1.5	Dachflächenfenster	Wärmedurchgangskoeffizient	$U_w = 1{,}40\ \mathrm{W/(m^2 \cdot K)}$
		Gesamtenergiedurchlassgrad der Verglasung	$g\perp = 0{,}60$
1.6	Lichtkuppeln	Wärmedurchgangskoeffizient	$U_w = 2{,}70\ \mathrm{W/(m^2 \cdot K)}$
		Gesamtenergiedurchlassgrad der Verglasung	$g\perp = 0{,}64$
1.7	Außentüren	Wärmedurchgangskoeffizient	$U = 1{,}80\ \mathrm{W/(m^2 \cdot K)}$
2	Bauteile nach den Zeilen 1.1 bis 1.7	Wärmebrückenzuschlag	$\Delta U_{WB} = 0{,}05\ \mathrm{W/(m^2 \cdot K)}$
3	Luftdichtheit der Gebäudehülle	Bemessungswert n_{50}	bei Berechnung nach • DIN V 4108-6:2003-06: mit Dichtheitsprüfung • DIN V 18599-2:2011-12: nach Kategorie I
4	Sonnenschutzvorrichtung	keine im Rahmen der Nachweise nach Nummer 2.1.1 oder 2.1.2 anzurechnende Sonnenschutzvorrichtung	

Fortsetzung Tabelle 2.1

Zeile	**Bauteil/System**	**Referenzausführung/Wert (Maßeinheit)**
		Eigenschaft
5	Heizungsanlage	• Wärmeerzeugung durch Brennwertkessel (verbessert), Heizöl EL, Aufstellung: – für Gebäude bis zu 2 Wohneinheiten innerhalb der thermischen Hülle – für Gebäude mit mehr als 2 Wohneinheiten außerhalb der thermischen Hülle • Auslegungstemperatur 55/45 °C, zentrales Verteilsystem innerhalb der wärmeübertragenden Umfassungsfläche, innen liegende Stränge und Anbindeleitungen, Pumpe auf Bedarf ausgelegt (geregelt, Δp konstant), Rohrnetz hydraulisch abgeglichen • Wärmeübergabe mit freien statischen Heizflächen, Anordnung an normaler Außenwand, Thermostatventile mit Proportionalbereich 1 K
6	Anlage zur Warmwasserbereitung	• zentrale Warmwasserbereitung • gemeinsame Wärmebereitung mit Heizungsanlage nach Zeile 5 • bei Berechnung nach Nummer 2.1.1: Solaranlage mit Flachkollektor sowie Speicher ausgelegt gemäß DIN V 18599-8:2011-12 Tabelle 15 • bei Berechnung nach Nummer 2.1.2: Solaranlage mit Flachkollektor zur ausschließlichen Trinkwassererwärmung entsprechend den Vorgaben nach DIN V 4701-10:2003-08 Tabelle 5.1-10 mit Speicher, indirekt beheizt (stehend), gleiche Aufstellung wie Wärmeerzeuger, – kleine Solaranlage bei $A_N \leq 500$ m² (bivalenter Solarspeicher) – große Solaranlage bei $A_N > 500$ m² • Verteilsystem innerhalb der wärmeübertragenden Umfassungsfläche, innen liegende Stränge, gemeinsame Installationswand, Standard-Leitungslängen nach DIN V 4701-10:2003-08 Tabelle 5.1-2 mit Zirkulation
7	Kühlung	keine Kühlung
8	Lüftung	zentrale Abluftanlage, bedarfsgeführt mit geregeltem DC-Ventilator

Tabelle 2.2: Höchstwerte des spezifischen, auf die wärmeübertragende Umfassungsfläche bezogenen Transmissionswärmeverlusts (nach Anlage 1 EnEV 2014 zu §§ 3 und 9 „Anforderungen an Wohngebäude", Tabelle 2)

Gebäudetyp		**Höchstwert des spezifischen Transmissionswärmeverlustes in W/(m² · K)**
frei stehendes Wohngebäude	mit $A_N \leq 350$ m²	$H_T = 0{,}40$
	mit $A_N > 350$ m²	$H_T = 0{,}50$
einseitig angebautes Wohngebäude		$H_T = 0{,}45$
alle anderen Wohngebäude		$H_T = 0{,}65$
Erweiterungen und Ausbauten von Wohngebäuden gemäß § 9 Absatz 5		$H_T = 0{,}65$

Unternehmererklärung

Dachbodendämmung und Nachrüstverpflichtung nach EnEV 2014

Die vorschriftsgemäße Unternehmererklärung (siehe Abb. 2.2) enthält neben der EnEv-konformen Ausführungsbestätigung den Hinweis zur fünfjährigen Aufbewahrungspflicht des Eigentümers. Nach EnEV 2014 müssen Eigentümer von Wohngebäuden sowie Nichtwohngebäuden bis zum 31. Dezember 2015 oberste zugängliche Geschossdecken beheizter Räume zum unbeheizten Dachraum so nachrüsten und dämmen, dass der Wärmedurchgangskoeffizient der Decke von $U = 0{,}24\ \mathrm{W/(m^2 \cdot K)}$ nicht überschritten wird, wenn die vorhandene Deckenkonstruktion nicht den Anforderungen des Mindestwärmeschutzes nach der im Februar 2013 geänderten DIN 4108-2 „Wärmeschutz und Energie-Einsparung in Gebäuden – Teil 2: Mindestanforderungen an den Wärmeschutz" (2013) entspricht (siehe Tabelle 2.3).

Demnach gilt die Nachrüstverpflichtung nur für solche Geschossdecken nicht, wenn bei massiven Deckenkonstruktionen mit einer flächenbezogenen Masse > 100 kg/m² mindestens der Wärmedurchlasswiderstand von $R > 1{,}2\ \mathrm{m^2 \cdot K/W}$ (entspricht umgerechnet $U < 0{,}71\ \mathrm{W/[m^2 \cdot K]}$) und bei einer flächenbezogenen Masse von < 100 kg/m², wie z. B. bei thermisch inhomogenen Holzbalkendecken im Bereich des Gefaches, der Wärmedurchlasswiderstand von $R > 1{,}75\ \mathrm{m^2 \cdot K/W}$ (entspricht umgerechnet $U < 0{,}51\ \mathrm{W/[m^2 \cdot K]}$) und für die gesamte Deckenkonstruktion aus Holzbalken und Gefache im Mittel der Mindestwärmedurchlasswiderstand von $R_m > 1{,}0\ \mathrm{m^2 \cdot K/W}$ (entspricht umgerechnet $U < 0{,}83\ \mathrm{W/[m^2 \cdot K]}$) vorliegt.

Kann dagegen der Mindestwärmeschutz nach DIN 4108-2 nicht nachgewiesen werden, muss gemäß EnEV 2014 bis zum 1. Januar 2016 die Wärmedämmung bis zum Erreichen des vorschriftsgemäßen U-Wertes = $0{,}24\ \mathrm{W/(m^2 \cdot K)}$ nachgerüstet werden. Eigentümer selbstbewohnter Gebäude mit nicht mehr als 2 Wohnungen können dagegen ihre Nachrüstverpflichtung aussetzen, wenn die Nachrüstung innerhalb von 2 Jahren nach dem Eigentümerwechsel ihrer Immobilie erfolgt.

Ordnungswidrigkeiten

Laut Energieeinspargesetz (EnEG) vom 8. September 2005 mit Änderungen vom 28. März 2009 und 13. Juli 2013 können Ordnungswidrigkeiten gegen einzelne Rechtsvorschriften der EnEV mit einem Bußgeld von Fall zu Fall in Abstufung von 50.000, 15.000 und 5.000 Euro geahndet werden. Bei Vorsätzlichkeit oder Fahrlässigkeit können davon im Prinzip alle Baubeteiligten, also neben dem Auftragnehmer auch der Auftraggeber bzw. Eigentümer, betroffen sein. Ordnungswidrig handelt im Sinne von § 8 des Energieeinspargesetzes gemäß § 27 EnEV, wer

- vorsätzlich oder leichtfertig ein Wohn- oder Nichtwohngebäude nicht richtig errichtet,
- Änderungen an bestehenden Gebäuden bei Erweiterung und Ausbau oder an Anlagen der Heizungs-, Kühl- und Raumlufttechnik sowie der Warmwasserversorgung nicht vorschriftsgemäß ausführt, wartet oder erforderliche Maßnahmen, wie z. B. die pflichtgemäße Nachrüstung der Wärmedämmung oberster zugänglicher Geschossdecken, unterlässt,

Herrn/Frau [Firmenanschrift]

[Straße und Hausnummer

PLZ und Ort]

....

[Ort, Datum]

Unternehmererklärung nach § 26a Energieeinsparverordnung

Sehr geehrte Damen und Herren,

hiermit bestätigen wir, dass die ausgeführten Änderungen der aufgeführten Bauteile des Objektes

[Straße und Hausnummer, PLZ und Ort]

den Anforderungen gemäß Anlage 3 der Energieeinsparverordnung (EnEV) 2014 entsprechen:

- Außenwände (WDVS)
- Decken gegen beheizte Räume (Kellerdeckendämmung)
- Decken (Dachbodendämmung)
- Wände gegen Erdreich (Perimeterdämmung)

Diese Unternehmererklärung muss von Ihnen als Eigentümer mindestens 5 Jahre aufbewahrt werden und ist der nach Landesrecht zuständigen Behörde auf Verlangen vorzulegen.

____

Unterschrift und Stempel

Abb. 2.2: Beispiel einer Unternehmererklärung nach § 26a EnEV 2009 und EnEV 2014, die der Handwerksbetrieb schriftlich zu erstellen und dem Eigentümer nach Abschluss der Arbeiten unverzüglich zu übergeben hat. Er bestätigt damit, dass die von ihm geänderten oder eingebauten Bau- oder Anlagenteile der Verordnung entsprechen.

- vorsätzlich oder leichtfertig einen Energieausweis nicht, nicht vollständig oder nicht rechtzeitig Mietern sowie Käufern übergibt und Pflichtangaben in Anzeigen nicht veröffentlicht,
- als Eigentümer nicht dafür Sorge trägt, dass die bereitgestellten Daten zur Erstellung von Energieausweisen richtig sind,
- als Sachverständiger die bereitgestellten Daten in begründeten Zweifelsfällen trotzdem seinen Berechnungen zugrunde legt, in Energieausweisen zugeteilte Registriernummern nicht einträgt oder die Unterlagen für die Stichprobenkontrolle nicht wie gefordert übermittelt,
- vorsätzlich oder leichtfertig Energieausweise oder Modernisierungsempfehlungen ohne qualifizierte Ausbildung und Nachweisberechtigung nach § 21 EnEV als selbst ernannter Sachverständiger ausstellt.

Zudem handeln Auftragnehmer ordnungswidrig, die vorsätzlich oder leichtfertig vorgeschriebene Unternehmererklärungen nach § 26a Absatz 1 EnEV (siehe Abb. 2.2) nicht, nicht richtig oder nicht rechtzeitig für Eigentümer (Auftraggeber) nach Abschluss von Arbeiten an bestehenden Gebäuden bei energetischen Einbau- und Änderungsmaßnahmen vornehmen.

Tabelle 2.3: Mindestwerte für Wärmedurchlasswiderstände von Bauteilen nach DIN 4108-2, Tabelle 3

	Bauteile	**Beschreibung**	**Wärmedurchlass-widerstand des Bauteils[2)] *R* in m² · K/W**
1	Wände beheizter Räume	gegen Außenluft, Erdreich, Tiefgaragen, nicht beheizte Räume (auch nicht beheizte Dachräume oder nicht beheizte Kellerräume außerhalb der wärmeübertragenden Umfassungsfläche)	1,2[3)]
2	Dachschrägen beheizter Räume	gegen Außenluft	1,2
3	Decken beheizter Räume nach oben und Flachdächer		
3.1		gegen Außenluft	1,2
3.2		zu belüfteten Räumen zwischen Dachschrägen und Abseitenwänden bei ausgebauten Dachräumen	0,90
3.3		zu nicht beheizten Räumen, zu bekriechbaren oder noch niedrigeren Räumen	0,90
3.4		zu Räumen zwischen gedämmten Dachschrägen und Abseitenwänden bei ausgebauten Dachräumen	0,35

Fortsetzung Tabelle 2.3

	Bauteile	Beschreibung	Wärmedurchlass-widerstand des Bauteils[2)] R in $m^2 \cdot K/W$
4	Decken beheizter Räume nach unten		
4.1[1)]		gegen Außenluft, gegen Tiefgaragen, gegen Garagen (auch beheizte), Durchfahrten (auch verschließbare) und belüftete Kriechkeller	1,75
4.2		gegen nicht beheizten Kellerraum	
4.3		unterer Abschluss (z. B. Sohlplatte) von Aufenthaltsräumen unmittelbar an das Erdreich grenzend bis zu einer Raumtiefe von 5 m	0,90
4.4		über einem nicht belüfteten Hohlraum, z. B. Kriechkeller, an das Erdreich angrenzend	
5	Bauteile an Treppenräumen		
5.1		Wände zwischen beheiztem Raum und direkt beheiztem Treppenraum, Wände zwischen beheiztem Raum und indirekt beheiztem Treppenraum, sofern die anderen Bauteile des Treppenraums die Anforderungen der Tabelle 3 erfüllen	0,07
5.2		Wände zwischen beheiztem Raum und indirekt beheiztem Treppenraum, wenn nicht alle anderen Bauteile des Treppenraums die Anforderungen der Tabelle 3 erfüllen	0,25
5.3		oberer und unterer Abschluss eines beheizten oder indirekt beheizten Treppenraums	wie Bauteile beheizter Räume
6	Bauteile zwischen beheizten Räumen		
6.1		Wohnungs- und Gebäudetrennwände zwischen beheizten Räumen	0,07
6.2		Wohnungstrenndecken, Decken zwischen Räumen unterschiedlicher Nutzung	0,35

1) Vermeidung von Fußkälte
2) bei erdberührten Bauteilen: konstruktiver Wärmedurchlasswiderstand
3) bei niedrig beheizten Räumen 0,55 $m^2 \cdot K/W$

Erneuerbare-Energien-Wärmegesetz (EEWärmeG)

Die EnEV 2009 und 2014 berücksichtigt das vom Bund verabschiedete Erneuerbare-Energien-Wärmegesetz (EEWärmeG) vom 15. Juli 2009 (zuletzt geändert am 22. Dezember 2011). Es gilt seither für neu zu errichtende Gebäude und schreibt hierfür den Einsatz von erneuerbaren Energien in Form von Solaranlagen, Wärmepumpen, Geothermie, Biomassenutzung (Holzpellets, Biogas, Bioöl) sowie von Umweltwärme (Bioprozesswärme, Abwärme, Kraft-Wärmekopplung) und dergleichen zur Energieversorgung vor. Bei Neubauten ab 2009 mit mehr als 50 m^2 Nutzfläche muss demnach ein Teil des Wärmebedarfs für Heizung und Warmwasser mithilfe erneuerbarer Energien gedeckt werden.

Ihr Anteil betrifft

- bei Solarenergie 15 % des Wärmeenergiebedarfs bei Wohngebäuden,
- bei Biogas 30 %,
- bei flüssiger und fester Biomasse 50 % und
- bei Geothermie und Umweltwärme ebenfalls 50 % Deckung des Wärmebedarfs.

Alternativ darf darauf verzichtet werden, wenn durch eine verbesserte Wärmedämmung die Mindestanforderungen im Jahresprimärenergiebedarf der jeweils gültigen EnEV um 15 % übertroffen werden.

Erneuerbare-Wärme-Gesetz (EWärmeG) in Baden-Württemberg

Einzelne Bundesländer, wie beispielsweise Baden-Württemberg, können vom Bundeswärmegesetz (EEWärmeG) abweichen. Nach dem EWärmeG vom 20. November 2007 mussten neue Wohngebäude mit Bauantrag zwischen 1. April 2008 und 31. Dezember 2008 mindestens 20 % ihres jährlichen Wärmebedarfs aus erneuerbaren Energien decken. Seit 1. Januar 2009 gilt auch hier das EEWärmeG im Neubau. Im Gegensatz dazu gilt jedoch für Wohngebäude im Bestand seit dem 1. Januar 2010 beim Austausch von Heizanlagen, dass 10 % des jährlichen Energiebedarfs auch hier durch erneuerbare Energien ersetzt werden müssen. Ersatzweise darf darauf verzichtet werden, wenn durch Wärmedämmung die EnEV im Jahresenergiebedarf um 30 % überschritten wird.

2.2 Auswirkungen der EnEV auf die Sanierung von Fassaden

Mit der Einführung der Energieausweise sollen Käufer, Mieter und Eigentümer von Immobilien sensibilisiert und in die Lage versetzt werden, nach und nach durch einen transparenten Vergleich von Gebäude zu Gebäude den Energieverbrauch und daraus folgende Betriebskosten besser einschätzen und schließlich auch selbst bestimmen zu können – entweder in der Eigenschaft als Käufer oder Mieter schon bei der Immobilienauswahl oder als Investor, Eigentümer und Vermieter einer Immobilie durch effiziente Energieeinsparinvestitionen.

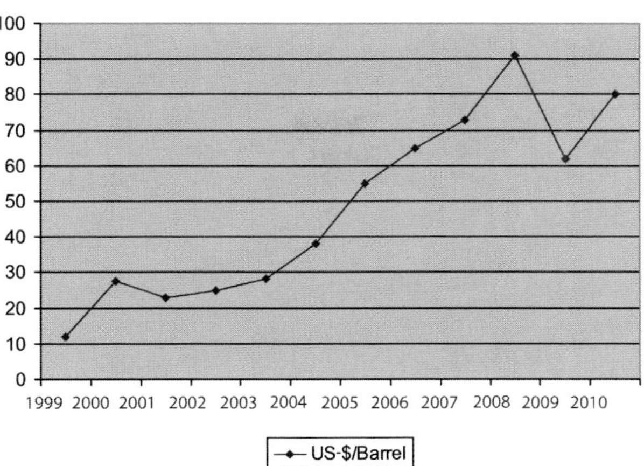

Abb. 2.3: Rohölpreisentwicklung im Jahresdurchschnitt bis 2010

Die Mietnebenkosten durch den Energieverbrauch sind mittlerweile so weit angestiegen, dass man von einer „zweiten Miete" sprechen kann. Die Gründe dafür sind politischer (steuerbedingt), aber auch kommerzieller (Energiekosten) Natur und hängen ebenso mit einer weltweit ständig steigenden Nachfrage durch Wirtschaftswachstum und Bevölkerungsanstieg zusammen. Hinzu kommt die Tatsache, dass die fossilen Energieträger nicht unbegrenzt zur Verfügung stehen. Nach Angaben der Bundesanstalt für Geowissenschaften und Rohstoffe (Bundesanstalt für Geowissenschaften und Rohstoffe, 2002) sollen Kohle noch 196 Jahre, Erdgas noch 66 Jahre und Rohöl nur noch 43 Jahre zur Verfügung stehen. Die Konsequenz ist eine Rohölpreissteigerung seit 1999 um ca. 750 % bis 2008 (siehe Abb. 2.3).

Dieser Entwicklung kann nur durch eine Senkung des Energieverbrauchs begegnet werden. Mehr als 75 % des Energieverbrauchs von Wohngebäuden werden im Durchschnitt für Heizung und über 10 % zur Warmwassererzeugung benötigt. Der Rest entfällt auf Strom für Beleuchtung und Elektrogeräte. Durch eine nachträgliche Wärmedämmung können nach Angaben des Innenministeriums von Baden-Württemberg die in der Tabelle 2.4 genannten Heizenergieeinsparungen erzielt werden, wenn bei Sanierungen von Altbauten die vorgeschriebenen *U*-Werte der jeweiligen Bauteile gemäß Anhang 3 Tabelle 1 EnEV entsprechend berücksichtigt werden.

Wird im Zuge einer Altbausanierung anstelle einer Putzerneuerung ein Wärmedämm-Verbundsystem erstellt, so können die Mehrkosten für das Wärmedämm-Verbundsystem durch die Einsparung der Betriebskosten für Heizung bei den ständig steigenden Heizöl- oder Gaspreisen je nach Gebäudealter bzw. Wärmedurchlasswiderstand der vorhandenen Außenwände in der Regel in immer geringer werdenden Zeiträumen, derzeit schon in ca. 5 bis 15 Jahren, ausgeglichen werden. In Anbetracht der inzwischen erwiesenen hohen Lebensdauer von Wärmedämm-Verbundsystemen von über 40 Jahren lassen sich dementsprechend hohe Einsparquoten errechnen, die sich über einen entsprechend langen Zeitraum aufaddieren und eine beachtliche Summe von Energiekosteneinsparungen bilden. Hinzu kommt eine Reduzierung von Luftschadstoffen (CO_2, SO_2, NO_x usw.). Wer auf solche Sanierungen verzichtet, mag nach derzeitiger Kalkulation zwar 5 bis 15 Jahre lang

Tabelle 2.4: Mögliche Heizenergieeinsparung bei Umsetzung aller sinnvollen Maßnahmen einer nachträglichen Wärmedämmung (nach Innenministerium Baden-Württemberg, o. J.)

Baualter des Hauses	Ein- und Zweifamilienhäuser	Mehrfamilienhäuser
alt bis 1948	60 %	45 %
1948 bis 1971	60 %	55 %
1971 bis 1978	40 %	35 %
1978 bis 1982	20 %	20 %
1982 bis 1990	20 %	20 %
neu 1990 bis 2000	30 %	35 %
2000 bis 2010	35 %	45 %

die Mehrkosten für ein Wärmedämm-Verbundsystem eingespart haben, verzichtet aber dann auch auf den Spargewinn all die Jahre danach und belastet die Umwelt mit erhöhtem Schadstoffausstoß weiter. Der Gesetzgeber hat daher – nachdem die Wirtschaftlichkeit solcher Wärmedämmmaßnahmen per Gutachten nachgewiesen werden konnte – festgelegt, dass entsprechend § 5 EnEG die EnEV zur Anwendung kommt, nach der *„bei Putzerneuerungen von mehr als 10 % einer Fassadenfläche mit U-Wert > 0,9 W/(m² · K) Wärmedurchlässigkeit, seit 1. Mai 2014 mit U-Wert > 0,6 W/(m² · K) bzw. bei Fassaden, die nicht der zweiten WSVO von 1984 entsprechen, die gesamten Außenwände durch eine Wärmedämmung auf U-Wert 0,24 W/(m² · K) zu sanieren sind“*. Wer sich dieser Verordnung bzw. gesetzlichen Vorschrift widersetzt, riskiert ein Bußgeldverfahren wegen einer Ordnungswidrigkeit. Zu beachten sind darüber hinaus die EnEV-Nachrüstpflichten, auch wenn keine Sanierung vorgesehen ist. Gemeint ist also die Nachrüstverpflichtung für Heizungsanlagen, die vor dem 1. Oktober 1978 eingebaut wurden, für ungedämmte Wärmeverteilungs- und Warmwasserleitungen sowie für den Einbau von Wärmedämmung der obersten Geschossdecken, die einen vorgeschriebenen U-Wert von höchstens 0,24 W/(m² · K) erreichen dürfen.

Doch auch bei Fassadensanierungen, die nicht der EnEV unterliegen, kann die Anbringung eines Wärmedämm-Verbundsystems bei ungedämmten Altbauten durchaus sinnvoll und ebenso wirtschaftlich sein, betrachtet man die relativ hohen Aufwendungen von Putzsanierungen mit Gewebearmierung und Neuputzerstellung als putztechnische Lösung bei Risssanierungen oder als anstrichtechnische Lösung mit Kunststoffgewebearmierung in elastifizierten Anstrichsystemen. Auch hier sind die Mehrkosten für ein Wärmedämm-Verbundsystem durch Kosteneinsparungen beim Energieverbrauch nicht nur relativ bald amortisiert, sondern ebenso in mehrfacher Hinsicht gewinnbringend. Abgesehen von der Schonung der Umwelt, der

Rohstoffreserven für Energie und der Kosteneinsparung gibt es noch eine Reihe weiterer Gründe, die für den Wärmeschutzeinbau bei fachgerechter Bauweise sprechen:

- Wertsteigerung der Immobilie
- Raumklimaverbesserung im Winter und Sommer
- Nachfrageverbesserung bei Vermietung oder Verkauf
- Hygieneverbesserung durch Herabsetzung des Risikos von Tauwasser- und Schimmelbildung, besonders an Wärmebrücken und schlecht hinterlüfteten Einbaumöbeln usw. an Außenwänden
- Wohnkomfortverbesserung

Im Ergebnis sind Energieeinsparinvestitionen durchaus lohnenswert. Die Einführung des Energieausweises für den gesamten Gebäudebestand wird den Immobilienmarkt für energiesparende Investitionen sicherlich in Bewegung bringen.

Förderprogramme des Bundes, der Länder und der Europäischen Union, wie die bewährten Programme der Kreditanstalt für Wiederaufbau (KfW), oder das Bundesamt für Wirtschaft und Ausfuhrkontrolle (BAFA) in Deutschland bieten Investoren finanzielle Unterstützung bei der Wärmedämmung und Energieeinsparung von Gebäuden. Sie schaffen Anreize, von denen alle profitieren können: Investor, Eigentümer und Mieter sowie das ausführende Baugewerbe und im Besonderen die Umwelt.

Das Potenzial für entsprechende Altbausanierungen ist sehr groß. Allein in Deutschland sind nach einer Studie des Fraunhofer Institutes für System- und Innovationsforschung und des Wuppertal Instituts für Klima, Umwelt, Energie (WI) zur „Konzeption eines Programms für die Steigerung der Materialeffizienz in mittelständischen Unternehmen" vom März 2005 mehr als 24 Millionen Wohneinheiten energetisch sanierungsbedürftig.

2.3 Bauausführungsfehler und Schadensrisiken

Die folgenden Ausführungen sollen Hinweise zur Vermeidung von Mängeln im Zusammenhang mit einer energetischen Ertüchtigung geben. Dies kann jedoch keinesfalls eine sachverständige Fachberatung oder die zusätzliche Einbeziehung von einschlägigen Regeln, Vorschriften, Normen usw. ersetzen.

2.3.1 Schadensrisiken beim Neubau von Wohngebäuden

Nachdem im Neubau grundsätzlich schon bei der Planung die EnEV gänzlich zu berücksichtigen ist, sollte es bei sorgfältiger Planung und bei Einhaltung der Vorgaben für Auftragnehmer in der Praxis keine allzu großen Probleme geben. Dies betrifft u. a. zumindest die Auslegung der Baukonstruktionen, ihren Aufbau in Dimension und Materialauswahl, ihre Anschlüsse zu Bauteilen, insbesondere im Hinblick auf Gebäudedichtheit und Vermeidung von Wärmebrücken, die Fugenkonstruktionen, die Installation und Dimensionierung von Rohrleitungen, Wanddurchbrüchen, elektrischen Anschlüssen, Fensterkonstruktionen, Rollladeneinbauten, Installationen an Fassaden (Markisen, Lampen, Fensterläden usw.), den Einbau dampfsperrender Abdichtungen, Be- und Entlüftungen, die Ausbildung von Dehnfugen sowie Sockel- und Geländehöhen.

Dennoch sieht die Wirklichkeit oft anders aus. Gerade wegen Defiziten in Planungsvorgaben im Detail und daraus folgenden Ausführungen werden Ziele der EnEV nicht immer problemlos erreicht. Fehlende oder mangelhaft eingebrachte Abdichtungen, die neben der Luftdichtheit nicht nur vor Energieverlust, sondern auch vor Feuchtigkeitsanreicherungen schützen sollen, sowie insbesondere unzureichende Dämmmaßnahmen in Bereichen von Wärmebrücken sind oft Ursachen von unzulässig hohen Kondensatbildungen in Bauteilen der umgebenden hoch wärmegedämmten Gebäudehülle und daraus resultierenden Feuchtigkeitsschäden. Hinzu kommen mögliche Energieverluste, die in ungünstigen Fällen 25 % und mehr betragen können, wenn Abdichtungen gegen Luft- und Feuchtigkeitseintritt im Bereich der Gebäudehülle, des Fundamentes, der Bodenplatte, der Kellerwände, der Deckenanschlüsse, Schornsteindurchdringungen und Dunstabzugsrohre, der Fenster- und Türenanschlüsse, der Anschlüsse der Dachkonstruktion, der Vertäfelungen, Dachfenster und bei Innenwänden, Elektro-/Sanitäreinrichtungen, Verputz usw. nicht ausreichend berücksichtigt werden.

Oftmals äußern sich solche Schäden durch Schimmelbefall, sichtbare Abzeichnungen von Bauteilen oder durch Beschädigungen der betroffenen Bauteile selbst. Dies kann in extremen Fällen baustatisch tragender Holz- oder Flachdachkonstruktionen und unter den ungünstigsten Umständen sogar Einsturzgefahr bedeuten, was sich bei Wetterunbilden verheerend auswirken kann: bei Holz beispielsweise durch die Gefahr von Fäulnisbildung, bei anderen Baustoffen durch Korrosion und Materialermüdung. Insbesondere im Bereich von Wärmebrücken besteht bei unzureichender Dämmung eine erhöhte Gefahr von Kondensatbildungen, z. B. bei einer Unterdimensionierung oder nicht fugenloser Verlegung oder bei mangelhafter bzw. fehlender Abdichtung an Stellen, wo sie laut EnEV/DIN 4108 Beiblatt 2 „Wärmeschutz und Energie-Einsparung in Gebäuden – Wärmebrücken – Planungs- und Ausführungsbeispiele“ (2006) nicht nur an Dachkonstruktionen, sondern an allen kritischen Stellen und Anschlüssen, wie z. B. bei Fenstereinbauten, erforderlich sind. Bei der heute vorgeschriebenen Bauweise mit niedrigen *U*-Werten bildet sich überall dort Tauwasser, wo durch Lücken zwischen Dämmstoffen bzw. Abdichtungen entsprechende Fehlstellen vorliegen und die feuchtwarme Innenraumluft auf entsprechend stark abgekühlte Gebäudebauteile trifft. Hierbei wird umso mehr bauschädliches Tauwasser entstehen, je niedriger die *U*-Werte eines Gebäudes ausgelegt sind, d. h., je besser dessen plangemäßer Wärmeschutz ist.

Dies bedeutet, dass mit zunehmendem Wärmeschutz die Schadensrisiken größer geworden sind. Was früher beim Einbau von Fenstern und Türen mit Bauschaum allein als „Wärmedämmung und Luftabdichtung“ noch gängige Praxis war, ist heute unter den Bedingungen des geforderten hohen Wärmeschutzes ein Kardinalfehler. Deshalb muss zur Schadensvermeidung heute mehr Sorgfalt von der Planung bis zur Ausführung aufgewendet und der Feuchteschutz neben dem Wärmeschutz gleichermaßen in der Praxis bis ins Detail berücksichtigt werden. Dies gilt nicht nur für die heutige Bauweise im EnEV- oder Niedrigenergiehaus-Standard, sondern insbesondere für die Passivhaus- und Nullenergiehausbauweise. Gerade bei den zuletzt genannten Bauweisen kann der sog. Blower-Door-Test sehr nützlich sein, der – mit Rauchgas schon während der Bauphase ausgeführt – versteckte undicht hergestellte Fehlstellen bei Abdichtungsarbeiten leicht sichtbar machen kann. Notwendige Korrekturen vor dem Einbau von Innenraumverkleidungen, z. B. durch Gipskartonplatten, können mit relativ geringem Aufwand zur Vermeidung möglicher Folgeschäden noch rechtzeitig ausgeführt werden.

Unzureichend gedämmte Wärmebrücken können während der Bauphase dagegen meist schon mit bloßem Auge aufgespürt werden, was nach einem Einbau von Verkleidungen oder bei später eintretenden Schadensfällen zum Teil nur noch mithilfe von Infrarotbildkameras gelingt, sofern sich auf nasskalten Wandoberflächen nicht schon ein leicht erkennbarer Schimmelbefall ausgebreitet hat. Mit Schimmelbefall ist vor allem an solchen Stellen und oft auch in solchen verdeckten, unsichtbaren Bauteilbereichen nach DIN EN ISO 13788 „Wärme- und feuchtetechnisches Verhalten von Bauteilen und Bauelementen – Raumseitige Oberflächentemperatur zur Vermeidung kritischer Oberflächenfeuchte und Tauwasserbildung im Bauteilinneren – Berechnungsverfahren“ (2001) zu rechnen, wo die für Schimmelpilzbildung kritische Temperaturgrenze von 12,6 °C erreicht wird und sich auf Bauteiloberflächen eine höhere relative Luftfeuchte von mehr als 80 % einstellt. Unter solchen Bedingungen unterhalb des Taupunktes können sich bereits innerhalb einer Woche Schimmelpilze ansiedeln. In Fällen mangelhafter Ausführungen nach DIN 4108 Beiblatt 2 und/oder bei einem Anstieg der Innenraumfeuchte durch unzureichende Be- und Entlüftung sowie bei mangelhaft eingebrachten Dampfsperren und Abdichtungen können planmäßig berücksichtigte Mindestanforderungen so weit herabgesetzt werden, dass Schäden durch Schimmelbefall oder Schädigungen der Bauteilsubstanz durch die zerstörerische Einwirkung von Feuchtigkeit nicht ausgeschlossen werden können.

Die nachfolgenden Beispiele sind als Auszug dem Wärmebrückenkatalog der Xella Technologie- und Forschungsgesellschaft mbH (Xella Technologie- und Forschungsgesellschaft mbH, 2005) entnommen, der umfangreiche Wärmebrückensituationen aufzeigt, die mit rechnerischem Nachweis nach DIN EN ISO 10211-1 „Wärmebrücken im Hochbau – Wärmeströme und Oberflächentemperaturen – Teil 1: Allgemeine Berechnungsverfahren“ (1995) konform zur DIN 4108 Beiblatt 2 sind. Gemäß der letztgenannten DIN können bei Einhaltung der Mindestanforderungen nach DIN 4108-2 Tauwasserschäden und Schimmelpilzbildungen entsprechend vermieden werden.

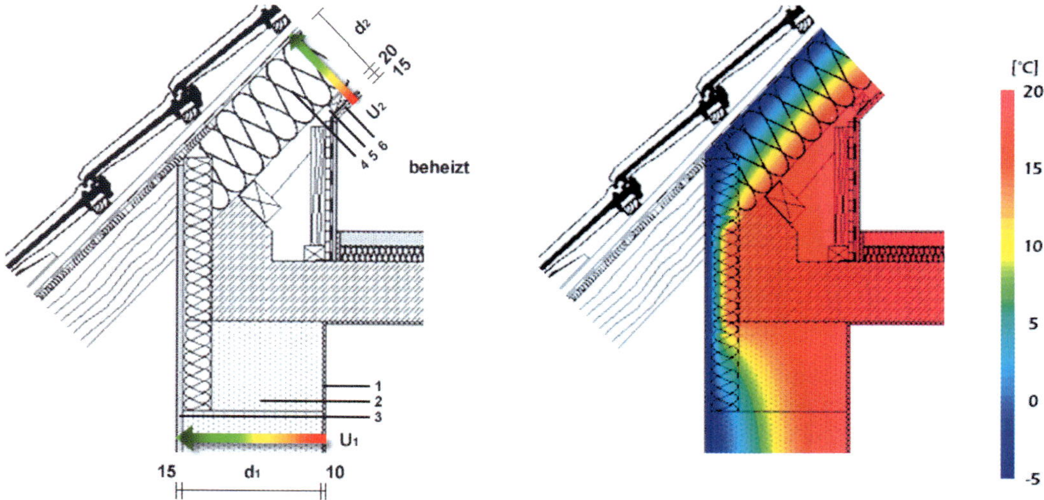

Abb. 2.4: Sparrendach mit raumseitiger Abdichtung (Quelle: Xella Technologie- und Forschungsgesellschaft mbH, 2005, Abb. 300)

Abb. 2.5: Temperaturverlauf (keine Detailzeichnung) (Quelle: Xella Technologie- und Forschungsgesellschaft mbH, 2005, Abb. 300)

Beispiel 1 – EnEV-gemäße Sparrendachkonstruktion unter Berücksichtigung von Wärmebrücken nach DIN 4108 Beiblatt 2:2006-03 (siehe Abb. 2.4 und Abb. 2.5)

Tabelle 2.5: Aufbau einer Sparrendachkonstruktion

Nr.	Aufbau	Rohdichte ρ in kg/m³	Wärmeleitfähigkeit λ in W/(m · K)
1	Innenputz	1.800	0,35
2	Porenbeton, 365 mm	350	0,09
3	Außenputz	1.800	0,20
4	Dachdämmung, 120 mm (WLG 040)	150	0,04
5	Holzfaserplatte	1.000	0,17
6	Gipsfaserplatte	900	0,25

Wärmedurchgangskoeffizienten eindimensional:
$U_1 = 0{,}23\ \mathrm{W/(m^2 \cdot K)}$
$U_2 = 0{,}22\ \mathrm{W/(m^2 \cdot K)}$

Nachweis der Gleichwertigkeit über:
Wärmebrückenverlustkoeffizient nach DIN 4108 Beiblatt 2:2006-03 bzw. DIN EN ISO 10211-1:1995-11:

- erforderlich: $\Psi \leq 0{,}16\ \mathrm{W/(m \cdot K)}$
- vorhanden: $\Psi = 0{,}11\ \mathrm{W/(m \cdot K)}$

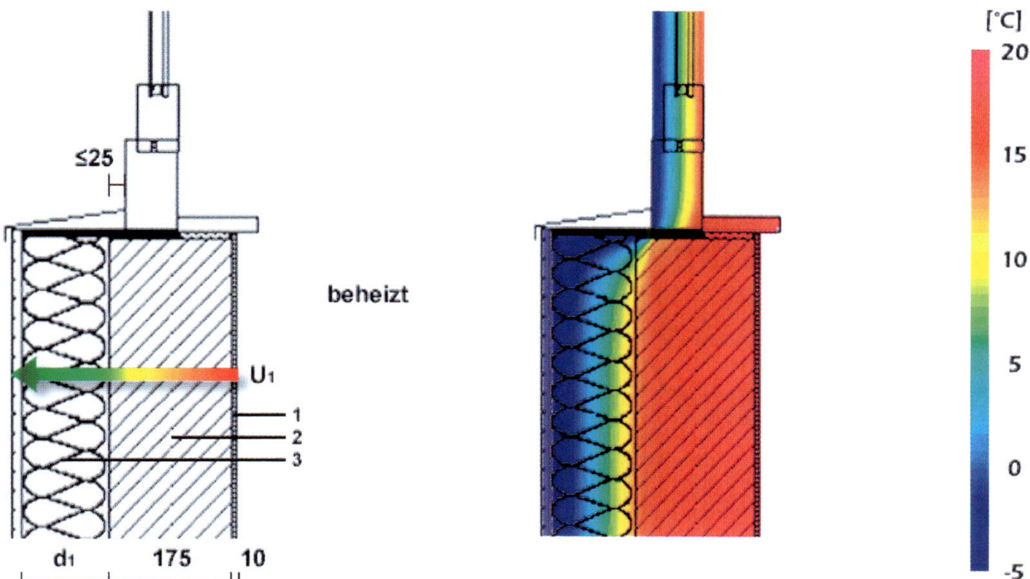

Abb. 2.6: Fensterbrüstung (gleiche Detailausbildung wie DIN 4108 Beiblatt 2) (Quelle: Xella Technologie- und Forschungsgesellschaft mbH, 2005, Abb. 300)

Abb. 2.7: Temperaturverlauf (keine Detailzeichnung) (Quelle: Xella Technologie- und Forschungsgesellschaft mbH, 2005, Abb. 300)

Beispiel 2 – EnEV-gemäße Fensterkonstruktion unter Berücksichtigung von Wärmebrücken nach DIN 4108 Beiblatt 2:2006-03 (siehe Abb. 2.6, 2.8 und 2.10)

Tabelle 2.6: Aufbau einer Fensterbrüstung

Nr.	Aufbau	Rohdichte ρ in kg/m³	Wärmeleitfähigkeit λ in W/(m · K)
1	Innenputz	1.800	0,35
2	Kalksandstein, 175 mm	1.800	0,99
3	Wärmedämm-Verbund-system, 160 mm (WLG 040)	150	0,04

Wärmedurchgangskoeffizient eindimensional:
$U_1 = 0{,}23\ \text{W}/(\text{m}^2 \cdot \text{K})$

Nachweis der Gleichwertigkeit über:
gleiche Detailausbildung wie DIN 4108 Beiblatt 2:2006-03

Wärmebrückenverlustkoeffizient nach DIN 4108 Beiblatt 2:2006-03 bzw. DIN EN ISO 10211:1995-11:
$\Psi = 0{,}09\ \text{W}/(\text{m} \cdot \text{K})$

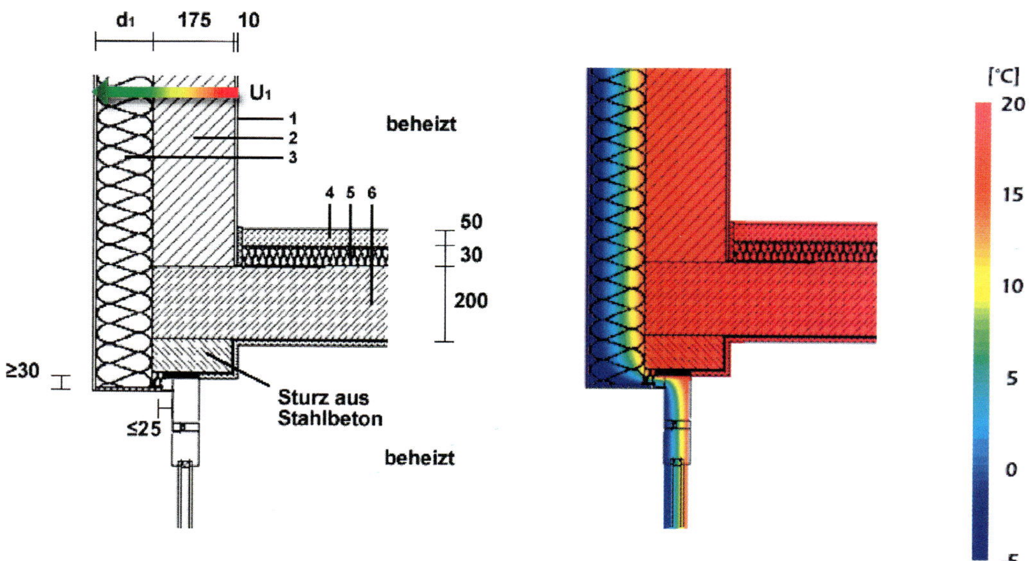

Abb. 2.8: Fenstersturz (gleiche Detailausbildung wie DIN 4108 Beiblatt 2) (Quelle: Xella Technologie- und Forschungsgesellschaft mbH, 2005, Abb. 300)

Abb. 2.9: Temperaturverlauf (keine Detailzeichnung) (Quelle: Xella Technologie- und Forschungsgesellschaft mbH, 2005, Abb. 300)

Tabelle 2.7: Aufbau eines Fenstersturzes

Nr.	Aufbau	Rohdichte ρ in kg/m³	Wärmeleitfähigkeit λ in W/(m · K)
1	Innenputz	1.800	0,35
2	Kalksandstein, 175 mm	1.800	0,99
3	Wärmedämm-Verbundsystem, 160 mm (WLG 040)	150	0,04
4	Estrich	2.000	1,40
5	Estrichdämmung (WLG 040)	150	0,04
6	Decke aus Stahlbeton, 200 mm	2.400	2,10

Wärmedurchgangskoeffizient eindimensional: $U_1 = 0{,}23\ \text{W}/(\text{m}^2 \cdot \text{K})$

Nachweis der Gleichwertigkeit über:
gleiche Detailausbildung wie DIN 4108 Beiblatt 2:2006-03

Wärmebrückenverlustkoeffizient nach DIN 4108 Beiblatt 2:2006-03 bzw. nach DIN EN ISO 10211:1995-11:
$\Psi = 0{,}03\ \text{W}/(\text{m} \cdot \text{K})$

Fensterrahmen ($d = 7$ cm) mit $\lambda = 0{,}13\ \text{W}/(\text{m} \cdot \text{K})$
$U = 1{,}4\ \text{W}/(\text{m}^2 \cdot \text{K})$

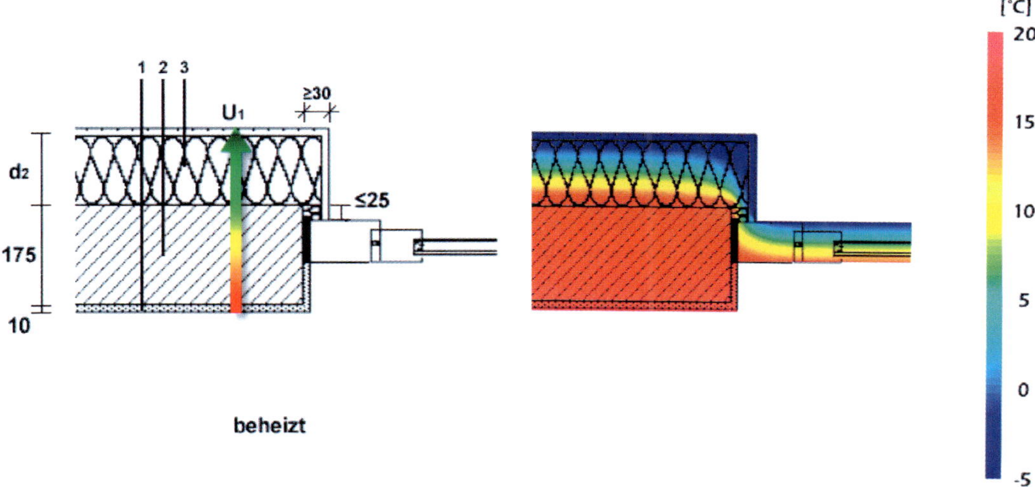

Abb. 2.10: Fensterlaibung (gleiche Detailausbildung wie DIN 4108 Beiblatt 2) (Quelle: Xella Technologie- und Forschungsgesellschaft, 2005, S. 300)

Abb. 2.11: Temperaturverlauf (keine Detailzeichnung) (Quelle: Xella Technologie- und Forschungsgesellschaft, 2005, S. 300)

Der Aufbau einer Fensterlaibung entspricht dem einer Fensterbrüstung (siehe Tabelle 2.6).

Wärmedurchgangskoeffizient eindimensional:
$U_1 = 0{,}23\ \mathrm{W/(m^2 \cdot K)}$

Nachweis der Gleichwertigkeit über:
gleiche Detailausbildung wie DIN 4108 Beiblatt 2:2006-03

Wärmebrückenverlustkoeffizient nach DIN 4108 Beiblatt 2:2006-03 bzw. nach DIN EN ISO 10211:1995-11:
$\Psi = 0{,}06\ \mathrm{W/(m \cdot K)}$

Fensterrahmen ($d = 7$ cm) mit $\lambda = 0{,}13\ \mathrm{W/(m \cdot K)}$
$U = 1{,}4\ \mathrm{W/(m^2 \cdot K)}$

EnEV-gemäße Ausführungen von Wärmedämm-Verbundsystemen an Fenstern, Türen und anderen Bauteilanschlüssen unter zusätzlicher Berücksichtigung von DIN 4108-3 „Wärmeschutz und Energie-Einsparung in Gebäuden – Teil 3: Klimabedingter Feuchteschutz; Anforderungen, Berechnungsverfahren und Hinweise für Planung und Ausführung" (Ausgabe 2001, Berichtigung 2002) sowie DIN 4108-7 „Wärmeschutz und Energie-Einsparung in Gebäuden – Teil 7: Luftdichtheit von Gebäuden – Anforderungen, Planungs- und Ausführungsempfehlungen sowie -beispiele" (2001)

Wegen zu hohen Energieverlustes darf die Raumluft bei einer Druckdifferenz zwischen innen und außen von 50 Pa durch das Einströmen über undichte Öffnungen, Ritzen usw. bei Gebäuden mit natürlicher Lüftung nicht mehr als dreimal pro Stunde und in Gebäuden mit raumlufttechnischen Anlagen nicht häufiger als 1,5-mal pro Stunde ausgetauscht werden. Dies ist einer von mehreren Gründen, weshalb Fenster und Türen luftdicht einzubauen sind. Bauschäume erfüllen diese Anforderungen grundsätzlich nicht, weil deren Flexibilität nicht ausreicht, um dauerhaft die thermischen Bewegungen eines Fensters ohne Beschädigung überbrücken zu können. Deshalb sind Anschlüsse an Fenstern und Türen entsprechend elastisch wie bei allen Anschlüssen an anderen Bauteilen auch, z. B. an Dachuntersichten, mit geeigneten komprimierten Fugendichtbändern, Fugendichtstoffen oder elastischen Fugendichtprofilen mit Gewebeeinlage rundherum an Wärmedämm-Verbundsysteme anzuschließen.

Dennoch reicht eine flexible und luftdichte Herstellung solcher Anschlüsse allein nicht aus. Zahlreiche Schäden wie Schimmelpilzbefall und Fäulnisbildungen durch Durchfeuchtungen, insbesondere in Fugenanschlussbereichen von Fenstern, haben in der Vergangenheit gezeigt, dass Wärmebrückensituationen mit entsprechendem Temperaturverlauf (Isotherme) und die daraus folgenden Tauwasserkriterien ebenso zu berücksichtigen sind wie Diffusionsvorgänge und Schlagregendichtheit (siehe Abb. 2.7, 2.9 und 2.11). Berücksichtigt man die Tatsache, dass eine Raumluft von 20 °C und mit einer relativen Luftfeuchte von 50 % bei 9,3 °C den Taupunkt erreicht, so wird in Anbetracht der bereits aufgezeigten Temperaturisotherme klar, dass gerade im Anschlussbereich von Fenstern oder Türen relativ schnell überkritische Situationen mit Tauwasserbildungen bei unzureichenden Ausführungen auftreten, wenn eine solche feuchtwarme Innenraumluft in diese Anschlussbereiche eindringen kann und daraus Schäden entstehen. Im Gewährleistungsfall können solche Schäden äußerst kostspielig sein.

Fenster und Türen grenzen als Bauteilelemente das Innenraumklima vom Außenraumklima im verschlossenen Zustand ab. Aus diesem Grund sollte die Raumseite stets diffusionsdichter als die Außenseite ausgebildet sein. Dies gilt für Anstricharbeiten an Fenstern ebenso wie für die meisten Fälle im Bereich der Anschlüsse bei Wärmedämm-Verbundsystemen an Fenstern, Türen und allen anderen Bauteilen. Umgekehrte Situationen sind bauschädlich und grundsätzlich wegen Feuchtigkeitsanreicherungen zu vermeiden.

Nach den anerkannten Regeln der Technik sind die Außenseiten von Gebäudeanschlüssen wind- und schlagregendicht, in der Regel diffusionsoffen, also nach den aufgezeigten Normen luftdicht und wasserdicht, auszubilden. Wärmebrückenbildende kritische Bauteile wie Fenster und Türen auf der Raumseite sind, genauso wie beim Dachausbau, infolge der erhöhten Wärmeschutzanforderung nach EnEV in gleicher Weise mit einer wasserdampfsperrenden Abdichtung zu versehen. Bei Fenstern schließt dies innen liegende Anschlüsse zu Fensterbänken, Rollladenkästen, also alle umgebenden Rahmenseiten, mit ein. Verwendet werden hierzu geeignete spritzbare Dichtstoffe, vorkomprimierte Dichtbänder, selbstklebende, ggf. alukaschierte Bauabdichtungsfolien oder ebenso entsprechend geeignete mit Vlies beschichtete Folien, die überputzbar sind.

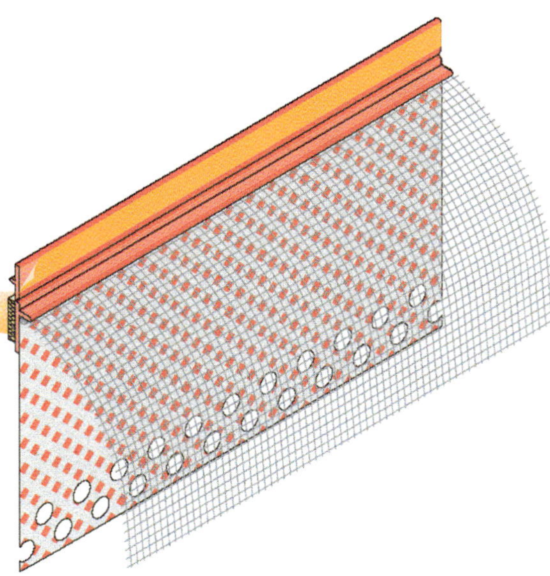

Abb. 2.12: Anputz-/Gewebeleiste mit vliesbeschichteter Kunststofffolie, Gewebeteil, selbstklebendem PE-Dichtband und SK-Schutzlasche für Abdeckfolien (Quelle: APU AG, Schaffhausen)

Beispiel 3 – Raumseitiger Einbau von APU-Gewebeleisten PERMEX (siehe Abb. 2.12)

Im Innenbereich sind die Stöße überlappend abzudichten. Der Anschluss an innen liegende Fensterbänke ist mit z. B. vliesbeschichteter PERMEX-Folie als Dampfsperre herzustellen.

Diese Verfahrensweise mit einer Ausbildung raumseitiger Dampfsperren ist auch bei Altbausanierungen und beim Einbau neuer Fenster zu berücksichtigen, wenn mithilfe von Wärmedämm-Verbundsystemen vergleichbare Ergebnisse wie bei Neubauten im Niedrigenergiehaus-Standard oder nach EnEV erzielt werden sollen (siehe Abb. 2.13 und Abb. 2.14).

Wegen der relativ hohen Dämmstoffdicken bei Wärmedämm-Verbundsystemen und der noch höheren Wanddicken beim monolithischen Niedrigenergiehaus werden im Neubau und teilweise bei Altbausanierungen mit dem Einbau neuer Fenster und zur Vermeidung zu tief liegender Fensternischen sowie zur Herstellung eines normal aussehenden Fassadenbildes immer häufiger die Fenster außenseitig bündig oder überstehend in die tragende Massivwand eingebaut. Dadurch entstehen im Anschlussbereich wiederum neue Bedingungen, die zusätzlich zu beachten sind. Nachdem man schon bei der üblichen monolithischen Bauweise erkannt hat, dass Fenster in Fensternischen am besten im raumseitigen Drittel (maximal in der Laibungsmitte) in die Massivwand einzubauen sind, um Feuchteschäden am Fensterrahmen sowie im Bereich der Laibungen und im Anschlussbereich zu vermeiden, weicht man heute aus ästhetischen Gründen von dieser Regel ab. Nach wie vor gilt aber: Je weiter ein Fenster in Richtung Außenfassade eingesetzt wird,

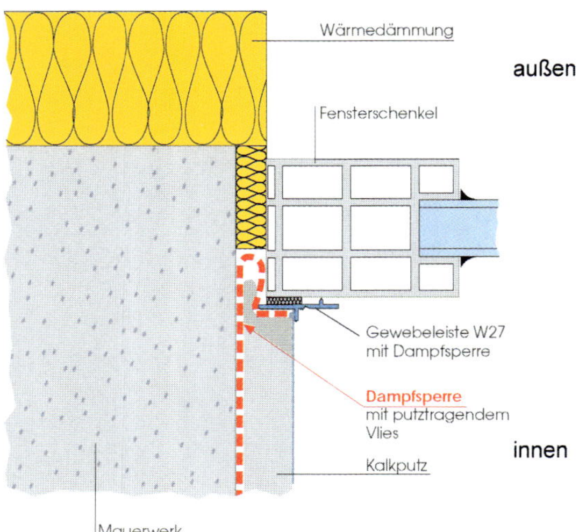

Abb. 2.13: Laibung (Quelle: APU AG, Schaffhausen)

Abb. 2.14: Herstellung einer raumseitigen, dampfsperrenden Abdichtung u. a. durch Verklebung und Einbettung mit zugelassenem Wärmedämm-Verbundsystem-Kleber (Quelle: APU AG, Schaffhausen)

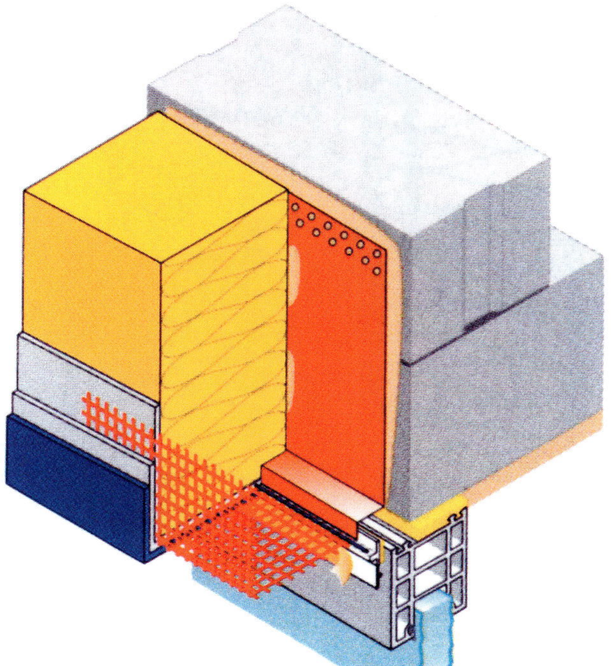

Abb. 2.15 und 2.16: Abdichtung mit für Wärmedämm-Verbundsysteme zugelassenen Klebe- und Armierungsmassen vor Wärmedämm-Verbundsystem-Ausführungen an Türen, Fenstern und anderen Bauteilen, die bündig vor dem Wandbildner oder überstehend angebracht sind (APU-Gewebeleiste PERMEX) (Quelle: APU AG, Schaffhausen)

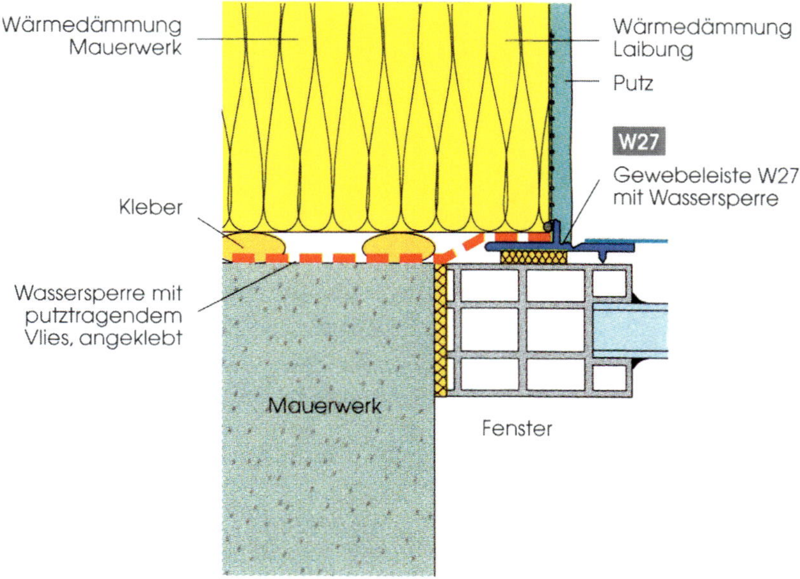

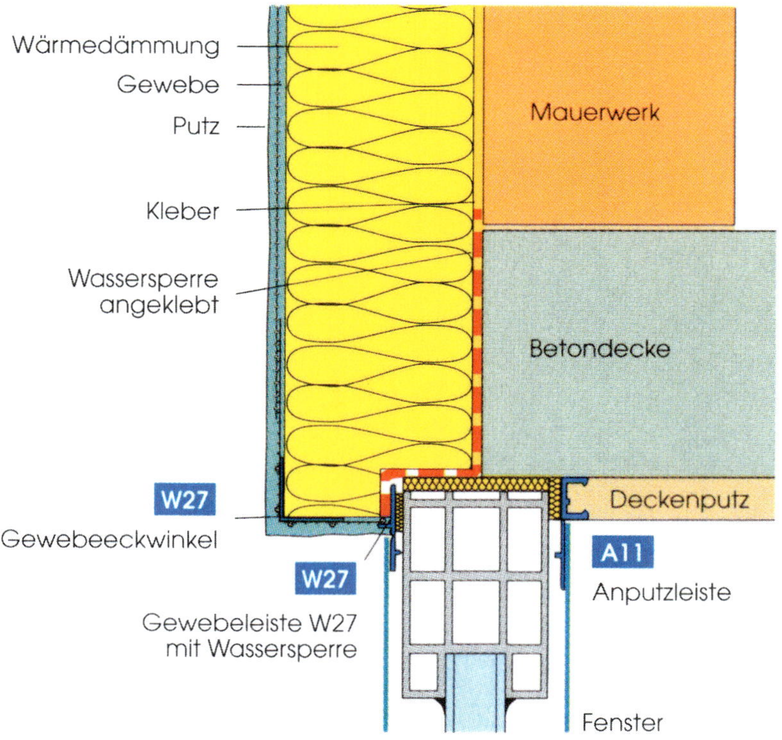

Abb. 2.17 und 2.18: Laibung und Fenster mit APU-Gewebeleisten PERMEX (Quelle: APU AG, Schaffhausen)

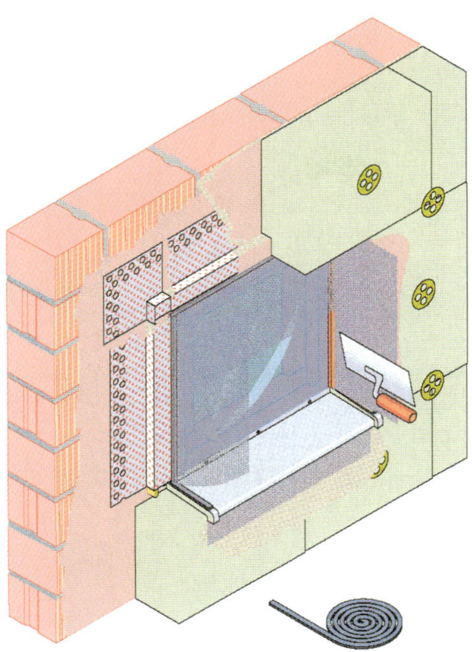

Abb. 2.19: Herstellung einer Abdichtung unter einem Wärmedämm-Verbundsystem als Wasser- und Windsperre mit APU-Gewebeleisten PERMEX (Quelle: APU AG, Schaffhausen)

umso größer werden die Klimaunterschiede zwischen innen und außen und die Gefahr schädlicher Tauwasserbildungen bei den dort auftretenden Temperaturisothermen.

Erst recht gilt dies für heutige Gebäude im Passivhaus- oder „Drei-Liter-Haus"-Standard mit einem Jahresprimärenergiebedarf von 30 kWh/($m^2 \cdot a$) sowie im extrem wärmegedämmten Nullenergiehaus-Standard. Auch bei diesen neuen Bauweisen ist auf sorgfältige Abdichtmaßnahmen zu achten. Der Schutz gegen zu hohe Feuchtigkeit kann grundsätzlich nur dann erzielt werden, wenn vor der Ausführung die Bauteile entsprechend trocken bzw. genügend ausgetrocknet sind. Dies gilt vor allem bei feuchtigkeitsempfindlichen Baustoffen, wie bei Holzrahmen von Fenstern oder Türen – ein Problem, das aus Zeitgründen häufig schwer zu bewältigen, jedoch im Bedarfsfall durch Ausschluss der Gewährleistung mit einer Bedenkenanmeldung schriftlich zu klären ist.

Sind Fenster- oder Türkonstruktionen bündig oder überstehend auf der Fassadenseite eingebaut, muss wetterseitig in besonderem Maße auch auf eine absolut wasserdichte Abdichtung geachtet werden (vgl. Schlagregendichtigkeit nach DIN 18055 „Fenster; Fugendurchlässigkeit, Schlagregendichtheit und mechanische Beanspruchung; Anforderungen und Prüfung" [1981]). Unter solchen Bedingungen sind vor Wärmedämm-Verbundsystem-Ausführungen die Anschlussbereiche außen wie innen gleichfalls abzudichten, d. h. im Außenbereich mit denselben Abdichtungsmaterialien wie beschrieben als Wasser- und Windsperre (siehe Abb. 2.15 bis 2.19).

2.3.2 Vermeidung von Mängeln bei der Sanierung von Wohn- und Nichtwohngebäuden

Auch bei Änderungen, Ausbau und Sanierung von Gebäuden sind sorgfältige Planung und Ausführung die Grundvoraussetzungen, um das Risiko von Mängeln zu umgehen. Zudem ist es wichtig zu wissen, wie Maßnahmen zur Gebäudedämmung vorschriftsgemäß nach EnEV auszuführen sind, um Fehler zu vermeiden und sich nicht von vornherein in Ordnungswidrigkeiten zu verstricken. Nach § 9 Absatz 1 EnEV 2014 gilt:

„*(1) Soweit bei beheizten oder gekühlten Räumen von Gebäuden Änderungen im Sinne der Anlage 3 Nummer 1 bis 6 ausgeführt werden, sind die Änderungen so auszuführen, dass die* ***Wärmedurchgangskoeffizienten der betroffenen Flächen*** *die für solche Außenbauteile in Anlage 3 festgelegten Höchstwerte der Wärmedurchgangskoeffizienten nicht überschreiten* [siehe Tabelle 2.8]."

Die hier genannten Änderungen im Sinne der Anlage 3 Nummer 1 bis 6 betreffen:

- Außenwände,
- Fenster, Fenstertüren, Dachflächenfenster und Glasdächer,
- Außentüren,
- Dachflächen sowie Decken und Wände gegen unbeheizte Dachräume,
- Wände gegen Erdreich oder unbeheizte Räume (mit Ausnahme von Dachräumen) sowie Decken nach unten gegen Erdreich, Außenluft oder unbeheizte Räume,
- Vorhangfassaden.

Die Änderungen dieser Bauteile sind nach § 9 Absatz 1 EnEV 2014 auch erfüllt, wenn in Anlehnung an Neubaugebäude

„*1. geänderte Wohngebäude insgesamt den Jahresprimärenergiebedarf des Referenzgebäudes nach § 3 Absatz 1 und den Höchstwert des spezifischen, auf die wärmeübertragende Umfassungsfläche bezogenen Transmissionswärmeverlusts nach Anlage 1 Tabelle 2* [siehe Tabelle 2.1 und Tabelle 2.3],

2. geänderte Nichtwohngebäude insgesamt den Jahresprimärenergiebedarf des Referenzgebäudes nach § 4 Absatz 1 und die Höchstwerte der mittleren Wärmedurchgangskoeffizienten der wärmeübertragenden Umfassungsfläche nach Anlage 2 Tabelle 2 Zeile 1a, 2a, 3a und 4a [siehe Tabelle 2.9] *um nicht mehr als 40 vom Hundert überschreiten*".

Hierbei müssen die Verschärfungen **ab 1. Januar 2016** mit Herabsetzung des Primärenergiebedarfs um 25 % beim jeweiligen Referenzgebäude, im Gegensatz zum Neubau, bei den Änderungen bestehender Wohn- und Nichtwohngebäuden **nicht** berücksichtigt werden.

Ist zudem die Änderung der betroffenen **Bauteilfläche kleiner als 10 %** der jeweiligen gesamten Bauteilfläche, so dass die Bagatellgrenze nicht überschritten wird, entfällt die Pflicht zur Einhaltung der Höchstwerte der Wärmedurchgangskoeffizienten (*U*-Werte gemäß Tabelle 2.8) nach EnEV 2014 Absatz 3.

Des Weiteren gilt nach § 9 Absatz 4 EnEV 2014 für Gebäudeerweiterungen **bis 50 m²**:

„*(4) Bei der Erweiterung und dem Ausbau eines Gebäudes um beheizte oder gekühlte Räume, für die kein Wärmeerzeuger eingebaut wird, sind die betroffenen Außenbauteile so zu ändern oder auszuführen, dass die Wärmedurchgangskoeffizienten der betroffenen Flächen die für solche Außenbauteile in Anlage 3* [siehe Tabelle 2.8] *festgelegten Höchstwerte der Wärmedurchgangskoeffizienten nicht überschreiten.*“

Bei Gebäudeerweiterungen **über 50 m²** Nutzfläche müssen außerdem die Anforderungen des **sommerlichen Wärmeschutzes** nach DIN 4108-2 gemäß Anlage 1 Nr. 3 EnEV 2014 bei Wohngebäuden und Anlage 2 Nr. 4 bei Nichtwohngebäuden beachtet werden, wenn keine neue Heizanlage eingebaut wird. Wird dagegen eine neue Heizanlage eingebaut, muss der neu ausgebaute Gebäudeteil den primärenergetischen Anforderungen für neue Wohn- oder Nichtwohngebäude im Referenzgebäudeverfahren nach § 3 oder § 4 entsprechen. Auch hier müssen die Verschärfungen ab **1. Januar 2016** mit Herabsetzung des Primärenergiebedarfs um 25 % beim jeweiligen Referenzgebäude nicht angewendet werden. Jedoch müssen der zulässige Höchstwert des mittleren Wärmedurchgangskoeffizienten bei Nichtwohngebäuden den Angaben der Tabelle 2.9 und der zulässige Höchstwert des spezifischen Transmissionswärmeverlusts bei Wohngebäuden den Angaben der Tabelle 2.3 entsprechen.

Anlage 3 der EnEV 2014 spezifiziert, wann die Vorgaben anzuwenden sind:

„*Soweit bei beheizten oder gekühlten Räumen Außenwände ersetzt oder erstmals eingebaut werden, sind die Anforderungen nach Tabelle 1 Zeile 1* [siehe Tabelle 2.8] *einzuhalten. Dies ist auch auf Außenwände anzuwenden, die in der Weise erneuert werden, dass bei einer bestehenden Wand*

a) auf der Außenseite Bekleidungen in Form von Platten oder plattenartigen Bauteilen oder Verschalungen sowie Mauerwerks-Vorsatzschalen angebracht werden oder
b) der Außenputz erneuert wird.“

Die Außenwand darf dann, wie im Kapitel 2.2 erwähnt, den vorgeschriebenen Wärmedurchgangskoeffizienten (U-Wert) von 0,24 W/(m² · K) Anlage 3 Tabelle 1 EnEV (siehe Tabelle 2.8) nicht überschreiten. Bei Förderungen von Gebäudesanierungsmaßnahmen mit der vom Gesetzgeber beauftragten Kreditanstalt für Wiederaufbau (KfW) ist dagegen zu beachten, dass anstelle eines EnEV-gemäßen U-Wertes von 0,24 W/(m² · K) für Außenwände ein U-Wert von 0,20 W/(m² · K) einzuhalten ist.

Ist jedoch die erforderliche Dämmstoffdicke „im Rahmen dieser Maßnahmen aus technischen Gründen begrenzt, so gelten die Anforderungen als erfüllt, wenn die nach anerkannten Regeln der Technik höchstmögliche Dämmstoffdicke (bei einem Bemessungswert der Wärmeleitfähigkeit λ = 0,035 W/[m · K]) eingebaut wird“.

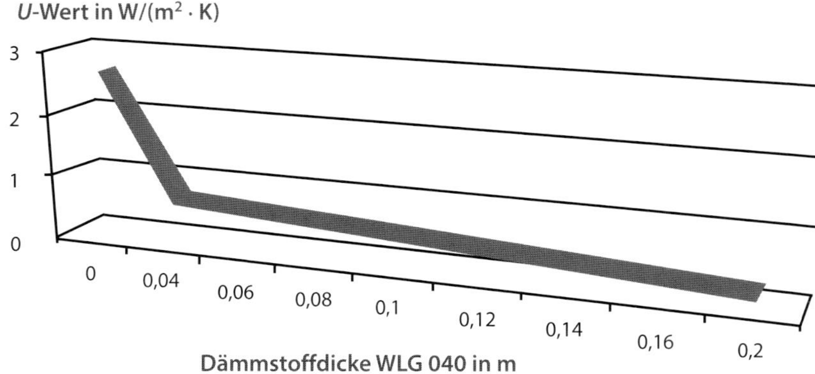

Abb. 2.20: Beispiel *U*-Wert-Reduzierung in Abhängigkeit zur Dämmstoffdicke

Dagegen ist eine höhere Wärmeleitfähigkeit bei der Ausführung von Wärmedämmungen mit begrenzten Dämmstoffdicken zulässig, „soweit Dämmmaterialien in Hohlräume eingeblasen oder Dämmmaterialien aus nachwachsenden Rohstoffen mit einem Bemessungswert der Wärmeleitfähigkeit von $\lambda = 0{,}045$ W/(m · K) verwendet werden".

Wurden die Außenwände nach dem 31. Dezember 1983 errichtet oder erneuert, so ist die Einhaltung der zuvor genannten Anforderung gemäß Tabelle 1 Zeile 1 (siehe Tabelle 2.8) mit *U*-Wert < 0,24 W/(m² · K) nicht erforderlich. Denn solche Außenwände entsprechen der zweiten Wärmeschutzverordnung von 1984 (WSVO 1984), die höchstens einen *U*-Wert von 0,6 W/(m² · K) aufweisen und somit bereits relativ gut gedämmt sind. Würde der Gesetzgeber hier eine energetische Verbesserung mit *U*-Wert unter 0,24 W/(m² · K) fordern, wäre nach § 5 EnEG ggf. das Wirtschaftlichkeitsgebot wegen unangemessen langer Amortisationsfristen bei Maßnahmen wie z. B. Erhöhung der Wärmedämmung durch Aufdoppelung eines bestehenden WDV-Systemes nicht erfüllt (siehe Abb. 2.20).

Ab einer Dämmstoffdicke bei WLG 040 von 0,04 bis 0,06 m bzw. 4 bis 6 cm nimmt der *U*-Wert einer Außenwand und folglich die Energieeinsparung nur noch wenig ab.

Anforderungen an *U*-Werte

Der § 9 EnEV 2014 mit der *U*-Wert-Anforderung der Außenwand von < 0,24 W/(m² · K) gilt bei einer Putzerneuerung für vor dem 31. Dezember 1983 hergestellte oder sanierte Wände, die nicht der zweiten Wärmeschutzverordnung von 1984 entsprechen. Wobei eine Putzerneuerung erst dann vorliegt, wenn zuvor der sanierungsbedürftige Altputz entfernt werden musste und dabei die Bagatellgrenze von 10 % überschritten wird. Auch liegt trotz des Überschreitens der Bagatellgrenze keine Putzerneuerung vor, wenn beispielsweise ein gerissener Altputz durch eine Gewebearmierung als Unterputz und einen neuen Putzauftrag als Oberputz saniert wird. Denn eine Erneuerung liegt im Sinne des EnEG und der EnEV nur dann vor, wenn der bestehende Altputz sowie sonstige bestehende Außenbauteile, wie z. B. Fenster, Türen etc., entfernt, ausgebaut, ausgetauscht oder ersetzt werden.

In diesen Fällen ist der Gesetzgeber legitimiert, solche energetischen Sanierungsmaßnahmen von Eigentümern zu fordern, da gemäß gesetzlich verankertem Wirtschaftlichkeitsgebot nach § 5 EnEG die Amortisationen durch Einsparung von Energiekosten innerhalb der üblichen Nutzungsdauer nachweisbar sind.

Tabelle 2.8: Höchstwerte der Wärmedurchgangskoeffizienten (*U*-Werte) bei erstmaligem Einbau, Ersatz und Erneuerung von Bauteilen nach Anlage 3 Tabelle 1 EnEV 2014

Zeile	Bauteil	Maßnahme nach	Wohngebäude und Zonen von Nichtwohngebäuden mit Innentemperaturen ≥ 19 °C	Zonen von Nichtwohngebäuden mit Innentemperaturen von 12 bis < 19 °C
			Höchstwerte der Wärmedurchgangskoeffizienten U_{max}[1)] in W/(m² · K)	
1	Außenwände	Nr. 1 Satz 1 und 2	0,24	0,35
2a	Fenster, Fenstertüren	Nr. 2a und b	1,30[2)]	1,90[2)]
2b	Dachflächenfenster	Nr. 2a und b	1,40[2)]	1,90[2)]
2c	Verglasungen	Nr. 2c	1,10[3)]	keine Anforderung
2d	Vorhangfassaden	Nr. 6 Satz 1	1,50[4)]	1,90[4)]
2e	Glasdächer	Nr. 2a und c	2,00[3)]	2,70[3)]
2f	Fenstertüren mit Klapp-, Falt-, Schiebe- oder Hebemechanismus	Nr. 2a	1,60[2)]	1,90[2)]
3a	Fenster, Fenstertüren, Dachflächenfenster mit Sonderverglasungen	Nr. 2a und b	2,00[2)]	2,80[2)]
3b	Sonderverglasungen	Nr. 2c	1,60[3)]	keine Anforderung
3c	Vorhangfassaden mit Sonnenverglasungen	Nr. 6 Satz 2	2,30[4)]	3,00[4)]

Fortsetzung Tabelle 2.8

Zeile	Bauteil	Maßnahme nach	Wohngebäude und Zonen von Nichtwohngebäuden mit Innentemperaturen ≥ 19 °C	Zonen von Nichtwohngebäuden mit Innentemperaturen von 12 bis < 19 °C
			Höchstwerte der Wärmedurchgangskoeffizienten U_{max}[1)] in W/(m² · K)	
4a	Dachflächen einschließlich Dachgauben, Wände gegen ungeheizten Dachraum (einschließlich Abseitenwänden), oberste Geschossdecken	Nr. 4 Satz 1 und 2a, c und d	0,24	0,35
4b	Dachflächen mit Abdichtung	Nr. 4 Satz 2b	0,20	0,35
5a	Wände gegen Erdreich oder unbeheizte Räume (mit Ausnahme von Dachräumen) sowie Decken nach unten gegen Erdreich oder unbeheizte Räume	Nr. 5 Satz 1 und 2a und c	0,30	keine Anforderung
5b	Fußbodenaufbauten	Nr. 5 Satz 2b	0,50	keine Anforderung
5c	Decken nach unten an Außenluft	Nr. 5 Satz 1 und 2a und c	0,24	0,35

1) Wärmedurchgangskoeffizient des Bauteils unter Berücksichtigung der neuen und der vorhandenen Bauteilschichten; für die Berechnung der Bauteile nach den Zeilen 5a und b ist DIN V 4108-6:2003-06 Anhang E und für die Berechnung sonstiger opaker Bauteile ist DIN EN ISO 6946:2008-04 zu verwenden

2) Bemessungswert des Wärmedurchgangskoeffizienten des Fensters; der Bemessungswert des Wärmedurchgangskoeffizienten des Fensters ist technischen Produktspezifikationen zu entnehmen oder gemäß den nach den Landesbauordnungen bekannt gemachten energetischen Kennwerten für Bauprodukte zu bestimmen; hierunter fallen insbesondere energetische Kennwerte aus Europäischen Technischen Bewertungen sowie energetische Kennwerte der Regelungen nach der Bauregelliste A Teil 1 und aufgrund von Festlegungen in allgemeinen bauaufsichtlichen Zulassungen

3) Bemessungswert des Wärmedurchgangskoeffizienten der Verglasung; Fußnote 2 ist entsprechend anzuwenden.

4) Wärmedurchgangskoeffizient der Vorhangfassade; er ist nach DIN EN 13947:2007-07 zu ermitteln.

Die festgelegten Höchstwerte der *U*-Werte bzw. Wärmedurchgangskoeffizienten bei der Sanierung von **bestehenden Nichtwohngebäuden** sind einzuhalten, wenn Änderungen, Erweiterungen und Ausbau entsprechend den vorgenannten Vorschriften stattfinden. Ihre *U*-Werte der wärmeübertragenden Umfassungsfläche von beheizten oder gekühlten Räumen sind laut Anlage 2 Tabelle 2 EnEV 2014 (siehe Tabelle 2.9) höher bemessen als in Anlage 3 Tabelle 1 EnEV 2014 (siehe Tabelle 2.8) und stehen bezüglich der Ermittlung des Jahresprimärenergiebedarfs mit den Vorgaben für das entsprechende Referenzgebäude (Anlage 2 Tabelle 1 EnEV 2014), die für den Planer maßgebend sind, im Zusammenhang. Ähnlich wie bei Änderungen von **Wohngebäuden** gelten die Anforderungen als erfüllt, wenn **Nichtwohngebäude** den Jahresprimärenergiebedarf des Referenzgebäudes und die Höchstwerte der mittleren *U*-Werte der wärmeübertragenden Umfassungsfläche um nicht mehr als 40 % überschreiten.

Bei Änderungen und Erweiterungen bzw. beim Ausbau von **Wohn- und Nichtwohngebäuden unter 50 m²** zusammenhängender Nutzfläche gelten die in Anlage 3 Tabelle 1 EnEV 2014 (siehe Tabelle 2.8) festgelegten *U*-Werte für Außenwände als erfüllt, wenn die Höchstwerte im Gebäudebestand (Altbau) bei Änderungen, erstmaligem Einbau und Ersatz etc. nicht überschritten werden.

Tabelle 2.9: Höchstwerte der Wärmedurchgangskoeffizienten der wärmeübertragenden Umfassungsfläche von Nichtwohngebäuden nach Anlage 2 Tabelle 2 EnEV 2014

Zeile	**Bauteile**	**Anforderungsniveau**	**Höchstwerte der nach Nummer 2.3 bestimmten Mittelwerte der Wärmedurchgangskoeffizienten**	
			Zonen mit Raum-Soll-temperaturen im Heizfall ≥ 19 °C	**Zonen von Raum-Soll-temperaturen im Heizfall von 12 bis < 19 °C**
			$\overline{U}$-Wert in W/(m² · K)	
1a	opake Außenbauteile, soweit nicht in Bauteilen der Zeilen 3 und 4 enthalten	nach EnEV 2009[1)]	0,35	0,50
1b		für Neubauvorhaben bis zum 31. Dezember 2015[2)]	0,35	
1c		für Neubauvorhaben ab dem 1. Januar 2016[2)]	0,28	

Fortsetzung Tabelle 2.9

Zeile	Bauteile	Anforderungs-niveau	Höchstwerte der nach Nummer 2.3 bestimmten Mittelwerte der Wärmedurchgangskoeffizienten	
			Zonen mit Raum-Soll-temperaturen im Heizfall ≥ 19 °C	Zonen von Raum-Soll-temperaturen im Heizfall von 12 bis < 19 °C
			$\overline{U}$-Wert in W/(m² · K)	
2a	transparente Außenbauteile, soweit nicht in Bauteilen der Zeilen 3 und 4 enthalten	nach EnEV 2009[1)]	1,90	2,80
2b		für Neubauvorhaben bis zum 31. Dezember 2015[2)]	1,90	
2c		für Neubauvorhaben ab dem 1. Januar 2016[2)]	1,50	
3a	Vorhangfassaden	nach EnEV 2009[1)]	1,90	3,00
3b		für Neubauvorhaben bis zum 31. Dezember 2015[2)]	1,90	
3c		für Neubauvorhaben ab dem 1. Januar 2016[2)]	1,50	
4a	Glasdächer, Lichtbänder, Lichtkuppeln	nach EnEV 2009[1)]	3,10	3,10
4b		für Neubauvorhaben bis zum 31. Dezember 2015[2)]	3,10	
4c		für Neubauvorhaben ab dem 1. Januar 2016[2)]	2,50	

[1)] Energieeinsparverordnung vom 24. Juli 2007 (BGBl. I, S. 1519), die durch Artikel 1 der Verordnung vom 29. April 2009 (BGBl. I, S. 954) geändert worden ist.
[2)] § 28 bleibt unberührt.

Kerndämmung von Außenwänden

Wird der Hohlraum bei einem mehrschaligen Mauerwerk mit einblasbaren Kerndämmstoffen (siehe Tabelle 2.10) ausgefüllt, ist beim erstmaligen Einbau die Anforderung laut EnEV 2014 erfüllt, wenn der Hohlraum vollständig ausgefüllt wird und Einblasdämmstoffe mit einer Wärmeleitfähigkeit bis $\lambda = 0{,}045\ W/(m \cdot K)$ verwendet werden. Zu beachten ist allerdings bei dieser Wärmedämm-Methode, dass:

- bei KfW-Förderungen (Stand 03/2013) die Wärmeleitfähigkeit von solchen Dämmstoffen nicht über 0,035 W/(m · K) liegen darf,
- die Energieverluste durch Wärmebrücken von Geschossdecken weiterhin ungedämmt verbleiben,
- generell bei zweischaligen Konstruktionsweisen erhöhte Risiken von Tauwasserbildungen in der Heizperiode innerhalb der nachträglich eingebrachten Zwischendämmung bestehen, weil der ehemals luftgefüllte Hohlraum einen meist einkalkulierten Luftwechsel (oftmals erzeugt durch eingebaute Be- und Entlüftungsschlitze in der Fassadenkonstruktion) zuließ,
- in Fällen von Tauwasserbildungen der Wärmedämm- und Energieeinspareffekt ggf. verloren gehen kann und im Laufe der Zeit ein erhöhtes Risiko von Folgeschäden der Bausubstanz entsteht, wenn in der Sommerperiode die vollständige Austrocknung nicht ausreichend sichergestellt ist oder gelingt,
- ebenfalls in Fällen von Tauwasserbildungen und insbesondere bei länger anhaltenden Kondensationsfeuchteeinwirkungen im Langzeitverlauf die Gefahr von Bakterien- und Pilzentwicklungen besteht, speziell bei Verwendung organischer Naturdämmstoffe oder organisch-synthetischer Dämmstoffe bis hin zu deren Verrottung.

Tabelle 2.10: Kerndämmstoffe und technische Eigenschaften zur Hohlraumwandsanierung im Vergleich (Quelle: Integralbau Dämmtechnik GmbH, Esterwegen)

Stoffgruppe	EPS (Expandiertes Polystryrol)	Steinwolle-Mineralfaser	Silikatleichtschaum	Kunstharz-Isolierschaum	Perlite (Vulkangestein)	Polyurethan-Hartschaumgranulat	Nanogel
Kurzbezeichnung/ Markenname/ Produktname z. B.:	• Rigibead 33 Premium • Jomaperl • HK35[1)]	• Astratherm • Rockwool	SLS 20	Eco-Schaum	Thermofil S	Rathipur KD (Recycling-Granulat)	Nanogel (Kieselgel-Granulat)
Bild							
Kosten geschätzt in €/m²	240–280	220–280	240–300	200–250	220–240	180–250	1.500–2.000

Fortsetzung Tabelle 2.10

Stoffgruppe	**EPS (Expandiertes Polystryrol)**	**Steinwolle-Mineralfaser**	**Silikatleichtschaum**	**Kunstharz-Isolierschaum**	**Perlite (Vulkangestein)**	**Polyurethan-Hartschaumgranulat**	**Nanogel**
Kosten/ Einfamilienwohnhaus (brutto) in €	ca. 2.800–3.400	ca. 2.800–3.400	ca. 3.000–3.800	ca. 2.400–3.200	ca. 2.500–3.300	ca. 2.500–3.200	ca. 15.000–25.000
Wärmeleitwert in W/(m² · K)	Rigibead: 0,033 Jomaperl: 0,033 HK35: 0,034	Astratherm: 0,040	0,035	0,040	0,042–0,045	0,036	0,021
WLG (Stand: 25.08.2010)	++ gering WLG 035	+ gering WLG 040	+ gering WLG 035	+ gering WLG 040	– hoch WLG 050	+ gering WLG 040	+++ sehr gering WLG 025
Lieferform	loses Granulat	loses Granulat	loses Granulat	2-K-Schaum, dann feste Masse	loses Granulat	loses Granulat	loses Granulat
Wärmedurchlasswiderstand in m² · K/W (*R*-Wert bei $t = 6{,}5$ cm)	1,970	1,625	1,857	1,625	1,300	1,757	3,095
Hohlschichtstärke *t* bei KfW-Mindestanforderung in cm ($R = 2{,}3$ in m² · K/W)	7,6	9,2	8,1	9,2	10,4	8,3	4,8
μ-Wert s_d-Wert bei 6,5 cm in m Bewertung	3,0–5,0 0,325 ++ gering	1,0–2,0 0,13 ++ gering	3,0 0,195 ++ gering	2,0–4,0 0,195 ++ gering	1,0–3,0 0,195 ++ gering	30 1,95 + gering	2,0–3,0 0,195 ++ gering

Fortsetzung Tabelle 2.10

Stoff-gruppe	EPS (Expandiertes Polystryrol)	Steinwolle-Mineralfaser	Silikat-leichtschaum	Kunstharz-Isolierschaum	Perlite (Vulkangestein)	Polyurethan-Hartschaumgranulat	Nanogel
Brandschutzklasse	B2 normal brennbar schmilzt	A1 unbrennbar	A1 unbrennbar	B2 normal brennbar schmilzt	A1 unbrennbar	B2 normal brennbar schmilzt	B1 brennbar
Rohdichte in kg/m³	18–20 HK35: 22–28	70–100	20–30 frei aufliegend verdichtet	12 nach Austrocknung	75–85	40–50	60–80 frei aufliegend verdichtet
Anzahl Bohrlöcher/m² und Durchmesser in mm	10–15 20–24	4– 5 20–24	10–15 20–24	2– 3 12–16	10–15 20–24	5– 8 24–30	10–15 20–24
Wasser abweisende Wirkung	hoch hydrophob	hydrophob	hydrophob	hydrophob	hydrophob	hydrophob	hydrophob
Setzungsverhalten	++ sehr geringes Setzungsverhalten	+ geringes Setzungsverhalten	+ geringes Setzungsverhalten	++ sehr geringes Setzungsverhalten	normales Setzungsverhalten	normales Setzungsverhalten	normales Setzungsverhalten
Zulassung	Rigibead Z-23.12-1632 HK35 Z-23.12-1665 Jomaperl Z-23.12-1762	Astra. Z-23.12-1668 Rockw. Z 23.2.1-127	Z 23.12-1399	Z 23.12-1808	Z-23.12-1531	Z-23.12-1655	
Verhalten bei Nagetiereinwirkung	++ Nest- und Gangbildung durch Nager nicht möglich	– Nest- und Gangbildung evtl. möglich	++ Nest- und Gangbildung durch Nager nicht möglich	++ Nest- und Gangbildung war in umfangreichen Tests nicht nachweisbar	++ Nest- und Gangbildung durch Nager nicht möglich	+ Nest- und Gangbildung durch Nager nicht möglich	++ Nest- und Gangbildung durch Nager nicht möglich

Fortsetzung Tabelle 2.10

Stoffgruppe	EPS (Expandiertes Polystryrol)	Steinwolle-Mineralfaser	Silikatleichtschaum	Kunstharz-Isolierschaum	Perlite (Vulkangestein)	Polyurethan-Hartschaumgranulat	Nanogel
Vorteile einer Kerndämmung	++ Material kann bei Bedarf vollständig entfernt werden. ++ staubfreier Einbau der Kerndämmung ++ sehr geringe Feuchtigkeitsaufnahme + setzungssicher + normal brennbar, schmilzt	++ Kleinere Löcher schließen sich beim Einbau eigenständig.	+ auch bei sehr kleinen Hohlschichten einsetzbar; ab ca. 3 cm	++ Kleine bis mittelgroße Löcher schließen sich beim Einbau eigenständig; Vorarbeiten sind kaum nötig.	+ auch bei sehr kleinen Hohlschichten einsetzbar; ab ca. 2 cm	+ besonders kostengünstiger Kerndämmstoff	++ auch bei sehr kleinen Hohlschichten einsetzbar; ab ca. 1,5 cm ++ sehr niedriger WLG
Nachteile einer Kerndämmung	– Herausrieseln von Granulat evtl. möglich; gute Vorarbeit nötig – – bei HK35: Feinanteil besonders rieselfähig		– – erhöhte Staubentwicklung beim Einbau möglich – – erhöhter Aufwand bei der Abdichtung	– geringer Formaldehydanteil nach Einbau kurzzeitig vorhanden	– Herausrieseln von Granulat möglich; gute Vorarbeit nötig – – hohe Staubentwicklung beim Einbau möglich	– für Hohlschichten ab ca. 8 cm einsetzbar	– – – Preis-Leistungs-Verhältnis – – erhöhter Aufwand bei der Abdichtung – – hohe Staubentwicklung beim Einbau möglich

[1] HK35 enthält einen bis zu 30 % Feinanteil < 4 mm

Zu empfehlen ist deshalb bei der Anwendung solcher Methoden zur Wärmedämmung:

- die vorhandene Wandkonstruktion durch bauphysikalische Berechnungen hinsichtlich möglicher, schädlicher Kondensationsfeuchteanreicherungen in der Luftschicht des für die Dämmstoffeinbringung vorgesehenen Hohlraums zu prüfen,
- mineralische, anorganische Natur- oder sonstige Dämmstoffe, die verrottungsbeständig sind, zu verwenden,
- in gegebenen Fällen von Kondensations- und/oder Wärmebrückenanreicherungen außenseitig an der Fassade Wärmedämm-Verbundsysteme anzubringen, weil sie grundsätzlich Energieverluste und das Risiko möglicher Kondensationsschäden der Bausubstanz am wirkungsvollsten vermeiden.

Innendämmung von Außenwänden

Bei Schlagregen stark gefährdete Fassadenkonstruktionen aus einschaligem Klinker-, Bruch- und Natursteinmauerwerk oder Sichtfachwerk sowie schadhafte Fassaden mit Rissen oder undichten Anschlüssen sind bei innen gedämmten Außenwänden durch zusätzlichen Feuchtigkeitseintrag von außen umso mehr belastet, sodass hygrothermische Zerstörungen und Schäden, u. a. durch Frost, auftreten können. Prinzipiell wird die fassadenseitige Außenwand durch die Innendämmung im Jahresverlauf stärkeren Temperaturschwankungen ausgesetzt als zuvor und die Frostgrenze nach innen in die Außenmauerwerkskonstruktion verschoben. Beschädigungen der Außenwand und der Fassade durch Risse etc. können dadurch zunehmen und den Schlagregenschutz weiter verschlechtern.

Durch die Innendämmung an Außenwänden wird generell das Austrocknungsverhalten nach Schlagregenereignissen durch Herabsetzung der Wandtemperatur verzögert, sodass bei ungünstigen Witterungsbedingungen der Feuchtegehalt in kritische Bereiche anwachsen kann. Besitzt die Wärmedämmung diffusionsbremsende oder diffusionssperrende Eigenschaften, kann zusätzlich die Austrocknung kondensierter Feuchtigkeit in den Sommermonaten behindert werden. Im Gegensatz zum ungedämmten Zustand können zudem durch überdimensionierte Innendämmungssysteme wegen der starken Auskühlung der Außenwand in der kalten Jahreszeit an unvermeidbaren geometrischen oder konstruktiven Wärmebrücken schädliche Tauwasserbildungen auftreten, die wiederum Schäden durch Frost, Schimmelpilzbefall oder Fäulnis hervorrufen. Dies kann ggf. bei Unkenntnis bauphysikalischer Risiken, bei unzureichender Planung sowie bei mangelhafter Ausführung fatale Folgen haben, wenn z. B. wegen einer ungeeignet dimensionierten Innendämmung durch Tauwasseranreicherung bei eingebundenen Holzdeckenkonstruktionen Fäulnis entsteht und die baustatische Tragfestigkeit instabil wird.

Können Wärmedämmungen von Außenwänden nicht als Außen- oder Zwischendämmung ausgeführt werden, ist die Innendämmung zur Verbesserung des Wärmeschutzes eine Alternative, die dauerhaft funktionsfähig ohne Schadensrisiken hergestellt werden kann, wenn die Planung und Ausführung nach einer gewissenhaften Gebäudebestandsanalyse bis ins Detail sorgfältig und akkurat erfolgt.

Innendämmungen sind bevorzugte Maßnahmen

- bei erhaltenswerten oder denkmalgeschützten Fassaden aus Fachwerk- oder Sichtmauerwerk, wie bei Klinker-, Naturstein- oder Stuckfassaden, und bei stark gegliederten Fassaden, deren optisches Erscheinungsbild erhalten bleiben soll,
- bei Immobilien, in denen nur einzelne Wohnungen oder Räume gedämmt werden sollen (Kellerräume, Versammlungsräume, Gewerberäume etc.),
- bei sporadisch und kurzzeitig beheizten Gebäuden (Ferienhäuser, Vereinsheime, Sportstätten, Kirchen) sowie bei relativ selten genutzten Räumen (Gästezimmer, Ferienwohnungen, Hobbyräume),
- bei Grenzbebauungen, wenn keine Außendämmung angebracht werden darf oder bei denen der Aufwand zur Verlängerung von Dachüberständen zu hoch ist, wenn ausreichend dimensionierte außen liegende Wärmedämmsysteme an Fassaden angebracht werden sollen.

Vorteile:

- Die Fassadenoptik bleibt bestehen, insbesondere bei erhaltenswerten Schmuckfassaden und im Denkmalschutz.
- Die Räume können rasch aufgeheizt werden, und der Energiebedarf hierfür dient nur zur Raumbeheizung und nicht zur Aufheizung der kalten, massiven Außenwände.
- Energieverbrauch und Umweltbelastung durch Schadstoffbelastungen werden reduziert.
- Das Schimmelpilzrisiko wird aufgrund der erhöhten Temperaturen der gedämmten Innenwände beseitigt.
- Wohnqualität, Wohnhygiene und Gesundheitsschutz werden verbessert.
- Der Immobilienwert kann gesteigert werden.

Weitere Vorteile:

- Innendämmungen können wetter- und saisonunabhängig auch in den Wintermonaten ausgeführt werden und Handwerksbetriebe ganzjährig mit Wärmedämmausführungen auslasten.
- Kosten für Gerüst und Witterungsschutz entfallen bei Innendämmungen, sodass in der Regel geringere Investitionskosten zur Dämmung entstehen, die kürzere Amortisationszeiten ermöglichen.
- In Altbauten störende Aufputzleitungen können durch die Innendämmung kaschiert werden.

Nachteile:

- Nachteilig wirkt sich die überproportionale Zunahme von Wärmeverlusten aus, die innerhalb der innen gedämmten Gebäudehülle bei Wärmebrücken entstehen. Dämmstoffdicken über 6 cm (bei WLG 035) oder über 10 cm können daher ggf. zur Energieeinsparung uneffektiv und weniger sinnvoll sein. Die Effizienz der Energieeinsparung ist deutlich niedriger als bei außen liegenden Wärmedämmungen. Zudem werden durch nicht gedämmte Wärmebrücken die Risiken für Feuchteschäden erhöht. Die Realisierbarkeit von Altbausanierungen im EnEV- oder Passivhausstandard ist mit Innendämmungen, im Gegensatz zu den Aussagen mancher Prospektauslobungen, nur selten und in der Regel nur mit unverhältnismäßig hohem Aufwand möglich.

- Im Sommer ist die Wärmeschutzfunktion der Innendämmung trotz des erhöhten Wärmedurchgangswiderstandes unwirksam, weil die thermisch entkoppelten massiven Außenwände nicht mehr als Speicher zur Raumklimatisierung bzw. Kühlung funktionieren. Eine Außendämmung kann dagegen durch Einbindung speicherwirksamer Massivwände den sommerlichen Wärmeschutz erheblich verbessern und effektiv für ein klimatisiertes, kühles Raumklima sorgen.
- Die Wohnraumfläche wird in Abhängigkeit der Ziele zur Energieeinsparung bei hohen Dämmstoffdicken verkleinert, was die Mietkosten pro Quadratmeter Nutzfläche verteuert. Hochleistungsdämmstoffe mit extrem geringer Wärmeleitfähigkeit unter WLG 020 (λ = 0,02 bis 0,01 W/[m · K]), wie Aerogele auf Basis von Nanomaterialien oder Vakuum-Isolationspaneelen (VIP), verhalten sich zwar diesbezüglich wegen ihrer geringeren Schichtdickenmöglichkeiten nahezu neutral, sind aber sehr teuer in der Anschaffung. Zudem sind sie bei Wärmedurchlasswiderständen $R >$ 1,5 $m^2 \cdot K/W$ bei Innendämmsystemen wegen der Wärmeverluste durch die Wärmebrücken- und Feuchteschutzproblematik in höheren Dämmschichtdicken über 3 cm zur Energieeinsparung kaum sinnvoll, falls beabsichtigt ist, mithilfe solcher Spezialdämmstoffe ggf. Ziele analog der Energieeinspareffekte im Passivhausstandard zu verfolgen.
- Die Befestigung von Gegenständen (Möbeln, Bildern etc.) in den relativ weichen, mit Dämmstoff versehenen Außenwänden ist eingeschränkt und erfordert spezielle Befestigungsmittel. Grundsätzlich müssen Durchdringungen der wärmegedämmten Wand stets luftdicht verschlossen sein, um schädliche Feuchtigkeitsanreicherungen zu vermeiden.
- Bei Verwendung synthetischer organischer Dämmstoffe, wie z. B. aus EPS-, XPS-, PIR/PUR-, Phenolharz-Hartschäumen, oder natürlicher organischer Dämmstoffe, wie z. B. aus Holzfaser, Hanf, Schilf, Baumwolle, Schafwolle etc., besteht in Innenräumen erhöhte Brandgefahr und der Brandschutz ist beeinträchtigt. Je nach Dämmstofftyp können im Brandfall entstehende Brandgase hochgiftig und lebensgefährlich sein.
- Die Auswahl von Beschichtungsstoffen, Tapeten und sonstigen Innenwandbekleidungen ist insbesondere bei sog. „kapillaraktiven Innendämmsystemen“, die in der Regel keine Dampfbremsen erlauben, eingeschränkt. Bei Renovierungen sollten nur vom Dämmsystem-Hersteller freigegebene Produkte verwendet werden, um die mangelfreie Innendämmfunktion und erforderliche Kapillaraktivität gewährleisten zu können.

Fazit

Innendämmsysteme zur Herstellung energiesparender, hygienischer Innenraumbedingungen gemäß der Mindestwärmeschutznorm nach DIN 4108-2: 2003-07 sowie zur Vermeidung oder Sanierung von Schimmelproblemen sind bei zu hohen Energieverlusten eine alternative Wärmedämmmaßnahme neben der EnEV-gemäßen, energetisch wirksameren außen liegenden Wärmedämmung. Im Altbau ist die Innendämmung auf jeden Fall immer besser als gar keine Dämmung. Zur Erzielung mangelfreier Ergebnisse sind neben einer gewissenhaften Gebäudebestandsaufnahme die richtige System- und Materialauswahl bei der Planung und Ausführung erforderlich. Neben wärme-, feuchte- und schimmelschutztechnischen Anforderungen sind weitere Aspekte von Bedeutung, die bei der Festlegung von Sanierungsmaßnahmen durch Innendämmsysteme zu berücksichtigen sind.

Hierzu gehören:

- Brandschutz,
- Gesundheitsschutz/Raumlufthygiene, ggf. beeinträchtigt durch mögliche Schadstoffe,
- Schallschutz,
- Dauerhaftigkeit/Funktionstüchtigkeit,
- Nachhaltigkeit, z. B. von der Produkterzeugung bis zu seiner Entsorgung.

Ausnahmen und Befreiungen von der EnEV 2014

Im Gegensatz zur EnEV 2009 stellt die EnEV 2014 keine Anforderungen mehr an die Ausführung von Innendämmungen bei Außenwänden. Die frühere *U*-Wert-Mindestanforderung von 0,35 W/($m^2 \cdot K$) bzw. von 0,84 W/($m^2 \cdot K$) bei Sichtfachwerkbauweise in „Schlagregenbeanspruchungsgruppe I nach DIN 4108-3" (siehe Abb. 2.21) für Gebiete in besonders geschützten Lagen und mit geringen Jahresniederschlägen unter 600 l/m^2 ist entfallen. Wenn jedoch Gebäude nach EnEV so umfänglich saniert werden, dass ggf. eine energetische Gesamtgebäudebilanzierung zu berechnen ist, muss selbstverständlich darin auch die Effizienz der Innendämmung berücksichtigt werden.

Somit eröffnen sich größere Spielräume für optimale und vor allem sichere Planungs- und Ausführungslösungen bei Sanierungen von Schimmelschäden oder Durchführung von Energieeinsparmaßnahmen für Gebäude mit besonders erhaltenswerten Fassaden im Altbaubestand. Hierzu können Innendämmsysteme in geeigneten Dimensionen eingesetzt werden, um z. B. bei schlecht gedämmten und kalten Außenwänden schimmelfördernde Kondensationsbedingungen und Heizenergieverluste zu beseitigen.

Je nach Konstruktion und Zustand der Außenwände kann es durchaus sinnvoller sein, die Dimensionierung der Innendämmung bei Sanierungen nur auf ein Niveau des Mindestwärmeschutzes nach DIN 4108-2:2003-07 zu verbessern als auf das deutlich höhere Wärmeschutzniveau analog der Mindestanforderungen gemäß EnEV 2009 oder KfW. Gerade bei Altbausanierungen historischer und denkmalgeschützter Gebäude können überzogene Anforderungen an den Wärmeschutz von Innendämmsystemen gemäß bisheriger Mindest-*U*-Wertvorschriften kontraproduktiv sein und Schadensrisiken provozieren, weil die Innendämmung grundsätzlich gegenüber der Kerndämmung von zweischaligem Mauerwerk und erst recht gegenüber der außen liegenden Wärmedämmung die kritischste Konstruktion darstellt, die schädliche Tauwasseransammlungen zwischen der kalten Bestandsaußenwand und dem aufgebrachten Wärmedämmstoff ermöglicht.

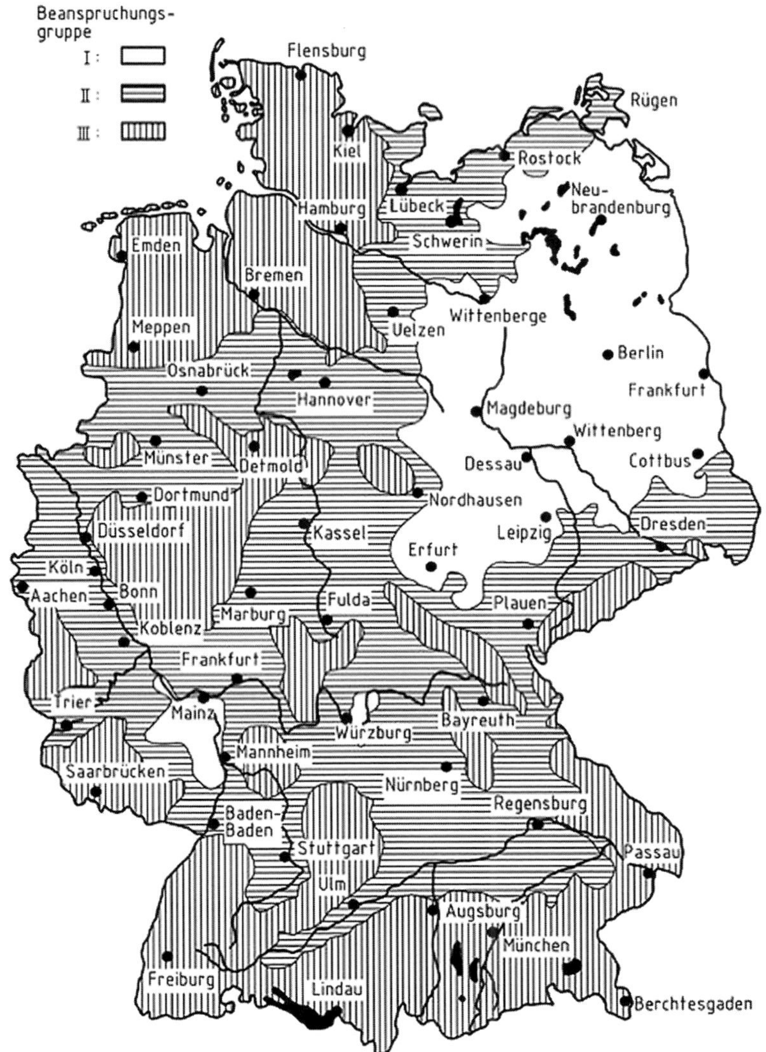

Abb. 2.21: Übersichtskarte der Schlagregenbeanspruchung (Quelle: DIN 4108-3, Anhang C)

Werden mehr als 10 % betroffener Bauteile instand gesetzt, greifen die EnEV-Anforderungen auch bei Gebäuden mit erhaltenswerten Fassaden, die aus Putz, Stuck, einschaligem Mauerwerk aus Klinker-, Bruch- und Natursteinmauerwerk oder Fachwerk bestehen und ausschließlich mit Innendämmsystemen energetisch oder bei Sanierung von Schimmelproblemen ertüchtigt werden können. Weil Bauausführungen gemäß EnEV-Anforderungen hier eventuell Schäden auslösen können, sind bei begründeter Annahme von Problemen Ausnahmen gemäß § 24 EnEV möglich:

„(1) Soweit bei Baudenkmälern oder sonstiger besonders erhaltenswerter Bausubstanz die Erfüllung der Anforderungen dieser Verordnung die Substanz oder das Erscheinungsbild beeinträchtigen oder andere Maßnahmen zu

einem unverhältnismäßig hohen Aufwand führen, kann von den Anforderungen dieser Verordnung abgewichen werden.

(2) Soweit die Ziele dieser Verordnung durch andere als in dieser Verordnung vorgesehene Maßnahmen im gleichen Umfang erreicht werden, lassen die nach Landesrecht zuständigen Behörden auf Antrag Ausnahmen zu."

Des Weiteren ergeben sich Möglichkeiten zur Befreiung nach § 25 EnEV, wenn die Ausführungen zur Erfüllung der energetischen Anforderungen zu aufwendig sind und zu einer unbilligen Härte führen. Eine unbillige Härte liegt vor, wenn die Investitionen zur Energieeinsparung innerhalb der „üblichen Nutzungsdauer innerhalb einer angemessenen Frist" nicht erwirtschaftet werden können. Betroffen sind hierbei nicht nur Modernisierungen mit Innendämmsystemen, sondern auch von Türen, Fenstern, Dächern und Decken.

Innendämm-Systemprinzipien

Zur Innendämmung steht eine Vielzahl von Wärmedämmstoffen zur Verfügung, dazu gehören neben Wärmedämmstoffen auch Wärmedämmputze. Ihre jeweils typischen bauphysikalischen Eigenschaften müssen sorgfältig mit denen des zu dämmenden Wandaufbaus und vorhandener Wärmebrücken abgestimmt sein, um schädliche Folgen von Feuchtigkeitsanreicherungen innerhalb der Konstruktion dauerhaft vermeiden zu können. Zustand und Aufbau der Außenwandkonstruktion, die angestrebten Wärmeschutzziele und sonstige Anforderungen bestimmen die Bemessung des Innendämmsystems aus einem geeigneten Wärmedämmstoff.

Ein Innendämmsystem kann auskommen

- mit **Dampfsperre** zur Verhinderung von Kondensatbildungen, aus Folien oder aus dem Dämmstoff selbst, wie bei Schaumglas,
- mit **Dampfbremse** zur Begrenzung von Kondensatbildungen aus begrenzt wasserdampfdurchlässigen Beschichtungen, Dampfbremsfolien oder dem Dämmstoff selbst, wie bei EPS-, XPS-, PUR-, Phenolharz-Hartschäumen bestehen oder gegebenenfalls
- **ohne zusätzliche Dampfbremse** oder Dampfsperre, wenn kapillaraktive Dämmstoffe, z. B. aus Calciumsilikat, Perlite, Mineralschaum etc., mit sog. diffusionsoffenen und klimaregulierenden Eigenschaften einsetzbar sind, welche die Mengen entstehender Feuchtigkeitsanreicherungen durch Kondensatbildung tolerieren und dabei keine Grenzen der Wärmeschutznorm nach DIN 4108-3 überschreiten. Anfallende Tauwasserfeuchtigkeit kann infolge der kapillaren Saugfähigkeit bei solchen Dämmstoffen als Flüssigkeit nicht nur entgegen dem Dampfstrom zur Trocknung abtransportiert werden. Wegen der hohen Alkalität dieser Dämmstoffe (pH-Wert ca. 10 bis 11) sind deren Oberflächen u. a. auch schimmelwidrig und, wie alle Mineraldämmstoffe ohne organische Anteile, absolut unbrennbar.

Weil Innendämmungen im Winter das Tauwasserbildungsrisiko hinter dem Dämmstoff erhöhen und das Austrocknungsverhalten insbesondere bei dampfbremsenden Systemen behindern, sollte die dampfbremsende Wirkung stets im ausgewogenen Verhältnis so niedrig wie möglich, aber so hoch wie nötig zur Schadensvermeidung bemessen sein. Feuchtevariable Dampfbremsen auf Basis von Polyamid, die im Winter diffusionsdichter und bei höheren Temperaturen im Sommer für Austrocknungsvorgänge diffusionsoffener sind, können ggf. zur weiteren Optimierung dienen.

Bei Innendämmungen mit Dampfsperre muss dagegen sehr sorgfältig darauf geachtet werden, dass bei Ausführungen absolut keine Leckagen oder Fehlstellen entstehen, über die schädliche Feuchtigkeitseinwanderungen stattfinden können. Denn die hinter Dampfsperren eingeschlossene Feuchtigkeit kann ggf. nicht mehr ausreichend austrocknen und sich schädlich anreichern. Generell sind deshalb solche Innendämmsysteme auf Außenwänden ungeeignet, wenn der Schlagregenschutz nicht absolut sicher gewährleistet ist. Hiervon sind insbesondere einschalige Fassadenkonstruktionen aus Fachwerk oder Sichtmauerwerk betroffen.

Da eine zusätzliche Innendämmung generell das raumseitige Trocknungsvermögen der Wandkonstruktion gegenüber dem ungedämmten Zustand reduziert, sollte insbesondere bei vermindertem Schlagregenschutz möglichst eine diffusionsoffene Konstruktion zur Gewährleistung eines ausreichenden Trocknungspotenzials ausgeführt werden.

Kapillaraktive Dämmstoffe, die in der Regel angeblich keine zusätzlichen diffusionshemmenden Dampfbremsen benötigen, sind hierfür zu bevorzugen. Sie nehmen anfallendes Tauwasser durch kapillares Saugvermögen meist ausreichend auf und transportieren es, auch entgegen des Dampfstromes, schnell in alle Richtungen weiter, um durch Verdunstung an den Oberflächen zum Innenraum hin sowie nach außen schadlos austrocknen zu können. Vorzugsweise ist hierzu der Klebemörtel im Diffusionswiderstand etwas höher ausgelegt als die Dämmung, damit der Trocknungsverlauf im Sommer ungestört nach innen und außen, in Richtung Innenraum jedoch durch den Dämmstoff unterstützt, verstärkt kapillaraktiv verlaufen kann. Ist hierbei der Klebemörtel geringfügig schwächer kapillar leitfähig eingestellt als der Dämmstoff, kann der Trocknungsverlauf ebenfalls in Richtung Dämmstoff gelenkt und somit kapillaraktiv unterstützt bzw. beschleunigt werden. Damit der kapillare Flüssigwassertransport in beide Richtungen, nach innen und außen, nicht unterbrochen wird, muss nicht nur der Klebemörtel selbst, sondern auch der angrenzende Untergrund, die nachfolgende Putzschicht und das Mauerwerk der Außenwand kapillar leitfähig sein. Altanstriche, Beschichtungen, Tapeten, Kleisterreste, Fliesenbeläge etc. müssen vor dem Verkleben der Dämmstoffe restlos entfernt sein. Innenbeschichtungen müssen bei kapillaraktiven Innendämmsystemen ebenfalls diffusionsoffen sein und sollten keinen hohen Diffusionswiderstand aufweisen, damit die anfallenden Tauwassermengen schadlos austrocknen können. Insofern sollten auch die Beschichtungen an der Fassade auf mögliche Diffusionswiderstände überprüft werden, damit die Austrocknung des in der Winterperiode angereicherten Tauwassers in der Sommerperiode nicht nur zur Raumseite, sondern auch nach außen störungsfrei erfolgen kann.

Zur Innenraumgestaltung sollten bevorzugt hoch diffusionsfähige Mineralputze und Mineralfarben eingesetzt werden. Putzbeschichtungen und Anstriche auf Silikatbasis bilden bei der Verkieselung alkalisch reagierende Pottasche, die einem Schimmelbefall ggf. entgegenwirken kann. Bei kapillaraktiven Mineralschaum-Dämmstoffen sollte wegen ihrer geringen Druckfestigkeitswerte darauf geachtet werden, dass die Spachtel- und Putzmassen keine höheren Festigkeitskategorien nach EN 998-1 aufweisen als CS II (1,5 bis 5,0 N/mm^2), um spannungsbedingte Ablösungen zu vermeiden. Alternativ können auch Trockenbauplatten montiert werden. Auch bei späteren Renovierungen ist auf die eingeschränkte Materialauswahl zu achten.

Vermeidung von Tauwasserschäden bei Innendämmausführungen

Kann eine Innendämmung nach einer gründlichen Analyse und Überprüfung des Zustandes der Gebäude- und Außenwandkonstruktion, einbindender Innenwand-, Fußboden- und Deckenkonstruktionen, des Schlagregenschutzes etc. unter Berücksichtigung der hygrothermischen bauphysikalischen Veränderungen und Nachweisverfahren bedenkenlos angebracht werden, sind bei der Ausführung folgende Grundsätze zu beachten:

- Hinter die Dämmung darf keine feuchtwarme Raumluft auf die kalte Außenwand treffen. Durch die angrenzende kalte Außenwand kann Tauwasser in zu hohen Mengen gebildet werden und Schäden verursachen.
- Unebenheiten (> 1cm/m) müssen mit systemverträglichen Spachtel- und Putzmassen geglättet werden, denn hinter den Dämmstoffen dürfen sich keine Hohlräume bilden. Außerdem darf für den kapillaren Tauwassertransport der vollflächige Kontakt zwischen Dämmstoff, Klebemörtel und Untergrund zur Bestandswand nicht unterbrochen werden.
- Sämtliche Anschlüsse an Böden, Innenwände, Decken, Fenster, Fensterbänke, Türen etc. müssen dauerhaft absolut luft- und diffusionsdicht sein und mittels flexibler Dichtbänder oder Kompribänder ausgebildet werden.
- Elektroinstallationen, Steckdosen, Lichtschalter und sonstige Montagen, welche die Dämmschicht durchdringen, müssen ebenfalls dauerhaft luft- und diffusionsdicht eingebaut werden. Kaltwasserleitungen müssen bei Frostgefährdung ggf. in die Dämmschicht hinein verlegt werden.
- Die Verklebung der Dämmstoffe erfolgt am besten vollflächig und hohlraumfrei mit dem systemkonformen Klebemörtel und in der vorgeschriebenen Schichtdicke direkt auf dem rohen, kapillarleitfähigen, verputzten Außenmauerwerk. Zwischen die Dämmplatten darf hierbei kein Klebemörtel gelangen. Systemunverträgliche Altputze aus Gips und nicht tragfeste Putzuntergründe sind zu entfernen. Die Dämmplatten müssen dicht gestoßen angebracht werden. Offene Fugen müssen mit Dämmmaterial geschlossen werden.
- Um Wärmeverluste und möglicherweise dadurch verursachte Folgeschäden an Wärmebrücken vermeiden zu können, sind in Raumecken, einbindenden Innenwänden und Geschossdecken systemkonforme, ausreichend dimensionierte Dämmplatten oder Dämmkeile anzubringen. Zur Verminderung von Wärmeverlusten sollten Dämmstoff-Anschlüsse an Fußböden bis zum rohen, vom Estrich freigelegten und mit flexiblem Dichtband verlegten Boden ausgebildet werden. Böden von Holzbalkendecken, in denen Balkenköpfe in die Außenwand hineinreichen, erfordern individuelle Prüfungen und Detaillösungen analog WTA-Merkblatt E-8-14-13/D, Ausgabe 09.2013 „Ertüchtigung von Holzbalkendecken nach WTA II: Balkenköpfe in Außenwänden“ (Wissenschaftlich-Technische Arbeitsgemeinschaft für Bauwerkserhaltung und Denkmalpflege, 2013), um mögliche Fäulnisschäden mit Verlust der Tragfähigkeit dauerhaft ausschließen zu können.

Generell darf der Temperaturfaktor von $f_{Rsi} > 0{,}7$ an den ungünstigsten Stellen von Wärmebrücken nicht unterschritten werden, um den Mindestwärmeschutz gemäß DIN 4108-2 und die Mindestoberflächentemperatur > 12,6 °C zur Vermeidung von Schimmelschäden gewährleisten zu können.

$$f_{Rsi} = \frac{\theta_{si} - \theta_e}{\theta_i - \theta_e}$$

mit

f_{Rsi} = Temperaturfaktor
θ_{si} = Oberflächeninnentemperatur (bei maximal zulässiger Bauteiloberflächenfeuchte $\varphi_{si} = 80$ %)
θ_e = Außentemperatur −5 °C (bei Wärmeübergangswiderstand außen $R_{se} = 0{,}04$ K/W)
θ_i = Innentemperatur +20 °C (bei Wärmeübergangswiderstand innen $R_{si} = 0{,}25$ K/W)

Beispiel: $f_{Rsi} = \frac{12{,}6\ °C - (-5\ °C)}{20{,}0\ °C - (-5\ °C)} = \frac{17{,}6\ °C}{25{,}0\ °C} = 0{,}704$

Bei kapillaraktiven Innendämmsystemen ist darauf zu achten, dass raumseitig und an der Fassade keine diffusionsdichten Beschichtungen oder Bekleidungen angebracht werden, damit zulässige Tauwasseransammlungen nach innen und außen schadensfrei austrocknen können. Dies ist auch bei späteren Instandhaltungsarbeiten und Renovierungen zu berücksichtigen.

Vereinfachte Nachweisverfahren gemäß DIN 4108-3, WTA-Merkblatt 8-5 und WTA-Merkblatt 6-4

Nachweisverfahren nach Wärmeschutznorm DIN 4108-3:2001-07

Gemäß der Wärmeschutznorm DIN 4108-3, Abschnitt 4.3 ist der rechnerische Tauwassernachweis für die darin genannten Außenwände (und Dachkonstruktionen) nicht erforderlich, *„da kein Tauwasserrisiko besteht oder der Feuchtetransport, z. B. bei kapillaraktiven Materialien, wesentlich durch Kapillaritätseffekte beeinflusst und nur zum Teil durch Diffusionsvorgänge bestimmt wird"*. Demnach kann nach DIN 4108-3 der rechnerische Tauwassernachweis entfallen, wenn die Innendämmschicht solcher Wände einen maximalen Wärmedurchlasswiderstand von $\boldsymbol{R < 1{,}0\ \mathrm{m^2 \cdot K/W}}$ nicht überschreitet und eine wasserdampfdiffusionsäquivalente Luftschichtdicke inkl. Putzschicht oder Verkleidung von $\boldsymbol{s_{d,i} > 0{,}5\ \mathrm{m}}$ nicht unterschreitet.

Diese Norm gilt für Außenwände folgender Beschaffenheit:

„Ein- und zweischaliges Mauerwerk nach DIN 1053-1 (auch mit Kerndämmung), Wände aus Normalbeton nach DIN EN 206-1 bzw. DIN 1045-2, Wände aus gefügedichtem Leichtbeton nach DIN 4219-1 und DIN 4219-2, Wände aus haufwerksporigem Leichtbeton nach DIN 4232, jeweils mit Innenputz und folgenden Außenschichten.

- *Putz nach DIN 18550-1 oder Verblendmauerwerk nach DIN 1053-1;*
- *angemörtelte oder angemauerte Bekleidungen nach DIN 18515-1 und DIN 18515-2, bei einem Fugenanteil von mindestens 5 %;*
- *hinterlüftete Außenwandbekleidungen nach DIN 18516-1 mit und ohne Wärmedämmung;*
- *Außendämmungen nach DIN 1102 oder nach DIN 18550-3 oder durch ein zugelassenes Wärmedämmverbundsystem.“* (DIN 4108-3, Abschnitt 4.3.2.1)

Bei der Innendämmung von Außenmauerwerk mit Holzwolle-Leichtbauplatten nach DIN 1101 darf ohne rechnerischen Nachweis der Wärmedurchlasswiderstand $\boldsymbol{R < 0{,}5\ m^2 \cdot K/W}$ nicht überschritten werden.

Für die Innendämmung von Fachwerkwänden gilt die rechnerische Nachweisbefreiung für die Wärmedämmschicht, wenn der maximale Wärmedurchlasswiderstand $\boldsymbol{R < 1{,}0\ m^2 \cdot K/W}$ nicht überschritten wird und inkl. Putzschicht oder Verkleidung der $s_{d,i}$**-Wert** mindestens **1,0 m** und maximal **2,0 m** beträgt. Beim Einsatz von Holzwolle-Leichtbauplatten gilt dagegen die Nachweisbefreiung nach DIN 4108-3 bei Fachwerkwänden generell.

Nachweisverfahren nach WTA-Merkblatt 8-1-03/D und Merkblatt 8-5:05.2008

Die Wissenschaftlich-Technische Arbeitsgemeinschaft für Bauwerkserhaltung und Denkmalpflege e. V., München, gibt gemäß der Merkblattausgabe 8-5 „Fachwerkinstandsetzung nach WTA V: Innendämmungen“ den Hinweis, dass unter den hier genannten Bedingungen bei einem Wärmedurchlasswiderstand der Dämmschicht von $\boldsymbol{\Delta R_i = 0{,}8\ m^2 \cdot K/W}$ (in Abweichung zur DIN 4108-3:2001-07) sowie bei Verwendung kapillar wirksamer, diffusionsoffener Baustoffe bzw. Dämmstoffe, die keine Dampfsperre benötigen und einen $s_{d,i}$**-Wert** von mindestens **0,5 m** und maximal **2,0 m** aufweisen, eine Innendämmung auf Fachwerkwänden dauerhaft geeignet ist.

Nachweisverfahren nach WTA-Merkblatt 6-4:05.2009

Das WTA-Merkblatt 6-4, Ausgabe 05.2009 „Innendämmung nach WTA I“ ist als Planungsleitfaden Teil einer Merkblattreihe zur Innendämmung, welche u. a. die feuchtephysikalischen Gesichtspunkte möglicher Tauwasserbildungen mit eingeschränkten Austrocknungsbedingungen berücksichtigt.

Demnach kann eine funktionsfähige Innendämmung aufgrund vorliegender Erfahrungen mithilfe eines vereinfachten Nachweisverfahrens anstelle aufwendiger hygrothermischer Simulationsberechnungen (z. B. mittels WUFI [**W**ärme **u**nd **F**euchte **i**nstationär]/Fraunhofer Institut für Bauphysik oder Delphin/Technische Universität Dresden) geplant, dimensioniert und ausgeführt werden, wenn hierfür definierte Bedingungen entsprechend diesem Merkblatt vorliegen.

Hierzu kann bei höheren Wärmeschutzverbesserungen und Begrenzungen als nach DIN 4108-3 ein vereinfachter Nachweis gemäß Abb. 2.22 durchgeführt werden. Berücksichtigt wird hierfür die **notwendige innere wasserdampfdiffusionsäquivalente Luftschichtdicke** $s_{d,i}$ der verputzten oder bekleideten Innendämmschicht (ggf. inkl. Dampfbremse) und der erhöhte

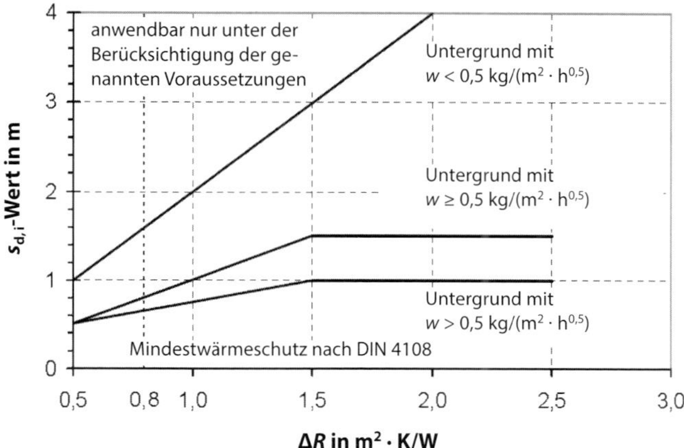

Abb. 2.22: Minimal erforderlicher $s_{d,i}$-Wert des neuen inneren Aufbaus (Dämmung plus Dampfbremse) in Zusammenhang zur wärmeschutztechnischen Verbesserung ΔR für verschieden kapillaraktive Untergründe (Quelle: WTA-Merkblatt 6-4:05, Innendämmung nach WTA I, Planungsleitfaden, Fraunhofer IRB Verlag, 2009, S. 9)

Wärmedurchlasswiderstand ΔR zur geplanten Wärmeschutzverbesserung in Bezug auf die kapillare Leitfähigkeit des „Untergrundes" mit dessen kapillarem Sättigungs-/***w*-Wert**.

Als „**Untergrund**" wird der ungedämmte, meist verputzte Wandbildner betrachtet. Dessen kapillare Wasseraufnahmeschichten können einen ***w*-Wert** von **unter 0,5 bis über 1,0 kg/(m² · $h^{0,5}$)** aufweisen. Nicht saugende oder hemmende Beschichtungs-, Kleber-, Tapetenreste etc. sollten nicht vorhanden bzw. restlos entfernt sein. In Zweifelsfällen sollen laut Merkblattempfehlung die Bedingungen für „nicht saugfähigen Untergrund" ($w < 0{,}5$ kg/[m² · $h^{0,5}$]) gewählt werden.

Mithilfe der Abb. 2.22 können in den dargestellten Rahmenbedingungen die geplanten Wärmeschutzverbesserungen mit Innendämmsystemen im vereinfachten Nachweis so bemessen ausgeführt werden, dass schädliche Tauwasserbildungen, ggf. durch Frost, wegen der rechnerisch berücksichtigten tauwasserfreien Begrenzung auf eine maximale Ausgleichsfeuchte von 95 % relative Feuchte nicht auftreten können und ausgeschlossen sind.

„Voraussetzungen für die Anwendbarkeit des Diagramms sind:

- *kein Feuchteeintrag aus Schlagregen (konstruktiver Schlagregenschutz, Wasser abweisender Putz)*
- *das bisherige Mauerwerk erfüllt früheren Mindestwärmeschutz nach DIN 4108 (R-Wert ≥ 0,39 m² · K/W)*
- *Innenklima bei normaler Feuchtelast gemäß WTA-Merkblatt 6-2*
- *mittlere Jahrestemperatur des Außenklimas ≥ 7 °C […]*
- *maximale Verbesserung des Wärmedurchlasswiderstands ΔR ≤ 2,5 m² · K/W (kapillaraktiver Untergrund) bzw. ≤ 2,0 m² · K/W (nicht saugende Untergründe)."*

(WTA-Merkblatt 6-4:05.2009, S. 10)

Wobei nach WTA-Merkblatt 6-4 des Weiteren zu berücksichtigen ist, dass:

- Wärmebrücken in Anschlüssen zur Innendämmung generell sicher ausgebildet werden;
- bei der Anwendung kapillaraktiver Innendämmungen (wie z. B. bei Mineralschaum-, Perlite- oder Calciumsilikat-Dämmplatten) zum vereinfachten Nachweis „ein genauer rechnerischer Nachweis dringend empfohlen" wird, denn alle Innendämmsysteme, bei denen Tauwasserbedingungen > 95 % relative Feuchte auftreten und ggf. toleriert werden können, sind bei den Konstruktionen im vereinfachten Nachweisverfahren nicht erfasst;
- der konstruktive Schlagregenschutz nach DIN4108-3, Abschnitt 5 entsprechend der Beanspruchungsgruppen I bis III beachtet wird (siehe Abb. 2.21), wobei der für Gruppe III, Tabelle 2 geforderte w-Wert $\leq$ 0,5 kg/(m^2 · h^{0,5}) nicht für alle Situationen ausreicht und deshalb besser ein w-Wert von $\leq$ 0,1 kg/(m^2 · h^{0,5}) durch die Fassadenbeschichtung erzielt werden sollte (siehe Tabelle 2.11).

Fassadenbeschichtungen mit dieser w-Wert-Begrenzung sollten dieser Anforderung gemäß Hinweis WTA-Merkblatt 6-4 entsprechen, wozu Anstrich- und Putzbeschichtungen auf Basis von Silikonharzemulsion oder mit Hydrophobierungsmitteln modifizierte Silikat-/Mineralfarben in der Regel geeignet sind (Herstellerangaben beachten).

Hydrophobierte, hochdiffusionsfähige Anstriche und Putze auf Basis von Silikonharzemulsion sowie mit Hydrophobierungsmittel modifizierte Silikat-Beschichtungen können ggf. diese Anforderung nachweislich erfüllen.

Tabelle 2.11: Kriterien für den Regenschutz von Putzen und Beschichtungen (Quelle: DIN 4108-3, Tabelle 2)

Kriterien für den Regenschutz	**Wasseraufnahmekoeffizient** w **in kg/(m^2 · h^{0,5})**	**wasserdampf-diffusionsäquivalente Luftschichtdicke** s_d **in m**	**Produkt** $w \cdot s_d$ **in kg/(m^2 · h^{0,5})**
Wasser hemmend	0,5 < w < 2,0	[1]	[1]
Wasser abweisend	$w \leq 0,5$	≤ 2,0	≤ 2,0

[1] keine Festlegung bei Wasser hemmenden Putzen bzw. Beschichtungen; siehe hierzu auch DIN 18550-1 sowie den Hinweis auf die Sicherstellung von Verdunstungsmöglichkeiten in 5.1

Tabelle 2.12: Beispiele für die Zuordnung von Wandbauarten und Beanspruchungsgruppen (Quelle: DIN 4108-3, Tabelle 3)

Zeile	Beanspruchungsgruppe I geringe Schlagregenbeanspruchung	Beanspruchungsgruppe II mittlere Schlagregenbeanspruchung	Beanspruchungsgruppe III starke Schlagregenbeanspruchung
1	Außenputz ohne besondere Anforderungen an den Schlagregenschutz nach DIN 18550-1 auf	Wasser hemmender Außenputz nach DIN 18550-1 auf	Wasser abweisender Außenputz nach DIN 18550-1 bis DIN 18550-4 oder Kunstharzputz nach DIN 18558 auf
	• Außenwänden aus Mauerwerk, Wandbauplatten, Beton u. Ä. • Holzwolle-Leichtbauplatten und Mehrschicht-Leichtbauplatten nach DIN 1101, ausgeführt nach DIN 1102		
2	einschaliges Sichtmauerwerk nach DIN 1053-1 mit einer Dicke von 31 cm (mit Innenputz)	einschaliges Sichtmauerwerk nach DIN 1053-1 mit einer Dicke von 37,5 cm (mit Innenputz)	zweischaliges Verblendmauerwerk nach DIN 1053-1 mit Luftschicht und Wärmedämmung oder mit Kerndämmung (mit Innenputz)
3	Außenwände mit im Dickbett oder Dünnbett angemörtelten Fliesen oder Platten nach DIN 18515-1		Außenwände mit im Dickbett oder Dünnbett angemörtelten Fliesen oder Platten nach DIN 18515-1 mit Wasser abweisendem Ansetzmörtel
4	Außenwände mit gefügedichter Betonaußenschicht nach DIN EN 206-1 bzw. DIN 1045-2 sowie DIN 4219-1 und DIN 4219-2		
5	Wände mit hinterlüfteten Außenwandbekleidungen nach DIN 18516-1, DIN 18516-3 und DIN 18516-4[1)]		
6	Wände mit Außendämmung durch ein Wärmedämmputzsystem nach DIN 18550-3 oder durch ein zugelassenes Wärmedämm-Verbundsystem		
7	Außenwände in Holzbauart mit Wetterschutz nach DIN 68800-2:1996-05, 8.2		

[1)] Offene Fugen zwischen den Bekleidungsplatten beeinträchtigen den Regenschutz nicht.

Hinweis zu DIN 4108-3, Anhang C, Tabellen 2 und 3

Bei Schlagregen und Winddruck kann Regenwasser über Fugen, Risse, Spalten etc. an Bauteilanschlüssen von Fassadenverkleidungen oder Putzflächen sowie durch kapillares Saugverhalten der Fassadenoberfläche in die Außenwandkonstruktion eindringen. Durch konstruktive Maßnahmen, z. B. nach DIN 4108-3, Tabelle 3, kann der Schlagregenschutz u. a. durch Putze und Fassadenbeschichtungen nach DIN 4108-3, Tabelle 2, erreicht werden, wenn z. B. der Außenputz, ggf. mit Beschichtung, die Anforderungen von s_d- und ***w*-Wert**-Begrenzungen erfüllt. Hierbei ist in Fällen abweichender Maßnahmen zur DIN 4108-3, Tabelle 2, wie z. B. beim Anbringen einer Innendämmung, bei allen Konstruktionsarten in Abhängigkeit zur Schlagregenbeanspruchung darauf zu achten, dass keinerlei unzulässige Anreicherungen von Regenwassermengen auftreten, die ggf. durch Verdunstung nicht unschädlich entweichen könnten. Zu berücksichtigen sind hier auch die aufgezeigten gebietsabhängigen Gefährdungen unterschiedlicher Schlagregenbeanspruchungen nach DIN 4108-3, Anhang C (siehe Abb. 2.21, Tabellen 2.11 und 2.12).

Wärmebrückeneffekte bei Innendämmungen

Weil Trennwände und Geschossdecken die Abkoppelung der Innendämmebene erzwingen, bewirkt der durch die Innendämmung hervorgerufene Temperaturabfall in der Außenwand entsprechend hohe Energieverluste und die Gefahr wärmebrückenbedingter Feuchte-, Schimmel- und Fäulnisschäden. Diese können infolge möglicher Kondensatbildung innerhalb der Konstruktion sowie auf Oberflächen an Innenecken entstehen, wenn der Temperaturfaktor f_{Rsi} von 0,7 unterschritten wird. Der durch Innendämmung verursachte Transmissionswärmeverlust ist relativ groß und rechtfertigt gemäß EnEV 2009 einen pauschalen Wärmebrückenzuschlag von 0,15 W/(m^2 · K), wenn mehr als 50 % der Außenwand mit einer einbindenden Massivdecke versehen sind. In solchen Fällen verschlechtert sich also der U-Wert der innen gedämmten Außenwandkonstruktion wegen des wärmebrückenbedingten Energieverlusts durch Erhöhung um diesen Betrag.

Auch an Unterbrechungen der Außenwand durch Fenster und Türen stellen die Laibungsbereiche bis zum Anschluss an die Wandöffnungen Wärmebrücken dar, die grundsätzlich mit sog. Laibungsdämmstoffen in die Innendämmebene einbezogen werden müssen, um Feuchte- und Schimmelschäden zu vermeiden. Unterbrechen aufwendig konstruierte Einbaumöbel, Badinstallationen etc. die Innendämmungen, können ebenfalls Wärmebrückeneffekte auftreten, die Risiken für Feuchte-Schimmelschäden bergen.

Die kritischsten Innendämmungen sind jedoch diejenigen, die an Holzbalkendecken anschließen. Weil sich die Balkenköpfe in der Regel innerhalb von Aufliegetaschen der massiven Außenwandkonstruktion befinden, die mit Innenraumluft bzw. Deckenhohlraumluft umspült werden, kühlen sie infolge des Wärmebrückeneffekts ggf. so stark ab, dass durch Kondensatbildung die kritische Holzfeuchte auf über 20 % ansteigt und Verrottung durch Fäulnis entstehen kann. Gemäß den Angaben des WTA-Merkblatts E-8-14-13/D, Ausgabe 09.2013 „Ertüchtigung von Holzbalkendecken nach WTA II: Balkenköpfe in Außenwänden" sind solche Holzbalkendecken bis etwa 1950 oft konstruiert und seit Jahrhunderten verbaut worden, wobei die Umspülung der Balkenköpfe mit Luft aus angrenzenden Räumen lange Zeit als konstruktive Notwendigkeit angesehen wurde. Lösungsansätze zur Vermeidung möglicher Schäden, die bei der Innendämmung auftreten können, sind noch nicht vollständig geklärt. Es heißt hierzu:

„Die hygrothermische Situation von Balkenköpfen wird derzeit in verschiedenen Forschungsvorhaben untersucht. Verallgemeinerungsfähige Forschungsergebnisse liegen zz. noch nicht vor. Eine allgemeingültige konstruktive Regel, die für jedes Auflager anwendbar wäre, gibt es nicht.

Grundsätzlich gilt jedoch:

- *Die hygrothermischen Bedingungen an den Balkenköpfen sind zu beachten, da wärme- und feuchtetechnische Prozesse miteinander gekoppelt sind.*
- *Die statischen Funktionen, die den Balkenköpfen im bestehenden Tragsystem zukommen, sind zu beachten.*

Von den Planungsbeauftragten ist eine sorgfältige gewerkeübergreifende Detailplanung unter Berücksichtigung der o. g. Kriterien und der objektspezifischen Besonderheiten zu erstellen. Tragfähigkeit, Schallschutz, Brandschutz, Wärmeschutz und Feuchteschutz sind gegebenenfalls rechnerisch nachzuweisen." (WTA-Merkblatt E-8-14-13/D:09.2013, S. 4)

Sehr anschaulich werden bei dieser Ausgabe im WTA-Merkblatt E-8-14-13/D die typischen Temperaturfelder der durch Wärmebrückeneffekte entstehenden Holzbalkendeckenkonstruktionen dargestellt. Durch Vergleich der Außenwand in der ungedämmten Bestandskonstruktion mit Außendämmung, Kerndämmung und Innendämmung wird deutlich, dass kritische thermohygrische Belastungen im Besonderen durch Wärmebrückeneffekte bei der Außenwandkonstruktion mit Innendämmung vorliegen können (siehe Abb. 2.23 bis 2.26).

Hierzu folgen Beispiele zur Veranschaulichung prinzipieller Wärmebrückeneffekte mit möglichen Folgen schädlicher Tauwasserbildungen durch Anbringung von Innendämmungen an Außenwänden bei einbindenden Innenwänden und Decken.

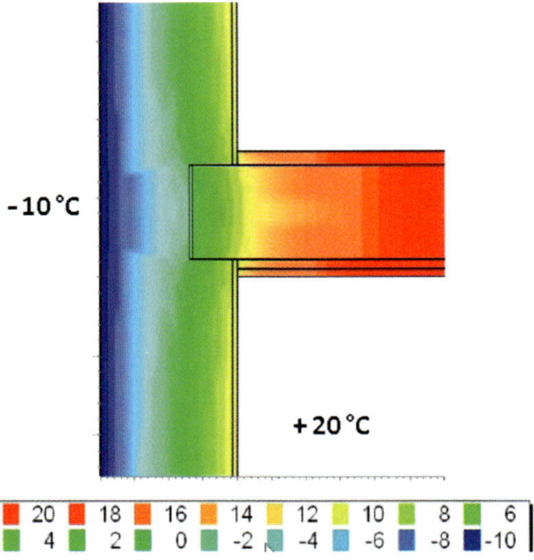

Abb. 2.23: Ungedämmte Bestandskonstruktion einer einbindenden Holzbalkendecke in einer Ziegelaußenwand mit einer Luftschicht von 1 cm in der Auflagetasche zwischen Balkenkopf und Vormauerung (Quelle: Anhang WTA-Merkblatt E-8-14-13/D)

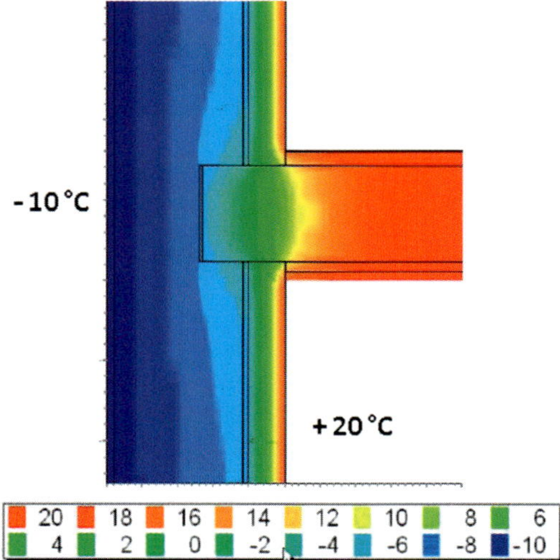

Abb. 2.24: Gleiche Holzbalkendecke mit 10 cm Innendämmung WLG 040, die eine deutliche Temperaturabsenkung in der luftumspülten Auflagetasche des Balkenkopfes bewirkt und das Risiko einer ggf. schädlichen Tauwasserbildung erhöht (Quelle: Anhang WTA-Merkblatt E-8-14-13/D)

Nach einer gründlichen Analyse des Deckenaufbaus und des Gebäudezustands können Balkenköpfe zum Schutz vor kritischen Feuchteanreicherungen bei Luftumspülung mit feuchtwarmer Luft allseitig auf der Raumseite mit komprimierten Fugendichtbändern angeschlossen werden (siehe Abb. 2.24). Hierbei sollten größere Holzrisse ebenfalls dauerhaft luftdicht verschlossen werden. Die Weiterführung der Innendämmung in den Balkenraum kann kritische Wärmebrückeneffekte abmindern. Hierzu sind nach rechnerischer Überprüfung ggf. Dämmstoffe mit abgestimmten Dampfbremsen zu berücksichtigen. Da ab 20 % Holzfeuchtigkeit Fäulnisgefahr

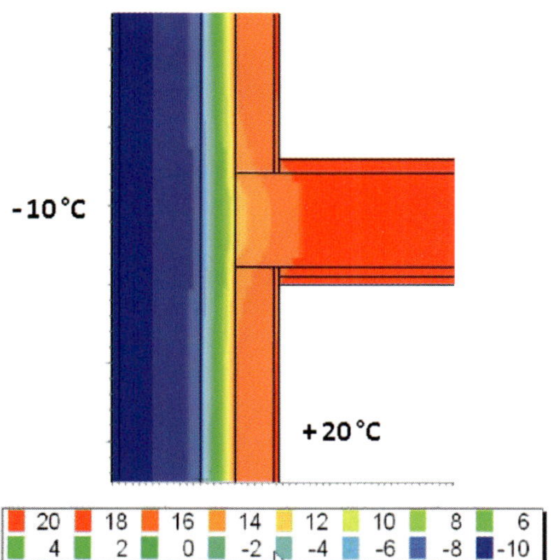

Abb. 2.25: Bei der Kerndämmung (aus Luft oder Einblasdämmstoffen) mit Einbindung des Balkenkopfes in die Innenwandschale sind die Temperaturen deutlich höher, sodass an dieser Stelle kein Tauwasserrisiko entsteht (Quelle: Anhang WTA-Merkblatt E-8-14-13/D).

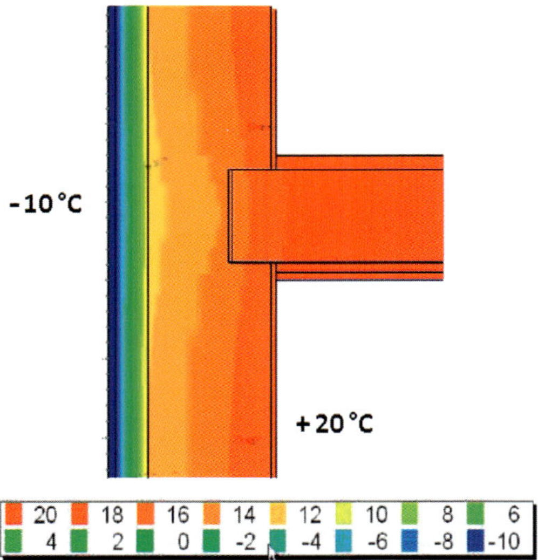

Abb. 2.26: Bei der Außendämmung ist der Wärmebrückeneffekt der Holzdeckenkonstruktion im krassen Gegensatz zur Innendämmung nahezu komplett ausgeblendet. Infolgedessen sind die Transmissionswärmeverluste am geringsten. Kritische Bedingungen für Temperatursenkungen mit möglichen Tauwasserrisiken bestehen nicht (Quelle: Anhang WTA-Merkblatt E-8-14-13/D).

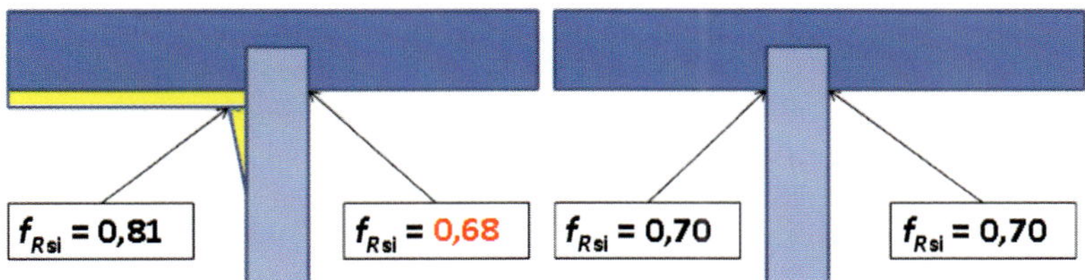

Abb. 2.27: Wärmebrückeneffekt (bei Innenraumluft 20 °C, Außenluft –5 °C) zwischen Räumen, die durch eingebundene Wände oder Decken getrennt sind, mit Auswirkungen auf den Temperaturfaktor f_{Rsi} durch Anordnung einer Innendämmung

besteht, ist ggf. die Berücksichtigung chemischer Holzschutzmittel mit Prüfzeichen P und Iv, analog Gefährdungsklasse 2 nach DIN 68800, erforderlich. Des Weiteren sollten die Hinweise des WTA-Merkblatts E 8-14-13/D beachtet werden.

Obwohl, wie in Abb. 2.27 zu sehen, durch die Anbringung der Innendämmung eine Verbesserung des Raumklimas durch Erhöhung der Oberflächentemperatur (θ_{si} [°C] = 25 f_{Rsi} – 5) von 12,6 °C (bei f_{Rsi} = 0,70) auf 15,3 °C (bei f_{Rsi} = 0,81) eintritt, wird durch diese Maßnahme die Temperatur der Außenwand so weit herabgesenkt, dass als Folge im gegenüberliegenden Raum zur angrenzenden ungedämmten Innenraumecke eine Unterschreitung des Temperaturfaktor-Grenzwerts von 0,70 entsteht. Durch die Herabsetzung auf den Temperaturfaktor f_{Rsi} = 0,68 (das entspricht der Oberflächentemperatur θ_{si} = 12,0 °C) besteht im gegenüberliegenden Raum Schimmelgefahr, die im ursprünglich ungedämmten Raum nicht vorhanden war. Demzufolge kann die Innendämmung vereinzelter Wohnungen oder Räume ggf. Schimmelprobleme verursachen.

Weil Wärmeverluste an Wärmebrücken analog dem Wärmebrückenverlustkoeffizienten Ψ in W/(m · K) längenabhängig sind, ist bei der Anbringung von Dämmkeilen oder Dämmplatten darauf zu achten, dass deren Längen ausreichend bemessen sind. Längen bis 50 cm sind in der Regel ausreichend. Darüber hinaus ist bei der angrenzenden Innendämmung einbindender Wärmebrücken, wie z. B. in Fenster- und Türlaibungen, hierfür auch die Dämmstoffdicke ausreichend zu bemessen, um Unterschreitungen des Temperaturfaktors von 0,7 mit schimmelgefährdeten Oberflächentemperaturen unter 12,6 °C zu vermeiden und ausreichenden Schimmelschutz gewährleisten zu können.

Bauphysikalische Einschätzung von Innendämmungen mit rechnerischer Bewertung für die Praxis

Bei Altbau- und Schimmelsanierungen oder energetischen Verbesserungen liegen oftmals bauphysikalische Objektbedingungen vor, die sich außerhalb der Rahmenbedingungen für Nachweise von Innendämmungen ohne hygrothermische Berechnungsverfahren nach den Vorgaben der DIN 4108-3, WTA-Merkblatt 6-4, WTA-Merkblatt 8-1 sowie Merkblatt 8-5 befinden. Hier sind gemäß der WTA-Merkblätter 6-1, 6-2 und 6-5 aufwendige, komplexe Nachweise mit computergestützten Berechnungsverfahren durchzuführen. Die hierfür erforderlichen Computerprogramme, z. B. WUFI vom Fraunhofer Institut für Bauphysik oder Delphin von der Technischen Universität Dresden, ermöglichen instationäre ein- und zweidimensionale hygrothermische Simulationsberechnungen, die den Wärme- und Feuchtetransport in mehrschichtigen Wandkonstruktionen unter realen Bedingungen in entsprechend realitätsnahen Ergebnissen abbilden können. Solche Berechnungsverfahren sind als Alternative zum einfacheren Glaser-Berechnungsmodell nach DIN 4108-3 zugelassen, jedoch im Rahmen unveränderter Klimabedingungen nicht vorgeschrieben.

Die Ergebnisse können jedoch entsprechend deutlich von der Realität abweichen, weil das gemäß DIN 4108-3 vorgeschriebene stationäre hygrothermische Berechnungsverfahren nach dem Glaser-Modell, insbesondere bei der Innendämmung mit kapillaraktiv ausgeprägten Dämmstoffen, beim Feuchtetransport nur den Wasserdampfdiffusionsstrom und nicht den flüssigen kapillaren Wassertransport berücksichtigen kann. Besser geeignet ist das von der Technischen Universität Dresden entwickelte COND-Berechnungsprogramm. Es berücksichtigt den von Prof. P. Häupl entwickelten Algorithmus zur kapillaren Feuchteausbreitung und erlaubt deshalb bei innen gedämmten Wandkonstruktionen alternativ zum Glaser-Verfahren eine Nachweisführung, welche die Realität besser einschätzt. Wie beim Glaser-Verfahren sind auch beim COND-Verfahren dieselben stationären Rahmenbedingungen nach DIN 4108-3 bezüglich Außen- und Innenraumklima sowie Feuchte- und Trocknungsperioden zugrunde gelegt, sodass deren Ergebnisse als normgemäßer Nachweis parallel im Vergleich dargestellt werden kann.

Beispiele für kapillaraktive Innendämmsysteme nach dem hygrothermischen COND-Berechnungsverfahren

Ausgangslage der nachfolgenden Betrachtungen ist eine einschalige Außenwand aus verputztem Altbauziegel, an der Fassade mit Wasser abweisenden Altanstrichen zum Schlagregenschutz nach DIN 4108-3, Gruppe III und im Innenraum mit Altanstrichen auf Tapeten. Aufgrund von Schimmelproblemen an den kalten Innenwänden und zu hoher Wärmeverluste soll eine Sanierung zur Verbesserung des Wärme- und Schimmelschutzes durch Anbringung eines Innendämmsystems erreicht werden, nachdem eine Außendämmung nicht möglich ist.

Der hierfür zugrunde gelegte Konstruktionsaufbau nach Abb. 2.28, mit den Materialparametern gemäß Tabelle 2.13 unter den nach DIN 4108-3 festgelegten Klimabedingungen in der Winterperiode und Sommerperiode nach Tabelle 2.14, veranschaulicht in der grafischen Darstellung den Temperaturverlauf von innen nach außen sowie das Feuchteprofil als Wasserdampfdiffusionsstrom (hellblau) und flüssigen kapillaren Feuchtetransport als Folge von Kondensatbildung (dunkelblau) mit der Anzeige des Feuchtegehalts Waunter Winterbedingungen gemäß Abb. 2.29.

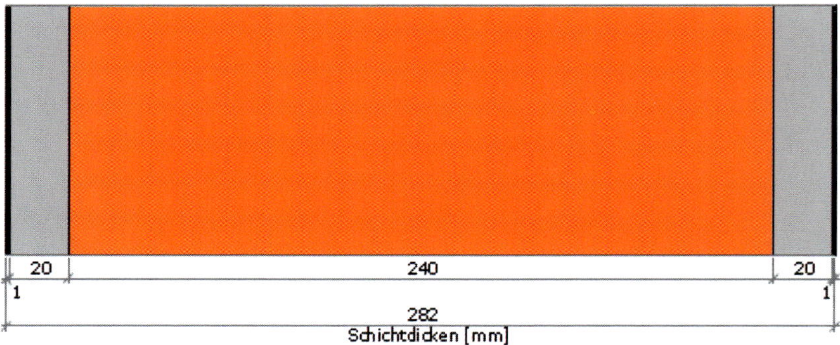

Abb. 2.28: Skizze zum Konstruktionsaufbau der Ziegelaußenwand im Ausgangszustand vor der Sanierung (von innen/links nach außen/rechts)

Tabelle 2.13: Konstruktionsaufbau und Materialparameter vor der Sanierung

	Material	***d*** in mm	**λ** in W/(m · K)	**μ** –	**w_{80}** in m³/m³	**w_{sat}** in m³/m³	**A_w** in kg/(m² · h^{0,5})
1	Altanstriche	1	0,750	1.100	0,007	0,105	0,120
2	Mineral-Innenputz	20	0,890	21,0	0,020	0,250	1,560
3	Altbauziegel	240	0,842	9,0	0,015	0,340	14,700
4	Kalkzement-putz	20	0,890	21,0	0,020	0,250	1,560
5	Altanstriche	1	0,750	1.100	0,007	0,105	0,120

d Schichtdicke
λ Wärmeleitfähigkeit
μ Wasserdampfdiffusionswiderstandszahl
w_{80}/w_{sat} Feuchtegehalt bei 80 % relative Luftfeuchte bzw. bei Sättigung
A_w Wasseraufnahmekoeffizient

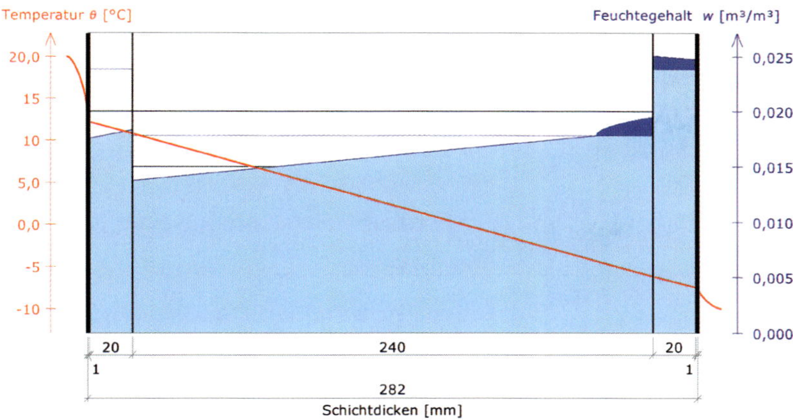

Abb. 2.29: Temperatur- und Feuchteprofil vor der Sanierung

Tabelle 2.14: Klimadaten nach DIN 4108-3 für die berechnete Feuchteperiode im Winter und Trocknungsperiode im Sommer bei Wärmeübergangswiderstand R_{si} (innen) = 0,130 m² · K/W und R_{se} (außen) = 0,040 m² · K/W

Winterklima			
Klima auf der Warmseite		**Klima auf der Kaltseite**	
Temperatur	20,0 °C	Temperatur	–10,0 °C
relative Luftfeuchte	50,0 %	relative Luftfeuchte	80,0 %
Dauer der Kondensationsperiode (Winter): 60 Tage			
Sommerklima			
Klima auf der Warmseite		**Klima auf der Kaltseite**	
Temperatur	12,0 °C	Temperatur	12,0 °C
relative Luftfeuchte	70,0 %	relative Luftfeuchte	70,0 %
Dauer der Trocknungsperiode (Sommer): 90 Tage			

COND-Berechnungsergebnisse vor der Sanierung

Wärmedurchgangskoeffizient der Konstruktion (feuchteabhängig)	$U = 1{,}992$ W/(m² · K)
Wärmedurchgangskoeffizient der Konstruktion (trocken)	$U = 1{,}989$ W/(m² · K)
Wärmedurchlasswiderstand der Konstruktionen	$R = 0{,}333$ m² · K/W
Kondensatmasse am Ende der Kondensationsperiode (nach COND)	$M_c = 0{,}051$ kg/m²
Trocknungszeit	$t_{e,v} = 8{,}13$ Tage
DIN 4108-2, Tabelle 3, Zeile 1.1 (Wärmedurchlasswiderstand) $R \geq 1{,}2$ m² · K/W	Anforderungen nicht erfüllt
DIN 4108-3, 4.2.1 c (wasseraufnahmefähig) $M_c \leq 1{,}0$ kg/m²	Anforderungen erfüllt
Trocknungsdauer im Sommer $t_{e,v} < 90$ Tage	Anforderungen erfüllt
Temperatur und relative Luftfeuchte auf Innenoberfläche	$\theta = 12{,}2$ °C, $\varphi = 82{,}0$ %

Infolge der Grenzwertunterschreitung des Mindestwärmeschutzes nach DIN 4108-2 von $R = 1{,}2$ m² · K/W ist bei dem vorhandenen Wärmedurchlasswiderstand von $R = 0{,}333$ m² · K/W im unsanierten Zustand ein entsprechend hoher Wärmeverlust mit U-Werten von nahezu 2,0 W/(m² · K) zu verzeichnen. In der Folge wird die kritische Oberflächentemperatur von 12,6 °C auf der Innenseite der Außenwand um 0,4 °C unterschritten und die kritische Oberflächenfeuchtigkeit von maximal 80 % um 2 % überschritten, sodass Klimabedingungen für Schimmelbefall vorliegen. Der geringe Kondensationsanfall in der Winterperiode von $M_c = 0{,}051$ kg/m² ist unerheblich und kann problemlos innerhalb der neunzigtägigen Sommerperiode bereits nach 18,3 Tagen durch Verdunstung entweichen.

Sanierungsfall Nr. 1

Verwendung von kapillaraktiven, 5 cm dicken Mineralschaum-Dämmplatten und Silikatfarbenanstrich auf dem glatt verspachtelten, mit Gewebe armierten Mineralspachtel

Um den kapillaren Feuchtetransport gewährleisten zu können, sind die Altanstrich- und Tapetenreste vollständig entfernt worden.

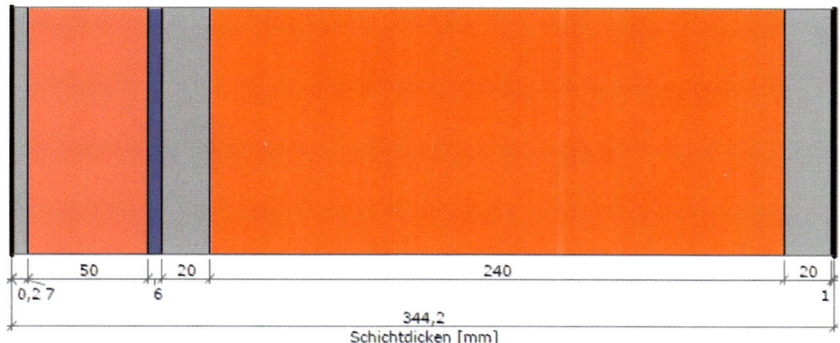

Abb. 2.30: Skizze zum Konstruktionsaufbau gemäß Sanierungsfall Nr. 1

Tabelle 2.15: Konstruktionsaufbau und Materialparameter gemäß Sanierungsfall Nr. 1

	Material	***d*** in mm	**λ** in W/(m · K)	**μ** –	**w_{80}** in m³/m³	**w_{sat}** in m³/m³	**A_w** in kg/(m² · h^0,5)
1	Silikatanstrich	0,2	0,643	50,0	0,006	0,440	0,500
2	armierter Mineralputz	7	1,000	25,0	0,006	0,250	1,560
3	Mineral-schaumplatten	50	0,042	4,5	0,005	0,949	6,134
4	Mineral-dämmkleber	6	1,200	25,0	0,020	0,300	1,000
5	Mineral-Innenputz	20	0,890	21,0	0,020	0,250	1,560
6	Altbauziegel	240	0,842	9,0	0,015	0,340	14,700
7	Kalkzement-putz	20	0,890	21,0	0,020	0,250	1,560
8	Altanstriche	1	0,750	1100	0,007	0,105	0,120

d Schichtdicke
λ Wärmeleitfähigkeit
μ Wasserdampfdiffusionswiderstandszahl
w_{80}/w_{sat} Feuchtegehalt bei 80 % relativer Luftfeuchte bzw. bei Sättigung
A_w Wasseraufnahmekoeffizient

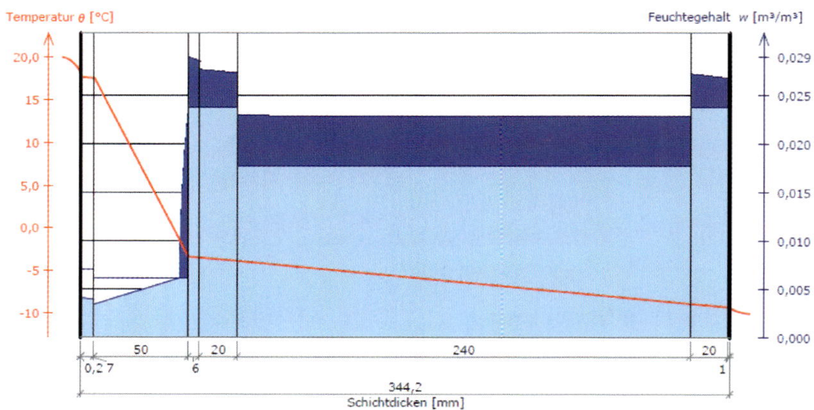

Abb. 2.31: Temperatur- und Feuchteprofil nach Sanierungsfall Nr. 1

COND-Berechnungsergebnisse nach Sanierungsfall Nr. 1

Wärmedurchgangskoeffizient der Konstruktion (feuchteabhängig)	$U = 0{,}595$ W/(m² · K)
Wärmedurchgangskoeffizient der Konstruktion (trocken)	$U = 0{,}587$ W/(m² · K)
Wärmedurchlasswiderstand der Konstruktionen	$R = 1{,}534$ m² · K/W
Kondensatmasse am Ende der Kondensationsperiode (nach COND)	$M_c = 1{,}444$ kg/m²
Trocknungszeit	$t_{e,v} = 80{,}04$ Tage
DIN 4108-2, Tabelle 3, Zeile 1.1 (Wärmedurchlasswiderstand) $R \geq 1{,}2$ m² · K/W	Anforderungen erfüllt
DIN 4108-3, 4.2.1 c (wasseraufnahmefähig) $M_c \leq 1{,}0$ kg/m²	Anforderungen nicht erfüllt
Trocknungsdauer im Sommer $t_{e,v} < 90$ Tage	Anforderungen erfüllt
Temperatur und relative Luftfeuchte auf Innenoberfläche	$\theta = 17{,}7$ °C, $\varphi = 57{,}8$ %

Ergebnisse nach Glaser-Berechnungsmethode gemäß DIN 4108-3 zum Vergleich

Tauperiode (Winter)

Dauer	60 Tage	Kondensatmenge (nach Glaser) $w_T = 1{,}599$ kg/m²
Innenklima (links)	20 °C/50 %	
Außenklima (rechts)	–10 °C/80 %	

Trocknungsperiode (Sommer)

Dauer	90 Tage	potenzielle Trocknungsmenge (nach Glaser) $w_V = 0{,}532$ kg/m²
Innenklima (links)	12 °C/70 %	Trocknungszeit (nach Glaser) $t_{e,v} = 270{,}4$ Tage
Außenklima (rechts)	12 °C/70 %	
Kondensationsbereich	12 °C/100 %	

Obwohl der Wärmeschutz durch die Innendämmung deutlich verbessert wird, kann der Sanierungsfall Nr. 1 nicht umgesetzt werden, weil der Kondensatanfall den zulässigen Grenzwert nach DIN 4108-3 von $M_c \leq 1{,}0$ kg/m² für kapillar leitfähige Wandkonstruktionen mit dem Ergebnis von 1,444 kg/m² erheblich überschreitet. Die Austrocknung wäre innerhalb der neunzigtägigen Sommerperiode beim COND-Verfahren nach 80 Tagen, nach der Glaser-Berechnungsmethode dagegen gemäß DIN 4108-3 erst nach 270 Tagen möglich, was einer permanenten, schädlichen Feuchtigkeitsanreicherung entspricht. Die Trocknungsergebnisse sind deshalb so grundverschieden, weil das COND-Berechnungverfahren den kapillaren Feuchtetransport berücksichtigt, den die Glaser-Methode nicht berücksichtigen kann.

Sanierungsfall Nr. 2

Verwendung des gleichen Innendämmsystems, jedoch mit Silikatoberputz und Silikatfarbenanstrich auf der gewebearmierten Mineralspachtelschicht

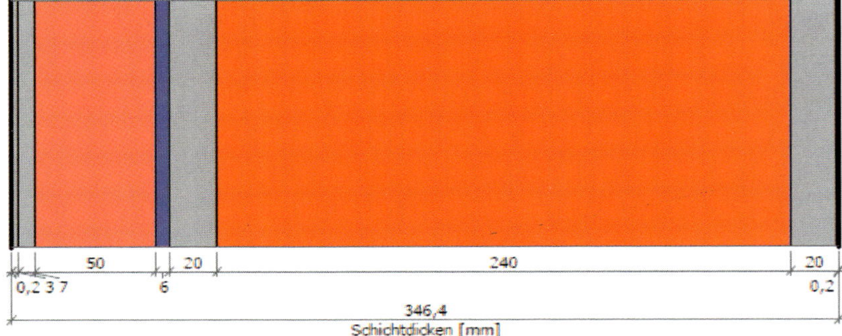

Abb. 2.32: Skizze zum Konstruktionsaufbau gemäß Sanierungsfall Nr. 2

Tabelle 2.16: Konstruktionsaufbau und Materialparameter gemäß Sanierungsfall Nr. 2

	Material	***d*** in mm	**λ** in W/(m · K)	***μ*** –	**w_{80}** in m³/m³	**w_{sat}** in m³/m³	**A_w** in kg/(m² · h^{0,5})
1	Silikatanstrich	0,2	0,643	50,0	0,006	0,440	0,500
2	Silikatober-putz	3	0,700	74,0	0,003	0,440	1,000
3	armierter Mineralputz	7	1,000	25,0	0,006	0,250	1,560
4	Mineral-schaumplatten	50	0,042	4,5	0,005	0,949	6,134
5	Mineral-dämmkleber	6	1,200	25,0	0,020	0,300	1,000
6	Mineral-Innenputz	20	0,890	21,0	0,020	0,250	1,560
7	Altbauziegel	240	0,842	9,0	0,015	0,340	14,700
8	Kalkzement-putz	20	0,890	21,0	0,020	0,250	1,560
9	Altanstriche	1	0,750	1.100	0,007	0,105	0,120

d Schichtdicke
λ Wärmeleitfähigkeit
μ Wasserdampfdiffusionswiderstandszahl
w_{80}/w_{sat} Feuchtegehalt bei 80 % relativer Luftfeuchte bzw. bei Sättigung
A_w Wasseraufnahmekoeffizient

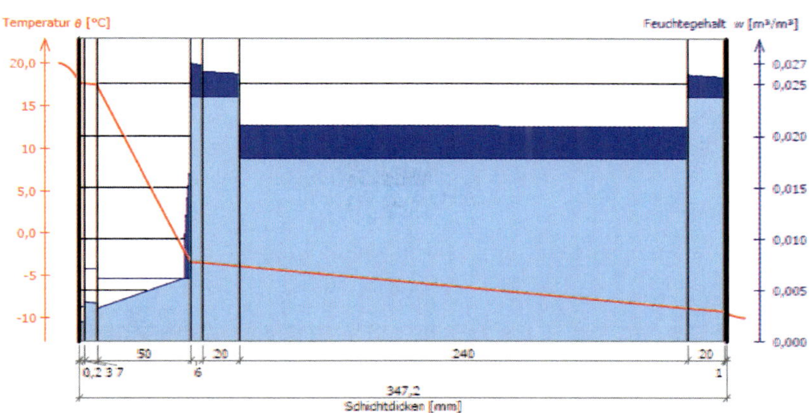

Abb. 2.33: Temperatur- und Feuchteprofil nach Sanierungsfall Nr. 2

COND-Berechnungsergebnisse nach Sanierungsfall Nr. 2

Wärmedurchgangskoeffizient der Konstruktion (feuchteabhängig)	$U = 0{,}591$ W/(m² · K)
Wärmedurchgangskoeffizient der Konstruktion (trocken)	$U = 0{,}585$ W/(m² · K)
Wärmedurchlasswiderstand der Konstruktionen	$R = 1{,}538$ m² · K/W
Kondensatmasse am Ende der Kondensationsperiode (nach COND)	$M_c = 0{,}889$ kg/m²
Trocknungszeit	$t_{e,v} = 72{,}55$ Tage
DIN 4108-2, Tabelle 3, Zeile 1.1 (Wärmedurchlasswiderstand) $R \geq 1{,}2$ m² · K/W	Anforderungen erfüllt
DIN 4108-3, 4.2.1 c (wasseraufnahmefähig) $M_c \leq 1{,}0$ kg/m²	Anforderungen erfüllt
Trocknungsdauer im Sommer $t_{e,v} < 90$ Tage	Anforderungen erfüllt
Temperatur und relative Luftfeuchte auf Innenoberfläche	$\theta = 17{,}7$ °C, $\varphi = 57{,}7$ %

Allein der Putzauftrag mit Silikatputz in 3 mm Schichtdicke auf dem Innendämmsystem bewirkt durch dessen geringen Diffusionswiderstand von $s_d = 0{,}222$ m eine solche dampfbremsende Wirkung, dass der Kondensatanfall von ursprünglich $M_c = 1{,}444$ kg/m² auf 0,889 kg/m² reduziert und somit die Trocknungszeit um weitere 7 Tage auf 73 Tage herabgesenkt werden kann.

Somit ist der Nachweis erbracht, dass alle Anforderungen gemäß Mindestwärmeschutz, Feuchte- und Schimmelschutz nach DIN 4108-2 und DIN 4108-3 erfüllt sind.

Eine weitere Optimierung im Feuchteschutz ist möglich, wenn die zahlreichen Altanstrichschichten auf der Fassade entfernt und durch einen hoch Wasser abweisenden und hoch diffusionsfähigen Silikonharzfarbenanstrich ersetzt werden. Hierbei könnte die Trocknungszeit auf 60 Tage und der Kondensatanfall auf M_c = 0,770 kg/m² weiter reduziert werden.

Sanierungsfall Nr. 3

Verwendung des gleichen Innendämmsystems wie zuvor, jedoch mit 10 cm Dämmschicht

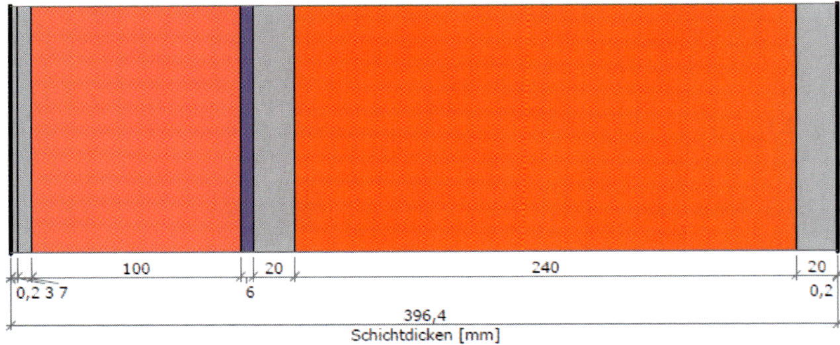

Abb. 2.34: Skizze zum Konstruktionsaufbau gemäß Sanierungsfall Nr. 3

Tabelle 2.17: Konstruktionsaufbau und Materialparameter gemäß Sanierungsfall Nr. 3

	Material	d in mm	λ in W/(m · K)	μ –	w_{80} in m³/m³	w_{sat} in m³/m³	A_w in kg/(m² · h^0,5)
1	Silikatanstrich	0,2	0,643	50,0	0,006	0,440	0,500
2	Silikatoberputz	3	0,700	74,0	0,003	0,440	1,000
3	armierter Mineralputz	7	1,000	25,0	0,006	0,250	1,560
4	Mineral-schaumplatten	100	0,042	4,5	0,005	0,949	6,134
5	Mineral-dämmkleber	6	1,200	25,0	0,020	0,300	1,000
6	Mineral-Innenputz	20	0,890	21,0	0,020	0,250	1,560
7	Altbauziegel	240	0,842	9,0	0,015	0,340	14,700
8	Kalkzement-putz	20	0,890	21,0	0,020	0,250	1,560

Fortsetzung Tabelle 2.17

	Material	***d*** in mm	**λ** in W/(m · K)	***μ*** –	w_{80} in m³/m³	w_{sat} in m³/m³	A_w in kg/(m² · h^{0,5})
9	Silikonharz-anstrich	0,2	0,750	60,0	0,007	0,105	0,050

d Schichtdicke
λ Wärmeleitfähigkeit
μ Wasserdampfdiffusionswiderstandszahl
w_{80}/w_{sat} Feuchtegehalt bei 80 % relativer Luftfeuchte bzw. bei Sättigung
A_w Wasseraufnahmekoeffizient

Tabelle 2.18: Temperaturen, Dampfdrücke und Feuchtegehalte gemäß Sanierungsfall Nr. 3

	Schicht/Material	***θ*** in °C	p_{sat} in Pa	***p*** in Pa	***w*** in m³/m³	d_c in mm	M_c in kg/m²
	Luftschicht (Warmseite)	20,0	2.338	1.169			
		18,6	2.149	1.169			
1	Silikatanstrich				0,004 0,004		
		18,6	2.149	1.165			
2	Silikatoberputz				0,002 0,002		
		18,6	2.143	1.062			
3	armierter Mineral-putz				0,004 0,003		
		18,5	2.133	982			
4	Mineralschaum-platten				0,003 **0,018**	5,2	0,04
		−6,1	365	365			
5	Mineraldämm-kleber				**0,027** **0,027**	6,0	0,02
		−6,2	363	363			
6	Mineral-Innenputz				**0,026** **0,025**	20,0	0,04
		−6,4	**356**	**356**			
7	Altbauziegel				**0,020** **0,020**	240,0	0,52
		−9,3	**275**	**275**			
8	Kalkzementputz				**0,025** 0,019	2,8	0,00
		−9,6	270	213			
9	Silikonharzanstrich				0,007 0,006		
		−9,6	270	208			
	Luftschicht (Kaltseite)	−10,0	260	208			

θ Temperatur
p_{sat} Sättigungsdampfdruck
p Dampfdruck
w Tauwassermenge
d_c Breite der durchfeuchteten Schicht
M_c Feuchtemasse

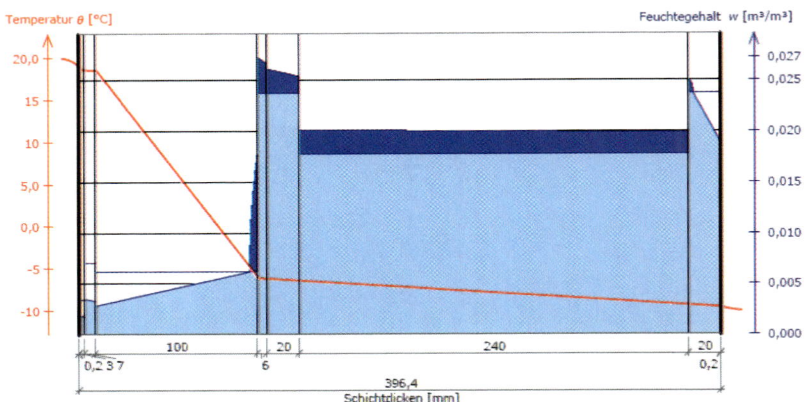

Abb. 2.35: Temperatur- und Feuchteprofil nach Sanierungsfall Nr. 3

COND-Berechnungsergebnisse nach Sanierungsfall Nr. 3

Wärmedurchgangskoeffizient der Konstruktion (feuchteabhängig)	$U = 0{,}348\ \text{W/(m}^2 \cdot \text{K)}$
Wärmedurchgangskoeffizient der Konstruktion (trocken)	$U = 0{,}345\ \text{W/(m}^2 \cdot \text{K)}$
Wärmedurchlasswiderstand der Konstruktionen	$R = 2{,}728\ \text{m}^2 \cdot \text{K/W}$
Kondensatmasse am Ende der Kondensationsperiode (nach COND)	$M_c = 0{,}626\ \text{kg/m}^2$
Trocknungszeit	$t_{e,v} = 62{,}54$ Tage
DIN 4108-2, Tabelle 3, Zeile 1.1 (Wärmedurchlasswiderstand) $R \geq 1{,}2\ \text{m}^2 \cdot \text{K/W}$	Anforderungen erfüllt
DIN 4108-3, 4.2.1 c (wasseraufnahmefähig) $M_c \leq 1{,}0\ \text{kg/m}^2$	Anforderungen erfüllt
Trocknungsdauer im Sommer $t_{e,v} < 90$ Tage	Anforderungen erfüllt
Temperatur und relative Luftfeuchte auf Innenoberfläche	$\theta = 18{,}6\ °\text{C}$, $\varphi = 54{,}4\ \%$

Ergebnisse nach Glaser-Berechnungsmethode gemäß DIN 4108-3 zum Vergleich

Tauperiode (Winter)

Dauer	60 Tage	Kondensatmenge (nach Glaser) $w_T = 0{,}752\ \text{kg/m}^2$
Innenklima (links)	20 °C/50 %	
Außenklima (rechts)	–10 °C/80 %	

Trocknungsperiode (Sommer)

Dauer	90 Tage	potenzielle Trocknungsmenge (nach Glaser) $w_V = 0{,}611\ kg/m^2$
Innenklima (links)	12 °C/70 %	Trocknungszeit (nach Glaser) $t_{e,v} = 110{,}9$ Tage
Außenklima (rechts)	12 °C/70 %	
Kondensationsbereich	12 °C/100 %	

Im Vergleich zu den vorgenannten Sanierungsfällen ist Sanierungsfall Nr. 3 im Wärme- und Schimmelschutz sowie in der Energieeinsparung am effizientesten.

Abgesehen vom Innenraumverlust durch die Dämmstoffdickenerhöhung, wird der Wärmeschutz so weit verbessert, dass sogar die Mindest-U-Wertanforderung $\leq 0{,}45\ W/(m^2 \cdot K)$ gemäß den Förderbedingungen der KfW bei dem vorliegenden Ergebnis mit U-Wert = $0{,}345\ W/(m^2 \cdot K)$ erzielt und eingehalten werden kann.

Nach dem COND-Berechnungsverfahren können, im Gegensatz zur Glaser-Berechnungsmethode, auch alle Anforderungen gemäß Mindestwärmeschutz, Feuchte- und Schimmelschutz nach DIN 4108-2 und DIN 4108-3 nachgewiesen werden.

Durch die Verdoppelung der Dämmstoffdicke auf 10 cm wird auch der Diffusionswiderstand der Dämmschicht auf $s_d = 0{,}45$ m erhöht, sodass der Kondensationsanfall gegenüber dem Sanierungsfall Nr. 2 weiter auf $0{,}626\ kg/m^2$ reduziert werden kann. Die Trocknungszeit wird infolgedessen um 3 Tage auf 63 Tage nur geringfügig verlängert.

Ohne die zusätzliche dampfbremsende Silikatoberputzschicht auf der Innendämmung von $s_d = 0{,}222$ m, analog zum Sanierungsfall Nr. 2, wäre diese Konstruktion im Feuchteschutz unzureichend und nicht zulässig. Denn die Kondensatmenge würde ohne den Silikatputz auf den unzulässigen Wert von $M_c = 1{,}031\ kg/m^2$ in der Winterperiode ansteigen und die Trocknungszeit in der Sommerperiode auf 84 Tage deutlich verlängert werden.

Fazit

Dies zeigt, dass Dampfbremsen mit Augenmaß und durch rechnerischen Nachweis zur Verbesserung durchaus sinnvoll und notwendig sein können, um Schadensfolgen zu vermeiden, auch bei in der Werbung oftmals angepriesenen „klimaregulierenden, kapillaraktiven Dämmstoffsystemen", die angeblich ohne Dampfsperren oder Dampfbremsen auskommen sollen.

Ausführungen ohne Berücksichtigung von rechnerischen Nachweisen gemäß DIN 4108 oder Nachweisen nach WTA-Merkblättern sollten nicht sorglos in die Tat umgesetzt werden. Denn die bloße Verwendung eines kapillaraktiven Dämmstoffsystems oder eines anderen Dämmstoffsystems kann für sich alleine keineswegs die sichere Funktion in allen Sanierungsfällen gewährleisten. Auch wenn manche Produktbeschreibungen in Prospekten das Gegenteil suggerieren.

Wenn Berechnungen ergeben, dass Dampfbremsen oder Dampfsperren erforderlich sind, dann müssen sie auch mit der dafür gebotenen Sorgfalt zur Vermeidung von Schäden eingebaut werden. Dieser Grundsatz trifft auch auf kapillaraktive Dämmstoffsysteme und nicht nur auf alle übrigen Dämmstoffsysteme bei der Ausführung und Planung von Innendämmungen zu.

Dämmung von Dachflächen, Decken und Wänden gegen unbeheizte Dachräume

Gemäß EnEV 2014 sind die in Anlage 3 Tabelle 1 (siehe Tabelle 2.8) genannten Höchstwerte der Wärmedurchgangskoeffizienten (*U*-Werte) zu berücksichtigen:

„Soweit bei beheizten oder gekühlten Räumen Dachflächen einschließlich Dachgauben, die gegen die Außenluft abgrenzen, sowie Decken und Wände, die gegen unbeheizte Dachräume abgrenzen, ersetzt oder erstmals eingebaut werden, sind für die betroffenen Bauteile die Anforderungen nach Tabelle 1 Zeile 4a einzuhalten. Soweit derartige Bauteile in der Weise erneuert werden, dass

a) eine Dachdeckung einschließlich darunter liegender Lattungen und Verschalungen ersetzt oder neu aufgebaut werden,
b) eine Abdichtung, die flächig (zum Beispiel mit geschlossenen Nähten und Stößen) das Gebäude wasserdicht abdichtet, durch eine neue Schicht gleicher Funktion ersetzt wird (bei Kaltdachkonstruktionen einschließlich darunter liegender Lattungen),
c) bei Wänden zum unbeheizten Dachraum (einschließlich Abseitenwänden) auf der kalten Seite Bekleidungen oder Verschalungen aufgebracht oder erneuert werden oder Dämmschichten eingebaut werden oder
d) bei Decken zum unbeheizten Dachraum (oberste Geschossdecken) auf der kalten Seite Bekleidungen oder Verschalungen aufgebracht oder erneuert werden oder Dämmschichten eingebaut werden."

Bei Dachflächen, einschließlich Dachgauben, Wänden gegen unbeheizten Dachraum, Abseitenwänden und obersten Geschossdecken, muss in beheizten Wohngebäuden demnach ein *U*-Wert von 0,24 W/(m^2 · K), bei Nichtwohngebäuden mit Innentemperaturen von 12 bis 19 °C von 0,35 W/(m^2 · K) eingehalten werden. Bei Flachdächern bzw. Dachflächen mit Abdichtung gelten Mindestanforderungen von 0,20 W/(m^2 · K) in beheizten Wohngebäuden bzw. von 0,35 W/(m^2 · K) in entsprechenden Nichtwohngebäuden. Diese *U*-Werte müssen gemäß EnEV nicht eingehalten werden, wenn die Maßnahmen als Zwischensparrendämmung ausgeführt werden und durch die innenseitige Bekleidung oder die Sparrenhöhe begrenzt sind. Dann gilt die Anforderung als erfüllt, wenn die höchstmögliche Dämmstoffdicke mit einem Bemessungswert der Wärmeleitfähigkeit von 0,035 W/(m · K) bzw. von 0,045 W/(m · K) bei Einblasdämmstoffen oder Dämmstoffen aus nachwachsenden Rohstoffen eingebaut wird.

Im Gegensatz dazu sind bei Flachdächern sowie bei Wänden und bei obersten Geschossdecken zum unbeheizten Dachraum solche Dämmstoffdicken trotzdem gemäß Anlage 3 Tabelle 1 EnEV (siehe Tabelle 2.8) einzuhalten, wenn die Dachhaut bzw. außenseitige Bekleidungen oder Verschalungen ersetzt, erneuert oder auf der kalten Seite Dämmschichten, Bekleidungen oder Verschalungen eingebaut werden. Die vorgenannten Maßnahmen von a) bis d) können dagegen entfallen, wenn die Bauteile unter Einhaltung der zweiten WSVO bereits nach dem 31. Dezember 1983 errichtet oder erneuert worden sind.

Höchstmögliche Dämmstoffdicken bei Begrenzungen

Sind zur vorschriftsgemäßen Erfüllung der EnEV 2014 nach anerkannten Regeln der Technik Maßnahmen zur Wärmedämmung aus technischen Gründen begrenzt (z. B. bei Holzdecken durch die Sparrenzwischenräume), müssen höchstmögliche Dämmstoffdicken eingebracht werden, die dem Bemessungswert der Wärmeleitfähigkeit 0,035 W/(m · K) entsprechen.

„*Werden Dämm-Materialien in Hohlräume eingeblasen oder Dämmaterialien aus nachwachsenden Rohstoffen verwendet, ist ein Bemessungswert von λ = 0,045 W/(m · K) einzuhalten.*“ (EnEV 2014, Anlage 3, 1b)

Dies gilt nicht nur bei Ersatz, Einbau oder Änderungen von Außenwänden, sondern auch bei Dachflächen, Decken und Wänden gegen unbeheizte Räume sowie gegen Erdreich.

Bei Dämm-Maßnahmen von Dachflächen historischer Gebäude mit erhaltenswerter Bausubstanz beträgt dagegen gemäß KfW-Bedingungen die maximal zulässige Wärmeleitfähigkeit 0,040 W/(m · K) in Fällen technisch begrenzter Einbaumöglichkeiten.

Dämmung von Wänden und Decken gegen unbeheizte Räume, Erdreich und nach unten angrenzende Außenluft

Auch bei Wänden und Decken gegen unbeheizte Räume, Erdreich oder nach unten angrenzende Außenluft gelten dieselben Regeln in der Vorgehensweise zur Einhaltung der EnEV 2014 gemäß den *U*-Wert-Anforderungen laut Anlage 3 Tabelle 1 (siehe Tabelle 2.8) wie zuvor bei erstmaligem Einbau, Ersatz und Erneuerung von Bauteilen oder den Ausnahmen bei technischen Begrenzungen für höchstmögliche Dämmstoffdicken sowie für Bauteile, die nach dem 31. Dezember 1983 entsprechend den Wärmeschutzvorschriften errichtet, erneuert bzw. modernisiert worden sind.

Hierzu gelten in Ergänzung folgende Vorschriften nach Anlage 3 EnEV 2014:

„*Soweit bei beheizten Räumen Wände, die an Erdreich oder an unbeheizte Räume (mit Ausnahme von Dachräumen) grenzen, oder Decken, die beheizte Räume nach unten zum Erdreich, zur Außenluft oder zu unbeheizten Räumen abgrenzen, ersetzt oder erstmals eingebaut werden, sind die Anforderungen der Tabelle 1 Zeile 5* [siehe Tabelle 2.8] *einzuhalten. Dies ist auch anzuwenden, soweit derartige Bauteile in der Weise erneuert werden, dass*

a) außenseitige Bekleidungen oder Verschalungen, Feuchtigkeitssperren oder Drainagen angebracht oder erneuert werden,
b) Fußbodenaufbauten auf der beheizten Seite aufgebaut oder erneuert werden oder
c) Deckenbekleidungen auf der Kaltseite angebracht werden."

Demzufolge ist nach EnEV ein maximaler *U*-Wert von 0,30 W/(m² · K) bei Wänden gegen Erdreich, unbeheizten Räumen, Decken nach unten gegen Erdreich oder unbeheizten Räumen für Wohngebäude vorgeschrieben, wobei für Nichtwohngebäude keine Anforderungen bestehen.

Bei Fußbodenaufbauten beträgt der maximal zulässige *U*-Wert 0,50 W/(m² · K) bei Wohngebäuden. Für Nichtwohngebäude bestehen auch hier keine Anforderungen.

Für Decken nach unten gegen Außenluft liegt der maximal zulässige *U*-Wert bei 0,24 W/(m² · K) in Wohngebäuden und in Nichtwohngebäuden bei 0,35 W/(m² · K).

Ausnahmeregelungen von der EnEV 2014

Das Grundstück eines Nachbarn darf nicht überbaut werden, auch nicht um 1 cm. Solche Fälle könnten bei einer Anbringung von Wärmedämm-Verbundsystemen an Fassaden wegen der hohen Dämmstoffdicke bzw. der Notwendigkeit der Erweiterung von Attikaüberdeckungen oder Dachvorsprüngen durchaus bei grenzständigen Gebäuden eintreten, wenn die Vorgaben nach Anlage 3 Tabelle 1 EnEV (siehe Tabelle 2.8) erfüllt werden sollen. Ein vollständiger Abriss und die Neuerrichtung einer derart betroffenen Außenwand sind nicht zumutbar, sodass wegen „unbilliger Härte" gemäß § 25 EnEV eine Befreiung ermöglicht werden kann:

„(1) Die nach Landesrecht zuständigen Behörden haben auf Antrag von den Anforderungen dieser Verordnung zu befreien, soweit die Anforderungen im Einzelfall wegen besonderer Umstände durch einen unangemessenen Aufwand oder in sonstiger Weise zu einer unbilligen Härte führen. Eine unbillige Härte liegt insbesondere vor, wenn die erforderlichen Aufwendungen innerhalb der üblichen Nutzungsdauer, bei Anforderungen an bestehende Gebäude innerhalb angemessener Frist durch die eintretenden Einsparungen nicht erwirtschaftet werden können."

Solche Ausnahmen und Härtefälle können auch bei historisch wertvollen Fassadengestaltungen mit Zierelementen etc., z. B. beim Fachwerkbau oder bei der Denkmalpflege, zutreffend sein. In Baden-Württemberg ist bei EnEV-gemäßer Wärmedämm-Bemessung die Grenzüberbauung zulässig (siehe Kapitel 1.1.4).

Energetische Qualität und Bedeutung EnEV-gerechter Sanierungen im Gebäudebestand

Grundsätzlich musste schon nach EnEV 2004, wie auch nach der neuen EnEV 2014, bei Veränderungen an bestehenden Gebäuden ein angemessener Wärmeschutz sichergestellt werden, und zwar unter Beachtung der anerkannten Regeln der Technik und unter Berücksichtigung der Wirtschaftlichkeit. Hierbei darf nach EnEV grundsätzlich keine Verschlechterung der bestehenden energetischen Qualität durch Sanierungsmaßnahmen erzielt werden.

Die Anforderungen zur Ausführung von Wärmeschutzmaßnahmen an Außenwänden und damit zur Auslegung eines Wärmedämm-Verbundsystems orientierten sich bis zur EnEV 2009 noch am Wärmedurchgangskoeffizienten $U < 0{,}9\ W/(m^2 \cdot K)$. Seit dem 1. Mai 2014 verringert sich dieser Grenzwert auf $U < 0{,}6\ W/(m^2 \cdot K)$ gemäß der EnEV 2014. Er entspricht als U-Grenzwert den Anforderungen der zweiten WSVO von 1984 und damit den „energiesparrechtlichen Vorschriften", auf die in der EnEV „bei Außenwänden, die nach dem 31.12.1983 errichtet oder erneuert wurden", Bezug genommen wird. Bei der Putzerneuerung entscheidet er als Kenngröße, ob überhaupt eine Wärmeschutzverbesserung nach EnEV anzubringen ist und wie stark die anzubringende Dämmschicht mindestens sein muss. Zwar genügt bei U-Wert-Anforderungen von 0,35 oder $0{,}24\ W/(m^2 \cdot K)$ im Regelfall meist eine Dämmschicht zwischen 10 und 16 cm, dennoch kann gerade im Altbau jeder fehlende Zentimeter im Laibungsbereich von Fenstern und Türen, an ungenügenden Dachvorsprüngen etc. Probleme durch zusätzliche Kosten bereiten. Andererseits sollte im Fall notwendiger Investitionen bei den Montagevorbereitungen eines Wärmedämm-Verbundsystems, z. B. bei der Erweiterung des Dachvorsprunges, nicht an jedem Zentimeter gespart und der Wärmeschutz zukunftsweisend eher höher als vorgeschrieben gewählt werden. Denn schließlich halten Wärmedämm-Verbundsysteme und andere Wärmeschutzmaßnahmen, im Gegensatz zum Einbau von Heizungsanlagen-, Klima- und Regeltechnik etc., bei einem Gebäude lange, wie damit ausgestattete Gebäude seit etwa 50 Jahren beweisen.

Wird im Vorfeld über Sinn und Zweck von Wärmedämmungen und damit verbundenen Energieeinsparmaßnahmen gesprochen, sollte nicht übersehen werden, dass Wärmeschutzmaßnahmen aufgrund möglicher bauphysikalischer Risiken mit Feuchtigkeitsanreicherungen und Schimmelbefall gerade an ungedämmten Wärmebrücken Vorrang gegenüber der Modernisierung mit luftdichten Fenstern und Türen haben, die zu Recht eine Ergänzung des gesamten Wärmeschutzes darstellen bzw. ggf. auch notwendig sind. Ebenso ist die Auslegung neuer Heiz- und Warmwassertechniken bis hin zur Umstellung auf neue Energieträger nur sinnvoll, wenn als Erstes der Wärmeschutz durch Dämmmaßnahmen nicht nur an der Fassade, sondern überall im Bereich der Gebäudehülle und um beheizte Räume geklärt und maximiert ist. Hierzu zählen unter wirtschaftlichen Gesichtspunkten besonders die Dämmmaßnahmen an der obersten Geschossdecke im bewohnten Dachraum sowie für Heizrohre.

Hinsichtlich der *U*-Wert- und Dämmschichtoptimierung für Wärmedämm-Verbundsysteme ist bei einer ersten Betrachtung eine genaue und zuverlässige Aussage nur möglich, wenn der Schichtdickenaufbau der vorhandenen Außenwandkonstruktion bekannt ist. Dies ist allerdings je nach Gebäudealter und Einsehbarkeit in Planungsunterlagen – sofern diese bei einem Altbau überhaupt noch vorhanden sind – nicht immer möglich, und schon gar nicht, wenn „auf den ersten Blick" eine grobe Einschätzung in der Praxis gefordert wird. Dennoch gibt es Anhaltspunkte, wonach die verschiedenen Altbaugenerationen nach deren Errichtungszeiträumen und den damals üblichen Bauweisen beurteilt werden können.

U-Wert-Entwicklungen im Wärmeschutz beim Gebäudebestand gemäß EnEV

Bis zur Einführung der ersten Wärmeschutzverordnung (WSVO) 1977 lag der *U*-Wert (früher *k*-Wert) bei Außenwänden in ungedämmter monolithischer Bauweise in der Regel noch deutlich über 0,9 W/(m^2 · K) – mit Ausnahme von Außenwänden in Porenbeton-, Bimsstein-, Leichtziegelbauweisen u. a., je nach Wanddicke. Der Mindestwärmeschutz nach DIN 4108 „Wärmeschutz und Energie-Einsparung in Gebäuden", Teil 1 bis 6 betrug bis 1981 je nach Dämmgebiet 1,37 bis 1,79 W/(m^2 · K). Danach wurde einheitlich ein Mindest-Wärmedurchlasswiderstand laut dieser Norm mit umgerechnetem *U*-Wert von 1,39 W/(m^2 · K) festgelegt, der mit Einführung der EnEV 2002 auf 0,73 W/(m^2 · K) herabgesetzt wurde, um Mindestanforderungen der Gebäudekonstruktion unter technischen Gesichtspunkten abzusichern.

Nach der Einführung der ersten WSVO im Jahr 1977 (nach der zweiten Ölkrise) und der zweiten WSVO (1984) wurden die *U*-Werte für Außenwände aus Energieeinspargründen auf 0,6 W/(m^2 · K) und 1995 nach der dritten WSVO (1995) auf 0,5 W/(m^2 · K) bei monolithischer Neubauweise und 0,4 W/(m^2 · K) bei Erneuerungsmaßnahmen durch Außendämmung fortlaufend heruntergesetzt. Nach der EnEV 2002/2004 betrugen sie 0,45 bzw. 0,35 W/(m^2 · K), bis sie seit dem 1. Oktober 2009 für Wohngebäude auf 0,24 W/(m^2 · K) und für Nichtwohngebäude ≤ 19 °C auf 0,35 W/(m^2 · K) weiter herabgesenkt wurden. Die Deutsche Energie Agentur GmbH (dena) kalkuliert bei Datenerhebungen im Kurzverfahren zur Berechnung des dena-Energiepasses mit den in Tabelle 2.19 dargestellten Pauschal-*U*-Werten von Außenwänden in Abhängigkeit von Baujahr bzw. Bauart:

Tabelle 2.19: Typische Wärmedurchgangskoeffizienten von Außenwänden im Urzustand ohne nachträglich angebrachte Wärmedämmung (nach dena, 2004)

Baujahr	*U*-Wert in W/(m² · K)	Bauart ein- und mehrschalige Außenwände		typisches Vorkommen
bis 1918	2,2	Mauerwerk	Ziegel- oder Bruchsteinmauer ca. 40 cm	EFH, MFH
	2,0	Fachwerk	Holzfachwerk mit Lehmausfachung	EFH, MFH
1919 bis 1948	1,7	Mauerwerk	Ziegelmauerwerk 25 bis 38 cm	EFH, MFH, GMH/HH
	1,4	Mauerwerk verbessert	einschalig 38 bis 51 cm oder zweischalig	EFH, MFH
1949 bis 1968	1,4	leichtes Mauerwerk	Hohlblocksteine, Gitterziegel, Gasbeton	EFH, MFH
	0,9	Bimsvollsteine	–	EFH, MFH
1969 bis 1978	1,0	leichtes Mauerwerk	Porenziegel mit Normalmörtel	EFH, MFH
	1,1	Betonfertigteile	Dreischicht- oder Leichtbetonplatte	MFH, GMH/HH
	0,6	Fertighaus Holzbauweise	Holzständerwand mit 6 cm Dämmung	EFH
1979 bis 1983	0,8	leichtes Mauerwerk	Leicht-Hochlochziegel mit isoliertem Mörtel	EFH, MFH
	0,6	Porenbeton	–	EFH, MFH
	0,9	Betonfertigteile	Dreischicht- oder Leichtbauplatte	MFH, GMH/HH
	0,5	Fertighaus Holzbauweise	Holzständerwand mit 8 cm Dämmung	EFH
1984 bis 1994	0,6	Standard	Leicht-Hochlochziegel mit isoliertem Mörtel	EFH, MFH
	0,5	Porenbeton	–	EFH

EFH Einfamilienhäuser
MFH Mehrfamilienhäuser
GMH große Mehrfamilienhäuser
HH Hochhäuser

In Tabelle 2.20 und Tabelle 2.21 sind Dämmstoffdicken für die *U*-Werte von Außenwänden gemäß Tabelle 2.19 genannt, wenn Wärmedämmungen die Bauteilanforderungen nach Anlage 3 Tabelle 1 EnEV 2014 (siehe Tabelle 2.8) mit einem Wärmedurchgangskoeffizienten von 0,35 bzw. 0,24 $W/(m^2 \cdot K)$ erfüllen sollen. Damit der Optimierungseffekt hinsichtlich der Dämmstoffdicke bei oftmals auftretenden Problemen in der Praxis durch eine Erweiterung von Dachanschlüssen etc. berücksichtigt werden kann, sind zum Vergleich die Wärmeleitgruppen WLG 040, WLG 035, WLG 032 und WLG 022 angegeben, die sowohl mit bauaufsichtlich zugelassenen Mineralwolle- als auch mit Hartschaumplatten aus Polystyrol, PUR oder Phenolharz lieferbar sind.

In Fällen, in denen eine außenseitige Dämmung aus Gestaltungsgründen nicht möglich ist, insbesondere bei stark gegliederten und erhaltenswerten Fassaden mit Stuckelementen, Natursteinen, Klinker, Fachwerk oder bei denkmalgeschützten Fassaden, kann die Innendämmung, die bauphysikalisch den raumseitigen Einbau einer Dampfbremse oder Dampfsperre erfordert, eine alternative Problemlösung sein, wenn der komplette Wandaufbau ohne Dampfbarrieren keinen sicheren kapillaraktiven Feuchtetransport ermöglicht. Optimierungseffekte entstehen u. a. bei der Nutzung Raum sparender, niedrigerer Dämmstoffdicken bei Dämmstoffen der Wärmeleitgruppen unter WLG 035 mit z. B. bauaufsichtlich zugelassenen Hartschaumplatten aus EPS, PUR, Phenolharz und mit speziellen hoch wärmedämmenden Verbund-, VIP- oder Aerogel-Dämmstoffen unter Putzbeschichtungen, Gipsfaser, Gipskartonbauplatten etc.

Die Tabellen 2.20 und 2.21 zeigen, dass selbst bei vorhandenen bereits gut gedämmten Außenwänden relativ hohe Dämmstoffschichten erforderlich sind, um den von der EnEV vorgeschriebenen Wärmedurchgangskoeffizienten von 0,35 $W/(m^2 \cdot K)$ bzw. 0,24 $W/(m^2 \cdot K)$ zu erreichen. Viele Gebäude werden heute häufig mit Wärmedämm-Verbundsystemen in deutlich höheren Dämmstoffdicken ausgeführt. Bei Dämmstoffdicken bis 16 cm ist man im Hinblick auf die Erfüllung der EnEV im Bauteilverfahren in der Regel auf der sicheren Seite, unabhängig von der eingesetzten Wärmeleitgruppe.

Tabelle 2.20: Erforderliche Dämmstoffdicke für Außen-/Innenwand-Wärmedämmungen von Nichtwohngebäuden mit Innentemperaturen unter 19 °C oder Innendämmungen von Wohngebäuden mit Innentemperaturen über 19 °C in Abhängigkeit vom Wärmedurchgangskoeffizienten *U* der Außenwand im Gebäudebestand (siehe Tabelle 2.19) zur Erzielung des vorgeschriebenen höchsten *U*-Werts von 0,35 W/(m² · K) nach Anlage 3 Tabelle 1 EnEV 2014 (siehe Tabelle 2.8)

Wärmedurchgangskoeffizient *U* Außenwand in W/(m² · K)	WLG 040		WLG 035		WLG 032		WLG 022[1)]	
	Dämmstoffdicke in mm	Wärmedurchgangskoeffizient *U*	Dämmstoffdicke in mm	Wärmedurchgangskoeffizient *U*	Dämmstoffdicke in mm	Wärmedurchgangskoeffizient *U*	Dämmstoffdicke in mm	Wärmedurchgangskoeffizient *U*
2,2	100	0,34	100	0,30	80	0,34	60	0,35
2,0	100	0,33	100	0,30	80	0,33	60	0,34
1,7	100	0,32	80	0,35	80	0,32	60	0,33
1,4	100	0,31	80	0,33	80	0,31	60	0,32
1,1	80	0,34	80	0,31	80	0,29	60	0,30
1,0	80	0,33	80	0,30	60	0,35	60	0,29
0,9	80	0,32	60	0,35	60	0,34	60	0,28
0,8	80	0,31	60	0,34	60	0,32	40	0,35
0,6	60	0,32	60	0,30	40	0,34	40	0,31
0,5	40	0,33	40	0,32	40	0,31	40	0,29

[1)] nur bei bauaufsichtlich vom Deutschen Institut für Bautechnik, Berlin, zugelassenen Wärmedämm-Verbundsystemen im Fassadenbereich einsetzbar

Tabelle 2.21: Erforderliche Dämmstoffdicke für Wohngebäude und Zonen von Nichtwohngebäuden mit Innentemperaturen über 19 °C zur Erzielung des höchsten zulässigen *U*-Werts von 0,24 W/(m² · K) bei der Anbringung von Außen-/Innenwand-Wärmedämmsystemen gemäß Anlage 3 Tabelle 1 EnEV 2014 (siehe Tabelle 2.8)

Wärme-durchgangs-koeffizient *U* Außenwand	WLG 040		WLG 035		WLG 032		WLG 022[1)]	
in W/(m² · K)	Dämmstoffdicke in mm	Wärmedurchgangskoeffizient *U*	Dämmstoffdicke in mm	Wärmedurchgangskoeffizient *U*	Dämmstoffdicke in mm	Wärmedurchgangskoeffizient *U*	Dämmstoffdicke in mm	Wärmedurchgangskoeffizient *U*
2,2	160	0,22	140	0,22	120	0,24	80	0,24
2,0	160	0,22	140	0,22	120	0,24	80	0,24
1,7	140	0,24	140	0,22	120	0,23	80	0,24
1,4	140	0,24	120	0,24	120	0,22	80	0,23
1,1	140	0,23	120	0,23	120	0,21	80	0,22
1,0	140	0,22	120	0,23	100	0,24	80	0,22
0,9	120	0,24	120	0,22	100	0,24	80	0,21
0,8	120	0,24	100	0,24	100	0,23	80	0,20
0,6	100	0,24	100	0,22	80	0,24	60	0,23
0,5	100	0,22	80	0,23	80	0,22	60	0,21

[1)] nur bei bauaufsichtlich vom Deutschen Institut für Bautechnik, Berlin, zugelassenen Wärmedämm-Verbundsystemen im Fassadenbereich einsetzbar

Mögliche zukünftige *U*-Wert-Senkungen und Konsequenzen für Dämmstoffdicken

Wird der Jahresprimärenergiebedarf des Referenzgebäudes um 25 % sowie der Transmissionswärmeverlust um ca. 20 % gesenkt, wie gemäß Novellierung der EnEV ab 2016 für Neubauvorhaben vorgesehen, erhöhen sich, bei Beibehaltung der Wärmeleitfähigkeit, die Dämmstoffdicken infolge der konsequenten Reduzierung der Wärmedurchgangskoeffizienten (*U*-Werte) der Gebäudehülle. Die energetischen Anforderungen für Gebäudehüllflächen werden ebenfalls weiter steigen, wenn, analog EnEV 2014 § 1, bis zum Jahr 2050 ein nahezu klimaneutraler Gebäudebestand erreicht werden soll und gemäß EnEG 2013 § 2a bereits nach dem 31. Dezember 2020 beheizte oder gekühlte Gebäude nur noch im Niedrigenergiestandard errichtet werden dürfen. Für zu errichtende Nichtwohngebäude, die im Eigentum von Behörden stehen und von Behörden genutzt werden sollen, gilt der

Niedrigenergiestandard schon nach dem 31. Dezember 2018. Demzufolge muss die Bundesregierung laut § 2a EnEG 2013 per Rechtsverordnung die Anforderungen an die Gesamtenergieeffizienz von Niedrigenergiegebäuden bereits vor dem 1. Januar 2017 für Behördengebäude und für die übrigen Gebäude vor dem 1. Januar 2019 festlegen. Hierbei sollen zu errichtende Niedrigenergiegebäude eine sehr gute Gesamtenergieeffizienz aufweisen und zu einem wesentlichen Teil den sehr geringen Energiebedarf durch erneuerbare Energiequellen decken können.

2.4 Energieeffiziente Wohngebäudesanierungen mit der KfW-Förderbank

Im Rahmen des nationalen Klimaschutzprogramms des Bundes fördert die Kreditanstalt für Wiederaufbau (KfW) neben den diversen Förderprogrammen der Bundesländer zusätzlich den Erwerb, die Modernisierung und Sanierung von Wohnimmobilien, deren Bauantrag vor dem 1. Januar 1995 gestellt wurde, zur CO_2-Minderung und zur Energieeinsparung durch zinsgünstige Darlehen, teilweise auch mit Tilgungs- und Investitionszuschüssen (Stand März 2013). Bei der Ausführung von Wärmeschutzmaßnahmen u. a. mit Wärmedämm-Verbundsystemen ist darauf zu achten, dass der Auftraggeber als Kreditnehmer nur dann Fördermittel erhält, wenn die Anforderungen der KfW, die in der Regel anspruchsvoller und deutlich höher als jene der EnEV sind, nachweislich und verbindlich erfüllt werden. Auch ist darauf zu achten, dass mit der Ausführung von förderungsfähigen Bauvorhaben und Aufträgen erst dann begonnen wird, wenn sämtliche Unterlagen zur Antragstellung vollständig und die Bewilligung der Fördermaßnahmen geklärt sind.

Leider sind in der Praxis vor oder bei Beginn der Ausführungen von Wärmedämm-Verbundsystemen solche Finanzierungsvorhaben nicht immer ausreichend geklärt, sodass die Vorhaben oftmals nicht im vorgesehenen KfW-Maßnahmenpaket oder dessen Kreditform abgeschlossen werden können. Es ist daher ratsam, bereits bei der Planung und unter Einschaltung eines zugelassenen Sachverständigen nach § 21 EnEV die hohen Anforderungen der KfW entsprechend zu berücksichtigen und mit dem Auftraggeber oder Bauherrn abzustimmen. Denn grundsätzlich können Ausführungen, die nur die Mindestanforderungen der jeweils gültigen EnEV erfüllen und ggf. von einzelnen Vorgaben der KfW-Förderrichtlinien abweichen, deren erhöhte Energieeinsparziele nicht erreichen und daher nicht mithilfe von KfW-Krediten oder -Zuschüssen begünstigt saniert werden.

Erhöhte EnEV-Mindestanforderungen bei KfW-Fördermaßnahmen

Die zur Erfüllung der KfW-Anforderungen notwendigen Dämmstoffdicken wurden bei Fördermaßnahmen vor dem 1. März 2011 teilweise vorgeschrieben und höher ausgelegt, als sie sich durch Wärmeschutzberechnungen nach den Bauteilanforderungen gemäß Anlage 3 Tabelle 1 EnEV 2014 (siehe Tabelle 2.8) ergaben. Bis auf Weiteres gelten bei der Sanierung zum KfW-Effizienzhaus die Technischen Mindestanforderungen zu den KfW-Programmen 151/152 „Markblatt Bauen, Wohnen, Energie sparen. Energieeffizient Sanieren – Kredit“ und 430 „Markblatt Bauen, Wohnen, Energie sparen. Energieeffizient Sanieren – Investitionszuschuss“ (Kreditanstalt für Wiederaufbau – KfW, 06/2014), die als Fördervoraussetzung erstmals einzuhaltende Höchstwerte von *U*-Werten bei Wärmedämmungen der Hüllflächen von Wohngebäuden, u. a. bei WDVS-Vorhaben, zwingend vorschreiben. Sie basieren auf Anlage 1 Tabelle 1 EnEV 2014 (siehe Tabelle 2.1) und Anlage 1 Tabelle 2 EnEV 2014 (siehe Tabelle 2.2) und sind durch einen zugelassenen Sachverständigen, z. B. Energieberater, Bauvorlageberechtigte, Planer und sonstige zugelassene Personen nach § 21 EnEV, nachzuweisen. Nur bei bestimmten Bauteilen, wie Decken- und Dachdämmungen, gelten alternativ *U*-Wert-Begrenzungen als erfüllt, wenn die in Anlage 1 Tabelle 2 EnEV 2014 (siehe Tabelle 2.2) genannten wärmeleitfähigkeitsabhängigen Dämmstoffdicken eingehalten und nachgewiesen werden.

Die KfW-Mindestanforderungen in der Auslegung energiesparender Maßnahmen bei der Gebäudesanierung zu sog. Energieeffizienzhaus-Standards der Typen

- Energieeffizienzhaus 55,
- Energieeffizienzhaus 70,
- Energieeffizienzhaus 85,
- Energieeffizienzhaus 100,
- Energieeffizienzhaus 115,
- Energieeffizienzhaus Denkmal

betreffen des Weiteren Festlegungen des Jahresprimärenergiebedarfs Q_P und des auf die wärmeübertragenden Umfassungsflächen bezogenen spezifischen Transmissionswärmeverlusts H_T nach Anlage 1 Tabelle 2 EnEV (siehe Tabelle 2.2) im Verhältnis zum Energieniveau eines entsprechenden Referenzgebäudes ($Q_{P\,REF}$; $H_{T\,REF}$) nach Anlage 1 Tabelle 1 EnEV (siehe Tabelle 2.1), die von Sachverständigen nachzuweisen und zu beachten sind (siehe Tabelle 2.22). Die KfW-Effizienzhäuser dürfen den jeweiligen gebäudetypischen prozentualen Grenzwert gegenüber dem entsprechenden Referenzgebäude weder beim Jahresprimärenergiebedarf $Q_{P\,REF}$ noch beim umfassungsflächenbezogenen spezifischen Transmissionswärmeverlust $H_{T\,REF}$ unterschreiten.

Tabelle 2.22: KfW-Effizienzhäuser entsprechend den Förderprogrammen Nr. 151, 152 und 430 „Energieeffizient Sanieren" der KfW

Effizienzhaustyp	Q_P des $Q_{P\,REF}$ in %	$Q_{P\,REF}$ nach EnEV 2009	H_T des $H_{T\,REF}$ in %	$H_{T\,REF}$ nach EnEV 2009
55	55	Anlage 1 Tabelle 1	70	Anlage 1 Tabelle 2
70	70	Anlage 1 Tabelle 1	85	Anlage 1 Tabelle 2
85	85	Anlage 1 Tabelle 1	100	Anlage 1 Tabelle 2
100	100	Anlage 1 Tabelle 1	115	Anlage 1 Tabelle 2
115	115	Anlage 1 Tabelle 1	130	Anlage 1 Tabelle 2
Denkmal	160	Anlage 1 Tabelle 1	–	–

Die Grundlagen für die entsprechenden Berechnungen sind der „Anlage zu den Merkblättern Energieeffizient Sanieren: Kredit (151/152), Investitionszuschuss (430) – Technische Mindestanforderungen" (Kreditanstalt für Wiederaufbau – KfW, 03/2013) zu entnehmen. Demnach sind die Rechenvorschriften in § 3 EnEV 2009 anzuwenden. Der Energieausweis muss auf der Grundlage des Energiebedarfs nach Abschnitt 5 EnEV 2009 erstellt werden. Zur Heizungsanlage heißt es in der oben genannten Anlage, S. 3:

„Eine Heizungsanlage kann nach DIN 4701-10 bzw. DIN V 18599 berechnet werden, wenn der Wärmeerzeuger nach dem 01.01.1995 eingebaut wurde, die raumweise Regelung dem Stand der Technik entspricht (z. B. 2K-Thermostatventile), sämtliche zugänglichen Rohrleitungen nach Anlage 5 EnEV 2009 gedämmt sind und ***ein hydraulischer Abgleich der Anlage*** *durchgeführt wurde. […]*

Ist ein Zentralheizsystem vorhanden, können handbeschickte Einzelöfen, die nicht in das Heizungszirkulationssystem eingebunden sind, nicht berücksichtigt werden. Bei Zentralheizsystemen mit hydraulisch eingebundenen biomassebeschickten Einzelöfen sowie automatisch beschickten Pellet-Primäröfen kann ein maximaler Deckungsanteil von 10 % des Nutzenergiebedarfs ausgesetzt werden."

In derselben Anlage, S. 3 f., werden die Berechnung des Jahresprimärenergiebedarfs und des Transmissionswärmeverlustes spezifiziert:

„Für die Berechnung der KfW-Effizienzhäuser nach der DIN V 18599 sind ausschließlich die unter dem Link www.nachhaltigesbauen.de/leitfaeden-und-arbeitshilfen-veroeffentlichungen/veroeffentlichungen-din-18599.html aufgeführten Softwareanwendungen sowie deren Folgeversionen zugelassen. […]

Für den Wärmebrückenzuschlag sind ausschließlich die Maßgaben des § 7 Absatz 2 der EnEV 2009 einzuhalten, d. h., der Einfluss konstruktiver Wärmebrücken auf den Jahres-Heizwärmebedarf ist nach den Regeln der Technik und den im jeweiligen Einzelfall wirtschaftlich vertretbaren Maßnahmen so gering wie möglich zu halten. Der verbleibende Einfluss ist zu berücksichtigen. Der Wärmebrückenzuschlag von $U_{WB} = 0{,}10\ W/(m^2 \cdot K)$ *bei außen liegenden Dämmschichten von Außenwänden bzw.* $U_{WB} = 0{,}15\ W/(m^2 \cdot K)$ *bei überwiegend innen liegenden Dämmschichten von Außenwänden darf ohne weiteren Nachweis pauschal angesetzt werden.*

Wird ein Wärmebrückenzuschlag $U_{WB} < 0{,}10\ W/(m^2 \cdot K)$ *angesetzt, ist dieser gesondert nach den Regeln der Technik zu berechnen bzw. nachzuweisen. § 7 Absatz 3 Satz 2 EnEV 2009 ist nicht anzuwenden. […]*

Für den ***Luftwechsel*** *ist standardmäßig* $n = 0{,}7\ h^{-1}$ *anzusetzen, sofern nicht die Bedingungen der Anlage 3, Absatz 8.2 EnEV 2009 gegeben sind. Der Ansatz eines reduzierten Luftwechsels mit* $n = 0{,}6\ h^{-1}$ *bzw.* $0{,}55\ h^{-1}$ *bei Gebäuden mit Lüftungsanlagen kann nur verwendet werden, wenn auch nach Abschluss des Sanierungsvorhabens die entsprechend erforderliche Luftdichtheit des Gebäudes mit einer Luftdichtheitsmessung nachgewiesen wird. In diesem Fall muss auf die Luftdichtheit von der Planung an bis zur Bauausführung besonders geachtet werden. […]*

Die Auslegungen zur EnEV 2009 (www.bbsr-energieeinsparung.de, Energieeinsparverordnung, Auslegungen) sind bei der Berechnung von KfW-Effizienzhäusern anzuwenden, soweit […] keine gesonderten Regelungen bestehen. […]

Werden in Wohngebäuden anlagentechnische Komponenten eingesetzt, für deren energetische Bewertung keine anerkannten Regeln der Technik oder gemäß EnEV 2009 § 9 Absatz 2 Satz 2 Halbsatz 3 bekannt gemachten gesicherten Erfahrungswerte vorliegen, so können hierfür Komponenten angesetzt werden, die gleichwertige oder schlechtere energetische Eigenschaften aufweisen."

Die Anlage verweist weiter auf Planungshilfsmittel und Unterlagen der Deutschen Energieagentur (dena), die über die Homepage http://www.zukunft-haus.info, Rubrik Verbraucher, erhältlich sind.

Zu fördernde Wärmedämmung bei KfW-Effizienzhäusern

Werden die nachfolgenden Mindestanforderungen bei der Dämmung von wärmetauschenden Umfassungsflächen entsprechend den *U*-Grenzwerten (siehe Tabelle 2.23) eingehalten und bei allen Maßnahmen wärmebrückenminimierte Ausführungen und die Luftdichtheit beachtet, können Fördermaßnahmen in Anspruch genommen werden. Daher sollten besonders Wärmedämm-Verbundsysteme als Außenwand umschließende Wärmeschutzsysteme, welche naturgemäß Wärmebrücken im Gegensatz zu anderen Methoden wie Zwischen- oder Innendämmungen vollständig bedecken, stets bevorzugt werden.

Tabelle 2.23: Maximale *U*-Werte für KfW-Effizienzhäuser bei Einzelmaßnahmen gemäß „Anlage zu den Merkblättern Energieeffizient Sanieren: Kredit (151/152), Investitionszuschuss (430) – Technische Mindestanforderungen" (Kreditanstalt für Wiederaufbau – KfW, 03/2013, Tabelle 1)

Sanierungsmaßnahme	Bauteil	maximaler *U*-Wert in W/(m² · K)
Wärmedämmung von Wänden	Außenwand	0,20
	Kerndämmung bei zweischaligem Mauerwerk	Wärmeleitfähigkeit $\lambda \leq 0{,}035$ W/(m · K)
	Innendämmung an Baudenkmalen und erhaltenswerter Bausubstanz	0,45
	Innendämmung bei Fachwerkaußenwänden sowie Erneuerung der Ausfachungen	0,80
	Wandflächen gegen unbeheizte Räume	0,25
	Wandflächen gegen Erdreich	0,25

Fortsetzung Tabelle 2.23

Sanierungsmaßnahme	**Bauteil**	**maximaler *U*-Wert in W/(m² · K)**
Wärmedämmung von Dachflächen	Schrägdächer und dazugehörige Kehlbalkenlagen	0,14
	Dachflächen von Gauben	0,20
	Gaubenwangen	0,20
	Flachdächer als Hauptdach bis 10° Dachneigung	0,14
	alternativ bei Baudenkmalen und erhaltenswerter Bausubstanz höchstmögliche Dämmstoffdicke	Wärmeleitfähigkeit $\lambda \leq 0{,}040$ W/(m · K)
Wärmedämmung von Geschossdecken	oberste Geschossdecken zu nicht ausgebauten Dachräumen	0,14
	Kellerdecken	0,25
	Geschossdecken gegen Außenluft nach unten	0,20
	Bodenflächen gegen Erdreich	0,25
Erneuerung von Fenstern und Fenstertüren	Fenster, Balkon- und Terrassentüren mit Mehrscheibenisolierverglasung	0,95
	barrierearme Fenster, Balkon- und Terrassentüren	1,10
	Ertüchtigung von Fenstern sowie Fenster mit Sonderverglasung (Schallschutzverglasungen, Isolierglas-Sonderaufbauten zur Durchschusshemmung, Durchbruchhemmung oder Sprengwirkungshemmung oder als Brandschutzglas)	1,30
	Dachflächenfenster	1,00
	Austausch von Fenstern an Baudenkmalen oder erhaltenswerter Bausubstanz	1,40
	Ertüchtigung von Fenstern an Baudenkmalen oder erhaltenswerter Bausubstanz	1,60
Hauseingangstüren	Außentüren beheizter Räume	1,30

Tabelle 2.24: *U*-Wert-bezogene erforderliche Dämmstoffdicken in cm und in Abhängigkeit zur Wärmeleitfähigkeit („Energieeffiziente Sanierung – Programmnummer 151, 152, 430; Anlage – Technische Mindestanforderungen und ergänzende Informationen für Maßnahmen zur Sanierung zum KfW-Effizienzhaus und für Einzelmaßnahmen", Kreditanstalt für Wiederaufbau – KfW, 2010, Tabelle 2)

Bauteil	***U*-Wert nach Tab. 1 in W/(m² · K)**	**Wärmeleitfähigkeit der Dämmschicht in W/(m · K)**								
		0,022	**0,024**	**0,028**	**0,030**	**0,032**	**0,035**	**0,040**	**0,045**	**0,050**
Bodenflächen, Kellerdecke, Wände gegen unbeheizte Räume	0,25	9	9	11	12	12	13	15	17	19
Geschossdecke (nach unten), Außenwand	0,20	11	12	14	14	15	17	19	22	24
Schrägdach (im Zwischensparrenbereich bei 10 % Sparrenanteil)	0,14	–	–	–	–	28	30	33	36	39
Schrägdach (als Aufsparrendämmung)	0,14	15	17	19	21	22	24	28	32	35
oberste Geschossdecke, Flachdach	0,14	15	17	19	21	22	24	28	32	35
Hinweis: Durch eine detaillierte Berechnung der *U*-Werte durch einen Energieberater können sich durch die Anrechnung der Wärmeschutzwirkung bestehender Bauschichten geringere erforderliche Dämmschichten ergeben.										

Um den für KfW-Effizienzhäuser vorgeschriebenen *U*-Wert von ≤ 0,20 W/(m² · K) bei typischen Altgebäuden nach Tabelle 2.19 mit ihren jeweiligen auf die ungedämmten Außenwände bezogenen *U*-Werten einhalten zu können, kann hilfsweise Tabelle 2.24 zur Abschätzung der erforderlichen Dämmstoffdicken von Wärmedämm-Verbundsystemen herangezogen werden. Gemäß Tabelle 2.25 kann die Dämmstoffdicke reduziert werden, wenn ein Dämmstoff der WLG 022 eingesetzt wird.

Tabelle 2.25: Erforderliche Dämmstoffdicken in mm von Wärmedämm-Verbundsystemen zur Erzielung des für KfW-Effizienzhäuser vorgeschriebenen U-Werts von ≤ 0,20 W/(m² · K)

Wärme-durch gangs-koeffizient *U* Außenwand in W/(m² · K)	WLG 040		WLG 035		WLG 032		WLG 022[1)]	
	Dämm-stoff-dicke in mm	Wärme-durch-gangs-koeffi-zient *U*	Dämm-stoff-dicke in mm	Wärme-durch-gangs-koeffi-zient *U*	Dämm-stoff-dicke in mm	Wärme-durch-gangs-koeffi-zient *U*	Dämm-stoff-dicke in mm	Wärme-durch-gangs-koeffi-zient *U*
2,2	180	0,20	160	0,20	160	0,18	100	0,20
2,0	180	0,20	160	0,20	160	0,18	100	0,20
1,7	180	0,20	160	0,19	140	0,20	100	0,19
1,4	180	0,19	160	0,19	140	0,20	100	0,19
1,1	160	0,20	140	0,20	140	0,19	100	0,18
1,0	160	0,20	140	0,20	140	0,19	100	0,18
0,9	160	0,20	140	0,20	140	0,18	100	0,18
0,8	160	0,19	140	0,19	120	0,20	80	0,20
0,6	140	0,19	120	0,20	120	0,18	80	0,19
0,5	120	0,20	120	0,18	100	0,19	80	0,18

[1)] nur bei bauaufsichtlich vom Deutschen Institut für Bautechnik, Berlin, zugelassenen Wärmedämm-Verbundsystemen im Fassadenbereich einsetzbar

Ergänzend wird darauf hingewiesen, dass Wärmedämmungen als Einzelmaßnahme nur von der KfW gefördert werden, wenn vor der Ausführung der Sanierungsmaßnahmen ein Sachverständiger die Angemessenheit der Maßnahmen unter Berücksichtigung der Auswirkungen auf die Bauphysik und die energetische Haustechnik am gesamten Gebäude im Hinblick auf die Anforderungen der „Anlage zu den Merkblättern Energieeffizient Sanieren: Kredit (151/152), Investitionszuschuss (430)“ (Kreditanstalt für Wiederaufbau – KfW, 03/2013) bestätigt hat. Die Anforderungen zur Wärmedämmung als Einzelmaßnahme werden in dieser Anlage auf S. 7 f. folgendermaßen spezifiziert:

„Die Anforderungen an die Dämmung beziehen sich nur auf die wärmeübertragenden Umfassungsflächen. Die einzuhaltenden Anforderungen an den Wärmedurchgangskoeffizienten (U-Wert) des jeweiligen Bauteils sind der Tabelle ‚Anforderungen an die Wärmedurchgangskoeffizienten (U-Werte) der jeweiligen Bauteile' [siehe Tabelle 2.23] *zu entnehmen.*

Die Anforderungen zur Begrenzung des Wärmedurchgangs bei erstmaligem Einbau, Ersatz oder Erneuerung von Außenbauteilen bestehender Gebäude gemäß der EnEV 2009 sind zu beachten. Bei allen Maßnahmen ist auf eine wärmebrückenminimierte Ausführung und Luftdichtheit zu achten. Entsprechende Umsetzungsmöglichkeiten sind Bestandteil der Beratung durch den Sachverständigen. […]

In Abhängigkeit der örtlichen Gegebenheiten sind folgende Besonderheiten zu beachten:

1.1 Außenwanddämmung

- *Die Einhaltung der Anforderungen an die U-Werte ist durch den Fachunternehmer zu bestätigen. Art und Aufbau der Dämmung sind zu beschreiben.*
- *Sofern bei zweischaligem Mauerwerk nur eine Kerndämmung nachträglich durchgeführt und dabei die bestehende Außenschale nicht entfernt wird, ist eine Förderung abweichend von den technischen Anforderungen für Außenwände möglich, wenn der Hohlraum vollständig mit einem Dämmstoff verfüllt wird.*

Hinweis: Beachten Sie die besonderen bauphysikalischen Anforderungen bei Innendämmung im Hinblick auf Feuchteschutz und Wärmebrücken bei Planung und Ausführung.

1.2 Dachdämmung

- *Eine Dachdämmung kann als Zwischen-, Auf- oder Untersparrendämmung sowie deren Kombination ausgeführt werden. Zu einer fachgerechten U-Wert-Berechnung gehört die Berücksichtigung des Sparrenanteils der Dachkonstruktion.*
- *Nicht dem Dach zuzurechnende Flächen von Dachgauben, die Unterseite von Vorsprüngen etc. sind wie Außenwände zu dämmen.*
- *Die Dachdämmung ist wärmebrückenminimiert und gemäß Luftdichtheitskonzept durchzuführen.*
- *Ist die Möglichkeit zur Wärmedämmung eines Daches durch die Vorgaben des Denkmalschutzes oder durch die Anforderungen an besonders erhaltenswerte Bausubstanz begrenzt, so gilt die Bauteilanforderung als erfüllt, wenn die nach anerkannten Regeln der Technik höchstmögliche Dämmschichtdicke (bei einem Bemessungswert der Wärmeleitfähigkeit von $\lambda \leq$ 0,040 W/[m · K]) eingebaut wird."*

Bei der Sanierung zum KfW-Effizienzhaus „Denkmal" sind die nachstehenden Besonderheiten zu beachten (Kreditanstalt für Wiederaufbau – KfW, 03/2013, S. 2):

„- *Ein KfW-Effizienzhaus Denkmal (Sanierung von Baudenkmalen und sonstiger besonders erhaltenswerter Bausubstanz) darf den Jahres-Primärenergiebedarf (Q_P) von 160 % von $Q_{P\,REF}$ des errechneten Wertes für das entsprechende Referenzgebäude nach Tabelle 1 der Anlage 1 der EnEV 2009 nicht überschreiten.*
- *An den Transmissionswärmeverlust H'_T bestehen keine festen Anforderungen. Bestehen für ein Gebäude oder Teilbereiche eines Gebäudes Auflagen des Denkmalschutzes bzw. zum Schutz besonders erhaltenswerter Bausubstanz, sind in der Planung die zulässigen und durchführbaren energetischen Maßnahmen zur optimalen Reduzierung von Transmissionswärmeverlusten (H'_T) nachzuweisen. Zur Reduzierung der Transmissionswärmeverluste sind an mindestens zwei unterschiedlichen Bauteilen der Gebäudehülle (Wand, Dach, Keller-/Geschossdecke oder Fenster/Fenstertüren) bauliche Maßnahmen zur Verbesserung der Energieeffizienz durchzuführen.*
- *Diese Anforderung wird erfüllt, sofern eine weitere Reduzierung des Transmissionswärmeverlustes aufgrund der Auflagen nicht durchführbar ist. Darüber hinaus ist diese Anforderung bereits ausreichend erfüllt, wenn der Transmissionswärmeverlust H'_T 175 % des entsprechenden Referenzgebäudes nach Tabelle 1 der Anlage 1 der EnEV 2009 erreicht.*
- *Für die energetische Optimierung des Jahres-Primärenergiebedarfs (Q_P) ist der Einsatz von erneuerbaren Energien zu prüfen.*
- *Sofern bei der energetischen Sanierung von denkmalgeschützten Gebäuden oder sonstiger besonders erhaltenswerter Bausubstanz der Zielwert eines Jahres-Primärenergiebedarfs (Q_P) von 160 % nachweislich nicht erreicht werden kann, ist eine Antragstellung für ein KfW-Effizienzhaus Denkmal dennoch möglich. Voraussetzung dafür ist, dass mit den geplanten energetischen Maßnahmen unter Berücksichtigung der Auflagen des Denkmalschutzes bzw. zum Schutz der besonders erhaltenswerten Bausubstanz eine optimale Reduzierung von Transmissionswärmeverlusten (H'_T) an mindestens zwei unterschiedlichen Bauteilen nachweislich erreicht wird.*
- *Im Übrigen gelten für Gebäudeteile ohne Auflagen des Denkmalschutzes bzw. zum Schutz besonders erhaltenswerter Bausubstanz die Anforderungen der EnEV 2009.*“

Abschließend wird im Zusammenhang mit KfW-Fördermaßnahmen darauf aufmerksam gemacht, dass die erforderlichen Bestätigungen zu den Kreditanträgen und zum Tilgungszuschuss laut KfW vom Antragsteller und vom Sachverständigen zu unterschreiben sind. Hierbei wird im „Verwendungsnachweis im Programm ‚Energieeffizient Sanieren – Investitionszuschuss‘ (Programm 430)“ (Kreditanstalt für Wiederaufbau – KfW, 03/2014, S. 2) formuliert:

„*Ich versichere, dass die durchgeführten Maßnahmen durch geeignete Unterlagen belegt werden können. […] Mir ist bekannt, dass die Angaben subventionserhebliche Tatsachen im Sinne des § 264 Strafgesetzbuch in Verbindung mit § 2 Subventionsgesetz darstellen und dass ein Subventionsbetrug strafbar ist.*“

Aus diesen Gründen und wegen der kostenintensiven Gebäude-, Energie- und Anlageninvestitionen ist es ratsam, sich stets genauestens über die aktuellen Rahmenbedingungen von Energiespar-Fördermaßnahmen zu informieren. Entsprechend aktuelle Hinweise sind unter http://www.kfw.de bei der Kreditanstalt für Wiederaufbau sowie beim Bundesministerium für Wirtschaft und Technologie unter http://www.bmwi.de im Internet zu erhalten. Das Ministerium veröffentlicht u. a. die jeweils aktuelle EnEV und deren Novellierungen. Aufgrund der Umsetzung der Energieeinsparziele im Gebäudebestand gemäß der EnEV und dem EnEG ist mit möglichen weiteren Änderungen der Förderprogramme samt ihrer Mindestanforderungen für Energiesparmaßnahmen und Wärmeschutz von Wohn- und teilweise von Nichtwohngebäuden zu rechnen.

3 Bauphysikalische Grundlagen

3.1 Feuchte in Bauwerken

Die häufigsten Schäden an Gebäuden und Beschichtungen sind auf Feuchtigkeitseinwirkung zurückzuführen. Die Feuchtigkeit kann in diesem Zusammenhang durch Niederschlag bei Bewitterung, Schäden an Wasser führenden Leitungen, Leckagen am Bauwerk, aufsteigende Feuchtigkeit sowie Kondensation in und am Bauteil auftreten. Nachfolgend werden überwiegend die Diffusion von Feuchtigkeit, die Wasserdampfkondensation und die hygrothermische Feuchtigkeitsbelastung sowie der Wasserdampfdiffusionswiderstand in Bauteilen beschrieben. Um Beschichtungsmängeln vorzubeugen und Schäden zu erkennen, ist es wichtig, diese Vorgänge verstehen und nachvollziehen zu können.

Kommt es nach der Ausführung von Beschichtungsarbeiten oder wärmedämmenden Maßnahmen zu feuchtigkeitsbedingten Ablösungen von Beschichtungen, spricht der Laie oft von zu dichten Beschichtungen und Wänden, die nicht mehr atmen können. Gemeint ist hier, dass die erfolgten Beschichtungsmaßnahmen die Wasserdampfdiffusion durch das Bauteil angeblich so negativ behindern, dass es zu Bauschäden wie Ablösen von Beschichtungen, Tauwasserausfall an oder im Bauteil und/oder mikrobiellem Befall kommen kann. Dem tatsächlichen Feuchteaustausch kann durch den Wandbildner im Allgemeinen eine untergeordnete Bedeutung zugeordnet werden, da in der Regel nur ca. 2 % der Raumluftfeuchtigkeit über den Wandbildner ausgetauscht werden. Der Feuchteaustausch über den Wandbildner ist zudem von der Differenz der Raumlufttemperatur und der Raumluftfeuchtigkeit zur Außenlufttemperatur und Außenluftfeuchtigkeit abhängig.

Bauschäden resultieren in diesem Zusammenhang häufig aus einer Feuchtigkeitskondensation an und in Bauteilen oder einer hygrothermischen Feuchtigkeitsbelastung. Kondensation findet statt, wenn das Fassungsvermögen der Luft für Wasserdampf bei einer bestimmten Temperatur durch die Zuführung weiterer Feuchtigkeit überschritten wird. Ausgelöst werden kann eine Kondensation in Wohnräumen z. B. durch Kochen, Duschen, Wäschetrocknen oder durch ein Abkühlen der Luft, z. B. an kalten oder schlecht gedämmten Außenwänden oder Wärmebrücken, sodass die in der Luft enthaltene Feuchtigkeitsmenge größer wird als die Sättigungsmenge der erreichten Temperatur. Kondensiert die Feuchtigkeit an Kondensationskernen in der Luft, z. B. an Schmutz- und Staubpartikeln, so bildet sich Nebel. Kondensiert die Feuchtigkeit an der kühleren Oberfläche von Bauteilen, z. B. an Wänden oder Fenstern, so entsteht eine erhöhte Oberflächenfeuchtigkeit bzw. Tauwasser. Kondensiert die Feuchtigkeit schließlich in Bauteilen, z. B. in Außenwänden, so entsteht eine erhöhte Bauteilfeuchtigkeit.

Die Temperatur, bei der sich Kondensat bildet, wird als Taupunkttemperatur bezeichnet. Tauwasser auf Oberflächen von Bauteilen bildet sich meist aufgrund

- einer zu kalten Oberfläche an der Gebäudeaußenwand (zu geringe Dämmung, Wärmebrücke),
- zu hoher Raumluftfeuchtigkeit (mangelnde Lüftung),
- zu schnellem Aufheizen kalter Räume (Tauwasserbildung an der kälteren Oberfläche der Außenwand),
- Luftundichtigkeit der Gebäudehülle (kalte Luft wird über Leckagen ins Gebäude geführt).

Hygrothermische Feuchtigkeitsbelastung

Die Ursachen der hygrothermischen Feuchtigkeitsbelastung sind gleichzusetzen mit den Ursachen der Feuchtigkeitskondensation. Da für Feuchteschäden nicht immer eine Kondensation, also eine hundertprozentige Feuchtigkeit notwendig ist, sondern z. B. für Bauteilverfärbungen oder mikrobiellen Befall auch eine geringere Feuchtigkeitsbelastung ausreicht, werden solche Schäden als hygrothermische Schäden bezeichnet. Die Bezeichnung Hygrothermie beinhaltet die Begriffe Hygro (Wasser) und Therm (Temperatur) und beschreibt zutreffend die Einflussgrößen für derartige Belastungen.

Wärmebrücken

Bei Wärmebrücken wird zwischen konstruktiven und geometrischen Wärmebrücken unterschieden. Eine geometrisch bedingte Wärmebrücke liegt vor, wenn die Bauteiloberfläche bei einem homogenen Bauteil auf der Innenseite kleiner ist als die Bauteiloberfläche auf der Außenseite (siehe Abb. 3.1). Dies ist z. B. im Bereich von Gebäudeaußenecken der Fall. Bei der geometrischen Wärmebrücke ist die Wärmeabgabe größer als auf anderen Wandoberflächen gleicher Bauart. Hinzu kommt, dass die Luftzirkulation im Eckbereich eingeschränkt ist. Dies hat zur Folge, dass die Oberfläche in diesem Eckbereich eine geringere Temperatur aufweist als die restliche Wandoberfläche (siehe Abb. 3.2). Warme Raumluft kühlt in diesem Bereich ab und muss Luftfeuchtigkeit abgeben. Konstruktive Wärmebrücken entstehen durch Konstruktionen mit unterschiedlicher Wärmeleitfähigkeit, z. B. bei Gebäuden älterer Bauart, wenn die Betondecke von außen nicht oder unzureichend gedämmt ist oder wenn Balkonbodenplatten direkt mit der Betonbodenplatte verbunden sind (siehe Abb. 3.3 und Abb. 3.4). Konstruktive Wärmebrücken sind häufig von außen sichtbar (siehe Abb. 3.5 und Abb. 3.6).

Im Bereich von Wärmebrücken sinkt bei kalten Außentemperaturen die raumseitige Oberflächentemperatur von Bauteilen stärker ab als auf den anderen inneren Oberflächen, mit der Folge von Tauwasserbildung bei Unterschreiten der Taupunkttemperatur oder einer hygrothermischen Feuchtigkeitsanreicherung. Veränderungen des Wärmestroms durch Wärmebrücken in Außenbauteilen führen zudem zur Erhöhung des Gesamtwärmeverlustes und des Energieverbrauchs eines Gebäudes. Die Anforderungen, die laut Energieeinsparverordnung (EnEV) an die Wärmedämmung von Gebäuden

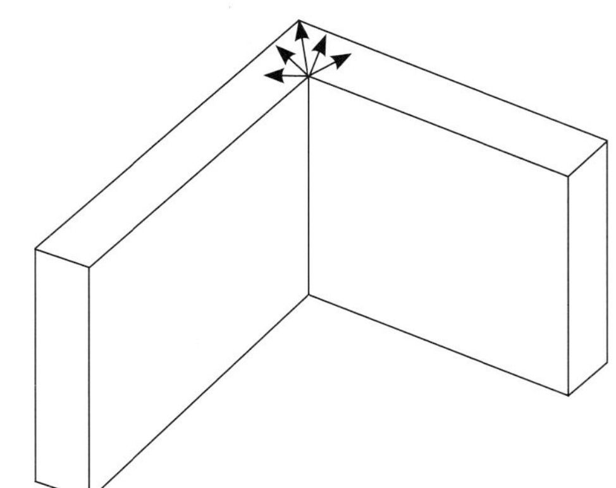

Abb. 3.1: Geometrische Wärmebrücke

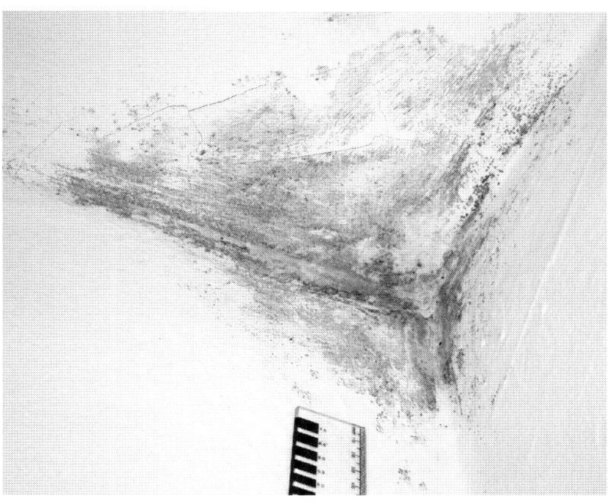

Abb. 3.2: Schimmelpilzbildung bedingt durch geometrische Wärmebrücke und Tauwasserbildung

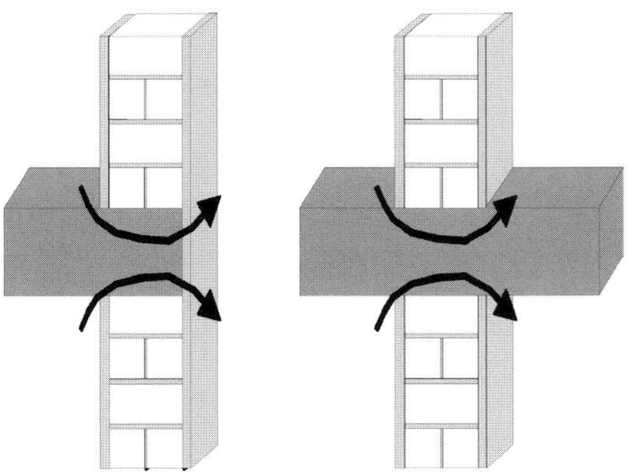

Abb. 3.3: Konstruktive Wärmebrücke

Abb. 3.4: Schimmelpilzbildung bedingt durch konstruktive Wärmebrücke und Tauwasserbildung

Abb. 3.5: Abzeichnung konstruktiver, baustoffbedingter Wärmebrücken unter Putz

Abb. 3.6: Abzeichnung konstruktiver, baustoffbedingter Wärmebrücken unter einer Holzverkleidung

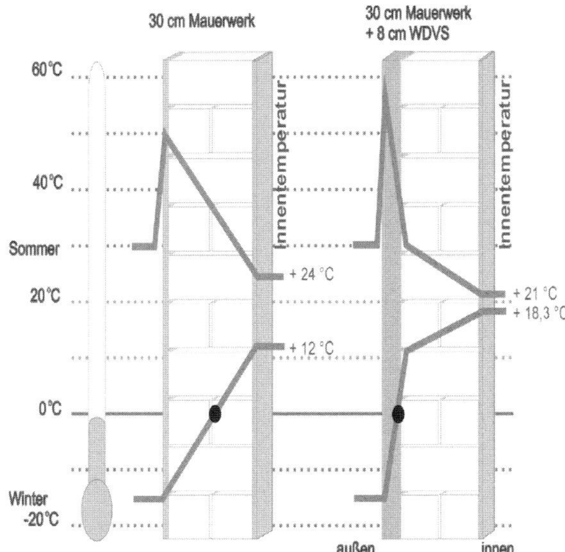

Abb. 3.7: Erhöhung der Innenoberflächentemperatur im Winter durch Wärmedämm-Verbundsysteme

gestellt werden, nehmen zu und müssen bei der Ermittlung des Transmissionswärmebedarfs rechnerisch erfasst werden.

Gemäß Energieeinsparverordnung sind Gebäudekonstruktionen so auszuführen, dass der Einfluss konstruktiver Wärmebrücken auf den Heizenergieverbrauch möglichst gering gehalten wird. Wärmebrücken sind bei der Planung zu vermeiden bzw. so zu planen, dass die Innenoberflächentemperatur im kritischen Bereich gemäß DIN 4108-2 „Wärmeschutz und Energie-Einsparung in Gebäuden – Teil 2: Mindestanforderungen an den Wärmeschutz" (2013) mindestens 12,6 °C aufweist (siehe Abb. 3.7). Die durch Wärmebrücken entstehenden Energieverluste müssen bei der Ermittlung vom Jahres-Heizwärmebedarf nach der EnEV berücksichtigt werden.

Gemäß DIN 4108-2 wird zur Beurteilung der Schimmelpilzgefahr bei Wärmebrücken der Temperaturfaktor f_{Rsi} bestimmt. Die Berechnung des Temperaturfaktors erfolgt nach folgender Gleichung:

$$f_{Rsi} = \frac{\theta_{si} - \theta_e}{\theta_i - \theta_e}$$

mit

f_{Rsi} = Temperaturfaktor
θ_{si} = Oberflächentemperatur Raumseite
θ_e = Außenlufttemperatur
θ_i = Innenlufttemperatur

Dieser Faktor sollte an der ungünstigsten Stelle mindestens 0,7 betragen. Liegt er unter 0,7, sind die Voraussetzungen für den Mindestwärmeschutz nicht gegeben.

Der Einfluss von Wärmebrücken in einer Baukonstruktion muss nicht nur bei der Planung eines Neubaus berücksichtigt werden, sondern auch bei der Begutachtung im Schadensfall. Eine Berechnung der Isothermen kann durch die erfassten Temperaturparameter an Wärmebrücken durchgeführt werden. Auf der Grundlage des Isothermenverlaufs können Temperaturunterschiede und Wärmeströme im Bauteil ermittelt werden.

Feuchte in der Raumluft

Atmosphärische Luft enthält immer Wasserdampf, der durch die Verdunstung von Wasser entsteht. Luft kann temperaturabhängig nur eine bestimmte Menge von Feuchtigkeit bzw. Wasserdampf aufnehmen. Durch unterschiedliche Feuchtigkeitsquellen wird ihr ständig weitere Feuchtigkeit zugeführt (siehe Tabelle 3.1). Um zu vermeiden, dass die Wasserdampfsättigungsmenge, d. h. die maximal aufnehmbare Menge von Feuchtigkeit der Luft, übertroffen wird, muss die relative Luftfeuchte z. B. durch einen Austausch der warmen, feuchten Raumluft gegen kältere, trockenere Außenluft reduziert werden. Ein Vier-Personen-Haushalt produziert beispielsweise durchschnittlich ca. 10 bis 15 kg Wasser pro Tag.

Tabelle 3.1: Feuchtigkeitsquellen und Feuchtigkeitsanfall

Feuchtigkeitsquellen	**Feuchtigkeitsanfall in g/h**
Mensch, leichte Aktivität	ca. 40 bis 50
Mensch, mittlere Aktivität	ca. 100
Mensch, starke Aktivität	ca. 180
Duschen	ca. 2.500
Baden	ca. 800
Kochen	ca. 600–1.000
Wäsche trocknen (4,5-kg-Trommel), geschleudert	ca. 50 bis 200
Wäsche trocknen (4,5-kg-Trommel), tropfnass	ca. 100 bis 500
Geschirr spülen	ca. 200
Topfpflanzen (Veilchen)	ca. 5 bis 10
Topfpflanzen (Farn)	ca. 7 bis 15
Topfpflanzen (Gummibaum)	ca. 10 bis 20
Aquarium (pro m^2 Oberfläche)	ca. 50

Abb. 3.8: Der Luft- und Feuchteaustausch muss über die Lüftung erfolgen.

Abb. 3.9: Thermohygrometer zur Messung von Luftfeuchte und Lufttemperatur

Über die Außenwände findet nur ein geringer Austausch der Feuchtigkeit der Raumluft mit der Außenluft statt (maximal 2 %). Der tatsächliche Luft- und Feuchteaustausch erfolgt über die Lüftung mittels Fenstern, Türen oder anderen kontrollierten Belüftungen. Wird im Winter warme, mit Feuchtigkeit angereicherte Raumluft durch kältere Außenluft ersetzt, minimiert sich die Raumluftfeuchtigkeit, da kalte Luft, die auch bei hoher relativer Luftfeuchte eine geringere Feuchtigkeitsmenge besitzt, bei Erwärmung mehr Feuchtigkeit aufnehmen kann als die nach außen strömende warme Innenluft.

Luftfeuchtigkeit in Innenräumen lässt sich sinnvoll nur durch Lüften, also den Austausch von warmer, feuchter Luft gegen kältere Frischluft mit geringerem Wasserdampfgehalt, reduzieren (siehe Abb. 3.8). Eine Erhöhung der Raumtemperatur durch Heizen trägt zwar ebenfalls zur Reduktion der relativen Luftfeuchte bei; dass dies nur in sehr begrenztem Umfang sinnvoll ist, versteht sich aber von selbst. Das Lüften von Räumen trägt nicht nur zu einem angenehmen Raumklima bei, sondern auch zur Raumhygiene. Um die Raumluftfeuchte in Verbindung mit der Temperatur in einem angemessenen Verhältnis zu halten, empfiehlt es sich, ein Hygrometer aufzustellen (siehe Abb. 3.9).

Die Luftwechselrate bzw. die Luftwechselzahl beschreibt den quantitativen (= n) Luftaustausch zwischen Raumluft und Außenluft und gibt somit den Anteil der Raumluft an, der in einem bestimmten Zeitraum ausgetauscht wird. Wird die gesamte Raumluft in einer Stunde ausgetauscht, beträgt die Luftwechselrate $n = 1$ oder 1 h^{-1}. Beim Austausch der Hälfte der Raumluft in einer Stunde beträgt die Luftwechselrate 0,5 oder 0,5 h^{-1}. Bei der uneffektiven Kipplüftung wird im Vergleich zur Quer- oder Stoßlüftung nur ein geringer Teil der Luft ausgetauscht. Die Luftwechselrate beträgt bei einem ganz geöffneten Fenster ca. 40 h^{-1} und bei einer Kipplüftung nur den Bruchteil von ca. 0,3 bis 4,0 h^{-1}. Untersuchungen haben gezeigt, dass die Luftwechselraten in bewohnten Räumen bei ca. 0,4- bis 0,8-mal pro Stunde liegen sollten. Dies bedeutet, dass die Raumluft alle 75 bis 150 Minuten ausgewechselt werden sollte.

Der Luftwechsel, der durch Fenster ohne Profildichtung in früheren Jahren ungewollt und automatisch erfolgte, lag bei 4,0- bis 7,0-mal pro Stunde, was aber gleichzeitig auch mit einem hohen Energieverlust verbunden war. Die Energieeinsparverordnung (EnEV 2014) fordert im § 6 (Dichtheit, Mindestluftwechsel):

„§ 6 Dichtheit, Mindestluftwechsel

(1) *Zu errichtende Gebäude sind so auszuführen, dass die wärmeübertragende Umfassungsfläche einschließlich der Fugen dauerhaft luftundurchlässig entsprechend den anerkannten Regeln der Technik abgedichtet ist. Wird die Dichtheit nach Satz 1 überprüft, kann der Nachweis der Luftdichtheit bei der nach § 3 Absatz 3 und § 4 Absatz 3 erforderlichen Berechnung berücksichtigt werden, wenn die Anforderungen nach Anlage 4 eingehalten sind.*
(2) *Zu errichtende Gebäude sind so auszuführen, dass der zum Zwecke der Gesundheit und Beheizung erforderliche Mindestluftwechsel sichergestellt ist.“*

Gemäß Anlage 4 „Anforderung an die Dichtheit und den Mindestluftwechsel“ zu § 6 EnEV ist Folgendes zu beachten:

„Wird bei Anwendung des § 6 Absatz 1 Satz 2 eine Überprüfung der Anforderungen nach § 6 Absatz 1 Satz 1 durchgeführt, darf der nach DIN EN 13829: 2001-02 mit dem dort beschriebenen Verfahren B bei einer Druckdifferenz zwischen innen und außen von 50 Pa gemessene Volumenstrom – bezogen auf das beheizte oder gekühlte Luftvolumen – folgende Werte nicht überschreiten:

- *bei Gebäuden ohne raumlufttechnische Anlagen 3,0 h^{-1} und*
- *bei Gebäuden mit raumlufttechnischen Anlagen 1,5 h^{-1}.*

Abweichend von Satz 1 darf bei Wohngebäuden, deren Jahres-Primärenergiebedarf nach Anlage 1 Nummer 2.1.1 berechnet wird und deren Luftvolumen 1.500 m^3 übersteigt, sowie bei Nichtwohngebäuden, deren Luftvolumen aller konditionierten Zonen nach DIN V 18599-1:2011-12 insgesamt 1.500 m^3 übersteigt, der nach DIN EN 13829:2001-02 mit dem dort beschriebenen Verfahren B bei einer Druckdifferenz zwischen innen und außen von 50 Pa gemessene Volumenstrom – bezogen auf die Hüllfläche des Gebäudes – folgende Werte nicht überschreiten:

- *bei Gebäuden ohne raumlufttechnische Anlagen 4,5 $m \cdot h^{-1}$ und*
- *bei Gebäuden mit raumlufttechnischen Anlagen 2,5 $m \cdot h^{-1}$.*

Wird bei Berechnungen nach Anlage 2 Nummer 2 die Dichtheit nach Kategorie I lediglich für bestimmte Zonen berücksichtigt oder ergeben sich für einzelne Zonen des Gebäudes aus den Sätzen 1 und 2 unterschiedliche Anforderungen, so können die Sätze 1 und 2 auf diese Zonen getrennt angewandt werden.“

Eine Luftdichtheit der Umfassungsfläche ist wichtig, da z. B. durch Leckagen wie offene Fugen oder eine nicht fachgerecht verarbeitete Dampfsperre ebenfalls ein unkontrollierter Luftaustausch stattfindet. Dieser unkontrollierte Austausch führt zu einem Kondensatausfall in dem Bereich, in dem die feuchtere warme Raumluft auf die kalte Außenluft trifft. Viele Bauschäden sind auf eine undichte Gebäudehülle zurückzuführen. Luftundichte Gebäudehüllen verursachen zwangsläufig auch einen höheren Energieverbrauch.

Das Lüftungskonzept gemäß DIN 1946-6 „Raumlufttechnik: Lüftung von Wohnungen – Allgemeine Anforderungen, Anforderungen zur Bemessung, Ausführung und Kennzeichnung, Übergabe/Übernahme (Abnahme) und Instandhaltung“ (2009), Abschnitt 4.1 besagt:

„Für neu zu errichtende oder zu modernisierende Gebäude mit lüftungstechnisch relevanten Änderungen ist ein Lüftungskonzept zu erstellen.
Eine Instandsetzung/Modernisierung eines bestehenden Gebäudes ist dann lüftungstechnisch relevant, wenn
- *im MFH mehr als 1/3 der vorhandenen Fenster ausgetauscht werden und*
- *im EFH mehr als 1/3 der vorhandenen Fenster ausgetauscht bzw. mehr als 1/3 der Dachfläche abgedichtet werden.“*

Die Norm gilt für die freie und für die ventilatorgestützte Lüftung von Wohnungen und gleichartig genutzten Raumgruppen (Nutzungseinheiten).

Behaglichkeitsempfinden

Es hängt von den jeweiligen individuellen Empfindungen wie der körperlichen Verfassung, der Bekleidung und der Tätigkeit ab, wann sich ein Mensch behaglich fühlt. In Abhängigkeit zu diesen persönlichen Empfindungen werden Raumlufttemperatur und relative Luftfeuchte eingestellt (siehe Abb. 3.10). Bei einer zu hohen Umgebungstemperatur schwitzt der Mensch, was er durch eine Verdunstung von Feuchtigkeit ausgleicht, bei einer kühlen Umgebungstemperatur wird vom Körper Wärme abgegeben – der Mensch friert. Eine Raumlufttemperatur von ca. 20 bis 22 °C und eine relative Luftfeuchte von 45 bis 60 % werden von den meisten Menschen als angenehm empfunden.

Je größer der Unterschied zwischen der Raumlufttemperatur und der Oberflächentemperatur der Umfassungswände ist, je unbehaglicher wird der Raum meist empfunden (siehe Abb. 3.11). Aber auch die Luftbewegung wirkt sich auf das Behaglichkeitsempfinden des Menschen aus (siehe Abb. 3.12).

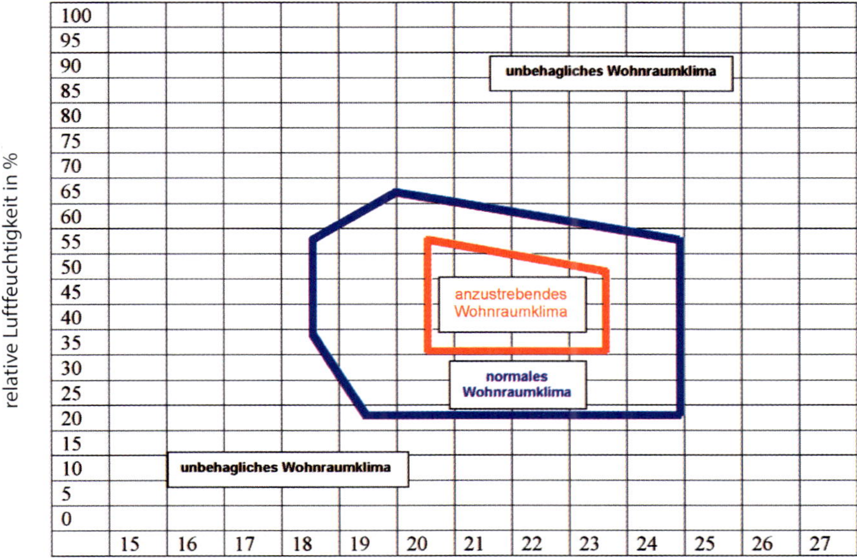

Abb. 3.10: Behaglichkeitsempfinden in Abhängigkeit von Raumlufttemperatur und relativer Luftfeuchte

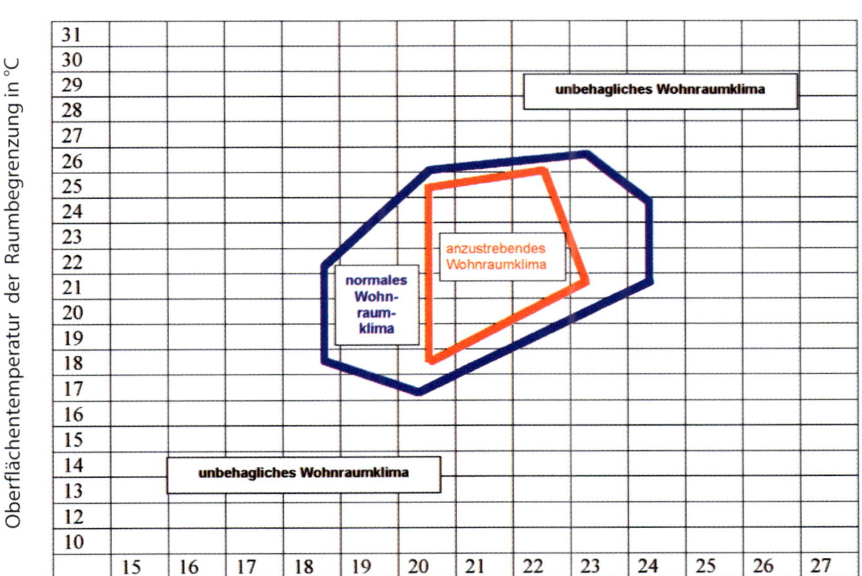

Abb. 3.11: Behaglichkeitsempfinden in Abhängigkeit von Raumlufttemperatur und Oberflächentemperatur

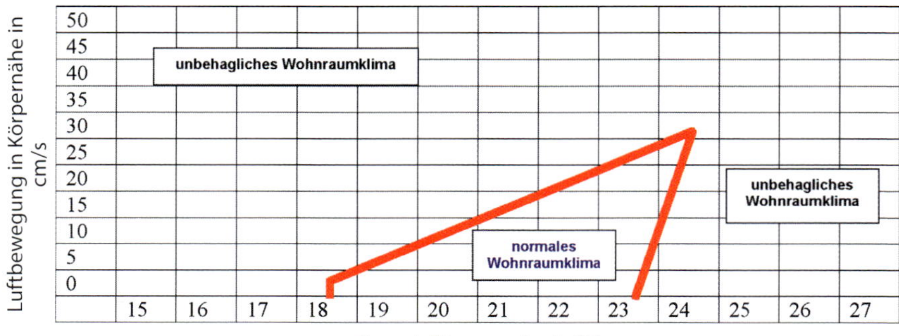

Abb. 3.12: Behaglichkeitsempfinden in Abhängigkeit von Raumlufttemperatur und Luftbewegung in Körpernähe

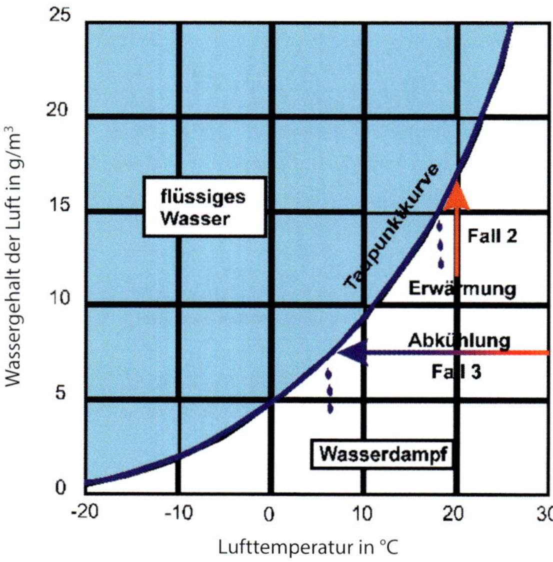

Abb. 3.13: Wasserdampfsättigungsgehalt der Luft in Abhängigkeit von der Lufttemperatur

Relative Luftfeuchte

Die relative Luftfeuchte ist von verschiedenen Faktoren abhängig und weist jahreszeitlich bedingte Schwankungen auf. In geschlossenen Räumen variiert die relative Luftfeuchte in Abhängigkeit von der Nutzung und der Temperatur. Die Luft besteht aus Stickstoff, Sauerstoff, Kohlendioxid, Wasserstoff, Edelgasen und Wasserdampf. Die Menge des in der Luft vorhandenen Wasserdampfes wird als relative Luftfeuchte definiert. Sie gibt somit Auskunft über das Verhältnis der in der Luft vorhandenen Wasserdampfkonzentration zur Wasserdampfkonzentration im Sättigungszustand. Tabelle 3.2 enthält einige Werte der relativen Luftfeuchte unter verschiedenen Bedingungen, die als normal zu bezeichnen sind.

Tabelle 3.2: Relative Luftfeuchte unter verschiedenen Bedingungen

Bedingungen	**relative Luftfeuchte in %**
in freier Atmosphäre	
Sommernacht in einer süddeutschen Stadt (Mittelwert, ohne Regen)	90
Sommertag in einer süddeutschen Stadt (Mittelwert, ohne Regen)	55
in geschlossenen Räumen bei 20 °C	
Kaufhaus	50 bis 70
Maschinenfabrik	40 bis 50
Wohn- und Arbeitszimmer im Sommer	50 bis 70
Wohn- und Arbeitszimmer im Winter	30 bis 55
Kühl- und Lagerräume für Lebensmittel	75 bis 100
Wäschereien und Schwimmbäder	80 bis 95

Die relative Luftfeuchte in einem Raum wird nicht nur vom Wassergehalt, sondern ebenso von der Temperatur der Raumluft bestimmt. Wird die Temperatur in einem abgeschlossenen Raum erhöht, dann sinkt die relative Luftfeuchte (siehe Abb. 3.13). Wird die Temperatur in einem abgeschlossenen Raum reduziert, dann steigt die relative Luftfeuchte. Ist der Wasserdampfsättigungszustand erreicht, so kondensiert Wasserdampf bei weiterer Abkühlung. Die Luft kann temperaturabhängig nur eine bestimmte Menge an Feuchtigkeit aufnehmen (siehe Tabelle 3.3). Die maximal aufnehmbare Menge an Feuchtigkeit in der Luft wird als Wasserdampfsättigungsmenge bezeichnet.

Die relative Raumluftfeuchtigkeit lässt sich durch Lüften auch reduzieren, wenn die relative Luftfeuchtigkeit der Außenluft höher ist, wie folgendes Beispiel zeigt.

Beispiel 1 (siehe Tabelle 3.3)

Raumluft mit einer Temperatur von 20 °C und einem Feuchtigkeitsgehalt von 13,0 g/m³ bzw. einer relativen Luftfeuchte von 75 % wird durch kältere Luft mit einer Temperatur von 0 °C und einem Feuchtigkeitsgehalt von 4,1 g/m³ bzw. einer relativen Luftfeuchte von 85 % ausgetauscht. Die relative Luftfeuchte dieser ausgetauschten Luft sinkt auf 31 % bei einer nachfolgenden Erwärmung der Raumlufttemperatur auf 20 °C. Theoretisch hat diese Luft nun eine mögliche Aufnahmekapazität von 13,2 g/m³ Feuchtigkeit bis zu ihrer Sättigung.

Tabelle 3.3: Sättigungsmenge an Feuchtigkeit der Luft in Abhängigkeit zur Temperatur

Temperatur in °C	Sättigungsmenge in g/m³	Temperatur in °C	Sättigungsmenge in g/m³	Temperatur in °C	Sättigungsmenge in g/m³	Temperatur in °C	Sättigungsmenge in g/m³
30	30,3	20	17,3	10	9,4	0	4,84
29	28,7	19	16,3	9	8,8	–1	4,47
28	27,2	18	15,4	8	8,3	–2	4,13
27	25,8	17	14,5	7	7,8	–3	3,81
26	24,4	16	13,6	6	7,3	–4	3,51
25	23,0	15	12,8	5	6,8	–5	3,24
24	21,8	14	12,1	4	6,4	–6	2,99
23	20,6	13	11,4	3	6,0	–7	2,76
22	19,4	12	10,7	2	5,6	–8	2,54
21	18,3	11	10,0	1	5,2	–9	2,33

Kondensatausfall auf Bauteiloberflächen

Die Beachtung der Taupunkttemperatur ist ein wichtiger Bestandteil für die Ausführung von störungsfreien Beschichtungsarbeiten nicht nur in der kritischen Jahreszeit Herbst/Winter, sondern auch im Sommer, wenn durch nächtliche Abkühlung von Bauteiloberflächen Kondensat freigesetzt wird (siehe Tabelle 3.4). Das Kondensat kann zu Haftungsschäden bei aufzubringenden Beschichtungen, z. B. Metall- und Putzoberflächen, sowie auf Dämmplatten führen. Ebenso kann die Unterschreitung der Taupunkttemperatur zu Verfärbungen und Schädigungen von nicht vollständig getrockneten Beschichtungen führen. Im Innenbereich, z. B. im Bereich von Wärmebrücken, kann zudem Schimmelpilzbefall entstehen (siehe Abb. 3.2 und Abb. 3.4).

Beispiel 2 (siehe Tabelle 3.4)

Bei einer Umgebungstemperatur von 20 °C und einer relativen Luftfeuchte von 50 % enthält die Luft 8,65 g/m³ Wasserdampf. Kühlt sich diese Luft auf die Oberflächentemperatur der Fassade oder der Innenwand so weit ab, dass die relative Luftfeuchte 100 % bei 8,65 g/m³ Wasserdampf beträgt, entsteht Tauwasser. Diese Situation ist z. B. gegeben, wenn die Oberflächentemperatur bei 9,3 °C liegt. Das heißt, bei einer Taupunkttemperatur von 9,3 °C kann die Luft maximal 8,65 g/m³ Wasserdampf aufnehmen, um eine relative Luftfeuchte von 100 % zu erreichen. Wird diese Temperatur unterschritten, kondensiert Wasser aus der Luft auf der Oberfläche.

Tabelle 3.4: Taupunkttemperatur der Luft in °C in Abhängigkeit von der Lufttemperatur und der relativen Luftfeuchte

Luft-temperatur in °C	**relative Luftfeuchte in %**													
	30	**35**	**40**	**45**	**50**	**55**	**60**	**65**	**70**	**75**	**80**	**85**	**90**	**95**
30	10,5	12,9	14,9	16,8	18,4	20,0	21,4	22,7	23,9	25,1	26,2	27,2	28,2	29,1
29	9,7	12,0	14,0	15,9	17,5	19,0	20,4	21,7	23,0	24,1	25,2	26,2	27,2	28,1
28	8,8	11,1	13,1	15,0	16,6	18,1	19,5	20,8	22,0	23,2	24,2	25,2	26,2	27,1
27	8,0	10,2	12,2	14,1	15,7	17,2	18,6	19,9	21,1	22,2	23,3	24,3	25,2	26,1
26	7,1	9,4	11,4	13,2	14,8	16,3	17,6	18,9	20,1	21,2	22,3	23,3	24,2	25,1
25	6,2	8,5	10,5	12,2	13,9	15,3	16,7	18,0	19,1	20,3	21,3	22,3	23,2	24,1
24	5,4	7,6	9,6	11,3	12,9	14,4	15,8	17,0	18,2	19,3	20,3	21,3	22,3	23,1
23	4,5	6,7	8,7	10,4	12,0	13,5	14,8	16,1	17,2	18,3	19,4	20,3	21,3	22,2
22	3,6	5,9	7,8	9,5	11,1	12,5	13,9	15,1	16,3	17,4	18,4	19,4	20,3	21,2
21	2,8	5,0	6,9	8,6	10,2	11,6	12,9	14,2	15,3	16,4	17,4	18,4	19,3	20,2
20	1,9	4,1	6,0	7,7	9,3	10,7	12,0	13,2	14,4	15,4	16,4	17,4	18,3	19,2
19	1,1	3,2	5,1	6,8	8,4	9,8	11,1	12,3	13,4	14,5	15,5	16,4	17,3	18,2
18	0,2	2,3	4,2	5,9	7,4	8,8	10,1	11,3	12,5	13,5	14,5	15,4	16,3	17,2
17	−0,7	1,5	3,3	5,0	6,5	7,9	9,2	10,4	11,5	12,5	13,5	14,5	15,3	16,2
16	−1,5	0,6	2,4	4,1	5,6	7,0	8,2	9,4	10,5	11,6	12,6	13,5	14,4	15,2

Fortsetzung Tabelle 3.4

Luft-temperatur in °C	relative Luftfeuchte in %													
	30	**35**	**40**	**45**	**50**	**55**	**60**	**65**	**70**	**75**	**80**	**85**	**90**	**95**
15	−2,4	−0,3	1,5	3,2	4,7	6,1	7,3	8,5	9,6	10,6	11,6	12,5	13,4	14,2
14	−3,3	−1,2	0,6	2,3	3,7	5,1	6,4	7,5	8,6	9,6	10,6	11,5	12,4	13,2
13	−4,1	−2,1	−0,2	1,4	2,8	4,2	5,5	6,6	7,7	8,7	9,6	10,5	11,4	12,2
12	−5,0	−2,9	−1,1	0,5	1,9	3,3	4,5	5,6	6,7	7,7	8,7	9,6	10,4	11,2
11	−5,9	−3,8	−2,0	−0,4	1,0	2,3	3,6	4,7	5,8	6,8	7,7	8,6	9,4	10,2
10	−6,7	−4,7	−2,9	−1,3	0,1	1,4	2,6	3,7	4,8	5,8	6,7	7,6	8,4	9,2
9	−7,6	−5,6	−3,8	−2,3	−0,8	0,5	1,7	2,8	3,8	4,8	5,7	6,6	7,5	8,2
8	−8,5	−6,5	−4,7	−3,2	−1,8	−0,5	0,7	1,8	2,9	3,9	4,8	5,6	6,5	7,3
7	−9,3	−7,4	−5,6	−4,1	−2,7	−1,4	−0,2	0,9	1,9	2,9	3,8	4,7	5,5	6,3
6	−10,2	−8,2	−6,5	−5,0	−3,6	−2,1	−1,1	−0,1	1,0	1,9	2,8	3,7	4,5	5,3
5	−11,1	−9,1	−7,4	−5,9	−4,5	−3,3	−2,1	−1,0	0,0	1,0	1,9	2,7	3,5	4,3
4	−11,9	−10,0	−8,3	−6,8	−5,4	−4,2	−3,0	−2,0	−1,0	0,0	0,9	1,7	2,5	3,3
3	−12,8	−10,9	−9,2	−7,7	−6,4	−5,1	−3,5	−2,9	−1,9	−1,0	−0,1	0,7	1,5	2,3
2	−13,7	−11,8	−10,1	−8,6	−7,3	−6,1	−4,9	−3,9	−2,9	−1,9	−1,1	−0,2	0,5	1,3
1	−14,5	−12,7	−11,0	−9,5	−8,2	−7,0	−5,9	−4,8	−3,8	−2,9	−2,0	−1,2	−0,4	0,3
0	−15,4	−13,6	−11,9	−10,5	−9,1	−7,9	−6,8	−5,8	−4,8	−3,9	−3,0	−2,2	−1,4	−0,7

Beispiel 3 (siehe Tabellen 3.4 und 3.5)

Kühlt Luft mit einer Temperatur von 20 °C und einer relativen Luftfeuchte von 65 % auf 13,2 °C ab, ist mit einem Tauwasserausfall zu rechnen. Dadurch sind Störungen während des Trocknungs-/Abbindeprozesses einer Beschichtung möglich. Je niedriger die Temperatur und je höher die relative Luftfeuchte, umso geringer ist bei einer Abkühlung die Temperaturdifferenz bis zum Tauwasserausfall (siehe Tabelle 3.5).

Tabelle 3.5: Abkühlung der Luft in °C bis zum Tauwasserausfall bei unterschiedlicher relativer Luftfeuchte und Lufttemperatur

Luft-temperatur in °C	relative Luftfeuchte in %									
	95	**90**	**85**	**80**	**75**	**70**	**65**	**60**	**55**	**50**
30	0,9	1,8	2,7	3,8	4,9	6,1	7,3	8,6	10,1	11,6
28	0,9	1,8	2,7	3,8	4,9	6,0	7,2	8,5	9,9	11,4
26	0,9	1,8	2,7	3,7	4,8	5,9	7,1	8,4	9,8	11,2
24	0,9	1,8	2,7	3,7	4,7	5,8	7,0	8,2	9,6	11,1
22	0,8	1,7	2,6	3,6	4,6	5,7	6,9	8,1	9,4	11,0
20	0,8	1,7	2,6	3,6	4,6	5,6	6,8	8,0	9,3	10,8
18	0,8	1,7	2,5	3,5	4,5	5,6	6,7	7,9	9,2	10,6
16	0,8	1,7	2,5	3,5	4,4	5,5	6,6	7,8	9,1	10,4
14	0,8	1,6	2,5	3,4	4,3	5,4	6,5	7,6	8,9	10,3
12	0,8	1,6	2,4	3,3	4,3	5,3	6,3	7,5	8,8	10,1
10	0,8	1,6	2,4	3,3	4,2	5,2	6,3	7,4	8,6	9,9
8	0,7	1,5	2,3	3,2	4,1	5,1	6,2	7,3	8,5	9,5
6	0,7	1,5	2,3	3,2	4,0	5,1	5,9	7,0	8,1	9,2
4	0,7	1,5	2,3	3,1	4,0	4,9	5,5	6,7	7,8	8,9
2	0,7	1,5	2,2	3,0	3,7	4,6	5,4	6,4	7,4	8,5
0	0,6	1,3	1,9	2,7	3,4	4,2	5,1	6,0	7,1	8,1
–2	0,6	1,3	1,9	2,6	3,4	4,2	5,1	6,0	7,0	8,1
–4	0,6	1,3	1,9	2,6	3,4	4,1	5,0	5,9	6,9	8,0
–6	0,6	1,3	1,9	2,6	3,3	4,1	4,9	5,8	6,8	7,9
–8	0,6	1,2	1,8	2,5	3,3	4,0	4,8	5,7	6,7	7,7
–10	0,6	1,2	1,8	2,5	3,2	3,9	4,7	5,7	6,6	7,6

3.2 Wasserdampfdiffusion

Wasserdampf als Bestandteil der Luft diffundiert bzw. durchströmt poröse Baustoffe, wenn die Diffusion nicht z. B. durch wasserdampfdiffusionsdichte Kunststofffolien, Alufolien oder Anstriche sowie als Folge von Kondensation (Taupunktunterschreitung) im Bauteil behindert wird.

Der Diffusionsvorgang findet statt, wenn zwischen den beiden Luftschichten eines porösen Bauteils (z. B. einer Außenwandkonstruktion) ein Wasserdampfteildruckgefälle besteht. Hierbei verläuft der Diffusionsstrom stets von der Stelle des höheren Teildrucks zum Ort des niedrigeren Teildrucks. Der Teildruck ist dabei vom Feuchtigkeitsgehalt der Luft abhängig, d. h. der temperaturabhängigen Luftfeuchtigkeit. So verläuft z. B. im Winter der Diffusionsstrom von Wasserdampf bei einem beheizten Gebäude im Bauteil der Außenwand, dem Wärmestrom folgend, von innen (warm) nach außen (kalt), weil der Feuchtigkeitsgehalt der Raumluft und damit dessen Wasserdampfteildruck größer als der von der Außenluft ist. Dies hat zur Folge, dass sich der unterschiedliche Wasserdampfgehalt auf beiden Seiten auszugleichen versucht. Bei der Wasserdampfdiffusion durch die Wand gleichen sich aber lediglich ca. 1 bis 2 % des Wasserdampfes der Luft aus, was zudem von der Baustoffdicke und der jeweiligen Wasserdampf-Diffusionswiderstandszahl der einzelnen Baustoffe abhängt.

Der Diffusionswiderstand eines Baustoffes entspricht stets dem Diffusionswiderstand einer gleichwertigen, ruhenden Luftschichtdicke in m, die der Wasserdampf durchströmt und die als s_d-Wert bezeichnet wird. Ein Bauteil, das aus mehreren Baustoffen besteht, entspricht im Diffusionsgesamtwiderstand demzufolge der Summe der Diffusionswiderstände der einzelnen Baustoffe.

Während die Wasserdampf-Diffusionswiderstandszahl μ als reiner Stoffkennwert keine Schichtdicke von Baustoffen berücksichtigt, sind bei der wasserdampfdiffusionsäquivalenten Luftschichtdicke (s_d-Wert) die Dicken des jeweiligen Baustoffes mit der Wasserdampf-Diffusionswiderstandszahl μ zu multiplizieren. Die Wasserdampf-Diffusionswiderstandszahlen der einzelnen Baustoffe können der DIN V 4108-4 „Wärmeschutz und Energie-Einsparung in Gebäuden – Teil 4: Wärme- und feuchteschutztechnische Bemessungswerte“ (2013) entnommen werden.

$$s_d = \mu \cdot s$$

mit

s_d = wasserdampfdiffusionsäquivalente Luftschichtdicke in m
μ = Wasserdampf-Diffusionswiderstandszahl
s = Schichtdicke in m

Die wasserdampfdiffusionsäquivalente Luftschichtdicke s_d einer Probe gibt an, wie dick eine ruhende Luftschicht ist, die den gleichen Wasserdampfdiffusionswiderstand wie eine Probe der Dicke s hat.

Wasserdampf-Diffusionswiderstandszahl und wasserdampfdiffusionsäquivalente Luftschichtdicke

Jeder Baustoff besitzt eine spezifische Wasserdampf-Diffusionswiderstandszahl. Diese Widerstandszahl wird mit den Schichtdicken multipliziert, um den tatsächlichen Widerstand des jeweiligen Baustoffes zu erfahren. Die Wasserdampf-Diffusionswiderstandszahl μ ist der Quotient aus dem Wasserdampf-Diffusionskoeffizienten der Luft D_D und dem des betreffenden Stoffes und gibt an, wievielmal größer der Diffusionsdurchlasswiderstand des Stoffes ist als der einer gleich dicken Luftschicht. Die exakte Bestimmung des μ-Wertes hängt von der vorhandenen Feuchtigkeit eines Baustoffes und weiteren Faktoren ab. Daher wird der μ-Wert immer als Mindest- und Maximalwert angegeben. Die Wasserdampf-Diffusionswiderstandszahl von 8 für einen Lochziegel gibt beispielsweise an, dass durch diesen nur 1/8 des Wasserdampfes diffundiert wie durch eine Luftschicht gleicher Dicke. Das Ergebnis dieser Multiplikation ist der tatsächliche Widerstand der einzelnen Schichten bzw. des gesamten Wandaufbaus im Vergleich zu einer ruhenden Luftschicht gleicher Temperatur.

Die Wasserdampfdiffusion von Baustoffen wird unter Laborbedingungen geprüft, wobei die zu untersuchende Beschichtung auf einen Träger aufgebracht und ein definiertes Wasserdampfgefälle eingestellt wird. Es wird geprüft, welche Menge Wasser von der höheren Luftfeuchte in einem bestimmten Zeitraum zur niedrigeren Luftfeuchte diffundiert. Das Ergebnis in $g/(m^2 \cdot h)$ wird aufgrund physikalischer Überlegungen in die wasserdampfdiffusionsäquivalente Luftschichtdicke s_d umgerechnet.

Der s_d-Wert einer Beschichtung gibt an, wie dick eine ruhende Luftschicht ist, die den gleichen Widerstand gegenüber Wasserdampf hat wie die Beschichtung. Der s_d-Wert einer Silikatfarbe von 0,1 m bedeutet, dass z. B. eine 0,1 mm dicke Beschichtung mit einer Silikatfassadenfarbe denselben Widerstand gegenüber Wasserdampf bildet wie eine 10 cm dicke, ruhende Luftschicht.

Zur Beschichtung mineralischer Putze sind Fassadenfarben, die einen s_d-Wert von unter 2 m aufweisen, grundsätzlich bauphysikalisch unbedenklich.

Beispiel

Durch eine Fassadenfarbe mit einer wasserdampfdiffusionsäquivalenten Luftschichtdicke von 1,0 m diffundieren 8 g Wasserdampf pro Stunde. Durch ein Mauerwerk mit einem s_d-Wert von 2 bis 4 m hingegen diffundieren weniger als 1 g pro Stunde. Somit ist sichergestellt, dass eine ausreichende Diffusion von innen nach außen gegeben ist.

Beschichtungsstoffe mit s_d-Werten von 0,01 und 0,02 m zu unterscheiden und als besser oder schlechter darzustellen, wie es Hersteller im Wettkampf um Umsatz tun, ist nicht sinnvoll. Der Unterschied, der z. B. zwischen einem s_d-Wert von 0,03 m und einem von 0,07 m besteht, beträgt zwar mehr als 100 %, ist aber aus bauphysikalischer Betrachtung völlig unbedeutend.

Die nachfolgenden Berechnungen zeigen die unterschiedlichen wasserdampfdiffusionsäquivalenten Luftschichtdicken der einzelnen Baustoffe und ermöglichen einen Überblick über einen gängigen Aufbau einer Außenwand ohne Dämmung bzw. mit Dämmung aus Polystyrol- und Mineralwolleplatten. So kann u. a. der Diffusionswiderstand eines Farbanstriches im Vergleich zu dem eines Mauerwerks oder einer Dämmung anschaulich dargestellt werden.

Die Voraussetzung für die Berechnung ist, dass die einzelnen Schichten der Wand und deren Schichtdicken bekannt sind.

Beispiel 1 (siehe Abb. 3.14 und Tabelle 3.6)

Wandaufbau:	Schichtdicke:
• Dispersionsanstrich innen	0,00010 m
• Gipsputz innen	0,01 m
• Mauerwerk Lochziegel	0,36 m
• Mineralputz außen	0,02 m
• Fassadenanstrich	0,00015 m

Tabelle 3.6: Wandaufbau mit Mauerziegeln, Putz und Anstrich aus Beispiel 1

Wandaufbau	**Schichtdicke s in m**	**Wasserdampf-Diffusionswiderstandszahl μ**	**wasserdampfdiffusionsäquivalente Luftschichtdicke s_d in m**
Anstrich innen	0,00010	150	0,015
Putz innen	0,01	10	0,100
Mauerwerk Lochziegel	0,36	8	2,880
Putz außen	0,02	25	0,500
Fassadenanstrich	0,00015	150	0,023
		s_d-Wert	**3,52**

Wärmedurchgangskoeffizient U bei diesem Wandaufbau = 1,54 W/(m^2 · K)

Tauwasserausfall bei diesem Wandaufbau = ausfallende Tauwassermenge während der Tauperiode = 0,365 kg/m^2

verdunstende Tauwassermenge während der Verdunstungsperiode = 1,041 kg/m^2

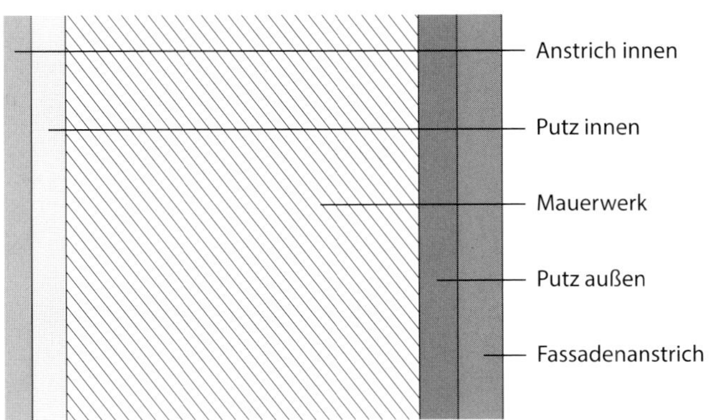

Abb. 3.14: Wandaufbau mit Mauerziegeln, Putz und Anstrich aus Beispiel 1

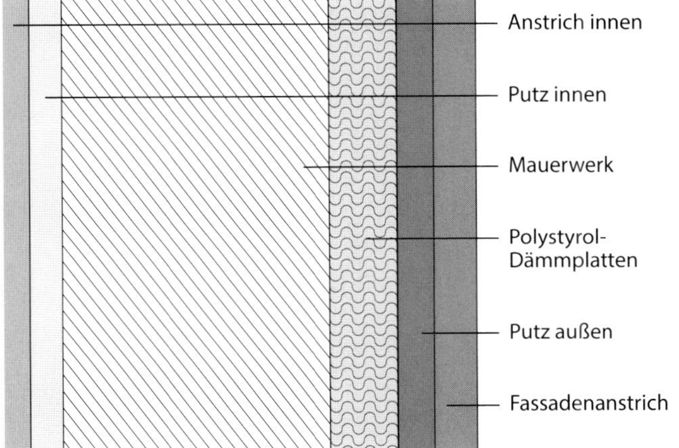

Abb. 3.15: Wandaufbau mit Mauerziegeln, Putz, Anstrich und Wärmedämm-Verbundsystem aus Polystyrol-Dämmplatten aus Beispiel 2

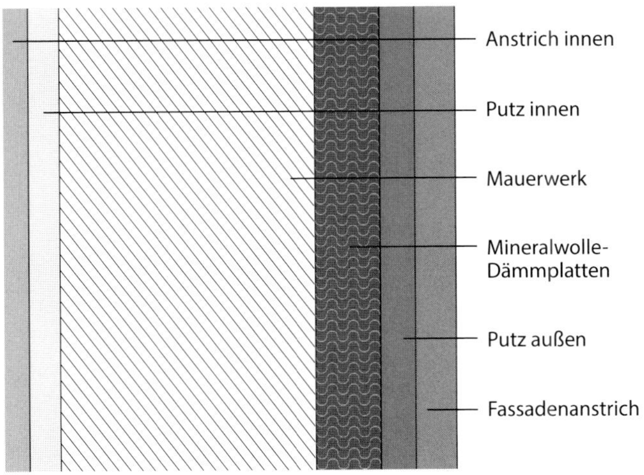

Abb. 3.16: Wandaufbau mit Mauerziegeln, Putz, Anstrich und Wärmedämm-Verbundsystem aus Mineralwolle-Dämmplatten aus Beispiel 3

Beispiel 2 (siehe Abb. 3.15 und Tabelle 3.7)

Wandaufbau:	Schichtdicke:
• Dispersionsanstrich innen	0,00010 m
• Gipsputz innen	0,01 m
• Mauerwerk Lochziegel	0,36 m
• Polystyrol-Dämmplatten	0,10 m
• mineralische Armierung und Putz	0,007 m
• Fassadenanstrich	0,00015 m

Tabelle 3.7: Wandaufbau mit Mauerziegeln, Putz, Anstrich und Wärmedämm-Verbundsystem aus Polystyrol-Dämmplatten aus Beispiel 2

Wandaufbau	**Schichtdicke** ***s*** **in m**	**Wasserdampf-Diffusionswiderstandszahl** ***μ***	**wasserdampf-diffusions-äquivalente Luftschichtdicke** s_d **in m**
Anstrich innen	0,00015	150	0,015
Putz innen	0,01	10	0,100
Mauerwerk Lochziegel	0,36	8	2,880
Polystyrol-Dämmplatten	0,10	30	3,000
mineralische Armierung und Putz	0,007	25	0,175
Fassadenanstrich	0,00015	150	0,023
		s_d-Wert	**6,19**
Tauwasserausfall bei diesem Wandaufbau: Es tritt kein Tauwasser in diesem Bauteil auf.			

Beispiel 3 (siehe Abb. 3.16 und Tabelle 3.8)

Wandaufbau:	Schichtdicke:
• Dispersionsanstrich innen	0,00010 m
• Gipsputz innen	0,01 m
• Mauerwerk Lochziegel	0,36 m
• Mineralwolle-Dämmplatten	0,10 m
• mineralische Armierung und Putz	0,007 m
• Fassadenanstrich	0,00015

Tabelle 3.8: Wandaufbau mit Mauerziegeln, Putz, Anstrich und Wärmedämm-Verbundsystem aus Mineralwolle-Dämmplatten aus Beispiel 3

Wandaufbau	**Schichtdicke s in m**	**Wasserdampf-Diffusionswiderstandszahl μ**	**wasserdampf-diffusions-äquivalente Luftschichtdicke s_d in m**
Anstrich innen	0,00010	150	0,015
Putz innen	0,01	10	0,100
Mauerwerk Lochziegel	0,36	8	2,880
Mineralwolle-Dämmplatten	0,10	1	0,100
Putz außen	0,007	25	0,175
Fassadenanstrich	0,00015	150	0,023
		s_d-Wert	**4,88**
Tauwasserausfall bei diesem Wandaufbau: Es tritt kein Tauwasser in diesem Bauteil auf.			

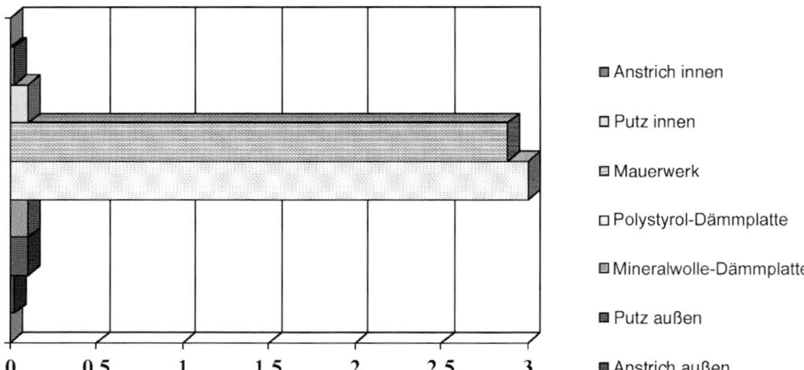

Abb. 3.17: Darstellung der wasserdampfdiffusionsäquivalenten Luftschichtdicken s_d von verschiedenen Produkten in m (siehe Abb. 3.14 und Abb. 3.15) im Verhältnis zu einer ruhenden Luftschicht gleicher Temperatur

Anhand der Tabellen 3.6 bis 3.8 sind die s_d-Werte als wasserdampfdiffusionsäquivalente Luftschichtdicke abzulesen. So weist z. B. der Fassadenanstrich einen s_d-Wert von 0,023 m auf. Die Wand aus Lochziegeln ist im Diffusionswiderstand mit einem s_d-Wert von 2,88 m wesentlich diffusionsdichter als der Anstrich. Dies bedeutet, dass die Lochziegel der Luftfeuchtigkeit unter denselben Bedingungen einen Widerstand entgegensetzen, der ca. 125-mal größer ist als der des Fassadenanstriches.

Damit Wasserdampf durch Baustoffe oder Beschichtungen diffundieren kann, müssen im Substrat genug Poren oder Kapillaren vorhanden sein, um eine ausreichende Diffusionsfähigkeit des Baustoffes bzw. der Beschichtung zu gewährleisten. Luft hat als Medium mit einer Wasserdampf-Diffusionswiderstandszahl von 1 den geringsten Widerstand. Der Widerstand, der dem Wasserdampf beim Durchgang entgegengesetzt wird, ist umso größer, je stärker die zu überwindende Schicht ist. Eine Wasserdampf-Diffusionswiderstandszahl von 500 bedeutet, dass der Widerstand im Vergleich zur Luft 500-mal größer ist. In Tabelle 3.9 sind entsprechende Anhaltswerte zusammengestellt, die aber je nach Herstellern differieren können.

Tabelle 3.9: Bauphysikalische Kennwerte bezogen auf die wasserdampfdiffusionsäquivalente Luftschichtdicke verschiedener Beschichtungs- und Baumaterialien

Beschichtungsmaterial	Wasserdampf-Diffusionswiderstandszahl μ (Mittelwerte)	übliche Schichtdicke s in m	wasserdampfdiffusionsäquivalente Luftschichtdicke s_d in m
Gipsputz	10	0,01000	0,100
Gipskartonplatten	8	0,01200	0,096
Anhydritestrich	50	0,02000	1,000
Kalkzementputz	25	0,02000	0,500
Zementmörtel	25	0,02000	0,500
Kunstharzputz	130	0,00200	0,260
Silikonharzputz	100	0,00200	0,200
Silikatputz	80	0,00300	0,240
Silikatfarbe	300	0,00015	0,045
Silikonharzfarbe	300	0,00015	0,045
Dispersionsfarbe außen	600	0,00015	0,090
Dispersionsfarbe innen	300	0,00012	0,036
Polyethylenfolie	100.000	0,00100	100,000
Hochlochklinker	80	0,36500	29,200
Vollklinker	80	0,36500	29,200
Vollziegel	8	0,36500	2,920
Hochlochziegel	8	0,36500	2,920
Kalksandstein (1800)	20	0,17500	3,500
Polystyrol-Dämmplatte	30	0,10000	3,000
Mineralwolle-Dämmplatte	1	0,10000	0,100
Holzfaserplatte	5	0,08000	0,400

Fortsetzung Tabelle 3.9

Beschichtungsmaterial	**Wasserdampf-Diffusionswiderstandszahl μ (Mittelwerte)**	**übliche Schichtdicke s in m**	**wasserdampf-diffusions-äquivalente Luftschichtdicke s_d in m**
Korkdämmplatte	10	0,06000	0,600
Mineralschaum-Dämmplatte	5	0,10000	0,500
Beton	100	0,24000	24,000
Porenbeton-Planstein	8	0,17500	1,400
Spanplatte	50	0,01200	0,600
Linoleum	20.000	0,00200	40,000
Bitumendachbahn	50.000	0,00080	40,000
Alufolie	900.000	0,00015	135,000
Fliesen	300	0,00400	1,200
Holz (Fichte, Kiefer, Tanne)	40	0,01200	0,480
Die Angaben der Tabelle entsprechen teilweise der DIN 4108-4 „Wärmeschutz und Energie-Einsparung in Gebäuden – Teil 4: Wärme- und feuchteschutztechnische Bemessungswerte" (2013) und teilweise den Herstellerangaben. Bei den Herstellerangaben kann es zu Abweichungen kommen; so werden s_d-Werte z. B. von Silikatfarben im Bereich von 0,001 bis zu 0,9 m angegeben.			

Glaserdiagramm

Um einen möglichen Tauwasseranfall in Gebäuden zu bestimmen oder ihm schon vor Baubeginn zu begegnen, kann eine Berechnung nach Glaser erfolgen. Mit dem Glaserverfahren (einer grafischen Methode der Bauphysik, mit welcher man ermittelt, ob und wo in einer Baukonstruktion Tauwasser anfällt) können der Feuchteverlauf als Wasserdampfsättigungsdruck sowie der tatsächlich vorhandene Wasserdampfteildruck in einem Wandquerschnitt grafisch dargestellt werden. Bei diesen Berechnungen, die in der DIN 4108-3 „Wärmeschutz und Energie-Einsparung in Gebäuden – Teil 3: Klimabedingter Feuchteschutz; Anforderungen, Berechnungsverfahren und Hinweise für Planung und Ausführung" (2012) näher ausgeführt sind, werden die folgenden Randbedingungen der Temperatur- und Feuchteverhältnisse zugrunde gelegt. Diese Werte sind jedoch von der Gebäudenutzung und dem Gebäudestandort abhängig und daher entsprechend anzupassen.

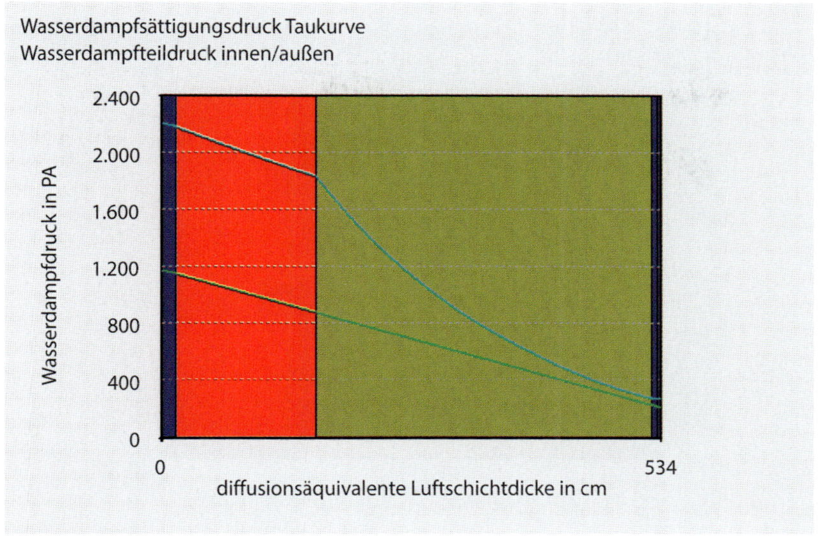

Abb. 3.18: Glaserdiagramm zu Beispiel 1

Tauperiode

1.440 h = 60 Tage
Raumklima 20 °C
mit 50 % relativer Luftfeuchte
Außenklima –10 °C
mit 80 % relativer Luftfeuchte

Verdunstungsperiode

2.160 h = 90 Tage
Raumklima 12 °C
mit 70 % relativer Luftfeuchte
Außenklima 12 °C
mit 70 % relativer Luftfeuchte

Der Wasserdampfsättigungsdruck gibt an, welche Wasserdampfkonzentration aufgenommen werden kann. Der Wasserdampfteildruck gibt an, welche Wasserdampfkonzentration vorhanden ist. Bei Berührung oder Überschneidung der grafisch dargestellten Linien von Wasserdampfsättigungsdruck und Wasserdampfteildruck fällt Tauwasser in der betroffenen Baustoffschicht aus.

Beispiel 1

Die grafische Darstellung in Abb. 3.18 zeigt, dass in der gedämmten Wand kein Tauwasser entsteht. In der ungedämmten Wand ist jedoch ein Tauwasserausfall im Bereich zwischen Außenputz und Mauerwerk zu verzeichnen. Entgegen der landläufigen Meinung wird somit durch die Dämmmaßnahme der Tauwasserausfall reduziert und nicht gefördert. Zur Berechnung wird von folgendem Wandaufbau ausgegangen.

Wandaufbau:	Schichtdicke:
• Gipsputz	1,0 cm
• Mauerwerk	30,0 cm
• Polystyroldämmung	12,0 cm
• mineralischer Armierungsputz	0,4 cm
• Mineralputz	0,3 cm

Bei diesem Wandaufbau entsteht kein Tauwasserausfall.

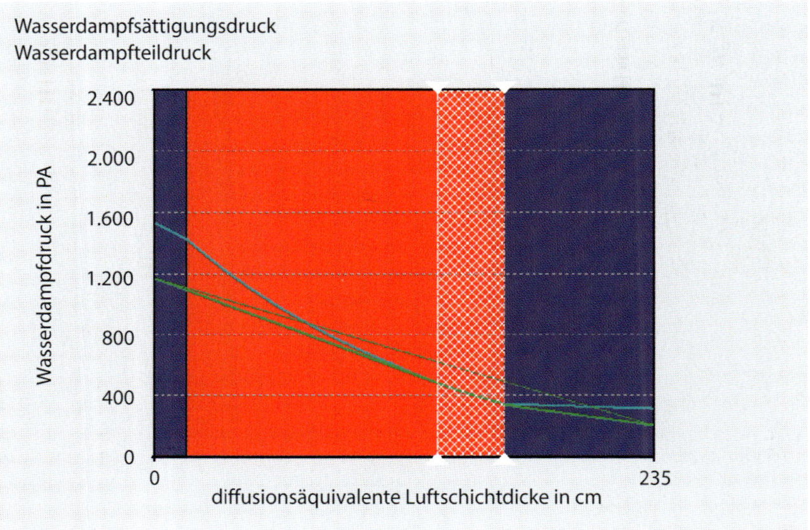

Abb. 3.19: Glaserdiagramm zu Beispiel 2

Beispiel 2

Wandaufbau:	Schichtdicke:
• Gipsputz innen	1,0 cm
• Mauerwerk	30,0 cm
• Kalkzementputz außen	2,0 cm

Bei diesem Wandaufbau entsteht ein Tauwasserausfall (schraffierte Fläche in Abb. 3.19), wobei die Entstehung von Tauwasser in der Tauperiode selbst noch nichts über einen Mangel aussagt, da der Tauwasserausfall in der Tauperiode in Abhängigkeit von der Verdunstungsmenge in der Verdunstungsperiode gesehen werden muss.

Im Allgemeinen findet durch die Außenwand praktisch kein Luftaustausch statt; der Austausch der Luftfeuchtigkeit beschränkt sich auf ca. 1 bis 2 %. Je besser eine Außenwand gedämmt ist, umso weniger Wärmeenergie geht verloren und umso weniger Tauwasser fällt an. Wird eine Wärmedämmung aus Polystyrol, Mineralwolle oder Holzfaser an Gebäuden ordnungsgemäß angebracht, reduziert sich der Tauwasserausfall im Wandaufbau und auf der Innenwandoberfläche von Außenwänden. Rechnerisch lässt sich ermitteln, dass bei einem massiv errichteten Altbau ab einer Dämmdicke von ca. 100 mm kein Tauwasser ausfällt. Die Gefahr von Gebäudeschäden durch Schimmelpilzbildung wird so reduziert. Eine unzureichende Wärmedämmung bzw. eine zu geringe Wandoberflächentemperatur führt dagegen zu Schäden durch Kondensation.

Vorwiegend auf der Innenseite von schlecht gedämmten Außenwänden kann sich ein Schimmelpilzbefall bilden, insbesondere wenn vor diese Wände zusätzlich Volumen bildende Möbel wie Schränke, Regale oder Betten gestellt werden. Eine solche Abdeckung der Außenwände behindert die gleichmäßige Temperierung der Wandoberfläche durch die zirkulierende

Abb. 3.20: Schimmelpilzbildung unter der Raufasertapete hinter einer Schrankwand

Abb. 3.21: Schäden durch Tauwasserkondensation an der Innenseite einer Außenwand mit rückseitig angrenzendem Erdreich

Raumluft. Daher weist die Außenwandoberfläche hinter diesen Möbeln eine viel geringere Oberflächentemperatur auf als die Raumluft selbst. Die Temperatur kann z. B. hinter einem Kleiderschrank, der wie eine massive Innendämmung wirkt, auf unter 0 °C abfallen. Die Folge davon ist, dass die wärmere Raumluft an der untertemperierten Außenwand kondensiert und die Gefahr von Schimmelpilzbildung entsteht (siehe Abb. 3.20). Auch ein Abstand von 5 bis 10 cm der Möbel von der Außenwand bringt meist kein zufriedenstellendes Ergebnis.

Ähnlich verhält es sich bei einer ungedämmten Außenwand mit rückseitig angrenzendem Erdreich (siehe Abb. 3.21). Auch hier ist oftmals die Wandoberfläche so stark untertemperiert, dass die wärmere Raumluft auf der Oberfläche kondensieren kann. Dies ist oftmals zu beobachten, wenn als Keller geplante Räume nachträglich als Wohnraum umgebaut werden.

Beispiel 3 (siehe Abb. 3.22 und Abb. 3.23)

In einem Gebäude, das in den 1950er-Jahren mit einem für diesen Zeitraum üblichen Wandaufbau erstellt wurde, trat bisher kein Tauwasserausfall auf. Erst als das Gebäude vermietet wurde und die Mieter großflächige Kleiderschränke an der Außenwand aufstellten, entstand eine Schimmelpilzbildung, verursacht durch eine hygrothermische Feuchtigkeitsbelastung.

Wandaufbau:	Schichtdicke:
• Kalkgipsputz innen	1,5 cm
• Ziegel	30,0 cm
• Kalkzementputz	2,0 cm

Bei dem angenommenen, für den Zeitraum der Erstellung üblichen Wandaufbau entsteht zwar ein hoher Wärmeverlust durch einen hohen Wärmeübergang, U-Wert = 1,72 W/(m^2 · K), bei normalem Nutzerverhalten, d. h. bei normaler Temperierung der Wohnräume mit entsprechendem Lüftungsverhalten, jedoch kein schädlicher Tauwasserausfall auf der Oberfläche der Wandinnenseite bzw. in der Wand selbst.

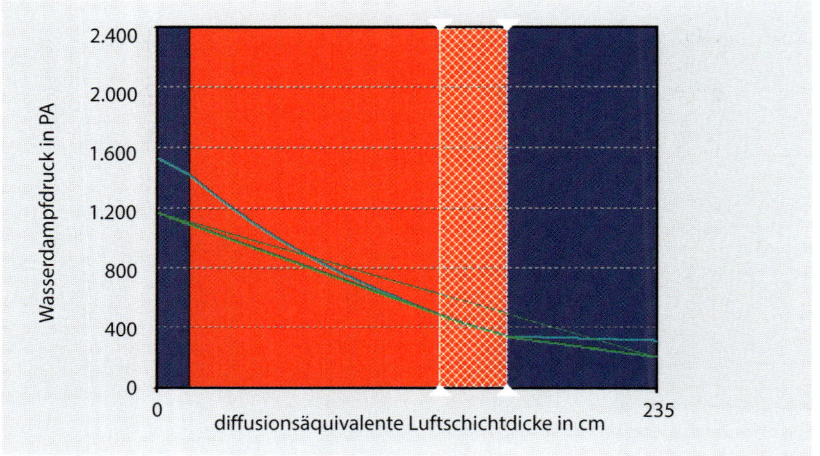

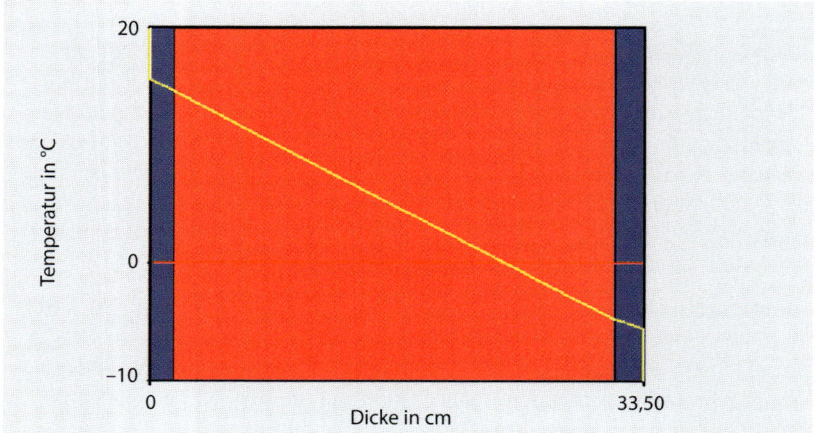

Abb. 3.22 und 3.23: Glaserdiagramme zu Beispiel 3: Druckverlauf in der Tauperiode (oben) und Temperaturverlauf (unten), jeweils von innen nach außen

Der Berechnung wurden die Standardwerte der DIN 4108-3 zugrunde gelegt.

Es tritt Tauwasser im Bauteil auf (schraffierte Fläche in Abb. 3.22); die Tauwassermenge ist nicht schädlich.

Wird aber z. B. ein Kleiderschrank an der Außenwand aufgestellt, kann sich dies erheblich auf die Tauwassersituation auswirken. Bei diesem Beispiel wurde an derselben Außenwand, im Abstand von 5 cm zur Wand, ein Kleiderschrank aus Sperrholz, gefüllt mit Kleidung, angenommen. Dadurch ergeben sich von innen nach außen folgende Schichtdicken: Sperrholz (0,6 cm), Kleidung (60 cm), Sperrholz (0,3 cm), Luftschicht (5 cm), Kalkgipsputz (1,5 cm), Ziegelmauerwerk (30 cm) und Kalkzementputz (2,0 cm). Bei einer Innentemperatur von 20 °C mit einer

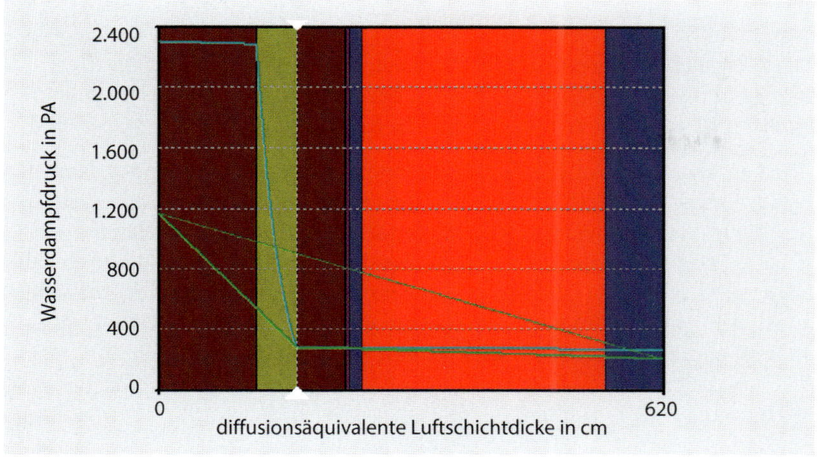

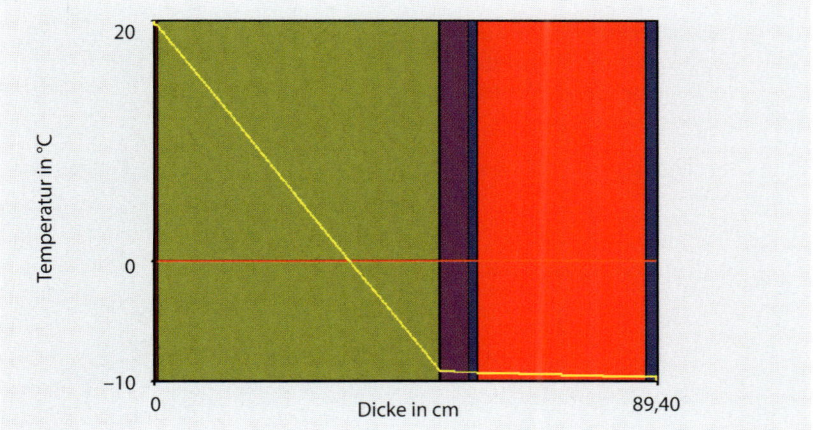

Abb. 3.24 und 3.25: Glaserdiagramm zu Beispiel 3: Druckverlauf in der Tauperiode (oben) und Temperaturverlauf (unten), jeweils von innen nach außen

relativen Luftfeuchte von 50 % und einer Außentemperatur von –10 °C mit einer relativen Luftfeuchte von 80 % zeigt sich ein Tauwasserausfall in der Ebene zwischen der im Schrank abgelegten Kleidung und der Schrankrückwand. Die Temperatur der Außenwand reduziert sich durch die wärmedämmende Wirkung des Kleiderschrankes so stark, dass die Temperatur im Kleiderschrank auf unter 0 °C abfallen kann. Bedingt durch den Tauwasserausfall ist eine Schimmelpilzbildung wahrscheinlich.

In Abb. 3.24 und Abb. 3.25 zeigt sich, wie sich das Verhältnis von Temperatur und anfallendem Kondensat in einem solchen Fall verschieben kann. Auch ein Abrücken des Schrankes um 5 cm, wie bei dieser Berechnung angenommen, hat keinen Einfluss auf den Tauwasserausfall.

3.3 Ausgleichsfeuchte von Baustoffen

Die Ausgleichsfeuchte ist die Feuchtigkeit, bei der Baustoffe als „trocken“ bezeichnet werden. Ausgegangen wird bei der Messung üblicherweise von einer Lufttemperatur von 20 °C und einer relativen Luftfeuchte von 65 %.

Wird aufgrund der Ausgleichsfeuchte eine Entscheidung über eine Baustoffbeschichtung herbeigeführt, so muss die tatsächlich vorhandene Ausgleichsfeuchte in Verbindung mit der umgebenden Temperatur und relativen Luftfeuchte beurteilt werden. Bei organischen Baustoffen wird der Wassergehalt allgemein in Gew.-% – der massebezogenen Feuchte eines Stoffes, der sich aus dessen Gewicht im feuchten Zustand und dem Trockengewicht ergibt – angegeben, der folgendermaßen ermittelt werden kann:

$$u_m = (G_F - G_{tr}) \cdot 100\,\%/T_r$$

mit

u_m = massebezogene Feuchte des Baustoffes in Gew.-%
G_F = Nassgewicht des Baustoffes
G_{tr} = Trockengewicht des Baustoffes
T_r = Trockengewicht

Eine Umrechnung von Vol.-% und Gew.-% wird nach folgender Formel vorgenommen:

$$\text{Vol.-\%} = \frac{\text{Rohdichte} \cdot \text{Gew.-\%}}{1.000}$$

bzw.

$$\text{Gew.-\%} = \frac{\text{Vol.-\%} \cdot 1.000}{\text{Rohdichte}}$$

Tabelle 3.10 gibt den Feuchtegehalt in Gew.-%, bezogen auf den Trockenzustand, in Abhängigkeit von der relativen Luftfeuchte an.

Tabelle 3.10: Baustofffeuchte

Baustoff	**Ausgleichsfeuchte in Gewichtsprozent bei 20 °C und einer relativen Luftfeuchte von**		
	50 %	**65 %**	**90 %**
Zementmörtel, 1 : 3 (Estrich)	1,5	1,8	3,2
Kalkmörtel, 1 : 3	1,6	1,7	3,4
Gipsputz	0,5	0,6	1,0

Fortsetzung Tabelle 3.10

Baustoff	**Ausgleichsfeuchte in Gewichtsprozent bei 20 °C und einer relativen Luftfeuchte von**		
	50 %	**65 %**	**90 %**
Gipsestrich	0,6	0,8	1,3
Holzzementestrich	7,0	8,4	13,0
Zementestrich (verdichtet)	1,5	1,8	3,1
Zementestrich (unverdichtet)	2,0	2,5	3,8
Steinholz nach DIN 18560-1:2004-04	11,0	13,9	16,7
Porenbeton	8,5	11,6	18,0
Anhydridestrich	0,5	0,7	0,9
Beton, 200 kg Zement/m^3	1,4	1,6	3,0
Beton, 350 kg Zement/m^3	1,6	1,9	3,4
Beton, 500 kg Zement/m^3	1,8	2,1	3,8
Vollziegel	0,15	0,15	0,2
Kalksandstein	0,9	1,2	1,8

Tabelle 3.11: Holzfeuchtetabelle

Feuchtigkeit in %	**Bedingungen**
0	Darrgewicht des Holzes, ofentrockenes Holz
6 bis 8	Gleichgewichtsfeuchte in zentralbeheizten Räumen
8 bis 10	Gleichgewichtsfeuchte in ofenbeheizten Räumen
bis 10	nach VOB/C ATV DIN 18355 „Tischlerarbeiten" (2012): Innenausbauteile beim Verlassen des Herstellerbetriebs, die nicht mit der Außenluft in Verbindung stehen
ca. 12	Gleichgewichtsfeuchte im Normalklima (20 °C, 65 % relative Luftfeuchte), zugleich üblicher Bezugswert für die Prüfung und Angabe von Holzeigenschaften nach verschiedenen Normen

Fortsetzung Tabelle 3.11

Feuchtigkeit in %	**Bedingungen**
12 (± 3)	nach DIN 1052 „Entwurf, Berechnung und Bemessung von Holzbauwerken – Teil 1: Holzbauwerke: Berechnung und Ausführung" (2001): Normalwert (Gleichgewichtsfeuchte) von Bauholz bei allseitig geschlossenen Bauwerken ohne Heizung
bis 15	nach VOB/C ATV DIN 18355 „Tischlerarbeiten": Bauteile, die ständig mit der Außenluft in Verbindung stehen (Fenster und Außentüren)
12 bis 16	Sollfeuchte für Holzgegenstände im Freien
<15	Nach DIN 1052 „Entwurf, Berechnung und Bemessung von Holzbauwerken – Allgemeine Bemessungsregeln und Bemessungsregeln für den Hochbau" (2001) dürfen für Leimverbindungen nur Hölzer <15 % Feuchtigkeit verwendet werden. Grundsätzlich müssen jedoch alle Bauteile mit einer Feuchte verbaut werden, die im Regelfall dem im eingebauten Zustand zu erwartenden Mittelwert entspricht (meist 12 % (± 3 %).

3.4 Beschichtungsstörungen durch Tauwasserausfall

Mit Beginn der kälteren Jahreszeit nehmen die Beanstandungen an Beschichtungen mit einer angeblich mangelnden Haftung, schlechteren Trocknung (siehe Abb. 3.26), Abläufern (siehe Abb. 3.27) etc. zu. Diese Mängel sind meist auf eine Unterschreitung der Taupunkttemperatur und der damit verbundenen Feuchtigkeitsanreicherung an der Oberfläche zurückzuführen.

Wie aus Tabelle 3.4 ersichtlich, genügt bei einer Außentemperatur von 4 °C und einer relativen Luftfeuchte von 70 % ein Temperaturabfall auf ca. 1 °C, um einen Tauwasserausfall zu verursachen. Beschichtungsstörungen in der Trocknung und Haftung, Feuchtigkeitsschäden sowie Pilzbefall sind mögliche Schadensfolgen.

3.4.1 Spezialbeschichtungen für die kalte Jahreszeit

Manche Hersteller von organischen Beschichtungsstoffen bieten für die kalte Jahreszeit sog. Winterputze und Winterfarben an, die zum Teil nach Herstellerangaben auch knapp oberhalb der Frostgrenze, also bei 1 °C Lufttemperatur und 95 % relativer Luftfeuchte, verarbeitet werden können und verfilmen. Solche Produkte bzw. Produktzusagen sind generell mit Vorsicht zu betrachten, da sie nur funktionieren, wenn die Witterungsbedingungen den Herstellerangaben entsprechen. Diese liegen aber in der Praxis oft nicht vor, zumindest selten über den Zeitraum, bis eine entsprechende Verfilmung mit Frühregenfestigkeit erreicht wird, bei der keine negativen Auswirkungen auf die Beschichtung mehr zu erwarten sind (siehe Abb. 3.28). Grundsätzlich basieren diese Produkte auf Wasserbasis und werden durch verschiedene Maßnahmen, z. B. Trocknungsbeschleuniger, so eingestellt, dass die Oberfläche schneller gegen Witterungseinflüsse resistent wird. Allerdings bezieht sich dies meist nur auf die Oberfläche der Beschichtung. Sinkt die Lufttem-

Abb. 3.26: Putzabwaschungen durch Niederschlag nach der Verarbeitung bei Temperaturen um den Gefrierpunkt und hoher Luftfeuchtigkeit

Abb. 3.27: Netzmittelauswaschungen nach Einwirkung von Nebel vor der vollständigen Verfilmung der Beschichtung

Abb. 3.28: Mangel durch Niederschlag vor Eintritt einer ausreichenden Frühregenfestigkeit

Abb. 3.29: Mangel durch Frosteinwirkung vor der Verfilmung

peratur während der Verarbeitung bzw. vor der Verfilmung ab, hat dies nicht nur einen Tauwasserausfall auf der Beschichtung zur Folge, sondern verhindert die Trocknung der Beschichtung in diesem Verfilmungsstadium. Die Beschichtung kann sogar durch den Tauwasserausfall zusätzlich Feuchtigkeit aufnehmen. Wirkt dann Frost auf diese Beschichtung ein, sind Schäden praktisch vorprogrammiert (siehe Abb. 3.29). Nicht selten zeigen sich Schäden spätestens im folgenden Frühjahr durch Ablösungen der Beschichtung oder nach Niederschlag. Werden Fassadenprodukte bei hoher Luftfeuchtigkeit/kühlen Temperaturen verarbeitet, können sich auch Tage nach der Verarbeitung bei der Einwirkung von Niederschlag Beschichtungsstörungen in Form eines Ablaufens der Beschichtung, Netzmittelauswaschungen bei organischen Beschichtungen oder Kalkausblühungen bei frischen mineralischen Mörteln ergeben.

Manche Hersteller bieten sog. Trocknungsbeschleuniger an, die den organischen Standardputzen vor der Verarbeitung an der Baustelle zugegeben werden. Rührt der Verarbeiter den Trocknungsbeschleuniger nicht sorgfältig in die Beschichtung ein, kann es zur Bildung vergilbender Flecken kommen. Außerdem lässt sich im Falle eines Schadens nur sehr schwer nachvollziehen, ob letztlich ein Trocknungsbeschleuniger unter Baustellenbedingungen eingerührt wurde und seine Dosierung angemessen war.

Bei einigen Winterputzen ist auf alkalischen Untergründen und somit auch bei Armierungsputzen auf Wärmedämm-Verbundsystemen eine Grundierung mit Putzgrund zwingend erforderlich, da Alkalität die Trocknungseigenschaften negativ beeinflussen kann.

Es empfiehlt sich generell, die Witterungsbedingungen zu beachten und die Fassade bei Bedarf vor Witterungseinflüssen entsprechend zu schützen, z. B. durch Abplanen. Nicht berücksichtigt bleibt bei vielen Herstellerangaben, die eine Verarbeitung bei Klimabedingungen von bis zu 1 °C und 95 % relativer Luftfeuchte als möglich angeben, dass die Feuchtigkeit über dem Untergrund bzw. der aufgebrachten Beschichtung höher ist als die Luftfeuchtigkeit über dem Substrat selbst. Die Feuchtigkeit über dem Substrat wird als a_w-Wert bezeichnet. Der a_w-Wert eines Materials gibt Aufschluss über das nicht gebundene Wasser und ist proportional zur relativen Luftfeuchte der direkt in Kontakt stehenden Luft; es handelt sich also um die Aktivität des Wassers (a_w). Die Wasseraktivität ist ein Maß für die Verfügbarkeit der Feuchte für biologisches Wachstum. Bei feuchten Materialien ist der a_w-Wert gleichbedeutend mit der an der Oberfläche vorhandenen relativen Luftfeuchte.

Unter Laborbedingungen hat sich gezeigt, dass empfohlene sog. Winterputze bei 90 % relativer Luftfeuchte und bestimmten Temperaturen die in Tabelle 3.12 dargestellten Mindeststandzeiten benötigen, um eine akzeptable Frühregenfestigkeit aufzuweisen. Bei einer relativen Luftfeuchte von 95 % konnte kein befriedigendes Ergebnis erzielt werden.

Tabelle 3.12: Mindeststandzeiten von sog. Winterputzen (organische Putze) bei einer relativen Luftfeuchte von 90 %

Lufttemperatur in °C	frühregenfest nach in h	durchgetrocknet nach in h
1	ca. 24	ca. 48
3	ca. 16	ca. 32
6	ca. 14	ca. 28
10	ca. 12	ca. 24

Von diesen Angaben können Mindeststandzeiten in der Praxis durch Temperaturschwankungen und Änderungen der Luft- und Objektfeuchtigkeit erheblich abweichen. Angaben von Herstellern, die sich auf konstante Klimabedingungen (Labor) beziehen und mit sog.Winterputzen werben, sind daher mit Vorsicht zu behandeln und lassen sich unter Baustellenbedingungen bei unterschiedlichen Witterungsverhältnissen nur schwer in die Praxis übernehmen.

Werden die zur ordnungsgemäßen Verfilmung benötigten witterungsbedingten Rahmenbedingungen nicht eingehalten, kann es durch Filmbildungsstörungen zu Beschichtungsschäden kommen.

Die meisten Beschichtungsmängel werden in der kalten Jahreszeit durch Filmstörungen verursacht. Die Dauer einer ausreichenden Verfilmung der Beschichtung hängt jedoch nicht nur von der Lufttemperatur, der Objekttemperatur, der relativen Luftfeuchte und dem Taupunkt ab, sondern ebenso von der Schichtdicke der Beschichtung und vor allem der Luftbewegung bzw. dem Luftaustausch während der Verfilmung.

3.4.2 Einflussfaktoren auf die Trocknung

Bei der Beschichtung von Fassaden in der kälteren Jahreszeit ist es empfehlenswert, folgende Parameter zu beachten:

- Temperatur und relative Luftfeuchte beschleunigen oder verzögern die Trocknung.
- Wind bzw. Luftaustausch hat einen Abtransport der Feuchtigkeit zur Folge und damit einen wesentlichen Einfluss auf die Trocknungsgeschwindigkeit.
- Während der Abbindezeit darf weder Frost noch Niederschlag auf die Beschichtung einwirken.
- Bei einer relativen Luftfeuchte von über 95 % (Nebel) findet keine ausreichende Trocknung statt.
- Bei einer relativen Luftfeuchte von über 95 % (Nebel) und ohne Luftbewegung ist die Luft so mit Feuchtigkeit übersättigt, dass diese nicht abgeführt wird; die Feuchtigkeit schlägt sich auf der Oberfläche nieder.
- Kurzzeitige Unterbrechungen widriger Witterungsbedingungen führen meist zu keiner ausreichenden Trocknung von Beschichtungen, da die tagsüber abgegebene Feuchtigkeit aus der Beschichtung meist geringer ist als die bei der Abkühlung nachts anfallende Tauwassermenge, die sich aus der Luft auf der Beschichtung niederschlägt.
- Je höher die Schichtdicke bei filmbildenden Beschichtungen, umso länger ist die erforderliche Trocknungszeit.

Die Diagramme in Abb. 3.30, 3.32 und 3.33 zeigen den Einfluss der umgebenden Objektbedingungen auf die Verfilmung von Beschichtungen aus Kunstharz- oder Silikonharzputzen. Mit einem einfach zu handhabenden Verfahren kann der Verarbeiter überprüfen, ob die aufgebrachten Putze bei widrigen Witterungsbedingungen die Möglichkeit haben, ausreichend zu verfilmen, oder ob die Fassade weiterhin durch geeignete Maßnahmen vor Witterungseinflüssen zu schützen ist. Das Prüfen der Verfilmung mit dem sog. Protimeter (elektrische Feuchtemessung) stellt keine Prüfmethode dar, die den anerkannten Regeln der Technik entspricht; sie kann aber sehr hilfreich sein, um witterungsbedingte Putzschäden zu vermeiden (siehe Abb. 3.31).

Relative Luftfeuchte und Temperatur

Damit eine Beschichtung verfilmen kann, darf die sog. Mindestfilmbildetemperatur (MFT) nicht unterschritten werden. Die jeweiligen Herstellerangaben sind zu beachten. Der Zeitfaktor allein hat keinen Einfluss auf die Verfilmung bzw. Trocknung von Beschichtungen. Er muss immer im Zusammenhang mit den Objekt-, Umgebungs- und Untergrundbedingungen gesehen werden.

Die relative Luftfeuchte bestimmt, wie viel Wasser die umgebende Luft während der Trocknung aufnehmen kann. Je höher die relative Luftfeuchte, umso geringer ist die Trocknungsgeschwindigkeit. Bei einer relativen Luftfeuchte von über 95 % kann keine ausreichende Trocknung mehr stattfinden.

Wie aus Abb. 3.30 ersichtlich wird, ist in Abhängigkeit von den Objekt- und Umgebungsbedingungen eine Verfilmung bei 5 °C und einer relativen Luftfeuchte von 85 % nach 19 Stunden so weit erfolgt, dass eine ausreichende Schlagregenfestigkeit gegeben ist. Derselbe Putz weist bei geänderten Objekt- und Umgebungsbedingungen (20 °C und 40 % relative Luftfeuchte) bereits nach 6 Stunden eine ausreichende Verfilmung auf.

Liegt die Oberflächentemperatur eines Bauteils unterhalb der Taupunkttemperatur der umgebenden Luft, so kondensiert Wasser auf der Oberfläche; die Trocknung und Verfilmung werden dadurch unterbrochen.

Relative Luftfeuchte und Luftwechselrate

Ein wesentlicher Einfluss auf die Trocknungsbedingungen wird von der relativen Luftfeuchte in Verbindung mit der Luftwechselrate ausgeübt. Bei einer hohen Luftwechselrate im Außenbereich, aber auch in Innenräumen bei entsprechender Zwangslüftung, wird die relative Luftfeuchte durch eine trocknende Beschichtung bzw. deren Feuchtigkeitsabgabe im Sättigungsgrad weniger negativ beeinflusst. Bei einer niedrigen Luftwechselrate nimmt die relative Luftfeuchte in Innenräumen ohne Zwangslüftung und im Außenbereich durch geringere Luftbewegung durch eine Beschichtung, die während der Trocknung Feuchtigkeit an die Umgebung abgibt, zu. Die Trocknung der Beschichtung kann sich dadurch verzögern.

Beschichtungsstoffe auf Wasserbasis sind in Bezug auf ihr Trocknungsverhalten überwiegend von 3 Faktoren abhängig: Temperatur, relative Luftfeuchte und Schichtdicke der Beschichtung. In den Übergangszeiten Herbst/Winter und Winter/Frühjahr werden jedes Jahr Beschichtungen durch Bewitterung in Mitleidenschaft gezogen, wenn der Niederschlag auf die Beschichtung einwirkt, bevor die erforderliche Regenfestigkeit erreicht ist.

Eine Möglichkeit, die Filmbildung bei noch frischen Beschichtungen zu überprüfen, ist der Einsatz eines Baufeuchtemessgerätes (siehe Abb. 3.31). Das Prinzip der Messung beruht auf der Bestimmung der elektrischen Leitfähigkeit. Dabei werden Elektroden mit gleichmäßigem Druck aufgesetzt.

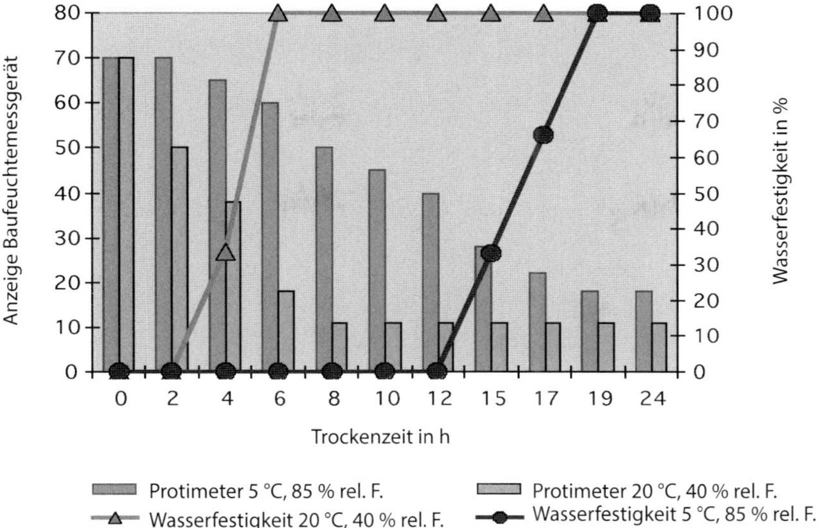

Abb. 3.30: Einfluss von relativer Luftfeuchte und Temperatur auf die Trocknung von Beschichtungen (Quelle: Dr. Burkhard Frost)

Abb. 3.31: Kontrolle der Filmbildung bei einem Dispersionsputz mit einem Baufeuchtemessgerät zur Bestimmung der Holzfeuchtigkeit. Hierbei zeigen Werte unter 20 % einen für Schlagregenbelastung ausreichenden Trocknungszustand an.

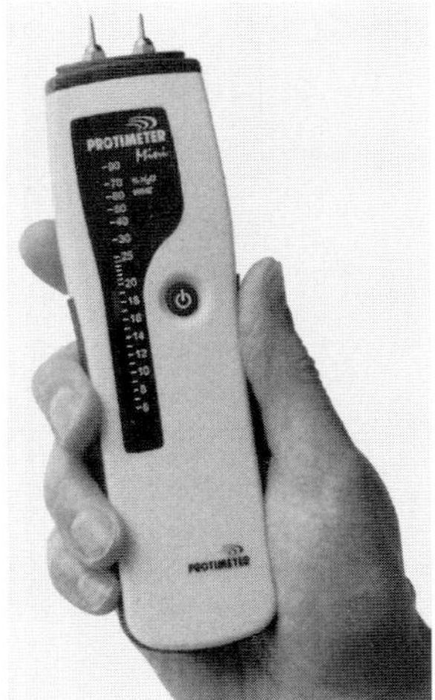

Es müssen immer mehrere Messungen, und zwar möglichst an Stellen mit ungünstigeren Trocknungsbedingungen, durchgeführt werden.

Luftbewegung bzw. Luftaustausch und Windgeschwindigkeit

Die Luftbewegung hat einen erheblichen Einfluss auf die Trocknungsgeschwindigkeit filmbildender Beschichtungen. Durch sie wird das aus der Beschichtung austretende Wasser schneller abtransportiert. Es ist zu beachten, dass die Luftbewegung an den unterschiedlichen Flächen eines Bauteils jeweils auch unterschiedlich sein kann. Maßgeblich zur Beurteilung des Trocknungszustandes ist immer die Fläche, welche der geringsten Luftbewegung ausgesetzt ist.

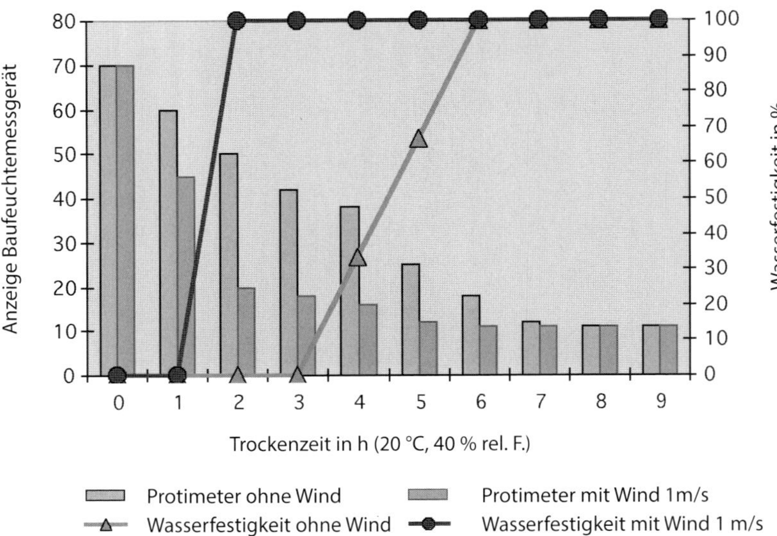

Abb. 3.32: Einfluss der Luftbewegung auf die Trocknung von Beschichtungen (Quelle: Dr. Burkhard Frost)

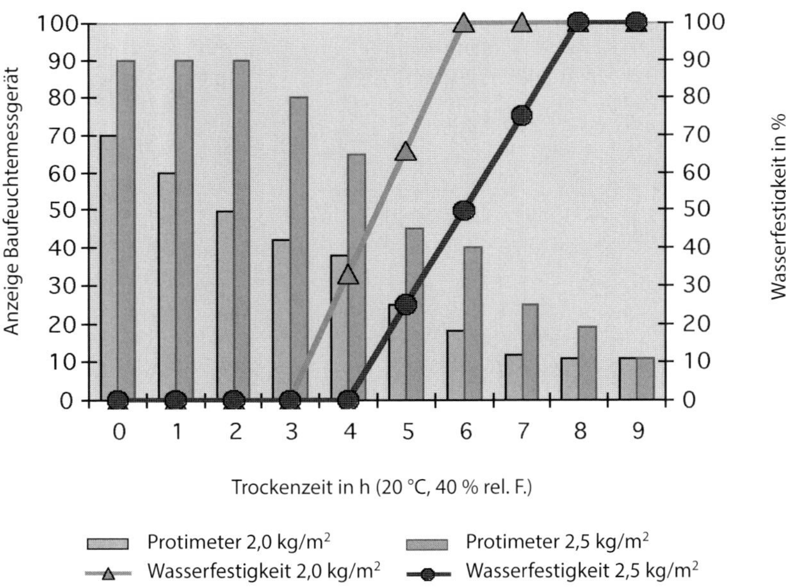

Abb. 3.33: Trockenzeit in Abhängigkeit von der Schichtdicke bei einem Putzauftrag von 2 bzw. 2,5 kg/m^2 (Quelle: Dr. Burkhard Frost)

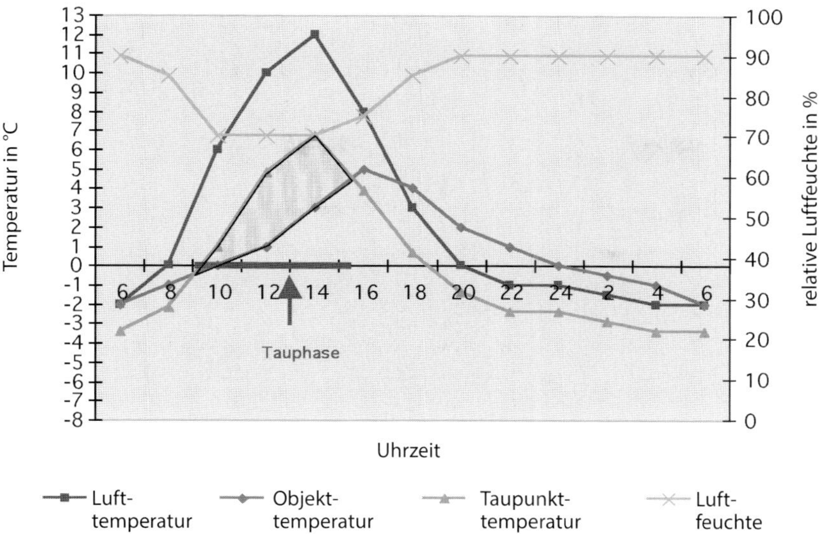

Abb. 3.34: Trocknungsverzögerung durch Tauwasserbildung (Quelle: Dr. Burkhard Frost)

Aus Abb. 3.32 wird ersichtlich, dass bei 20 °C, einer relativen Luftfeuchte von 40 % und einer Luftbewegung von 1 m/s die Trocknung einer Verfilmung nach 2 Stunden so weit fortgeschritten ist, dass eine ausreichende Schlagregenfestigkeit gegeben ist. Ohne Luftbewegung erfüllt derselbe Putz bei sonst gleichen Bedingungen diese Anforderung erst nach 6 Stunden.

Schichtdicke

Je größer die Schichtdicke einer filmbildenden Beschichtung, umso niedriger ist die Trocknungsgeschwindigkeit.

Auch die aufgebrachte Menge des Materials bzw. die darin enthaltene Feuchtigkeitsmenge wirkt sich erheblich auf die Verfilmung aus. So werden bei einem Putzauftrag von 2,0 kg/m^2 ca. 6 Stunden und bei einem Putzauftrag von 2,5 kg/m^2 ca. 8 Stunden bis zu einer ausreichenden Verfilmung bei 20 °C und einer relativen Luftfeuchte von 40 % benötigt (siehe Abb. 3.33).

Tauwasserausfall

Durch einen Tauwasserausfall muss die Beschichtung mehr Feuchtigkeit aufnehmen, als sie abgeben kann (siehe Abb. 3.34). Daraus können ein Abrutschen des Putzes, Ablösungen durch Frosteinwirkung, Veralgung und Verpilzung durch vorzeitiges Auswaschen einer evtl. vorhandenen algiziden bzw. fungiziden Ausstattung oder Filmstörungen resultieren.

4 Wärmedämm-Verbundsysteme

4.1 Bauliche Voraussetzungen und Vorschriften

Bei Wärmedämm-Verbundsystemen handelt es sich um Systeme, die sich aus verschiedenen Einzelkomponenten zusammensetzen und wesentlich zur Energieeinsparung (Heizkostenreduzierung) beitragen. Durch Außenwände können je nach Beschaffenheit und Gebäudekonstruktion bis zu 50 % der Heizenergie verloren gehen. Wärmedämm-Verbundsysteme haben sich in den letzten 50 Jahren in der Praxis bewährt und sind heute im Zuge der Energieeinsparung, gerade beim Altbaubestand, unverzichtbar geworden. Dennoch treten Schäden auf, die häufig auf Mängel in der Verarbeitung und Planung zurückzuführen sind.

Außenseitige Wärmedämm-Verbundsysteme aus expandierten Polystyrol-Hartschaumplatten wurden ursprünglich eingesetzt, um eine Kondensatbildung in Silos zu vermeiden. Schon bald wurde festgestellt, dass mit Wärmedämm-Verbundsystemen nicht nur die Kondensatbildung reduziert wurde, sondern auch das Raumklima sowie der Schutz vor Feuchtigkeit und Schimmelpilzbildung auf Innenwänden verbessert werden konnten.

Allgemeine bauaufsichtliche Zulassung

Bis zur Einführung des Bauproduktengesetzes im Jahr 1992 wurden bezüglich des Brandverhaltens an Wärmedämm-Verbundsysteme lediglich Anforderungen nach dem PA-III-Prüfbescheid des Deutschen Instituts für Bautechnik gestellt. Die bundeseinheitliche allgemeine bauaufsichtliche Zulassung (abZ) löste dann den Prüfbescheid ab. Wärmedämm-Verbundsysteme sind in Deutschland zulassungspflichtig, weil sie im Sinne der Bauordnung „nicht geregelte Bauprodukte" sind, für die es keine technische Baubestimmung bzw. keine Norm gibt. Eine Sonderform stellen Wärmedämm-Verbundsysteme als Bausatz dar, der aus mehreren Komponenten besteht und als Paket zusammen mit einer gemeinsamen europäischen Kennzeichnung (CE-Kennzeichnung) auf den Markt gebracht wird. Auf der Baustelle können diese Bausätze, gemäß der jeweiligen Zulassung, zu einem System zusammengefügt und in das Bauwerk eingebaut werden.

Mit der Zulassung wird die Verwendbarkeit eines Wärmedämm-Verbundsystems nachgewiesen. Der jeweilige Hersteller dokumentiert dies durch eine Kennzeichnung der Bauprodukte mit dem Übereinstimmungszeichen (Ü-Zeichen), welches auf den Gebinden bzw. Verpackungen angebracht sein muss. Es dürfen nur Wärmedämm-Verbundsysteme mit einer gültigen bauaufsichtlichen Zulassung, entsprechend der jeweiligen Landesbauordnung, verwendet werden.

„§ 20 Nachweis der Verwendbarkeit von Bauprodukten im Einzelfall

Mit Zustimmung der obersten Bauaufsichtsbehörde dürfen im Einzelfall

1. *Bauprodukte, die ausschließlich nach dem Bauproduktengesetz in Verkehr gebracht werden und gehandelt werden dürfen, dessen Anforderungen jedoch nicht erfüllen,*
2. *Bauprodukte, die nach sonstigen Vorschriften zur Umsetzung von Richtlinien der Europäischen Union oder auf der Grundlage von unmittelbar geltendem Recht der Europäischen Union in Verkehr gebracht und gehandelt werden dürfen, hinsichtlich der nicht berücksichtigten wesentlichen Anforderungen im Sinne des § 17 Abs. 7 Nr. 2,*
3. *nicht geregelte Bauprodukte verwendet werden, wenn ihre Verwendbarkeit im Sinne des § 3 Abs. 2 nachgewiesen ist.*

Wenn Gefahren im Sinne des § 3 Abs. 1 nicht zu erwarten sind, kann die oberste Bauaufsichtsbehörde im Einzelfall erklären, dass ihre Zustimmung nicht erforderlich ist.“ (Landesbauordnung, 10/2008, § 20)

Die allgemeine bauaufsichtliche Zulassung ist der Nachweis der Verwendbarkeit eines nicht geregelten Bauproduktes oder einer nicht geregelten Bauart nach den Landesbauordnungen. Bauprodukte und Bauarten sind verwendbar, wenn bei ihrer Verwendung die baulichen Anlagen bei ordnungsgemäßer Instandhaltung während einer dem Zweck entsprechenden, angemessenen Zeitdauer die Anforderungen der Landesbauordnungen erfüllen und gebrauchstauglich sind. Dazu gehören

- Standsicherheit,
- Schutz gegen schädliche Einflüsse,
- Gesundheitsschutz und Schutz der natürlichen Lebensgrundlagen,
- Brandschutz,
- Wärme-, Schall- und Erschütterungsschutz und
- Verkehrssicherheit.

Bauliche Anlagen müssen so angeordnet, errichtet, geändert und/oder instand gehalten werden, dass die öffentliche Sicherheit und Ordnung, insbesondere Leben, Gesundheit und die natürlichen Lebensgrundlagen, nicht gefährdet werden.

Die deutsche Zulassungsstelle für allgemeine bauaufsichtliche Zulassungen für Bauprodukte und Bauarten sowie für europäische technische Zulassungen (ETA) für Bauprodukte und Bausätze ist das Deutsche Institut für Bautechnik (DIBt). Es erteilt allgemeine bauaufsichtliche Zulassungen für Bauprodukte und Bauarten im Anwendungsbereich der Landesbauordnungen, für die es allgemein anerkannte Regeln der Technik, insbesondere DIN-Normen, nicht gibt oder die davon wesentlich abweichen. Die allgemeinen bauaufsichtlichen Zulassungen sind bezüglich der bautechnischen Anforderungen an Bauwerke zuverlässige Verwendbarkeitsnachweise für Bauprodukte bzw. Anwendbarkeitsnachweise für Bauarten. Europäische technische Zulassungen werden für Bauprodukte im Anwendungsbereich des Bauproduktengesetzes erteilt und dokumentieren die Brauchbarkeit eines Bauproduktes verlässlich.

Europäische technische Zulassung

Die Europäische technische Zulassung (ETA) wird vom Deutschen Institut für Bautechnik folgendermaßen definiert:

„Die europäische technische Zulassung ist ein Nachweis der Brauchbarkeit eines Bauproduktes im Sinne der Bauproduktenrichtlinie, in Deutschland umgesetzt durch das Bauproduktengesetz. Die ETA beruht auf Prüfungen, Untersuchungen und einer technischen Beurteilung durch Stellen, die von den Mitgliedstaaten der EU hierfür bestimmt worden sind. Sie umfasst alle Produktmerkmale, die für die Erfüllung gesetzlicher Anforderungen in den Mitgliedstaaten bedeutsam sein können, wobei die jeweils erforderlichen Leistungsniveaus national sowie je nach Verwendungszweck unterschiedlich sein können. Eine europäische technische Zulassung kann für Bauprodukte erteilt werden, für die (noch) keine harmonisierten Normen nach der Bauproduktenrichtlinie vorliegen oder die wesentlich von einer harmonisierten Norm abweichen. Grundlagen für die Beurteilung der Brauchbarkeit sind entweder Zulassungsleitlinien (European Technical Approval Guidelines – ETAGs), die von der EOTA für die entsprechenden Produktbereiche erstellt wurden, oder speziell für einen Zulassungsantrag mit den anderen EOTA-Stellen abgestimmte Beurteilungskriterien. Im Interesse der Hersteller werden Nachweise, die bereits im Zulassungsverfahren beim DIBT erbracht wurden, soweit wie möglich auch im europäischen Verfahren genutzt. Die europäische technische Zulassung ermöglicht dem Hersteller die CE-Kennzeichnung des Bauprodukts und damit den Zugang zum europäischen Markt. Mit der CE-Kennzeichnung bestätigt der Hersteller, dass er das vorgeschriebene Verfahren zum Nachweis der Konformität des Produkts mit der Zulassung durchgeführt hat."
(Deutsches Institut für Bautechnik: Was ist eine Europäische technische Zulassung [ETA]? [online]. Berlin: Deutsches Institut für Bautechnik [DIBt]. Internet: http://www.dibt.de/de/Zulassungen/abZ-FAQ-Frage-8.html [Zugriff: 13.08.2014])

Das Bundesministerium für Umwelt, Naturschutz, Bau und Reaktorsicherheit (BMUB) führt zur neu erlassenen EU-Bauproduktenverordnung aus:

„Die Verordnung (EU) Nr. 305/2011 des Europäischen Parlaments und des Rates vom 9. März 2011 zur Festlegung harmonisierter Bedingungen für die Vermarktung von Bauprodukten (EU-BauPVO) wurde am 4. April 2011 im EU-Amtsblatt bekanntgemacht. Sie hat am 1. Juli 2013 die Bauproduktenrichtlinie aus dem Jahr 1988 vollständig abgelöst.

Inhaltlich geht es, wie bisher, um die Beseitigung von Handelshemmnissen im Binnenmarkt. Dabei bleibt es bei der Besonderheit der mitgliedstaatlichen Zuständigkeit für die sich aus dem Bauwerk ergebenden Anforderungen an Bauprodukte. EU-rechtlich werden nur die Verfahren des Nachweises, dass ein Produkt diese Anforderungen auch erfüllt, vereinheitlicht. Dies geschieht in harmonisierten technischen Normen oder durch einzelproduktbezogene technische Bewertungen, die ein Hersteller bei den von den Mitgliedstaaten eingerichteten Technischen Bewertungsstellen beantragen kann. Anschließend ist er befugt und verpflichtet, die CE-Kennzeichnung aufzubringen und genau anzugeben, welches Anforderungsniveau das jeweilige Produkt in Bezug auf bestimmte Merkmale erreicht.

Neu ist die Pflicht zur Benennung nationaler Produktinformationsstellen für das Bauwesen. Die Verordnung lehnt sich hier an die schon nach der Verordnung über gegenseitige Anerkennung (VO [EG] 764/2008) eingeführten Produktinformationsstellen an. Informiert werden soll über Vorschriften bezüglich des Einbaus, der Montage oder der Installation von CE-gekennzeichneten Bauprodukten. Damit wird den Herstellern und Verwendern von Bauprodukten die Ermittlung der jeweils geltenden Anforderungen in den Mitgliedstaaten wesentlich erleichtert. In Deutschland nimmt die Produktinfostelle bei der Bundesanstalt für Materialforschung und -prüfung nun auch die Aufgaben nach der Bauproduktenverordnung (EU) Nr. 305/2011 wahr.

Durch einheitliche Anforderungen an notifizierte Prüf- und Zertifizierungsstellen sowie entsprechende Kontrollen soll deren Tätigkeit auf einem vergleichbar hohen Niveau gewährleistet werden. Marktüberwachungsbehörden prüfen in allen Mitgliedstaaten, ob die harmonisierten Bauprodukte zuverlässig sind, die deklarierten Leistungen erbracht und die Grundanforderungen an Bauwerke erfüllt werden.

Auch die Pflichten der Wirtschaftsakteure (Hersteller, Händler und Importeure) wurden konkretisiert, um zu gewährleisten, dass die vermarkteten Bauprodukte der Verordnung entsprechen. Kleinstunternehmen können vereinfachte Verfahren zum Nachweis der Konformität und Gleichwertigkeit ihrer Produkte anwenden.

Neu ist auch, dass der Europäischen Kommission die Befugnisse zum Erlass delegierter Rechtsakte übertragen wurden. Unter anderem kann sie die wesentlichen Merkmale oder Schwellenwerte für Bauproduktenfamilien festlegen, Anpassungen an den Anhängen II, III, IV und V vornehmen sowie die Bedingungen, unter denen eine Leistungserklärung elektronisch verarbeitet und auf einer Website zur Verfügung gestellt wird, festsetzen.“
(Bundesministerium für Umwelt, Naturschutz, Bau und Reaktorsicherheit: EU-Bauproduktenverordnung (EU-BauPVO) [online]. Stand 09.03.2011. Berlin: Bundesministerium für Umwelt, Naturschutz, Bau und Reaktorsicherheit. Internet: http://www.bmub.bund.de/themen/bauen/bauwesen/gesetzgebung-und-leitfaeden/bauproduktenrecht/eu-bauproduktenverordnung [Zugriff: 13.08.2014])

Bevor ein Hersteller für sein Wärmedämm-Verbundsystem eine Zulassung erteilt bekommt, sind umfangreiche Prüfungen durchzuführen und zu bestehen. Die einzelnen Systemkomponenten werden vom Hersteller bei einer Prüfanstalt zur Prüfung eingereicht und müssen später vom Verarbeiter im System auch verarbeitet werden können. Die Systemkomponenten sind in den jeweiligen Zulassungen und Herstellerrichtlinien definiert. Werden bei der Erstellung eines Wärmedämm-Verbundsystems vom Verarbeiter Produkte ausgetauscht und durch Produkte ersetzt, die nicht im Sinne der Zulassung geprüft wurden, handelt es sich nicht mehr um ein geprüftes und zugelassenes System im Ganzen. Die Verwendung von nicht zugelassenen Produkten stellt einen Verstoß gegen das Baurecht dar. Eine baurechtliche Zulassung wäre dann nur durch eine kostenintensive sog. Prüfung im Einzelfall zu erreichen.

<table>
<tr><td rowspan="4">Ü

[Herstelldatum, ggf. codiert]</td><td colspan="4">EPS-Fassadendämmplatte WDV</td><td></td></tr>
<tr><td colspan="4">Anwendungstyp nach
DIN 4108-10
WAP</td><td>Qualitätstyp nach
Qualitätsrichtlinie
IVH und FV WDVS:
EPS 032 WDV</td></tr>
<tr><td colspan="2">Nenndicke
xx mm</td><td colspan="2">Format
xx mm × xx mm</td><td rowspan="3">EAN Code
|||||||||||||||||||||||</td></tr>
<tr><td>Querzugs-
festigkeit
≥ 100 kPa</td><td colspan="2">Irreversible
Längenänderung
≤ 1,5 mm/m</td><td>Ebenheit
± 3 mm</td></tr>
<tr><td></td><td colspan="2">Wärmeleitfähigkeit
0,032 W/(mK)
[Bemessungswert nach abZ]</td><td colspan="2">Brandverhalten B1
(DIN 4102)
[BFA-Nr. des Rohstoff-herstellers]</td></tr>
<tr><td>CE

06</td><td colspan="5">DIN EN 13163
EPS-Fassadendämmplatte WDV
Euroklasse E
R_D = XX m²K/W
Nenndicke XX mm
[Hersteller]
[Anschrift]

EPS-EN 13163 - T2 - L2 - W2 - S2 - P4-DS(70,-)2 - BS50 - DS(N)2 - TR100</td></tr>
</table>

Abb. 4.1: Musteretikettierung: Die Bundesfachabteilung Qualitätssicherung EPS-Hartschaum (BFA QS EPS) empfiehlt diese Etikettierung.

Das Wissen über die Geltungsdauer der einzelnen Anforderungen, Vorschriften und anerkannten Regeln der Technik ist besonders für Sachverständige bei der Ermittlung einer Schadensursache unentbehrlich. Bei der Untersuchung eines Mangels sind die Normen und Richtlinien zu berücksichtigen, die zum Ausführungszeitraum die allgemein anerkannten Regeln der Technik dargestellt haben.

Die Systemkonformität sollte vom Auftragnehmer vor der Verarbeitung anhand des Überwachungszeichens und der Zulassung überprüft werden. Jedes systemkonforme Produkt muss vom Hersteller mit einem Ü-Zeichen (Übereinstimmungszeichen) gekennzeichnet werden (siehe Abb. 4.1). Das Ü-Zeichen beinhaltet unter anderem die Zulassungsnummer Z.... Die Zulassungsnummer muss auf den verschiedenen Systemkomponenten gleich lauten. Hinweise zur Verarbeitung, zum Auftragsverfahren, zur erforderlichen Schichtdicke (insbesondere des Armierungsputzes) können ebenfalls der Zulassung entnommen werden.

Die ordnungsgemäße Verarbeitung von Wärmedämm-Verbundsystemen muss unter Beachtung und Einhaltung der allgemeinen bauaufsichtlichen Zulassung erfolgen. Zulassungen von Wärmedämm-Verbundsystemen beinhalten nicht nur prüftechnische Anforderungen an die einzelnen Produkte, sondern auch verarbeitungstechnische Hinweise zu den einzelnen Produktkomponenten. Des Weiteren wird auf den Brandschutz, den Schallschutz und die Standsicherheit Bezug genommen.

Regelwerke

Für den Auftragnehmer gibt es eine Reihe von Vorschriften und Richtlinien, die bei der Verarbeitung von Wärmedämm-Verbundsystemen zu beachten sind. Die nachfolgende Aufzählung nennt die wichtigsten Normen, Vorschriften und Richtlinien:

- Energieeinsparverordnung
- Landesbauordnung
- Allgemeine bauaufsichtliche Zulassung (Bezugsquelle: Hersteller, Deutsches Institut für Bautechnik in Berlin)
- Vergabe- und Vertragsordnung für Bauleistungen (VOB)
- VOB/C ATV DIN 18345 „Wärmedämm-Verbundsysteme“ (2012)
- VOB/C ATV DIN 18350 „Putz- und Stuckarbeiten“ (2012)
- VOB/C ATV DIN 18363 „Maler- und Lackierarbeiten – Beschichtungen“ (2012)
- DIN 55699 „Verarbeitung von Wärmedämm-Verbundsystemen“ (2005)
- DIN 13914 „Planung, Zubereitung und Ausführung von Innen- und Außenputzen“ (2005)
- DIN EN 13500 „Wärmedämmstoffe für Gebäude – Außenseitige Wärmedämm-Verbundsysteme (WDVS) aus Mineralwolle – Spezifikation“ (2003)
- DIN EN 13499 „Wärmedämmstoffe für Gebäude – Außenseitige Wärmedämm-Verbundsysteme (WDVS) aus expandiertem Polystyrol – Spezifikation“ (2003)
- Technische Merkblätter der jeweiligen Produkte (Bezugsquelle: Produkthersteller)
- BFS-Merkblatt Nr. 21: Technische Richtlinie für die Planung und Verarbeitung von Wärmedämm-Verbundsystemen (Bundesausschuss Farbe und Sachwertschutz, 2012)
- Richtlinie Metallanschlüsse an Putz und Wärmedämm-Verbundsystemen (Fachverband der Stuckateure für Ausbau und Fassade, 2003)
- Richtlinie Fassadensockelputz/Außenanlage (Fachverband der Stuckateure für Ausbau und Fassade, 2013)
- Richtlinie Anschlüsse an Fenster und Rollläden bei Putz, Trockenbau und Wärmedämm-Verbundsysteme (Fachverband der Stuckateure für Ausbau und Fassade, 2010)
- Richtlinie Ausführung luftdichter Konstruktionen und Anschlüsse (Fachverband der Stuckateure für Ausbau und Fassade, 2009)
- Empfehlung für den Einbau/Ersatz von Metall-Fensterbänken – WDVS-Fassade (Gütegemeinschaft Wärmedämmung von Fassaden e. V., 2011)
- Wärmebrückenratgeber (Fachverband der Stuckateure für Ausbau und Fassade, 2013)
- Strukturierte Putzoberflächen – Visuelle Anforderungen (Hauptverband Farbe, Gestaltung, Bautenschutz, 2008)
- Instandhaltungsleitfaden, Beschichtungen und Verputze auf Fassaden und Wärmedämm-Verbundsystemen (Bundesverband Ausbau und Fassade, 2011)

Die Beachtung der allgemeinen bauaufsichtlichen Zulassung und der Herstellerangaben (Technische Merkblätter) ist unerlässlich, da die Verarbeitung und die Verarbeitungsbedingungen von Produkten in den Herstellerangaben beschrieben sind und eine Nichtbeachtung zum Verlust der Gewährleistung führen kann. Schließlich stellen auch die Angaben im BFS-Merkblatt Nr. 21 (Bundesausschuss Farbe- und Sachwertschutz, 2012) die anerkannten Regeln der Technik dar und sind somit zu beachten. Die Verarbeitung von Wärmedämm-Verbundsystemen wird zudem in der DIN 55699 geregelt. Bewährte Wärmedämm-Verbundsysteme, die aus einer Dämmung mit Polystyrol-Dämmplatten bestehen, sind in DIN EN 13499 geregelt und solche, die aus Mineralwolle-Dämmplatten bestehen, in DIN EN 13500. Die Richtlinien des Fachverbands der Stuckateure für Ausbau und Fassade enthalten eine Vielzahl von Anschlussdetails und Beschreibungen, die vom Verarbeiter dringend beachtet werden sollten.

Darüber hinaus sind folgende Normen von Bedeutung:

- DIN EN 998-1 „Festlegungen für Mörtel im Mauerwerksbau – Teil 1: Putzmörtel“ (2010)
- DIN 4102 „Brandverhalten von Baustoffen und Bauteilen“
- DIN 4108 „Wärmeschutz und Energie-Einsparung in Gebäuden“
- DIN 4109 „Schallschutz im Hochbau“
- DIN EN 13162 „Wärmedämmstoffe für Gebäude – Werkmäßig hergestellte Produkte aus Mineralwolle (MW) – Spezifikation“ (2013)
- DIN EN 13163 „Wärmedämmstoffe für Gebäude – Werkmäßig hergestellte Produkte aus expandiertem Polystyrol (EPS) – Spezifikation“ (2012)
- DIN 18558 „Kunstharzputze; Begriffe, Anforderungen, Ausführung“ (1985)
- DIN EN 1062-1 „Beschichtungsstoffe – Beschichtungsstoffe und Beschichtungssysteme für mineralische Substrate und Beton im Außenbereich – Teil 1: Einteilung“ (2004)
- DIN V 18550 „Putz und Putzsysteme – Ausführung“ (2005)
- DIN EN 15824 „Festlegungen für Außen- und Innenputze mit organischen Bindemitteln“ (2009), Deutsche Fassung EN 15824 (2009)

Wärmedämm-Verbundsysteme müssen einer Vielzahl von physikalischen, chemischen und biologischen Einwirkungen standhalten, vor allem Feuchtigkeit durch Bewitterung, Wärme und Kälte in den verschiedenen Jahreszeiten, Luftschadstoffen, Salzen (Nitrate, Chloride) aus der Umgebung und möglichem mikrobiellen Befall durch Algen, Pilze und Flechten. Schon bei der Planung ist es daher wichtig, dass Planer, Auftraggeber und Auftragnehmer aufgrund der individuellen Produkteigenschaften darüber entscheiden, welches Wärmedämm-Verbundsystem den Anforderungen am besten entspricht und zur Anwendung kommen soll. Auch wenn die Erfahrungen mit Wärmedämm-Verbundsystemen meist positiv sind, kommt es immer wieder zu Schäden, die unterschiedlichen Ursachen zugeordnet werden können. Die Schadensanfälligkeit ist erheblich von der Art der Konstruktion des Gebäudes, den Bedingungen am Objekt, der handwerklichen Ausführung der Dämmarbeiten sowie der Produktqualität des Systems abhängig.

4.2 Fassadendämmmaterialien

Beim Aufbau von Wärmedämm-Verbundsystemen stellen Polystyrol-Dämmplatten, Mineralwolle-Dämmplatten aus Steinwolle und Holzfaserplatten die am häufigsten vorkommenden Dämmplatten dar (siehe Abb. 4.3). Eher seltener wird eine Dämmung aus Korkdämmplatten, Schaf-

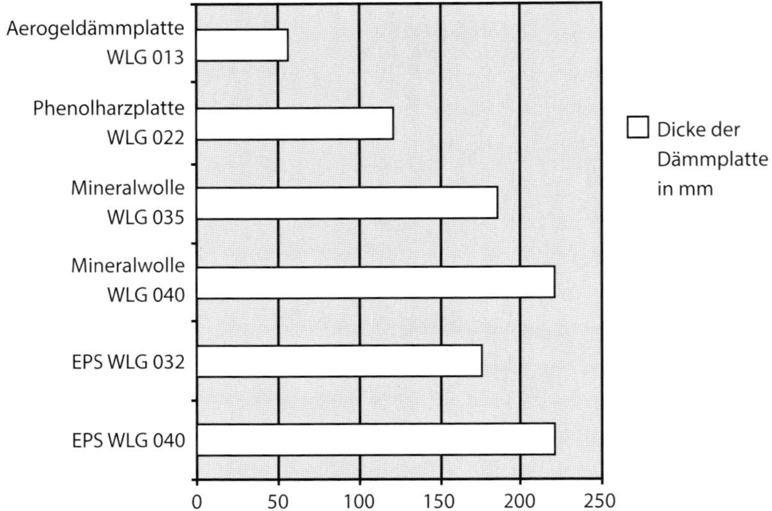

Abb. 4.2: Dicke verschiedener Dämmplatten zur Erreichung des gleichen *U*-Wertes

wolle, Schilf oder sonstigem Dämmmaterial eingebaut. Bei Polystyrol-Dämmplatten wird zwischen extrudierten und expandierten Platten unterschieden: Die Entscheidung, welche Polystyrol-Dämmplatten verwendet werden, wird von der Wärmeleitzahl (WLG) am stärksten beeinflusst. Weitere Entscheidungskriterien sind das Brandverhalten (z. B. graphithaltige Platten) und die Schalldämmung (elastifizierte Dämmplatten).

Extrudierte Polystyrol-Dämmplatten (XPS) weisen bedingt durch das Herstellungsverfahren eine geschlossenzellige Struktur auf und zeigen gegenüber expandierten Polystyrol-Dämmplatten ein deutlich besseres Verhalten bei Feuchtigkeitsbelastung. Sie werden überwiegend im Nassbereich eingesetzt. Einsatzbereiche sind feuchtigkeitsbelastete Orte wie der Perimeter- und der Sockelbereich.
Wärmeleitzahl: 035 oder 040 W/(m · K)

Expandierte Polystyrol-Dämmplatten (EPS) werden aus geblähtem Polystyrolgranulat hergestellt und als Dämmstoffplatte für die Fassadendämmung eingesetzt. Bei der Herstellung wird Polystyrolgranulat mit dem Treibmittel Pentan oder anderen Treibgasen versetzt und unter Wärmezufuhr (Wasserdampf > 100 °C) zu Perlen aufgebläht, wobei das Treibmittel verdampft. Nach Kühlung werden die Perlen in Formen gefüllt und bei einer zweiten Heißdampfbehandlung weiter aufgebläht (Ausschäumen) und miteinander verschweißt. Die dadurch entstandenen Blöcke werden zu Platten geschnitten.
Wärmeleitzahl: 032, 035 oder 040 W/(m · K)

„Graue" Polystyrol-Dämmplatten verfügen laut Hersteller über eine spezielle Gerüststruktur, bei der graphitfarbene Partikel als Infrarotabsorber im Aufbau der Zellen wirken. Die Strahlungsdurchlässigkeit des Materials für Wärme wird stärker ausgeschaltet als bei EPS- und XPS-Platten und erhöht die Dämmleistung um bis zu 20 % gegenüber herkömmlichen EPS-Platten. Graue Dämmplatten weisen bessere Eigenschaften bezüglich des

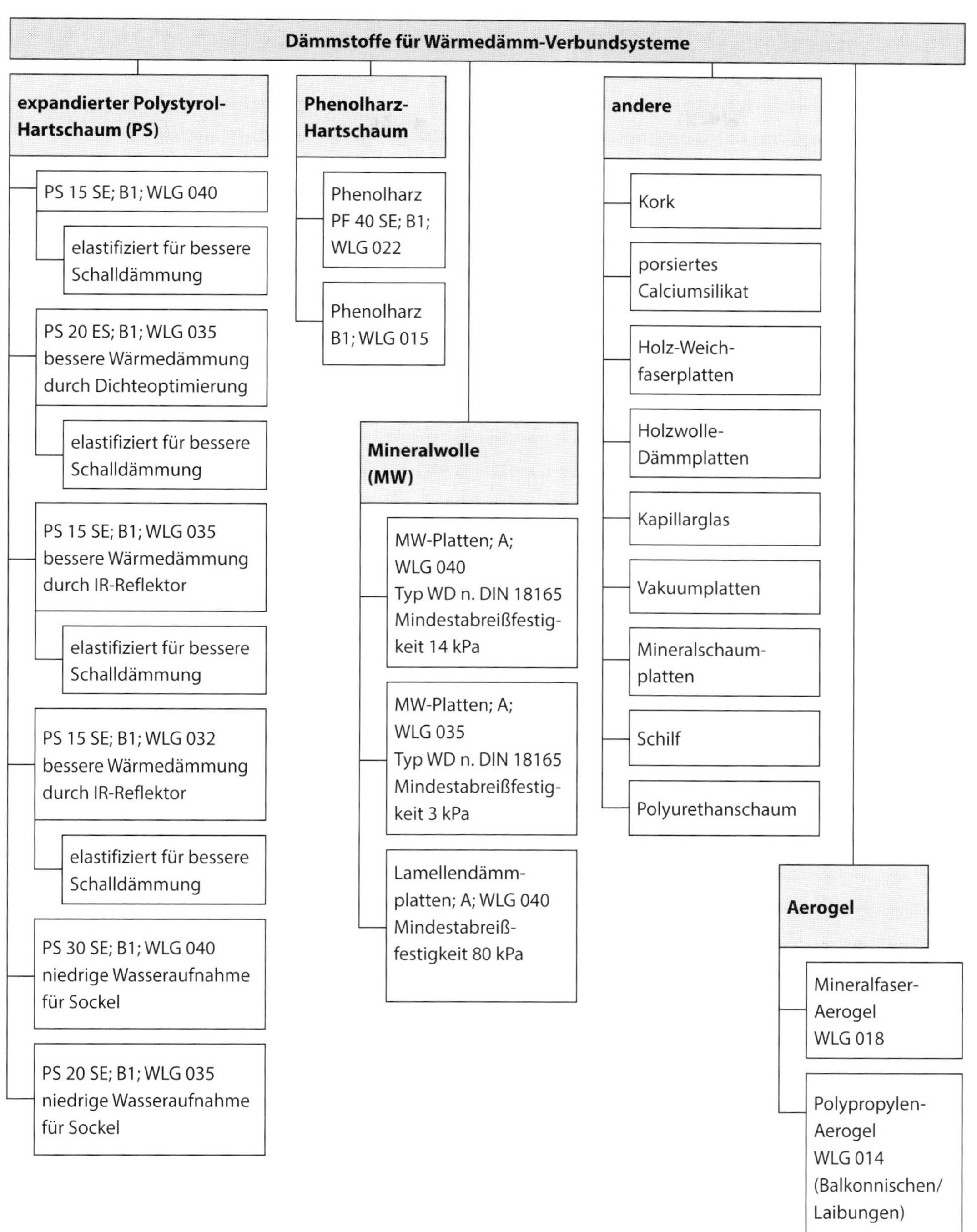

Abb. 4.3: Übersicht über die gängigen Fassadendämmstoffe

Brandverhaltens auf. Die Vorschrift, Brandriegel über Gebäudeöffnungen anzubringen, kann entfallen, wenn eine doppelte Gewebeschlaufe wie in Abschnitt 3.6 beschrieben eingebaut wird.
Wärmeleitzahl: 032 oder 035 W/(m · K)

Phenolharz-Dämmplatten (PF) weisen eine geschlossene Zellstruktur auf und ermöglichen eine wesentliche Reduzierung der Dämmstoffdicke (ca. 50 %). Das Material ist relativ spröde und entspricht der Baustoffklasse B1 (schwer entflammbar). Da dieser Dämmstoff erst seit kürzerer Zeit in der Fassadendämmung eingesetzt wird, liegen keine Langzeiterfahrungen in der Praxisbewährung vor.
Wärmeleitzahl: 022 W/(m · K) je nach Plattendicke

Polystyrol-Vakuumdämmung wird mit speziellen Dämmplatten (Hoch-Tief) als Dämmschicht in zwei Ebenen angelegt. Die erste Ebene wird direkt auf der Wand verklebt. Die entstandenen Vertiefungen werden mit der zweiten Schicht ausgeglichen und verschlossen. In den Dämmplatten sind Vakuum-Isolationspaneele integriert. Die Dämmplatten sind so konstruiert, dass sich die Isolationspaneele im Polystyrol überlappen und laut Hersteller eine Wärmebrückenbildung ausschließen. Bedingt durch die guten Dämmeigenschaften kann die Plattendicke minimiert werden. Durch die Polystyrolhülle werden die Vakuum-Isolationspaneele geschützt.
Wärmeleitzahl: < 007 W/(m · K)

Vakuum-Isolationspaneele (VIP) verfügen über hohe Dämmwerte, sind aber bedingt durch die empfindliche Oberfläche sehr schwierig zu verarbeiten. Die Paneele können nicht zugeschnitten werden und müssen daher dem jeweils zu dämmenden Objekt entsprechend geplant und angefertigt werden. Die Umhüllungsfolie darf beim Einbau nicht beschädigt werden und kann somit nicht mechanisch befestigt (Dübel) werden.
Wärmeleitzahl: < 005 W/(m · K)

Mineralwolle-Dämmplatten und Mineralwolle-Lamellendämmplatten bestehen aus Steinwolle. Diese entsteht durch die Verschmelzung von Stein und Recycling-Materialien mit anderen Rohstoffen bei 1.500 °C und wird im flüssigen Zustand zu Fasern versponnen. Um den Produkten Stabilität und Wasser abweisende Eigenschaften zu geben, werden Bindemittel und Imprägnierungsöl hinzugefügt. Mineralwolle-Dämmplatten und Mineralwolle-Lamellendämmplatten unterscheiden sich in erster Linie durch die Ausrichtung der Fasern. Bei der Mineralwolle-Dämmplatte verläuft die Faser parallel und bei der Mineralwolle-Lamellendämmplatte rechtwinklig zur Wandfläche. Lamellendämmplatten sind durch die „stehende Faser" biegsam und weisen eine hohe Zugfestigkeit auf. Die rechtwinklige Faserausrichtung wirkt sich jedoch negativ auf die Schallübertragung aus. Mineralwolle-Dämmplatten und Mineralwolle-Lamellendämmplatten werden mit und ohne werkseitige Beschichtung (Haftbrücke) geliefert. Es empfiehlt sich generell, die beschichteten Platten den unbeschichteten vorzuziehen, da diese eine wesentlich bessere Benetzung zum Kleber bzw. Armierungsputz aufweisen.
Wärmeleitzahl: Mineralwolle-Dämmplatten 035 oder 040 W/(m · K);
Mineralwolle-Lamellendämmplatten 040 W/(m · K)

Holzfaser-Dämmplatten werden ebenfalls zur Fassadendämmung (diffusionsoffene Bauweise) eingesetzt. Zur Herstellung von Holzfaserplatten werden vor allem Nadelhölzer (Resthölzer aus Sägereien, Hackschnitzel, Schwarten, Spreißel) verwendet. Die Herstellung erfolgt überwiegend im Nassverfahren, wobei die holzeigenen Bindemittel (Lignin) für den Zusammenhalt des fertigen Werkstoffes genutzt werden. Holzfaser-Dämmplatten weisen durch die höhere Rohdichte im Vergleich zu anderen Dämmstoffen einen schlechteren winterlichen Wärmeschutz auf. Dieser geringere Wärmeschutz muss dann durch eine höhere Dämmdicke ausgeglichen werden.
Wärmeleitzahl: 045 W/(m · K)

Aerogel-Dämmmaterialien werden als die Innovation im Bereich der Hochleistungsdämmstoffe offeriert. Aerogel wird aus Kieselsäure (Siliziumdioxid) gewonnen. Das wässrige Gel wird in einer speziellen Verfahrensweise hergestellt und getrocknet. Bedingt durch die poröse Struktur ergibt Aerogel einen Feststoff mit einer sehr hohen Dämmwirkung. Aerogel besteht aus einem verzweigten, offenporigen Netzwerk mit einem Porenvolumengehalt von > 95 %. Dämmstoffe mit Aerogel zeichnen sich durch eine hohe Wärmedämmung und Schallabsorption aus.
Dämmstoffe mit Aerogel sind in unterschiedlichen Varianten, derzeit in einer Art Mineralfaserdämmstoff, erhältlich.
Wärmeleitzahl: 0,013 bis 0,019 W/(m · K)

Anforderungen an EPS-Dämmplatten

Die Anforderungen an EPS-Dämmplatten nach DIN-Normung unterscheiden sich in einigen Punkten von den Richtlinien der Fachverbände Industrieverband Hartschaum e. V. und Fachverband Wärmedämm-Verbundsysteme e. V., wie Tabelle 4.1 zeigt.

Tabelle 4.1: Vergleich der Produktanforderung von Dämmplatten aus EPS-Hartschaum nach DIN EN 13163 bzw. ETAG 004 und EPS-Fassaden-Dämmplatten nach den Richtlinien des Industrieverbandes Hartschaum e.V. (IVH) und des Fachverbandes Wärmedämm-Verbundsysteme e.V.; Stand November 2011 (vgl. Industrieverband Hartschaum e.V./Fachverband Wärmedämm-Verbundsysteme e.V., 2011)

Merkmale	DIN EN 13163/DIN V 4108-4/ DIN 4108-10/ETAG 004	Anforderungen gemäß IVH und Fachverband Wärmedämm-Verbundsysteme
Rohstoffe	Regenerat zulässig[1)]	frei von werksfremdem Regenerat
Querzugfestigkeit	≥ 100 kPa[3)]	bei angeklebten und/oder gedübelten Systemen TR 100 ≥ 100 kPa bzw. TR 80 ≥ 80 kPa (elastifizierte Platten[5)]), bei Schienensystemen TR 150 ≥ 150 kPa (keine elastifizierten Platten)

Fortsetzung Tabelle 4.1

Merkmale	DIN EN 13163/DIN V 4108-4/ DIN 4108-10/ETAG 004	Anforderungen gemäß IVH und Fachverband Wärmedämm-Verbundsysteme
irreversible Längenänderung	keine Anforderungen	≤ 0,15 %
Längen- und Breitentoleranz	L2; W2 = ± 2 mm/m[1)]	± 2 mm/m Deklaration: L2; W2
Dickentoleranz	T2 = ± 1 mm[1)]	± 1 mm Deklaration: T2
Plattenebenheit	P4 = ± 5 mm/m[1)]	± 3 mm/m Deklaration: P4
Rechtwinkligkeit	S2 = ± 2 mm/m[1)]	± 2 mm/m Deklaration: S2
Dimensions-stabilität unter definierten Temperatur-bedingungen	2 %[1)] bzw. 5 % (elastifizierte Platten)[1)]	2 % bzw. 5 % (elastifizierte Platten) Deklaration: DS(70,-)2 bzw. DS(70,-)5
Dimensions-stabilität unter Normalklima	± 0,2 %[1)]	± 0,2 % Deklaration: DS(N) 2
Wärmeleit-fähigkeit	Nennwert λ_D[2)] (Herstellerangabe nach Erstprüfung)	Bemessungswerte: $\lambda = 0{,}035$ W/(m · K) $\lambda = 0{,}032$ W/(m · K)
Scherfestigkeit	≥ 20 kPa[4)]	≥ 50 kPa bzw. ≥ 25 kPa (elastifizierte Platten[5)])
Schermodul	≥ 1.000 kPa[4)] bzw. ≥ 300 kPa[4)] (elastifizierte Platten)	≥ 1.000 kPa bzw. ≥ 300 kPa (elastifizierte Platten[5)])
Brandverhalten	Euroklasse E[1)]	Baustoffklasse B1 nach DIN 4102-1 Euroklasse E nach DIN EN 13501-1
Wasseraufnahme	≤ 1 kg/m²[1)]	≤ 0,2 kg/m²

[1)] Anforderungen nach DIN EN 13163
[2)] Anforderungen nach DIN V 4108-4
[3)] Anforderungen nach 4108-10
[4)] Anforderungen nach ETAG 004
[5)] Anforderungen nach abZ/ETA

DS	Dimensionsstabilität bei definierten Temperatur- und Feuchtebedingungen
DS(N)	Dimensionsstabilität im Normalklima
L	Längentoleranz
P	Plattenebenheit
S	Rechtwinkligkeit
T	Dickentoleranz
W	Breitentoleranz
λ	Wärmeleitfähigkeit

Anforderungen an Mineralwolle-Dämmplatten

Auch für Fassadendämmplatten aus Mineralwolle gehen aus den entsprechenden Normen bestimmte Anforderungen hervor, die in einigen Punkten von denen des Fachverbandes Wärmedämm-Verbundsysteme e. V. (WDV) übertroffen werden, wie Tabelle 4.2 zeigt.

Tabelle 4.2: Vergleich der erhöhten Produktanforderungen des Fachverbandes Wärmedämm-Verbundsysteme e.V. (WDV) an Mineralwolle für WDVS im Vergleich zu den Normanforderungen; Stand September 2006

Merkmale	Regelung gemäß DIN EN 13162 bzw. Anforderungen nach DIN 4108-10	erhöhte Anforderungen gemäß Fachverband Wärmedämm-Verbundsysteme
Brandverhalten	nicht brennbar nach DIN 4102-1 Baustoffklasse A 2	nicht brennbar nach DIN EN 13501 Euroklasse A1
Rohdichtetoleranz	keine Anforderungen	±15 % Abweichung vom Nennwert
Zugfestigkeit senkrecht zur Plattenebene	MW-Platten WAP-zg ≥ 5,0 kPa WAP-zh ≥ 7,5 kPa MW-Lamellen WAP-zh ≥ 7,5 kPa	MW-Platten WAP-zg ≥ 5,0 kPa WAP-zh ≥ 14,0 kPa MW-Lamellen WAP-zh ≥ 80,0 kPa
Dickentoleranz	T 4: kleinster Wert aus –3 % oder –3 mm (der größere numerische Wert ist maßgebend) und +5 % oder +5 mm (der kleinere numerische Wert ist maßgebend)	MW-Platten +3/–1 mm (T 5) MW-Lamellen ±1 mm
Rechtwinkligkeit	5 mm/m	2 mm auf 500 mm Schenkellänge, entspricht 4 mm/m
Längentoleranz	±2 %	±5 mm/m
Breitentoleranz	±1,5 %	MW-Platten ±2 mm/m MW-Lamellen ±3/– 1 mm/m
Ebenheit	$S_{max.} \leq 6$ mm auf der Platte	$S_{max.} \leq 3$ mm/m
Dimensionsstabilität bei definierter Temperatur	DS (T+) 48 h Lagerung bei 70 ±2 °C: Dimensionsänderung ≤ 1 %	DS (T+)
Wasserdampfdiffusion	keine Anforderung	$\mu \approx 1{,}0$

Fortsetzung Tabelle 4.2

Merkmale	Regelung gemäß DIN EN 13162 bzw. Anforderungen nach DIN 4108-10	erhöhte Anforderungen gemäß Fachverband Wärmedämm-Verbundsysteme
Druckfestigkeit	nur für WAP-zh ≥ 10,0 kPa	MW-Platten WAP-zg ≥ 5,0 kPa WAP-zh ≥ 40,0 kPa MW-Lamellen WAP-zh ≥ 40,0 kPa

DS(T+) Dimensionsstabilität bei definierter Temperatur
S_{max} Ebenheit
T Dickentoleranz
WAP-zg Außendämmung der Wand unter Putz-geringe Zugfestigkeit
WAP-zh Außendämmung der Wand unter Putz-hohe Zugfestigkeit
μ Wasserdampf-Diffusionswiderstandszahl

4.3 Anforderungen an den Untergrund

Bei der Auswahl eines geeigneten, auf die Objektgegebenheiten abgestimmten Wärmedämm-Verbundsystems ist es nicht ausreichend, nur den zu dämmenden Untergrund zu untersuchen. Es müssen auch die entsprechenden Vorschriften und Richtlinien, insbesondere die Landesbauordnung (z. B. Berücksichtigung vom Brandschutz und Grenzüberbauung), die Energieeinsparverordnung (erforderliche Dämmdicke), die Vorgaben der allgemeinen bauaufsichtlichen Zulassung (insbesondere Untergrundbeurteilung, Verarbeitung und Systemkonformität) berücksichtigt werden. Jeder Hersteller eines Wärmedämm-Verbundsystems muss eine entsprechende allgemeine bauaufsichtliche Zulassung vorweisen (siehe Kapitel 4.1). Die Zulassungsnummer muss auf jedem Gebinde, welches zur Erstellung eines Wärmedämm-Verbundsystems verwendet wird, ersichtlich sein. Auch die Beachtung der Herstellerangaben ist unerlässlich, da die Verarbeitung und die Verarbeitungsbedingungen von Produkten in den Herstellerangaben beschrieben sind und eine Nichtbeachtung zum Verlust der Gewährleistung führen kann. Schließlich stellen auch die Angaben im BFS-Merkblatt Nr. 21 (Bundesausschuss Farbe- und Sachwertschutz, 2012) die anerkannten Regeln der Technik dar und sind somit zu beachten.

Die Verarbeitung von Wärmedämm-Verbundsystemen wird zudem in der DIN 55699 geregelt. Gemäß DIN 55699 muss der Untergrund so beschaffen sein, dass er sich für das Anbringen eines Wärmedämm-Verbundsystems eignet. Er muss tragfähig, ausreichend trocken und eben sein. Die zur Verwendung vorgesehenen Klebemassen/Klebemörtel müssen mit dem Untergrund verträglich sein. Weiter gibt DIN 55699, Abschnitt 5.3.1, vor:

„Der Auftragnehmer hat bei seiner Prüfung des Untergrundes Bedenken […] insbesondere geltend zu machen bei:
- *ungeeigneter Beschaffenheit des Untergrundes, z. B. grobe Verunreinigungen, Ausblühungen, zu glatte Flächen, verölte Flächen, ungleich saugende Flächen, gefrorene Flächen;*

- *größeren Unebenheiten als nach DIN 18202:1997-04 Tabelle 3, Zeile 5 zulässig;*
- *ungenügenden Verankerungsmöglichkeiten;*
- *zu hoher Baufeuchte.“*

Anmerkung: Die DIN 55699 verweist auf DIN 18202:1997-04. Diese Norm wurde jedoch zwischenzeitlich durch die Ausgabe DIN 18202 „Toleranzen im Hochbau – Bauwerke“ (2012) überholt. Es muss somit die Norm neueren Datums berücksichtigt werden.

Der Verweis auf DIN 18202 kann hier zu einer Verwirrung führen. Besser wäre hier „nur“ der Verweis auf die jeweilige allgemeine bauaufsichtliche Zulassung, da diese maßgeblich ist, was die zulässigen Unebenheiten des Untergrundes betrifft.

Weiter kann der DIN 55699, Abschnitt 6.3, entnommen werden:

„Mit Klebemassen/Klebemörtel dürfen Unebenheiten des Untergrundes von 1 cm, an einzelnen Stellen bis zu 2 cm, ausgeglichen werden. Die Angaben in der Zulassung und die Abhängigkeit vom Befestigungssystem sind dabei maßgeblich. Bei größeren Unebenheiten ist ein Toleranzausgleich vorzunehmen, z. B. durch Ausgleichsputz.“

Untergrundprüfung

Die Untergrundbeschaffenheit muss vor dem Anbringen eines Wärmedämm-Verbundsystems auf seine Eignung geprüft werden. Entsprechende Methoden sind in Tabelle 4.3 vorgestellt. Die genannten Untersuchungsmethoden beschreiben lediglich die Mindestprüfanforderungen, die vor dem Anbringen eines Wärmedämm-Verbundsystems durchzuführen sind, um notwendige Vorarbeiten festzulegen.

Tabelle 4.3: Prüfmethoden zur Erkennung der Untergrundbeschaffenheit vor dem Anbringen von Wärmedämm-Verbundsystemen

Prüfung auf	Prüfmethode	Erkennung	technische Hinweise und Maßnahmen
Feuchtigkeit	Augenschein, Kratzprobe, Geruch	feuchte Flächen, Wasserränder, Verfärbungen zeichnen sich ab	Ursache beseitigen, abtrocknen lassen
Oberflächenfestigkeit	Kratzprobe mit festem, kantigem Gegenstand	Oberfläche wird bei mäßigem Druck beschädigt	lose, lockere oder mürbe Teile entfernen; weiche Schichten sind zur Beschichtung nicht geeignet
	Abreiben mit der Hand	geringer Abrieb	bei geringem Abrieb an der Putzoberfläche mit Tiefgrund grundieren
		starker, tief gehender Abrieb	nicht geeignet für Beschichtungen
	Annässen mit Wasser bis zur Sättigung und Kratzprobe	bei Benetzungsprobe erweicht der Putz	nicht geeignet für Beschichtungen

Fortsetzung Tabelle 4.3

Prüfung auf	Prüfmethode	Erkennung	technische Hinweise und Maßnahmen
Haftfestigkeit der vorhandenen Beschichtung	Gitterschnittprüfung, Klebebandtest	Ablösung der/eines Teils der Beschichtung	nicht fest haftende Beschichtung entfernen
Haftfestigkeit des vorhandenen Putzes	Augenschein, Kratzprobe, Abklopfen	Ablösung der/eines Teils der Beschichtung, Risse	nicht fest haftenden Putz entfernen
Haftzugfestigkeit des Untergrundes	Haftzugprüfgerät (Herion)	Haftzugfestigkeit des Untergrundes in N/mm²	bei Haftzugfestigkeit $< 0{,}08$ N/mm² mechanische Befestigung erforderlich
Sinterschicht	Ankratzen bzw. Anschleifen, anschließend Benetzungsprobe mit Wasser	in trockenem Zustand Oberflächenglanz, geringe Saugfähigkeit; nach Benetzungsprobe Dunkelfärbung der Kratzspur bzw. Schleifspur	Sinterschicht entfernen, mit Mehrfachfluat fluatieren
Saugfähigkeit	Benetzungsprobe mit Wasser	kein Eindringen in die Oberfläche bzw. die Oberfläche nimmt langsam Wasser auf und färbt sich dunkler; Wasser perlt ab	Ursache feststellen und ggf. beseitigen
		bei starker Saugfähigkeit rasche Wasseraufnahme und schnelle Dunkelfärbung	Stark bzw. ungleichmäßig und unterschiedlich saugende Untergründe sind durch eine Grundbeschichtung „Tiefengrund" zu egalisieren.
Ausblühungen	Augenschein	meist weiße Salze oder Calciumcarbonat-Ausblühungen	Feuchtigkeitseinflüsse beseitigen; danach austrocknen lassen und Salze trocken entfernen
Moos, Algen, Pilzbefall	Augenschein	grüner, roter oder dunkler Bewuchs	Befall fachgerecht entfernen; Hochdruckreiniger evtl. mit fungizidem Zusatz einsetzen
Risse	Augenschein	Risserscheinungsbild	je nach Rissart und Umfang geeignete Sanierung durchführen
Verschmutzungen	Augenschein	Augenschein	entfernen
Schadstellen	Augenschein und Abklopfen	Nicht haftender Putz klingt hohl.	Schadstellen ausbessern
Alkalität	Indikatorpapier, destilliertes Wasser, Phenolphthalein	Verfärbung vom Indikatorpapier bzw. Farbtonumschlag bei Phenolphthalein-Lösung	neutralisieren und Neutralisation abwarten

Fortsetzung Tabelle 4.3

Prüfung auf	Prüfmethode	Erkennung	technische Hinweise und Maßnahmen
Schalöl-rückstände	Augenschein, Benetzungsprobe mit Wasser	Augenschein, schlechte Benetzung	entfernen mittels Hochdruckreiniger, ggf. mit Reinigungszusatz
Unebenheiten	Augenschein, evtl. Richtlatte	Unregelmäßigkeiten in der Ebenheit von Oberflächen	Oberflächen entsprechend glätten, evtl. spachteln, verputzen
Verseifungs-beständigkeit	Prüfung mit alkalischem Kleber	verminderte Haftung	Beschichtung entfernen oder geeignetes System verwenden, ggf. organischen Kleber, Klebeschaum oder mechanisches System

Feuchtigkeit im Bauteil

Gemäß den anerkannten Regeln der Technik muss vor Beginn der Dämmarbeiten sichergestellt werden, dass Baufeuchte keinen Schaden im Wärmedämm-Verbundsystem hervorruft. Im BFS-Merkblatt Nr. 21 (Bundesausschuss Farbe- und Sachwertschutz, 2012) wird diese Anforderung beschrieben:

„Der Baukörper soll möglichst trocken sein. Bei Neubauten sollten Estrich und Innenputz rechtzeitig eingebaut und getrocknet sein. Mindestens muss jedoch gemäß Systemzulassung die Oberfläche des Untergrundes (z. B. Mauerwerk, Beton, Holzwerkstoffplatte) trocken sein. Während der Anbringung des WDVS muss sichergestellt sein, dass der Untergrund nicht durch Regen belastet wird. Bei erhöhter Baufeuchte, z. B. durch nachträglichen Innenausbau mit Putz- oder Estrichmörtel, muss bauseits für eine ausreichende Lüftung und Trocknung Sorge getragen werden (gegebenenfalls technische Trocknung).

Werden diese Maßnahmen bauseits nicht berücksichtigt, können sich im nachfolgenden Austrocknungsprozess auch Störungen am WDVS ergeben, z. B. Schädigungen des Putzes oder Markierungen der Plattenfugen und Dübel." (BFS-Merkblatt Nr. 21, Bundesausschuss Farbe- und Sachwertschutz, 2012, S. 17)

Vor Beginn der Dämmmaßnahmen sollte die Baustofffeuchtigkeit der Außenwand gemessen werden. Diese sollte die „Ausgleichsfeuchtigkeit" erreicht haben. Es empfiehlt sich dringend, zu klären, wer für eine ausreichende Lüftung sorgen muss. Es ist nicht geregelt, wie eine ausreichende Lüftung zu erfolgen hat. Die Überwachung der Luftfeuchtigkeit im Gebäude sollte entsprechend dokumentiert werden. Schäden im Wärmedämm-Verbundsystem, die durch eine überhöhte Baufeuchte während der Bauphase eintreten, machen sich oft erst Monate später bemerkbar. Häufig ist es dann schwierig, die tatsächliche Schadensursache zu ermitteln.

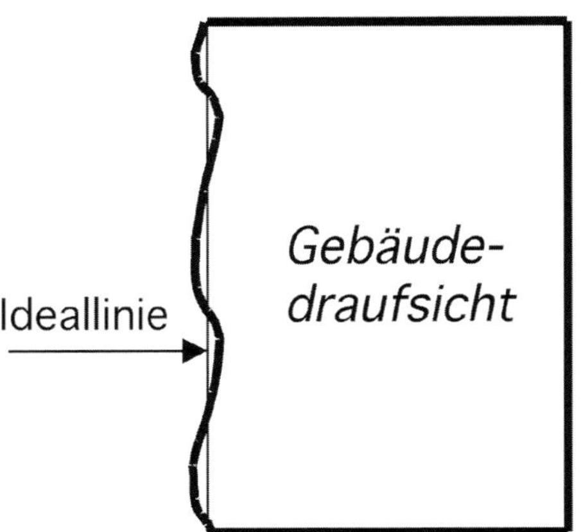

Abb. 4.4: Untergrundtoleranzen bei Wärmedämm-Verbundsystemen

4.4 Kriterien zur Planung und Wahl des Wärmedämm-Verbundsystems

Untergrund

Bei der Systemauswahl und der Befestigung von Wärmedämm-Verbundsystemen wird zwischen tragfähigen und nicht tragfähigen Untergründen unterschieden. Von einem tragfähigen Untergrund wird ausgegangen, wenn die Wandoberfläche eine Abreißfestigkeit von mindestens 0,08 N/mm^2 aufweist (siehe Tabelle 4.3). Dies kann bei normgerechtem Beton oder unverputztem Mauerwerk ohne weitere Haftzugprüfung vorausgesetzt werden. Ein nicht tragfähiger Untergrund liegt vor, wenn die Oberfläche die Mindestabreißfestigkeit nicht erfüllt, z. B. bei weichen, mürben oder absandenden Putzen sowie bei Putzen mit Anstrichen. Bei nicht tragfähigen Untergründen müssen die Dämmplatten statisch relevant verdübelt werden.

Die Ergebnisse der Untergrundprüfung sind vom Auftragnehmer zu dokumentieren und dem Auftraggeber gemäß der allgemeinen bauaufsichtlichen Zulassung schriftlich zu bestätigen. Die Untergrundprüfung bzw. die schriftliche Dokumentation beinhaltet somit die Ergebnisse der Abreißfestigkeit, Verträglichkeit, Ebenheit, Dübeltragfähigkeit und der notwendigen Untergrundvorbereitungen.

Ebenheit

Die Beachtung der zulässigen Ebenheitsabweichungen ist u. a. erforderlich, um eine plane Verlegung der Dämmplatten und eine fachgerechte Verklebung bzw. mechanische Befestigung zu ermöglichen. Der Grad an Unebenheiten, den ein Untergrund vor dem Aufbringen der Dämmplatten aufweisen darf, richtet sich nach der Befestigungsart des Wärmedämm-Verbundsystems. So darf die Ebenheitsabweichung pro m Messlänge bei Dämmplatten, die mit dem Untergrund verklebt werden, maximal ± 1 cm betragen. Bei Dämmplatten, die anschließend gedübelt werden, beträgt die Ebenheitsabweichung maximal ± 2 cm und bei mechanischen Systemen, die mittels Halte- und Verbindungsleisten am Untergrund befestigt werden, maximal ± 3 cm (siehe Abb. 4.4). Mit dem Stellfuchs-System lassen sich Ebenheitsabweichungen bis maximal ± 7 cm ausgleichen.

Wird für einen Untergrund, bei dem die Ebenheitsabweichung aber mehr als ± 1 cm beträgt, ein geklebtes Wärmedämm-Verbundsystem vorgesehen, so gibt es die Möglichkeit, eine Ausgleichsspachtelung auf den Untergrund aufzubringen und diese Abweichungen entsprechend anzupassen oder aber die Dämmplatten zusätzlich „statisch relevant" zu verdübeln. Für diese Entscheidung sind meist wirtschaftliche Überlegungen ausschlaggebend.

Nicht klebegeeignete Untergründe

Bei der Befestigung von Wärmedämm-Verbundsystemen durch das Klebe- oder Klebe- und Dübelverfahren muss der Untergrund entsprechend klebegeeignet sein. Für nicht klebegeeignete Untergründe, wie z. B. nicht tragfähige oder begrenzt tragfähige Altanstriche sowie begrenzt tragfähige Putze, stehen mechanische Wärmedämm-Verbundsysteme zur Verfügung. Bei der Anwendung eines mechanischen Wärmedämm-Verbundsystems (Schienensystem, Stellfuchs-System) ist eine Vorbehandlung des Untergrundes in der Regel nicht notwendig.

Eine mechanische Befestigung sollte bei nicht tragfähigen Putzen nur dann gewählt werden, wenn die Haftung zwischen Putz und Untergrund so weit ausreicht, dass nicht die Gefahr besteht, dass sich während des Anbringens der Halteleisten der Putz löst. Sonst kann ein wesentlich höherer Arbeitsaufwand entstehen, als durch das vorausgehende Entfernen des Putzes entstanden wäre, um dann eine Befestigung durch das Klebe- und Dübelverfahren zu wählen.

Auswahl der Befestigung der Dämmplatten

Vor der Auswahl der Befestigungsart und der zu verwendenden Dämmplatten ist der Untergrund auf seine Tragfähigkeit und Ebenheit zu überprüfen (Kapitel 4.3). Die wichtigsten Elemente eines Wärmedämm-Verbundsystems wie Dämmplatten, Kleber, Armierungsgewebe und -putz sowie Oberputz und Fugendichtband sind in Abb. 4.4 dargestellt.

Vom Planer und Verarbeiter ist grundsätzlich zu prüfen, welche Brandklasse bezüglich des zu dämmenden Projektes einzuhalten ist. Teilweise ergibt sich die zu wählende Befestigungsart anhand der Anforderungen an den Brandschutz, dem daraus resultierenden Dämmmaterial und somit der notwendigen Befestigungsart. Tabelle 4.4 zeigt die Mindestanforderungen an die Befestigung der jeweiligen Dämmplatten bei massiven Außenwänden.

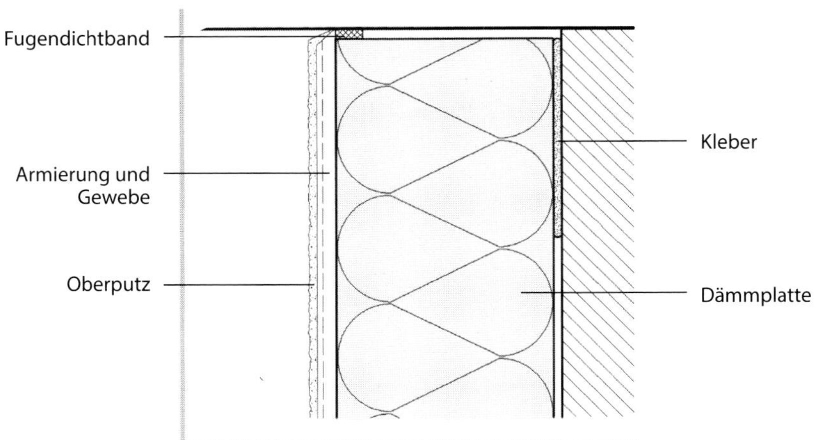

Abb. 4.5: Systembestandteile eines WDV-Systems: Dämmplatte mit komprimiertem Fugendichtband am Anschluss an ein anderes Bauteil, Armierungsputz mit Armierungsgewebe im oberen Drittel bzw. bei organischem Armierungsputz mittig, Oberputz, Kellenschnitt im Anschluss an ein angrenzendes Bauteil

Tabelle 4.4: Mindestanforderungen an die Befestigung von Dämmplatten bei massiven Außenwänden

	Untergrund-Abreißfestigkeit > 0,08 N/mm² **Ebenheitstoleranzen ± 1,0 cm/m**	**Untergrund-Abreißfestigkeit < 0,08 N/mm²** **Ebenheitstoleranzen ± 1,0 cm/m**	**Untergrund-Abreißfestigkeit unabhängig von N/mm²** **Ebenheitstoleranzen ± 2,0 cm/m**	**Untergrund-Abreißfestigkeit unabhängig von N/mm²** **Ebenheitstoleranzen ± 3,0 cm/m**	**Untergrund-Abreißfestigkeit unabhängig von N/mm²** **Ebenheitstoleranzen ± 7,0 cm/m**
Polystyrol-Dämmplatte	Kleber oder Klebeschaum	Kleber + Dübel oder Klebeschaum + Dübel	Kleber + Dübel oder Klebeschaum + Dübel	Kleber + mechanische Befestigung[1)]	Stellfuchs
Mineralwolle-Dämmplatte	Kleber + Dübel	Kleber + Dübel	Kleber + Dübel	Kleber + mechanische Befestigung[1)]	Stellfuchs
Mineralwolle-Lamellendämmplatte	Kleber	Kleber + Dübel	Kleber + Dübel	Kleber + Dübel	
Holzfaser-Dämmplatte	Kleber + Dübel	Kleber + Dübel	Kleber + Dübel		

[1)] Halte- und Verbindungsleisten

4.5 Mechanische Befestigung der Dämmplatten mit Dübeln

Die Befestigung eines Wärmedämm-Verbundsystems hängt vom jeweiligen Untergrund und dessen Beschaffenheit, von den Windsogkräften und der Gebäudehöhe, den Eigenschaften des anzubringenden Wärmedämm-Verbundsystems und dessen Gewicht und den Auszugkräften des zu verwendenden Befestigungsmaterials im jeweiligen Untergrund ab.

Wärmedämm-Verbundsysteme mit einer Dämmung aus Polystyrol-Dämmplatten können in der Regel bei einem Untergrund, der eine Haftzugfestigkeit von mindestens 0,08 N/mm^2 aufweist, und bis zu einer Gebäudehöhe von 22 m ausschließlich durch Verklebung angebracht werden. Bei neu errichteten Baukörpern mit Untergründen aus unbeschichtetem Beton oder Mauerwerk kann eine ausreichende Abreißfestigkeit in der Regel ohne einen weiteren Nachweis vorausgesetzt werden. Falls Unsicherheiten bei der Beurteilung des Untergrundes hinsichtlich der Haftzugfestigkeit bestehen, ist eine Prüfung gemäß DIN 18555-6 „Prüfung von Mörteln mit mineralischen Bindemitteln; Festmörtel; Bestimmung der Haftzugfestigkeit“ (1987) erforderlich.

Dasselbe gilt für Wärmedämm-Verbundsysteme mit einer Dämmung aus Mineralwolle-Lamellendämmplatten bei einer Gebäudehöhe bis 20 m. Wird eine Mineralwolle-Lamellendämmplatte bei Gebäuden mit einer Gebäudehöhe zwischen 20 und 100 m angewendet, ist in jedem Fall eine statisch relevante Verdübelung erforderlich. Grundsätzlich ist die Verdübelung dann auf das gesamte Wärmedämm-Verbundsystem anzuwenden und nicht erst ab einer Gebäudehöhe von 20 m.

Mineralwolle-Dämmplatten sind immer zusätzlich zur Verklebung und unabhängig von der Gebäudehöhe und der Haftzugfestigkeit des Untergrundes mechanisch zu befestigen (Verdübelung) und können ebenfalls bis zu einer Gebäudehöhe von 100 m angewendet werden.

Die häufigsten Fehler bei der statisch relevanten Befestigung von Wärmedämm-Verbundsystemen sind

- eine falsch berechnete Dübelanzahl,
- eine falsch berechnete Dübellänge,
- eine falsche Dübelwahl,
- ein nicht ordnungsgemäßes Einbringen der Dübel und
- fehlender Kleber (bezüglich des Brandverhaltens bei Wärmedämm-Verbundsystemen mit Schienensystem).

4.5.1 Mechanische Befestigung gemäß Windlastnorm

Mit der DIN 1055-4 „Einwirkungen auf Tragwerke – Teil 4: Windlasten“ (2005) wurde 2007 die Standsicherheitsbemessung zur Berücksichtigung der einwirkenden Windlasten bei Gebäuden und somit auch für die Montage von Wärmedämm-Verbundsystemen eingeführt. Die Norm berücksichtigt

Abb. 4.6: Einteilung nach Windlastzonen in Deutschland (Quelle: DIN 1055-4:2005-03, Bild A1)

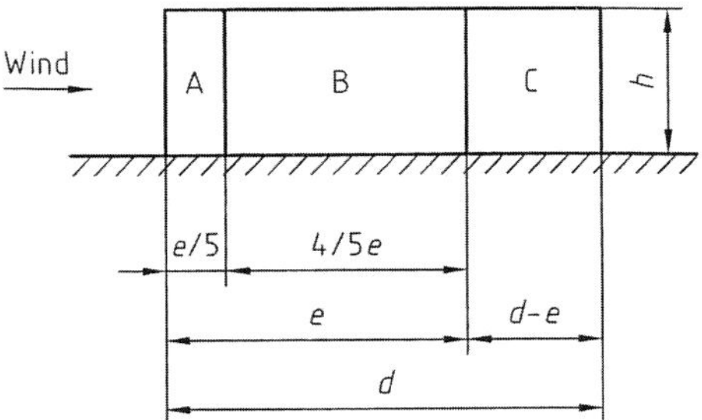

Abb. 4.7: Ermittlung der Rand- und Flächenbereiche (Quelle: DIN 1055-4:2005-03, Bild 4, rechts oben)

E = gesamte Fläche ab Sockel einschließlich der Flächen- und Randbereiche

den Standort des Gebäudes bezüglich der regionalen, geografischen Lage sowie die Gebäudehöhe und teilt die Fassade in Flächenbereiche ein.

Gemäß DIN 1055-4 wird Deutschland in 4 regionale Windlastzonen eingeteilt und es werden die unterschiedlichen Windgeschwindigkeiten berücksichtigt (siehe Abb. 4.6). Die Bundesländer sind den entsprechenden Windlastzonen zugeordnet bzw. unterteilt. Unter https://www.dibt.de/de/.../data/Windzonen_Version_19-07-12.xls (Abruf: 27.05.2014) kann die jeweilige Windlastzone ermittelt werden. Die Windlastzonen entsprechen einer bestimmten Windbeanspruchung. Die Fläche jeder Gebäudeseite muss bezüglich der Windanströmungsrichtung individuell bestimmt werden. Die daraus resultierenden Flächenbereiche werden in maximal 4 Bereiche eingeteilt: A = Randbereich, B, C und E = Flächenbereiche (siehe Abb. 4.7).

Abb. 4.8: Ablösen eines nicht fachgerecht befestigten Wärmedämm-Verbundsystems durch Windsog (Quelle: Ejot Baubefestigungen GmbH, Bad Laasphe)

Die Anforderungen der Norm sind bei der mechanischen Befestigung von Wärmedämm-Verbundsystemen umzusetzen, wobei die Berechnungen sehr aufwendig sind und häufig eine Planung durch einen sachverständigen Ingenieur erfordern.

Standardnachweis

Beim Standardnachweis sind die Windsog- und Winddruckkräfte zu ermitteln. Bei der Belastung durch Windeinwirkung auf die Fassade wird zwischen 2 verschiedenen Einwirkungen unterschieden: Wind, der auf die Fassade drückt, wird als Winddruck bezeichnet. Zerrt der Wind an der Fassade, heißt diese Einwirkung Windsog. Die einwirkenden Windsogkräfte sind für die mechanische Befestigung von Wärmedämm-Verbundsystemen maßgebend (siehe Abb. 4.8). Windsog entsteht durch Windströmungen an der Fassade, welche eine Zugbeanspruchung auslösen. Die Windsogbelastungen fallen entsprechend der Lage, Höhe und Region des Gebäudes unterschiedlich aus.

Zur Ermittlung der Windsog- und Winddruckkräfte sind folgende Prüfungen durchzuführen:

- Festlegung der Windzone in Anhängigkeit von der geografischen Lage des Gebäudes
- Definition der Flächenbereiche sowie der windparallelen Wände für einen bestimmten Windlastfall
- Ermittlung der Höhenstaffelung sowie des maßgebenden Verhältnisses Höhe zu Breite
- Ermittlung der Winddruck- und Sogkräfte in den einzelnen Lastbereichen
- Betrachtung der anderen Windlastfälle (alle in den Gebäudeachsen wirkenden Windrichtungen), sinngemäß wie vorgenommen

Bei Objekten in der Windlastzone 4 ist ein statischer Nachweis immer erforderlich.

Vereinfachter Nachweis

Bei einer Gebäudehöhe bis 25 m besteht gemäß DIN 1055-4 die Möglichkeit zur vereinfachten Ermittlung der Windbelastung in den Windlastzonen 1 bis 3. Es werden die Beanspruchungen für 3 Gebäudehöhen definiert (0 bis

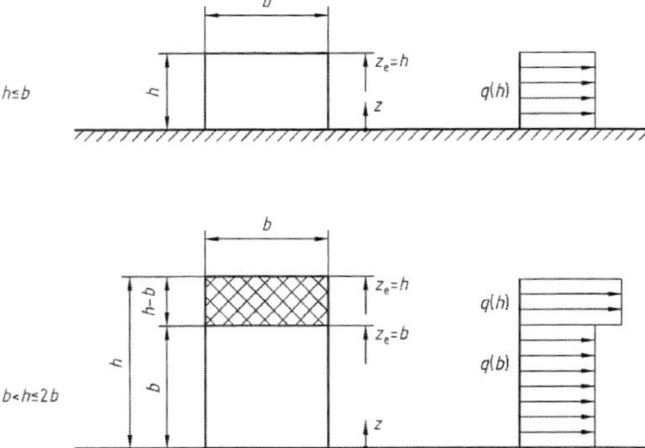

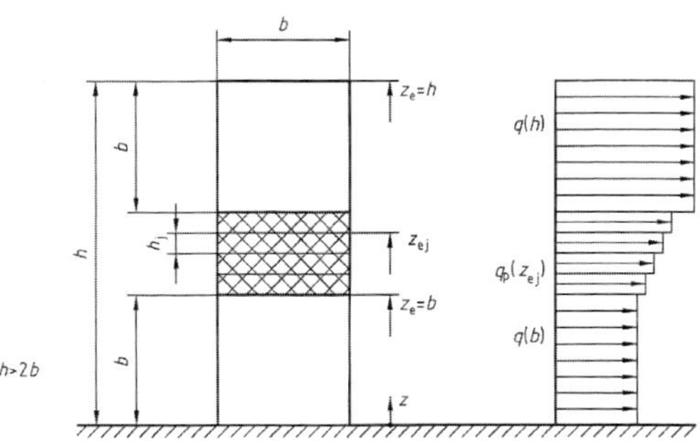

Abb. 4.9: Staffelung der Außendrücke von Baukörpern mit rechteckigem Grundriss nach DIN 1055-4; hierbei wird angenommen, dass der Druck in horizontalen Streifen über die Streifenhöhe konstant ist (Quelle: DIN 1055-4:2005-03, Bild 3).

10 m, 10 bis 18 m; 18 bis 25 m). Diese Beanspruchung gilt über die gesamte Höhe des Gebäudes. Die Anforderungen der Norm sind vom Hersteller und Verarbeiter einzuhalten. Vom Planer sind diese Anforderungen in Ausschreibungen umzusetzen.

Für die Berechnung nach dem vereinfachten Verfahren gelten folgende Voraussetzungen:

- Die Gebäudehöhe beträgt maximal 25 m.
- Das Gebäude liegt in ebenem Gelände.
- Für das Verhältnis der Gebäudegeometrie Höhe zu Breite gilt: $(h/b) \leq 2$; bei ungünstiger Lage des Gebäudes oder einem Verhältnis von $h/b > 2$ ist ein sachverständiger Ingenieur hinzuzuziehen (siehe Abb. 4.9).
- Die Dübelmengen gelten für alle Bereiche A, B, C, E (gesamte Fläche ab Sockel); es gilt die nach der ermittelten Gebäudehöhe höhere Dübelmenge.
- Die Gebäudehöhe wird bis Oberkante First gemessen.
- Die Dübelmengen gelten für die Lastklassen 0,10 bis 0,25 kN bzw. für die entsprechenden WDVS-Klassen; diese sind der jeweiligen bauaufsichtlichen Zulassung zu entnehmen; zur Bestimmung der Dübel ist die jeweils kleinere Lastklasse heranzuziehen.

Bei großen, längeren Gebäuden kann es dennoch sinnvoll sein, eine Berechnung nach dem Standardverfahren durchzuführen. Es besteht die Möglichkeit, dass sich die Dübelanzahl in den Flächen B und C reduzieren lässt, wenn die Dübelanzahl nicht nach dem vereinfachten Verfahren (pauschal) berechnet wird, sondern durch einen sachverständigen Ingenieur nach dem Standardberechnungsverfahren, und somit abgestimmt auf die tatsächlichen Objektgegebenheiten.

Praxisgerechtes Verfahren

Hersteller von Wärmedämm-Verbundsystemen bieten alternativ eine mit dem Deutschen Institut für Baurecht abgestimmte praxisgerechte Regelung nach einem vereinfachten Verfahren an. Hierzu müssen die Hersteller folgende Leistungen bieten:

- Bereitstellung von Dübelmengentabellen für Gebäude bis 25 m Höhe mit vereinfachtem Nachweis für die Windlastzonen 1 bis 3 gemäß Abb. 4.6
- gutachterliche Stellungnahme zum Standsicherheitsnachweis von gedübelten Wärmedämm-Verbundsystemen unter Berücksichtigung der DIN 1055-4 Berichtigung 1 (2006)
- Einführung von Systemtraglastklassen (SLK) und Verknüpfung mit Dübeltragklassen zur einfachen Berechnung oder tabellarischen Ermittlung der Dübelmengen unter Windsogbeanspruchung
- zusätzliche Bereitstellung eines Computerprogramms zur Berechnung erforderlicher Dübelmengen für alle Windzonen und Gebäudehöhen
- kein individueller, gebäudespezifischer Nachweis, sondern Vereinfachung auf nur noch einen Flächenbereich und eine einheitlich zugehörige Dübelmenge

Tabelle 4.5: Dübelmengentabelle zur Anwendung des vereinfachten Nachweisverfahrens: Die Forderungen der Windlastnorm DIN 1055-4 werden eingehalten (nach Fachverband Wärmedämm-Verbundsysteme: Ab 01.01.2007 bläst ein anderer Wind – Regelung für gedübelte WDVS hinsichtlich der Windlastnorm DIN 1055-4).

Bauwerkshöhe über GOF[1] in m			**bis 10 m**	**bis 18 m**	**bis 25 m**
Windzone und Lage	**Windsog w_e in kN/m²**		**Dübelmengen je m²[2]**		
WZ 1 Binnenland			0,738	0,959	1,106
	Last-klassen (kN)	≥ 0,250	**4**	**4**	**6**
		0,200	**4**	**6**	**6**
		0,167	**6**	**6**	**8**
		0,150	**6**	**8**	**8**
		0,133	**6**	**8**	**10**
		0,100	**8**	**10**	**12**
WZ 2 Binnenland			0,959	1,180	1,328
	Last-klassen (kN)	≥ 0,250	**4**	**6**	**6**
		0,200	**6**	**6**	**8**
		0,167	**6**	**8**	**8**
		0,150	**8**	**8**	**10**
		0,133	**8**	**10**	**10**
		0,100	**10**	**12**	**14**

Fortsetzung Tabelle 4.5

Bauwerkshöhe über GOF[1] in m			bis 10 m	bis 18 m	bis 25 m
Windzone und Lage	**Windsog w_e in kN/m²**		**Dübelmengen je m² [2]**		
WZ 3 Binnenland			1,180	1,401	1,623
	Last- klassen (kN)	≥ 0,250	**6**	**6**	**8**
		0,200	**6**	**8**	**8**
		0,167	**8**	**10**	**10**
		0,150	**8**	**10**	**12**
		0,133	**10**	**12**	**12**
		0,100	**12**	**14**	**16**

[1] GOF = Geländeoberfläche
[2] Es wurden keine Unterschreitungen der rechnerischen Dübelmengen (3 %) akzeptiert.

Aus der Dübelmengentabelle (siehe Tabelle 4.5) kann nun abgelesen werden, welche Dübelmenge in Abhängigkeit von der Lage und Höhe des Gebäudes sowie der Dübellastklasse (DLK) benötigt wird, wie folgendes Beispiel zeigt.

Beispiel

Ort:	Starnberg	WZ 2
Gebäude:	Firsthöhe	14 m
	(= Gebäudehöhe bis 18 m)	
System:	EPS-WDV	
	SLK = 0,15 kN	
Dübel:	STR U	
Wandbaustoff:	Vollziegel	
	DLK = 0,50 kN	
	(= Lastklasse 0,15 kN) Der kleinste Wert ist zur Kalkulation maßgebend.	

ergibt einen Bedarf von 8 Dübel/m²

Die Dübelmengen gelten für alle Wand- und Flächenbereiche (A, B, C und E) gemäß DIN 1055-4 (siehe Abb. 4.7). Die Dübelmengentabelle kann angewendet werden für:

- verputzte Wärmedämm-Verbundsysteme,
- klassifizierte Dübelmengen (4 bis 16 Dübel/m²) für die Lastklassen 0,10 bis 0,25 kN,
- das vereinfachte Verfahren nach DIN 1055-4,
- ebenes Gelände,
- das gebäudegeometrische Verhältnis $h/d \leq 2$.

Die Dämmstoffplatten müssen nach Herstellerdübelschema, in Abhängigkeit von Plattenformat, -größe und -dichte, verdübelt werden. Die jeweilige allgemeine bauaufsichtliche Systemzulassung ist zu beachten.

4.5.2 Auswahl von Dübeln

Zur Befestigung von Wärmedämm-Verbundsystemen steht eine Vielzahl von Dübeln der unterschiedlichsten Art zur Verfügung. Grundsätzlich wird zwischen der konstruktiven und der statisch relevanten Dübelung unterschieden. Die konstruktive Dübelung darf angewendet werden, wenn der Untergrund die erforderliche Haftzugfestigkeit von mindestens 0,08 N/mm^2 aufweist, aber dennoch eine zusätzliche Verdübelung stattfinden soll.

Die statisch relevante Verdübelung muss angewendet werden,

- wenn der Untergrund den erforderlichen Haftzugwert nicht aufweist oder
- wenn es der Dämmstoff erfordert.

Es dürfen nur Dübel verwendet werden, die der allgemeinen bauaufsichtlichen Zulassung entsprechen.

Grundsätzlich dürfen nur Dübel verwendet werden, die vom Hersteller für das System freigegeben wurden. Der vorliegende Untergrund muss die erforderlichen Dübelauszugwerte gewährleisten, d. h., er muss so beschaffen sein, dass mit den Dübeln eine ausreichende mechanische Befestigung der Dämmplatten sichergestellt wird. Die Dübellänge richtet sich bei einer Befestigung mit einem Tellerdübel durch die Dämmplatte nach der Dämmdicke, der evtl. vorhandenen (Alt-)Putzschicht sowie der erforderlichen Verankerungstiefe im Mauerwerk. Die Verankerungstiefe ist aus der jeweiligen Zulassung ersichtlich. Der evtl. vorhandene Putz zählt nicht zur Verankerungstiefe.

Dübellänge und -eignung

Bei der Festlegung der Dübellänge sind die Dicke des eventuell vorhandenen Altputzes und eventuelle Unebenheiten, die Kleber- und Dämmplattendicke sowie die Setztiefe (Verankerungstiefe) des Dübels zu addieren. Es ist ggf. die nächstmögliche Dübellänge zu wählen.

Beispiel

Schraubdübel STR-U, Verankerungstiefe 25 mm

Verankerungstiefe	25 mm
Altputz	20 mm
Ausgleichsschicht	15 mm
Dämmplattendicke	140 mm
Dübellänge	**mindestens 200 mm**

Der zu verwendende Dübel muss eine Länge von mindestens 200 mm aufweisen.

Die Eignung von Dübeln ist genau definiert (siehe Tabelle 4.8). Am Buchstaben auf dem Dübel ist ersichtlich, für welchen Untergrund er geeignet ist (siehe Abb. 4.10).

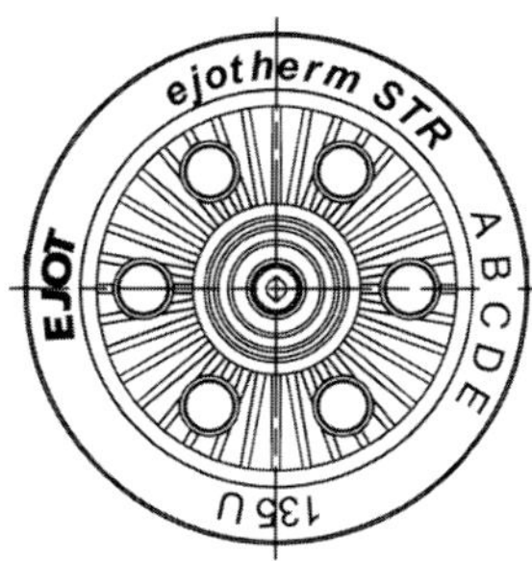

Abb. 4.10: Auf dem Dübel ist am Buchstaben ersichtlich, für welchen Untergrund der Dübel geeignet ist (Quelle: Ejot Baubefestigungen GmbH, Bad Laasphe).

Abb. 4.11: Dübel mit Rondell (Quelle: Ejot Baubefestigungen GmbH, Bad Laasphe)

Abb. 4.12: Gedämmte Fassade nach einem Schneesturm – im Bereich der Dübel taut der Schnee bedingt durch einen höheren Wärmeübergang schneller ab

Tabelle 4.6: Eignung von Dübeln für verschiedene Untergründe

Bezeichnung	geeigneter Untergrund
A	Normalbeton
B	Vollstein (Vollbaustoff)
C	Hohl- und Lochstein (Hohl- und Lochbaustoff)
D	haufwerksporiger Leichtbeton
E	Porenbeton

Schon mit der Auswahl der Dübel können sich evtl. später auftretende optische Beeinträchtigungen reduzieren lassen. Es kann zwischen Dübeln gewählt werden, die mit der Dämmstoffoberfläche abschließen, und Dübeln, bei denen der Dübelteller ca. 20 mm tief in der Dämmplatte „versenkt" wird. Die Vertiefung wird anschließend mit einer vorgefertigten Rondelle, bestehend aus dem jeweiligen Dämmstoff, verschlossen (siehe Abb. 4.11). Dies reduziert den Wärmeübergang und somit das Risiko einer späteren Abzeichnung der Dübel auf der Putzoberfläche (siehe Abb. 4.12).

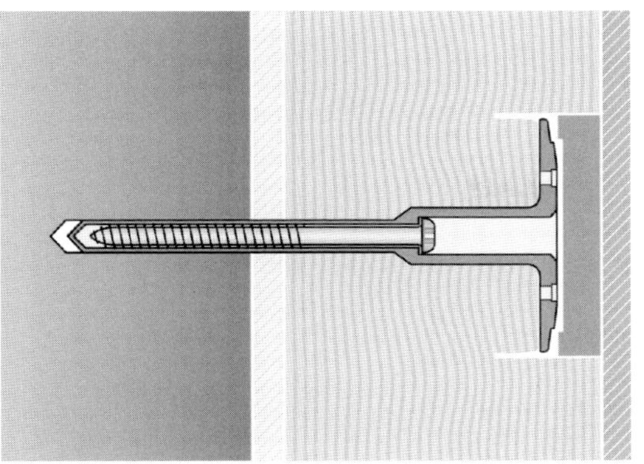

Abb. 4.13: Richtige Dübelmontage: Das Rondell bildet einen bündigen Abschluss und eine homogene Oberfläche (Quelle: Ejot Baubefestigungen GmbH, Bad Laasphe).

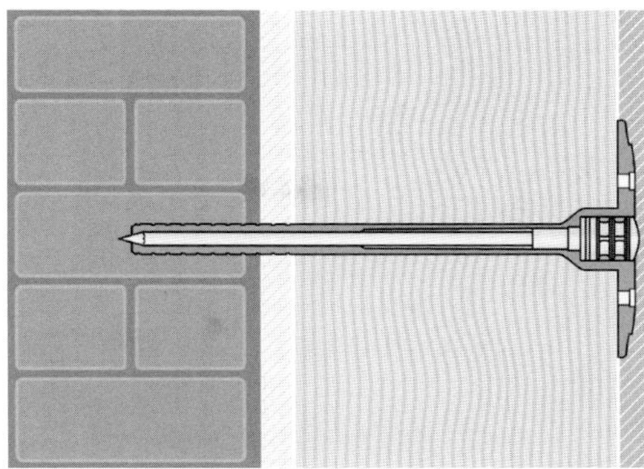

Abb. 4.14: Falsche Dübelmontage: Der Dübelteller liegt auf der Dämmplattenoberfläche (Quelle: Ejot Baubefestigungen GmbH, Bad Laasphe).

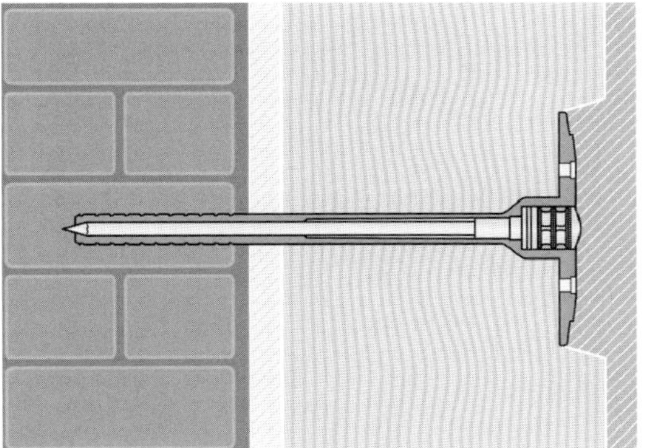

Abb. 4.15: Falsche Dübelmontage: Der Dübelteller wurde zu tief gesetzt (Quelle: Ejot Baubefestigungen GmbH, Bad Laasphe).

Abb. 4.16: Der Dübel wurde zu tief gesetzt.

Montage von Dübeln

Bei der Festlegung der anzuwendenden Dübel ist nicht nur auf die richtige Dübelart, Anzahl und Länge sowie den Auszugwert zu achten: Es ist ebenso wichtig, dass die Dübel ordnungsgemäß gesetzt werden. Die Dübel müssen ebenflächig mit der Dämmplatte abschließen und dürfen nicht über die Dämmplatte hinausragen (siehe Abb. 4.14). Bei Nichtbeachtung können sich sonst, nach Abschluss der Dämmmaßnahmen, Dübel abzeichnen. Sie können Spannungen im Armierungsgewebe und im Armierungsputz erzeugen, was zu einer Rissbildung führt.

Werden Dübel zu tief eingesetzt (siehe Abb. 4.15 und Abb. 4.16) und die Vertiefung mit Armierungsputz aufgefüllt, zeichnen sich diese Dübel nach einem gewissen Zeitraum ebenfalls auf der Putzoberfläche ab. In diesen Bereichen kann sich eine höhere Feuchtigkeit einstellen, welche bewirkt, dass es im Bereich über den Dübeln zu stärkeren Schmutz- und Staubablagerungen kommt. Häufig zeichnen sich diese Bereiche durch runde, dunkel verfärbte Stellen ab, die dann oft von Pilzen oder Algen befallen werden.

Es kann aber auch der gegenteilige Effekt eintreten, wenn z. B. durch die höhere Wärmeleitfähigkeit der Dübel und die dadurch bedingte verstärkte Abführung der Wärmeenergie an der Oberfläche, über den Dübeln, eine Temperaturerhöhung stattfindet. Die Temperaturerhöhung beträgt oft nur wenige Zehntel Grad, was aber genügt, um die Feuchtigkeit schneller abzutransportieren und somit einem Befall durch Algen entgegenzuwirken. Somit kann es vorkommen, dass Fassaden von Algen bewachsen werden, die Oberfläche über den Dübeln aber keinen Bewuchs aufweist und sich dadurch abzeichnet.

Wärmebrückenwirkung bei Dübeln

Entsprechend den allgemeinen bauaufsichtlichen Zulassungen ist die Wärmebrückenwirkung der Dübel in Abhängigkeit von der Dämmstoffdicke zu berücksichtigen. Es empfiehlt sich, Dübel mit einem χ-Wert (punktbezogener Wärmedurchgangskoeffizient der Dübel) von $\leq 0{,}002$ W/K einzusetzen, da durch den geringen Wärmebrückenwert üblicherweise keine Abminderung des U-Wertes der Fassade erfolgt. Auch dieses Kriterium ist bei der Dübelwahl mit zu berücksichtigen. Wenn der punktförmige Wärmebrückeneinfluss in Abhängigkeit von der durchschnittlichen Dübelanzahl n pro m^2 Wandfläche und der Dübelqualität sowie in Abhängigkeit von der Dämmschichtdicke d die in Tabelle 4.7 beschriebenen Werte übersteigt, muss der U-Wert der Fassade korrigiert werden.

Tabelle 4.7: Anzahl der Dübel n pro m^2, ab welcher der U-Wert der Fassade zu korrigieren ist, in Abhängigkeit vom χ-Wert und der Dämmschichtdicke d

χ in (W/K)	$50 \leq d \leq 100$ in mm	$100 < d \leq 150$ in mm	$d > 150$ in mm
0,003	$n \geq 9$	$n \geq 7$	$n \geq 5$
0,002	$n \geq 13$	$n \geq 9$ $n \geq 7$	$n \geq 7$
0,001	$n \geq 17$[1)]	$n \geq 17$[1)]	$n \geq 13$

[1)] maximale Dübelanzahl ohne gegenseitige Beeinflussung

4.5.3 Mechanisch befestigte Wärmedämm-Verbundsysteme

Für nicht klebegeeignete Untergründe stehen sog. Dämmsysteme mit einer mechanischen Befestigung zur Verfügung. Es kann unterschieden werden zwischen Systemen mit einer Befestigung mittels Halte- und Verbindungsleisten (Schienensystem) und dem sog. Stellfuchs-System.

Beim Schienensystem wird die Halteleiste in einem definierten Abstand an der Fassade befestigt, spezielle Dämmplatten, die mit einer Nut und Hinterfräsung ausgestattet sind, werden in „Legomanier“ in die Halteleiste gestellt

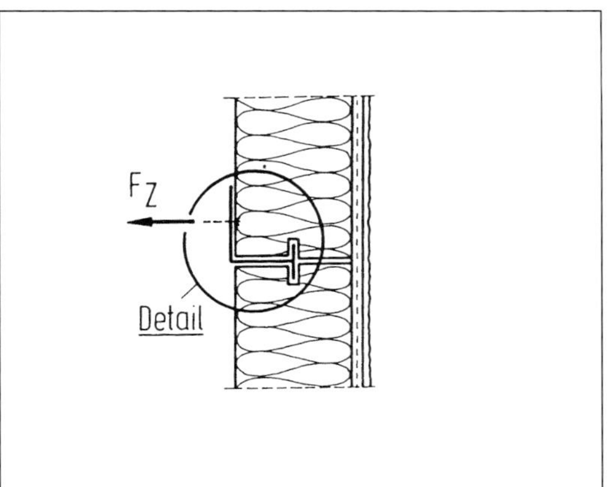

Abb. 4.17: Mechanisch befestigte Wärmedämm-Verbundsysteme werden mittels Halte- und Verbindungsleisten am Untergrund befestigt (Quelle: Cziesielski/Vogdt: Schäden an Wärmedämm-Verbundsystemen. Stuttgart 1999).

Abb. 4.18: Befestigung mit Stellfuchs (Quelle: Fröwis Aktiengesellschaft, Schaanwald/Liechtenstein)

und mit einer Verbindungsleiste eingeklinkt (siehe Abb. 4.17). Bei diesem System ist ein definierter Kleberauftrag auf der Rückseite der Dämmplatte (üblicherweise 2 kg/m^2) bezüglich des Brandverhaltens aufzubringen. Für dieses System stehen Varianten mit Polystyrol- und Mineralwolle-Dämmplatten zur Verfügung. Bei der Verwendung von Polystyrol-Dämmplatten reduziert sich die zulässige Gebäudehöhe bedingt durch eine begrenzte Windsoglast auf eine Höhe von 20 m.

Mit dem Befestigungssystem „Stellfuchs", einer Schraubwendel und einem Rahmendübel, lassen sich auf vielen Untergründen Wärmedämm-Verbundsysteme montieren. Unebenheiten bis 70 mm können ohne Verklebung durch Justieren der Nut- und Federplatten mit dem speziellen Dübel ausgeglichen werden. Zur Verhinderung der Luftströmung sorgt ein eingelegter Mineralwollestreifen im Anschlussbereich von Sockelprofil, Fensterlaibung, Fensterbank und Dachanschluss. Im Ergebnis entsteht bei fachgerechter Montage eine ebene und lotrechte Oberfläche, auf der konventionell weitergearbeitet werden kann.

4.6 Anforderungen an den Brandschutz

Bei der Ausführung von Wärmedämm-Verbundsystemen wird dem Thema Brandschutz, meist aus Unkenntnis, zu wenig Aufmerksamkeit geschenkt. Die häufigsten Mängel beim Brandschutz liegen darin,

- dass erforderliche Brandschutzmaßnahmen meist gänzlich unberücksichtigt bleiben,
- dass Brandschutzmaßnahmen nicht mit der erforderlichen Kenntnis ausgeführt werden und
- dass Brandschutzmaßnahmen nicht oder nur unzureichend geplant werden.

Brandschutzmaßnahmen sind jedoch rechtlich vorgeschrieben, wie der folgende Auszug aus einer allgemeinen baulichen Zulassung zeigt:

„*4.6.2 Stütze und Laibungen*
4.6.2.1 Allgemeine Ausführung

Schwer entflammbare WDVS (Baustoffklasse DIN 4102-B1) mit Dämmstoffplatten mit Dicken über 100 mm bis 300 mm müssen aus Brandschutzgründen wie folgt ausgeführt werden:

a. Oberhalb jeder Öffnung im Bereich der Stürze ist ein mindestens 200 mm hoher und mindestens 300 mm seitlich überstehender (links und rechts der Öffnung) nicht brennbarer Mineralwolle-Lamellenstreifen vollflächig anzukleben; im Kantenbereich ist das Bewehrungsgewebe zusätzlich mit Gewebeeckwinkeln zu verstärken. Werden hierbei auch Laibungen gedämmt, ist für die Dämmung der horizontalen Laibung im Sturzbereich ebenfalls nicht brennbarer Mineralwolle-Dämmstoff zu verwenden.
b. Beim Einbau von Rollladen oder Jalousien unmittelbar oberhalb der Öffnungen bzw. bei der Montage von Fenstern in der Dämmebene sind diese dreiseitig – oberhalb und an beiden Seiten – von einem mindestens 200 mm hohen bzw. breiten nicht brennbaren Mineralwolle-Lamellenstreifen – wie unter a. beschrieben – zu umschließen.

Bei schwer entflammbaren WDVS mit Dämmstoffdicken größer 100 mm bis maximal 200 mm darf die Ausführung von Mineralwollestürzen oberhalb jeder Öffnung entfallen, wenn mindestens in jedem 2. Geschoss ein horizontal um das Gebäude umlaufender Brandriegel angeordnet wird. Der Brandriegel muss aus einem mindestens 200 mm hohen und vollflächig angeklebten Mineralwolle-Lamellenstreifen (Rohdichte 80 kg/m³ bis 100 kg/m³; hergestellt aus Steinfasern) bestehen. Der Dämmstoffstreifen ist so anzuordnen, dass ein maximaler Abstand von 0,5 m zwischen Unterkante Sturz und Unterkante Brandriegel eingehalten wird. In unmittelbar über Öffnungen befindlichen Kantenbereichen ist das Bewehrungsgewebe zusätzlich mit Gewebeeckwinkeln zu verstärken.“ (Allgemeine bauaufsichtliche Zulassung Z.33.43-235, S. 12)

Die Folgen eines nicht ausgeführten Brandschutzes zeigen sich für gewöhnlich nicht unmittelbar nach der Fertigstellung der Dämmmaßnahmen. Daher wird dem Brandschutz oft nur eine untergeordnete Bedeutung beigemessen. Sie zeigen sich jedoch in der Notfallsituation, bei einem Gebäudebrand. Wurde beispielsweise bei einer Polystyrol-Dämmung (Dämmdicke > 100 mm) die erforderliche Brandabschottung über den Gebäudeöffnungen nicht angebracht, kann das abtropfende Polystyrol im Brandfall die Rettung von Menschen behindern. Wird während der Verarbeitung des Wärmedämm-Verbundsystems oder auch nach der Fertigstellung festgestellt, dass gegen die geltenden Brandschutzvorschriften verstoßen wurde, ist die Konsequenz daraus meist ein Rückbau oder, wenn möglich, eine meist aufwendige Nachbesserung des Systems.

Bei der Planung und Ausführung von Wärmedämm-Verbundsystemen sind die entsprechenden Regelungen der jeweiligen Landesbauordnung oder die Forderungen der zuständigen Bauaufsichtsbehörde bezüglich der geforderten Baustoffklassen zu beachten (siehe Tabelle 4.8).

Tabelle 4.8: Baustoffklassen nach DIN 4102-1 und DIN EN 13501-1

nach DIN 4102-1	nach DIN EN 13501-1	Anmerkungen
Baustoffklasse A1	A1	nicht brennbar, ohne Anteile brennbarer Stoffe, z. B. Kalkzementputze
Baustoffklasse A2	A2	nicht brennbar, mit geringen Anteilen brennbarer Stoffe, z. B. Mineralfaser-Dämmplatten/Silikatputz
Baustoffklasse B1	B, C	schwer entflammbar, z. B. Polystyrol-Dämmplatten/Polymerputz
Baustoffklasse B2	D, E	normal entflammbar, z. B. Korkdämmplatten, Holzfaser-Dämmplatten
Baustoffklasse B3	F	leicht entflammbar

Abhängig von der jeweiligen Landesbauordnung müssen ggf. auch Schulen, Kindergärten, Krankenhäuser, Altenheime und ähnliche Objekte als sog. Sonderbauten mit nicht brennbaren Wärmedämm-Verbundsystemen gedämmt werden (siehe Tabelle 4.9). Auch besondere Einbausituationen, wie Brandwände, Gebäudeabschlusswände, Laubengänge, Fluchtbalkone, Feuerwehrdurchfahrten etc., können baurechtlich beim Einbau von Wärmedämm-Verbundsystemen eine Rolle spielen. Das geforderte Brandverhalten ist in den Landesverordnungen als nicht brennbar festgelegt.

Tabelle 4.9: Baurechtliche Forderungen an WDVS bei Sonderbauten

Sonderbau	Grundlage	Brandverhalten
Hochhäuser	Musterhochhausrichtlinie	generell nicht brennbar
Schulen	Schulbaurichtlinie	keine verschärfenden Forderungen gegenüber Gebäuden normaler Art und Nutzung

Fortsetzung Tabelle 4.9

Sonderbau	Grundlage	Brandverhalten
Krankenhäuser und Pflegeheime (nicht betreutes Wohnen)	Krankenhaus-verordnung	bei Gebäuden mit mehr als 1 Geschoss: schwer entflammbar bei Gebäuden mit mehr als 5 Geschossen: nicht brennbar
Versammlungs-stätten	Versammlungs-stättenverordnung	keine verschärfenden Forderungen gegenüber Gebäuden normaler Art und Nutzung
Verkaufsstätten	Verkaufsstätten-verordnung	bei eingeschossigen Gebäuden ohne Sprinkleranlage und mehrgeschossigen Gebäuden mit Sprinkleranlage: schwer entflammbar B1 bei sonstigen Verkaufsstätten ohne Sprinkleranlage: nicht brennbar A
Industriebau	Industriebaurichtlinie	Empfehlung zur Anwendung der Verkaufsstättenverordnung

In DIN EN 13501-1 werden zusätzlich zur Klassifizierung von Bauprodukten und Bauarten und ihrem Brandverhalten die Rauchentwicklung (Kurzzeichen s1, s2, s3 für „smoke") und das brennende Abtropfen/Abfallen (Kurzzeichen d0, d1, d2 für „droplets") bewertet und bezeichnet (siehe Tabelle 4.10). Eine jeweils zahlenmäßig niedrigere Klassifizierung entspricht dabei einer höheren Brandschutzanforderung.

Tabelle 4.10: Gegenüberstellung der europäischen Baustoffklassen mit den gleichzeitig geltenden Klassifizierungen nach DIN 4102-1

Baustoffklasse nach DIN 4102-1 und bauaufsichtlicher Zulassung		Zusatzanforderungen		europäische Klasse DIN EN 13501-1
		kein Rauch	kein brennendes Abfallen/Abtropfen	
A = nicht brennbar	A1	X	X	A1
	A2	X	X	A2 – s1, d0
B1 = schwer entflammbar		X	X	B – s1, d0
				C – s1, d0
			X	A2 – s2, d0 A2 – s3, d0 B – s2, d0 B – s3, d0 C – s2, d0 C – s3, d0

Fortsetzung Tabelle 4.10

Baustoffklasse nach DIN 4102-1 und bauaufsichtlicher Zulassung	Zusatzanforderungen		europäische Klasse DIN EN 13501-1
	kein Rauch	kein brennendes Abfallen/Abtropfen	
B1 = schwer entflammbar	X		A2 – s1, d1 A2 – s1, d2 B – s1, d1 B – s1, d2 C – s1, d1 C – s1, d2
			A – s3, d2 B – s3, d2 C – s3, d2
B2 = normal entflammbar		X	D – s1, d0 D – s2, d0 D – s3, d0 E
			D – s1, d2 D – s2, d2 D – s3, d2 E – d2
B3 = leicht entflammbar			F

Beispiel

Wird ein Wärmedämm-Verbundsystem entsprechend der Klassifizierung „nicht brennbar“ gefordert, so kann dieser Forderung entsprochen werden, wenn Produkte gemäß

- DIN 4102-1 Baustoffklasse A, A1 oder A2 oder
- DIN EN 13501-1 europäische Klasse A1 oder A2 – s1, d0

gewählt werden.

Nicht brennbare Baustoffe müssen u. a. den Anforderungen an die Rauchentwicklung und an das Abfallen/Abtropfen im Brandfall entsprechen. Baustoffe der Baustoffklasse A2 – s2, d0 erfüllen z. B. nicht die Anforderungen an die Rauchentwicklung und dürfen daher in Deutschland nicht eingesetzt werden, wenn eine Anforderung nach der Baustoffklasse „nicht brennbar“ besteht, da dieser Baustoff, wie aus Tabelle 4.10 ersichtlich, nun der Baustoffklasse „schwer entflammbar“ zugeordnet wird.

Ähnlich verhält es sich bei den Anforderungen an schwer entflammbare Baustoffe. Wird ein Wärmedämm-Verbundsystem entsprechend der Klassifizierung „schwer entflammbar“ gefordert, so kann dieser Forderung entsprochen werden, wenn Produkte gemäß

- DIN 4102-1 Baustoffklasse B1 oder
- DIN EN 13501-1 europäische Klasse, mindestens C – s3, d2

gewählt werden.

Schwer entflammbare Baustoffe, die keine Anforderungen an die Rauchentwicklung oder das Abfallen/Abtropfen erfüllen, müssen in eine der oben aufgeführten Klassen eingestuft sein, um verbaut werden zu dürfen.

Werden zusätzliche Anforderungen in Bezug auf die Rauchentwicklung und/oder das brennende Abfallen/Abtropfen gestellt, so sind die Klassen und Leistungsstufen entsprechend der Tabelle 4.10 höher einzustufen.

Wird ein Wärmedämm-Verbundsystem entsprechend der Klassifizierung „normal entflammbar" gefordert, so kann dieser Forderung entsprochen werden, wenn Produkte gemäß

- DIN 4102-1 Baustoffklasse B2 oder
- DIN EN 13501-1 europäische Klasse E – d2

gewählt werden.

Normal entflammbare Baustoffe der Baustoffklasse E – d2 erfüllen keine Anforderungen in Bezug auf das Abfallen/Abtropfen im Brandfall. Normal entflammbare Baustoffe der Baustoffklasse D werden entsprechend dem brennenden Abfallen/Abtropfen zusätzlich in Klassen eingeteilt. An die Rauchentwicklung besteht in diesem Fall keine bauaufsichtliche Anforderung.

In den jeweiligen Landesbauordnungen sind die geforderten Brandschutzmaßnahmen auch von der Höhe des Gebäudes abhängig. Wohngebäude mit mehr als 2 Vollgeschossen müssen gemäß den Landesbauordnungen in der Regel mit Wärmedämm-Verbundsystemen ausgeführt werden, die zumindest der Baustoffklasse B1 (schwer entflammbar) entsprechen. Schwer entflammbare Systeme dürfen bis zu einer Gebäudehöhe von 22 m angewendet werden. Bei Dämmdicken > 100 mm sind zum Erhalt der Schwerentflammbarkeit zusätzliche Brandschutzmaßnahmen erforderlich. Die Anwendung normal entflammbarer Systeme der Brandklasse B2 ist üblicherweise auf Gebäude mit einer geringen Höhe (bis 7 m) beschränkt. Bei der Dämmung von Hochhäusern (Gebäudehöhe 22 bis 100 m) müssen Systeme verwendet werden, die der Brandklasse A2 (nicht brennbar) entsprechen. Aus diesen allgemeinen baurechtlichen Forderungen ergibt sich für Wärmedämm-Verbundsysteme, dass die Mindestanforderungen an den Brandschutz, in Abhängigkeit von der Gebäudehöhe, bei Gebäuden mit geringer Höhe von 0 bis ≤ 7 m mindestens B2 (normal entflammbar), bei Gebäuden mit mittlerer Höhe von > 7 m bis ≤ 22 m mindestens B1 (schwer entflammbar) und bei Hochhäusern > 22 m A2 (nicht brennbar) betragen müssen (siehe Tabelle 4.11).

Tabelle 4.11: Allgemeine baurechtliche Forderungen an WDVS an Gebäuden normaler Art und Nutzung

Anwendungsfall	**Grundlage**	**Forderung an das Brandverhalten von Fassadensystemen**
Gebäude geringer Höhe (≤ 7 m[1]) GK 1 bis 3	Landesbauordnungen	B2 normal entflammbar (DIN 4102-1)
Gebäude > 7 m bis ≤ 22 m[1] GK 4 und 5		B1 schwer entflammbar (DIN 4102-1)
Gebäude > 22 m[1] (Hochhäuser)		A nicht brennbar (DIN 4102-1)
Sonderbauten: z. B. Garagen, Krankenhäuser, Versammlungsstätten, Altenpflegeheime, Schulen, Verkaufsstätten etc.	Sonderbaurichtlinie bzw. Verordnung	zusätzliche, in der Regel verschärfte Forderungen werden erhoben
besondere Einbausituation: z. B. Brandwände, Gebäudeabschlusswände, Laubengänge, Fluchtbalkone, Feuerwehrdurchfahrten	Landesbauordnungen	nicht brennbar

[1] Der angegebene Höhenbereich kann innerhalb der einzelnen Landesbauordnung abweichen.

Bei der Ermittlung der Gebäudehöhe besteht oft Unsicherheit über den anzusetzenden Messpunkt. In der Regel wird die relevante Gebäudehöhe ermittelt, indem der Abstand zwischen der Geländeoberkante und der Höhe des Fußbodens des obersten begehbaren Geschosses gemessen wird. In Bezug auf die Brandschutzanforderungen empfiehlt es sich generell, die Landesbauordnungen zu beachten, da wie bereits erwähnt in den verschiedenen Bundesländern abweichende Regeln möglich sind.

Bei Gebäuden in Hanglage ist bei der Feststellung der Geschosse die Gebäudeseite mit der höchsten Fassade über der Geländefläche entscheidend (siehe Abb. 4.19).

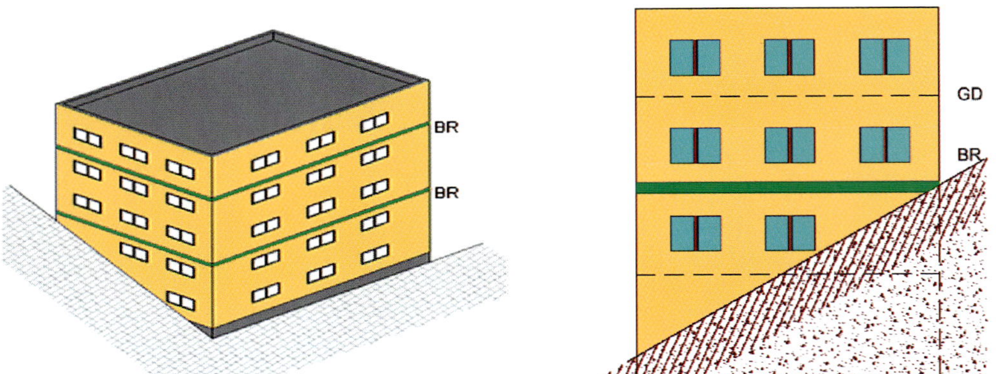

Abb. 4.19: Anordnung von Brandriegeln (BR) bei Gebäuden in Hanglage; GD = Geschossdecke (Quelle: Kotthoff, Ingolf: Ausführungsvarianten zum „Brandriegel" für schwer entflammbare WDVS mit einer Dämmung aus schwer entflammbarem Polystyrol-Hartschaum [DIN 4102-B1] mit Dämmstoffdicken > 100 mm bis ≤ 300 mm, Vortrag Folie 16, Stand: 15. Mai 2008, MFPA Leipzig)

4.6.1 Ausführung von Brandschutzmaßnahmen

Besondere Brandschutzmaßnahmen sind bei Wärmedämm-Verbundsystemen mit Polystyrol-Dämmplatten zu berücksichtigen. Wärmedämm-Verbundsysteme aus Polystyrol-Hartschaumplatten erfordern bei Dämmdicken zwischen 100 und 300 mm besondere Brandschutzmaßnahmen, um die Schwerentflammbarkeit (B1) des Systems zu erreichen. Brandbarrieren bestehen üblicherweise aus Mineralwolle-Lamellendämmplatten oder zulassungsabhängig auch aus Polyurethan-Dämmstoffplatten. Dem Auftragnehmer stehen unterschiedliche Maßnahmen zur Verfügung, um diese Vorgaben entsprechend zu erfüllen. Die Brandbarriere kann, je nach der allgemeinen bauaufsichtlichen Zulassung des jeweiligen Systemherstellers, über jeder Fassadenöffnung als Brandabschottung oder umlaufend als Brandriegel angebracht werden.

Welche Maßnahmen ergriffen werden, richtet sich nach den Gegebenheiten des zu dämmenden Objektes oder der Vorgabe des Auftraggebers. Bei einem Gebäude sollte jedoch grundsätzlich vorab entschieden werden, welche Art der Brandschutzmaßnahmen zur Ausführung kommt. Auf eine Mischung der beiden Varianten sollte verzichtet werden.

Unter 100 mm Dämmdicke sind keine zusätzlichen Maßnahmen erforderlich.

Brandabschottung über Gebäudeöffnungen

Wird die Wärmedämmung mit Polystyrol-Dämmplatten ausgeführt, die eine Dämmdicke > 100 mm aufweisen, sind nach DIN 4102-1 über allen Gebäudeöffnungen (Fenster, Türen) ohne Rollläden sowie bei Vorsatz- und Aufsatzrollläden und bei in Wandöffnungen eingebauten Rollläden Brandabschottungen in Form einer nicht brennbaren Mineralwolle-Dämmplatte oder Mineralwolle-Lamellendämmplatte auszuführen (siehe Abb. 4.20). Die Brandabschottung (Sturzschutz) verhindert einen Brandeintritt in die

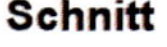

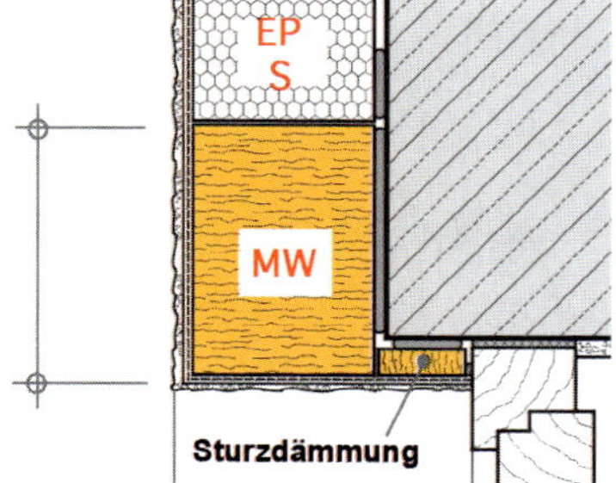

Abb. 4.20: Zur Brandabschottung erforderliche Sturzausbildung mit Mineralwollestreifen im Bereich von Gebäudeöffnungen (Fenster und Türen) bei einer Dämmung mit Polystyrol-Dämmplatten > 100 bis ≤ 300 mm Dämmdicke (Quelle: Fachverband WDV-Systeme, Technische Systeminfo Nr. 6 Brandschutz)

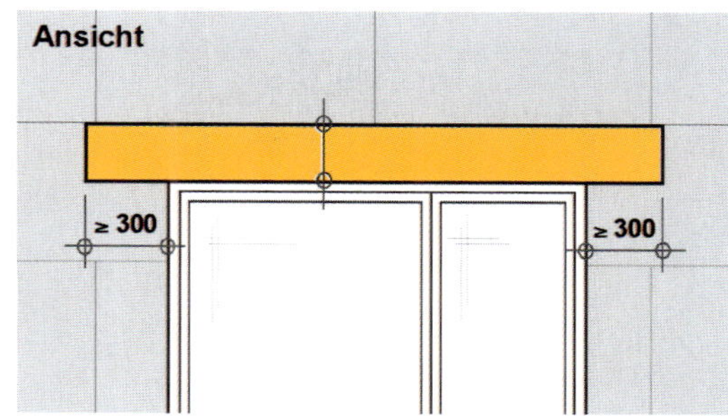

Abb. 4.21: Wird der Sturzbereich mit Mineralwolle oder anderen für diesen Bereich zugelassenen Baustoffen ausgebildet, muss der Brandschutz mindestens 200 mm hoch und mindestens 300 mm seitlich (links und rechts) überstehend angebracht werden. Der Fensterrahmen darf bis zu 40 mm überdämmt werden (Quelle: Fachverband WDV-Systeme, Technische Systeminfo Nr. 6 Brandschutz).

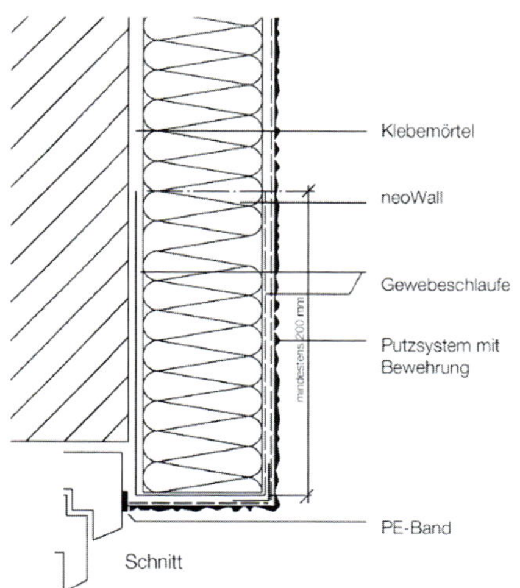

Abb. 4.22: Ausbildung mit doppelter Gewebeschlaufe; bei Dämmplatten mit entsprechender Zulassung kann anstatt des Mineralwollestreifens eine zusätzliche „vorgelegte" Gewebeschlaufe eingebaut werden

Dämmebene. Dabei muss die Mineralwolle eine Mindesthöhe von 200 mm aufweisen und mindestens 300 mm jeweils seitlich über die Gebäudeöffnung (Sturz) hinausragen (siehe Abb. 4.21). Alternativ zu den Mineralwolle-Dämmplatten kann die Brandabschottung auch mit anderen für diesen Bereich zugelassenen Baustoffen wie z. B. Polyurethan-Dämmstoffplatten ausgeführt werden.

Wird die Fassadendämmung mit speziellen Polystyrol-Dämmplatten, die nachweislich verbesserte Eigenschaften in Bezug auf das Brandverhalten aufweisen (sog. „schwarzen Platten"), ausgeführt, kann auf eine Brandabschottung mit Mineralwolle-Dämmplatten oder Dämmplatten mit ähnlichen Eigenschaften verzichtet werden. In diesem Anwendungsfall muss zur Sicherung des Sturzbereichs im Brandfall eine Gewebeschlaufe um die Platten im

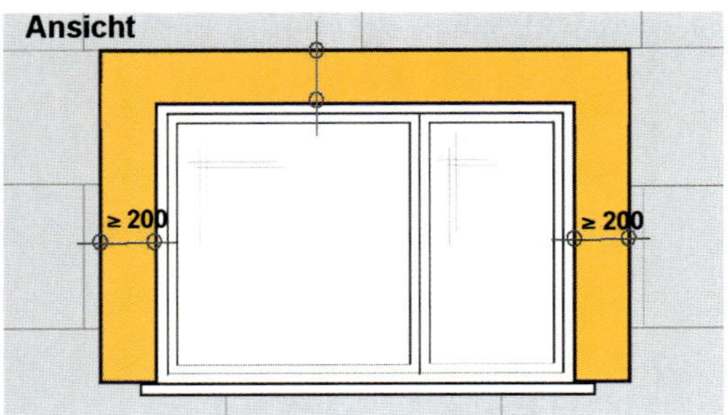

Abb. 4.23: Erforderliche Sturz- und Laibungsausbildung im Bereich von Gebäudeöffnungen (Fenster und Türen) bei vorgelagerten Fensterrahmen und einer Dämmung mit Polystyrol-Dämmplatten von 100 bis 300 mm Dämmdicke bzw. von 100 bis 200 mm Dämmdicke bei mechanischer Schienenbefestigung (Quelle: Fachverband WDV-Systeme, Technische Systeminfo Nr. 6 Brandschutz)

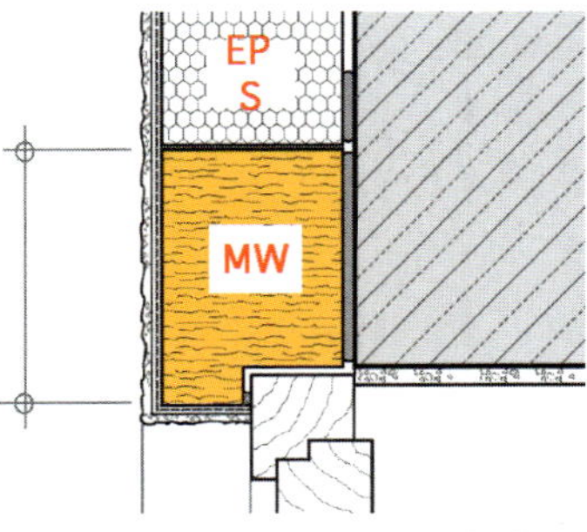

Abb. 4.24: Erforderliche Sturz- und Laibungsausbildung im Bereich von Gebäudeöffnungen (Fenster und Türen) bei vorgelagerten Fensterrahmen und einer Dämmung mit Polystyrol-Dämmplatten von 100 bis 300 mm Dämmdicke bzw. von 100 bis 200 mm Dämmdicke bei mechanischer Schienenbefestigung (Quelle: Fachverband WDV-Systeme, Technische Systeminfo Nr. 6 Brandschutz)

Sturzbereich gelegt werden (Trogbildung), bevor anschließend eine weitere Überarbeitung mit der Flächenarmierung erfolgt (siehe Abb. 4.22).

Die nachfolgenden Diagramme und Skizzen wurden in Anlehnung an die Technische Systeminfo 6 – Brandschutz (Fachverband Wärmedämm-Verbundsysteme, 2009) erstellt bzw. daraus übernommen und stellen lediglich einen Teil der möglichen Brandschutzmaßnahmen dar.

Werden bei Objekten, die mit Polystyrol-Dämmplatten (EPS) gedämmt werden, Fenster in die Dämmebene gesetzt, deren Rahmen mehr als 40 mm vor die Rohbaukante ragen, müssen diese dreiseitig (oben, links und rechts) von einem mindestens 200 mm hohen bzw. 200 mm breiten Brandschutz (Mineralwolle oder ein für diesen Anwendungsfall zugelassener Dämmstoff), der vollflächig zu verkleben ist, umschlossen sein (siehe Abb. 4.23 und Abb. 4.24). Bei Fenstern, deren Rahmen nicht mehr als 40 mm vor die Rohbaukante ragt, genügt aus brandschutztechnischer Sicht die Ausbildung des Sturzschutzes. Seitliche Brandschutzmaßnahmen sind nicht erforderlich (siehe Abb. 4.20 und Abb. 4.21).

Werden vertikale Laibungen gedämmt, so dürfen diese bis zu einer Dämmdicke von 20 mm mit Polystyrol-Dämmplatten ausgeführt werden. Bei Laibungen, die höhere Dämmdicken erfordern, muss Mineralwolle verwendet werden. An den vertikalen Seiten am Anschluss zu Fenstern und Türen mit Dämmdicken über 100 mm ist ein Mineralwollestreifen in einer Breite von mindestens 200 mm anzubringen. Dasselbe gilt auch an den vertikalen Seiten im Anschluss an Fenster und Türen.

Sind über den Gebäudeöffnungen fassadenbündige Einbaurollläden vorhanden, muss die Brandabschottung mindestens eine Höhe von 200 mm aufweisen und mindestens 300 mm jeweils seitlich über die Gebäudeöffnung ragen. Der zu überdämmende Rollladen muss mindestens 50 mm oberhalb

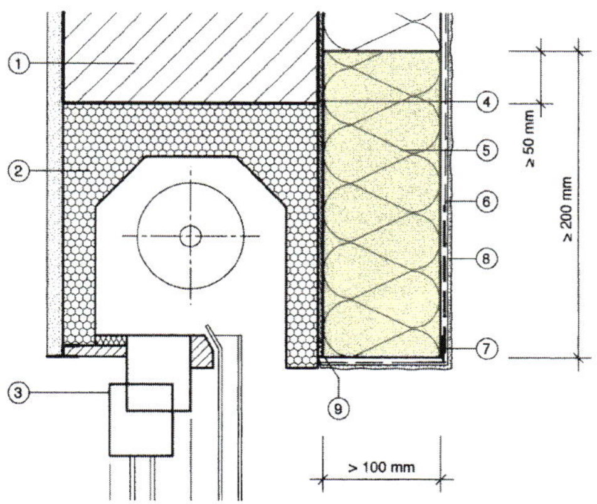

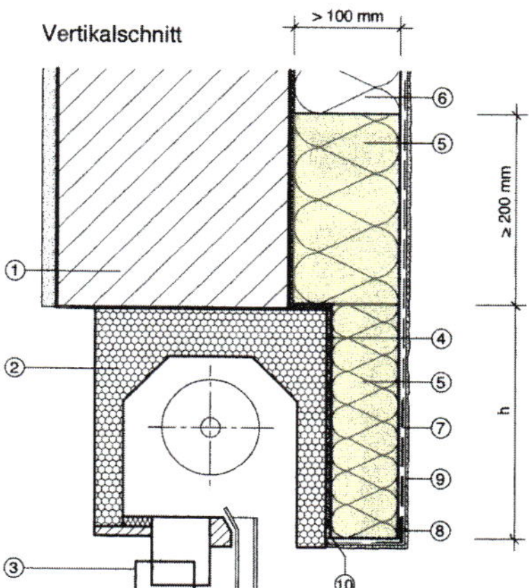

1. Wandbildner
2. Rollladenkasten
3. Fenster/Türrahmen
4. Klebemörtel
5. Mineralwolle oder anderer zugelassener Dämmstoff
6. Armierungsmörtel
7. Kantenschutz
8. Oberputz
9. vorkomprimiertes Fugendichtband
10. Polystyrol-Dämmplatte

Abb. 4.25: Anschluss von vorgesetzten (rechts) und fassadenbündigen Einbaurollläden: Die Überdeckung des Rollladens mit Mineralwolle oder anderen zugelassenen Dämmmaterialien muss seitlich und oben mindestens 50 mm betragen. Bei vorgesetzten Einbaurollläden wird der vorgebaute Bereich mit Mineralwolle gedämmt. Über dem Rollladen sind 200 mm brandschutztechnisch zu berücksichtigen.

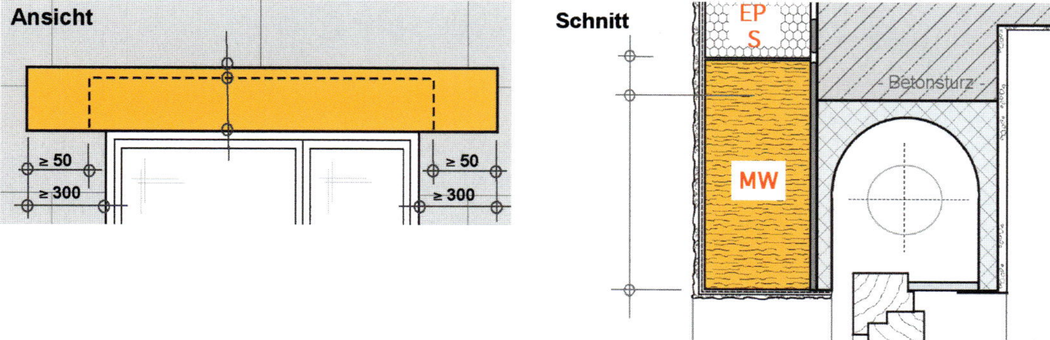

Abb. 4.26 und 4.27: Erforderliche Sturzausbildung im Bereich von Gebäudeöffnungen (Fenster und Türen) bei vorhandenen rohbaubündigen Rollläden und einer Dämmung mit Polystyrol-Dämmplatten von 100 bis 300 mm Dämmdicke (Quelle: Fachverband WDV-Systeme, Technische Systeminfo Nr. 6 Brandschutz)

und seitlich mit der Mineralwolle überdämmt sein. Dies wird in der Regel beim Einbau des Mineralwollestreifens über der Gebäudeöffnung erreicht. Gegebenenfalls ist die Brandabschottung mit Mineralwolle in solchen Ausmaßen zu wählen, dass eine Überdämmung mit mindestens 50 mm über der Rollladenoberkante und den Rollladenseiten gegeben ist (siehe Abb. 4.25). Bei rohbaubündigen Rollläden ist eine Sturzausbildung gemäß Abb. 4.26 und Abb. 4.27 erforderlich.

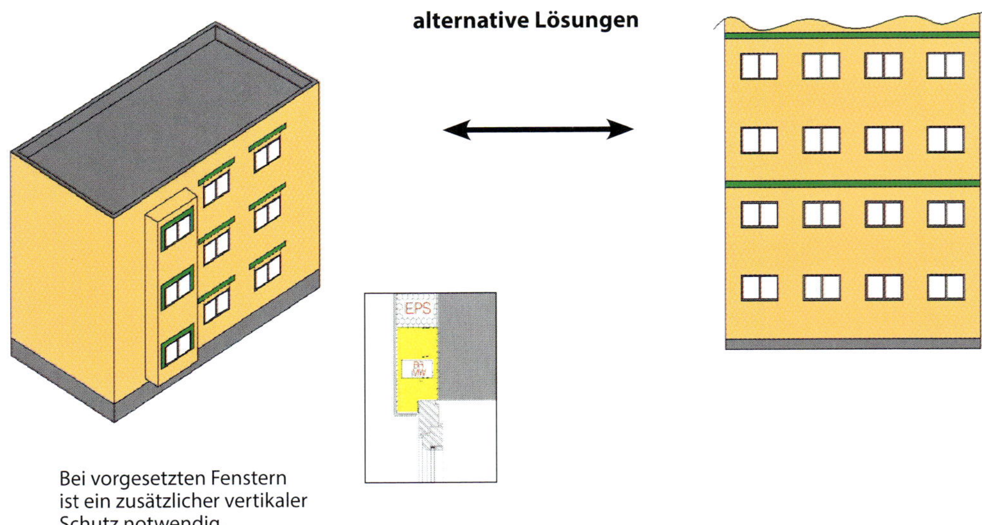

Abb. 4.28: Gegenüberstellung der alternativen Brandabschottung (links) und Brandriegel (rechts): Bei der Brandabschottung sind Sonderausbildungen bei Verschattungseinrichtungen und vorgesetzten Fenstern erforderlich. Beim Einsatz von Brandriegeln ist dies nicht erforderlich (Quelle: Kotthoff, Ingolf: Ausführungsvarianten zum „Brandriegel" für schwer entflammbare WDVS mit einer Dämmung aus schwer entflammbarem Polystyrol-Hartschaum [DIN 4102-B1] mit Dämmstoffdicken > 100 mm bis ≤ 300 mm, Vortrag Folie 6, Stand: 15. Mai 2008, MFPA Leipzig).

Brandriegel

Alternativ zur Brandabschottung (Sturzschutz), die über jeder Gebäudeöffnung angebracht werden muss, wenn die Forderung nach einem schwer entflammbaren System (B1) besteht, kann der erforderliche Brandschutz bei Wärmedämm-Verbundsystemen mit Polystyrol-Hartschaumplatten mit Dämmdicken von 100 mm bis 300 mm auch durch den Einbau eines Brandriegels (umlaufender Brandschutz) erfüllt werden (siehe Abb. 4.28 rechts). Ein umlaufender Brandriegel sichert die Begrenzung eines Brandes in der Dämmebene in jedem zweiten Geschoss. Ziel des Brandriegels ist die Verhinderung der geschossübergreifenden Brandweiterleitung in der Dämmstoffebene. Durch die Anwendung eines umlaufenden Brandriegels ergibt sich der Vorteil, dass keine Ausbildungen von Sonderdetails, wie bei Verschattungseinrichtungen und vorgesetzten Fenstern, erforderlich sind.

Der Brandriegel muss aus nicht brennbarem Material mit einer Mindesthöhe von 200 mm bestehen. Als Brandriegel werden meist Mineralwolle-Dämmplatten verwendet. Es können aber auch andere Baustoffe wie z. B. Polyurethan-Dämmstoffplatten verwendet werden, wenn eine entsprechende bauaufsichtliche Zulassung besteht.

Brandriegel sind in jedem zweiten Geschoss anzubringen. In dem Geschoss, in dem der Brandriegel angeordnet wird, soll der maximale Abstand zwischen Unterkante Sturz und Unterkante Brandriegel 0,5 m betragen. Die Überdämmung von Jalousien oder Rollladenkästen, die sich vor der Außenwand (Vorsatz) befinden, braucht bis zu einer Höhe von 0,4 m bei der

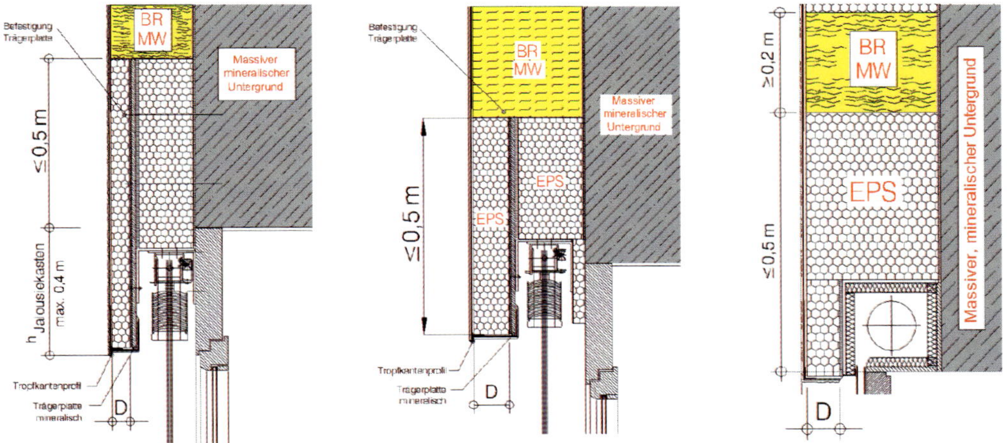

Abb. 4.29: Die Lage des Jalousienkastens zum Öffnungssturz entscheidet über die Ausführung (Quelle: Fachverband WDV-Systeme, Technische Systeminfo Nr. 6 Brandschutz)

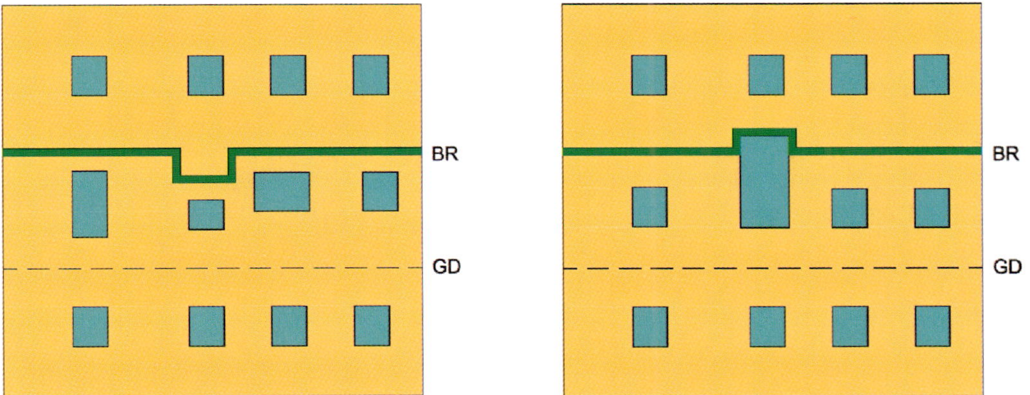

Abb. 4.30: Anordnung des Brandriegels (BR) bei unterschiedlichen Fenstergrößen, links Abtreppung über kleinerem Fenster, rechts Auftreppung über höherem Fenster; GD = Geschossdecke (Quelle: Fachverband WDV-Systeme, Technische Systeminfo Nr. 6 Brandschutz)

Bemessung des Maßes Unterkante Sturz und Unterkante Brandriegel nicht berücksichtigt zu werden, wenn die EPS-Dämmdicke ≤ 100 mm beträgt (siehe Abb. 4.29).

Bei unterschiedlich hoch angeordneten Fenstern im Bereich eines Brandriegels ist die Wahrung des Maximalabstands von 0,5 m über Sturz bei tiefer liegenden Fenstern lokal durch eine „Abtreppung" des Brandriegels möglich (siehe Abb. 4.30 links). Bei höher liegenden Fenstern muss der Brandriegel die Öffnung umlaufen („Auftreppung", siehe Abb. 4.30 rechts). Die Höhe des Versprungs ist auf ca. 1 m zu begrenzen. Auch bei unterschiedlichen Fensterhöhen müssen die Maximalabstände eingehalten werden.

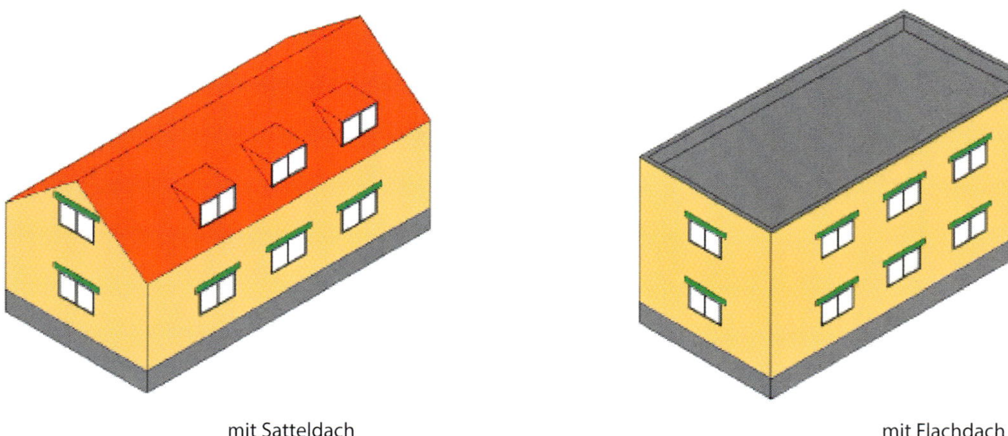

Abb. 4.31: Bei Gebäuden mit geringer Bauhöhe reichen Brandabschottungen (Sturzschutz) oberhalb der Gebäudeöffnungen als Brandschutzmaßnahme aus (Quelle: Fachverband WDV-Systeme, Technische Systeminfo Nr. 6 Brandschutz).

Brandschutz an Gebäuden geringer Höhe

An Gebäuden mit geringer Höhe (GK 1 bis 3) und normaler Art und Nutzung (Wohn- und Bürogebäude) ist aus bauordnungsrechtlicher Sicht die Verwendung normal entflammbarer Außenwandbekleidungen, d. h. Wärmedämm-Verbundsysteme größerer Dicke (> 100 mm) ohne zusätzliche Brandschutzmaßnahme, zulässig. Wenn darüber hinausgehend privatrechtlich die Forderung nach Verwendung eines schwer entflammbaren Wärmedämm-Verbundsystems erhoben wird, ist bei Wärmedämm-Verbundsystemen mit einer Dämmung von 100 bis maximal 300 mm eine Sturzausbildung mit Mineralwolle erforderlich (siehe Abb. 4.31).

Brandschutz an mehrgeschossigen Gebäuden

Grundsätzlich ist mindestens in jedem zweiten Geschoss ein horizontal umlaufender Brandriegel herzustellen. Gemeint sind ausschließlich oberirdische Geschosse. Geschosse unter 1,4 m über Geländeoberkante werden nicht als Geschoss gewertet. Kellergeschosse, bei denen die Deckenoberkante im Mittel nicht mehr als 1,4 m über die Geländeoberkante hinausragt, sind nicht als Geschoss zu werten, ebenso Hohlräume zwischen oberster Decke und Bedachung (Drempel), in denen keine Aufenthaltsräume möglich sind. Bei der Definition der Gebäudehöhe sind die jeweiligen Landesbauordnungen zu beachten.

Der Brandriegel muss mindestens 200 mm hoch und aus einem für diesen Anwendungsfall zugelassenen Dämmstoff bestehen. Er ist so anzuordnen, dass ein maximaler Abstand von 0,5 m zwischen Unterkante Sturz und Unterkante Brandriegel eingehalten wird.

Bei dreigeschossigen Gebäuden können Brandriegel also entweder über dem Erdgeschoss oder über dem ersten Obergeschoss angebracht werden (siehe Abb. 4.32). Im Dachanschlussbereich sind entsprechend Landesbauordnung keine weiterführenden Maßnahmen notwendig. Bei vier- und fünfgeschos-

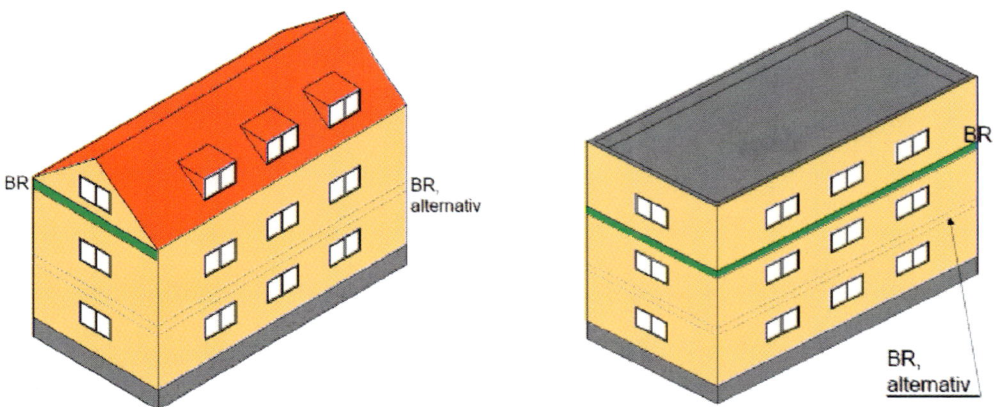

Abb. 4.32: Ausführung der Brandschutzmaßnahmen mit Brandriegeln (BR) bei dreigeschossigen Gebäuden mit Satteldach (links) und Flachdach (rechts) (Quelle: Fachverband WDV-Systeme, Technische Systeminfo Nr. 6 Brandschutz).

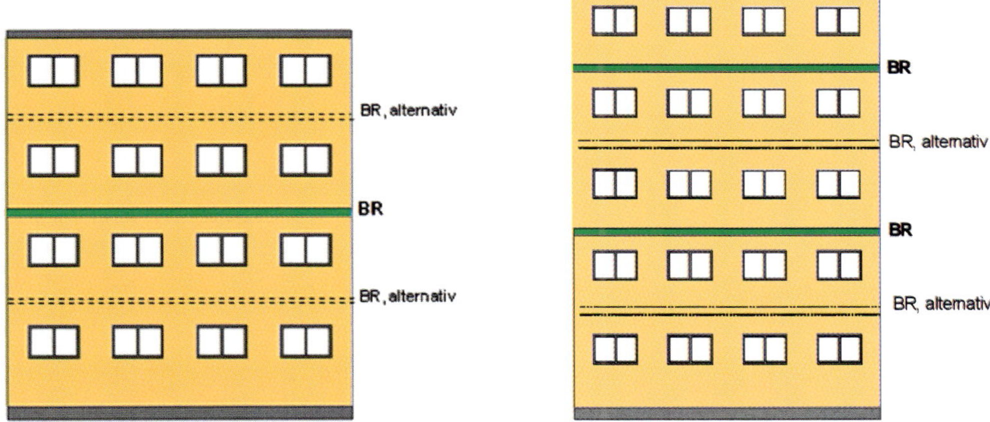

Abb. 4.33: Ausführung der Brandschutzmaßnahmen mit Brandriegeln (BR) bei vier- und fünfgeschossigen Gebäuden (Quelle: Fachverband WDV-Systeme, Technische Systeminfo Nr. 6 Brandschutz).

sigen Gebäuden gibt es bei der Ausführung der Brandriegel über den Geschossen ebenfalls zwei Alternativen, wie Abb. 4.33 zeigt.

Durch den Materialwechsel bei Brandschutzmaßnahmen, z. B. zwischen Polystyrol-Dämmplatten und Mineralwolle-Lamellendämmplatten, kann es im Bereich des Brandriegels oder der Brandabschottung zum Abzeichnen der Plattenstöße kommen (siehe Abb. 4.34). Dies wird entweder von der unterschiedlichen Materialfestigkeit zwischen Mineralwolle-Lamellendämmplatten und Polystyrol-Dämmplatten verursacht, wenn der Armierungsputz beim Armierungsvorgang zu stark aufgedrückt und die Mineralwolle-Lamellendämmplatten etwas eingedrückt werden, oder bei der Verklebung der Dämmplatten. Mit den großformatigeren Polystyrol-Dämmplatten werden Untergrundunebenheiten in diesem Bereich stärker ausgeglichen als mit Mineralwolle-Lamellendämmplatten (h = 0,20 m), sodass die Mineralwolle-Lamellendämmplatten leicht zurückspringen und sich der Höhenversatz im

Abb. 4.34: Bei diesem Gebäude zeichnet sich der Brandriegel im Oberputz ab.

Oberputz abzeichnet. Um hygrothermisch bedingte Abzeichnungen zu vermeiden, können alternativ zur Mineralwolle auch zugelassene PUR-Brandriegel verwendet werden.

Befestigung von Brandschutzvorrichtungen

Für die Befestigung des Brandriegels und der Brandabschottung (Sturzschutz) können mineralische sowie dispersionsgebundene Kleber verwendet werden. Eine Verklebung z. B. mit Klebeschaum ist nicht zulässig. Wird das Wärmedämm-Verbundsystem entsprechend der jeweiligen Zulassung ohne mechanische Befestigung ausgeführt, ist eine vollflächige Verklebung des Brandschutzes ausreichend.

Kommt ein **geklebtes und gedübeltes, schienenbefestigtes** oder **Stellfuchsbefestigtes** Wärmedämm-Verbundsystem zur Anwendung, ist der Brandschutz zusätzlich zur vollflächigen Verklebung wie folgt zu befestigen:

- Befestigung mit zugelassenen WDVS-Dübeln mit Metallspreiznagel oder Metallschraube
- Befestigung in halber Höhe des Brandriegels in einem seitlichen Abstand von maximal 60 cm
- immer 2 Dübel pro Mineralwollstreifen und der Mindestdübelzahl für Wärmedämm-Verbundsysteme

Zu beachten sind die Brandschutzvorschriften auch bei der Sanierung von Wärmedämm-Verbundsystemen, insbesondere bei einer Aufdoppelung des Systems (siehe Brandschutzvorschrift Abschnitt 4.8.3). Werden z. B. auf eine vorhandene Dämmung aus Polystyrol-Dämmplatten von 80 mm Dämmdicke nochmals Polystyrol-Dämmplatten > 20 mm Dämmdicke aufgebracht, kann sich dies brandschutztechnisch vor allem auf den Bereich der Gebäudeöffnungen auswirken. Es ist dann zu prüfen, ob entsprechende Brandschutzmaßnahmen erforderlich sind und ausgeführt werden müssen.

Überdämmen von Brandwänden

Bei der Überdämmung von Brandwänden muss grundsätzlich ein nicht brennbarer Dämmstoff verwendet werden. Wird die Fassade mit schwer entflammbarem Polystyrol gedämmt, ist der Bereich der Brandwand auszusparen und in der Breite der Brandwand mit nicht brennbarer Mineralwolle zu dämmen. Die Breite dieser Überdämmung muss mindestens 200 mm betragen. Die Verklebung erfolgt vollflächig. Die Dämmplatten werden zusätzlich mit Dübeln, entsprechend der allgemeinen bauaufsichtlichen Zulassung, befestigt. Der Abstand der Dübel soll maximal 0,6 m betragen.

Wird die Fassade mit einem mineralischen oder dispersionsgebundenen Putz oder mit Flachverblendern überarbeitet, dürfen diese Produkte die nicht brennbare Mineralwolle bzw. den wechselnden Dämmstoff überbrücken. Durch den relativ geringen organischen Anteil in diesen Produkten kann ein Überbrennen der Brandwand ausgeschlossen werden. Wenn im Bereich der Brandwände Dehnfugen vorhanden sind, so ist auf beiden Seiten der Dehnfuge ein Mineralwollestreifen in einer Breite von mindestens 100 mm anzubringen. Die Ausbildung von Brandwänden ist in den Landesbauordnungen geregelt. Im Anschluss an diese nicht brennbare Überdämmung kann entsprechend der jeweiligen Landesbauordnung mit schwer entflammbarem Dämmstoff gedämmt werden.

Die Ausbildung bauwerksbedingter Fugen, die sich nicht im Bereich einer Brandwand befinden und ins Wärmedämm-Verbundsystem übernommen werden müssen, erfolgt meist mit expandierenden Fugendichtbändern oder Schlaufenprofilen. Bei Polystyrol-Dämmplatten muss ab einer Dämmdicke von > 100 mm der Hohlraum hinter der Fugenausbildung (Fugendichtband, Schlaufenprofil) mit Mineralwolle hinterfüllt werden.

4.6.2 Brandschutz bei Aufdoppelung von Wärmedämm-Verbundsystemen (EPS)

Bei der Schadens- oder energetischen Sanierung von Wärmedämm-Verbundsystemen kann es sinnvoll sein, eine sog. Aufdoppelung vorzunehmen. Bei der Aufdoppelung wird auf das vorhandene Wärmedämm-Verbundsystem eine weitere Dämmung aufgebracht. Zwangsläufig ergibt sich hier der Fall, dass nicht immer mit dem ursprünglichen Wärmedämm-Verbundsystem weitergearbeitet wird, sodass Mischsysteme entstehen können. Liegt bereits eine Dämmdicke von > 100 mm vor oder wird eine Gesamtdämmdicke > 100 mm durch die Aufdoppelung erreicht, sind entsprechende Brandschutzmaßnahmen einzuhalten, um die Schwerentflammbarkeit des Systems zu gewährleisten.

Die Brandklassifizierung wird durch entsprechende allgemeine bauaufsichtliche Zulassungen geregelt. Vorhandene Altsysteme bestehend aus Polystyrol-Dämmplatten sind als normal entflammbar (B2) einzustufen, wenn sie nicht nachweislich schwer entflammbar sind. Ebenso sind vorhandene Altsysteme, bestehend aus Mineralwolle- oder Mineralwolle-Lamellendämmplatten, als schwer entflammbar einzustufen, wenn sie nicht nachweislich nicht brennbar sind. In eingebautem Zustand erfüllt das Gesamtsystem die in Tabelle 4.12 aufgelisteten Anforderungen an das Brandverhalten.

Tabelle 4.12: Anforderungen an das Brandverhalten bei aufgedoppelten Wärmedämm-Verbundsystemen

Brandverhalten des Altsystems	Brandverhalten des Neusystems	Brandverhalten des Gesamtsystems
normal entflammbar	schwer entflammbar	normal entflammbar
	nicht brennbar	
schwer entflammbar	schwer entflammbar	schwer entflammbar
	nicht brennbar	
nicht brennbar	schwer entflammbar	schwer entflammbar
	nicht brennbar	nicht brennbar

Ein schwer entflammbares Gesamtsystem bestehend aus Polystyrol-Dämmplatten mit einer Gesamtdämmdicke von > 100 mm entspricht dem Brandverhalten normal entflammbar, wenn keine Brandschutzmaßnahmen (Brandriegel, Sturzschutz) eingebaut werden.

Werden die Brandschutzmaßnahmen bei der Aufdoppelung ausgeführt, muss der Brandschutz die vorhandene Dämmung durchdringen und auf dem tragfähigen Untergrund befestigt (verklebt und verdübelt) werden. Sind bereits Brandschutzmaßnahmen im Altsystem vorhanden, sind diese auf ihre fachgerechte Ausführung zu überprüfen. Wurde eine fachgerechte Ausführung festgestellt, kann auf die vorhandene Brandschutzmaßnahme aufgedoppelt werden. Anderenfalls ist die vorhandene Brandschutzmaßnahme zu ersetzen.

4.7 Mängel aufgrund von Planungs- und Verarbeitungsfehlern

Um Fehler bei der Anbringung von Wärmedämm-Verbundsystemen zu vermeiden, ist es erforderlich, die einzelnen Details des Wärmedämm-Verbundsystems rechtzeitig zu planen, das Wärmedämm-Verbundsystem seiner Zulassung und den Herstellerangaben gemäß zu verarbeiten und Anschlüsse an andere Bauteile entsprechend auszubilden. Ebenso müssen bei der Sanierung von Wärmedämm-Verbundsystemen vermeindbare Schäden und Mängel erkannt und entsprechend beurteilt werden, damit eine fachgerechte Sanierung durchgeführt werden kann.

Die häufigsten Mängel bei Wärmedämm-Verbundsystemen treten an Fassadenöffnungen im Bereich der Fenster und Türen sowie an Fensterbänken, Balkon- und Blechanschlüssen und im Sockelbereich auf.

Die Ursache dieser Mängel liegt meist in

- der Verarbeitung (siehe Abb. 3.37 und 3.38),
- der Planung (siehe Abb. 4.35 und Abb. 4.36),

Abb. 4.35: Planungsfehler: Verlegen eines Ablaufrohrs im Dämmmaterial

Abb. 4.36: Dachrinne wird in das Wärmedämmverbundsystem geführt

Abb. 4.37: Ablösen des Überholungsanstriches durch die Verwendung eines nicht geeigneten Anstrichmaterials

Abb. 4.38: Rissbildungen durch eine zu geringe Gewebeüberlappung im Bereich zwischen Armierungsgewebe und Gewebeeckprofil

- der Verwendung von ungeeigneten Profilen und
- den äußeren Einflüssen.

Die häufigsten Schadensbilder bei Wärmedämm-Verbundsystemen zeigen sich durch

- Rissbildung im Putz und über den Stoßfugen der Dämmplatten,
- Rissbildung im Anschluss an andere Bauteile,
- Feuchtigkeit im Wärmedämm-Verbundsystem,
- Ablösen von Systembestandteilen,
- Aufwölben der Dämmstoffplatten,
- Flecken- oder Blasenbildung sowie
- optische Störungen.

Nachfolgend werden häufige Mängel bei Wärmedämm-Verbundsystemen und deren Ursache in der Reihenfolge des Systemaufbaues beschrieben.

4.7.1 Mängel im Sockelbereich

Sockelausbildung

Schäden an Fassadensockelputzen sind ein häufiger Mangel bei Wärmedämm-Verbundsystemen. Meist werden diese Schäden durch Feuchtigkeit verursacht und zeigen sich in Form von Ausblühungen und/oder Ablösen von Systembestandteilen. Die Ursache solcher Schäden liegt oft in einer unzureichenden Planung und Ausführung bei der Ausbildung des Sockelbereichs.

Im Sockel und im erdberührten Bereich sind speziell zugelassene sog. Sockel- oder Perimeterdämmplatten (XPS-Dämmplatten und expandierte Dämmplatten mit einem Raumgewicht von mindestens 30 kg/m^3) zu verwenden. Expandierte Dämmplatten (EPS 30) dürfen in der Regel nur bis zu einer Tiefe von maximal 6 m unter der Geländeoberkante angewendet werden. Zur Verklebung und Beschichtung im erdberührten Bereich können Produkte auf Bitumenbasis oder elastifizierte, mineralische Produkte verwendet werden, die vom Hersteller zugelassen sind. Im Sockelbereich, d. h. im spritzwasserbelasteten Bereich der Fassade, welcher mit der Gelände- bzw. Belagoberkante beginnt und eine Höhe von mindestens 30 cm aufweist, können zur Armierung Wasser abweisende Armierungsputze aufgebracht werden, die der Mörtelgruppe P II entsprechen. Der Oberputz muss der Mörtelgruppe P II, III oder Org 1 entsprechen, wobei der Oberputz auf den jeweiligen Armierungsputz abgestimmt sein muss (siehe hierzu auch Tabelle 5.4, insbesondere Druckfestigkeitskategorien entsprechend DIN V 18550).

Wurde die Bitumenbeschichtung über die Sockeloberfläche gezogen, weil z. B. die Geländeoberkante während der Ausführung der Perimeterdämmung noch nicht feststand, kann auf diese Bitumenbeschichtung keine Putzbeschichtung mehr aufgetragen werden. Hier muss vorab ein geeigneter Putzträger aufgebracht werden.

Fehlen bei Beginn der Dämmarbeiten die Höhenangaben bezüglich der späteren Geländeoberkante/Sockelhöhe, sind in jedem Fall schriftliche Bedenken anzumelden. Durch konstruktive Maßnahmen muss das Niederschlagswasser von der Fassade weggeleitet werden, z. B. durch ein Kiesbett. Wird ein Pflaster- oder Plattenbelag bis an die Fassade geführt, muss dieser ein vom Objekt wegleitendes Gefälle gemäß VOB/C ATV DIN 18318 „Verkehrswegebauarbeiten – Pflasterdecken und Plattenbeläge in ungebundener Ausführung, Einfassungen“ (2012), Abschnitt 3.3.4, aufweisen:

„Die resultierende Neigung der Pflasterdecke und des Plattenbelages darf folgende Werte nicht unterschreiten:

- *bei Naturstein mit unbearbeiteter, spaltrauer Oberfläche, auf Fahrbahnen 3,5 %*
- *sonstigen Flächen 3,0 %*
- *in allen anderen Fällen 2,5 %*

Ausführungsbedingte Abweichungen von der planmäßigen Neigung dürfen nicht mehr als 0,4 % betragen.

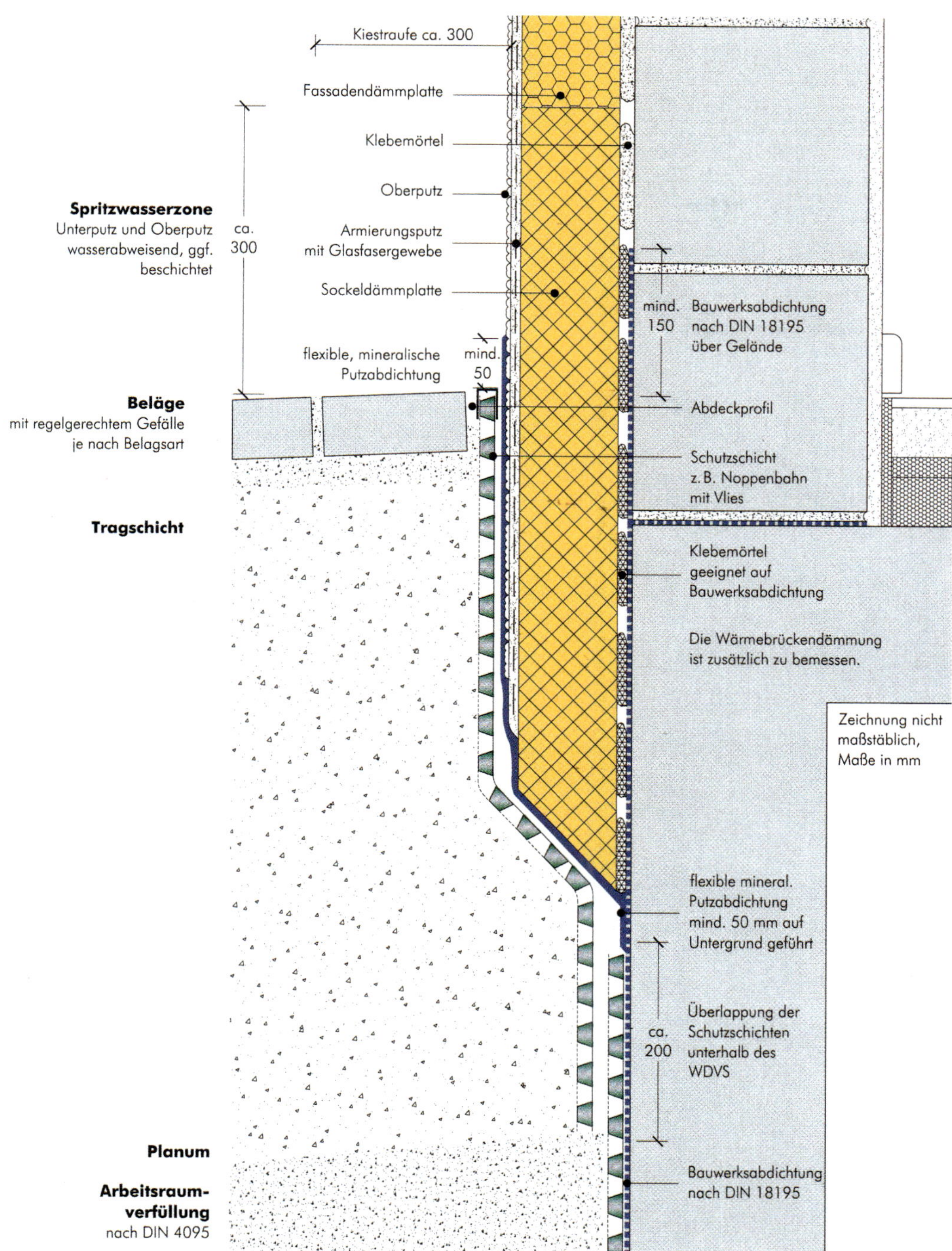

Abb. 4.39: Beispiel einer ordnungsgemäßen Sockelausbildung, Geländeanschluss: Belag mit regelgerechtem Gefälle (Quelle: Fachverband der Stuckateure für Ausbau und Fassade Baden-Württemberg: Richtlinie Fassadensockelputz/Außenanlage, 2013, S. 43)

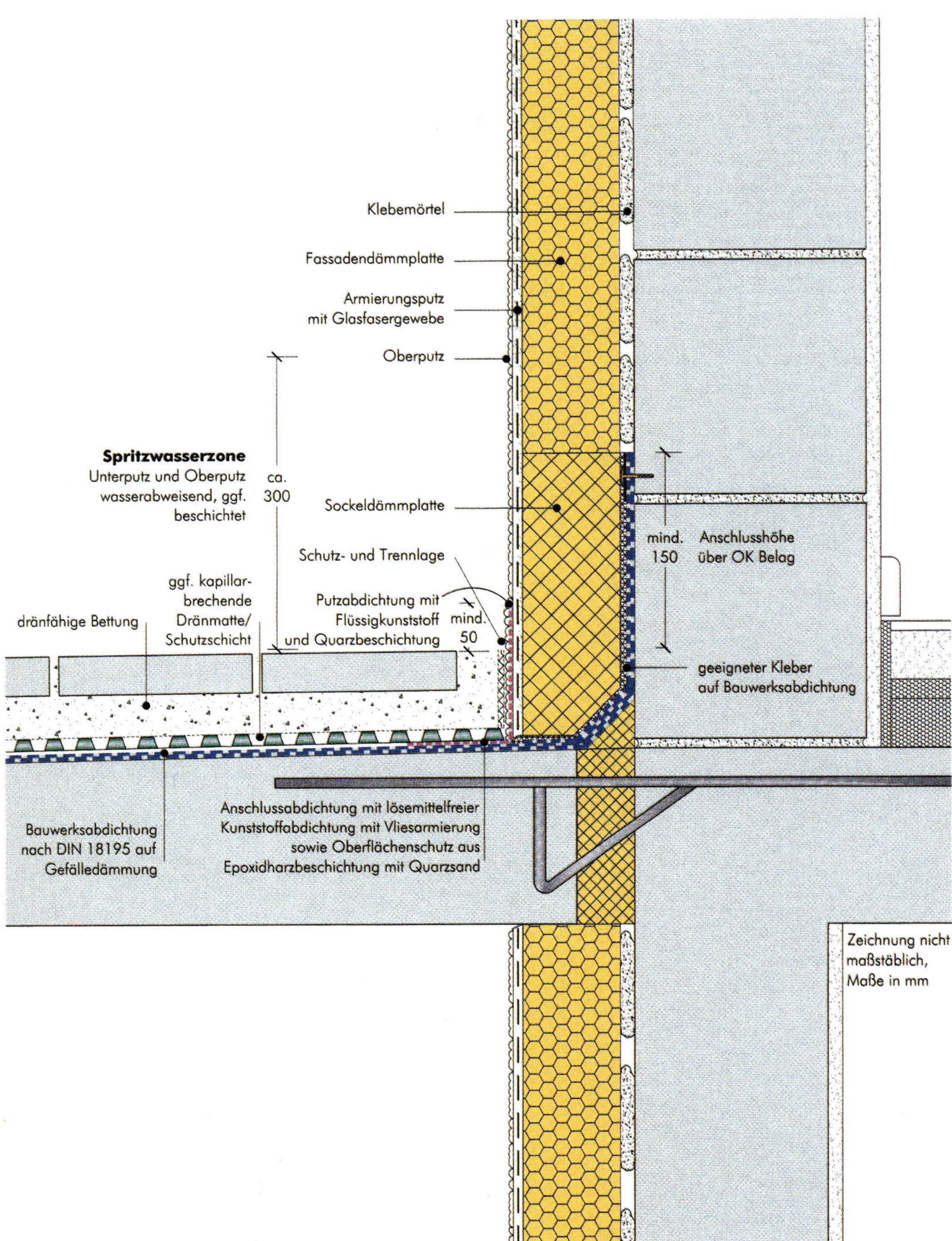

Abb. 4.40: Sockelausbildung flächenbündig, in Belagebene einbindend, Anschluss: Balkone und Terrassen mit lose verlegten Bodenplatten (Quelle: Fachverband der Stuckateure für Ausbau und Fassade Baden-Württemberg: Richtlinie Fassadensockelputz/Außenanlage, 2013, S. 64)

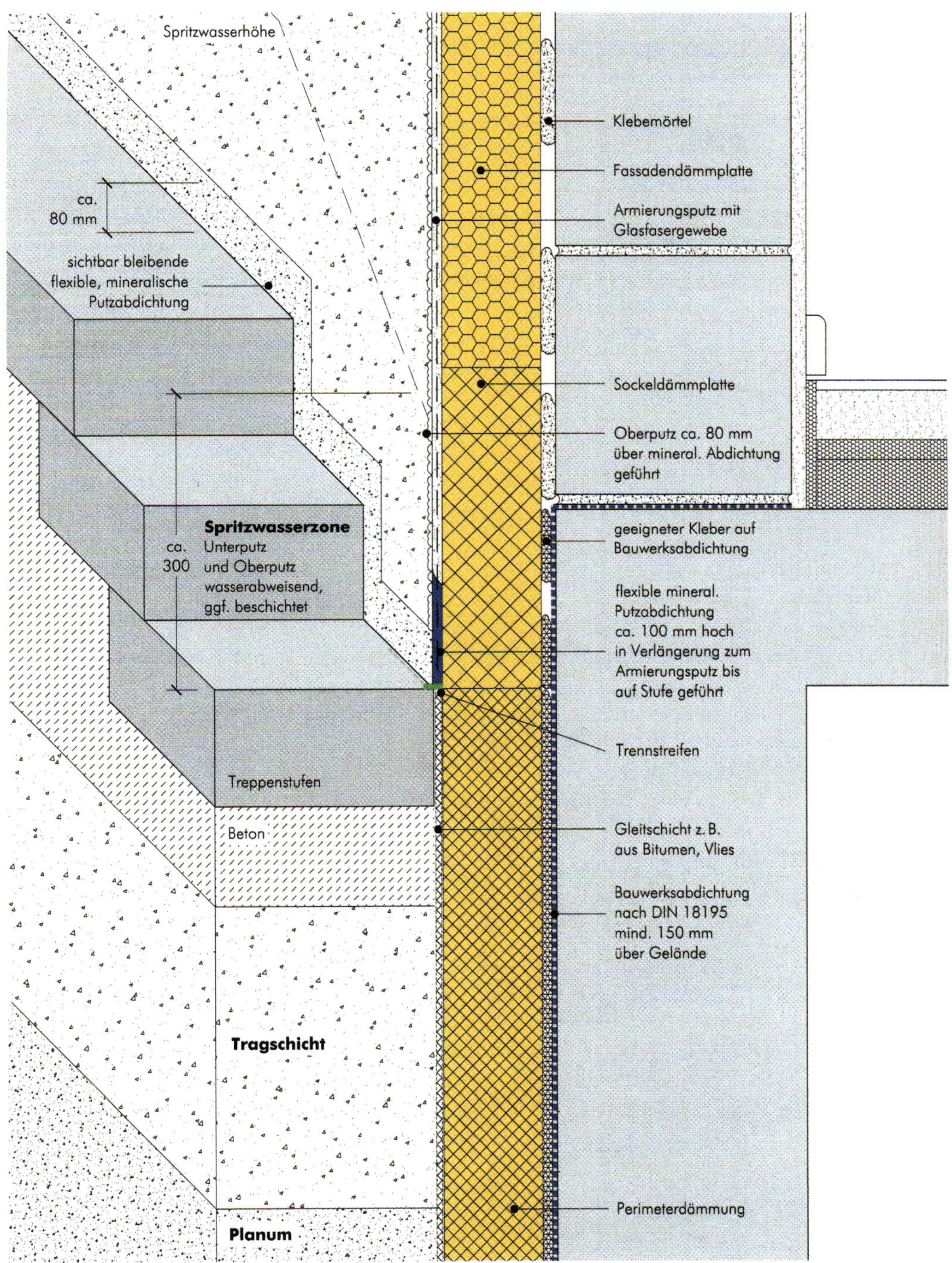

Abb. 4.41: Sockelausbildung mit nachträglicher mineralischer Abdichtung, Anschluss an eine Massivtreppe (Quelle: Fachverband der Stuckateure für Ausbau und Fassade Baden-Württemberg: Richtlinie Fassadensockelputz/Außenanlage, 2013, S. 52)

Entwässerungsrinnen sind mit einem Längsgefälle von mindestens 0,5 % auszuführen."

Um die vollständige und erforderliche Verfüllung und Verdichtung unterhalb der Dämmplatte zu ermöglichen, sollten Dämmplatten zumindest ab einer Dämmdicke von > 140 mm unten angeschrägt werden. Putzlagen, die in das Erdreich einbinden, sind vollständig abzudichten.

Schließt der Sockel an ein Schüttgut (Kies) an, dann muss der Kiesstreifen mindestens 30 cm breit sein. Der Kies sollte in der oberen Schicht eine Korngröße von mindestens 32 mm aufweisen; diese obere Schicht sollte mindestens 10 bis 15 cm tief sein. Darunter sollte sich in einer Höhe von ca. 30 cm eine filterstabile Schicht mit einer Körnung von mindestens 8 bis 16 mm befinden. Bei der „filterstabilen Schicht" handelt es sich um eine wasserdurchlässige Schicht (meist Kies) zur Gewährleistung des vorrangig vertikalen Wasserabzuges, z. B. in eine Drainage. Unterhalb der Geländeoberkante muss das Dämmsystem durch geeignete Maßnahmen, z. B. durch das Anbringen von Noppenplatten, Vliese etc., gegen mechanische Einwirkungen zusätzlich geschützt werden (siehe Abb. 4.39).

Bei der Ausführung gemäß Abb. 4.41 müssen der Armierungsputz und der Oberputz oberhalb der Gleitschicht (Bitumen, Vlies) von der Treppenstufe getrennt sein (Trennstreifen einbauen). Die Sockeldämmplatte sollte bis mindestens 500 mm über den Treppenstufen eingebaut werden, erst daran anschließend folgt die Fassadendämmplatte. Der Armierungsputz endet ca. 100 mm über dem Trennstreifen und somit 100 mm über den Treppenstufen, das Armierungsgewebe wird bis auf die Höhe der Treppenstufen geführt. Der Bereich zwischen dem Armierungsputz und den Treppenstufen wird anschließend mit einer flexiblen mineralischen Dichtmasse verfüllt. Auch der Oberputz wird anschließend nicht bis auf die Treppenstufen geführt, sondern endet ca. 80 mm oberhalb. Die verbleibende restliche flexible mineralische Dichtmasse wird zum Schluss farblich angepasst.

In der DIN 18195-4 „Bauwerksabdichtungen – Teil 4: Abdichtungen gegen Bodenfeuchte (Kapillarwasser, Haftwasser) und nichtstauendes Sickerwasser an Bodenplatten und Wänden, Bemessung und Ausführung" (2011), Abschnitt 6.1.1, heißt es zur Abdichtung im erdberührten Bereich:

„Alle vom Boden berührten Außenflächen der Umfassungswände sind gegen seitliche Feuchtigkeit abzudichten. Die Abdichtung muss planmäßig im Regelfall 300 mm über Gelände hochgeführt werden, um ausreichende Anpassungsmöglichkeiten der Geländeoberfläche sicherzustellen. Im Endzustand darf dieser Wert das Maß von 150 mm nicht unterschreiten. Ist dies im Einzelfall nicht möglich (Terrassentüren, Hauseingänge), sind dort besondere Maßnahmen gegen das Eindringen von Wasser oder das Hinterlaufen der Abdichtung einzuplanen (z. B. durch ausreichend große Vordächer, Rinnen mit Abdeckung oder Gitterrost)."

Abb. 4.42: Sockeldämmung ohne seitliche Abdichtung; Ausführung mit ungeeigneten Produkten

Abb. 4.43: Feuchtigkeitschäden bedingt durch eine nicht fachgerechte Ausführung

Beispiel

Bei dem in Abb. 4.42 dargestellten Objekt wurden die Witterungsbedingungen (Frost) während der Verarbeitung nicht berücksichtigt.

Trotz Kiesschüttung kam es im Sockelbereich zum Ablösen des Putzes. Die Ursache dafür war die Ausführung des Putzes, die in diesem Fall in den Wintermonaten bei Lufttemperaturen unter dem Gefrierpunkt durchgeführt wurde. Der Putz konnte nicht ordnungsgemäß verfilmen. Als kurze Zeit später eine erhebliche Feuchtigkeitsbelastung durch Schneefall auf den Putz einwirkte, kam es zu Ablösungen.

An dem Kellerabgang in Abb. 4.43 kam es bedingt durch eine hohe Feuchtigkeitsbelastung im Außenbereich zu Putzstörungen. Hier wurde der Niederschlag nicht ausreichend abgeführt. In Bereichen, die solchen Belastungen ausgesetzt sind, müssen Sockeldämmplatten verwendet werden, wobei diese nach unten z. B. mit einem Bitumenkleber abgedichtet werden sollten (unter die am Untergrund aufstehende Plattenkante wird eine Bitumenwulst aufgebracht, in welche die Dämmplatte gestellt wird). Für eine Wasserabführung ist durch geeignete Maßnahmen, z. B. durch eine „Ablaufschräge", welche den Niederschlag von der Wand abführt, zu sorgen.

Abb. 4.44: Rissbildung bedingt durch fehlende Sockelschienenverbinder bzw. Nichtberücksichtigung der Sockelprofilausdehnung

Abb. 4.45: Nicht fluchtgerecht verlegtes Sockelprofil

Sockelprofil

Zum unteren Systemabschluss von Wärmedämm-Verbundsystemen werden überwiegend Sockelprofile aus Aluminium verwendet. Das Sockelprofil wird fluchtgerecht mit ca. 3 Dübeln pro Meter (meist Schlagdübel) befestigt. Unebenheiten im Untergrund sind mit Distanzstücken auszugleichen. Sockelschienenverbinder aus Kunststoff werden zwischen den Sockelprofilen eingebracht und dienen als Distanzhalter zwischen den Profilen, um Dehnungen durch thermische Erwärmung auszugleichen. Die Verwendung von Sockelschienenverbindern ist erforderlich, um eine Rissbildung im Stoßbereich der Profile durch thermische Ausdehnung zu vermeiden (siehe Abb. 4.44).

Das fluchtgerechte Anbringen der Sockelprofile gestaltet sich mit zunehmender Dicke der Dämmung als schwierig. Häufig sind die Profile zu instabil, um das Gewicht der dickeren Dämmplatten aufnehmen zu können. Beim Anbringen der ersten Dämmplatte kommt es dann zu Verformungen des Profils, was eine weitere fluchtgerechte Verlegung der Dämmplatten erschwert (siehe Abb. 4.45) und ein fugenloses Anpressen der Dämmplatten beim weiteren Systemaufbau unmöglich macht. Wird das Sockelprofil dann noch mit baustellenüblichen Materialien abgestützt, um ein Durchhängen zu vermeiden, kommt es häufig zu einer S-förmigen Verformung des Sockelprofils und zu einer Mängelanzeige durch den Auftraggeber. Teilweise bieten Hersteller Sockelprofile an, deren Materialdicke mit der Ausladung (Dämmplattendicke) zunimmt. So lassen sich Verformungen entsprechend reduzieren.

Eine Alternative zu Aluminium-Sockelschienen können Sockelschienen aus Kunststoff darstellen, um Wärmebrücken zu reduzieren.

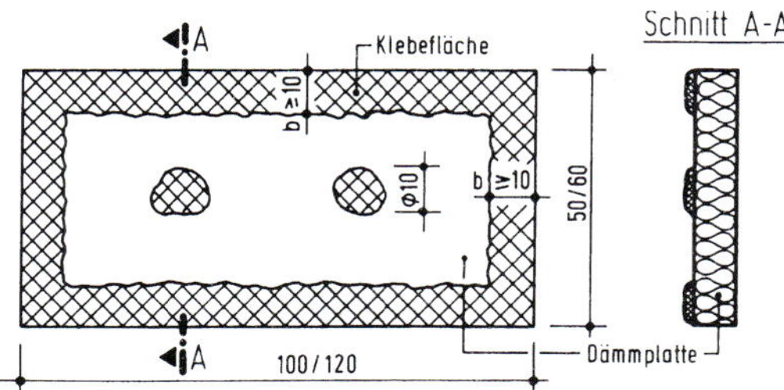

Abb. 4.46: Dämmplatten müssen vollflächig oder im Randwulst-Punkt-Verfahren verklebt werden.

Abb. 4.47: Vollflächiger Kleberauftrag auf die Dämmplatte

Abb. 4.48: Nicht fachgerechte Verklebung durch vereinzelte Klebepunkte

4.7.2 Mängel an Dämmplatten und Klebern

Verklebung der Dämmplatten

Die Verklebung der Dämmplatten erfolgt üblicherweise im Randwulst-Punkt-Verfahren (siehe Abb. 4.46) oder mit vollflächigem Kleberauftrag mittels Zahntraufel (siehe Abb. 4.47). Mit der Putzmaschine kann der Kleber in einer definierten Menge auch direkt auf den Untergrund aufgebracht werden. Die zulässige Klebetechnik ist der jeweiligen allgemeinen bauaufsichtlichen Zulassung zu entnehmen und kann zwischen den Herstellern, dem zu verklebenden Dämmstoff, dem Klebematerial und der Auftragstechnik variieren. Die Verklebung durch willkürliches Verteilen von Klebepunkten ist nicht zulässig (siehe Abb. 4.48 und Abb. 4.49). Ein unkontrollierter Kleberauftrag (punktuelle Verklebung) kann eine Ablösung von Systembestandteilen sowie Rissbildungen verursachen (siehe Abb. 4.50).

Abb. 4.49: Unzulässige Verklebung durch willkürlich aufgebrachte Kleberpunkte

Abb. 4.50: Rissbildung durch unsachgemäße Verklebung der Dämmplatten

Grundsätzlich gilt für die Verklebung von Polystyrol- und Mineralwolle-Dämmplatten, dass beim Kleberauftrag die Menge des aufgebrachten Klebers so groß sein muss, dass mindestens 40 % der Dämmplatte durch Kleberkontakt mit dem Untergrund verklebt sind. Dies lässt sich durch ein probeweises Abnehmen einer Dämmplatte überprüfen.

Werden die Dämmplatten anschließend mit Dübeln befestigt, ist darauf zu achten, dass mineralische Kleber vor Beginn der Verdübelung abgebunden haben. Eine unzureichende Abbindung des Klebers führt bedingt durch die Erschütterungen beim Einbringen der Dübel zu einer Enthaftung des Klebers vom Untergrund.

Für die Verklebung von Dämmplatten stehen dem Verarbeiter verschiedene mineralische Kleber, Kleber auf Dispersionsbasis und Kleberschäume zur Verfügung. Der Kleber ist auf den zu beklebenden Untergrund und die Dämmplatten abzustimmen. Bei der Verklebung von Mineralwolle-Lamellendämmplatten werden üblicherweise maschinell Kleberwülste auf den zu beklebenden Untergrund aufgebracht. Die erforderliche Klebermenge und der erforderliche Kleberauftrag (Wulstform) sind in der allgemeinen bauaufsichtlichen Zulassung definiert, ebenso der Abstand der aneinanderzureihenden Kleberwülste. Bei der Verwendung von mineralischem Kleber oder Dispersionskleber mit Zementzusatz (Zement wird vor der Verarbeitung beigemengt) sind vorhandene Altanstriche vorab auf eine ausreichende Verseifungsbeständigkeit zu prüfen.

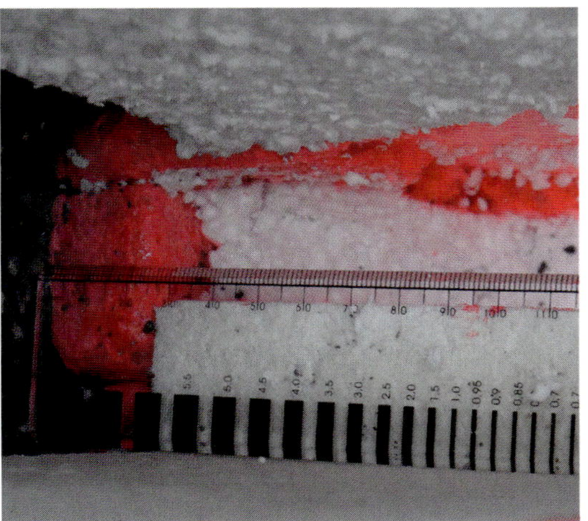

Abb. 4.51: Zu dick aufgebrachter Kleberschaum

Abb. 4.52: Unzureichende Verklebung mit Kleberschaum

Kleberschäume können sich nachteilig auswirken, wenn sie nach der Verklebung der Polystyrol-Dämmplatten weiter expandieren. Dies hat zur Folge, dass Dämmplatten mit großem Aufwand nachgeschliffen werden müssen, um eine planebene Plattenoberfläche zu erzielen. Andere Klebeschäume wiederum haben die negative Eigenschaft, dass sie beim Verarbeiten, d. h. beim Andrücken und Ausrichten der Dämmplatte, einfallen und dann keine ausreichende Verbindung zwischen Dämmplatte und Untergrund herstellen. Diese negativen Eigenschaften führen vermehrt zu Beanstandungen. Ein häufiges Problem bei der Anwendung der Schäume ist die fehlende Randverklebung. Der Kleberschaum wird vom Verarbeiter oft im Abstand > 5 cm vom Plattenrand entfernt aufgebracht. Bedingt durch die aneinanderliegenden Dämmplatten kann im Stoßbereich somit eine kleberfreie Zone von > 10 cm entstehen. Die erforderliche Randverklebung ist somit nicht vorhanden. Als Auswirkung der fehlenden Randverklebung zeigen sich dann infolge des EPS-Schwindverhaltens zusätzlich Verformungen der Dämmplatten in Form von Aufschüsselungen. Zu dick aufgebrachter Kleberschaum ist, bedingt durch die Porosität des Schaums, instabil. Als Folge kann beobachtet werden, dass ähnlich wie bei einer fehlenden Randverklebung ein Nachschwinden der Dämmplatten vom Kleberschaum nicht aufgefangen werden kann, was unter ungünstigen Bedingungen zu einer Dämmplattenabzeichnung an der Oberfläche führt.

Reine Dispersionskleber können ebenfalls den Effekt des Aufschüsselns begünstigen. Dispersionskleber ohne Trocknungsbeschleuniger (Zement) benötigen oft bis zu mehrere Wochen zur Trocknung und somit zur Verklebung der Dämmplatten mit dem Untergrund, vor allem, wenn der Untergrund keine oder eine schwache Saugfähigkeit aufweist. Kleber sollten schnell trocknend sein, um das Restschwindmaß der EPS-Dämmplatten schadlos aufnehmen zu können.

Die Wahl des Klebers richtet sich nach dem System, den Brandschutzbestimmungen und den Anforderungen des Untergrundes. Bei der Verarbeitung dürfen die Dämmplattenfugen zur Vermeidung von Wärmebrücken nicht mit Kleber verunreinigt werden.

Untergründe, auf denen Wärmedämm-Verbundsysteme nur verklebt und nicht mechanisch befestigt werden, müssen eine Haftzugfestigkeit von mindestens 0,08 N/mm^2 aufweisen. Eine Haftzugfestigkeitsprüfung des Untergrundes mit speziellen Haftzugprüfgeräten (Herion) lässt sich im Altbaubestand, auf rauen Fassadenputzen, nur schwer durchführen und führt häufig zu ungenauen Ergebnissen, die oft nicht den tatsächlichen Haftzugwerten entsprechen.

Praxisgerechter ist eine Haftzugprüfung an der Fassade, indem Kleber in einer Schichtdicke von 4 bis 5 mm auf eine ca. 1 m^2 große Fläche aufgebracht und darin ein Armierungsgewebe eingebettet wird. Das Armierungsgewebe sollte an der Unterkante ca. 10 cm aus dem Kleber herausragen. Nach ausreichender Trocknung des Klebers, die je nach Witterung ca. 7 Tage andauern kann, wird das Gewebe an der herausragenden Unterkante mit der Hand aus der Kleberschicht gezogen. Löst sich hierbei der Kleber in Teilbereichen von der Fassade (Adhäsionsbruch), kann von einem nicht klebegeeigneten Untergrund ausgegangen werden. In diesem Fall ist eine mechanische, statisch relevante Befestigung erforderlich. Reißt der Kleber in sich selbst (Kohäsionsbruch), kann von einer ausreichenden Haftzugfestigkeit von mindestens 0,08 N/mm^2 ausgegangen werden.

Bei der Verlegung der Dämmplatten sind Kreuzfugen zu vermeiden. Eckbereiche von Fassadenöffnungen (Fenster und Türen) sollten nicht mit den Dämmplattenecken zusammentreffen, sondern aus der Dämmplatte ausgeklinkt werden.

Rissbildung bei offenen Dämmplattenfugen

Dämmplatten müssen grundsätzlich fugenlos verlegt werden. Sollten sich dennoch unvermeidbare Fugen ergeben, so sind diese mit gleichwertigem Material zu schließen. Bis zu einer Fugenbreite von 10 mm kann spezieller Fugenschaum der Baustoffklasse B1 (schwer entflammbar) verwendet werden. Keinesfalls dürfen die Fugen mit Bauschaum verschlossen werden. Bei Wärmedämm-Verbundsystemen bestehend aus Polystyrol- oder Mineralwolle-Dämmplatten führt die partielle Verwendung von Fugenschaum der Baustoffklasse B1 laut Fachverband Wärmedämm-Verbundsysteme zu keiner Verschlechterung des Systembrandverhaltens.

Schäden, die durch offene Fugen im Bereich der Plattenstöße entstanden sind, zeigen sich oft erst Jahre später durch Risse oder Aufwölbungen (siehe Abb. 4.55). Armierungsputz oder Klebemörtel in der Stoßfuge verursacht zudem eine Wärmebrücke und führt zu Kondensatbildung. Dies wiederum begünstigt das Wachstum von Mikroorganismen.

Nach Eintritt des Schadens stellt sich die Frage nach dem Verursacher, also ob der offene Plattenstoß während der Verarbeitung durch eine nicht fach-

Abb. 4.53: Nicht fachgerecht verlegte Dämmplatten mit offenen Fugen

Abb. 4.54: Nicht ordnungsgemäß fugenlos verlegte Dämmplatte mit Armierungsputz in der Fuge

Abb. 4.55: Rissbildung über der offenen Plattenfuge zunächst nur als feiner Haarriss erkennbar

Abb. 4.56: Beim Prüfen der Rissursache zeigt sich im Querschnitt der Dämmplatte, dass die Dämmplatten nicht ordnungsgemäß verarbeitet wurden und zwischen den Dämmplatten breite Fugen vorhanden waren, die mit Armierungsputz verschlossen wurden.

Abb. 4.57: Nicht fachgerechtes Verschließen offener Fugen

Abb. 4.58: Nicht plan verlegte Dämmplatten

gerechte Verlegung der Dämmplatten entstanden ist oder durch ein Schwinden der Polystyrol-Dämmplatten nach der Fertigstellung des Systems. Wird nach dem Schadenseintritt in der Fuge zwischen den Dämmplatten Armierungsputz vorgefunden, so deutet dies darauf hin, dass diese Fuge schon während der Ausführung des Wärmedämm-Verbundsystems bestanden haben muss und ein Verarbeitungsfehler vorliegt (siehe Abb. 4.53 bis Abb. 4.57). Nicht verunreinigte Fugen können bei Polystyrol-Dämmplatten auf ein Schrumpfen der Platten hindeuten, wobei das Restschwindmaß der Polystyrol-Dämmplatten maximal 1,5 mm/m betragen darf.

Rissbildung bei nicht eben verlegten Dämmplatten

Dämmplatten müssen fugenlos und planeben verlegt werden (siehe Abb. 4.58). Überstände bei Polystyrol-Dämmplatten sind entsprechend abzuschleifen. Bei nicht planeben verlegten Dämmplatten entstehen häufig Risse im Bereich der Dämmplattenkante der vorstehenden Dämmplatte (siehe Abb. 4.59 bis Abb. 4.61). Bedingt durch das Aufziehen des Armierungsputzes wird das Armierungsgewebe direkt auf die Kante der vorstehenden Dämmplatte gedrückt. Aufgrund der falschen Lage des Armierungsgewebes können auftretende thermische Spannungen nicht reduziert werden. Armierungsputz in der Stoßfuge verursacht zudem eine Wärmebrücke, was eine höhere Kondensatbildung zur Folge hat und dadurch bedingt zur Algen- und Rissbildung führen kann (siehe Abb. 4.62). Bei der Verlegung der Dämmplatten sind Kreuzfugen zu vermeiden. Auch bei Eckpunkten von Fassadenöffnungen sollte die Ecke der Dämmplatte nicht mit der Ecke der Fassadenöffnung aufeinandertreffen.

Beschädigte Dämmplatten dürfen nicht eingebaut bzw. müssen ersetzt werden (siehe Abb. 4.63). Dämmplatten und alle weiteren Komponenten des Wärmedämm-Verbundsystems sind vor Witterungseinflüssen zu schützen. Feuchte Dämmplatten können die Haftung von Kleber und Armierungsputz stark beeinträchtigen, was zu einem späteren Zeitpunkt zu Blasenbildung und großformatigem Ablösen von Systembestandteilen führen kann. Die Einwirkung von UV-Licht bewirkt einen Abbau der Polystyrol-Dämmplatten an der Oberfläche, was sich durch eine Gelbverfärbung und eine pul-

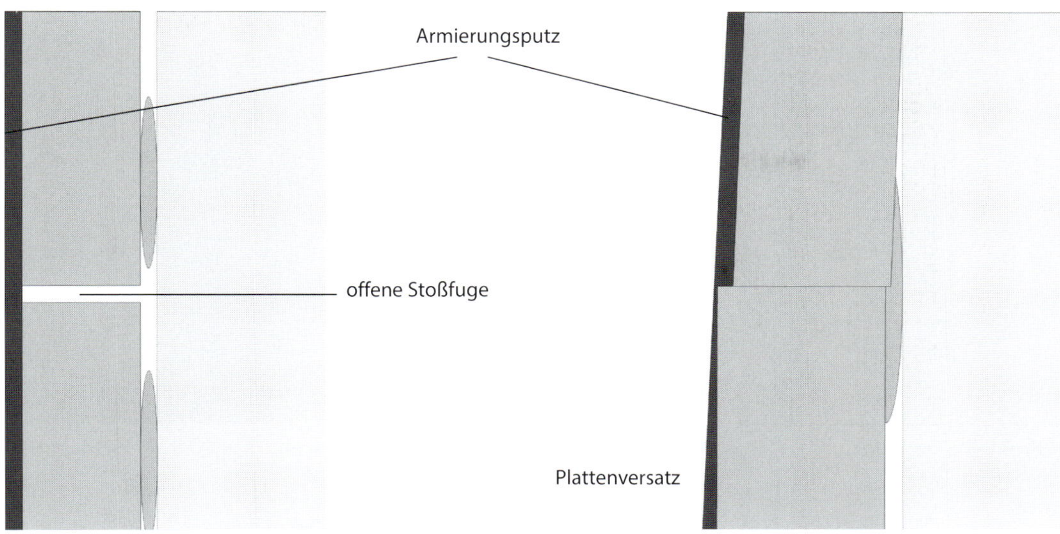

Abb. 4.59: Offene Fugen und uneben verlegte Dämmplatten führen zu Rissen.

Abb. 4.60: Rissbildung im Bereich von nicht planeben verlegten Dämmplatten

Abb. 4.61: Rissbildung durch Plattenversatz von ca. 2 mm

Abb. 4.62: Am Negativabdruck ersichtlicher Armierungsputz in der nicht ordnungsgemäß ausgeführten Stoßfuge

Abb. 4.63: Resteverwertung und unfachmännische Fugenausbildung führen unwillkürlich zu Schäden.

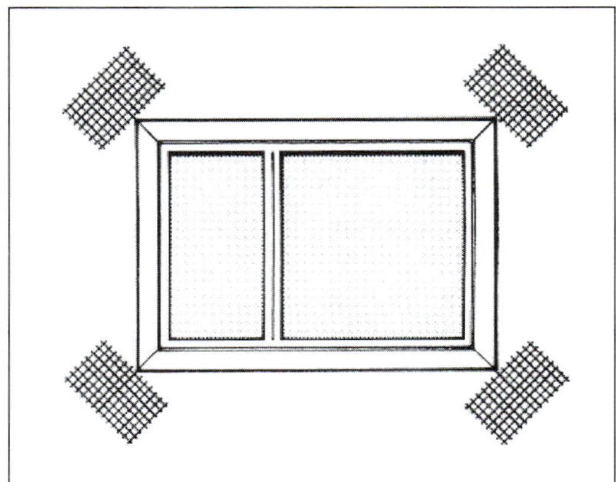

Abb. 4.64: Diagonalarmierung in Eckbereichen von Gebäudeöffnungen, hier bei einem Fenster

Abb. 4.65: Risse, verursacht durch fehlende Diagonalarmierung

verförmige Schicht an der Plattenoberfläche bemerkbar macht. Eine solche durch UV-Einstrahlung geschädigte Schicht muss entweder durch Abschleifen der Plattenoberfläche entfernt oder die geschädigten Dämmplatten müssen ausgetauscht werden. Das Armierungsgewebe ist bahnenweise, jeweils 10 cm überlappend, in den Armierungsputz einzuarbeiten. Das Armierungsgewebe muss sich im oberen Drittel der Armierungsschicht bzw. bei organischem Armierungsputz mit einer Dicke von < 3 mm in der Mitte des Armierungsputzes befinden.

Diagonalarmierung

An allen Gebäudeöffnungen (Fenster, Türen) ist eine Diagonalarmierung durch einen diagonal eingebetteten Gewebestreifen oder durch sog. Gewebepfeile vorzunehmen (siehe Abb. 4.64). Wird dieser Bereich vernachlässigt, zeigen sich oft nach kurzer Zeit diagonale Risse, die vom Eckbereich ausgehen (siehe Abb. 4.65).

4.7.3 Mängel bei Anschlüssen an andere Bauteile

Fensterbank

Im Anschlussbereich der Fensterbank an das Wärmedämm-Verbundsystem kann eine Vielzahl von Schäden festgestellt werden. Fenster, Fensterbänke, Türen und Rollladenkästen sind vor Beginn der Dämmarbeiten zu montieren, um einen ordnungsgemäßen schlagregendichten Anschluss herstellen zu können (Abb. 4.66 und Abb. 4.67). Metallfensterbänke mit einer Ausladung > 150 mm müssen bezüglich der Wind- und Sogbelastung und, um eine Verschiebung während der Verarbeitung des Wärmedämm-Verbundsystems zu verhindern, mit entsprechenden Halterungen unterstützt werden (siehe Abb. 4.68 und Tabelle 4.13).

Die Fensterbank besteht meist aus Aluminium, Stein oder Kunststoff und hat entsprechend dem verwendeten Material die Eigenschaft, sich bei Erwärmung auszudehnen und bei Kälte entsprechend zu schwinden. Werden

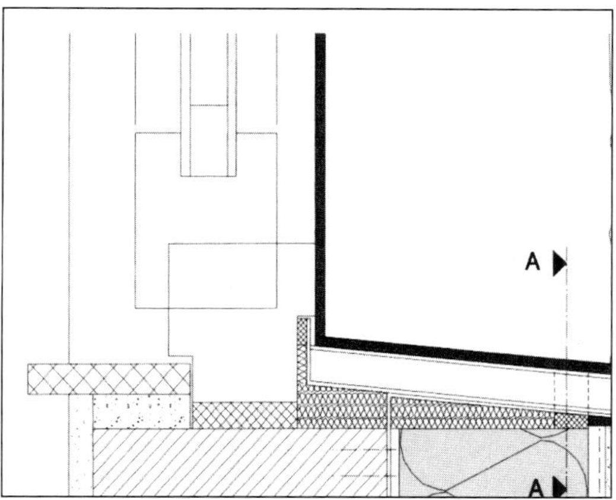

Abb. 4.66: Grundsätzlich ist die Fensterbank fachgerecht anzubringen, bevor das Wärmedämm-Verbundsystem ausgeführt wird.

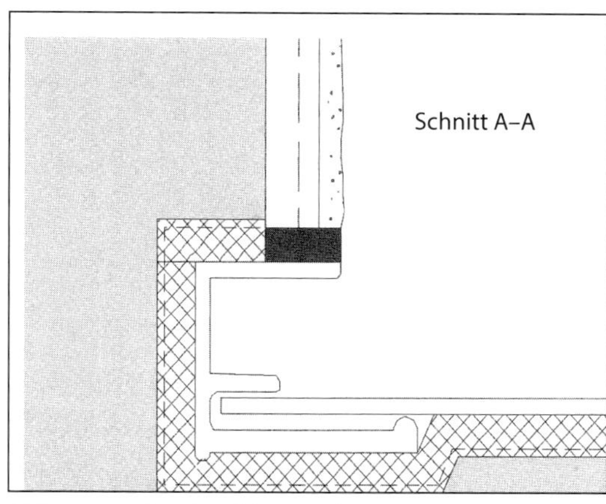

Abb. 4.67: Der Anschluss an die Fensterbank muss schlagregendicht ausgebildet sein; Mindestanforderung ist ein vorkomprimiertes Fugendichtband.

Abb. 4.68: Unzureichende Befestigung und mangelnde Montage der Fensterbank

Tabelle 4.13: Überblick über die Befestigung von Fensteranschlussprofilen in Abhängigkeit von Dämmstoffdicke, Fensterposition und Fenstergröße (nach Gütegemeinschaft Wärmedämmung von Fassaden e. V., Empfehlung für den Einbau/Ersatz von Metall-Fensterbänken – WDVS-Fassade, 2011, S. 9)

Fensterbank-ausladung in cm	Überstand über tragendes Mauerwerk in cm	Fensterbanklänge ≤ 80 cm	Fensterbanklänge > 80 cm (Abstand von Halter zu Halter) in cm
< 15		kein Halter	kein Halter
≥ 15–24	< 16	1 Stück mittiger Halter	ca. 100
≥ 15	≥ 16	1 Stück mittiger Halter	ca. 60

Abb. 4.69: Putzablösungen bedingt durch eine Undichtigkeit der Anschlüsse

Abb. 4.70: Ein Abdichten der Fugen nur mit spritzbarem Dichtstoff (Acryl-Silikon) ist bei Wärmedämm-Verbundsystemen nicht zulässig.

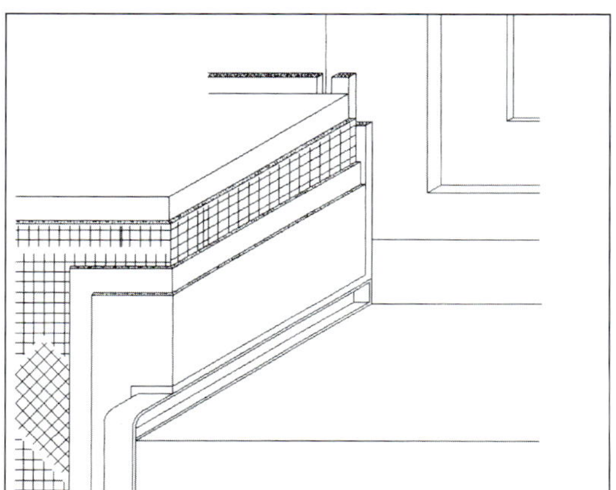

Abb. 4.71: Der Anschluss am Fugendichtband kann zusätzlich mit einer geeigneten elastischen Fugendichtmasse ausgeführt werden. Vorab ist ein Kellenschnitt anzubringen. Beim Fensterbankanschluss ist die thermische Ausdehnung zu berücksichtigen. Der Oberputz sollte bündig mit dem Aufsteckprofil abschließen.

Abb. 4.72: Ungeeignetes Anputzband an der Fensterbank, ungeeigneter Putzanschluss an die Fensterbank, falsche Montage der Rollladenführungsschiene

Abb. 4.73: Der Putz sollte mit der Innenkante des Fensterbank-Abschlussprofils bündig abschließen.

Abb. 4.74: Ungeeigneter Anschluss an eine Steinfensterbank

die materialbedingten thermischen Längenänderungen nicht beachtet und die notwendigen Maßnahmen im Anschlussbereich nicht entsprechend ausgebildet, hat dies häufig eine Rissbildung zur Folge. Durch diese Risse kann Feuchtigkeit in das System eindringen, was zu einer Hinterfeuchtung und Putzablösungen führen kann. Der Richtlinie „Metallanschlüsse an Putz und Wärmedämm-Verbundsysteme" kann hierzu Folgendes entnommen werden:

„*Grundsätzlich ist ein Gebäude vor dem Eindringen von Feuchtigkeit zu schützen. Diese Regel gilt insbesondere für den Bereich von wasserführenden Ebenen, deren Wasser vom Gebäude abgeleitet werden muss. Der Anschlussbereich bedarf besonderer Aufmerksamkeit, um z. B. eine Hinterwanderung zu verhindern.*" (Fachverband der Stuckateure für Ausbau und Fassade, 2003, S. 5)

Die thermischen Längenänderungen der Materialien sind bekannt. Die zu erwartenden Spannungen und Zwängungen können berechnet werden, um Maßnahmen zu ergreifen, die solche Schäden verhindern. So fordert die VOB/C ATV DIN 18355 „Tischlerarbeiten" (2012) in Abschnitt 3.7:

„*Fensterbänke, Futter und Zwischenfutter sind mit dem Rahmen so zu verbinden, dass ein Verziehen oder Verwerfen sowie Schäden am Baukörper durch temperatur- und stoffbedingte Längenänderungen vermieden werden.*"

Fensterbänke und Bordprofile müssen schlagregendicht eingebaut werden. Rollladenführungsschienen sollten innerhalb der seitlichen Aufkantung angebracht werden und ca. 8 mm über der Fensterbank enden.

Die Putzabplatzungen in Abb. 4.70 entstanden durch Wassereintritt mit anschließender Frosteinwirkung. Die Ursache für den Wassereintritt ist eine nicht ordnungsgemäße Fugenausbildung bzw. eine undichte Anschlussfuge. Es wurden keine vorkomprimierten Fugendichtbänder eingebaut. Eine Fugenausbildung mit spritzbaren Acryl- oder Silcondichtstoffen ist nicht ausreichend und stellt keine ordnungsgemäße Fugenausbildung dar. Ein Acryldichtstoff darf lediglich zusätzlich, als rein optische Maßnahme, auf einer zulässigen Fugenausbildung verwendet werden (siehe Abb. 4.69). Vorkomprimierte Fugendichtbänder sind spätestens seit 1995 bei Anschlüssen an andere Gebäudeteile zu verwenden und werden bereits im BFS-Merkblatt Nr. 21 (Bundesausschuss Farbe und Sachwertschutz, 1995) entsprechend beschrieben.

Die Fensterbank sollte ein Gefälle von mindestens 8 % (0,8 auf 10 cm) bzw. eine Neigung von 5° aufweisen. Der Überstand über den Außenputz sollte je nach Gebäudehöhe mindestens 30 bis 50 mm betragen. Zwischen der Außenfensterbank und dem Brüstungsmauerwerk muss eine Dämmung eingebaut werden. Die seitliche, horizontale Aufkantungsbreite der Bordprofile bei Fensterbänken muss mindestens 18 mm breit sein, um ein Anputzband und den Putz aufnehmen zu können (siehe Abb. 4.72 und Abb. 4.73). Es empfiehlt sich, das Bordprofil auf der gesamten Breite zu überputzen, wobei dann ein geeignetes Putzprofil als unterer Abschluss zu verwenden ist. Die Mindestüberdeckung vom Bordprofil muss jedoch 10 mm betragen.

Zu beachten sind außer der geltenden Systemzulassung und den Herstellervorschriften u. a. auch folgende Normen:

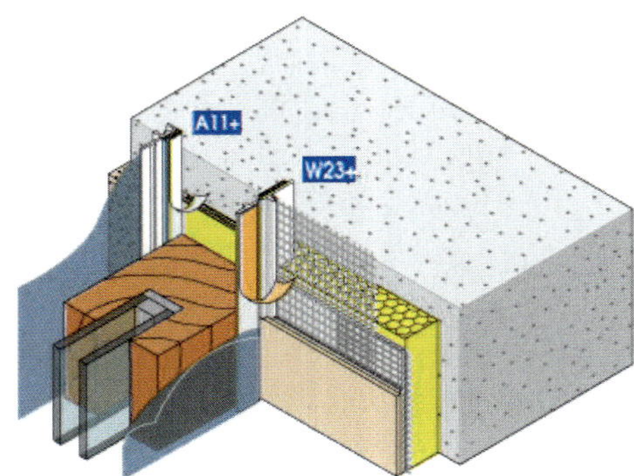

Abb. 4.75: Gewebeleiste aus Hart-PVC mit PE-Dichtband, dynamische Bewegungsaufnahme ≤ 1 mm bei PE-Dichtband für den Einsatz bei Fenstern ≤ 2 m² und ≤ 100 mm Dämmdicke (Quelle: APU AG, Schaffhausen/Schweiz)

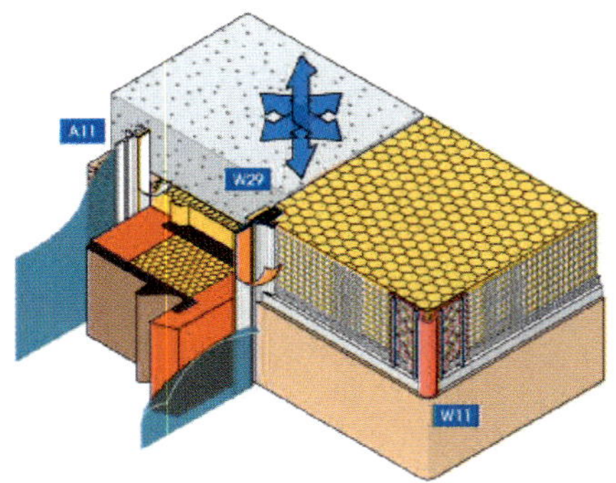

Abb. 4.76: Zweiteilige Gewebeleiste aus Hart-PVC mit PE-Dichtband, zusätzlich 3 mm Bewegungsaufnahme durch Teleskopmechanismus (Quelle: APU AG, Schaffhausen/Schweiz)

- VOB/C ATV DIN 18345 „Wärmedämm-Verbundsysteme" (2012) und DIN 55699 „Verarbeitung von Wärmedämm-Verbundsystemen" (2005)
- VOB/C ATV DIN 18355 „Tischlerarbeiten" (2012), Abschnitt 3.5.3.1:
  „Die Abdichtung zwischen Außenbauteilen und Baukörper muss umlaufend, dauerhaft und schlagregendicht sein."
- VOB/C ATV DIN 18360 „Metallbauarbeiten" (2012), Abschnitt 3.1.4.5:
  „Fugen zwischen Bauwerken und Bauteilen, die als Raumabschluss dienen, z. B. Fenster, Fensterwände, Türen, sind abzudichten. Für das Abdichten von Außenwandfugen sind die Bestimmungen der DIN 18540 ‚Abdichten von Außenwandfugen im Hochbau mit Fugendichtstoffen' sinngemäß anzuwenden."
  und Abschnitt 3.2.9:
  „Außenfensterbänke sind im Laibungsbereich aufzukanten oder mit Endstücken zu versehen. Stöße sind mit Labyrinthdichtungen auszubilden. Die thermische Längenänderung ist zu berücksichtigen."

Bei der Verwendung von Steinfensterbänken kann es notwendig sein, eine geeignete Dichtungsebene unter der Fensterbank einzubauen. Steinfensterbänke müssen eine Neigung vom mindestens 4 % (0,4 auf 10 cm) aufweisen.

Fenster

Alle Anschlüsse an Fenster, Fensterbänke und Türen sind luft- und schlagregendicht herzustellen. Mit zunehmender Dämmstoffdicke werden insbesondere die Anschlüsse zwischen der Dämmung und den angrenzenden Bauteilen verstärkt von thermischen und hygrothermischen Bewegungen in Anspruch genommen. Bedingt durch die Belastung, die in Abhängigkeit von der Dämmstoffdicke und der Fenstergröße auftreten kann, ist es erforderlich, die entsprechenden Profile einzusetzen. In der Regel wird das Fensteranschlussprofil nach diesen Kriterien aus Tabelle 4.14 ausgewählt.

Die Tabelle 4.14 wurde in Anlehnung an Herstellerangaben erstellt und stellt einen Überblick über die Fensteranschlussprofile dar, die je nach Dämmstoffdicke sowie Fenstergröße und Fensterposition angewendet werden sollten. In der Praxis werden jedoch, bezogen auf den Anwendungsfall, häufig ungeeignete Profile mit einer Bewegungsaufnahme von ≤ 1 mm angewendet (siehe Abb. 4.75). Dies kann zu einem Abriss am Profil und damit verbundenen Folgeschäden führen. Bei Dämmstoffdicken > 100 mm und Fenstergrößen > 2,5 m² sollten zweiteilige, entkoppelte Fensteranschlussprofile verwendet werden. Bei kleineren Fenstergrößen und Dämmdicken unter 160 mm ist eine zweiteilige Gewebeleiste ausreichend (siehe Abb. 4.76).

Tabelle 4.14: Auswahl von Fensteranschlussprofilen in Abhängigkeit von der Dämmstoffdicke sowie der Fenstergröße und -position

Dämm-dicke	**Fenster im Mauerwerk**		**Fenster bündig zum Mauerwerk**		**Fenster vor dem Mauerwerk**	
	Fenstergröße		**Fenstergröße**		**Fenstergröße**	
	≥ 2 m²	**< 2 bis 10 m²**	**≥ 2 m²**	**< 2 bis 10 m²**	**≥ 2 m²**	**< 2 bis 10 m²**
≤ 100 mm	Gewebeleiste aus Hart-PVC mit PE-Dichtband, dynamische Bewegungsaufnahme < 1 mm bei PE-Dichtband 4 mm	zweiteilige Gewebeleiste aus Hart-PVC mit PE-Dichtband, zusätzlich 3 mm Bewegungsaufnahme durch Teleskopmechanismus	zweiteilige Gewebeleiste aus Hart-PVC mit PE-Dichtband, zusätzlich 3 mm Bewegungsaufnahme durch Teleskopmechanismus	zweiteilige Gewebeleiste aus Hart-PVC mit PE-Dichtband, zusätzlich 3 mm Bewegungsaufnahme durch Teleskopmechanismus	zweiteilige Gewebeleiste aus Hart-PVC mit PE-Dichtband, zusätzlich 3 mm Bewegungsaufnahme durch Teleskopmechanismus	zweiteilige, entkoppelte Gewebeleiste aus Hart-PVC, je nach Leiste mit oder ohne PE-Dichtband, mit komprimiertem eingestauchtem, im Stoßbereich überstehendem UR-Band, Bewegungsaufnahme durch PUR-Band in alle Richtungen
> 100 bis ≤ 160 mm	zweiteilige Gewebeleiste aus Hart-PVC mit PE-Dichtband, zusätzlich 3 mm Bewegungsaufnahme durch Teleskopmechanismus	zweiteilige Gewebeleiste aus Hart-PVC mit PE-Dichtband, zusätzlich 3 mm Bewegungsaufnahme durch Teleskopmechanismus	zweiteilige Gewebeleiste aus Hart-PVC mit PE-Dichtband, zusätzlich 3 mm Bewegungsaufnahme durch Teleskopmechanismus	zweiteilige Gewebeleiste aus Hart-PVC mit PE-Dichtband, zusätzlich 3 mm Bewegungsaufnahme durch Teleskopmechanismus	zweiteilige, entkoppelte Gewebeleiste aus Hart-PVC, je nach Leiste mit oder ohne PE-Dichtband, mit komprimiertem eingestauchtem, im Stoßbereich überstehendem UR-Band, Bewegungsaufnahme durch PUR-Band in alle Richtungen	zweiteilige, entkoppelte Gewebeleiste aus Hart-PVC, je nach Leiste mit oder ohne PE-Dichtband, mit komprimiertem eingestauchtem, im Stoßbereich überstehendem UR-Band, Bewegungsaufnahme durch PUR-Band in alle Richtungen

Fortsetzung Tabelle 4.14

Dämm-dicke	**Fenster im Mauerwerk**		**Fenster bündig zum Mauerwerk**		**Fenster vor dem Mauerwerk**	
	Fenstergröße		**Fenstergröße**		**Fenstergröße**	
	≥ 2 m²	**< 2 bis 10 m²**	**≥ 2 m²**	**< 2 bis 10 m²**	**≥ 2 m²**	**< 2 bis 10 m²**
> 160 bis ≤ 300 mm	zweiteilige, entkoppelte Gewebeleiste aus Hart-PVC, je nach Leiste mit oder ohne PE-Dichtband, mit komprimiertem eingestauchtem, im Stoßbereich überstehendem PUR-Band, Bewegungsaufnahme durch PUR-Band in alle Richtungen	zweiteilige, entkoppelte Gewebeleiste aus Hart-PVC, je nach Leiste mit oder ohne PE-Dichtband, mit komprimiertem eingestauchtem, im Stoßbereich überstehendem PUR-Band, Bewegungsaufnahme durch PUR-Band in alle Richtungen	zweiteilige, entkoppelte Gewebeleiste aus Hart-PVC, je nach Leiste mit oder ohne PE-Dichtband, mit komprimiertem eingestauchtem, im Stoßbereich überstehendem PUR-Band, Bewegungsaufnahme durch PUR-Band in alle Richtungen	zweiteilige, entkoppelte Gewebeleiste aus Hart-PVC, je nach Leiste mit oder ohne PE-Dichtband, mit komprimiertem eingestauchtem, im Stoßbereich überstehendem PUR-Band, Bewegungsaufnahme durch PUR-Band in alle Richtungen	zweiteilige, entkoppelte Gewebeleiste aus Hart-PVC, je nach Leiste mit oder ohne PE-Dichtband, mit komprimiertem eingestauchtem, im Stoßbereich überstehendem PUR-Band, Bewegungsaufnahme durch PUR-Band in alle Richtungen	zweiteilige, entkoppelte Gewebeleiste aus Hart-PVC, je nach Leiste mit oder ohne PE-Dichtband, mit komprimiertem eingestauchtem, im Stoßbereich überstehendem PUR-Band, Bewegungsaufnahme durch PUR-Band in alle Richtungen

Fensterrahmen müssen in einer Breite gewählt werden, dass eine Dämmung der Laibungen möglich ist.

Der „Richtlinie: Anschlüsse an Fenster und Rollläden bei Putz, Trockenbau und Wärmedämm-Verbundsystemen" sind weitere wichtige Hinweise zur Planung der Anschlüsse zu entnehmen, wie z. B. die Ausführung im Altbau:

„Bei der Planung muss festgelegt werden, mit welchen Materialien (Putz, WDVS, Trockenbau, Fliesen o. Ä.) die Wandoberflächen belegt werden. Dies kann z. B. Einfluss auf die notwendige Rahmenbreite des Fensters haben." (Fachverband der Stuckateure für Ausbau und Fassade, 2010, S. 7)

Bei der energetischen Sanierung von Altbauten sind die notwendigen vorbereitenden Arbeiten zu berücksichtigen. Es kann erforderlich sein, den Putz in Fensterlaibungen zu entfernen, um ein größtmögliches Öffnungsmaß zu erhalten, und beim Einbau neuer Fenster den Fensterrahmen so breit zu wählen, dass die erforderliche Überdämmung sichergestellt oder bei bestehenden Fenstern die erforderliche Laibungsdämmung überhaupt aufgebracht werden kann. Je nach baulicher Gegebenheit kann es auch erforderlich sein, den Mauerziegel zu kürzen. Ohne diese vorbereitenden Maßnahmen ist eine bauphysikalisch funktionierende Ausführung in Bezug auf den Wärmeschutz und die Luftdichtheit häufig nicht durchführbar.

Abb. 4.77: Nicht fachgerechte Ausbildung im Fensteranschlussbereich führt zur Bildung eines Spaltes.

Der Fensterrahmen inklusive der Baukörperanschlussfuge ist mindestens 30 mm zu überdämmen, wenn eine Ausführung gemäß Beiblatt 2 DIN 4108 gefordert ist.

Werden Fenster bei der Altbausanierung fassadenbündig eingesetzt, können bauzeitlich bedingte Unebenheiten in der Fassadenoberfläche dazu führen, dass Fensterrahmen teilweise in der Laibung zurückspringen und teilweise über die Laibung in die Fassade ragen. Dies kann bewirken, dass bei einer Überdämmung des Fensterrahmens ein Spalt über dem zurückspringenden Fensterrahmen entsteht, wie in Abb. 4.77 ersichtlich. Dies führt nicht nur zu einer Rissbildung vor dem so entstandenen Hohlraum, sondern auch zu einer Wärmebrücke mit der Folge eines möglichen Algenbefalls im Außen- und einer Schimmelpilzbildung im Innenbereich. Um daraus resultierende Folgeschäden zu vermeiden, sind geeignete Maßnahmen zu planen und umzusetzen, um eine bündige Oberfläche zu erhalten und eine ausreichende Verklebung und Abdichtung dieser Anschlussbereiche zu ermöglichen.

Abb. 4.78: Anbringen der Konsolen zur Befestigung eines Vordaches (Quelle: Dosteba AG, Bachenbülach/Schweiz)

Abb. 4.79: Vordachbefestigung bei WDV-Systemen (Quelle: Dosteba AG, Bachenbülach/Schweiz)

Abb. 4.80: Nicht fachgerechtes Anbringen einer Halterung, ohne Konsole

Konsolen

Werden Geländer, Lampen, Markisen, Regenfallrohre etc. am Wärmedämm-Verbundsystem befestigt, sind die Befestigungsstellen ebenfalls, bereits vor Beginn der Dämmarbeiten, zu planen und mit entsprechenden, geeigneten Profilen oder Unterbauten, z. B. mit speziellen PU-Hartschaumstoff-Profilen oder -Unterbauten, zu versehen, um die anschließende Montage dieser Gegenstände zu ermöglichen (siehe Abb. 4.78 und Abb. 4.79). Die Verwendung geeigneter Konsolen verringert Wärmeverluste und beugt Folgeschäden durch Wärmebrücken vor. Keinesfalls sollten zur nachträglichen Befestigung von Anbauteilen Metallprofile, selbst konstruierte Holzteile o. Ä. verwendet werden (siehe Abb. 4.80).

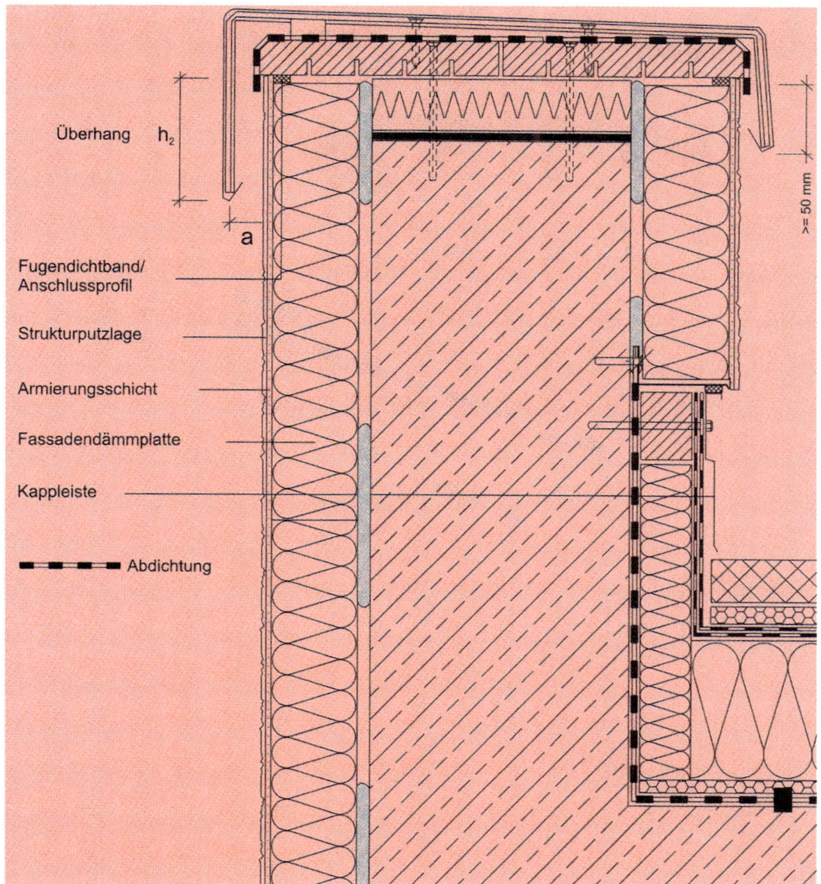

Abb. 4.81: Anschluss an Dachattika: Der obere Abschluss des Wärmedämm-Verbundsystems muss auch während der Verarbeitung vor Witterungseinflüssen geschützt bzw. entsprechend abgedeckt werden (Quelle: BFS-Merkblatt Nr. 21, Bundesausschuss Farbe und Sachwertschutz, 2012, S. 28).

Attika

Auch beim Anschluss an die Attikaüberdeckung ist das Wärmedämm-Verbundsystem so auszuführen, dass ein dauerhafter Schutz vor eindringender Feuchtigkeit gegeben ist (siehe Abb. 4.81). Ein konstruktiver Schutz durch eine Attikaabdeckung mit entsprechender Dimensionierung trägt wesentlich dazu bei (siehe Abb. 4.82). Gemäß den Empfehlungen des Klempnerhandwerks sind Mindestmaße der Auf- und Abkanthöhen in Abhängigkeit von der Gebäudehöhe gefordert (siehe Tabelle 4.15).

Abb. 4.82: Auch Attikaabdeckungen, die der VOB/C ATV DIN 18339 „Klempnerarbeiten" (2012) entsprechen, können bedingt durch eine nur geringe konstruktive Schutzwirkung (im Vergleich zu einer ausgeprägten Dachuntersicht) einem Algenbefall oft nicht entsprechend vorbeugen.

Tabelle 4.15: Mindestmaße der Auf- und Abkanthöhen in Abhängigkeit von der Gebäudehöhe (nach Fachverband der Stuckateure für Ausbau und Fassade, 2003)

Gebäudehöhe in m	Maße Ortgangabschluss Aufkantung in mm	Abkantung in mm
bis 8	40 bis 60	> 50
über 8 bis 20	40 bis 60	> 80
über 20	60 bis 100	>100

Tropfkanten

Bei zu gering bemessenem Tropfkantenabstand wird Niederschlag direkt über die Fassadenoberfläche abgeführt. Geschieht dies z. B. bei einer verschmutzten Fensterbank oder Attikaabdeckung, lagern sich diese Verschmutzungen auf der Fassadenoberfläche im Bereich unterhalb des Fensters bzw. der Attika ab und es bilden sich Schmutzränder. Diese Verschmutzungen bilden in Verbindung mit der Feuchtigkeit eine gute Nahrungsgrundlage für mikrobiellen Befall.

Der Abstand der Tropfkante von der Fassadenoberfläche soll gemäß VOB/C ATV DIN 18339 mindestens 20 mm von den zu schützenden Bauteilen betragen. Gemäß BFS-Merkblatt Nr. 21 (Bundesausschuss Farbe und Sachwertschutz, 2012) soll der Tropfkantenabstand bei der Attika sowie bei Fensterbänken in Verbindung mit Wärmedämm-Verbundsystemen abhängig von der Gebäudehöhe bestimmte Abstände aufweisen:

- bis 8 m mindestens 20 mm Abstand von der fertigen Fassade
- über 8 bis 20 m mindestens 30 mm Abstand von der fertigen Fassade
- über 20 m mindestens 40 mm Abstand von der fertigen Fassade

Abb. 4.83: Ablösungen im Gebäudeeckbereich, hervorgerufen durch die Verwendung ungeeigneter Eckprofile

Abb. 4.84: Unzureichende Haftung vom Flächengewebe auf einem systemfremden Profil

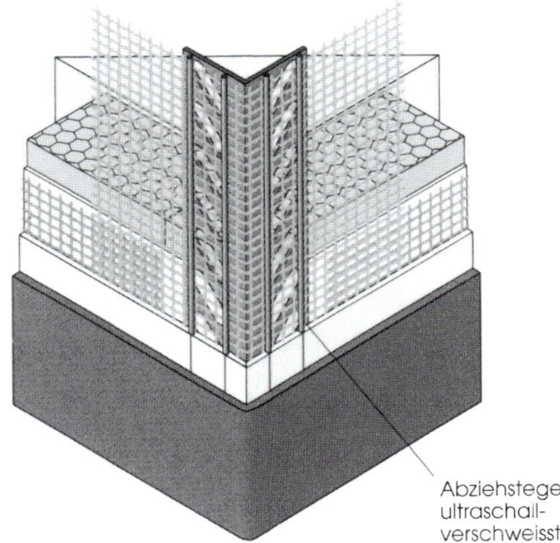

Abb. 4.85: Geeigneter PVC-verstärkter Gewebeeckwinkel für Gebäudeaußenkanten (Quelle: APU AG, Schaffhausen/Schweiz)

Gebäudeeckprofile

Eckprofile ohne Gewebestreifen und Gewebeeckprofile mit Gewebestreifen < 10 cm sind für Wärmedämm-Verbundsysteme nicht geeignet, da auftretende Spannungen nicht abgetragen werden können und es im Bereich des Profils zu Rissbildungen kommen kann. Die häufigsten Mängel bei der Verarbeitung von Profilen sind

- die Verwendung ungeeigneter Profile (siehe Abb. 4.83 und Abb. 4.84),
- eine unsachgemäße Einbettung in den Armierungsputz (zu geringe Schichtdicke),
- eine unzureichende Überlappung bei der Flächenarmierung und
- eine unzureichende Überlappung des Gewebes beim „Aneinandersetzen" von Profilen (z. B. in Fensterlaibungen).

Spätestens seit Inkrafttreten der allgemeinen bauaufsichtlichen Zulassungen gilt die allgemein anerkannte Regel der Technik, wonach Profile ohne inte-

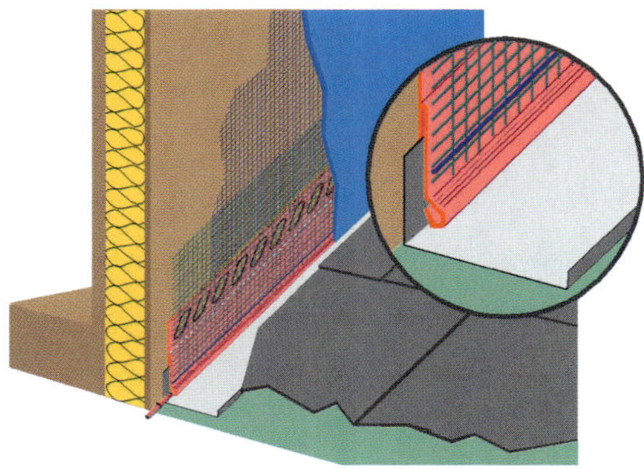

Abb. 4.86: Ordnungsgemäßer Blechanschluss an ein Wärmedämm-Verbundsystem mit einem geeigneten Blechanschlussprofil (Quelle: APU AG, Schaffhausen/Schweiz)

Abb. 4.87: Der Blechanschluss an das Wärmedämm-Verbundsystem wurde fälschlicherweise nur mit einer Silikondichtmasse abgedichtet.

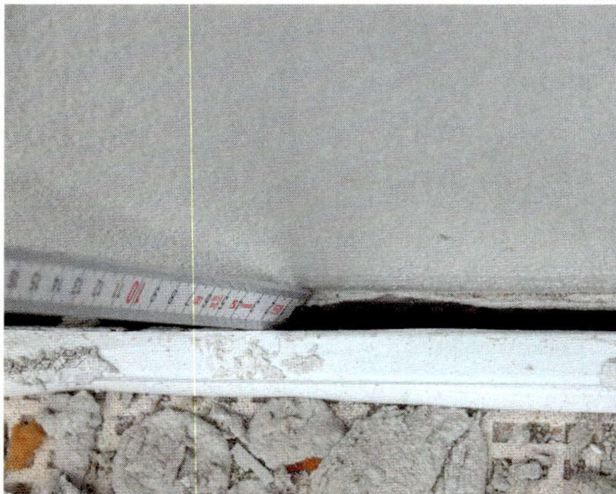

Abb. 4.88: Ungeeigneter Blechanschluss an ein Wärmedämm-Verbundsystem

grierten Gewebestreifen für Wärmedämm-Verbundsysteme nicht geeignet sind. Darauf weisen auch die Verarbeitungsrichtlinien der Systemhersteller hin. Dies bezieht sich u. a. auf Tropfkantenprofile und Fensteranschlussprofile. Bei den Eckprofilen gibt es noch Hersteller, die alternativ Leichtmetallschienen empfehlen, die mit dem Flächengewebe armiert werden. Werden Profile im Wärmedämm-Verbundsystem eingebaut, so ist das Profil mit dem systemkonformen Armierungsputz anzubringen. Nach ausreichender Trocknung des Armierungsputzes wird dieses Profil im Zuge der Flächenarmierung noch einmal mit Armierungsputz überzogen und das Flächengewebe 10 cm überlappend eingebettet (siehe Abb. 4.85).

Blechanschlussprofile

Der dauerhaft regendichte Anschluss von Blechprofilen an ein Wärmedämm-Verbundsystem wird mit speziellen Blechanschlussprofilen ausgeführt (siehe Abb. 4.86). Diese werden über die Blechkante gestülpt und das integrierte Armierungsgewebe wird vor der Flächenarmierung auf den

Abb. 4.89: Dieser mineralische Armierungsputz weist mit nur 2 mm eine zu geringe Schichtdicke auf.

Abb. 4.90: Schichtdicken von nur ca. 1,2 mm beim mineralischen Armierungsputz sind nicht zulässig.

Abb. 4.91: Auch Schichtdicken von ca. 25 mm entsprechen nicht den geltenden Regeln. Zudem liegt hier ein Systemmix vor.

Dämmplatten befestigt. Ein loser Blechanschluss, der mit spritzbaren Dichtstoffen abgedichtet wird, stellt keinen dauerhaften Feuchtigkeitsschutz dar und ist für Anschlüsse an ein Wärmedämm-Verbundsystem nicht geeignet (siehe Abb. 4.87 und Abb. 4.88).

4.7.4 Mängel an Armierungsputz und -gewebe

Schichtdicke

Zu geringe Schichtdicken beim Armierungsputz sind die Ursache vieler Rissbildungen bei Wärmedämm-Verbundsystemen. Bei der Verwendung von mineralischen Armierungsputzen wird herstellerabhängig in der Regel eine Schichtdicke von 4 bis 6 mm gefordert (siehe Abb. 4.89 und Abb. 4.90). Bei organischem Armierungsputz beträgt die geforderte Schichtdicke dagegen in der Regel 2 bis 4 mm. Das Armierungsgewebe muss im oberen Drittel des Armierungsputzes eingebettet werden. Geringere Schichtdicken des Armierungsputzes entsprechen nicht den allgemein anerkannten Regeln der Technik. Aber auch Schichtdicken von ca. 25 mm, wie in Abb. 4.91, entsprechen nicht den geltenden Regeln.

Abb. 4.92: Armierungsgewebe direkt an der Oberfläche eines Armierungsputzes mit zu geringer Überdeckung und dadurch verursachte Rissbildung

Abb. 4.93: Armierungsgewebe direkt an der Oberfläche mit zu geringer Stoßüberlappung

Eine ausreichende Abtragung der durch die Bewitterung hervorgerufenen hygrothermischen Kräfte, die auf die Fassade einwirken, kann bei einer zu geringen Schichtdicke des Armierungsputzes und einer falschen Lage des Armierungsgewebes nicht erfolgen. Dies führt zu Rissbildungen und dem Ablösen von Bestandteilen des Putzes.

Wird bei der Sanierung eines älteren Wärmedämm-Verbundsystems eine zu geringe Schichtdicke des Armierungsputzes festgestellt, lässt sich dieser Mangel meist nur durch das Entfernen der vorhandenen Armierungsschicht ordnungsgemäß beheben. Das Gleiche gilt für neue Wärmedämm-Verbundsysteme, die mit einer zu geringen Armierungsputzdicke versehen wurden. Das zusätzliche Aufbringen einer zweiten Lage Armierungsputz bringt meist nicht den gewünschten Erfolg, da das Armierungsgewebe in der ersten Lage des Armierungsputzes bei einer geringen Schichtdicke oft auf der Dämmplatte selbst aufliegt und eher als Trennschicht wirkt. In solchen Fällen sollte die Sanierung mit dem Hersteller oder einem Sachverständigen abgestimmt werden.

Armierungsgewebe

Zur Egalisierung hygrothermischer Kräfte muss das Armierungsgewebe ordnungsgemäß im oberen Drittel der Armierungsschicht eingebettet werden, sonst kann dies zu Rissbildungen und Ablösungen des Armierungsputzes und des Oberputzes führen. Wird das Armierungsgewebe zu tief, d.h. zu nahe an der Dämmplatte eingebettet, bilden sich meist breitere vereinzelte Risse mit nachfolgenden Ablösungen von Armierungsputz und Oberputz. Liegt das Gewebe zu weit an der Oberfläche des Armierungsputzes, bilden sich oft viele feine Risse, teilweise ebenfalls mit Ablösungen vom Oberputz (siehe Abb. 4.92).

Das Armierungsgewebe ist im Stoßbereich mindestens 10 cm zu überlappen (siehe Abb. 4.93).

Abb. 4.94: Algenbefall bedingt durch konstruktive Mängel

4.7.5 Mängel am Oberputz

Der Oberputz ist das Fassadenbauteil, welches einer ständigen direkten Bewitterung durch Niederschläge wie Regen oder Schnee, einer UV-Belastung durch Sonneneinstrahlung sowie thermischen Belastungen durch Aufheizen und Abkühlen ausgesetzt ist. Bei einem unzureichenden konstruktiven Schutz, z. B. einem zu gering dimensionierten Dachvorsprung (siehe Abb. 4.94), oder Fehlern in der Verarbeitung des Wärmedämm-Verbundsystems kann es zu Mängeln im Oberputz kommen. Die Erscheinungsbilder dieser Mängel können sehr vielseitig sein. Häufig zeigen sie sich in Form von Rissbildungen, mikrobiellem Befall, Blasenbildungen und im Extremfall von Putzablösungen.

Mikrobieller Befall

Wärmedämm-Verbundsysteme haben die Aufgabe, den Gebäudeenergieverbrauch zu senken. Dies bedeutet, dass weniger Wärme über die Wandflächen abgeführt wird. Aufgrund der thermischen Entkoppelung des Putzes bei Wärmedämm-Verbundsystemen von der Wand kann das Mikroklima für einen möglichen mikrobiellen Befall begünstigt werden. Die Putzoberflächen sind länger feucht, da zur Energieeinsparung der Wärmefluss von innen nach außen reduziert wird. Die Temperatur an der Bauteiloberfläche beeinflusst den Feuchtigkeitshaushalt und die Dauer der Feuchtigkeitsbelastung wesentlich, und somit auch das Wachstum und die Art der Mikroorganismen. Bereits geringste Temperaturunterschiede können für einen mikrobiellen Befall entscheidend sein.

Bei einer ungedämmten Fassade ist die Putzoberfläche gegenüber einer Dämmung in der kalten Jahreszeit geringfügig wärmer (siehe Abb. 4.95) als bei einer gedämmten Fassade (siehe Abb. 4.96). Dies bewirkt, dass anfallende Feuchtigkeit (Regen, Tauwasser, Schnee) bei ungedämmten Fassaden schneller abtrocknet als bei gedämmten Fassaden.

Die Berechnungen aus Tabelle 4.16 verdeutlichen an einem ausgewählten Beispiel die Unterschiede zwischen ungedämmten Fassaden und einem Wärmedämm-Verbundsystem.

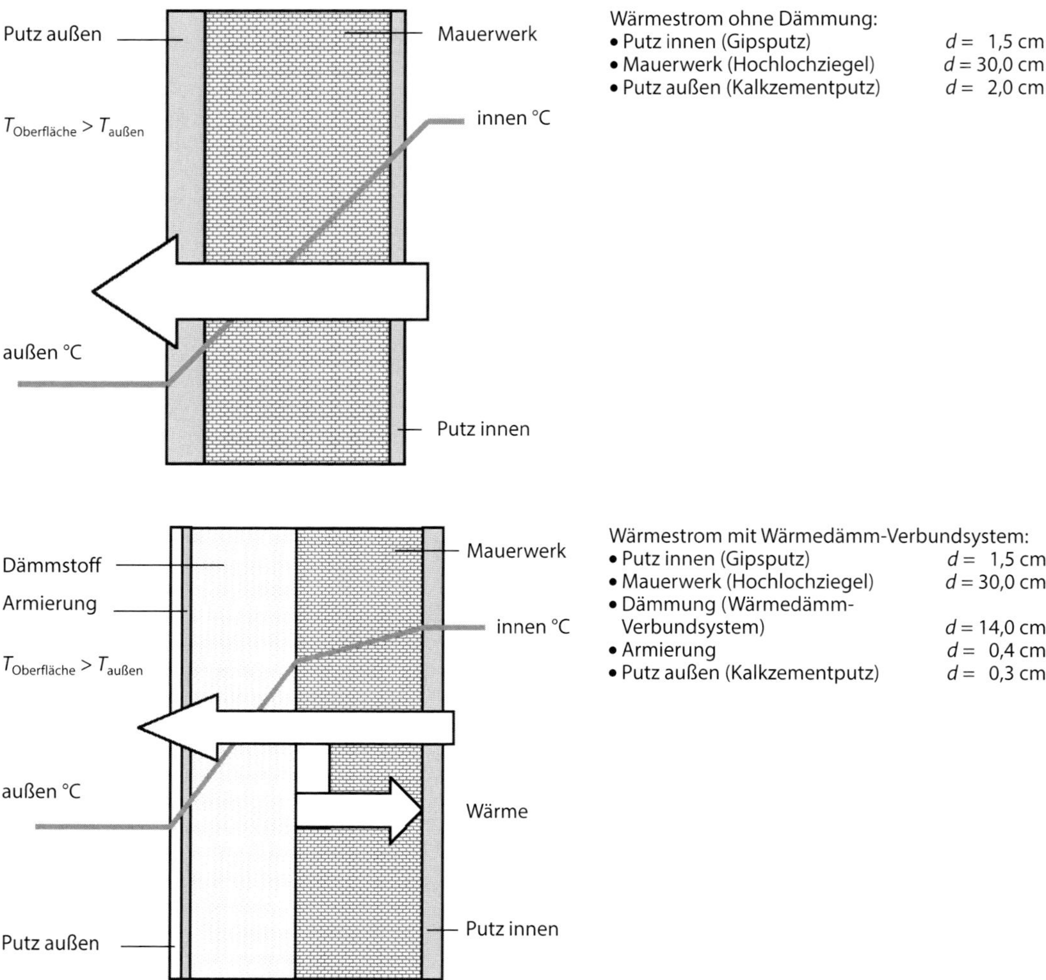

Abb. 4.95 und 4.96: Verlauf des Wärmestroms bei Fassaden ohne Fassadendämmung und mit Wärmedämm-Verbundsystem

Tabelle 4.16: Aufbau der Wand von innen nach außen (Altbau vor bzw. nach der Sanierung mit Wärmedämm-Verbundsystem)

	Wärmedämm-Verbundsystem	**ungedämmte Fassade**
Bauteilbezeichnung		
Gipsputz in cm	1,5	1,5
Hochlochziegel in cm	30,0	30,0
Kalkzementputz in cm	2,0	2,0
Polystyrol-Dämmplatte in cm	14,0	
mineralische Putzarmierung in cm	0,4	
mineralischer Oberputz in cm	0,3	
bauphysikalischer Wert (Innentemperatur 20 °C, Außentemperatur –10 °C)		
U-Wert in W/($m^2 \cdot K$)	0,21	1,53
Tauwasseranfall im Wandbildner in kg/m^2	0	0,329
Oberflächentemperatur innen in °C	19,2	14,0
Oberflächentemperatur außen in °C	–9,7	–8,2
bauphysikalischer Wert (Innentemperatur 20 °C, Außentemperatur 0 °C)		
U-Wert in W/($m^2 \cdot K$)	0,21	1,53
Tauwasseranfall im Wandbildner in kg/m^2	0	0
Oberflächentemperatur innen in °C	19,5	16,0
Oberflächentemperatur außen in °C	0,2	1,2
bauphysikalischer Wert (Innentemperatur 20 °C, Außentemperatur 5 °C)		
U-Wert in W/($m^2 \cdot K$)	0,21	1,53
Tauwasseranfall im Wandbildner in kg/m^2	0	0
Oberflächentemperatur innen in °C	19,6	17,0
Oberflächentemperatur außen in °C	5,2	5,9

Schon eine vereinfachte Berechnung nach dem Bauteilverfahren, bei dem jedes Bauteil isoliert betrachtet wird, zeigt Unterschiede bei den Oberflächentemperaturen zwischen einem gedämmten und einem ungedämmten Gebäude. So beträgt die Temperatur an der Außenwandoberfläche unter denselben Voraussetzungen (Außenlufttemperatur 0 °C) beim Wandaufbau ohne Dämmung 1,2 °C. Die Temperatur ist somit um 1,0 °C höher als bei dem Wandaufbau mit Dämmung, der eine Oberflächentemperatur von 0,2 °C aufweist (siehe Tabelle 4.16). Dies begründet, warum gedämmte Fassaden meist über einen längeren Zeitraum kälter und feuchter sind als ungedämmte Fassaden.

Ein mikrobielles Wachstum hängt zwar vom Klima ab, d. h. von einer Erhöhung der Lufttemperatur, jedoch nicht zwangsläufig von einer Erhöhung der Jahresdurchschnittstemperatur. Vielmehr spielt die Anzahl an Tagen eine Rolle, an denen die Temperaturen über dem Gefrierpunkt liegen und die Verfügbarkeit von Feuchtigkeit über dem Substrat mehr als 80 % beträgt. Dies muss nicht zwingend von der tatsächlich vorhandenen Luftfeuchtigkeit abhängen – von Bedeutung ist der Temperaturunterschied der Bauteiloberfläche in Verbindung mit der Lufttemperatur und einer Unterschreitung der Taupunkttemperatur. Dies erklärt, weshalb der mikrobielle Befall in verschiedenen Regionen und an bestimmten Objekten stärker ausgeprägt ist und weshalb andere Regionen weniger betroffen sind.

Durch die Temperaturschwankungen, insbesondere durch die Außentemperaturabsenkungen in der Nacht, muss davon ausgegangen werden, dass eine Taupunktunterschreitung und eine Tauwasserbildung auf der Putzoberfläche bei einem Wärmedämm-Verbundsystem eher eintreten als bei einem monolithischen Wandaufbau. Die Abtrocknung des Oberflächentauwassers nimmt beim Wärmedämm-Verbundsystem einen längeren Zeitraum in Anspruch, was den Bewuchs von Mikroorganismen begünstigt.

Einen Einfluss auf den Wärmestrom kann aber auch die Ausführung von Beschichtungen in dunklen oder hellen Farbtönen haben. So trocknet eine Fassade, die in einem dunkleren Farbton ausgeführt wurde, je nach Intensität des Farbtons durch die thermische Erwärmung in der Regel schneller ab als eine vergleichbare Fassade mit einer helleren Oberfläche.

Abzeichnen der Dübelteller an der Fassadenoberfläche

Bei mechanisch befestigten Wärmedämm-Verbundsystemen gibt es 3 Möglichkeiten, weshalb Dübelteller sich abzeichnen können.

- Wurden die Tellerdübel ordnungsgemäß eingebracht und schließen mit der Dämmplattenoberfläche ab, können sie sich bei wechselnden Witterungsbedingungen vorübergehend im Putzsystem abzeichnen. Dieses Phänomen verschwindet nach dem Abtrocknen der Fassade wieder.
- Wurde der Tellerdübel ordnungsgemäß eingebracht und schließt mit der Dämmplattenoberfläche ab, dann bildet der Stahlnagel im Dübel durch seine bessere Wärmeleitfähigkeit eine Wärmebrücke. Dadurch entstehen

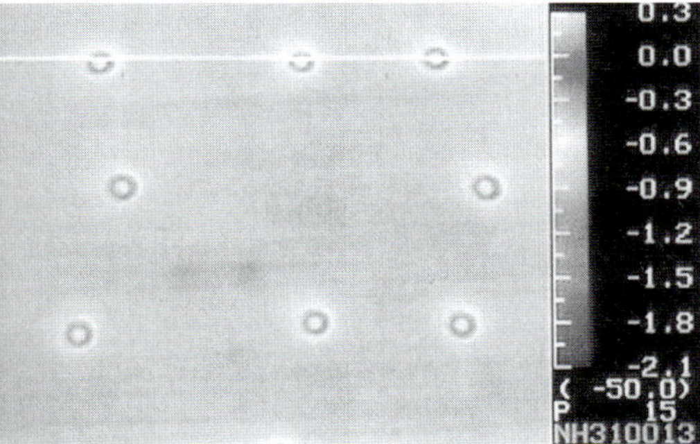

Abb. 4.97 und 4.98: Schon wenige Zehntel Grad Temperaturdifferenz sind entscheidend für Tausituationen und einen möglichen mikrobiellen Befall.

höhere Oberflächentemperaturen mit der Folge, dass im Bereich der Dübel die Feuchtigkeit schneller abgeführt wird und damit ein mikrobieller Befall ausbleiben kann. Entsteht ein Algenbefall auf der Fassade, zeichnen sich die Dübel ab, da die Oberfläche keinen mikrobiellen Befall aufweist (siehe Abb. 4.97 und Abb. 4.98).

- Wurde der Tellerdübel nicht ordnungsgemäß und zu tief in die Dämmplatte eingebracht, entsteht in diesem Bereich eine erhöhte Kondensatbildung, wenn die Vertiefung mit Armierungsputz ausgeglichen wird. Hier zeichnet sich der Dübelteller durch einen mikrobiellen Befall ab, wenn die Fassade keinen mikrobiellen Befall aufweist.

Bei der Fassadenoberfläche kann schon eine Temperaturdifferenz von nur wenigen Zehntel Grad den Ausschlag geben, ob es zu einem mikrobiellen Befall kommt. Das Abzeichnen der Dübel beruht im Wesentlichen auf der Wärmebrückenwirkung (χ -Wert) der Stahlschraube. Zur Verhinderung der Dübelabzeichnungen empfiehlt es sich, Dübel mit einem geringen Wärmebrückenwert zu verwenden (χ-Wert $\leq$ 0,001). Die χ-Werte sind aus den allgemeinen bauaufsichtlichen Zulassungen der Systemhersteller ersichtlich.

Dem Abzeichnen von Dübeln kann weiter entgegengewirkt werden, wenn Dübel mit Rondell, die versenkt gesetzt und mit Dämmmaterial abgedeckt werden (siehe Abb. 4.11), oder spezielle Dübel, die sich durch einen Setzvorgang unter die Dämmplattenoberfläche einschneiden, verwendet werden.

Die hier beschriebenen Probleme durch mikrobiellen Befall sollen keineswegs den Eindruck vermitteln, dass auf eine Wärmedämmung der Gebäudehülle verzichtet werden sollte, um einem Befall vorzubeugen. Letztendlich sind Wärmedämm-Verbundsysteme in den meisten Fällen frei von mikrobiellem Befall. Trotzdem sollte einem möglichen Befall ausreichend Beachtung geschenkt werden. Für einen mikrobiellen Befall sind letztlich verschiedene Faktoren ausschlaggebend. Es müssen alle möglichen Maßnahmen ergriffen werden, um einem mikrobiellen Befall vorzubeugen. Putze und Anstriche auf Wärmedämm-Verbundsystemen sollten, so weit möglich, immer fungizid und algizid ausgestattet sein. Der konstruktive Schutz eines Gebäudes ist maßgebend für die Häufigkeit der Sanierungsintervalle und sollte vom Planer auch unter diesem Aspekt entsprechend berücksichtigt werden.

Abb. 4.99: Thermisch bedingte Putzrisse unter achtfacher Vergrößerung

Thermische Rissbildungen

Wärmedämm-Verbundsysteme stellen durch ihren Aufbau, bestehend aus einer schubweichen Dämmstoffschicht mit einer gewebearmierten, verputzten zugsteifen Deckschicht, Hochleistungsrissüberbrückungssysteme für Fassadenunterkonstruktionen, wie z. B. Massivwände, Holzkonstruktionen im Fertigbau oder Plattenbauten, dar. Mit zugelassenen Wärmedämm-Verbundsystemen, bestehend aus expandiertem Polystyrol-Hartschaum, mit einer Dämmstoffdicke über 60 mm können Untergrundbewegungen bis zu 3 mm ohne die Gefahr einer Rissbildung schadlos aufgenommen werden. Deshalb ist der Einsatz von Wärmedämm-Verbundsystemen bei Sanierungsmaßnahmen monolithischer Fassaden mit Rissproblemen besonders empfehlenswert.

Dennoch können in der verputzten zugsteifen Deckschicht bei witterungsbedingten extremen Belastungen wie Feuchtigkeitsaufnahme und Austrocknung, insbesondere durch auftretende Temperaturwechsel im tages- und jahreszeitlichen Rhythmus, solch hohe Zwangsspannungen auftreten, dass durch thermische Rissbildung infolge der auftretenden Bewegungen auch die Deckputzlage geschädigt wird (siehe Abb. 4.99). Dies ist vor allem dann zu berücksichtigen, wenn zu dunkle bzw. zu intensive Farbtöne zur Fassadengestaltung gefordert werden, die als Folge ihrer solaren Aufheizung und nächtlichen Abkühlung über das Jahr extreme Temperaturwechsel im Bereich von +80 bis –20 °C erzeugen. Zur Vermeidung von Schäden sollte bei der Farbtonwahl der Schlussbeschichtung entsprechend den Angaben im BFS-Merkblatt Nr. 21 (Bundesausschuss Farbe und Sachwertschutz, 2012) der minimale Hellbezugswert von 20 nicht unterschritten werden. Der Hellbezugswert ermöglicht eine Zuordnung eines Farbtons zwischen Schwarz (0) und Weiß (100) und lässt Schlussfolgerungen auf die zu erwartende thermische Erwärmung zu. Doch keine Regel ohne Ausnahme: Seit 2010 sind Beschichtungen auf dem Markt erhältlich, deren Pigmente eine Infrarotrückstrahlung bewirken. Solche Beschichtungen reduzieren die Oberflächentemperatur um bis zu 30 %. Nach Herstellerfreigabe kann mit solchen Beschichtungen das Farbtonspektrum für Wärmedämm-Verbundsysteme erweitert werden (vgl. Kapitel 5.6.1).

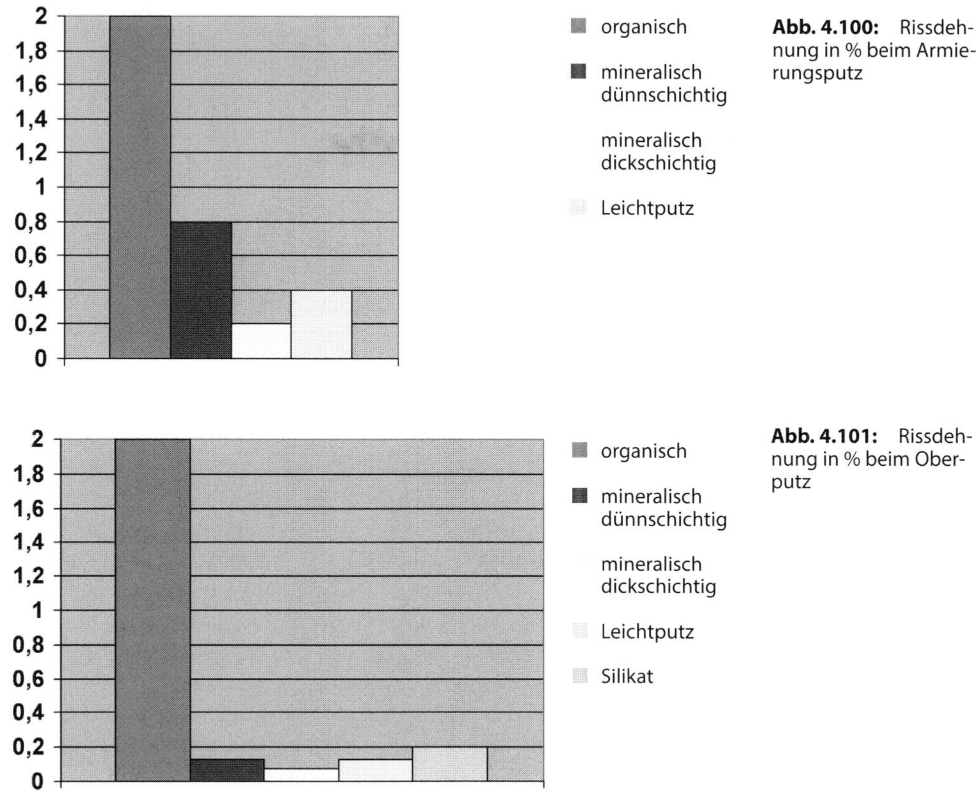

Abb. 4.100: Rissdehnung in % beim Armierungsputz

Abb. 4.101: Rissdehnung in % beim Oberputz

Tabelle 4.17: Vergleich Mineralputz und organischer Putz sowie ihre Materialkonstanten (nach Cziesielski/Vogdt, 1999)

	Mineralputz (Normalputz) **P II nach DIN 18550-1:1985-01**	**organischer Putz** **P Org 1 nach DIN 18550-1:1985-01**
Thermischer Ausdehnungskoeffizient in K^{-1}	8 bis $11 \cdot 10^{-6}$	$50 \cdot 10^{-6}$
Hygrischer Ausdehnungskoeffizient in K^{-1}	$10 \cdot 10^{-6}$	$50 \cdot 10^{-6}$
Elastizitätsmodul in N/mm^2	7.000 bis 8.000	1.300
Bruchdehnung in %	0,017 bis 0,03	0,95
Restschwindmaß in %	0,015	0,40

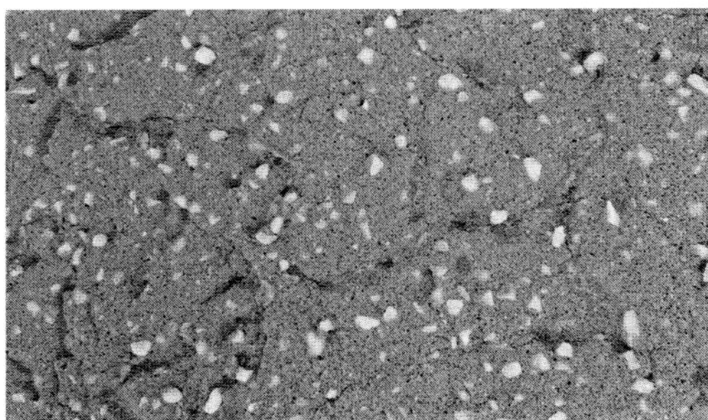

Abb. 4.102: Bei diesem Kunstharzputz, der eine gute Anstrichverträglichkeit vortäuscht, ist das Bindemittel jedoch durch Bewitterung bereits abgebaut – erkennbar am blanken Marmorkorn. Hier bedarf es einer sorgfältigen Vorbehandlung.

Schon bei der Wahl des anzubringenden Wärmedämm-Verbundsystems sollte die spätere nutzungsbedingte Belastung berücksichtigt werden. Die Materialprüfanstalt in Wien führte Versuche mit verschiedenen Systemen von unterschiedlichen Herstellern durch. In diese Versuche wurde u. a. auch die Dehnung bis zur Rissbildung der einzelnen Schichten und unterschiedlichen Produkte mit einbezogen. Dabei wurde die Rissdehnung der Armierungsschicht mit Putz in Abhängigkeit von der Dauer der Freibewitterung gemessen, was Aufschluss über das Dehnverhalten über den Fugen von Dämmstoffen geben sollte. Es hat sich gezeigt, dass die mögliche Dehnung bis zur Rissbildung sehr unterschiedlich ausfällt, wobei es sich bei den genannten Werten um Mittelwerte der verschiedenen Proben handelt. Bei den organischen Armierungsputzen beträgt die mögliche Dehnung bis zur Rissbildung meist über 2 %; bei Produkten auf mineralischer und Silikatbasis verringert sich diese teils erheblich (siehe Abb. 4.100 und Abb. 4.101).

Bei Fassadenputzen geht der gegenwärtige Trend immer mehr zu fein strukturierten Oberflächen. Diese Oberflächen werden meist durch das Abfilzen oder Verwaschen der Putzoberfläche erreicht. Dadurch kann es zu feinen Rissbildungen an der Putzoberfläche kommen. Es empfiehlt sich gerade bei einer feinen Putzstruktur, die Oberfläche mit einem Anstrichaufbau zu egalisieren.

Bindemittelabbau beim Oberputz

Bei alten Kunstharz- und Silikonharzputzen wird das Bindemittel durch Bewitterung und UV-Belastung abgebaut. Die Folge davon ist, dass diese Putze im Laufe der Jahre sehr saugfähig werden und viel Feuchtigkeit durch Niederschlag oder auch bei der Reinigung aufnehmen. Dies bedeutet, dass vor Beginn der Sanierung eine ausreichende Trocknungsphase einzuplanen ist, wenn der Putz vor einem Überholungsanstrich mit Wasser gereinigt wird oder auch wenn witterungsbedingt mit einer erhöhten Putzfeuchte zu rechnen ist. Auch bei Mineralputzen baut sich die Festigkeit durch Bewitterung und saure Luftschadstoffe ab (siehe Abb. 4.102). Mürbe und stark sandende Putze, die nicht mehr tragfähig sind, müssen erneuert werden (vgl. hierzu die Angaben zur Reinigung vor der Sanierung nach Schadensklassen 1 und 2 in Kapitel 4.8.2).

Ebenheitsabweichungen

Fälschlicherweise wird bei der Überprüfung von fertiggestellten Wärmedämm-Verbundsystemen bei etwaigen Ebenheitsabweichungen häufig die DIN 18202 „Toleranzen im Hochbau – Bauwerke" (2013) zitiert. Dies liegt vermutlich am Abschnitt 3.1.2 der VOB/C ATV DIN 18350 „Putz- und Stuckarbeiten" sowie der VOB/C ATV DIN 18345 „Wärmedämm-Verbundsysteme" (2013), der lautet:

„Abweichungen von vorgeschriebenen Maßen sind in den durch DIN 18202 „Toleranzen im Hochbau – Bauwerke" bestimmten Grenzen zulässig.

Bei Streiflicht sichtbar werdende Unebenheiten in der Oberfläche sind zulässig, wenn diese die Grenzwerte nach DIN 18202 nicht überschreiten.

Werden an die Ebenheit erhöhte Anforderungen nach DIN 18202, Tabelle 3, Zeile 7 gestellt, so sind die zu treffenden Maßnahmen Besondere Leistungen."

Nicht berücksichtigt wird hierbei, dass die DIN 18202 lediglich Rohbaumasse beschreibt und nicht für fertiggestellte Oberflächen von Wärmedämm-Verbundsystemen herangezogen werden kann, wie aus der Norm hervorgeht:

„4.1 Toleranzen dienen zur Begrenzung der Abweichung von den Nennmaßen der Größe, Gestalt und der Lage von Bauteilen und Bauwerken.

4.2 Die Einhaltung von Toleranzen ist erforderlich, um trotz unvermeidlicher Ungenauigkeiten beim Messen, bei der Fertigung und bei der Montage die vorgesehene Funktion zu erfüllen und das funktionsgerechte Zusammenfügen von Bauwerken und Bauteilen des Roh- und Ausbaus ohne Anpass- und Nacharbeiten zu ermöglichen.

4.3 Die in dieser Norm angegebenen Toleranzen sind anzuwenden, soweit nicht andere Genauigkeiten vereinbart werden. Sie stellen die im Rahmen üblicher Sorgfalt zu erreichende Genauigkeit dar. Sind jedoch für Bauteile oder Bauwerke andere Genauigkeiten erforderlich, so sollen sie nach wirtschaftlichen Maßstäben vereinbart werden. Die dazu erforderlichen Maßnahmen und die Kontrollmöglichkeiten während der Ausführung sind rechtzeitig festzulegen." (DIN 18202, S. 7)

Bei Wärmedämm-Verbundsystemen ergeben sich die „anderen Genauigkeiten", wie unter 4.3 beschrieben, schon aus den Ausführungsanleitungen der allgemeinen bauaufsichtlichen Zulassungen. Danach sind Wärmedämm-Verbundsysteme planeben zu verlegen. „Planeben" wird im BFS-Merkblatt Nr. 21 (Bundesausschuss Farbe und Sachwertschutz, 2012) ebenfalls gefordert. Die DIN 55699 „Verarbeitung von Wärmedämm-Verbundsystemen" (2005) fordert eine „ebene" Verlegung der Dämmplatten. Nachdem die Dämmplatten planeben/eben verlegt worden sind, erfolgt die Armierung mittels Armierungsputz und Armierungsgewebe.

Das BFS-Merkblatt Nr. 21 beschreibt bezüglich der Anforderungen an den Untergrund nach DIN 18202 bei der Verarbeitung von Wärmedämm-Verbundsystemen:

Abb. 4.103: Unzulässige Abweichung in der Ebenheit von 10 mm/m bei einem Wärmedämm-Verbundsystem

„Die Abweichungen des Untergrundes von der Ebenheit müssen sich innerhalb der Grenzwerte für Ebenheitstoleranzen nach DIN 18202 bewegen. Bei größeren Abweichungen sind Maßnahmen zum Toleranzausgleich vorzunehmen, z. B.

- *mit einem partiellen Kleber-Mehrauftrag*
- *mit einem zusätzlichen Ausgleichsputz*
- *mit unterschiedlichen Dämmplattendicken*
- *mit Anwendung einer Schienenbefestigung*
- *durch den Einsatz anderer ausgleichender Befestigungsmittel*

Insbesondere bei Gebäuden im Bestand weisen die Gebäudemaße hinsichtlich geometrischer Gegebenheiten, z. B. Lotrechtigkeit, Fluchtverlauf, Bezugslinienverlauf etc., oftmals Unregelmäßigkeiten auf. Wünscht der Auftraggeber eine Abmilderung, Korrektur oder Ausgleich dieser Unregelmäßigkeiten, sind diese Maßnahmen besonders zu vereinbaren und planerisch vorzugeben […].“ (BFS-Merkblatt Nr. 21, Bundesausschuss Farbe und Sachwertschutz, 2012, S. 17)

Die Schichtdicke bei dünnschichtigen Systemen beträgt je nach Vorgabe des Herstellers zwischen 4 und 6 mm. Der Oberputz wird meist in einer Dicke von 2 oder 3 mm aufgebracht. Die Putzdicke ist vom Strukturkorn abhängig. Somit ergeben sich bei fachgerechter Verarbeitung des Wärmedämm-Verbundsystems Ebenheitstoleranzen von theoretisch maximal 2 mm (siehe Abb. 4.103). Die möglichen Ebenheitstoleranzen bei einer fertiggestellten WDVS-Oberfläche entsprechend DIN 18202 würden den optischen Ansprüchen des Auftraggebers sicher nicht entsprechen.

Bei der Ebenheit von Wärmedämm-Verbundsystemen wird dieser Begriff häufig mit dem Anspruch auf lot- und fluchtgerechte Oberflächen verwechselt. Die Ebenheit bezieht sich gemäß DIN 55699 auf die Oberfläche der Dämmplatten. Die Oberfläche muss demnach ohne Versprünge von Plattenstößen hergestellt werden. Die Forderung nach einer lot- und fluchtgerechten Oberfläche kann im Neubaubereich, je nach Untergrundbeschaffenheit, sicher gerechtfertigt sein. Im Gebäudebestand hingegen ist eine solche Forderung aus technischen, wirtschaftlichen und teilweise sogar optischen Gesichtspunkten nicht immer sinnvoll. Da im Gebäudebestand, je nach Baujahr, die Außenwände häufig in der Höhe mehr oder weniger stark nach

Abb. 4.104: Zerstörte Putzoberfläche durch Frost- und Feuchtigkeitseinwirkung vor der Trocknung des Putzes

innen abfallen, müsste eine lot- und fluchtgerechte Oberfläche vor der Dämmung erst hergestellt werden. Der Ausgleich von Ebenheitsabweichungen bis 7 cm kann auch mit dem Stellfuchs-Dübelsystem (siehe Kapitel 4.5.3) vorgenommen werden. Mit diesem System lässt sich die Fläche entsprechend ausrichten, wobei dann zusätzliche Maßnahmen zur Vermeidung der Hinterlüftung notwendig werden.

Besteht seitens des Auftraggebers dennoch die Anforderung nach einer lot- und fluchtgerechten Fassadenoberfläche, sind diese Maßnahmen gemäß VOB „Besondere Leistungen" und gesondert zu vereinbaren und zu planen.

Verarbeitungstemperaturen

Um eine ausreichende Verfilmung der Beschichtung sicherzustellen, ist darauf zu achten, dass die Mindestfilmbildetemperatur (MFT) während der Verarbeitung und bis zur vollständigen Trocknung der Beschichtung nicht unterschritten wird. Die Trocknungsgeschwindigkeit einer Beschichtung ist abhängig von

- der Untergrundtemperatur,
- der Umgebungstemperatur,
- der Untergrundfeuchtigkeit,
- der Luftfeuchtigkeit,
- der Saugfähigkeit des Untergrundes und
- den Materialeigenschaften.

Werden diese Parameter nicht beachtet und es kommt während des Trocknungsvorgangs zu einer Unterschreitung der MFT, kann dies zu Schäden in der Beschichtung führen, die sich anschließend durch

- Ablösen der Beschichtung (siehe Abb. 4.104),
- Kreiden der Beschichtung,
- Rissbildung oder
- hohe Wasseraufnahme

bemerkbar machen.

Bei der Verarbeitung der Produkte sind die vom Hersteller geforderten Mindesttemperaturen der Luft und des zu bearbeitenden Untergrundes einzuhalten. Die geforderte Mindesttemperatur beträgt bei den meisten Herstellern bei:

- organischen Produkten: 5 °C,
- mineralischen Produkten: 5 °C,
- Silikatprodukten: 8 °C,
- Produkten mit Sondereinstellung (Winterputze und -farben): 1 °C.

Die Luftfeuchtigkeit ist ebenfalls zu beachten. Sie sollte unter 95 % betragen.

4.7.6 Mangelnde Luftdichtheit

Luftdichtheit

Die Anforderungen an die Luftdichtheit von Gebäuden werden nicht erst seit dem Inkrafttreten der Energieeinsparverordnung (EnEV) gestellt, sondern bereits mit der Wärmeschutzverordnung von 1995. Um der EnEV beim Fenstereinbau zu entsprechen, gibt es verschiedene Möglichkeiten, wie etwa die Ausführung mit spritzbaren Dichtstoffen, vorkomprimierten Fugendichtbändern und Fensteranschlussfolien.

Gemäß den EnEV-Anforderungen an die Dichtheit und den Mindestluftwechsel sind Gebäude so zu errichten, dass die wärmeübertragende Umfassungsfläche einschließlich der Fugen dauerhaft luftundurchlässig abgedichtet ist. Die Mindestanforderungen an die Luftdichtheit sind in der DIN 4108-7 „Wärmeschutz und Energie-Einsparung in Gebäuden – Teil 7: Luftdichtheit von Gebäuden – Anforderungen, Planungs- und Ausführungsempfehlungen sowie -beispiele“ (2001) geregelt. Im Abschnitt 4.4 heißt es:

„Werden Messungen der Luftdichtheit von Gebäuden oder Gebäudeteilen durchgeführt, so darf der nach DIN EN 13829: 2001-02, Verfahren A, gemessene Luftstrom bei einer Druckdifferenz zwischen innen und außen von 50 Pa

- *bei Gebäuden ohne raumlufttechnische Anlagen:*
  - *bezogen auf das Raumluftvolumen 3 h^{-1} nicht überschreiten oder*
  - *bezogen auf die Nettogrundfläche 7,8 $m^3/(m^2 \cdot h)$ nicht überschreiten,*
- *bei Gebäuden mit raumlufttechnischen Anlagen (auch Abluftanlagen):*
  - *bezogen auf das Raumluftvolumen 1,5 h^{-1} nicht überschreiten oder*
  - *bezogen auf die Nettogrundfläche 3,9 $m^3/(m^2 \cdot h)$ nicht überschreiten.“*

Der Nachweis für die Luftdichtheit kann im sog. Blower-Door-Prüfverfahren ermittelt werden, bei dem der Differenzdruck gemessen wird. Hierzu wird ein drehzahlgeregelter Ventilator in eine Tür- oder Fensteröffnung eingebaut. Anschließend wird ein Unter- bzw. Überdruck von 50 Pa erzeugt. Nebel, der mit einem Nebelgenerator erzeugt wird, strömt nun durch evtl. vorhandene Leckagen in der Gebäudehülle von innen nach außen; dort kann mit dem Aneometer die Luftgeschwindigkeit überprüft werden.

Die DIN 4108-2 „Wärmeschutz und Energie-Einsparung in Gebäuden – Teil 2: Mindestanforderungen an den Wärmeschutz“ (2013) fordert zur Vermeidung von Tauwasser und Schimmelpilzbildung auf Innenoberflächen im Abschnitt 6 „Mindestwärmeschutz im Bereich von Wärmebrücken“ bzw. 6.1 „Allgemeines“:

Abb. 4.105: Eine unzureichende Fassadendämmung und eine eingeschränkte Luftzirkulation führten hinter der Einbauküche zu einer Schimmelpilzbildung.

Abb. 4.106: Außenecke (Speisekammer) mit unzureichender Dämmung und ohne die Möglichkeit einer Beheizung

„Wärmebrücken können in ihrem thermischen Einflussbereich zu deutlich niedrigeren raumseitigen Oberflächentemperaturen und zu Tauwasserniederschlag und damit zur Schimmelbildung sowie zu erhöhten Transmissionswärmeverlusten führen. Um das Risiko der Schimmelbildung durch konstruktive Maßnahmen zu verringern, sind die in 6.2 angegebenen Anforderungen einzuhalten. Eine gleichmäßige Beheizung und ausreichende Belüftung der Räume sowie eine weitgehende ungehinderte Luftzirkulation an der Außenwandoberfläche werden vorausgesetzt."

Die weitgehende ungehinderte Luftzirkulation an der Außenwandoberfläche bezieht sich auch auf großformatige Schränke und Einbauschränke an Außenwänden, die diese (häufig) nicht zulassen. Im Abschnitt 6.2 „Maßnahmen zur Vermeidung von Schimmelpilzbildung" der DIN 4108-2 heißt es weiter:

„An der ungünstigsten Stelle ist bei stationärer Berechnung unter den Randbedingungen nach 6.3 mindestens ein Temperaturfaktor von 0,70 / eine Oberflächentemperatur von 12,6 °C einzuhalten. Fenster sind davon ausgenommen. An den Schnittstellen zwischen Fensterelement und Baukörper ist der Temperaturfaktor $f_{Rsi} \geq 0{,}70$ *einzuhalten.*

Rollladenkästen

- *Einbau- und Aufsatzrollläden: An den Schnittstellen zwischen Rollladenkasten (unabhängig vom Material) und Baukörper (oben und seitlich am Rollladenkasten) ist der Temperaturfaktor* $f_{Rsi} \geq 0{,}70$ *(siehe Abschnitt 6) einzuhalten.*
- *Vorsatzkästen und Miniaufsatzkästen: An den Schnittstellen zwischen Fensterelement einschließlich Vorsatzkasten bzw. Miniaufsatzkästen und Baukörper ist der Temperaturfaktor* $f_{Rsi} \geq 0{,}70$ *einzuhalten.*

Anforderung für Ecken bzw. punktförmige Wärmebrücken

An der ungünstigsten Stelle ist bei stationärer Berechnung unter den Randbedingungen nach 6.3 mindestens ein Temperaturfaktor von 0,70 einzuhalten.

Dies entspricht bei den Randbedingungen nach 6.3 einer einzuhaltenden Mindestoberflächentemperatur von 12,6 °C entsprechend dem f_{Rsi} von 0,70 nach DIN ISO 10211. Fenster sind davon ausgenommen.

Für Ecken gilt: Ecken, die aus Kanten nach 6.2.1 gebildet werden, und bei denen keine darüber hinausgehende Störung der Dämmebene vorhanden ist, können als unbedenklich hinsichtlich Schimmelbildung angesehen werden und bedürfen hierzu keines Nachweises."

Der Nachweis ist für Wohn- oder wohnähnliche Nutzung mit folgenden Randbedingungen zu führen:

- Innenlufttemperatur $\theta_i = 20$ °C
- relative Luftfeuchte innen $\varphi_i = 50$ %
- auf der sicheren Seite liegende kritische zugrunde gelegte Luftfeuchte nach DIN EN ISO 13788 für Schimmelpilzbildung auf der Bauteiloberfläche $\varphi_{si} = 80$ %,
- Außenlufttemperatur $\theta_e = -5$ °C
- Wärmeübergangswiderstand, raumseitig: $R_{si} = 0{,}25$ m² · K/W (beheizte Räume)

Weiter heißt es in DIN 4108-2, Abschnitt 6.2:

„*Der Temperaturfaktor f_{Rsi} ergibt sich nach DIN EN ISO 10211-2 aus der Formel:*

$$f_{Rsi} = (\theta_{si} - \theta_e)/(\theta_i - \theta_e)$$

Dabei ist

θ_{si} *die raumseitige Oberflächentemperatur,*
θ_i *die Innenlufttemperatur,*
θ_e *die Außenlufttemperatur.*"

Bei Wärmebrücken in Bauteilen, die an das Erdreich oder unbeheizte Kellerräume und Pufferzonen grenzen, müssen entsprechende Randbedingungen berücksichtigt werden. In den Abb. 4.105 und Abb. 4.106 ist die Schimmelpilzbildung als Ursache der Unterschreitung der Mindestanforderungen nach DIN 4108-2 gut zu erkennen.

4.7.7 Schäden und Verunreinigungen durch Tiere

Beschädigungen durch den Specht

Es kann vorkommen, dass die hohl klingende Fassadendämmung aus Polystyrol-Dämmplatten den Specht veranlasst, Löcher in das Wärmedämm-Verbundsystem zu klopfen, um nach Insekten zu suchen oder eine Bruthöhle hineinzubauen. In diese Löcher kann Feuchtigkeit eindringen und das Wärmedämm-Verbundsystem schädigen. Daher sollten solche Schäden möglichst schnell geschlossen werden. Dabei ist jedoch das Bundesnaturschutzgesetz zu beachten, denn nach § 42 sind alle Wildvogelarten und auch ihre Nester und Zufluchtstätten an Gebäuden unter besonderen Schutz gestellt. Abhilfe gegen Spechtattacken auf Wärmedämm-Verbundsysteme sollen laut Broschüre „Wer klopft denn da“ vom Landesbund für Vogelschutz in München (2010) Abwehrmaßnahmen an der Fassade z. B. durch Silhouetten von Greifvögeln, Windspiele etc. bieten, welche die Spechte abwehren.

Die Zerstörung der Quartiere oder eine Veränderung daran sind nach dem Bundesnaturschutzgesetz zu jeder Jahreszeit untersagt. Sind derlei Maßnahmen unvermeidbar, z. B. bei der Sanierung von Spechtschäden, erteilt die Höhere Naturschutzbehörde auf Antrag eine Ausnahmegenehmigung.

Verunreinigungen durch die Mauerspinne

Die Mauerspinne gehört zur Gattung der Kräuselspinnen. Sie kam laut Fachliteratur ursprünglich nur im warmen Südeuropa vor und breitet sich zunehmend auch in unseren Breitengraden aus. Die Mauerspinne macht sich an Fassaden durch ihr meist handflächengroßes Spinnennetz, häufig unterhalb der Dachuntersicht, negativ bemerkbar. Gerne nutzt sie Fassaden, die nachts beleuchtet sind. In ihrem Netz bleiben nicht nur Insekten kleben, sondern auch Schmutzpartikel der Außenluft. Dadurch verfärben sich die Netze schwarz und verleihen der Fassade ein unansehnliches Bild.

Durch eine Hochdruckreinigung lassen sich die Netze nur in mühevoller Arbeit entfernen. Die derzeit einzige Möglichkeit, einem Spinnenbefall vorzubeugen, ist das Abschalten der Fassadenbeleuchtung über Nacht, da dadurch weniger Insekten an die Fassade gelockt werden und der Lebensraum für die Spinne unattraktiver wird.

4.8 Sanierung von Wärmedämm-Verbundsystemen

4.8.1 Erkennen und Beurteilen von Mängeln

Das Erkennen von Wärmebrücken im Wärmedämm-Verbundsystem ist durch Aufnahmen mit der Wärmebildkamera möglich. Wärmebrücken führen zu einer Absenkung der Oberflächentemperatur (siehe Abb. 4.107). Damit verbunden ist ein möglicher Tauwasserausfall, was zur Schimmelpilzbildung führen kann.

In der DIN 4108-2 „Wärmeschutz und Energie-Einsparung in Gebäuden, Mindestanforderungen an den Wärmeschutz“ (2003) sind entsprechende Mindestanforderungen zu Wärmedurchlasswiderständen und Maximalwerten der Wärmedurchgangskoeffizienten von Bauteilen festgelegt. Aus dem Beiblatt 2 zur DIN 4108-2 können Wärmebrückenzuschläge entnommen werden.

Die Verarbeiter von Wärmedämm-Verbundsystemen wurden in den letzten Jahren weitgehend geschult, sodass die Mängel durch Verarbeitungsfehler bei neu erstellten Wärmedämm-Verbundsystemen rückläufig sind. Die größten Probleme bereitet häufig die Überarbeitung von bestehenden älteren Wärmedämm-Verbundsystemen. In der Praxis werden bestehende, überholungsbedürftige Wärmedämm-Verbundsysteme vor einer Überarbeitung meist nur optisch beurteilt und Sanierungsmaßnahmen durchgeführt, ohne vorab eine ausreichende Untersuchung des vorhandenen Wärmedämm-Verbundsystems vorzunehmen. Eine Untergrundprüfung, wie sie bei Fassadenputzen nach VOB erfolgt (Haftfestigkeit, Kreiden, Sanden, Gitterschnitt, Wasseraufnahme; siehe Kapitel 4.3), reicht bei der Sanierung von Wärmedämm-Verbundsystemen keinesfalls aus. Zur Überprüfung von bestehenden, renovierungsbedürftigen Wärmedämm-Verbundsystemen sind umfangreiche Erfahrungen in der Entwicklung, Herstellung und Verarbeitung dieser Systeme erforderlich. Ein Sanierungsvorschlag sollte daher vom Verarbeiter in Zusammenarbeit mit dem Systemlieferanten erstellt werden. Es ist ratsam, ggf. einen Sachverständigen mit einzubeziehen.

Generell muss bei der Beurteilung auch das Alter des Wärmedämm-Verbundsystems mitberücksichtigt werden. Wärmedämm-Verbundsysteme werden seit ca. 50 Jahren zur Fassadendämmung angewendet. Ältere Wärmedämm-Verbundsysteme sind optisch oft einwandfrei intakt, können aber Mängel aufweisen, die auf den ersten Blick nicht erkennbar sind. Daher bedürfen ältere Wärmedämm-Verbundsysteme einer sehr sorgfältigen Überprüfung, da zum Zeitpunkt der Erstellung teilweise Produkte zum Einsatz gekommen sind, aus deren Eigenschaften sich Schäden in Form von Rissbildung, Ablösen von Systembestandteilen oder Plattenwölbungen auch nach einer Sanierung ergeben können. So wurden für Putze u. a. Bindemittel verwendet, die leicht wasserquellbar sind, ungeeignete Sockelprofile (teilweise aus Holz) verbaut, Eckprofile verwendet, die korrodieren, sowie zu starre Armierungsputze und Armierungsgewebe mit unzureichender Alkalibeständigkeit eingesetzt etc. Auch die Verarbeitungsmethoden waren noch nicht ausgereift, was sich u. a. bei Dämmplatten zeigt, die nur punktuell verklebt wurden, aber auch am Armierungsgewebe, das nicht mittig im Armierungsputz eingelegt ist, oder am Armierungsputz, der eine zu geringe Schichtdicke aufweist.

Abb. 4.107: Wärmebrücken können mithilfe einer Wärmebildkamera sichtbar gemacht werden.

Bei zu sanierenden Wärmedämm-Verbundsystemen sind Mängel günstigstenfalls optisch zu erkennen. Solche Mängel können dann nach eingehender Analyse entsprechend saniert werden. Oft sind diese Mängel jedoch, wie bereits erwähnt, nicht an der Systemoberfläche sichtbar. Daraus lässt sich auch erklären, weshalb ältere Wärmedämm-Verbundsysteme vor einer Sanierung keine optisch wahrnehmbaren Mängel aufweisen, nach einem Überholungsanstrich jedoch Rissbildungen, Ablösungen von Bestandteilen, Hinterfeuchtungen etc. auftreten können.

Eine erfolgreiche Sanierung von Wärmedämm-Verbundsystemen hängt in erster Linie von der Beurteilung der vorhandenen Mängel ab. Dazu müssen zunächst die optisch erkennbaren sowie die verdeckten Mängel erfasst werden, um die richtigen Sanierungsmaßnahmen einleiten zu können. Als Hilfestellung zur Erkennung dieser Mängel kann die nachfolgende Checkliste mit herangezogen werden.

Checkliste zur Beurteilung von sanierungsbedürftigen Wärmedämm-Verbundsystemen

Wärmedämm-Verbundsysteme sind auch dann sehr genau zu prüfen, wenn optisch keine Schäden erkennbar sind:

- Feststellen des Herstellers des vorliegenden Systems und Einholen von Angaben zum System
- Überprüfen des vorliegenden Systems auf ordnungsgemäße Verklebung (zumindest durch Abklopfen)
- Öffnen des Systems an einigen Punkten, nach Möglichkeit im Plattenstoßbereich
- Messen der Armierungsschichtdicke
- Überprüfen des Armierungsgewebes auf seine Lage im Armierungsputz
- Überprüfen der Polystyrolplatten auf planebene Verlegung
- Überprüfen der Armierungsschicht auf Risse
- Überprüfen des Deckputzes auf Risse
- Überprüfen des Deckputzes auf Festigkeit
- Überprüfen des Deckputzes auf Haftung zum Untergrund
- Überprüfen des Deckputzes auf Wasseraufnahme
- Überprüfen des Deckputzes auf Blasenbildung
- Überprüfen der Anschlussfugen (Fenster, Balkone etc.) auf Dichtheit
- Überprüfen der Anschlussfugen auf ordnungsgemäße Ausbildung
- Überprüfen der Anschlussfugen auf evtl. Versprödung des Materials

- Überprüfen der Systemkomponenten auf Schäden
- Überprüfen der Anschlussfugen (Fenster, Türen etc.) auf entsprechend der Dämmplattendicke/Öffnungsgröße verwendete Anschlussprofile
- Überprüfen der Brandschutzmaßnahmen (bei Polystyrolsystemen)
- Überprüfen auf ausreichende mechanische Befestigung
- Überprüfen und Berechnen des vorhandenen *U*-Wertes, bei Bedarf die Dämmung dem geltenden Energieeinspargesetz anpassen
- Berechnen des Tauwasseranfalls und ggf. Maßnahmen zu seiner Reduzierung ergreifen
- Überprüfen von Wärmebrücken und Luftdichtheit bei vorhandenem Schimmelpilzbefall der Innenwandoberfläche

4.8.2 Schadensklassen

Nach der Untersuchung des Wärmedämm-Verbundsystems anhand der Checkliste kann das vorhandene System in 4 Schadensklassen eingeteilt und entsprechend saniert werden:

- Schadensklasse 1 – Sanierung durch Anstrich:
  - bei kleineren Rissen bis 0,2 mm Rissbreite in der Oberfläche und kleineren Putzoberflächenschäden
  - bei mikrobiellem Befall (Algen, Pilze, Flechten)
  - bei reinen Verschönerungsanstrichen
  - bei Fleckenbildung im Putz, z. B. bei neu aufgebrachtem Putz
- Schadensklasse 2 – Sanierung durch zusätzliche Armierung:
  - bei stärkeren Rissen und/oder Blasenbildung/Abplatzungen im Oberputz sowie bei Rissbildung im Armierungsputz mit einer Rissbreite bis zu 0,3 mm
  - bei zu geringer Schichtdicke des Armierungsputzes unter Berücksichtigung der Lage des vorhandenen Armierungsgewebes
  - bei der Überarbeitung/Erneuerung nicht ordnungsgemäß ausgeführter Anschlussfugen, auch in Teilbereichen, wie z. B. Fensterlaibungen
  - bei starken Strukturunterschieden im Putz, z. B. bei neu aufgebrachtem Putz
  - bei zu geringer Gewebeüberlappung des vorhandenen Armierungsgewebes
- Schadensklasse 3 – Sanierung durch Entfernen des Oberputzes inkl. des Armierungsputzes:
  - bei starker Rissbildung über 0,3 mm Rissbreite und/oder Blasenbildung bis auf die Dämmplatte
  - bei Armierungsgewebe, das auf der Dämmplatte aufliegt und eine Trennschicht darstellt
  - bei Anschlussfugen mit Feuchtigkeitshinterwanderung, die nicht ordnungsgemäß eingebracht wurden
  - bei der Verwendung von Produkten beim Oberputz, Armierungsputz oder Armierungsgewebe, die nicht der allgemeinen bauaufsichtlichen Zulassung entsprechen und Schäden erwarten lassen
  - bei der Zerstörung des vorhandenen Armierungsgewebes

- Schadensklasse 4 – Sanierung durch Aufdoppelung:
  - bei der energetischen Sanierung
  - bei der Sanierung von Schäden der Schadensklassen 1 und 2
  - bei der Sanierung von Schäden der Schadensklasse 3, allerdings nur nach vorangegangener eingehender Prüfung des Systems und dem Entfernen und ggf. Vorarbeiten nicht tragfähiger Teilbereiche
- Schadensklasse 5 – Sanierung durch Rückbau:
  - bei nicht tragfähigem Wärmedämm-Verbundsystem mit mangelnder Haftung zum Untergrund sowie größeren Schäden durch Wassereintritt und Ablösen von Systembestandteilen
  - bei mangelhafter Verklebung des Systems mit dem Untergrund
  - bei schwerwiegendem Verstoß gegen die allgemeine bauaufsichtliche Zulassung oder die jeweilige Landesbauordnung, z. B. bei den Brandschutzvorschriften

Bei der Sanierung nach Schadensklasse 1, 2 und 4 erfolgt zuerst eine Reinigung der Oberfläche. Diese Reinigung birgt ein hohes Gefahrenpotenzial, vor allem bei Systemen mit Kunstharzputzen. Auf mögliche Probleme durch Feuchtigkeit bei der Sanierung wird im Folgenden noch näher eingegangen.

Die nachfolgenden Empfehlungen stellen eine allgemeingültige Sanierungsempfehlung dar. Jedes zu sanierende Wärmedämm-Verbundsystem muss aber individuell beurteilt werden, um eine entsprechende Sanierungsanleitung fachgerecht zu erstellen.

Sanierung nach Schadensklasse 1

Bei der Sanierung nach Schadensklasse 1 wird der Untergrund gereinigt, mit lösemittelfreiem Tiefengrund grundiert und mit einer geeigneten Beschichtung versehen.

Nicht jedes Produkt ist für die Überarbeitung von Wärmedämm-Verbundsystemen geeignet. Auch im BFS-Merkblatt Nr. 21 (Bundesausschuss Farbe und Sachwertschutz, 2012) wird darauf hingewiesen, welche Eigenschaften Produkte aufweisen müssen, die zur Überarbeitung von Wärmedämm-Verbundsystemen verwendet werden. Generell sollten Beschichtungen auf Wärmedämm-Verbundystemen folgende Kriterien erfüllen:

- Verträglichkeit mit dem Wärmedämm-Verbundsystem
- kein Anlösen des Dämmstoffes
- kein Quellen von Kunstharzputzen
- wasserdampfdiffusionsäquivalente Luftschichtdicke $s_d \leq 0{,}5$ m für Polystyrol-Wärmedämm-Verbundsysteme
- wasserdampfdiffusionsäquivalente Luftschichtdicke $s_d \leq 0{,}25$ m für Mineralwolle-Wärmedämm-Verbundsysteme
- Wasseraufnahmekoeffizient $w \leq 0{,}2$ kg/(m$^2 \cdot$ h)
- Hellbezugswert in der Regel ≥ 20

Zur Überarbeitung von Wärmedämm-Verbundsystemen empfehlen sich folgende Beschichtungen.

Beschichtungsaufbau:

- auf Kunstharz- und Silikonharzputz:
  - Grundieren mit einem geeigneten lösemittelfreien Tiefengrund
  - Beschichtung mit einer speziellen, fungizid und algizid ausgestatteten, vom Hersteller empfohlenen WDVS-Renovierfarbe, möglichst mit rissüberbrückenden Eigenschaften (faserverstärkt, elastifiziert)
- auf Mineralputz:
  - Grundieren mit einem geeigneten lösemittelfreien Tiefengrund
  - Beschichten mit einer Silikatfassadenfarbe oder einer fungizid und algizid ausgestatteten Silikonharz- oder Egalisationsfassadenfarbe

Bei Sanierungen ist es empfehlenswert, bei herkömmlichen Fassadenfarben einen Hellbezugswert über 50 zu wählen oder IR-reflektierende Beschichtungssysteme zu verwenden, um möglichen Spannungen, die durch eine Aufheizung der Fassade durch Sonneneinstrahlung entstehen, vorzubeugen.

Sanierung nach Schadensklasse 2

Bei der Sanierung nach Schadensklasse 2 wird der Untergrund gereinigt und mit lösemittelfreiem Tiefengrund grundiert. Anschließend wird auf die vorhandene Putzschicht eine neue Armierungsmasse inkl. Gewebeeinbettung aufgebracht. Zum Schluss erfolgt der Putzauftrag.

Beschichtungsaufbau:

- auf vorhandenen Kunstharz- und Silikonharzputz:
  - Grundieren mit einem geeigneten lösemittelfreien Tiefengrund
  - Anschlussfugen ggf. erneuern
  - Armierungsmasse auf organischer Basis inkl. Gewebeeinbettung
  - Kunstharz- und Silikonharzputz
- auf Mineralputz:
  - Grundieren mit einem geeigneten lösemittelfreien Tiefengrund
  - Anschlussfugen ggf. erneuern
  - Armierungsmasse auf mineralischer Basis inkl. Gewebeeinbettung
  - Mineralputz mit Egalisationsanstrich

Sanierung nach Schadensklasse 3

Bei der Sanierung nach Schadensklasse 3 sind der Deckputz und der Armierungsputz zu entfernen. Hierzu werden horizontale Bahnen im Abstand von ca. 1 m mit dem Winkelschleifer (Flex) in den Oberputz und Armierungsputz geschnitten und die Oberfläche anschließend abgelöst (siehe Abb. 4.108 und Abb. 4.109).

Beschichtungsaufbau:

- auf Polystyrol-Dämmplatten:
  - Dämmsystem auf die Konformität mit der Energieeinsparverordnung (EnEV) überprüfen, ggf. anpassen, z. B. durch Aufdoppelung
  - Haftung der Dämmplatten zum Untergrund überprüfen, ggf. auswechseln
  - Polystyrolplatten planeben schleifen
  - evtl. Fugen zwischen den Dämmplatten mit geeignetem Material schließen

Abb. 4.108: Ablösen vom Deckputz inkl. Armierung und Gewebe von einer Polystyrol-Dämmplatte

Abb. 4.109: Ablösen vom Deckputz inkl. Armierung und Gewebe von einer Mineralwolle-Dämmplatte

  - Anschlussfugen ggf. erneuern
  - Armierungsmasse auf organischer oder mineralischer Basis inkl. Gewebeeinbettung
  - Kunstharz-, Silikonharzputz oder Mineralputz
- auf Mineralwolle-Dämmplatten:
  - Haftung der Dämmplatten zum Untergrund überprüfen, ggf. auswechseln
  - evtl. Fugen zwischen den Dämmplatten mit geeignetem Material schließen
  - Anschlussfugen ggf. erneuern
  - Dämmsystem auf die Konformität mit der EnEV überprüfen, ggf. anpassen
  - Armierungsmasse auf mineralischer Basis inkl. Gewebeeinbettung
  - Mineralputz mit Egalisationsanstrich

Sanierung nach Schadensklasse 4

Bei der Schadensklasse 4 weist das vorhandene Wärmedämm-Verbundsystem Mängel unterschiedlicher Art auf, die jedoch keinen Rückbau erfordern. Es ist erforderlich,

- den Untergrund zu reinigen und mit einem lösemittelfreien Tiefengrund zu grundieren,
- evtl. vorhandene Mängel im Bereich von Anschlüssen an andere Bauteile zu beheben,
- die Verklebung und die evtl. vorhandene mechanische Befestigung zu überprüfen (Standsicherheit),
- die Brandschutzmaßnahmen zu überprüfen,
- die Eignung für eine Aufdoppelung festzustellen,
- das Eigengewicht des Altsystems zu ermitteln,
- die vorhandene Dämmstoffdicke zu ermitteln und
- das Gesamtgewicht zu ermitteln (Altsystem und Aufdoppelung) und mit der jeweiligen Zulassung abzugleichen.

Die Sanierung nach Schadensklasse 4 ist auch anzuwenden, wenn das vorhandene Wärmedämm-Verbundsystem nicht den Anforderungen der Energieeinsparverordnung oder denen des Auftraggebers entspricht und energetisch saniert werden soll (siehe Aufdoppelung von Wärmedämm-Verbundsystemen).

Sanierung nach Schadensklasse 5

Bei der Schadensklasse 5 weist das vorhandene Wärmedämm-Verbundsystem so gravierende Mängel auf, dass ein vollständiger Rückbau unumgänglich ist. In den meisten Fällen wird ein neues Wärmedämm-Verbundsystem unter Berücksichtigung der Anforderungen nach der EnEV angebracht.

Eine Aufdoppelung bzw. das Aufbringen einer zweiten Dämmschicht unter den Gesichtspunkten der Sanierung und auch einer Verbesserung der Energieeinsparung empfiehlt sich nur bei einem tragfähigen Untergrund.

4.8.3 Aufdoppelung von Wärmedämm-Verbundsystemen

Die Sanierung von Wärmedämm-Verbundsystemen kann aus technischen Gründen erfolgen, wenn Mängel vorhanden sind, oder aus energetischen Gründen, um das vorhandene System an geltende energetische Richtlinien anzupassen. Wärmedämm-Verbundsysteme werden bereits seit ca. 50 Jahren zur energetischen Sanierung von Wohngebäuden eingesetzt, wobei die ersten Wärmedämm-Verbundsysteme mit Dämmstoffdicken von 40 bis 60 mm ausgeführt wurden. Weist das vorhandene Wärmedämm-Verbundsystem einen tragfähigen Untergrund auf, kann auf diesem Untergrund eine sog. Aufdoppelung vorgenommen, d. h. ein weiteres Wärmedämm-Verbundsystem auf das vorhandene System aufgebracht werden (siehe Abb. 4.110).

Für die Aufdoppelung von Wärmedämm-Verbundsystemen wird eine entsprechende allgemeine bauaufsichtliche Zulassung vorausgesetzt. In Abhängigkeit vom jeweiligen Hersteller kann es gravierende Unterschiede geben. Die Zulassungen einiger Hersteller erlauben es, auf jedes vorhandene System aufzudoppeln; andere Zulassungen schränken die Aufdoppelung auf bestimmte Systeme ein. Auch bezüglich der Befestigung sind Unterschiede in den Zulassungen zu beachten. Bei einer Aufdoppelung wird vorausgesetzt, dass das vorhandene Altsystem zulassungskonform aufgebracht wurde bzw. bei älteren Systemen dem damaligen Stand der Technik entspricht und standsicher ist.

Vor der Aufdoppelung ist der Zustand des vorhandenen Wand- und Altsystems, dessen Standsicherheit sowie die Tragfähigkeit und Eignung durch einen Sachkundigen festzustellen. Das Eigengewicht des Altsystems und die vorhandene Dämmstoffdicke sind zu ermitteln. Die in den entsprechenden allgemeinen bauaufsichtlichen Zulassungen geregelten Wärmedämm-Verbundsysteme (Neusysteme zur Aufdoppelung) dürfen auf standsicheren, verputzten Altsystemen angewendet werden. Eine Aufdoppelung ist mit und auf Polystyrol-, Mineralwolle- und Mineralwolle-Lamellendämmplatten möglich. Mehrfachaufdoppelungen und Aufdoppelungen von Wärmedämm-Verbundsystemen mit Schienenbefestigung sind nicht zulässig.

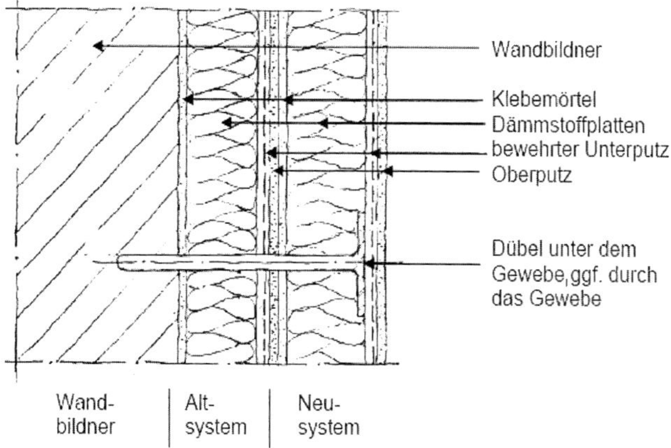

Abb. 4.110: Aufbau einer Aufdoppelung auf ein bestehendes Wärmedämm-Verbundsystem

Bei der Aufdoppelung sind die Landesbauordnungen und Brandschutzvorschriften einzuhalten. Die maximale Gesamtschichtdicke bei aufgedoppelten Systemen bestehend aus Polystyrol-Alt- und Neusystemen beträgt 400 mm. Bei Mineralwolle-, Mineralwolle-Lamellensystemen sowie Mischsystemen (verschiedene Dämmmaterialien) beträgt die Gesamtschichtdicke 200 mm. Die Dämmdicke der Aufdoppelung (Neusystem) muss mindestens 40 mm betragen. Das Gewicht des Gesamtsystems (Eigengewicht des Neusystems minus Nassauftragsmenge einschließlich Dämmstoff sowie Unter- und Oberputze des Altsystems) darf das Gewicht der jeweiligen bauaufsichtlichen Zulassung nicht überschreiten. Beispiele sind in Tabelle 4.18 aufgezeigt.

Tabelle 4.18: Höchstgewichte des Gesamt-WDV-Systems nach Aufdoppelung

Dämmstoffdicke Gesamtsystem	Gesamtsystem aus Polystyrol-Dämmplatten	Kombination der Dämmstoffe	Gesamtsystem aus Mineralwolle- und Mineralwolle-Lamellendämm-platten
≤ 200 mm	53 kg/m²	53 kg/m²	71 kg/m²
< 200 bis 400 mm	34 kg/m²		

Die tragende Wand unter dem Altsystem muss eine ausreichende Tragfähigkeit für den Einsatz von bauaufsichtlich zugelassenen Dübeln besitzen. Bei Untergründen aus Mauerwerk oder Beton ohne Putz kann nach der entsprechenden Normung eine ausreichende Festigkeit in der Regel ohne Nachweise vorausgesetzt werden. Hohe Sicherheitsbeiwerte erlauben eine fünfzig- bis sechzigprozentige Teilflächenverklebung der Dämmplatten sowohl bei Vorlage des Klebemörtels auf die Wand als auch bei Auftrag des Klebemörtels auf die Dämmplatten. Die Verklebung und Befestigung hat entsprechend der jeweiligen allgemeinen bauaufsichtlichen Zulassung zu erfolgen.

Abb. 4.111: Abplatzen des Fassadenanstrichs nach der Renovierung, verursacht durch Feuchtigkeit im Untergrund

4.8.4 Mängel durch Feuchtigkeit nach erfolgter Sanierung

Nach Renovierungsarbeiten an Wärmedämm-Verbundsystemen kann des Öfteren das Abplatzen von Fassadenanstrichen festgestellt werden. In den meisten Fällen können diese Ablösungen auf eine überhöhte Feuchtigkeit im Untergrund zurückgeführt werden. Die Feuchtigkeit im Putzuntergrund kann z. B. von einem starken Niederschlag oder einer vorangegangenen Fassadenreinigung verursacht worden sein. Bedingt durch eine nicht ausreichende Austrocknung der Putzschicht vor dem Sanierungsanstrich können Rissbildungen und Ablösungen beim Fassadenanstrich nach einer thermischen Belastung (starke Sonneneinstrahlung) auftreten.

Bei älteren Putzen ist das Bindemittel im Putz teilweise durch UV-Licht und Bewitterung stark abgebaut und der Putz wird porös. Durch die Feuchtigkeitseinwirkung nimmt diese Putzschicht Wasser auf, wobei die obere Putzschicht nach kurzer Zeit abtrocknet. Um aber aus den tieferen Putzschichten entweichen zu können, benötigt die Feuchtigkeit einen längeren Zeitraum. Es sollten mindestens 6 Tage Trockenzeit bei einer Witterung ohne Niederschlag eingeplant werden. Wird der Anstrich zu früh ausgeführt, kann die Feuchtigkeit in der unteren Putzlage nicht mehr entweichen. Diese Feuchtigkeit bewirkt ein Quellen der Armierung und des Putzsystems. In den Sommermonaten führt die Sonneneinstrahlung zu einem schnelleren Schrumpfen der oberen Putzschicht unter dem Anstrich. Die daraus resultierenden Oberflächen- bzw. Trocknungsspannungen können so stark sein, dass der Putz und teilweise sogar der Armierungsputz abgesprengt werden.

Eine Reinigung mit Hochdruckreinigungsgeräten sollte bei Wärmedämm-Verbundsystemen generell vermieden werden, da mit solchen Reinigungsverfahren extrem viel Feuchtigkeit mit Hochdruck in die Putzschichten gedrückt wird. Sie entweicht nur sehr langsam und ist in den meisten Fällen für Abplatzungen des Anstrichs verantwortlich (siehe Abb. 4.111). Die Reinigung sollte bei Bedarf und nach Möglichkeit nur mit einem weichen Wasserstrahl, also mit reduziertem Druck, stattfinden, wobei auch hier die Trocknungszeiten einzuhalten sind. Liegt ein Befall durch Mikroorganismen vor, kann die Oberfläche unter Zuhilfenahme von geeigneten fungiziden und algiziden Wirkstoffen vor dem Reinigen vorbehandelt werden.

5 Fassadenbeschichtungen

5.1 Untergrundprüfungen

Bevor eine Beschichtung aufgebracht wird, ist es erforderlich, den vorhandenen Untergrund zu prüfen, damit der Beschichtungsaufbau auf den Untergrund abgestimmt werden kann (siehe Abb. 5.1).

Dem Auftragnehmer obliegen die Beurteilung und Prüfung des Untergrundes. Die Grundlage dafür bilden die VOB/C ATV DIN 18363 „Maler- und Lackierarbeiten - Beschichtungen" (2012), Abschnitt 3, und die VOB/C ATV DIN 18350 „Putz- und Stuckarbeiten" (2012), Abschnitt 3. Die Prüfung und Beurteilung des Untergrundes beziehen sich ausschließlich auf sichtbare und erkennbare Mängel, die mit baustellenüblichen Prüfmethoden erkannt werden können. Im Wesentlichen kann somit nur die Oberfläche des Untergrundes beurteilt werden. Bei nicht sichtbaren oder nicht erkennbaren Mängeln spricht man auch von verdeckten Mängeln. Nach der Überprüfung des Untergrundes ist der Auftragnehmer verpflichtet, Bedenken beim Auftraggeber schriftlich anzumelden, gemäß § 4 Nr. 3 VOB/B insbesondere

- Bedenken gegen die vorgesehene Art der Ausführung,
- Bedenken gegen die Güte der vom Auftraggeber gelieferten Stoffe oder Bauteile und
- Bedenken gegen die Leistungen anderer Unternehmer.

Abb. 5.1: Eine Untergrundprüfung nach VOB ist immer erforderlich.

Gemäß VOB/C ATV DIN 18363, Abschnitt 3.1.1, sind des Weiteren insbesondere Bedenken anzumelden bei

- ungeeigneter Beschaffenheit des Untergrundes, z. B. absandendem und kreidendem Putz, nicht genügend festem, gerissenem und feuchtem Untergrund, Sinterschichten, Ausblühungen und korrodierten Metallbauteilen,
- Holz, das erkennbar von Bläue, Fäulnis oder Insekten befallen ist,
- nicht tragfähigen Grund- oder Altbeschichtungen,
- ungeeigneten klimatischen Bedingungen und
- Unebenheiten, die die technischen und optischen Anforderungen an die Beschichtung beeinträchtigen.

Gemäß VOB/C ATV DIN 18350, Abschnitt 3.1.1, sind schließlich auch Bedenken anzumelden bei

- ungeeigneter Beschaffenheit des Untergrundes, z. B. bei Ausblühungen, zu glatten, ungleich saugenden oder gefrorenen Flächen und bei verschiedenartigen Stoffen des Untergrundes,
- größeren Unebenheiten des Untergrundes als nach DIN 18202 zulässig,
- zu hoher Baufeuchtigkeit,
- ungeeigneten klimatischen Bedingungen,
- ungenügenden Verankerungs- und Befestigungsmöglichkeiten und
- fehlenden Bezugspunkten.

5.1.1 Prüfen vorhandener Putze

Augenschein und Abrieb

Die erste Prüfung des Untergrundes ist die optische Prüfung per Augenschein und die typische Abriebprobe mit der Handfläche. Bereits durch diese oberflächige Prüfung sind, das erforderliche Fachwissen vorausgesetzt, viele Mängel erkennbar. Häufig kann der Untergrund durch die Abriebprobe, mit der Kreiden, Sanden oder Verschmutzungen festgestellt werden können, so weit beurteilt werden, dass festgelegt werden kann, welche Reinigungsmethode und ggf. welche Verfahren zur Untergrundverfestigung angewendet werden müssen.

Benetzungsprobe

Zur Prüfung wird die Oberfläche mit Wasser benetzt. Mit der Benetzungsprobe können das Saugverhalten, die Benetzung und die Festigkeit im feuchten Zustand des Untergrundes geprüft werden (siehe Abb. 5.2 und Abb. 5.3). Eine unterschiedliche Saugfähigkeit kann eine Fleckenbildung oder das „Aufbrennen" einer Beschichtung durch zu schnellen Wasserentzug, mit der Folge von evtl. Haftungsstörungen, verursachen. Eine schlechte Benetzbarkeit des Untergrundes kann ein Hinweis auf eine Sinterschicht oder sonstige haftungsvermindernde Oberflächenstörungen oder -verunreinigungen sein. Putzrisse zeichnen sich durch eine höhere kapillare Wasseraufnahme dunkler ab.

Abb. 5.2 und 5.3: Benetzungsprobe mit Wasser

Bei starker oder unterschiedlicher Saugfähigkeit ist eine Grundierung mit einem geeigneten Tiefengrund notwendig. Weist der Untergrund Benetzungsstörungen oder eine unzureichende Haftung auf, ist die Ursache zu ermitteln, um entsprechende Maßnahmen ergreifen zu können. Verliert der Putz beim Annässen gegenüber dem trockenen Zustand seine Festigkeit und erweicht, ist er für Beschichtungsarbeiten ungeeignet und muss entfernt bzw. erneuert werden.

Prüfen auf Sinterschicht

Zur Prüfung auf eine eventuell vorhandene Sinterschicht wird die Putzoberfläche mit einem scharfen Gegenstand wie einem Spachtel oder einem Messer eingeritzt. Anschließend wird die Oberfläche mit Wasser benetzt. Verfärben sich die eingeritzten Stellen durch eine stärkere kapillare Saugfähigkeit schneller dunkel als die Umgebung, so weist dies auf eine Sinterschicht hin.

Sinterschichten weisen in trockenem Zustand einen höheren Glanzgrad auf und entstehen infolge der Anreicherung mit Bindemittel und Feinanteilen an der Oberfläche bei Beton und mineralischen Putzen. Eine vorhandene Sinterschicht ist kein tragfähiger und beschichtungsfähiger Untergrund und muss deshalb mechanisch oder chemisch entfernt werden (siehe Abb. 5.4). Bei der mechanischen Bearbeitung wird die Sinterhaut z. B. durch Schleifen oder Hochdruckreinigung vom Untergrund entfernt. Bei der chemischen Bearbeitung wird die Oberfläche durch Ätzung mit einem Fluat, d. h. dem Salz der Kieselfluorwasserstoffsäure, entfernt. Das Fluatieren empfiehlt sich auch bei Neuputzstellen – den Ausbesserungsstellen im vorhandenen Putz bei Renovierungen –, um deren hohe Alkalität zu reduzieren und dem vorhandenen Putz anzugleichen. Nach dem Einsatz von Fluat sind die fluatierten Bereiche gründlich mit Wasser nachzuwaschen, um eventuelle Restbestandteile des Fluats zu entfernen.

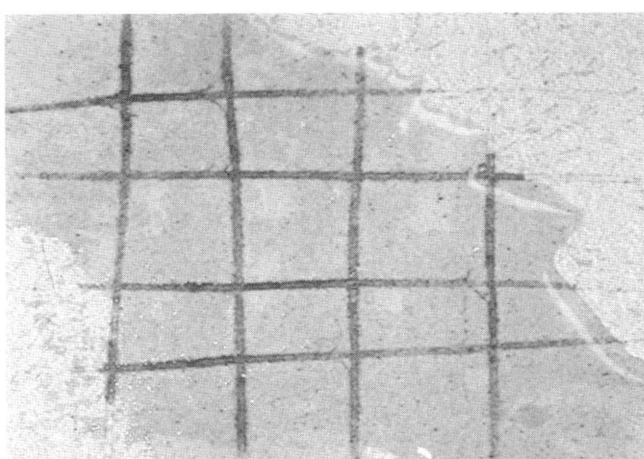

Abb. 5.4: Sinterschichten stellen keinen tragfähigen Untergrund dar.

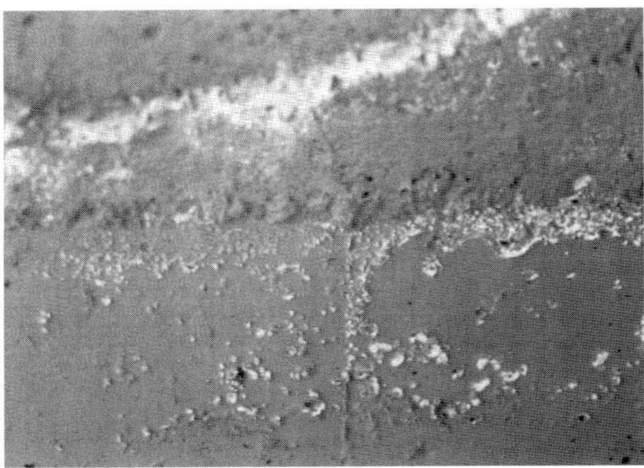

Abb. 5.5: Salze sind immer ein Hinweis auf Feuchtigkeit und erfordern eine sorgfältige Überprüfung.

Prüfen auf Ausblühungen

Salz- und Salpeterausblühungen sind meist optisch erkennbare feste, kristalline Veränderungen auf der Oberfläche von Baumaterialien wie Putzen, Anstrichen und Mauerwerken. Ausblühungen sind immer ein Hinweis auf Feuchtigkeitseinwirkung (siehe Abb. 5.5), die vorhanden ist, vorhanden war oder teilweise wiederkehrt, z. B. eine Bauteildurchfeuchtung aufgrund aufsteigender oder eindringender Feuchtigkeit oder aufgrund von Leckagen an Wasser führenden Leitungen. Sie können aber auch ein Hinweis auf Kondensation am oder im Bauteil sein. Salze sind meist hygroskopisch. Sie ziehen somit Feuchtigkeit an und verzögern die Austrocknung in Bauteilen. Um Salzausblühungen erfolgreich zu sanieren, muss die Feuchtigkeitszufuhr bereits vor Beginn der Sanierungsmaßnahmen unterbunden werden. Salzausblühungen dürfen nur trocken entfernt werden, z. B. durch das Abbürsten der Oberfläche oder das Entfernen des Putzes. Zum Entfernen der Salzausblühungen sind Verfahren mit Wasser, wie z. B. Hochdruckreinigen, nicht geeignet, da durch die Feuchtigkeit weitere Salze im Untergrund aktiviert und an die Oberfläche transportiert werden.

Überprüfung von Rissen

Bei der Überprüfung von Rissen ist es erforderlich festzustellen, ob es sich um putzbedingte, putzgrundbedingte oder baudynamische Risse handelt, damit entsprechende Sanierungsmaßnahmen eingeleitet werden können.

Putzbedingte Risse werden häufig während der Ausführung durch eine unsachgemäße Verarbeitung, ungeeignete Witterungsbedingungen oder die Putzzusammensetzung verursacht. Diese Risse sind nur in der Putzlage vorhanden und führen sich nicht im Putzgrund fort.

Putzgrundbedingte Risse entstehen durch Formveränderungen im Untergrund, z. B. durch ein Schwinden des Mauerwerks, wenn Putze auf zu feuchtes Mauerwerk aufgebracht werden. Auch Zwängungen des Putzgrundes im Bereich von Bauteilöffnungen wie Fenstern oder Türen können zur Rissbildung führen.

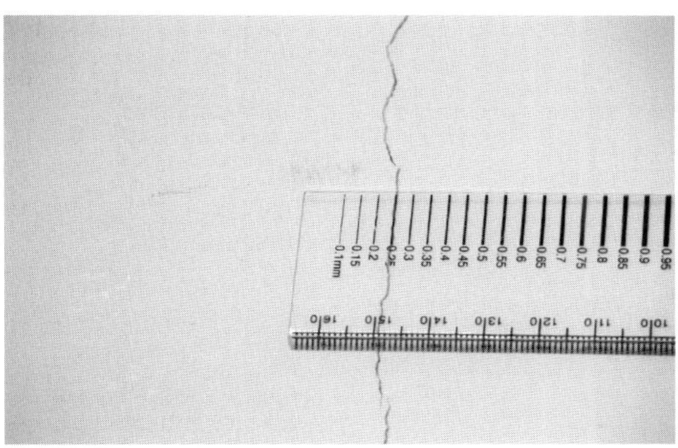

Abb. 5.6: Messen der Rissbreite mit dem Rissbreitenmesser

Baudynamische Risse erfordern eine umfangreiche Ursachenanalyse, da sie durch Lage-, Form- oder Volumenveränderungen des Bauwerks entstehen. Die Breite des Risses muss in jedem Fall erfasst werden (siehe Abb. 5.6).

Gitterschnittprüfung

Durch die Gitterschnittprüfung soll festgestellt werden, welche Haftung eine Beschichtung auf dem Untergrund aufweist. Die Beurteilung der Haftfestigkeit erfolgt, indem die Abbildungen der DIN EN ISO 2409 „Beschichtungsstoffe – Gitterschnittprüfung“, Tabelle 3, mit dem Klebeband-Abreißversuch der zu prüfenden Beschichtung verglichen werden. Dabei muss jedoch berücksichtigt werden, dass es für die meisten Beschichtungen keine normierten Vorgaben gibt, die eine Mindesthaftung oder einen Mindestgitterschnittkennwert vorschreiben. Die Gitterschnittprüfung ist nicht für alle Untergründe geeignet und setzt ebenfalls Fachkunde und Erfahrung mit dieser Prüfmethode voraus. Die Ergebnisse der Gitterschnittprüfung werden erheblich von der Härte, Verformbarkeit, Schichtdicke, Feuchtigkeit und Temperatur der Beschichtung und des Beschichtungsuntergrundes beeinflusst. Vor allem aber ist die Wahl des Schnittabstandes (Schnittraster) und der Schnitttiefe entscheidend.

Die Ergebnisse von Gitterschnittprüfungen sind inkl. der Rahmenparameter (Bedingungen während der Prüfungsdurchführung) zu protokollieren. Gitterschnittprüfungen auf Putzuntergründen geben selten Auskunft über die tatsächliche Haftung von Beschichtungen und sind nur bedingt verwertbar.

Übersicht der Prüfmethoden

Tabelle 5.1 dient zur Orientierung der durchzuführenden notwendigen Prüfungen durch den Auftragnehmer vor Beginn von Beschichtungsarbeiten. Der Untergrund ist zu prüfen, um festzustellen, ob er für die Durchführung der vorgesehenen Leistungen geeignet ist.

Tabelle 5.1: Prüfmethoden zur Erkennung der Untergrundbeschaffenheit

Prüfung auf	Prüfmethode	Erkennung	Hinweise und Maßnahmen
Feuchtigkeit	Augenschein, Kratzprobe, Geruch	feuchte Flächen, Wasserränder, Verfärbungen	Ursache beseitigen, abtrocknen lassen
Oberflächen-festigkeit	Kratzprobe mit festem, kantigem Gegenstand	Oberfläche wird bei mäßigem Druck beschädigt	lose, lockere oder mürbe Teile entfernen; weiche Schichten sind zur Beschichtung nicht geeignet
	mit der Hand abreiben	• geringer Abrieb	mit Tiefengrund grundieren
		• starker, tief gehender Abrieb	nicht geeignet für Beschichtungen
	bis zur Sättigung mit Wasser annässen und Kratzprobe	Bei Benetzungsprobe weicht der Putz auf.	nicht geeignet für Beschichtungen
Sinterschicht	ankratzen bzw. anschleifen, anschließend Benetzungsprobe mit Wasser	in trockenem Zustand Oberflächenglanz, geringe Saugfähigkeit; nach Benetzungsprobe Dunkelfärbung der Kratz- bzw. Schleifspur	Sinterschicht entfernen, fluatieren mit Mehrfachfluat
Saugfähigkeit	Benetzungsprobe mit Wasser	kein Eindringen in die Oberfläche bzw. die Oberfläche nimmt langsam Wasser auf und färbt sich dunkler; Wasser perlt ab	Ursache feststellen und ggf. beseitigen
		bei starker Saugfähigkeit rasche Wasseraufnahme und schnelle Dunkelfärbung	stark bzw. ungleichmäßig und unterschiedlich saugende Untergründe durch eine Grundbeschichtung mit Tiefengrund egalisieren
Ausblühungen	Augenschein	meist weiße Salze oder Calciumcarbonat-Ausblühungen	Feuchtigkeitseinflüsse beseitigen; danach austrocknen lassen und Salze trocken entfernen
Moos-, Algen-, Pilzbefall	Augenschein	grüner, roter oder dunkler Bewuchs	Befall fachgerecht, entsprechend der Richtlinie für Schimmelpilzsanierung, sanieren

Fortsetzung Tabelle 5.1

Prüfung auf	Prüfmethode	Erkennung	Hinweise und Maßnahmen
Risse	Augenschein	Risserscheinungsbild	je nach Rissart und Umfang geeignete Sanierung durchführen
Verschmutzungen	Augenschein	Augenschein	entfernen
Ausbesserungsstellen	Augenschein	Strukturunterschiede	Oberflächenstruktur angleichen, vor nachfolgenden Beschichtungen ggf. fluatieren
Schadstellen	Augenschein und abklopfen	Nicht haftender Putz klingt hohl.	Schadstellen ausbessern
Alkalität	Indikatorpapier/ destilliertes Wasser/Phenolphthalein	Verfärbung des Indikatorpapiers, Farbtonumschlag bei Phenolphthalein-Lösung	neutralisieren und Neutralisation abwarten
Strukturunterschiede	Augenschein	unregelmäßige Struktur	Struktur mit geeigneten Produkten angleichen
Verfärbungen	Augenschein	Verfärbungen, z. B. durch Lignin, Schmutz, Korrosion, Kupferionen, Feuchtigkeit	Ursache feststellen und beseitigen
Harzflussgallen	Augenschein	klebrige, gelblich braune Abläufer oder Harzeinlagerungen	auskratzen, ausbrennen, mit Lösemittel entfernen
Unebenheiten (Streiflicht)	Augenschein, evtl. Richtlatte	Unregelmäßigkeiten in der Ebenheit von Oberflächen	Oberflächen entsprechend glätten, evtl. spachteln
Korrosion	Augenschein/ Kratzprobe	Korrosionsprodukte/ Abläufer	nach Anforderung entrosten und entsprechend vor Korrosion schützen
Haftfestigkeit von vorhandenen Beschichtungen	Gitterschnittprüfung/Klebebandtest	Ablösen der Beschichtung bzw. eines Teils der Beschichtung	nicht fest haftende Beschichtung entfernen, ggf. verfestigen

Die in Tabelle 5.1 genannten Untersuchungsmethoden beschreiben lediglich die Mindestprüfanforderungen. Es hat sich inzwischen durchgesetzt, dass vom Auftragnehmer zur Untergrundprüfung Hygrometer, CM-Geräte und Holzfeuchtigkeitsmessgeräte zur Feuchtigkeitsbestimmung ebenso eingesetzt werden wie Prüfgeräte zur Trocken- und Nassschichtdickenmessung von Beschichtungen. Weiterführende Prüfmethoden, die mit relativ einfachen Methoden eine Untergrundbestimmung ermöglichen, sind in Tabelle 5.2 zusammengefasst.

Tabelle 5.2: Weiterführende Prüfmethoden zur Erkennung der Untergrundbeschaffenheit

Prüfung von Putz/Anstrich	Prüfmethode	Maßnahme/Resultat
Kalkputz/Kalkanstrich	Salzsäure HCl 5%ig	Kalknachweis • bei vorhandenem Kalkputz oder Kalkanstrich starke CO_2-Gas-Entwicklung (Aufschäumen)
Kalkzementmörtel	Salzsäure HCl 5%ig	Kalknachweis • wie bei Kalkputz, jedoch verlangsamte, schwächere Reaktion, Zementstein bleibt länger zurück
mineralische Untergründe, Beton, Faserzement	Indikatorpapier, Phenolphthalein-Lösung	Alkalität • Verfärbung des Indikatorpapiers, Farbtonumschlag zeigt pH-Wert des Prüfmaterials an • Phenolphthalein-Lösung verfärbt sich bei pH-Wert > 9,5 von farblos zu rot
Anhydrid- bzw. Gipsnachweis	2 n Bariumchlorid $BaCl_2$	Nachweis im Reagenzglas • Probe entnehmen und mörsern • gemahlene Probe mit Salzsäure anlösen • Bariumchlorid zugeben • bei weißem Niederschlag Hinweis auf Sulfat als Bariumsulfat (Schwerspat)
Eisennachweis	Salzsäure HCl 10%ig, Kaliumthiocyanat KSCN	bei vorhandenen Eisenverbindungen Rotverfärbung • mit Salzsäure ansäuren • Kaliumthiocyanat zugeben
Chloridnachweis	Salpetersäure HNO_3 10%ig, 0,1 n Silbernitrat $AgNO_3$	Nachweis im Reagenzglas • Silbernitrat zugeben • bei weißem „käsigem" Niederschlag (Silberchlorid) Hinweis auf Chloridsalze
Ausblühungen (Sulfat, Nitrat, Chlorid)	Teststäbchen	• Teststäbchen in Kochlösung aus der Ausblühung mit Wasser eintauchen und ablesen

Fortsetzung Tabelle 5.2

Prüfung von Putz/Anstrich	Prüfmethode	Maßnahme/Resultat
Anstriche	Brandprobe	• Dispersion: brennbar, außerhalb der Flamme weiter brennend • Silikat 1K: brennbar, außerhalb der Flamme nicht weiter brennend • Silikonharzfarbe: brennbar, außerhalb der Flamme nicht weiter brennend
Anstriche	Butylacetat	• Dispersions- und Polymerisationsfarben stark angelöst, Hinweis auf Dispersions- oder Mineralfarbe je nach Anlösung • ausgehärtete Alkydharz- und 2K-Lacke teilweise bzw. nicht angelöst
Anstriche	Xylol C6H4(CH3)2	• schwächeres Lösemittel als Butylacetat, feinere Abstufung möglich • PVC, Reinacrylat und frische Kunstharzlacke anlösbar
Anstriche	Testbenzin	• noch feinere Abstufung als mit Xylol • Nachweis von testbenzinlöslichen Pliolite- und Polymerisationsfarben
Cellulose/Stärke	Kaliumjodid KJ 10%ig	• Blauverfärbung auf wässrigen, stärkehaltigen Untergründen
Asbest	Brandprobe	• an Bruchkanten hervorstehende Fasern nicht brennbar
Faserzement (asbestfrei)	Brandprobe	• an Bruchkanten hervorstehende Fasern leicht brennbar
PVC (Chlornachweis)	Kupferstab	• glühenden Kupferstab auf Beschichtung bzw. Kunststoffoberfläche eindrücken und benetzen • Kupferstab erneut zum Glühen bringen, bei grüner Flamme Hinweis auf Kupferchlorid (Grünspan) bzw. PVC
Alkalität	Indikatorpapier	• Untergrund mit destilliertem Wasser benetzen • Indikatorpapier befeuchten: pH-Wert ablesen (zwischen 1 und 14)
Druckfestigkeit des Untergrundes in N/mm^2	Schmidthammer (Rückprallhammer)	• Werkstoffhärte mit Schmidthammer feststellen • Druckfestigkeit auf einer Skala ablesen

Fortsetzung Tabelle 5.2

Prüfung von Putz/Anstrich	Prüfmethode	Maßnahme/Resultat
Haftzugfestigkeit des Untergrundes in N/mm^2	Haftzugprüfgerät (Herion)	• Haftzugfestigkeit mit Haftzugprüfgerät feststellen • Haftzugfestigkeit bzw. Versagen des Untergrundes auf einer Skala ablesen
Feuchtigkeit des Untergrundes	Darr-Methode, CM-Methode, elektrische Widerstandsmethode	Bestimmung des Feuchtigkeitsgehalts • Darr-Methode: durch Wiegen einer Probe nach dem Ausbau und nach definierter Trocknung, bei Gewichtsverlust der Probe Hinweis auf Feuchtigkeitsgehalt • CM-Methode: eine definierte Menge Calciumcarbid mit der Probe in das CM-Gerät geben und zerschlagen, bei Acetylengas – erzeugt von Calciumcarbid mit der Feuchtigkeit der Probe – Hinweis auf Feuchtigkeitsgehalt entsprechend der Druckanzeige und Probemenge • elektrische Widerstandsmethode: Messung der Leitfähigkeit des Untergrundes und Rückschluss auf die vorhandene Feuchtigkeit

5.1.2 Klassifizierung in Putzgruppen

Um das richtige Beschichtungssystem zu wählen, ist es wichtig, die einzelnen Putzgruppen genau zu kennen. Die Zuordnung eines Putzes zu den einzelnen Putzgruppen ist mit baustellenüblichen Mitteln nicht immer möglich. Hier müssen verlässliche Angaben des Planers und Verarbeiters des Putzes vorliegen und berücksichtigt werden. Der Planer hat die Aufgabe, das Putzsystem unter Berücksichtigung der Mauerwerksart, der Beanspruchung durch Witterung, der Detailausbildungen, der Abriebfestigkeit und auch in Bezug auf die Anforderungen nachfolgender Beschichtungen festzulegen. Der Planer bzw. die ausschreibende Stelle muss eine detaillierte Anleitung für die Ausführung der Putzarbeiten erstellen und dabei folgende Punkte berücksichtigen:

- Beschaffenheit und Zustand des Putzgrundes
- Umgebungsbedingungen des zu verputzenden Bauteils
- Anforderungen an den Putz bzw. das Putzsystem
- Auswahl der Putzgruppe, der Druckfestigkeitskategorie, der Kategorie der kapillaren Wasseraufnahme und der Putzweise

Die mittlere Putzdicke von Putzen bzw. Putzsystemen im Außenbereich muss, um den allgemeinen Anforderungen zu genügen, 20 mm betragen. Die zulässige Mindestdicke beträgt 15 mm. Bei einlagigen, Wasser abweisenden Putzen aus Werkmörtel soll die mittlere Putzdicke 15 mm und die

Abb. 5.7: Anstrichablösungen im Bereich der Mauerfugen durch zu geringe Putzdicke und verstärkten Kondensatausfall

Mindestdicke 10 mm im Außenbereich nicht unterschreiten. Die zulässigen Mindestdicken dürfen dabei nur an einzelnen Stellen auftreten.

Die Witterungsbeständigkeit, Haltbarkeit und Lebensdauer von Fassadenbeschichtungen hängen überwiegend von ihrer jeweiligen Abstimmung auf den Untergrund, den Objektgegebenheiten und der Qualität der Fassadenbeschichtung ab. Die Haftung wird stark von der Grundierung beeinflusst. Bei den Grundierungen wird zwischen untergrundverfestigenden Grundierungen und hydrophobierenden Grundierungen unterschieden. Die Ansprüche an Fassadenbeschichtungen richten sich nach den Untergrundgegebenheiten; hier haben die Wasserdampfdiffusionsfähigkeit (s_d-Wert), der Wasseraufnahmekoeffizient (w-Wert) sowie die CO_2-Durchlässigkeit eine große Bedeutung.

In den Tabellen 5.3 bis 5.5 werden die einzelnen Putze auf der Grundlage der DIN EN 998-1 „Festlegungen für Mörtel im Mauerwerksbau – Teil 1: Putzmörtel“ (2012) und der DIN V 18550 „Putz und Putzsysteme, Ausführung“ (2005) genauer klassifiziert.

Tabelle 5.3: Beanspruchung und Druckfestigkeit von Putzen

Putzmörtelgruppe, Druckfestigkeit in N/mm²	**Art der Bindemittel**	**überwiegendes Einsatzgebiet**
P I, < 1	Luftkalke (ggf. mit Zementzusatz), Wasserkalke	Innen- und Außenputz bei geringer Beanspruchung (geschützte Lagen, niedrige Gebäudehöhen)
P I, ≥ 1	Luftkalke (ggf. mit Zementzusatz)	Innenputz bei üblicher Beanspruchung, Außenputz bei mittlerer Beanspruchung

Fortsetzung Tabelle 5.3

Putzmörtelgruppe, Druckfestigkeit in N/mm²	Art der Bindemittel	überwiegendes Einsatzgebiet
P II, 1,5 bis 7,5	hochhydraulische Kalke, Putz und Mauerbinder, Kalk-Zement-Gemische	Innenputz mit erhöhter Abriebfestigkeit, Außenputz mit erhöhter Festigkeit, Außenputz mit hoher Beanspruchung, z. B. bei ungeschützter Lage oder hohen Niederschlagsmengen
P III, ≥ 6	Zemente	Kellerwandaußenputz, Sockelputz
P IV, ≥ 2	Baugipse ohne und mit Anteile(n) von Baukalk	Innenputz mit geringer bis erhöhter Abriebfestigkeit einschließlich üblicher Beanspruchung

Tabelle 5.4: Putzsysteme für Außenputze nach DIN V 18550

Zeile	Anforderung bzw. Putzanwendung	Mörtelgruppe für Unterputz	Druckfestigkeitskategorie des Unterputzes nach DIN EN 998-1: 2003-09	Mörtelgruppe bzw. Beschichtungsstofftyp für Oberputz	Druckfestigkeitskategorie des Oberputzes nach DIN EN 998-1: 2003-09
1	ohne besondere Anforderung	–	–	P I	CS I
2		P I	CS I	P I	CS I
3a		–	–	P II	CS II
3b		–	–	P II	CS III
4a		P II	CS II	P I	CS I
4b		P II	CS III	P I	CS I
5a		P II	CS II	P II	CS II
5b		P II	CS III	P II	CS II
5c		P II	CS III	P II	CS III
6		P II	CS III	P Org 1	–
7		–	–	P Org 1[1)]	–
8		–	–	P III	CS IV

Fortsetzung Tabelle 5.4

Zeile	Anforderung bzw. Putzanwendung	Mörtelgruppe für Unterputz	Druckfestigkeitskategorie des Unterputzes nach DIN EN 998-1: 2003-09	Mörtelgruppe bzw. Beschichtungsstofftyp für Oberputz	Druckfestigkeitskategorie des Oberputzes nach DIN EN 998-1: 2003-09
9	Wasser hemmend	P I	CS I	P I	CS I
10		–	–	P I	CS I
11a		–	–	P II	CS II
11b		–	–	P II	CS III
12a		P II	CS II	P I	CS I
12b		P II	CS III	P I	CS I
13a		P II	CS II	P II	CS II
13b		P II	CS III	P II	CS II
13c		P II	CS III	P II	CS III
14		P II	CS III	P Org 1	–
15		–	–	P Org 1[1)]	–
16		–	–	P III	CS IV
17	Wasser abweisend	P I	CS I	P I	CS I
18a		P II	CS II	P I	CS I
18b		P II	CS III	P I	CS I
19		–	–	P I	CS I
20a		–	–	P II	CS II
20b		–	–	P II	CS III
21a		P II	CS II	P II	CS II
21b		P II	CS III	P II	CS II
21c		P II	CS III	P II	CS III
22		P II	CS III	P Org 1	–
23		–	–	P Org 1[1)]	–
24		–	–	P III	CS IV

Fortsetzung Tabelle 5.4

Zeile	Anforderung bzw. Putzanwendung	Mörtelgruppe für Unterputz	Druckfestigkeitskategorie des Unterputzes nach DIN EN 998-1: 2003-09	Mörtelgruppe bzw. Beschichtungsstofftyp für Oberputz	Druckfestigkeitskategorie des Oberputzes nach DIN EN 998-1: 2003-09
25	Kellerwandaußenputz	–	–	P III[2)]	CS IV
26	Außensockelputz	–	–	P III[2)]	CS IV
27		P III	CS IV	P III[2)]	CS IV
30		P III	CS IV	P II[2)]	CS III
31		P II	CS III	P II[2)]	CS II[3)]
32[4)]		P II	CS II[3)]	P II[2)]	CS II[3)]

[1)] nur bei Beton mit geschlossenem Gefüge als Putzgrund
[2)] Ein Sockelputz sowie ein Kellerwandputz sind im erdberührten Bereich immer abzudichten. Der Putz dient als Träger der vertikalen Abdichtung.
[3)] > 2,5 N/mm²
[4)] gilt nur für Sanierputz

Tabelle 5.5: Klassifizierung der Eigenschaften von Festmörtel nach DIN EN 998-1:2010-12

Eigenschaften	Kategorien	Werte
Druckfestigkeit nach 28 Tagen in N/mm^2	CS I CS II CS III CS IV	0,4 bis 2,5 1,5 bis 5,0 3,5 bis 7,5 ≥ 6
kapillare Wasseraufnahme in $kg/(m^2 \cdot min^{0,5})$	W 0 W 1 W 2	nicht festgelegt c ≤ 0,40 c ≤ 0,20
Wärmeleitfähigkeit in $W/(m \cdot K)$	T 1 T 2	≤ 0,1 ≤ 0,2

Abb. 5.8: Der Oberputz kann sich vom Grundputz lösen, wenn das Putzsystem nicht richtig aufeinander abgestimmt ist.

5.1.3 Putzausführung

Bei der Ausführung von Putzarbeiten ist bis zur ausreichenden Erhärtung des Putzes sicherzustellen, dass die Luft- und Bauteiloberflächentemperatur nicht unter + 5 °C liegt. Putze müssen gleichmäßig am Putzuntergrund bzw. Putzträger und die einzelnen Lagen gut aneinander haften. Innerhalb der einzelnen Lagen soll der Mörtel ein gleichmäßiges Gefüge besitzen. Festigkeit, Widerstand gegen Abrieb und Oberflächenbeschaffenheit müssen dem jeweiligen Putzuntergrund bzw. der Putzanwendung angepasst sein. Die Putzoberfläche darf keine Rückstände aufweisen, welche die Haftung beeinträchtigen. Sie muss, abhängig von der Putzart und der Putzweise, in ihrer Struktur gleichmäßig und ansatzfrei sein. Bewehrungen und Putzträger dürfen nicht freiliegen oder sich an der Oberfläche abzeichnen. Der Putz muss in trockenem und angenässtem Zustand fest sein. Seine Oberfläche soll saugfähig und wasserbenetzbar sein, frei von Staub, losen, lockeren und mürben Teilen sowie frei von Sinterschichten oder schädlichen Bindemittelanreicherungen und von Ausblühungen.

Nach der Putzbestimmung bzw. der Zuordnung in die unterschiedlichen Putzgruppen empfiehlt es sich, die Putze mit baustellenüblichen Mitteln entsprechend der VOB zu überprüfen, damit festgestellt werden kann, ob sich vorhandene Putze als Beschichtungsträger eignen und welche Beschichtungsstoffe für die verschiedenen Putze infrage kommen. Schäden an Fassaden resultieren oft aus einem nicht richtig abgestimmten Beschichtungsaufbau.

Zu berücksichtigen sind auch die zu erwartenden Beanspruchungen des Putzes, die unterschiedlich ausfallen können. Putze, die üblichen Beanspruchungen ausgesetzt sind, müssen eine Druckfestigkeit von mindestens 1,0 N/mm^2 aufweisen. Sie sind geeignet für Silikat- oder Silikonharzbeschichtungen. Werden organische Außenputze aufgebracht, dann ist entsprechend der DIN V 18550 eine Druckfestigkeit von mindestens 3,5 N/mm^2 erforderlich.

5.1.4 Beschichtungen und Fassadenfarben

Als Beschichtungen im Außenbereich eignet sich eine Vielzahl von Produkten für die jeweils unterschiedlichen Untergründe. Die Tabelle 5.6 soll daher nur einen grundsätzlichen Überblick geben, welche Beschichtungen die besten Voraussetzungen für einen bestimmten Untergrund aufweisen.

Tabelle 5.6: Beschichtungen von Untergründen

Beschichtungsstoff	Mörtelgruppe							
	P I	P II	P III	Kunstharz-, Silikonharzputze	Silikatputze	WDVS neu, abhängig vom Oberputz	Porenbeton	Beton
Silikatfarben 1K	X	X	X		X	X		
Silikonharzfarben	X	X	X	X		X		
Dispersionssilikatfarben		X	X	X				
Egalisationsfarben[1)]		X	X	X		X		
Dispersionsfarben (Acrylatfarben)		X	X	X				X
Betonbeschichtungen[2)]								X
Porenbetonbeschichtungen							X	
WDVS-Renovierfarben		X	X	X				
elastifizierte Silikonharzfarben	X	X	X	X		X		
Antigraffitibeschichtungen								X

Die jeweiligen Herstellerangaben sind zu berücksichtigen.

1) Egalisationsfarben bestehen u. a. auf Dispersionsbasis und sind nicht generell zur Beschichtung der Putzgruppe P Ic geeignet.

2) Wenn die Forderung nach geprüften Produkten besteht (z. B. ZTV-ING), dürfen nur Produkte mit Prüfzeugnis eingesetzt werden.

Der Putz muss zum Zeitpunkt der vorgesehenen Oberflächenbehandlung trocken sein. Im Allgemeinen ist eine Standzeit von 4 Wochen erforderlich. Für den Unterputz ist zur ausreichenden Carbonatisierung und Festigkeitsentwicklung eine Mindeststandzeit von 1 bis 2 Tagen je mm Auftragsdicke erforderlich. Die Mindeststandzeit hängt auch von den klimatischen Verhältnissen am Bau, von der Putzart, der Putzdicke und der vorgesehenen Oberflächenbehandlung ab.

Die überwiegend zur Anwendung kommenden Fassadenfarben lassen sich in 3 Hauptgruppen einteilen:

- Dispersionsfassadenfarben
- Silikonharzfassadenfarben
- Silikatfassadenfarben

Dispersionsfassadenfarben (Dispersionsbeschichtungsstoffe) sind die am häufigsten eingesetzten Fassadenfarben und haben sich über Jahrzehnte in der Praxis bewährt. Bei ihnen wird das organische Bindemittel (Kunststoff- oder Polymerdispersion) in Wasser dispergiert. Zu den Dispersionsfarben gehören Produkte auf der Basis von Reinacrylat- und Mischpolymerisatharzfarben. Auch die sog. silikonharzverstärkten und silikatähnlichen Dispersionsfarben fallen in diese Gruppe. Silikonharzverstärkte Dispersionsfarben, die vom Hersteller nicht für Kalkputze empfohlen werden, und Dispersionssilikatfarben, die nicht der VOB/C ATV DIN 18363 „Maler- und Lackierarbeiten – Beschichtungen" (2012), Abschnitt 2.4.1.1, entsprechen und einen Dispersionsanteil von mehr als 5 Masse-% aufweisen, werden oft unter der Bezeichnung Egalisations- oder Silfarben vertrieben und häufig als sog. Egalisationsfassadenfarben eingesetzt. Dispersionsfassadenfarben werden in den unterschiedlichsten Einstellungen für eine Vielzahl von Untergründen gefertigt und zeichnen sich vor allem durch eine leichte, unproblematische Verarbeitung aus. Sie ermöglichen eine reiche Farbtonauswahl auch in kräftigen und brillanten Farbtönen. UV-vernetzende Dispersionsfassadenfarben auf Acrylharzbasis eignen sich zudem zur Rissüberbrückung. Dispersionsfarben trocknen physikalisch durch Verdunstung des Wassers und ihre Polymerteilchen verschmelzen miteinander. Die Filmbildung bei Dispersionsfarben wird als kalter Fluss bezeichnet.

Bei **Silikonharzfassadenfarben** werden Silikonharze in Form wässriger Emulsionen eingesetzt. Die Basis der Silikonharze bildet Silicium. Die positiven Eigenschaften der Silikonharze bewirken eine sehr hohe Wasserdampfdiffusionsfähigkeit und CO_2-Durchlässigkeit bei gleichzeitig geringer Wasseraufnahme und geringer Verschmutzungsneigung. Silikonharzfarben eignen sich zur Anwendung auf allen mineralischen Untergründen – außer Beton, bedingt durch die hohe CO_2-Durchlässigkeit – sowie zum Überarbeiten von Dispersions-, Silikat- und Silikonharzanstrichen. Die Verarbeitung ist so unproblematisch wie bei Dispersionsfassadenfarben. Von verschiedenen Herstellern werden auch elastifizierte Silikonharzfarben zur Rissüberbrückung an Fassaden angeboten.

Bisher existiert noch keine Norm, die es ermöglicht, zwischen Dispersionsfarben mit einem geringen Silikonharzanteil und den „echten" Silikonharzfarben zu unterscheiden. Der Auftragnehmer hat derzeit nur die Möglichkeit, den Herstellerangaben zu vertrauen und zu überprüfen, ob eine Silikonharzfarbe für Kalkputze (Putzgruppe P Ic) vom Hersteller zugelassen wird. Wegen der notwendigen CO_2-Durchlässigkeit bei Kalkputzen werden nur hochwertige Silikonharzfarben für die Überarbeitung dieser Putzgruppe empfohlen.

Auch bei den **Silikatfassadenfarben** kommen 2 Varianten zum Einsatz: reine zweikomponentige Silikatfarben, auf der Basis von Kaliwasserglas und ohne organische Anteile, sowie Dispersionssilikatfarben, ebenfalls auf der Basis von Kaliwasserglas, jedoch mit einem organischen Anteil von weniger als 5 Masse-%. Kaliwasserglas (K_2SiO_3) als Bindemittel von Silikatfarben wird aus Kaliumcarbonat bzw. Pottasche (K_2CO_3) und Quarz (SiO_2) unter Abspaltung von Kohlendioxid (CO_2) hergestellt.

Reine Silikatfarben werden heute überwiegend in der Denkmalpflege eingesetzt. Der Einsatz erfordert einen erhöhten Zeitaufwand, da sie aus 2 Komponenten bestehen und vor der Verarbeitung angerichtet werden müssen, wobei das Pigment mit dem Wasserglas angeteigt wird.

Reine Silikatfarben und Dispersionssilikatfarben benötigen sog. verkieselungsfähige Untergründe. Dies sind mineralische Untergründe mit Quarzanteil. Mit dem Quarz reagiert das Wasserglas als sog. Verkieselung und verbindet sich so mit dem Untergrund.

Silikatfarben zeichnen sich durch einen sehr geringen Wasserdampfdiffusionswiderstand aus. Reine Silikatfarben sind hydrophil, d. h., sie nehmen bei Niederschlag Feuchtigkeit auf. Diese Eigenschaft kann bei hydrophobierten Dispersionssilikatfarben erheblich reduziert und der Schutz vor Niederschlag erhöht werden. Silikatfarben können durch die hohe Alkalität nur mit Oxidpigmenten abgetönt werden, was ihr Farbtonspektrum stark einschränkt.

Wasserglas wird in Form einer wässrigen Lösung als Bindemittel bei der Herstellung von Silikatfarben verwendet; Dispersionssilikatfarben erhalten zusätzlich noch einen Anteil an Polymerdispersion zur Stabilisierung. Bei der Verarbeitung ist darauf zu achten, dass Gegenstände aus Glas und Metall nicht mit der Silikatfarbe verunreinigt werden, da sonst nicht entfernbare Anätzungen zurückbleiben.

Gemäß DIN EN 1062-1 „Beschichtungsstoffe – Beschichtungsstoffe und Beschichtungssysteme für mineralische Substrate und Beton im Außenbereich – Teil 1: Einteilung“ (2004) lassen sich Fassadenfarben verschiedenen Kategorien zuweisen (siehe Tabelle 5.7). Die Deklaration einer Fassadenfarbe auf Silikonharzbasis könnte demnach folgendermaßen lauten: G_3, E_3, S_1, V_1, W_3, A_0, C_0. Dabei stehen die Buchstaben für folgende Eigenschaften:

G: Glanzgrad – G_3: matt
E: Schichtdicke – E_3: 100 bis 200 µm
S: Korngröße – S_1: < 100 µm
V: Wasserdampfdiffusionsstromdichte – V_2: 15 bis 150 g/(m^2 · d)
W: Durchlässigkeit für Wasser – W_3: ≤ 0,1 kg/(m^2 · h^{0,5})
A: Rissüberbrückung – A_0: keine Anforderung
C: Durchlässigkeit für Kohlendioxid – C_1: < 5 g/(m^2 · d)

Tabelle 5.7: Bauphysikalische Daten nach DIN EN 1062-1 „Beschichtungsstoffe – Beschichtungsstoffe und Beschichtungssysteme für mineralische Substrate und Beton im Außenbereich – Teil 1: Einteilung" (2004)

Produkte	**Wasserdampfdiffusion**		**Durchlässigkeit für flüssiges Wasser**		**Durchlässigkeit für Kohlendioxid**	
	Klasse	**s_d-Wert in m**	**Klasse**	**w-Wert in kg/($m^2 \cdot h^{0,5}$)**	**Klasse**	**s_d-Wert in m**
Dispersionsfarben						
• matt	V_2, mittel	0,2 bis 0,3	W_2, mittel	0,1 bis 0,3	C_0	ca. 5
• Reinacrylat	V_2, mittel	ca. 0,4	W_3, mittel	< 0,1	C_1	> 50
• plasto-elastisch	V_2, mittel	ca. 1,0	W_3, mittel	< 0,1	C_1	> 50
Silikatfarben	V_1, hoch	< 0,1	W_1, hoch	> 0,1	C_0	< 1
Dispersionssilikatfarben	V_1, hoch	< 0,1	W_2, mittel	0,1 bis 0,3	C_0	< 1
Silikonharzfarben	V_1, hoch	< 0,1	W_3, niedrig	< 0,1	C_0	< 1
Polymerisatharzfarben	V_2, mittel	ca. 0,5	W_3, niedrig	< 0,1	C_1	> 50
Kalkfarben	V_1, hoch	< 0,1	W_1, hoch	< 0,1	C_0	< 1

Organische und mineralische Putze

Häufig werden vor allem bei Wärmedämm-Verbundsystemen organische Putze (Dispersionsputze oder Silikonharzputze) eingesetzt. Diese pastösen Putze haben den Vorteil, dass sie als Fertigprodukt geliefert werden und vor Ort nicht mehr mit Wasser angesetzt werden müssen. Auch ein Einfärben im gewünschten Farbton erfolgt meist bereits werkseitig. Wegen der hohen Wetterbeständigkeit und der fleckenfreien Auftrocknung ist in der Regel kein zusätzlicher Anstrich erforderlich. Dispersions- und Silikonharzputze entsprechen der Baustoffklasse „schwer entflammbar" und werden meist auf Wärmedämm-Verbundsystemen mit einer Dämmung aus Polystyrol-Dämmplatten eingesetzt.

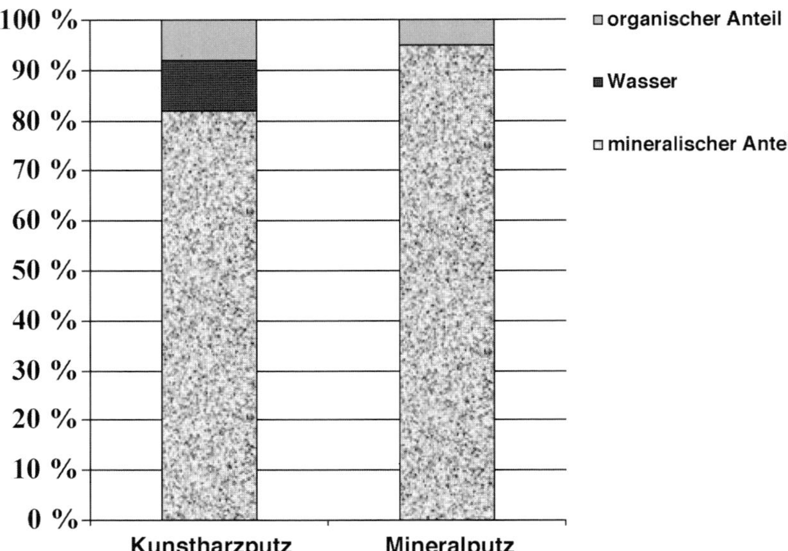

Abb. 5.9: Vergleich der mineralischen und organischen Anteile bei Kunstharz- und Mineralputz

Mineralische Putze werden überwiegend auf nicht brennbaren Wärmedämm-Verbundsystemen eingesetzt. Auch diese Putze werden teilweise schon eingefärbt geliefert, wobei sich hier das Farbtonspektrum auf erdfarbene Oxidpigmente beschränkt. Grundsätzlich sind eingefärbte Mineralputze mit einem zweimaligen Egalisationsanstrich zu überarbeiten.

Kunstharzputze, vor allem aber die Silikonharzputze, weisen eine sehr gute Wasserabweisung und Wasserdampfdiffusionsfähigkeit auf (siehe Tabelle 5.8). Der organische Anteil dieser Putze wird meist weit überschätzt. Daher werden diesen Putzen die positiven Eigenschaften fälschlicherweise oft abgesprochen und stark diffusionsbremsende Beschichtungen vermutet. Tatsächlich liegt der organische Anteil bei Kunstharzputzen jedoch nur unwesentlich über dem eines hochwertig vergüteten Mineralputzes. Wie aus Abb. 5.9 ersichtlich wird, beinhaltet ein hochwertiger Mineralputz mit positiven Verarbeitungseigenschaften und einer guten Wasserabweisung ebenfalls organische Anteile von immerhin ca. 5 Masse-%. Ein geringerer organischer Anteil geht zulasten der Wasserabweisung sowie der Verarbeitungseigenschaften.

Der organische Anteil bei Kunstharz- und Silikonharzputzen liegt bei ca. 8 Masse-%. Etwa weitere 10 Masse-% bestehen aus Wasser und 82 Masse-% aus mineralischen Anteilen.

Tabelle 5.8: Vergleich der am häufigsten angewendeten Fassadenfarben

Eigenschaften	Silikatfarben zweikomponentig	Dispersionssilikatfarben	Dispersionssilikatfarben hydrophobiert	Dispersionsfarben	Silikonharzfarben
Wasserabweisung	gering	gering	gut	gut	sehr gut
Wasserdampfdiffusionsfähigkeit	sehr gut	sehr gut bis gut	sehr gut bis gut	gut bis gering	sehr gut
CO_2-Durchlässigkeit	sehr gut	sehr gut bis gut	sehr gut bis gut	beschränkt	sehr gut
Verarbeitbarkeit	erschwert	befriedigend	befriedigend	gut	gut
Eignung auf anorganischen Untergründen	sehr gut	sehr gut	sehr gut	gut	sehr gut
Eignung auf organischen Untergründen	nicht geeignet	beschränkt[1)]	beschränkt[1)]	sehr gut	sehr gut
pH-Wert	12 bis 13	12	12	8 bis 9	8 bis 9

[1)] Quarzhaftbrücke erforderlich

5.2 Ebenheitsabweichungen an Fassadenoberflächen

Beleuchtungsbedingungen, wie sie durch Tageslicht oder künstliches Licht an Fassaden erzeugt werden können, lassen bei Gegenlichtbetrachtung insbesondere an großen Wand- oder Deckenflächen sämtliche auftretenden handwerklichen Unregelmäßigkeiten als Unebenheiten auffällig in Erscheinung treten. Gefährdet sind besonders glatte Oberflächen sowie sämtliche Oberflächen, die Licht als Glanzeffekt reflektieren. Streiflicht fördert und verstärkt die Erscheinung derartiger handwerklich teilweise unvermeidbarer Unregelmäßigkeiten, die sich im Gegenlicht betrachtet optisch so stark abzeichnen können, dass im Ergebnis über die erzielten Anstrichleistungen oft erhebliche Unzufriedenheiten oder Beanstandungen entstehen. Zu diesen Unregelmäßigkeiten zählen störende Putzstellen, Applikationsspuren bzw. Überlappungen sowie Ansätze durch Rollen, Streichen oder Spritzen.

Optische Unregelmäßigkeiten führen in zunehmendem Maße zu Konflikten zwischen dem Auftraggeber und Auftragnehmer. Teilweise stellt die Erwartungshaltung des Auftraggebers an das Arbeitsergebnis, je nach Leistungsbeschreibung und daraus resultierendem Preisangebot, eine handwerklich und vertraglich nicht zu nehmende Hürde dar. Die Konflikte resultieren häufig aus folgenden Gründen:

- Der Erwartung an die Ebenheit von Oberflächen kann durch handwerkliche Tätigkeit nicht entsprochen werden.
- Das erstellte Leistungsverzeichnis der ausschreibenden Stelle weicht von den Erwartungen des Auftraggebers ab.
- Die Erwartung kann zwar unter handwerklichen Gesichtspunkten erfüllt werden, ist aber aus wirtschaftlichen Gründen nicht durchführbar.

Verhindern lassen sich solche unangenehmen Probleme, wenn bei erkennbar starken Streiflichtbedingungen bereits im Vorfeld, also in der Planungsphase, geeignete Maßnahmen getroffen werden. Es gibt eine Anzahl von Normen, Richtlinien und Empfehlungen, um Unebenheiten zu begrenzen und einen Streiflichteffekt zu reduzieren. Sie sind vom Auftraggeber ggf. gesondert mit dem Auftragnehmer zu vereinbaren.

Grundsätzlich müssen Wände und Decken in Bezug auf Ebenheitsabweichungen zwar der DIN 18202 „Toleranzen im Hochbau – Bauwerke" (2013) entsprechen, doch diese teils erheblichen Toleranzen können unter Streiflichtbedingungen gut sichtbare Unebenheiten verursachen. Gemäß VOB/C sind sichtbare Unebenheiten bei Einhaltung der DIN 18202 in bestimmten Grenzen zulässig. Dies sind bezüglich der Außenbauteile Abweichungen in folgenden Bereichen:

- Zimmer- und Holzbauarbeiten
- Putz- und Stuckarbeiten
- Wärmedämm-Verbundsysteme
- Fassadenarbeiten
- Maurerarbeiten
- Betonarbeiten
- Tischlerarbeiten

Zimmer- und Holzbauarbeiten

VOB/C ATV DIN 18334 „Zimmer- und Holzbauarbeiten" (2012), Abschnitt 3.1.3:

„Abweichungen von vorgeschriebenen Maßen sind in den durch

- *DIN 18202 Toleranzen im Hochbau – Bauwerke*
- *DIN 18203-3 Toleranzen im Hochbau – Teil 3: Bauteile aus Holz und Holzwerkstoffen*

bestimmten Grenzen zulässig.

Bei Streiflicht sichtbar werdende Unebenheiten in den Oberflächen sind zulässig, wenn diese die Grenzwerte nach DIN 18202 nicht überschreiten.

Die angegebenen Mindestmaße für Holzdicken und Holzquerschnitte sind Nennmaße, bei denen die in den jeweiligen Baustoffnormen geregelten Maßabweichungen zulässig sind."

Putz- und Stuckarbeiten und Wärmedämm-Verbundsysteme

VOB/C ATV DIN 18350 „ Putz- und Stuckarbeiten" (2012), Abschnitt 3.1.2, VOB/C ATV DIN 18345 „Wärmedämm-Verbundsysteme" (2012), Abschnitt 3.1.2:

„Abweichungen von vorgeschriebenen Maßen sind in den durch

- DIN 18202 Toleranzen im Hochbau - Bauwerke

bestimmten Grenzen zulässig.

Bei Streiflicht sichtbar werdende Unebenheiten in der Oberfläche sind zulässig, wenn diese die Grenzwerte nach DIN 18202 nicht überschreiten.

Werden an die Ebenheit erhöhte Anforderungen nach DIN 18202, Tabelle 3, Zeile 7 gestellt, so sind die zu treffenden Maßnahmen Besondere Leistungen."

Fassadenarbeiten

VOB/C ATV DIN 18351 „Vorgehängte hinterlüftete Fassaden" (2012), Abschnitt 3.1.4:

„Abweichungen von vorgeschriebenen Maßen sind in den durch

- DIN 18202 Toleranzen im Hochbau - Bauwerke
- DIN 18203-2 Toleranzen im Hochbau - Teil 2: Vorgefertigte Teile aus Stahl

bestimmten Grenzen zulässig.

Bei Streiflicht sichtbar werdende Unebenheiten in den Oberflächen sind zulässig, wenn diese die Grenzwerte nach DIN 18202 nicht überschreiten.

Werden an die Ebenheit erhöhte Anforderungen nach DIN 18202, Tabelle 3, Zeile 7 oder sonstige erhöhte Anforderungen an die Maßhaltigkeit gegenüber den in den oben genannten Normen aufgeführten Werten gestellt, so sind die zu treffenden Maßnahmen Besondere Leistungen."

Mauerarbeiten

VOB/C ATV DIN 18330 „Mauerarbeiten" (2012), Abschnitt 3.1.3:

„Abweichungen von vorgeschriebenen Maßen sind in den durch

- DIN 18202 Toleranzen im Hochbau - Bauwerke

bestimmten Grenzen zulässig.

Werden an die Ebenheit erhöhte Anforderungen gegenüber der DIN 18202, Tabelle 3, Zeile 1 oder 5 oder sonstige erhöhte Anforderungen an die Maßhaltigkeit gegenüber den in den genannten Normen aufgeführten Werten gestellt, so sind die zu treffenden Maßnahmen Besondere Leistungen."

Betonarbeiten

VOB/C ATV DIN 18331 „Betonarbeiten“ (2012), Abschnitt 3.1.2:

„Abweichungen von vorgeschriebenen Maßen sind in den durch

- *DIN 18202 Toleranzen im Hochbau – Bauwerke*
- *DIN 18203-1 Toleranzen im Hochbau – Teil 1: Vorgefertigte Teile aus Beton, Stahlbeton und Spannbeton*

bestimmten Grenzen zulässig.

Werden an die Ebenheit erhöhte Anforderungen gegenüber DIN 18202, Tabelle 3, Zeile 1 oder 5 oder sonstige erhöhte Anforderungen an die Maßhaltigkeit gegenüber den in den genannten Normen aufgeführten Werten gestellt, so sind die zu treffenden Maßnahmen Besondere Leistungen.“

Tischlerarbeiten

VOB/C ATV DIN 18355 „Tischlerarbeiten“ (2012), Abschnitt 3.1.3:

„Abweichungen von vorgeschriebenen Maßen sind in den durch

- *DIN 18202 Toleranzen im Hochbau – Bauwerke*
- *DIN 18203-3 Toleranzen im Hochbau – Teil 3: Bauteile aus Holz und Holzwerkstoffen*

bestimmten Grenzen zulässig.

Bei Streiflicht sichtbar werdende Unebenheiten in den Oberflächen sind zulässig, wenn diese die Grenzwerte nach DIN 18202 nicht überschreiten.“

5.2.1 Beurteilung von Unebenheiten nach DIN 18202

In der DIN 18202 werden Toleranzen bei Bauwerken im Hochbau beschrieben. Sie dienen zur Begrenzung der Abweichungen von den Nennmaßen der Größe, Gestalt und Lage von Bauteilen und Bauwerken. Die Toleranzen der DIN 18202 sollen angewendet werden, wenn keine anderen „Genauigkeiten“ vereinbart wurden. Sie stellen die im Rahmen üblicher Sorgfalt zu erreichende Genauigkeit dar und dienen als Grundlage für Passungsberechnungen. Die Einhaltung von Toleranzen soll laut DIN 18202, Abschnitt 4.2, nur geprüft werden, wenn es erforderlich ist:

„Die Einhaltung von Toleranzen ist erforderlich, um trotz unvermeidlicher Ungenauigkeiten beim Messen, bei der Fertigung und bei der Montage die vorgesehene Funktion zu erfüllen und das funktionsgerechte Zusammenfügen von Bauwerken und Bauteilen des Roh- und Ausbaus ohne Anpassung und Nacharbeiten zu ermöglichen.

Die in dieser Norm angegebenen Toleranzen sind anzuwenden, soweit nicht andere Genauigkeiten vereinbart werden. Sie stellen die für die Standardleistung bzw. Bauteile oder Bauwerke durchschnittlich üblicher Ausführungsart und Abmessungen im Rahmen üblicher Sorgfalt zu erreichende Genauigkeit dar. Sind jedoch für Bauteile oder Bauwerke andere Genauigkeiten erforder-

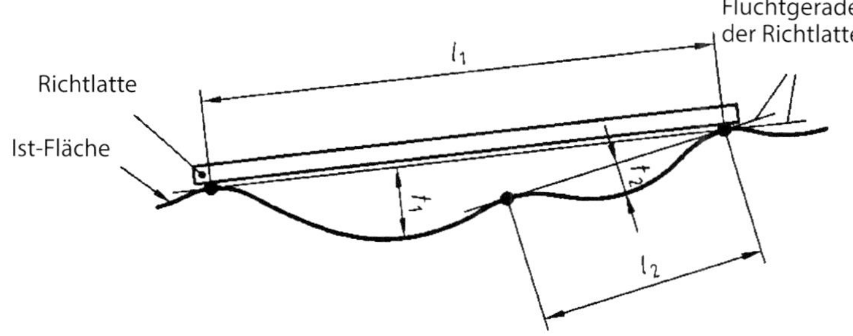

Abb. 5.10: Zuordnung der Stichmaße zum Messpunktabstand bei Überprüfung, z. B. durch Messlatte und Messkeil (Quelle: DIN 18202:2013-04, Bild 11)

lich, so sollten sie nach wirtschaftlichen Maßstäben vereinbart werden. Die dazu erforderlichen Maßnahmen und die Kontrollmöglichkeiten während der Ausführung sind rechtzeitig festzulegen.

Die Einhaltung von Toleranzen ist nur zu prüfen, wenn es erforderlich ist. Die Prüfungen sind wegen der zeit- und lastabhängigen Verformungen so früh wie möglich durchzuführen, spätestens jedoch bei der Übernahme der Bauteile oder des Bauwerks durch den Folgeauftragnehmer oder unmittelbar nach Fertigstellung des Bauwerks.
[…]

Die Wahl des Messverfahrens bleibt dem Prüfer überlassen. Das angewandte Messverfahren und damit verbundene Messunsicherheiten sind anzugeben und bei der Beurteilung zu berücksichtigen.“

Wenn für Bauteile oder Bauwerke andere Genauigkeiten erforderlich sind, sollen die erforderlichen Maßnahmen zur Einhaltung der Ebenheitsabweichungen und die Kontrollmöglichkeiten während der Ausführung vorab in den Vertragsunterlagen, z. B. im Leistungsverzeichnis oder in Zeichnungen, angegeben werden. Notwendige Bezugspunkte sind vor der Bauausführung bekannt zu geben. Dabei sind die wirtschaftlichen Maßstäbe zu beachten.

Bei der Erstellung von Außenwandputzflächen wird ein möglichst gleichmäßiges, ansatzfreies und ebenes Erscheinungsbild erwartet. Ein Fassadenputz muss im üblichen Betrachtungsabstand insgesamt gleichmäßig wirken. Es dürfen keine auffälligen Schattierungen durch Unebenheiten, Strukturunterschiede oder durch Ansätze in den Gerüstlagen vorhanden sein. Bei der optischen Beurteilung von verputzten Fassaden ist nur das Erscheinungsbild bei einem gebrauchsüblichen, streiflichtfreien Betrachtungsstandpunkt maßgebend, außer es wurde vorher eine „Streiflichtfreiheit“ vertraglich vereinbart. Wird eine Streiflichtfreiheit vereinbart, z. B. wenn entsprechende Strahler an der Fassade montiert werden, ist auch eine Ausführung nach den erhöhten Anforderungen der DIN 18202, Zeile 7 häufig nicht ausreichend.

Die DIN 18202 sieht als Messverfahren vor, dass auf einer definierten Strecke Messpunkte zu nehmen sind (siehe Abb. 5.10). Dies bedeutet, dass eine Putzoberfläche nach Tabelle 3, Zeile 6, z. B. auf einer Länge von 1 m eine Abweichung in der Ebenheit von 5 mm aufweisen darf. Diese Abweichungen können erhebliche optische Störungen verursachen. Es ist daher häufig nicht

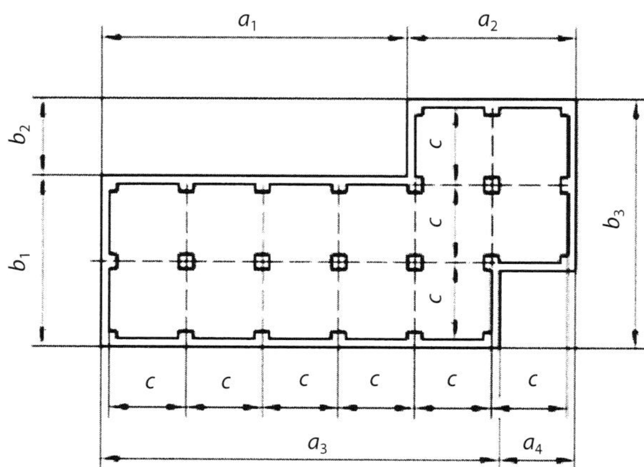

a, b = Maße des Bauwerks
c = Achsmaße der Stützen und Pfeiler

Abb. 5.11: Bauwerksmaße und Achsmaße – Messpunkte für Maße im Grundriss nach DIN 18202, Tabelle 1, Zeile 1: Die Maße werden zwischen Gebäudeecken und/oder Achsschnittpunkten an der Deckenoberfläche gemessen (Quelle: DIN 18202:2013-04, Bild 7).

sinnvoll, in den Vergabeunterlagen fertige Oberflächen nach dem Regelwerk der DIN 18202 auszuschreiben, wenn geringere Ebenheitsabweichungen technisch und handwerklich möglich und wirtschaftlich vertretbar sind.

Der Auftragnehmer von Verputz- oder Wärmedämmarbeiten sollte vor Beginn der Arbeiten ein besonderes Augenmerk auf die Ausführung der Vorgewerke, wie z. B. der Maurer, Fensterbauer usw., legen und darauf achten, dass die Anforderungen der DIN 18202 bei den Rohbauarbeiten eingehalten wurden.

Grenzabweichungen

Die festgelegten Grenzabmaße (siehe Tabelle 5.9) gelten für

- Längen, Breiten, Höhen, Achs- und Rastermaße, Querschnittsmaße,
- Öffnungen, z. B. für Fenster, Türen, Einbauelemente,

an den festgelegten Messpunkten (siehe Abb. 5.11).

Winkelabweichungen

Die in DIN 18202 festgelegten Stichmaße sind Grenzwerte für Winkelabweichungen (siehe Tabelle 5.10); sie gelten für vertikale, horizontale und geneigte Flächen, auch für Öffnungen.

Tabelle 5.9: Grenzabweichungen für Bauwerke (nach DIN 18202:2013-04, Tabelle 1)

Zeile	Bezug	Grenzabweichungen in mm bei Nennmaßen in m					
		bis 1	über 1 bis 3	über 3 bis 6	über 6 bis 15	über 15 bis 30	über 30[1)]
1	Maße im Grundriss, z. B. Längen, Breiten, Achs- und Rastermaße	±10	±12	±16	±20	±24	±30
2	Maße im Aufriss, z. B. Geschosshöhen, Podesthöhen, Abstände von Aufstandsflächen und Konsolen	±10	±16	±16	±20	±30	±30
3	lichte Maße im Grundriss, z. B. Maße zwischen Stützen, Pfeilern usw.	±12	±16	±20	±24	±30	–
4	lichte Maße im Aufriss, z. B. unter Decken und Unterzügen	±16	±20	±20	±30	–	–
5	Öffnungen, z. B. für Fenster, Türen, Einbauelemente	±10	±12	±16	–	–	–
6	Öffnungen wie vor, jedoch mit oberflächenfertigen Laibungen	± 8	±10	±12	–	–	–

[1)] Diese Grenzabweichungen können bei Nennmaßen bis etwa 60 m angewendet werden. Bei größeren Abmessungen sind besondere Überlegungen erforderlich.

Tabelle 5.10: Grenzwerte für Winkelabweichungen (nach DIN 18202:2013-04, Tabelle 2)

Zeile	Bezug	Stichmaße *t* als Grenzwerte in mm bei Nennmaßen in m						
		bis 0,5	über 0,5 bis 1	über 1 bis 3	über 3 bis 6	über 6 bis 15	über 15 bis 30	über 30[1)]
1	vertikale, horizontale und geneigte Flächen	3	6	8	12	16	20	30

[1)] Diese Grenzabweichungen können bei Nennmaßen bis etwa 60 m angewendet werden. Bei größeren Abmessungen sind besondere Überlegungen erforderlich.

Ebenheitsabweichungen

Die Ebenheit wird durch Einzelmessungen (z. B. Stichprobenüberprüfung) oder durch Messen der Abstände zwischen rasterförmig angeordneten Messpunkten und einer Bezugsquelle geprüft. Das Raster ist einzumessen.

DIN 18202, S. 12, führt aus:

„*In Tabelle 3* [siehe Tabelle 5.11] *sind Stichmaße als Grenzwerte für Ebenheitsabweichungen festgelegt; diese gelten für Flächen von*

- *Decken (Ober- und Unterseite),*
- *Estrichen,*
- *Bodenbelägen und*
- *Wänden*

unabhängig von ihrer Lage. Sie gelten nicht für spritzrau belassene Spritzbetonoberflächen.

Werden nach Tabelle 3, Zeile 2, 4 oder 7 ‚erhöhte Anforderungen' an die Ebenheit von Flächen gestellt, so ist dies gesondert zu vereinbaren [siehe Tabelle 5.11].

Bei einem Mauerwerk, dessen Dicke gleich einem Steinmaß ist, gelten die Ebenheitstoleranzen nur für die bündige Seite. Die bündige Seite soll als Bezugspunkt angegeben werden. Bei flächenfertigen Wänden, Decken, Estrichen und Bodenbelägen sollen Sprünge und Absätze vermieden werden. Hierunter ist aber nicht die durch Flächengestaltung bedingte Struktur zu verstehen. Tabelle 3 findet für Absätze und Höhensprünge zwischen benachbarten Bauteilen keine Anwendung [siehe Tabelle 5.11]. *Die bei Bauprodukten zulässigen Maßabweichungen sind in den Grenzwerten für Ebenheitsabweichungen nicht enthalten und daher zusätzlich zu berücksichtigen.*"

Außer DIN 18202 sind in Bezug auf Ebenheitstoleranzen weitere Regelwerke und Empfehlungen zu berücksichtigen. Nicht immer ist es sinnvoll, sich nur an den Ebenheitsabweichungen der DIN 18202 zu orientieren, da sich engere Toleranzen z. B. auch aus technischen Gegebenheiten oder einer allgemeinen bauaufsichtlichen Zulassung ableiten lassen.

So ergibt sich eine Ebenheitstoleranz bei der Ausführung von Wärmedämm-Verbundsystemen schon nach den Ausführungsanleitungen der allgemeinen bauaufsichtlichen Zulassung. Danach sind Wärmedämm-Verbundsysteme „planeben" zu verlegen. Die zulässigen Untergrundtoleranzen ergeben sich aus der gewählten Befestigungsart. Nachdem die Dämmplatten planeben verlegt worden sind, erfolgt die Armierung mittels Armierungsputz und Armierungsgewebe. Hier ist eine Schichtdicke bei mineralischem Armierungsputz von 4 bis 6 mm je nach Hersteller aufzubringen. Als Oberputz wird z. B. ein Putz mit einer Körnung von 3 mm gewählt. Da die Kornstärke beim dünnlagigen Oberputz auch die Schichtdicke ergibt, entsteht eine theoretische Ebenheitstoleranz, bedingt durch mögliche Schwankungen in der Schichtdicke des Armierungsputzes, von maximal 2 mm.

Tabelle 5.11: Grenzwerte für Ebenheitsabweichungen (nach DIN 18202:2013-04, Tabelle 3)

Zeile	**Bezug**	**Stichmaße als Grenzwerte in mm bei Messpunktabständen in m bis**				
		0,1	**1**[1]	**4**[1]	**10**[1]	**15**[1)2)]
1	nicht flächenfertige Oberseiten von Decken, Unterbeton und Unterböden	10	15	20	25	30
2	nicht flächenfertige Oberseiten von Decken, Unterbeton und Unterböden mit erhöhten Anforderungen, z. B. zur Aufnahme von schwimmenden Estrichen, Industrieböden, Fliesen- und Plattenbelägen, Verbundestrichen; fertige Oberflächen für untergeordnete Zwecke, z. B. in Lagerräumen, Kellern	5	8	12	15	20
3	flächenfertige Böden, z. B. Estriche als Nutzestriche, Estriche zur Aufnahme von Bodenbelägen; Bodenbeläge, Fliesenbeläge, gespachtelte und geklebte Beläge	2	4	10	12	15
4	wie Zeile 3, jedoch mit erhöhten Anforderungen	1	3	9	12	15
5	nicht flächenfertige Wände und Unterseiten von Rohdecken	5	10	15	25	30
6	flächenfertige Wände und Unterseiten von Decken, z. B. geputzte Wände, Wandbekleidungen, untergehängte Decken	3	5	10	20	25
7	wie Zeile 6, jedoch mit erhöhten Anforderungen	2	3	8	15	20

1) Zwischenwerte sind den Bildern 5 und 6 zu entnehmen und auf ganze mm zu runden.
2) Die Grenzwerte für Ebenheitsabweichungen der Spalte 6 [letzte Spalte] gelten auch für Messpunktabstände über 15 m.

5.2.2 Visuelle Anforderungen an strukturierte Putzoberflächen

Der folgende Auszug aus dem Merkblatt „Strukturierte Putzoberflächen – visuelle Anforderungen" (Hauptverband Farbe, Gestaltung, Bautenschutz, 2008, S. 1) gibt die Anforderung an Ebenheit und Oberfläche bei der visuellen Beurteilung wieder.

„Bei der Beurteilung von Putzoberflächen ist zu berücksichtigen, dass es sich bei allen Putzgestaltungsarten um eine in handwerklicher Ausführung und unter unterschiedlichen Bedingungen erstellte Leistung handelt. Sie kann deshalb auch nicht die Gleichmäßigkeit industriell hergestellter Produkte aufweisen, die unter stets gleichartigen Bedingungen (Klima, Beleuchtung etc.) in Serie gefertigt werden."

Weiter wird der orientierende Charakter von kleinformatigen Mustern hervorgehoben. Eine Beurteilung von Putzflächen ist damit nur bedingt möglich. Wichtig ist auch die Begutachtung unter gebrauchsüblichen Bedingungen, wie etwa Blickposition, Abstand, Belichtung/Beleuchtung. Als nicht gebrauchsüblich gilt ein Abstand bzw. eine Blickposition, die nur von einer Dachfläche oder unter Zuhilfenahme von Steighilfen (Leiter, Hebegerät) oder Fern- oder Vergrößerungsgläsern erreicht werden kann. Die Beleuchtungsbedingungen usw. müssen dann in die Beurteilung einbezogen werden, wenn besondere Anforderungen an die Ebenheit vertraglich vereinbart sind.

Weiter wird im selben Merkblatt zwischen Putzoberfläche und Putzstruktur unterschieden:

„Die Ebenheit der Putzoberfläche ist unabhängig und getrennt von der Beurteilung der Putzstruktur festzustellen und zu beurteilen.

Die Putzoberfläche ist in der Regel eben auszuführen – es sei denn, dass Unebenheiten ausdrücklich erwünscht sind. Unebenheiten und Fluchtabweichungen dürfen nicht sichtbar sein. Da die Putzoberfläche in Handarbeit hergestellt wird, ist eine völlige planebene Oberfläche nicht realisierbar. Durch vorübergehend einfallendes Sonnenlicht auftretende Schlagschatten sind zulässig.

Anmerkung: Bei besonderer Anforderung, wie z. B. bei Streiflichtsituation und/oder speziellen Oberflächenqualitäten (z. B. Glanz, Glätte, Körnung des Oberputzes $\leq$ 2 mm) sind geeignete Maßnahmen wie eine zusätzliche Putzlage/Ausgleichslage/Spachtelgang einzuplanen.

Die Putzstruktur muss im jeweiligen Strukturbild gleichmäßig sein. Eine Anhäufung von Körnungen oder strukturlosen Stellen ist nur vereinzelt zulässig. Der Gesamteindruck der Putzoberfläche darf nicht gestört werden. Beschichtungen/Anstriche können Strukturunterschiede nicht oder nur sehr begrenzt ausgleichen."

Insbesondere geht das Merkblatt auf Mängel ein, die sich aus dem Gerüstbau ergeben. So dürfen Ansätze, die sich aus den Gerüstlagen ergeben, nicht störend sichtbar sein. Gerüstlöcher müssen verschlossen sein und dürfen sich in Struktur und Farbe nur geringfügig abheben. Werden die Löcher mit Kappen verschlossen, ist ein Angleichen nicht möglich.

Abb. 5.12: Relevante Abweichung nach DIN 18202 beim Einpassen des Rollladens

Abb. 5.13: Relevante Abweichung nach DIN 18202 hinsichtlich der Ebenheitsabweichung

Abb. 5.14: Nicht relevante Abweichung nach DIN 18202 in Bezug auf die Ebenheitsabweichung

Abb. 5.15: Relevante Abweichung nach DIN 18202 in Bezug auf die Ebenheitsabweichung

Bewertung von Ebenheitsabweichungen

Die DIN 18202 bezieht sich auf die Abweichungen bei der Passgenauigkeit und nicht auf die optische Erscheinung der fertigen Oberfläche. Da unter Verwendung dieser Norm einfach zu beurteilen ist, ob eine Abweichung vorhanden ist, wird diese Norm auch von Sachverständigen immer wieder zweckentfremdet. So sind Fälle bekannt, wo infolge einer energetischen Sanierung von Altbauten nach Fertigstellung des Wärmedämm-Verbundsystems eine technische Vermessung von Gebäuden vorgenommen wurde, um festzustellen, dass Flucht- oder Winkelabweichungen vorhanden sind, die nicht der DIN 18202 entsprechen, wodurch angeblich ein Mangel vorliegt. Nicht berücksichtigt wurde hierbei, dass der Altbau aufgrund wirtschaftlicher und technischer Bedingungen nicht unter Einhaltung der DIN 18202 gedämmt werden konnte und auch nicht musste und dennoch ein einheitliches, ordentliches und fachgerechtes Gesamtbild abgegeben hat.

Abb. 5.16: Nicht relevante Abweichung nach DIN 18202 in Bezug auf die Ebenheitsabweichung

Die Abb. 5.12 bis 5.16 verdeutlichen, dass Anwendung und Beurteilung der DIN 18202 einen entsprechenden Sachverstand im Anwendungsgebiet voraussetzen. So zeigen die Abb. 5.12 und 5.13 relevante Abweichungen, bei denen die DIN 18202 zur Beurteilung angewendet werden kann, wobei die Ausführung der Abb. 5.13 nicht den Anforderungen der allgemeinen bauaufsichtlichen Zulassungen und des BFS-Merkblatts Nr. 21 entspricht. Bei den Abb. 5.14 und 5.16 wiederum kann die DIN 18202 nicht angewendet werden. Obwohl die Ebenheitsabweichungen im Toleranzbereich liegen, ist das optische Erscheinungsbild mangelhaft. Deshalb wird in DIN 18202 auch darauf hingewiesen, dass sie nur anzuwenden ist, wenn nicht andere Genauigkeiten vereinbart wurden. Wenn für Bauteile oder Bauwerke andere Genauigkeiten erforderlich sind, sollen diese nach wirtschaftlichen Maßstäben vereinbart werden. Abb. 5.15 zeigt, dass je nach angewendetem Messverfahren bzw. je nach Messpunktabstand eine Ebenheitsabweichung vorhanden ist, die jedoch nur mit der Hebebühne nachweisbar und optisch unter normalen Bedingungen nicht feststellbar ist. Diese Beispiele verdeutlichen, dass es sich bei der DIN 18202 um eine Passnorm handelt, die eben nicht zwingend zur optischen Beurteilung fertiger Flächen verwendet werden kann.

Gemäß VOB/C ATV DIN 18350 „Putz- und Stuckarbeiten“ und VOB/C ATV DIN 18345 „Wärmedämm-Verbundsysteme“ sind Abweichungen von vorgeschriebenen Maßen in den durch die DIN 18202 „Toleranzen im Hochbau-Bauwerke“ bestimmten Grenzen zulässig (siehe Kapitel 5.2, Abschnitt „Putz- und Stuckarbeiten und Wärmedämm-Verbundsysteme“).

Auch hier besteht ein großer Interpretationsraum. Diese DIN-Normen suggerieren, dass alle störenden Unebenheiten (siehe Abb. 5.16) zulässig sind, wenn sie sich innerhalb der Toleranzen der DIN 18202 bewegen. Dies ist jedoch keinesfalls richtig, da nicht nur die DIN 18202 zur Bewertung verwendet werden darf, sondern auch die sonstigen den einzelnen Anwendungsfall betreffenden allgemein anerkannten Regeln der Technik berücksichtigt werden müssen. Die Anwendung der DIN 18202 führt bei Rechtsstreitigkeiten häufig zu einer falschen, teilweise zu einer weit überzogenen Bewertung, kann aber auch zu einer Unterbewertung von Abweichungen führen. Daher kann nur appelliert werden, dass alle am Bau Beteiligten mit dem erforderlichen Sachverstand planen, verarbeiten und beurteilen.

5.3 Putzrisse

Durch eine zunehmend beschleunigte Bauweise sowie unzureichende Austrocknungsbedingungen während der Bauphase zeigt sich in den letzten Jahren eine starke Zunahme von Rissbildungen in Putzen. Hinzu kommen neue, teilweise großformatige Baustoffe, die neue Verarbeitungstechniken erfordern und materialabhängig empfindlicher auf eine Durchfeuchtung des Mauerwerks während der Bauphase reagieren.

Putze dienen nicht nur der optischen Gestaltung von Fassaden, sondern schützen das Bauwerk vor Witterungseinflüssen und nehmen einen wesentlichen Einfluss auf den Gebäudeenergieverbrauch. Diese optische und technische Anforderung kann nur durch intakte Putze sichergestellt werden. Rissbildungen im Mauerwerk führen, bedingt durch die eindringende Feuchtigkeit und Frosteinwirkung, zu Folgeschäden. Ein feuchtes Mauerwerk leitet die Wärme schneller ab, was eine Zunahme des Heizenergiebedarfs zur Folge hat.

Nachfolgend werden die Entstehung, die Beurteilung und die Instandsetzung von Putzrissen erläutert. Grundlage dafür ist das WTA-Merkblatt 2-4-08/D „Beurteilung und Instandsetzung gerissener Putze an Fassaden“ (Wissenschaftlich-Technische Arbeitsgemeinschaft für Bauwerkserhaltung und Denkmalpflege, 2008), welches hier teilweise zitiert bzw. ergänzend erläutert wird. Die Ergänzungen sind nicht immer konform mit dem Merkblatt und beruhen auf den Erfahrungen und Erkenntnissen der Autoren.

5.3.1 Entstehung von Putzrissen

Grundsätzlich kann festgestellt werden, dass Putzrisse immer dann entstehen, wenn mechanische, feuchte- oder auch temperaturbedingte Formänderungen behindert werden. Für die Ermittlung der Ursache von Rissbildungen müssen verschiedene Faktoren in Erwägung gezogen werden, von denen die wichtigsten folgendermaßen lauten:

- Risse können durch die Erhärtung der Bindemittel entstehen oder durch eine Bindemittelanreicherung (Sinterhaut) an der Oberfläche während der Verarbeitung.
- Risse können durch ein falsches Festigkeitsprofil oder durch eine Beeinträchtigung der Sieblinie entstehen, z. B. bei der Maschinenverarbeitung, wenn Leichtzuschläge zermahlen werden.
- Risse können durch Quellen und Schwinden des Putzuntergrundes entstehen, z. B. bei Mischmauerwerken oder bei Baustoffen, die unter Feuchtigkeitsaufnahme ein besonders ausgeprägtes hygrisches Quellen zeigen.
- Risse können durch thermische Ausdehnungen und/oder thermisches Schwinden des Putzuntergrundes entstehen, wenn beispielsweise Baustoffe mit stark unterschiedlicher Wärmeleitfähigkeit verwendet worden sind, z. B. bei einem Deckenschubriss.
- Risse können durch Bewegungen des Baugrundes oder des Putzuntergrundes entstehen, z. B. durch sog. Setzungen. Es handelt sich dann um Risse, die besonders gravierend sind und bei Instandsetzungen entsprechend beachtet werden müssen.

Abb. 5.17 und 5.18: Putzgrundbedingte Risse mit der Folge von Schäden in der Beschichtung

Immer dann, wenn durch Formänderungen Spannungen entstehen, die größer sind als die innere Festigkeit der Putzschale, ist diese besonders rissgefährdet. Dabei spielen Bindemittelanreicherungen, ungünstige Festigkeitsprofile, starkes hygrisches oder thermisches Quellen und Schwinden sowie mangelhafte Vorbereitung des Putzgrundes eine bedeutende Rolle.

Risse, die aus dem Putzgrund, z. B. dem Mauerwerk, entstehen, werden als „putzgrundbedingte Risse“ oder „konstruktive Risse“ bezeichnet (siehe Abb. 5.17 und Abb. 5.18). Bei dieser Art von Rissbildung ist die Klärung der Ursache besonders wichtig, da solche Risse durch Setzung, Belastung (Lastabtragung), Schwinden oder thermisch bedingte Längenänderungen des Untergrundes verursacht werden. Hier gilt es, geeignete Maßnahmen zur Stabilisierung des Untergrundes zu ergreifen und erst dann die Risse entsprechend zu sanieren.

5.3.2 Beurteilung und Klassifizierung von Putzrissen

Eine genaue Beurteilung und Klassifizierung der Putzrisse ist von besonderer Bedeutung, da man die Instandsetzungsmöglichkeiten letztlich nach dieser Bewertung auswählen muss. Die Zuordnung und Klassifizierung der Risse stellt für viele ein großes Problem dar. Werden aber Erkennungsmerkmale und Zuordnungsprinzipien, die sich aus dem jeweils vorliegenden Rissbild ergeben, ausreichend analysiert, kann mit entsprechender Fachkenntnis aus dem Rissbild und dem Rissverlauf auf die Rissursachen geschlossen und können entsprechende Instandsetzungsmaßnahmen eingeleitet werden.

Rissarten

Die unterschiedlichen Risse können zunächst in folgende Rissarten eingeteilt werden:

- putzbedingte Risse
- putzgrundbedingte Risse
- bauwerksbedingte Risse

Abb. 5.19: Putzgrundbedingte Risse

Putzbedingte Risse (Risse nicht vom Putzträger ausgehend)

Putzbedingte Risse treten aufgrund ungünstiger Spannungs- und Kräfteverhältnisse ausschließlich in der Putzschale auf. Dabei kann die ganze Putzschale gerissen sein oder der Riss beschränkt sich nur auf die oberste Putzlage. Diese Risse besitzen keine besondere Dynamik und sind deshalb als sog. ruhende Risse einzustufen. Putzbedingte Risse sind Sackrisse, Schrumpfrisse, Schwindrisse und Fettrisse. Zu den putzbedingten Rissen gehören:

- Putzoberflächenrisse – diese Risse haben ihren Ursprung meist in der Zusammensetzung, dem Mischungsverhältnis, der Schichtdicke oder in witterungsbedingten Einflüssen bei der Erhärtung,
- durch Putzlagen gehende Risse – diese Risse haben ihren Ursprung meist in einer zu hohen Schichtdicke, im unterschiedlichen Festigkeitsgefälle der einzelnen Putzlagen oder in witterungsbedingten Einflüssen bei der Erhärtung.

Putzgrundbedingte Risse (Risse vom Putzträger ausgehend)

Putzgrundbedingte Risse entstehen durch Verformungen aus dem Putzgrund, z. B. durch hygrische Quell-, Schwind- oder thermische Bewegungsvorgänge.

Es handelt sich ebenfalls um Spannungsrisse (siehe Abb. 5.19). Da sie jedoch vom Putzgrund ausgehen, werden sie als bedingt zu überarbeitende Risse eingestuft. Putzgrundbedingte Risse sind Fugenrisse und Kerbrisse. Zu den putzgrundbedingten Rissen gehören:

- Risse an Stoß- und Lagerfugen – diese Risse haben ihren Ursprung in unzureichenden Trocknungsbedingungen, Mischmauerwerk, unzureichender Fugenvermörtelung und unterschiedlicher Saugfähigkeit zwischen Fugenmörtel und Mauerwerk,
- Risse durch Formveränderung – diese Risse haben ihren Ursprung in der Volumenveränderung durch Temperatur- und Feuchtigkeitseinwirkung, z. B. bei unterschiedlichen Baustoffen.

Bauwerksbedingte Risse

Bauwerksbedingte Risse sind baudynamische Risse, die horizontal und vertikal verlaufen können und die durch Setzungen und Bewegungen des Baukörpers auftreten. Aufgrund dieser Ursache müssen sie als nicht beruhigbare Risse klassifiziert werden. (Sind Setzungen und Bewegungen abgeschlossen bzw. durch bauliche Maßnahmen beruhigt, kann wie bei ruhenden Rissen eine Sanierung erfolgen.) Bauwerksbedingte Risse werden durch Bewegungen und Verformungen von Bauwerksteilen verursacht. Hierzu zählen Deckenschubrisse und sog. baudynamische Risse. Zu den bauwerksbedingten Rissen gehören:

- bautechnische und konstruktionsabhängige Risse, die durch Verformungen, fehlende Bewegungsfugen, Deckenschwund u. Ä. verursacht werden,
- baugrundbedingte Risse, die durch Bewegungen aus dem Baugrund, wie z. B. Veränderung des Grundwasserstandes, Erschütterungen und geologische Setzungen, verursacht werden.

Rissgruppen

Nach der Einteilung in Rissarten lassen sich die beobachteten Risse weiter in folgende Rissgruppen einteilen:

- Sackrisse
- Schrumpfrisse
- Schwindrisse
- Fettrisse
- Kerbrisse
- Fugenrisse
- Deckenschubrisse

Sackrisse

Bei Sackrissen handelt es sich überwiegend um Risse mit Längen von 10 bis 20 cm, die horizontal durchhängen (siehe Abb. 5.20). Die Rissbreiten können in Abhängigkeit von der aufgebrachten Schichtdicke und Konsistenz des Putzes, der Luft- und Objekttemperatur sowie der Luft- und Objektfeuchtigkeit mehrere Millimeter betragen. Hohlstellen sind im Bereich der unteren Rissflanke möglich. Sackrisse entstehen vor der Erhärtung des Mörtels, meist innerhalb der ersten 2 Stunden nach Putzauftrag. Ursachen dafür sind:

- zu dicker Putzauftrag in einer Lage,
- schlechte Haftung auf dem Putzgrund, z. B. bei wenig saugfähigem oder nassem Putzgrund,
- zu langes oder zu starkes Verreiben der Putzoberfläche im frischen Zustand,
- zu weiche Konsistenz des Putzmörtels.

Da Sackrisse während der Erhärtungsphase entstehen, handelt es sich um typische putzbedingte Risse, die sich nach Aushärtung des Putzes nicht mehr verändern und deshalb relativ einfach zu sanieren sind.

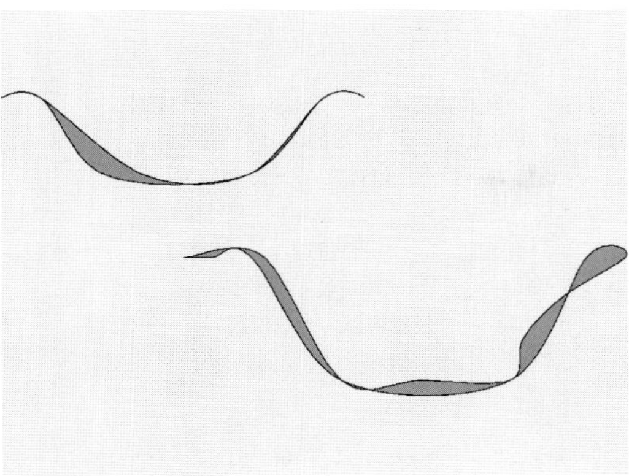

Abb. 5.20: Sackrisse

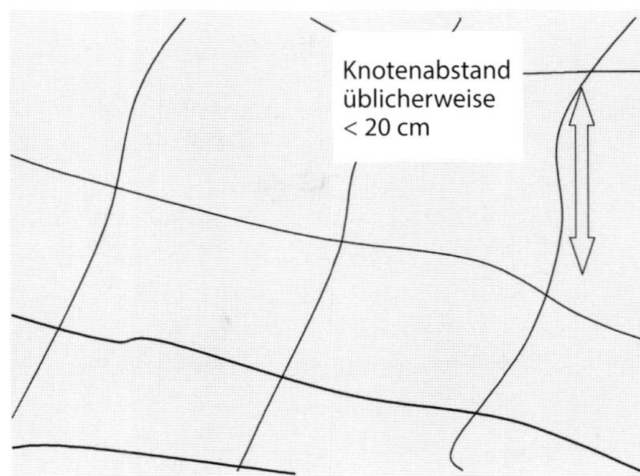

Abb. 5.21: Schrumpfrisse

Schrumpfrisse

Bei Schrumpfrissen handelt es sich um netzförmige Risse mit einem Knotenabstand von rund 20 cm und Rissbreiten bis etwa 0,5 mm (siehe Abb. 5.21). Die Risse reichen nur in seltenen Fällen bis zum Putzgrund. Sie entstehen relativ kurz nach dem Aufbringen des Putzmörtels, meist nach etwa 1 bis 5 Stunden.

Grundsätzlich ist eine Ablösung der Rissflanken vom Putzgrund möglich. Das Rissrisiko lässt sich mit einer geeigneten Nachbehandlung des Putzes, die ein zu schnelles Austrocknen der Putzoberfläche verhindert, stark reduzieren. Reine Kalkputze weisen meist Schrumpfrisse auf. Die Rissbreiten lassen sich bei entsprechender Mörtelzusammensetzung auf eine Größenordnung von ca. 0,1 mm beschränken. Wenn die Rissflanken sich nicht vom Putzgrund lösen, führen Schrumpfrisse im Unterputz zu keiner Beeinträchtigung des Putzsystems.

Schwindrisse

Schwindrisse treten netzförmig oder verzweigt auf und werden dann auch als Y-Risse bezeichnet. Sie können bis zum Putzgrund reichen und entstehen überwiegend im Zeitraum der ersten 6 Monate nach dem Auftragen des Putzes, können aber auch erst Jahre nach der Ausführung auftreten. Im Bereich der Rissflanken kann ein Ablösen des Putzes vom Putzgrund vorkommen, wenn eine zu geringe Haftung zwischen Putz und Putzgrund vorliegt. Schwindrisse können auftreten, wenn

- Untergrund und Putzsystem nicht richtig aufeinander abgestimmt sind,
- auf dem Putzgrund haftungsstörende Verunreinigungen vorhanden sind, z. B. mürbe Altputze und Staub,
- das Putzsystem in sich nicht abgestimmt ist, wenn z. B. der Oberputz eine höhere Festigkeit aufweist als der Unterputz,
- Standzeiten bzw. Erhärtungszeiten nicht eingehalten werden, wenn der Oberputz vor ausreichender Erhärtung des Unterputzes aufgebracht wird,
- die einzelnen Putzlagen zu schnell austrocknen.

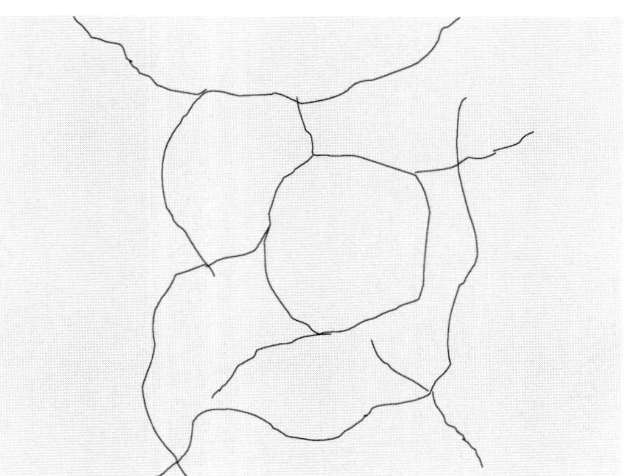

Abb. 5.22: Schwindrisse

Bei Schwindrissen handelt es sich um typische putzbedingte Risse, die in der Regel nach der Aushärtung des Putzes ruhend sind (siehe Abb. 5.22).

Fettrisse

Fettrisse sind kurze, nur an der Oberfläche vorhandene Haarrisse, die bei mineralischen Edelputzen mit strukturgebendem Größtkorn auftreten können. Solche Haarrisse entstehen durch eine Bindemittelanreicherung an der Oberfläche. Eine Bindemittelanreicherung bzw. Sinterhaut muss fluatiert werden, bevor eine Beschichtung aufgebracht wird.

Kerbrisse

Bei den Kerbrissen handelt es sich meist um diagonale, von eckigen Putz- oder Maueröffnungen ausgehende Risse. Kerbrisse entstehen aufgrund von Spannungskonzentrationen in den Ecken der Putz- oder Maueröffnungen (siehe Abb. 5.23 und Abb. 5.24). Die Ursache dafür sind Scherspannungen im Bereich der Mauerecken durch thermische und hygrische Längenänderungen des Gesamtmauerwerks, die bei entsprechender Größenordnung zu diagonal verlaufenden Rissen in der Putzschale führen. Bei Putzmörteln mit hohem Schwindmaß oder bei schneller Putzaustrocknung kann die als Kerbe wirkende Ecke auch Auslöser eines reinen Putzschwindrisses sein. Kerbrisse sind häufig bei zu harten Putzschalen zu beobachten und bei Wärmedämm-Verbundsystemen, wenn eine Diagonalarmierung als Putzbewehrung in den Eckbereichen fehlt.

Es handelt sich im Wesentlichen um putzgrundbedingte Risse, die häufig nur mit großem Aufwand zu sanieren sind.

Fugenrisse

Fugenrisse zeigen ein regelmäßiges Rissbild, das sich am Fugenverlauf des Mauerwerks orientiert und diesen nachzeichnet (siehe Abb. 5.25). Die vertikal verlaufenden Risse von Stoßfuge zu Stoßfuge können auch über die dazwischenliegende Steinfläche verlaufen. Die Rissbreiten betragen zwischen 0,05 und 0,15 mm. Fugenrisse treten in der Regel in den ersten beiden

Abb. 5.23 und 5.24: Diagonalrisse am Fenster

Abb. 5.25: Fugenrisse

Jahren nach der Baufertigstellung auf. Die wesentlichen Ursachen für diese Risse sind:

- die hygrische und thermische Verformung der äußeren Steinschale großformatiger Mauersteine, die vom Putz nicht aufgenommen und abgebaut werden kann; Ursache dafür sind z. B. eine zu hohe Elastizität des Putzes (E-Modul) oder eine zu hohe Festigkeit,
- feuchtes Mauerwerk vor dem Aufbringen des Putzes,
- eine Änderung der Schichtdicke des Putzes über den Mauerwerksfugen bei schlechtem Ausfüllen der Lager- oder Stoßfugen; die schlecht oder nicht vermörtelten Fugenbereiche sind Kerbstellen für die Bildung dieser Fugenrisse,
- unzureichende Nachbehandlung des Putzes,
- unterschiedliche Putzdicken.

Fugenrisse sind typische putzgrundbedingte Risse, die sich bedingt beruhigen lassen und in aller Regel relativ aufwendige Instandsetzungsmaßnahmen erfordern.

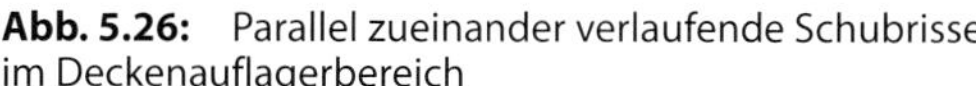

Abb. 5.26: Parallel zueinander verlaufende Schubrisse im Deckenauflagerbereich

Abb. 5.27: Deckenschubriss in Verbindung mit einem Rollladenkasten

Deckenschubrisse

Deckenschubrisse treten als Horizontalrisse im Bereich der Geschossdecken auf. Das Rissbild zeigt entweder einen horizontalen Riss oder auch 2 parallel verlaufende horizontale Risse, die dem Einbau der Decke entsprechen (siehe Abb. 5.26). Die Risse entstehen in aller Regel durch die höhere Wärmeleitfähigkeit, die sich im Bereich des Deckenauflagers durch den dort vorhandenen Baustoffwechsel ergibt. Bei einem Mauerwerk, das z. B. aus porosiertem Ziegel besteht und in dem eine betonierte Decke verläuft, können durch die höhere Wärmeleitfähigkeit des Betons entstehende thermische Spannungen einen Deckenschubriss auslösen (siehe Abb. 5.27).

Deckenschubrisse im Bereich der Geschossdecke können im Altbaubestand durch das Anbringen eines Wärmedämm-Verbundsystems überdeckt werden; im Neubaubereich sollte ein solcher Wärmeübergang bei einer Ausführung gemäß der Energieeinsparverordnung nicht vorkommen.

Rissbildung bei Putz auf Leichthochlochziegel

Bedingt durch kürzer werdende Bauphasen erfolgen heute die einzelnen Arbeitsschritte in immer geringeren Abständen. Werden zur Erstellung von Außenwänden Leichtziegel verwendet, die nachfolgend z. B. einen Leichtgrundputz und einen entsprechenden Oberputz erhalten, sollten zur Vermeidung von Rissen folgende Punkte grundsätzlich beachtet werden:

- Putze, die auf wärmedämmende Ziegel, d. h. Leichtziegel, aufgebracht werden, müssen auf den Putzgrund abgestimmt sein (siehe Abb. 5.28), die allgemeine bauaufsichtliche Zulassung ist zu beachten. Geeignet sind in der Regel sog. Leichtputze bzw. Putze für wärmeisolierende Leichtbaustoffe.

Abb. 5.28: Sichtbare zweite Putzlage (Oberputz) in einer Dicke von ca. 1,8 mm; die Schichtdicke beträgt inkl. Unterputz 15 mm.

Abb. 5.29: Nicht vollständig vermörtelte, mit der Außenwand bündige Lagerfuge und eine dadurch bedingte Rissbildung

- Die Stirnseiten der Ziegel werden eng anliegend bzw. knirsch gestoßen.
- Die Lagerfugen müssen vollflächig vermörtelt und bündig mit der Außenfläche abgestrichen werden. Gerade bei Ziegelsteinen, deren Außenschale bzw. Scherben nur ca. 8 bis 12 mm beträgt, muss diese komplett in die Vermörtelung eingebunden sein. Wird dies nicht beachtet, ergeben sich im Bereich der Lagerfugen Schwachstellen, die zur Rissbildung führen können.
- Unvermörtelte Stoßfugen können in Verbindung mit einer zu schnell nacheinander aufgetragenen Putzschicht oder einer zu dünnen Schichtdicke des Grundputzes oder beim Verputzen von nassem Mauerwerk oder durch eine nicht aufeinander abgestimmte Druckfestigkeit von Stein und Mauermörtel zu Stein-Putz-Rissen führen.
- Die Ziegel müssen bei der Lagerung sowie nach der Verarbeitung vor Feuchtigkeit geschützt werden, z. B. durch Abdeckung der Mauerkrone (siehe Abb. 5.32 und Abb. 5.33). Das von Geschossdecken oder halb fertigen Dächern ablaufende Regenwasser muss von der Wand abgeleitet werden.
- Neue porosierte Ziegelsteine unterliegen feuchtigkeitsabhängigen Verformungen. Auf sichtbar durchfeuchtete Wandteile darf nicht geputzt werden; es muss eine Wartezeit von mindestens 6 Monaten (vor Niederschlägen geschützt) eingehalten werden.
- Vor Beginn der Putzarbeiten ist eine ausreichend lange Rohbaustandzeit von mindestens 6 Monaten einzuhalten; dies ist notwendig, um Verformungen abzuwarten, die sich überwiegend in dieser Zeit ergeben. Bewegungen und Verformungen aus dem Putzgrund können vom Putzsystem nicht aufgefangen werden.

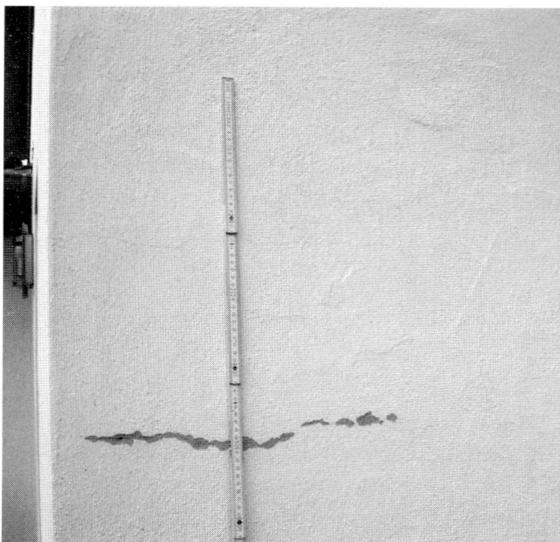

Abb. 5.30 und 5.31: Rissbildung in einer Rissbreite von ca. 0,15 mm

Abb. 5.32: Innenansicht – nicht abgedecktes, durchfeuchtetes Mauerwerk

Abb. 5.33: Außenansicht – nicht abgedecktes, durchfeuchtetes Mauerwerk

- Nach dem Aufbringen des Grundputzes muss eine Mindeststandzeit von 1 Tag pro mm Grundputzdicke erfolgen.
- Der Oberputz sowie evtl. folgende Anstriche müssen auf die verminderte Festigkeit der Grundputze abgestimmt sein; der Anstrich darf den Feuchteaustausch nicht behindern.

Die Abb. 5.29 zeigt eine horizontale Mauerfuge mit einer Fugenhöhe von 1,7 cm. Die Mauerfuge ist nicht vollständig vermörtelt. Im oberen Fugenbereich fehlt bis in eine Fugentiefe von ca. 1 cm der Mauermörtel. Dieser Fugenbereich wurde mit Fassadengrundputz verfüllt. Der Rissverlauf gleicht der nicht ordnungsgemäß vermörtelten Mauerfuge.

Der Riss in Abb. 5.30 und Abb. 5.31 verläuft im Bereich der horizontalen und vertikalen Mauerfugen eines Mauerwerks aus Leichthochlochziegeln, deren Fugen nicht ordnungsgemäß vermörtelt sind.

Richtige Putzauswahl bei verschiedenen Untergründen

Nach der „Leitlinie für das Verputzen von Mauerwerk und Beton, Grundlage für die Planung, Gestaltung und Ausführung“ (Industrieverband Werkmörtel, 2007) ist bezüglich der Putzauswahl bei der Charakterisierung von Mauersteinen neben der Wärmeleitfähigkeit (λ_R) auch die Rohdichte und die Festigkeitsklasse zu berücksichtigen. Für hoch wärmedämmendes Mauerwerk eignen sich Leichtputze vom Typ II, weil sie speziell dafür entwickelt sind und ihre Eigenschaften auf die niedrige Wärmeleitfähigkeit dieser Untergründe abgestimmt sind.

In Tabelle 5.12 ist die Eignung mineralischer Außenputze für verschiedene Untergründe dargestellt. Die Bewertungen gelten für übliche Putzflächen, z. B. auf regelgerecht ausgeführtem Mauerwerk nach DIN 1053-1 „Mauerwerk – Teil 1: Ausführung“ (1996) oder Beton nach DIN EN 206-1 „Beton – Teil 1: Festlegung, Eigenschaften, Herstellung und Konformität“ (2001) bzw. DIN 1045-2 „Tragwerke aus Beton, Stahlbeton und Spannbeton – Teil 2: Beton – Festlegung, Eigenschaften, Herstellung und Konformität – Anwendungsregeln zu DIN EN 206-1“ (2008), die keiner erhöhten Beanspruchung ausgesetzt sind. Teil B beschreibt Putzflächen, für welche die genannten Eignungen nicht gelten.

Tabelle 5.12: Eignung mineralischer Außenputze (Unterputze) auf verschiedenen Untergründen (nach Industrieverband Werkmörtel, 2007, S. 25).

Teil A: gilt für übliche Putzflächen, z. B. auf regelgerecht ausgeführtem Mauerwerk nach DIN 1053-1 oder Beton nach DIN EN 206-1/DIN 1045-2, die keiner erhöhten Beanspruchung ausgesetzt sind

Untergrund		**Normalputz**	**Leichtputz**		**Dämmputz** [2]	**Zusatzmaßnahmen**
			Typ I	**Typ II** [1]		
Hochlochziegel (Rohdichteklasse ≥ 0,8)		X	XXX	XXX	XXX	Zur Erhöhung der Ausführungssicherheit (z. B. Erhöhung der Zugfestigkeit, verbesserter Witterungsschutz, weitere Verminderung des Rissrisikos) ist das zusätzliche Aufbringen eines Armierungsputzes mit vollflächiger Gewebeeinlage auf den Unterputz geeignet. Dabei handelt es sich um eine Zusatzmaßnahme, die gesondert zu vereinbaren ist.
Leichthochlochziegel mit Rohdichteklasse ≥ 0,6 oder Druckfestigkeitsklasse ≥ 6		–	XXX	XXX	XXX	
Alle übrigen Leichthochlochziegel (sofern nicht Rohdichteklasse ≥ 0,6 oder Druckfestigkeitsklasse ≥ 6)		–	X	XXX	XXX	
Kalksandstein		XX	XXX	XXX	XXX	
Porenbetonsteine	Wärmeleitfähigkeit $\lambda_R > 0{,}11$	–	XX	XXX	XXX	
	Wärmeleitfähigkeit $\lambda_R \leq 0{,}11$	–	X	XXX	XXX	
Leichtbeton	Mauerwerk aus Leichtbetonsteinen, Wärmeleitfähigkeit λ_R > 0,18 0,14 bis 0,18 < 0,14	 X – –	 XXX XXX XX	 XXX XXX XXX	 XXX XXX XXX	
	Haufwerksporige Wandelemente	X	XXX	XXX	XXX	
	Gefügedichte Wandelemente, Rohdichteklasse ≥ 1,6 Rohdichteklasse < 1,6	 XX –	 XXX XXX	 XXX XXX	 XXX XXX	
Normalbeton		XXX	X	X	X	

Fortsetzung Tabelle 5.12

Teil B: gilt für Putzflächen, bei denen das Putzsystem einer erhöhten Beanspruchung ausgesetzt ist, z. B.:

- besonderer Exposition der Fassade
- Verwendung spezieller Oberputze
- erhöhter Feuchtebelastung
- erheblichen Unregelmäßigkeiten im Putzgrund
- oder anderen in Abschnitt 5 genannten Einflüssen

putztechnische Maßnahmen
Aufbringen eines Armierungsputzes mit vollflächiger Gewebeeinlage auf den Unterputz

[1] Leichtputze vom Typ II werden auch unter den Bezeichnungen „Faserleichtputz", „Ultraleichtputz", „Superleichtputz" o. Ä. angeboten.
[2] Bei Dämmputzsystemen beträgt die Mindestputzdicke des Unterputzes 20 mm.

– nicht geeignet, X bedingt geeignet, XX geeignet, XXX besonders geeignet

Aus statischen Gründen und zur Vermeidung einer Rissbildung im Putz ist es erforderlich, im Verband zu mauern. Die Stoßfugen übereinanderliegender Schichten müssen so versetzt werden, dass das Überbindemaß mindestens 0,4-mal der Steinhöhe entspricht bzw. mindestens 45 mm beträgt; der höhere Wert ist dabei maßgebend. Nach der genannten Leitlinie (Industrieverband Werkmörtel, 2007) ist vor dem Verputzen des Gebäudes eine statische Prüfung nötig, falls das Mindestüberbindemaß nicht in großem Umfang eingehalten wird. Putztechnisch stellt ein in größerem Umfang nicht eingehaltenes Mindestüberbindemaß eine erhöhte Beanspruchung des Putzsystems dar.

Auch Stoßfugen und andere Fehlstellen stellen ein Qualitätskriterium des Putzgrundes dar: Offene Stoßfugen, die größer als 5 mm sind, sowie Mörteltaschen und Verzahnungen mit einer Nuttiefe über 8 mm an Wandenden und Mauerecken und Fehlstellen in der Wand müssen vor dem Verputzen mit Leichtmörtel verschlossen werden. Als Standzeit vor dem Verputzen gilt: 1 Tag je mm Dicke.

Ziegel können herstellungsbedingt Trocknungs- oder Brennrisse aufweisen. Wenn es sich um einzelne Steine handelt, ist das Aufbringen der Putzschicht ohne zusätzliche Maßnahmen möglich. Dies gilt auch für andere Mauersteinarten mit Schwindrissen, sofern das Schwinden beendet ist. Wenn Risse über mehrere Steinlagen hinweggehen, müssen Art und Ursache von der Bauleitung untersucht und ggf. zusätzlich notwendige Maßnahmen eingeleitet werden.

Tabelle 5.13: Wartezeiten (Standzeiten) bis zum Auftrag der nächsten Putzlage (nach Industrieverband Werkmörtel, 2007, S. 31)

Bearbeitungsvorgang bzw. Putzart	Standzeit
Bearbeitung von Fehlstellen mit geeignetem Mörtel; in der Regel Leichtmörtel	1 Tag je mm Dicke; z. B.: • Stoßbreitenfuge 10 mm → mindestens 10 Tage Standzeit • Fehlstellentiefe 15 mm → mindestens 15 Tage Standzeit
Unterputz	1 Tag je mm Unterputzdicke
Wärmedämmputz	1 Tag je 10 mm Putzdicke, nicht weniger als 7 Tage
Armierungsputz (ca. 5 mm dick)	mindestens 7 Tage

Probleme kann auch ein feuchter Putzgrund bereiten. Bei oberflächlich feuchtem Putzgrund muss die Standzeit bis zum Abtrocknen der Oberfläche eingehalten werden (siehe Tabelle 5.13). Falls der Putzgrund z. B. über längere Zeit Niederschlägen ausgesetzt war und entsprechend durchfeuchtet ist, sollte er vor dem Verputzen über einen längeren Zeitraum abgedeckt werden, damit die Austrocknung erfolgen kann. Nach dem Verputzen dauert die Austrocknung eines durchfeuchteten Putzgrundes wesentlich länger.

„Ein Putzgrund ist ausreichend trocken, wenn oberflächennah (bis etwa 30 mm Tiefe) die in der DIN V 4108-4 bzw. DIN EN 12524 für diesen Baustoff genannte Ausgleichsfeuchte annähernd erreicht ist.

Wenn in Ausnahmefällen die zur ausreichenden Trocknung des Putzgrundes erforderliche Standzeit nicht vollständig eingehalten werden kann, sollten besondere Maßnahmen in Betracht gezogen werden. Dies können z. B. der Auftrag des Putzes auf einen Putzträger oder das zusätzliche Aufbringen eines Armierungsputzes mit vollflächiger Gewebeeinlage auf den Unterputz sein. In jedem Fall soll die Standzeit des Unterputzes auf 2 bis 3 Tage pro mm Putzdicke erhöht werden.
[...]

Untersuchungen (z. B. MPA Stuttgart, 2006) haben gezeigt, dass insbesondere feuchtes Mauerwerk einen ungünstigen Einfluss auf die Festigkeitsentwicklung und das Schwindverhalten von Putzen hat. Der Putz erreicht aufgrund des vorhandenen Feuchteangebotes im Mauerwerk seine maximale Festigkeit. Erst danach setzt die Trocknung mit der damit verbundenen Schwindung ein. Normalerweise verlaufen der Abbinde- und Trocknungsprozess parallel und die auftretenden Spannungen werden über Kriechvorgänge (‚Relaxation') schadlos abgebaut. Wenn jedoch die Festigkeitsentwicklung beendet ist und der Putz erst danach schwindet, bilden sich sehr leicht Risse, da das erhärtete Gefüge nicht mehr ausreichend verformbar ist. Diese Grenzen der Verformbarkeit sind umso schneller erreicht, je fester und schwerer ein Putz ist. Trocknungsvor-

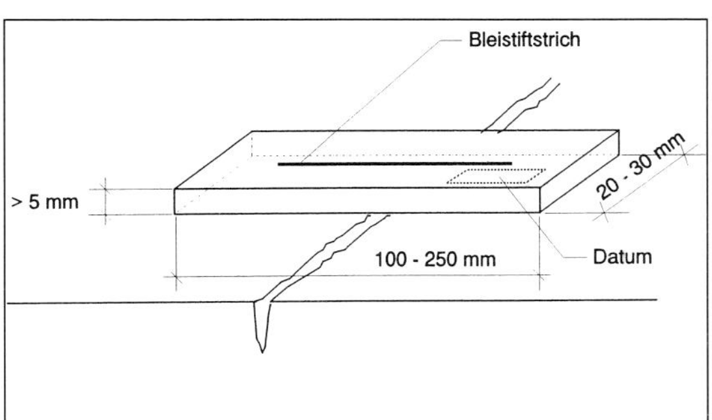

Abb. 5.34: Überprüfen von Bewegungen im Rissbereich mit einer Gipsmarke (Quelle: Technische Informationsstelle des deutschen Maler- und Lackiererhandwerks, Stuttgart)

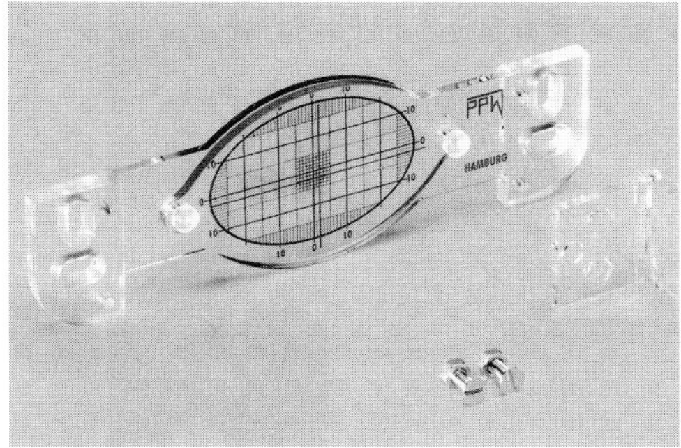

Abb. 5.35: Überprüfen von Bewegungen im Rissbereich mit einem Rissmonitor (Quelle: PPW-Polyplan-Werkzeuge GmbH, Hamburg)

gänge können u. U. sehr lange Zeit in Anspruch nehmen." (Industrieverband Werkmörtel, 2007, S. 21)

Der Auftragnehmer hat den Untergrund vor einer Be- oder Überarbeitung zu prüfen. Entspricht der Untergrund nicht in allen Eigenschaften den anerkannten Regeln der Technik, sind schriftlich Bedenken anzumelden.

Rissbeurteilung

Für eine endgültige Beurteilung der Risse sind neben dem Rissbild und der daraus möglichen Zuordnung noch folgende Informationen von Bedeutung:

- Verteilung und Verlauf der Risse
- Rissbreite
- Risstiefe
- Rissversatz parallel und senkrecht zur Bauteiloberfläche
- Rissalter
- zukünftig zu erwartende Bewegungen an der Rissflanke

Dabei können folgende Verfahren zur Beurteilung angewandt werden:

- Verteilung und Verlauf der Risse können durch eine Kartierung in Ansichtsplänen festgehalten werden.
- Die Rissbreite kann mit einem rissbreiten Vergleichsmaßstab oder einer Messlupe bestimmt werden.
- Die Risstiefe kann durch Entnahme von Putzproben im Rissbereich, z. B. mit der Trennscheibe oder einem Kernbohrgerät, beurteilt werden, da nach Freilegen des Putzgrundes auch eine Beurteilung des weiteren Rissverlaufs im Putzgrund möglich ist.
- Das Rissalter vergleicht man durch den Zustand der Rissflanken, insbesondere in Bezug auf ihre Verschmutzung, mit einer frischen Bruchfläche.
- Die zeitliche Veränderung der Rissweiten kann z. B. durch das Setzen von Gipsmarken mit entsprechender Strichmarkierung quer zum Riss festgehalten oder mit einem Rissmonitor gemessen werden (siehe Abb. 5.34 und Abb. 5.35).

Konstruktionsbedingte Risse

Konstruktionsbedingte Risse entstehen aufgrund von Lage-, Form- oder Volumenveränderungen der Konstruktion nach dem Verputzen. Wegen der Komplexität der Entstehungsmechanismen und der Schwierigkeit, nach der Baufertigstellung die tatsächlichen baustofflichen und konstruktiven Gegebenheiten wie den zeitlichen Ablauf oder die Feuchte- bzw. Austrocknungszustände in den einzelnen Bauphasen noch genau feststellen zu können, ist eine sichere Analyse der Rissursachen nicht immer möglich.

Grundsätzlich lassen sich 2 konstruktionsbedingte Rissursachen unterscheiden:

- Rissursache aus dem unmittelbaren Putzgrund – dies sind Volumenänderungen wie Schwinden, Quellen und thermische Längenänderungen sowie Verformungsunterschiede des unmittelbaren Putzgrundes bei der Verwendung unterschiedlicher Baustoffe mit verschiedenen physikalischen Eigenschaften, z. B. Schwindverformung, Wärmeleitfähigkeit, Saugvermögen usw.
- Rissursachen aus der Konstruktion – dies sind Lage-, Form- oder Volumenveränderungen der Tragkonstruktion oder des verputzten Bauteils, z. B.:
  - Lageänderung durch Setzung,
  - Formänderung aufgrund von Durchbiegung,
  - Volumenänderung durch Feuchteabgabe sowie durch Temperaturänderung.

Für beide Gruppen ist im Hinblick auf die erforderlichen Instandsetzungsmaßnahmen festzustellen, ob es sich um abgeschlossene, einmalige oder wiederkehrende bzw. noch andauernde Verformungen handelt. Bauteile können nach dem Verputzen noch Lage-, Form- oder Volumenänderungen unterworfen sein, die Rissbildungen in der Konstruktion und damit auch im Putz zur Folge haben. Kurze Bauzeiten und eine unzureichende Austrocknung des Rohbaues erhöhen das Risiko beträchtlich. Verformungen dieser Art sind Durchbiegungen von Decken und Unterzügen, Längenänderungen von Betonbauteilen, Fundamentsetzungen sowie Schwind-, Kriech- und Temperaturverformungen tragender Wände und Stützen.

Konstruktionsbedingte Risse sind bei normalem und üblichem Aufwand auch bei Beachtung der anerkannten Regeln der Technik nicht immer zu vermeiden. Sie müssen vom Architekten oder Tragwerksplaner konstruktiv berücksichtigt werden. Durch putztechnische Maßnahmen kann in der Regel nicht verhindert werden, dass Risse, die in der Konstruktion entstehen, auch im Putz auftreten. Diese Rissrisiken können vom Putzausführenden durch die gewerbeüblichen Putzgrundprüfungen in der Regel nicht erkannt werden.

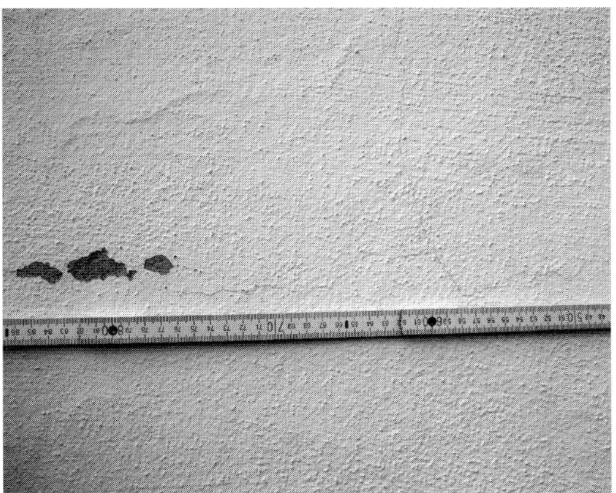

Abb. 5.36: Lager-/Stoßfugenrisse

Abb. 5.37: Rissursache: offene Mauerfugen

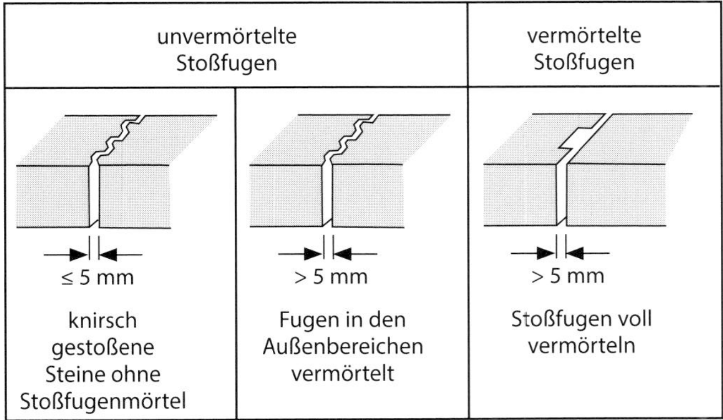

Abb. 5.38: Stoßfugenausführung (nach Bundesverband Ausbau und Fassade e.V., Merkblatt „Außenputz auf Ziegelmauerwerk", Berlin, 3/2010, S. 9)

Offene Fugen und Fehlstellen

Gemäß Merkblatt „Außenputz auf Ziegelmauerwerk" des Bundesverbands Ausbau und Fassade im Zentralverband des Deutschen Baugewerbes sind die Lagerfugen bei Ziegelmauerwerk und einschaligen Außenwänden vollflächig mit Dünnbett- oder Leichtmörtel auszuführen. Für die Stoßfugen und sonstige Fehlstellen gelten folgende Bedingungen:

„In der Regel wird Ziegelmauerwerk mit knirsch gestoßenen Ziegeln und mörtelfreier Stoßfuge ausgeführt. Die Breite der mörtelfreien Stoßfugen darf 5 mm nicht überschreiten, breitere Stoßfugen müssen direkt beim Mauern innen und außen mit Mörtel geschlossen werden. Das Gleiche gilt für Mörteltaschen und Verzahnungen (Nuttiefe > 8 mm) an Wandenden und Mauerecken sowie Fehlstellen in der Wand." (Bundesverband Ausbau und Fassade im Zentralverband des Deutschen Baugewerbes, Berlin, 2010, S. 9)

Wenn nicht im Verband gemauert wurde oder die Lager- oder Stoßfugen nicht vollflächig verklebt bzw. nicht vollfugig vermörtelt wurden, sind gemäß § 4 Nr. 3 VOB/B Bedenken anzumelden, da sich an diesen Fehlstellen Risse ausbilden können (siehe Abb. 5.36 und Abb. 5.37).

Beurteilung von Rissen als Mangel

Untersuchungen bei Instandsetzungsmaßnahmen von Putzrissen sind oft mit der Fragestellung verbunden, ob der zu beurteilende Riss einen Mangel darstellt und ob eine Instandsetzung überhaupt notwendig, sinnvoll und angemessen ist. Bei den meisten mineralischen Baustoffen des Hochbaues sind unter baupraktischen Bedingungen Risse nicht völlig vermeidbar und deshalb nicht immer als Mangel zu beurteilen. Folgende Fragen sind bei der Beurteilung zu beantworten:

- Stellt das vorhandene Rissbild einen Endzustand dar oder ist in der Zukunft mit einer Zunahme der Rissbildung bzw. der Rissbreite zu rechnen? Sind die Risse Symptome von Vorgängen im Putz oder in der Konstruktion?
  Zur Beantwortung dieser Fragen ist die Ermittlung der Rissursache notwendig.
- Werden die technische Funktion und damit die Verwendungseignung des Putzes oder des Bauwerks durch die Rissbildung beeinträchtigt?
  Eine Beeinträchtigung der Funktion und damit der Gebrauchstauglichkeit respektive Verwendungseignung ist gegeben, wenn vorzeitig Verwitterungsschäden am Außenputz entstehen oder zu erwarten sind und/oder der Putzgrund so durchfeuchtet ist, dass:
  - der Wärmedurchlasswiderstand sich anhaltend vermindert,
  - das Raumklima beeinträchtigt und
  - die Innenwandfläche geschädigt wird.
- Wird die ästhetische Funktion der Fassade durch das Rissbild beeinträchtigt?
  Die optischen Auswirkungen eines Risses sind unter gebrauchsüblichen Bedingungen, wie z. B. Abstand, Blickposition, Beleuchtung, zu beurteilen.

Nicht gebrauchsüblich ist ein Abstand bzw. eine Blickposition, wenn z. B. eine gärtnerisch gestaltete Fläche oder eine benachbarte Dachfläche betreten oder eine Leiter oder ein Hebegerät benutzt werden muss. In der Regel ist bei mineralischen Putzsystemen keine optische Beeinträchtigung gegeben, wenn nachfolgende Rissbreiten nicht überschritten werden:

- bis 0,1 mm bei glatter oder gefilzter Feinstruktur, z. B. gefilzt, verwaschen, geglättet
- bis 0,2 mm bei einem strukturgebenden Korn von über 3 mm

Breitere Risse stellen dann keinen Mangel dar, wenn sie unter gebrauchsüblichen Bedingungen nicht sichtbar sind und auch sonst keine Beeinträchtigung erfolgt. Unabhängig von der Rissbreite liegt ein Mangel vor, wenn

- die Rissränder verschmutzen und die Risse dadurch gut sichtbar werden,
- die technische Funktion beeinträchtigt wird.

Grundsätzlich sollte die Oberfläche des Putzes frei von Rissen sein. Haarrisse in begrenztem Umfang sind nicht zu bemängeln, da sie den technischen und optischen Wert des Putzes nicht beeinträchtigen. Zu bemängeln sind einzelne, unregelmäßige Risse, ein unregelmäßiges Netzrissbild und Risse im Verlauf der Mauerwerksfugen. Letztere können zwar auch auf Mängel in der Putzausführung zurückzuführen sein, z. B. bei unzureichender Vorbereitung des Putzgrundes bei unterschiedlichem Saugverhalten von Stein und Fugenmörtel oder beim Putzaufbau mit falschem Festigkeitsgefälle. Sie können aber auch darauf zurückzuführen sein, dass z. B. frisch verarbeitete Leichtbetonsteine im verarbeiteten Zustand noch nachschwinden. Es muss allerdings die Häufigkeit der Risse mitberücksichtigt werden: Treten diese Risse häufiger auf und wirken sich optisch störend auf das Gesamtbild des Putzes aus, stellt auch dies einen Mangel dar.

Breitere Risse stellen aus technischer Sicht keinen Mangel dar, wenn diese unter gebrauchsüblichen Bedingungen nicht sichtbar sind und keine Beeinträchtigung durch die Risse erfolgt.

Ein technischer Mangel liegt dann vor, wenn durch Risse der Schlagregenschutz des Mauerwerks und/oder die Witterungsbeständigkeit von Putz und Anstrich nicht mehr sichergestellt ist. Eine generelle Höchstrissbreite kann nicht angegeben werden, da diese je nach verwendetem Putz, Putzsystem und Putzgrund im jeweiligen Einzelfall separat zu bewerten ist.

Ein optischer Mangel liegt vor, wenn sich Risse bei einer Betrachtung unter gebrauchsüblichen Bedingungen, z. B. aufgrund der Blickposition oder des Abstandes, störend abzeichnen und die Putzfläche eine besondere gestalterische oder repräsentative Bedeutung hat.

Bei der Beurteilung von Putzrissen stehen Fachleute oft vor einem Problem, wenn der vorhandene Riss nicht eindeutig als technischer Mangel zu definieren ist. So werden Rissbilder, die zwar keinen technischen Mangel, aber eindeutig einen optischen Mangel darstellen, oft nicht als Mangel anerkannt.

Die folgenden Beispiele sollen die unterschiedliche Bewertung von Rissen in der Praxis veranschaulichen.

Beispiel 1 – technischer Mangel

Die festgestellten Risse beeinträchtigen die Verwendungseigenschaft. Dies kann z. B. eine Beeinträchtigung der wärmedämmenden Eigenschaften, des Witterungsschutzes oder der Optik in einem konkreten Punkt sein. Der Putz verfehlt also seinen Putzzweck und/oder die Qualität. Somit liegt ein Mangel vor. Dringt z. B. Niederschlagswasser in den Putz ein, ist die Witterungsbeständigkeit nicht mehr sichergestellt.

Beispiel 2 – Mangel durch Abweichung vom Soll-Zustand

Es handelt sich nicht unbedingt um einen technischen Mangel, sondern um einen optisch erkennbaren Mangel, z. B. eine Abweichung von der Schichtdicke oder nicht eingehaltene Ebenheitstoleranzen. Liegt eine Beschaffenheitsvereinbarung vor, die § 633 Abs. 2 Satz 1 BGB entspricht, sind die Rissbilder sekundär. Wird die vereinbarte Beschaffenheit nicht erfüllt, liegt ein Mangel auch ohne Mangel- oder Schadensbild vor. Entscheidend ist die Abweichung vom Ist- zum Soll-Zustand, wobei die Folgen der Abweichung bedeutungslos sind.

Um die Gefahr einer Rissbildung zu reduzieren, werden gemäß BFS-Merkblatt Nr. 9 „Beschichtungen auf mineralischem Außenputz“ (Bundesausschuss Farbe und Sachwertschutz, 2010) und Nr. 20.1 „Beurteilung des Untergrundes für Putzarbeiten, Maßnahmen zur Beseitigung von Schäden" (Bundesausschuss Farbe- und Sachwertschutz, 1991) Prüfmethoden vorgeschlagen, wobei die vorzunehmenden Prüfungen und Instandsetzungsmaßnahmen in Abhängigkeit vom jeweiligen vorhandenen Untergrund variieren können (siehe Tabelle 5.14 und Tabelle 5.15).

Tabelle 5.14: Überprüfung von Ziegel- und Kalksandsteinmauerwerk (nach Bundesausschuss Farbe und Sachwertschutz, 1991)

Prüfung	Prüfmethode	Umfang der Prüfung		Symptom/ Ergebnis der Prüfung	technische Hinweise und Maßnahmen
		innen	außen		
Festigkeit	Augenschein, Klopf-, Hörprobe	je Geschoss in einem Raum an allen Wänden	je Geschoss in jeder Himmelsrichtung einmal	Ablösen von Steinoberflächenschichten (Frostabsprengungen, mürbe Oberfläche)	lose Teile entfernen, vollflächig vorspritzen, evtl. Armierung einbetten, bei Notwendigkeit von Mehrputzdicken Bedenken wegen möglicher Rissbildung schriftlich anmelden
flächenbündig geschlossene Stoß- und Lagerfugen	Augenschein	ganze Fläche	ganze Fläche		bauseitige Ergänzung der Fehlstellen mit artgleichem Material veranlassen
größere Beschädigungen	Augenschein	ganze Fläche	ganze Fläche		bauseitige Behebung größerer Schäden veranlassen
haftungsbeeinflussende Substanzen	Augenschein, Benetzungsprobe	je Geschoss in einem Raum an allen Wänden	je 3 Geschosse in jeder Himmelsrichtung einmal	Abperlen von Wasser, kein oder nur geringes Aufsaugen (glasurartige Oberfläche bei Ziegelmauerwerk)	falls Entfernung möglich, entfernen (z. B. mit Spezialreiniger, mechanischem Verfahren), anderenfalls Putzträger anbringen

Fortsetzung Tabelle 5.14

Prüfung	Prüfmethode	Umfang der Prüfung		Symptom/ Ergebnis der Prüfung	technische Hinweise und Maßnahmen
		innen	außen		
Ausblühungen, Moos-, Algen- und Pilzbefall	Augenschein	ganze Fläche	ganze Fläche	weiße oder andersfarbige Ausblühungen und Bewuchs	Durchfeuchtung oder rückseitige Feuchtigkeit als häufigste Ursache bauseitig abstellen, Belag mechanisch entfernen, evtl. chemische Nachbehandlung

Tabelle 5.15: Überprüfung von Porenbetonmauerwerk (nach Bundesausschuss Farbe und Sachwertschutz, 1991)

Prüfung	Prüfmethode	Umfang der Prüfung		Symptom/ Ergebnis der Prüfung	technische Hinweise und Maßnahmen
		innen	außen		
Festigkeit	Augenschein, mit der Handfläche reiben	je Geschoss in einem Raum an allen Wänden	je 3 Geschosse in jeder Himmelsrichtung einmal	sandender Abrieb, Oberfläche nach Annässen schmierig	lose Teile entfernen und Fläche mit Spezialgrundierung nach Herstellervorschrift behandeln
flächenbündig geschlossene Stoß- und Lagerfugen	Augenschein	ganze Fläche	ganze Fläche		Fehlstellen mit artgleichem Material bauseitig ergänzen
Fugenmörtel und ausgebesserte Stellen aus nicht artgleichem Material	Augenschein (z. B. Fugenabrisse), vgl. Kratzprobe, Benetzungsprobe (Saugverhalten)	je Geschoss in einem Raum an allen Wänden	je 3 Geschosse in jeder Himmelsrichtung einmal	Farbunterschiede, unterschiedliches Saugverhalten, unterschiedliche Festigkeit, vorhandene Fugenabrisse	Maßnahmen nach schriftlicher Empfehlung des Herstellers

Fortsetzung Tabelle 5.15

Prüfung	Prüfmethode	Umfang der Prüfung		Symptom/ Ergebnis der Prüfung	technische Hinweise und Maßnahmen
		innen	außen		
sichtbare Baustähle und sonstige andere Baustoffe	Augenschein	ganze Fläche	ganze Fläche	Rostläufer, Rostflecken, Absprengungen	Armierungsschäden bauseitig beheben, unterschiedliche Baustoffe mit Putzträger überspannen oder mit Gewebe vollständig in Mörtel eingebettet armieren, auch bei Innenputzarbeiten sichtbare Stahlteile mit Korrosionsschutz versehen
größere Beschädigungen	Augenschein	ganze Fläche	ganze Fläche		schadhafte Stellen mit Spezialmörtel nach Herstellervorschrift ausbessern (erforderlichenfalls bewehren bzw. armieren), bei Notwendigkeit größerer Mehrputzdicken Bedenken wegen möglicher Rissbildung schriftlich anmelden
haftungsbeeinflussende Substanzen	Augenschein, Benetzungsprobe	je Geschoss in einem Raum an allen Wänden	je 3 Geschosse in jeder Himmelsrichtung einmal	Abperlen von Wasser, kein oder nur geringes Aufsaugen	falls Entfernung möglich, entfernen (z. B. mit Spezialreiniger, mechanischem Verfahren), anderenfalls Putzträger anbringen

Fortsetzung Tabelle 5.15

Prüfung	Prüfmethode	Umfang der Prüfung		Symptom/ Ergebnis der Prüfung	technische Hinweise und Maßnahmen
		innen	außen		
Ausblühungen, Moos-, Algen- und Pilzbefall	Augenschein	ganze Fläche	ganze Fläche	weiße oder andersfarbige Ausblühungen und Bewuchs	Durchfeuchtung oder rückseitige Feuchtigkeit als häufigste Ursache bauseitig abstellen, Belag mechanisch entfernen, evtl. chemische Nachbehandlung

5.3.3 Instandsetzung von Putzrissen

Für die Auswahl der richtigen Instandsetzungsmaßnahme ist neben der Beurteilung und Klassifizierung der Risse natürlich die Überprüfung der physikalischen und chemischen Beschaffenheit des Putzgrundes von großer Bedeutung. Hierfür sind die nachfolgend aufgeführten Untersuchungen empfehlenswert.

Putzfestigkeit

Die Festigkeit des Altputzes sowie ein evtl. vorhandenes Festigkeitsgefälle werden durch Ritzen mit einem scharfen Messer qualitativ beurteilt. Bei ausreichender Erfahrung des Prüfenden ist eine gute Abschätzung möglich.

Vorhandene organische Beschichtungen sind vorher zu entfernen. Der Ritztest wird am besten auf einer trockenen und einer angenässten Putzfläche durchgeführt, um eventuelle Festigkeitsverluste im Falle einer Durchfeuchtung beurteilen zu können.

Saugverhalten

Das Saugverhalten des Putzes und damit seine Wasseraufnahme bzw. seine Einstufung als Wasser hemmender oder Wasser abweisender Putz können relativ einfach durch Aufbringen von Wasser mit einer Pipette oder Spritzflasche erfolgen. Genauere Messungen sind mit dem Karsten'schen Prüfröhrchen möglich, das an der Putzfläche mit Kitt fixiert wird. Damit lässt sich die zeitliche Abhängigkeit der Wasseraufnahme bestimmen.

Abb. 5.39 und 5.40: Putzablösungen, wie sie durch nicht aufeinander abgestimmte Putzsysteme entstehen können

Sinterschichten

Sinterschichten werden durch Anritzen der Putzoberfläche und Benetzung mit Wasser erkannt. Treten hierbei Dunkelfärbungen der Kratzspuren auf, liegt eine Sinterschicht vor, die vor der Ausführung von Beschichtungsarbeiten mechanisch oder chemisch durch Fluatieren (nicht bei Gips und Faserzement) zu entfernen ist.

Hohlstellen

Hohlstellen können durch Abklopfen erkannt werden. Dabei wird die Fläche akustisch auf Hohlstellen überprüft.

Haftung der Schichten

Es ist besonders wichtig, die Haftung der verschiedenen Putzlagen untereinander und die Haftung des Unterputzes am Putzgrund zu überprüfen (siehe Abb. 5.39 und Abb. 5.40). Zur Beurteilung wird eine Putzprobe mit einer Trennscheibe oder einem Kernbohrgerät möglichst mit dem Putzgrund herausgeschnitten. An dieser Probe können die Verbindungen der einzelnen Schichten untereinander und die Haftung zum Putzgrund beurteilt werden. Das Ergebnis der Prüfung gibt Aufschluss darüber, ob z. B. eine völlige Erneuerung des Putzes notwendig ist oder ob der vorhandene Putz instand gesetzt werden kann.

Abreißfestigkeit

Will man eine Überarbeitung mit mineralischen Putzen vornehmen, ist die Abreißfestigkeit des Untergrundes zu prüfen. Dazu wird auf einer Probefläche mit einer Zahntraufel ein ca. 4 bis 5 mm dicker, hydraulisch gebundener Haftmörtel (Armierungsputz bei Wärmedämm-Verbundsystemen) aufgezogen. Anschließend wird ein alkalibeständiges Armierungsgewebe eingelegt, wobei das Armierungsgewebe an der Unterseite mindestens 10 cm herausragen soll. Es wird dann erneut der Haftmörtel aufgetragen und glatt gezogen. Nach einer Wartezeit von etwa 7 Tagen wird das freie Ende des Armierungs-

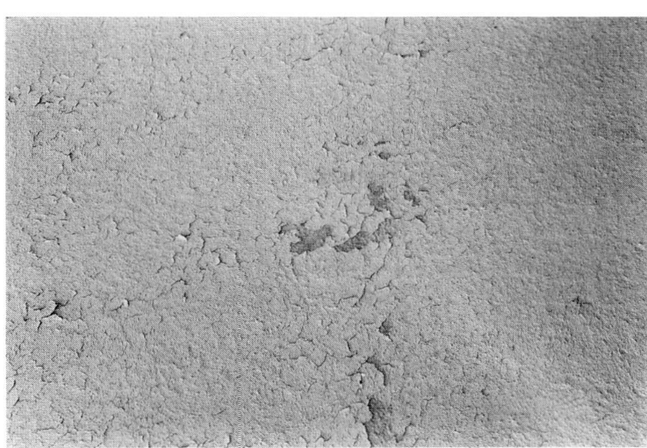

Abb. 5.41: Ein Altanstrich mit mangelnder Haftung stellt keinen geeigneten Beschichtungsträger dar.

gewebes von unten nach oben abgezogen. Löst sich der Haftmörtel vom Untergrund oder lösen sich Altputz und Altbeschichtung mit ab, ist die Haftfestigkeit für die Überarbeitung unzureichend. Trennt sich der Haftmörtel in sich, kann eine Überarbeitung vorgenommen werden. Diese Methode bietet sich vor allem bei vorhandenen Putzen mit strukturierter Oberfläche an, da Prüfergebnisse mit Haftzugprüfgeräten, die am Objekt auf solchen Untergründen durchgeführt werden, oft nicht aussagekräftig genug sind.

Bestimmung der Beschichtungsart

Soll bei einer Instandsetzung die vorhandene Beschichtung nicht entfernt werden, so ist es unbedingt erforderlich, die Beschichtungsart zu ermitteln. Dabei können eine Flammenprobe sowie ein Lösemitteltest behilflich sein. Rein mineralische Beschichtungen brennen nicht und zeigen demzufolge auch keinerlei Rußbildung (siehe auch Tabelle 4.2). Organische Beschichtungen sind in der Regel entflammbar und entwickeln neben einer Rußbildung einen typischen Geruch, der bei entsprechender Übung zur Identifizierung der Bindemittel herangezogen werden kann. Da organische Beschichtungen sich in organischen Lösemitteln zumindest teilweise lösen, während dies bei mineralischen Beschichtungen nicht möglich ist, kann zur Bestimmung der Beschichtungsart auch der Lösemitteltest herangezogen werden.

Haftung der Beschichtung

Soll eine vorhandene Beschichtung in Teilbereichen oder ganzflächig auf dem Putzgrund verbleiben, muss die Haftung dieser Beschichtung auf dem Altputz überprüft werden. Es erfolgt dann z. B. eine Gitterschnittprüfung in Anlehnung an die DIN EN ISO 2409 „Beschichtungsstoffe – Gitterschnittprüfung“ (2013).

Daneben ist die Kreidung der Altbeschichtung zu überprüfen, wobei zu bedenken ist, dass kreidende oder stark mehlende sowie lose haftende Beschichtungen keinen geeigneten Untergrund für das Aufbringen neuer Beschichtungen darstellen. In diesen Fällen ist eine entsprechende Reinigung und ggf. eine Entfernung der Altbeschichtung unumgänglich (siehe Abb. 5.41).

5.3.4 Sanierung von Putzrissen

Für die Instandsetzung gerissener Putzfassaden sind unterschiedliche Verfahren gebräuchlich. Sie werden unterschieden nach sog. Einzelrisssanierungen, die man z. B. bei Schubrissen anwenden kann, oder flächigen Risssanierungen, die immer dann ausgewählt werden müssen, wenn sich an der Putzfassade ein umfangreiches Rissbild ergibt. Schon die Einteilung macht deutlich, dass es wichtig ist, vom Rissbild der jeweiligen Fassade ausgehend eine entsprechende Klassifizierung und Beurteilung der Verhältnisse durchzuführen. Die Tabellen 5.16 und 5.17 vermitteln zunächst einen ersten Überblick über bestimmte Beschichtungen, die aufgrund ihrer spezifischen Eigenschaften zur Sanierung der unterschiedlichen Risse geeignet sind.

Tabelle 5.16: Auswahl von Sanierungssystemen für gerissene Fassadenputze

	Haarrisse	**Sackrisse**	**Schrumpfrisse**	**Schwindrisse**	**Fugenrisse**	**Schubrisse**	**Kerbrisse**
Silikonharzfassadenfarben	X						
elastische, silikonisierte Fassadenfarben	X	X	X	X			
faserarmierte Fassadenfarben	X	X	X	X			
silikonisierte Streichfüller, Streichputze mit entsprechender Schlussbeschichtung	X	X					
anorganische Streichfüller, Streichputze mit entsprechender Schlussbeschichtung	X	X					
elastische, silikonisierte Fassadenfarben + Gewebe	X	X	X	X	X		X
organische Armierungsputze + Armierungsgewebe + Silikonharzputze	X	X	X	X	X	X	X
Wärmedämm-Verbundsysteme	X	X	X	X	X	X	X

Tabelle 5.17: Eignung der Beschichtungsstoffe auf neuen mineralisch gebundenen Putzen (nach BFS-Merkblatt Nr. 9 „Beschichtungen auf Außenputze", Bundesausschuss Farbe und Sachwertschutz", 2010, Tabelle 4)

Beschichtungsstoffe	**Kalk-, Kalkzement- und Zementputze**			
	Druckfestigkeitsklasse nach DIN EN 998-1			
	CS I	**CS II**	**CS III**	**CS IV**
	Norm-Druckfestigkeit nach 28 Tagen (N/mm²)			
	0,4 bis 2,5	**1,5 bis 5**	**3,5 bis 5**	**≥ 6**
Silikatfarben	–	+	+	+
Dispersionssilikatfarben	+ [1]	+	+	+
Silikonharzfarben	+/– [1] [2]	+	+	+
organisch gebundene Putze Basis Dispersionssilikat	–	+	+	+
Basis Silikonharz Basis Dispersion	–	+/– [3]	+	+
Dispersionsfarben, wetterbeständig	+/– [1] [2]	+/– [3]	+	+
Dispersionslackfarben	–	+/– [3]	+	+
Kalkfarben (Sumpfkalk)	+	+	+	+

\+ geeignet
+/– bedingt geeignet
– ungeeignet

[1] verfestigende Grundierung nicht zulässig
[2] Putze der Druckfestigkeitsklasse CS I sind als Untergrund für diese Beschichtungsstoffe nur geeignet, wenn der Hersteller des Putzmörtels oder des Beschichtungsstoffes die Eignung bestätigt.
[3] Putze der Druckfestigkeitsklasse CS II sind als Untergrund für diese Beschichtungsstoffe nur geeignet, wenn die deklarierte Druckfestigkeit mindestens 2 N/mm² beträgt oder der Hersteller des Putzmörtels oder des Beschichtungsstoffes die Eignung bestätigt.

Einzelrisssanierung

Für die Einzelrisssanierung stehen nach WTA-Merkblatt 2-4 (Wissenschaftlich-technische Arbeitsgemeinschaft für Bauwerkserhaltung und Denkmalpflege, 2008) sechs verschiedene Verfahrensvarianten zur Verfügung. Bei der Einzelrisssanierung ist es meist nicht vermeidbar, dass der sanierte Riss in unterschiedlichem Ausmaß erkennbar bleibt. Sie birgt die Gefahr, dass sich die sanierten Risse nach der Sanierung abzeichnen. Dies ist überwiegend abhängig von der vorhandenen Untergrundstruktur und der Rissbreite. Auch bei unterschiedlichen Witterungsbedingungen kann sich der Rissverlauf nach der Sanierung mehr oder weniger abzeichnen. Es ist daher häufig erforderlich, zumindest den von der Sanierung betroffenen Gebäudeabschnitt zu beschichten.

Verfahren E1 – Rissverschluss mit gefüllter Beschichtung

Mit dem Verfahren E1 können insbesondere ruhende Einzelrisse bei Rissbreiten bis 0,10 mm saniert werden. Eine Voraussetzung dafür ist, dass keine rissverursachenden Verformungen des Putzgrundes mehr vorhanden sind. Dieses Verfahren umfasst folgende Arbeitsschritte:

- Riss ggf. reinigen
- Riss mit gefüllter Beschichtung (Füllfarbe, Streichfüller) verschlämmen, wobei die Verarbeitungshinweise des Herstellers zu beachten sind

Dieses Verfahren lässt sich nicht nur, wie im WTA-Merkblatt 2-4 (Wissenschaftlich-technische Arbeitsgemeinschaft für Bauwerkserhaltung und Denkmalpflege, 2008) beschrieben, für die Einzelrisssanierung, sondern auch vollflächig, bei ruhenden Putzrissen bis zu Rissbreiten ≤ 0,20 mm, anwenden (siehe Tabelle 5.16).

Es sind folgende Arbeitsschritte notwendig:

- Fassade reinigen und mit Tiefengrund verfestigen
- bei Rissen mit Ausbrüchen an den Flanken die Risse mit einer gefüllten Beschichtung (Füllfarbe, Streichfüller) verschlämmen
- bei Rissen ohne oder mit geringen Ausbrüchen an den Flanken elastische, silikonisierte Beschichtung in der erforderlichen Schichtdicke aufbringen

Das Beschichtungsmaterial muss vom Hersteller für diesen Bereich freigegeben worden sowie chemisch und physikalisch auf den vorhandenen Untergrund und Aufbau abgestimmt sein. Die Verarbeitungshinweise des Herstellers sind zu beachten.

Verfahren E2 – starrer Rissverschluss mit Mörtel

Mit dem Verfahren E2 können insbesondere Einzelrisse mit geringer Restverformung instand gesetzt werden, an die optisch nur geringe Anforderungen gestellt werden, und wenn eine erneute geringe Rissbildung akzeptiert wird. Bei einer Sanierung nach diesem Verfahren sind folgende Arbeitsschritte erforderlich:

- Risse ggf. aufweiten
- Risse reinigen
- Rissränder ggf. grundieren (zur Verbesserung der Haftung und/oder Vergleichmäßigung des Saugverhaltens)
- Risse mit Mörtel (z. B. kunstharzmodifizierter mineralischer Feinmörtel oder organisch gebundene Feinmörtel) ausfüllen
- Oberputzstruktur möglichst gut angleichen

Bei der Verwendung eines organisch gebundenen Feinmörtels handelt es sich nicht um einen starren Rissverschluss, wie im WTA-Merkblatt 2-4 (Wissenschaftlich-technische Arbeitsgemeinschaft für Bauwerkserhaltung und Denkmalpflege, 2008) beschrieben. Je nach Art und Umfang der Risse kann mit einem organisch gebundenen Armierungsputz und einem organisch gebundenen Oberputz ggf. eine dauerhafte Risssanierung erzielt werden (siehe Abb. 5.42).

Verfahren E3 – flexibler Rissverschluss mit Fugendichtstoff

Das Verfahren E3 eignet sich nur, wenn keine oder nur geringe optische Anforderungen gegeben sind. Die Sanierung erfolgt in folgenden Arbeitsschritten:

- Risse 5 bis 10 mm breit auf die gesamte Tiefe v-förmig aufweiten
- Fuge sorgfältig reinigen
- festigende Grundierung aufbringen
- Riss mit überstreichbarem Fugendichtstoff verfüllen
- Abstreuen mit Sand in den frischen Fugendichtstoff wird empfohlen

Es ist von Vorteil, bei dieser Art der Risssanierung Fugendichtstoffe zu verwenden, die bereits Quarz enthalten, um sich das Abstreuen zu ersparen. Üblicherweise werden bei dieser Sanierungsvariante Dichtstoffe auf Acrylbasis mit einem Dehnvermögen von ca. 10 % verwendet. Da Fassadenbeschichtungen bezüglich ihrer Schichtdicke ein wesentlich geringeres Dehnvermögen aufweisen, nimmt das Risiko einer Rissbildung in der Beschichtung mit zunehmender Fugenbreite zu.

Verfahren E4 – Rissüberbrückung mit Trennlage und Putzträger

Beim Verfahren E4 wird der aufzubringende Putz bei der Sanierung entkoppelt. Das Verfahren ist für Einzelrisse mit einer zu erwartenden Rissbreitenänderung bis ca. ± 0,2 mm geeignet. Das Verfahren kann z. B. bei konstruktiven Rissen angewendet werden, deren Verformung weitgehend abgeschlossen ist. Die Sanierung erfolgt in folgenden Arbeitsschritten:

- Putz auf beiden Seiten vom Riss ca. 20 cm breit bis zum Putzgrund entfernen
- Oberputz auf beiden Seiten zusätzlich weitere 5 cm entfernen
- Fläche reinigen
- Trennlage, z. B. ein mehrlagiges Glasvlies, mindestens 20 cm breit aufbringen

- Putzträger anbringen, z. B. ein punktverschweißtes Drahtgitter mit einer Maschenweite von ca. 12 mm und mindestens 1 mm Drahtdicke oder andere geeignete Putzträger – das Drahtgewebe sollte etwa 5 mm Abstand vom Untergrund haben und an den Rändern im Abstand von ca. 25 cm befestigt werden; bei starker Witterungsbelastung sollten Putzträger aus Edelstahl verwendet werden
- in 2 Lagen verputzen, wobei die Struktur des Oberputzes dem vorhandenen Putz anzugleichen ist

Verfahren E5 – Dehnfuge mit Fugendichtstoff

Das Verfahren E5 kann für geradlinig verlaufende Risse angewendet werden, bei denen die Umwandlung des Risses in eine sichtbare Dehnfuge optisch akzeptiert ist. Anwendbar ist dieses Verfahren z. B. bei Schubrissen oder bei Rissen zwischen verschiedenen Bauteilen. Die Sanierung erfolgt in folgenden Arbeitsschritten:

- Riss in der gesamten Putztiefe zu einer Fuge aufweiten, deren Breite das Vierfache der zu erwartenden Rissbreitenbewegung beträgt, jedoch mindestens 8 mm
- Fuge reinigen
- Grundierung der Fugenflanken zur Haftungsverbesserung
- Fuge ggf. mit einer Schaumstoffschnur hinterfüllen
- mit einem nach DIN EN 26927 „Hochbau; Dichtfugenstoffe; Begriffe" (1991) geeigneten Fugendichtstoff verfugen

Dehnfugen sollten nicht überstrichen werden. Da Fassadenbeschichtungen bezüglich ihrer Schichtdicke ein wesentlich geringeres Dehnvermögen aufweisen, nimmt das Risiko einer Rissbildung in der Beschichtung mit zunehmender Fugenbreite zu. Dehnfugen sind Wartungsfugen.

Verfahren E6 – Dehnfuge mit Profil

Das Verfahren E6 kann nur für geradlinig verlaufende Risse angewendet werden, bei denen die Umwandlung des Risses in eine sichtbare Dehnfuge optisch akzeptiert ist. Es eignet sich jedoch auch bei größeren Rissbreitenänderungen und bei senkrecht verlaufenden Rissen. Die Sanierung erfolgt in folgenden Arbeitsschritten:

- Putz auf beiden Seiten vom Riss, abhängig vom einzubauenden Profil, ca. 10 cm breit bis zum Putzgrund entfernen, den Oberputz zusätzlich beidseitig weitere 5 cm
- Fuge reinigen
- Dehnfugenprofil einbauen
- in 2 Lagen verputzen, wobei die Struktur des Oberputzes dem vorhandenen Putz anzugleichen ist

Flächige Risssanierung

Bei den flächigen Nachbesserungen werden insgesamt 8 Systemvarianten (F1 bis F8) unterschieden. Flächige Instandsetzungen sollten angewendet werden bei hohen technischen und optischen Anforderungen, starker Witte-

Abb. 5.42: Risssanierung mit Anstrichsystem (links) und Risssanierung mit Unterputz und Gewebearmierung (rechts)

rungsbelastung und einer großen Anzahl von Rissen sowie zu erwartenden Rissbreitenänderungen oder zu erwartenden weiteren Rissbildungen.

Verfahren F1 – organische Beschichtungssysteme

Bei organischen, rissüberbrückenden Beschichtungssystemen handelt es sich um elastische Fassadenanstriche, z. B. auf Silikonharzbasis (siehe Abb. 5.42).

Diese können grundsätzlich zur Instandsetzung aller putzbedingten Risse und ggf. auch für putzgrundbedingte Risse mit größeren Rissrandbewegungen eingesetzt werden. Die Verarbeitung erfolgt in Zwei- oder Dreischichtsystemen mit und ohne Gewebearmierung, wobei in aller Regel zunächst eine hydrophobierende bzw. festigende Grundbeschichtung mit Tiefengrund aufgebracht wird. Der Untergrund muss eine ausreichende Festigkeit besitzen. Hier sind entsprechende Untergrundprüfungen notwendig. Hinweise dazu finden sich auch im BFS-Merkblatt Nr. 19 „Risse in Außenputzen, Beschichtungen und Armierung“ (Bundesausschuss Farbe- und Sachwertschutz, 1997). Die Sanierung erfolgt in folgenden Arbeitsschritten:

- Untergrund, Haftung der vorhandenen Beschichtung und Festigkeit des vorhandenen Putzes prüfen
- Fassade reinigen
- mit Tiefengrund grundieren
- Risse über 0,2 mm mit Riss-/Streichfüller verschlämmen
- Zwischenbeschichtung ggf. mit Vlieseinlage auftragen
- Schlussbeschichtung durch flächiges Beschichten mit einer plastisch verformbaren Dispersionsfarbe auftragen

Verfahren F2 – rissfüllende Beschichtungssysteme

Beim Instandsetzungsverfahren F2 wird keine Rissüberbrückung vorgenommen, sondern vielmehr eine Rissfüllung. Deshalb kann dieses Verfahren nur bei sog. ruhenden oder beruhigten Rissen mit einer Rissbreite unter 0,2 mm eingesetzt werden. Besonders geeignet ist es für die Instandsetzung von Schrumpfrissen und Sackrissen nach vorausgehender Rissverfüllung sowie von Schwindrissen, wenn die Austrocknung abgeschlossen ist. Die Anwendung bei Fugenrissen ist mit einem Vorbehalt zu versehen.

Die Rissfüllung wird mit Dispersionssilikatfüllfarben (Streichfüller, Streichputz) oder mit Wasser abweisenden silikonharzvergüteten Füllfarben oder Dispersionsfarben vorgenommen. Teilweise genügt ein Anstrichaufbau mit elastischen, silikonisierten Fassadenfarben. Die eingesetzten Produkte sollten folgende Anforderungen erfüllen:

- Wasserdampf-Diffusionsfähigkeit: $s_d < 0{,}14$ m
- Wasseraufnahmekoeffizient: $w < 0{,}1$ kg/(m² · $h^{0,5}$)

Eine ausreichende Kohlendioxiddurchlässigkeit ist bei diesen Beschichtungssystemen gegeben. Die Verarbeitung erfolgt nach folgendem Schema:

- Untergrund, Haftung der evtl. vorhandenen Beschichtung und Festigkeit des vorhandenen Putzes prüfen
- Fassade reinigen
- gerissene Fläche mit einer hydrophobierenden Grundierung behandeln
- Risse mit Riss-/Streichfüller verschlämmen
- Zwischen- und Deckbeschichtung mit einem geeigneten Beschichtungssystem aufbringen

Eine Hydrophobierung der Rissflanken verhindert den Wassereintritt an den Rissen, auch wenn sich diese später wieder geringfügig öffnen. Da kein Wasser mehr aufgenommen wird, reduziert sich die Verschmutzung der Rissränder.

Verfahren F3 – rissfüllende Beschichtungssysteme für kalkreiche Putze

Beschichtungssysteme für kalkreiche Putze, etwa CS I oder CS II nach DIN 998-1 „Festlegungen für Mörtel im Mauerwerksbau – Teil 1: Putzmörtel" (2010) oder P I und P II nach DIN V 18550 „Putz und Putzsysteme – Ausführung" (2005), müssen einen geringeren Diffusionswiderstand gegenüber Wasserdampf und Kohlendioxid aufweisen. Für die Erhärtung durch Carbonatisierung muss eine ausreichende CO_2-Durchlässigkeit gewährleistet sein.

Das Verfahren kann zum Füllen putzbedingter Risse mit Rissbreiten < 0,2 mm eingesetzt werden und hat keine rissüberbrückende Wirkung. Als Beschichtungssysteme sind Dispersionssilikatfarben und Silikonharzfarben geeignet. Die Sanierung erfolgt analog zu Verfahren F2.

Verfahren F4 – mineralische Oberputze

Mit dem Instandsetzungsverfahren F4 können alle putzbedingten Risse mit Rissbreiten < 0,2 mm in tragfähigen, beschichteten und nicht beschichteten Altputzen überdeckt werden (siehe Abb. 5.43). Das Verfahren hat keine rissüberbrückende Wirkung. Gemäß WTA-Merkblatt 2-4 (Wissenschaftlich-technische Arbeitsgemeinschaft für Bauwerkserhaltung und Denkmalpflege, 2008) eignen sich auch kunststoffmodifizierte mineralische Oberputze, da durch den organischen Anteil eine verbesserte Haftung erzielt wird. Die modifizierten mineralischen Putze können auch auf organischen Putzen und Beschichtungen eingesetzt werden, wenn es der Hersteller entsprechend

Abb. 5.43: Rissbildung, die nach dem Verfahren F4 saniert werden kann

bestätigt. Eine zusätzliche Grundierung vor dem Aufbringen des neuen Oberputzes kann ggf. notwendig sein, um zu verhindern, dass die hohe Alkalität des frisch aufgebrachten Putzmörtels eine Schädigung (Verseifung) der vorhandenen Beschichtung bewirkt. Die Verarbeitung erfolgt nach folgendem Schema:

- Untergrund, Haftung der evtl. vorhandenen Beschichtung und Festigkeit des vorhandenen Putzes sowie die Verseifungsbeständigkeit prüfen
- Fassade reinigen
- Fassade bei Bedarf grundieren
- Oberputz aufbringen
- Beschichtung aufbringen

Vor der Anwendung des Verfahrens nach F4 empfiehlt es sich zu prüfen, ob es nicht sinnvoller ist, nach dem Verfahren F6 vorzugehen, wenn bereits eine organische Oberfläche bzw. ein organischer Putz vorhanden ist.

Verfahren F5 – mineralischer Armierungsputz und mineralischer Oberputz

Mit dem Instandsetzungsverfahren F5 können putzbedingte Risse mit Rissbreitenänderungen von ca. 0,2 mm bei tragfähigen, beschichteten und nicht beschichteten Altputzen überbrückt werden. Das Verfahren kann auch mit dem Verfahren E4 zur Einzelrisssanierung kombiniert werden. Bei der Anwendung ist zu beachten, dass der Untergrund auf seine Festigkeit und Tragfähigkeit zu überprüfen ist. Schlecht haftende Beschichtungen sind zu entfernen. Das Verfahren wird folgendermaßen angewandt:

- Untergrund auf Festigkeit und Haftzugfestigkeit prüfen
- bei sehr rauer Putzstruktur grobe Körnung abstoßen oder abfräsen und mit einem Armierungsmörtel ausgleichen
- anschließend alkalibeständiges Gittergewebe in mindestens 4 mm dicken mineralischen Armierungsputz einbetten
- hydrophobierten mineralischen Oberputz auftragen
- bei hochdämmendem Mauerwerk unter Beachtung der Herstellervorschrift eine Beschichtung mit einem Hellbezugswert unter 30 auftragen

Verfahren F6 – organischer Armierungsputz und organischer Oberputz

Mit dem Verfahren F6 können putzbedingte Risse mit Rissbreitenänderungen von ca. 0,2 mm bei tragfähigen, beschichteten und nicht beschichteten Altputzen überbrückt werden. Das Verfahren ist auch zur Rissüberdeckung geeignet. Der Untergrund ist, wie in Tabelle 5.1 beschrieben, auf seine Festigkeit und Tragfähigkeit zu überprüfen. Gegebenenfalls ist eine entsprechende Vorbehandlung des Untergrundes vorzunehmen. Schlecht haftende Beschichtungen müssen entfernt werden. Der Diffusionswiderstand des vorhandenen Mauerwerks ist zu beachten und ggf. eine bauphysikalische Berechnung durchzuführen. Die Anwendung des Verfahrens erfolgt in folgenden Schritten:

- Untergrund auf Festigkeit und Haftzugfestigkeit prüfen
- bei sehr rauer Putzstruktur grobe Körnung abstoßen oder abfräsen und mit Armierungsmörtel ausgleichen
- Armierungsgewebe in organischen Armierungsputz einbetten; Auftragsdicke und Gewebeeinbettung nach Herstellervorschrift
- hydrophobierten organischen Oberputz auftragen
- bei hochdämmendem Mauerwerk eine Beschichtung mit geringer thermischer Erwärmung wählen

Verfahren F7 – Wärmedämm-Putzsysteme

Mit dem Verfahren F7 ist eine entkoppelnde Wirkung zwischen Putzgrund und Oberputz möglich. Gleichzeitig können unebene Untergründe ausgeglichen werden. Die Entkopplungsschicht sollte mindestens 50 mm dick sein. Dieses Verfahren ist vorzugsweise anzuwenden bei thermisch und/oder konstruktionsbedingten Rissen mit Rissbreitenänderungen bis ca. 0,5 mm. Temperaturbedingte Rissbewegungen können durch die Dämmputzlage beruhigt werden.

Bei nicht tragfähigen Untergründen sind spezielle Drahtnetz-Putzträger aufzubringen. Speziell bei diesen Untergründen sollte geprüft werden, ob es nicht sinnvoller ist, eine Sanierung nach dem Verfahren F8 auszuführen.

Das Verfahren besteht aus einem wärmedämmenden Unterputz und einem Wasser abweisenden Oberputz. Bei Anwendung dieses Systems ergibt sich neben der Risssanierung auch eine Erhöhung des Wärmeschutzes.

Über Rissen, bei denen Rissbreitenveränderungen nicht ausgeschlossen werden können, wird zwischen dem Untergrund und dem Neuputz eine Trennschicht aufgebracht, z. B. durch einen Spezialputzträger mit dafür vorgesehenen Dübeln. Diese Trennschicht verhindert dem Entkopplungsprinzip entsprechend, dass sich der Dämmputz mit dem Altputz verbinden kann.

Abb. 5.44: Risssanierung mit Wärmedämm-Verbundsystem

Verfahren F8 – Wärmedämm-Verbundsysteme

Das Instandsetzungsverfahren kann für alle putzbedingten Risse sowie für putzgrundbedingte bzw. konstruktionsbedingte Risse mit größeren Rissrandbewegungen angewandt werden. Dieses Verfahren empfiehlt sich generell bei Sanierungen von Putzen an Fassaden und wird ab einem bestimmten Sanierungsumfang laut Energieeinsparverordnung auch vorgeschrieben (siehe Abb. 5.44).

Gerade bei der Anwendung von Wärmedämm-Verbundsystemen findet neben der Rissinstandsetzung eine wesentliche Verbesserung der Wärmedämmung statt. Durch die Dämmplatten erfolgt eine Entkopplung der Beschichtung vom Putzgrund. Diese Entkopplungswirkung ist von der Festigkeit und der Dicke der Dämmplatte abhängig, wobei 60 mm nicht unterschritten werden sollten. Temperaturbedingte Rissbewegungen werden durch die Dämmschicht weitgehend verhindert. Zusätzlich werden die Dämmplatten verdübelt. Bei der Sanierung von konstruktiven oder baudynamischen Rissen kann es vorteilhaft sein, mechanische Wärmedämm-Verbundsysteme zu verwenden.

Verfahren mit vorgehängten Fassadensystemen

Auf dieses Instandsetzungsverfahren wird nur der Vollständigkeit halber hingewiesen, denn es stellt eine sehr aufwendige Lösung dar, die auch die Optik des Bauwerks völlig verändert.

5.4 Egalisationsanstriche

5.4.1 Bedeutung von Egalisationsanstrichen

Die Beschichtung von neuen, frisch aufgebrachten Mineralputzen wird seit Jahrzehnten in großem Umfang ausgeführt. Dennoch kommt es gerade bei diesen Beschichtungsarbeiten häufig zu Beanstandungen mit unterschiedlichen Ursachen.

Mineralputze bestehen aus Werktrockenmörtel mit mineralischem Bindemittel und Zuschlagstoffen. Bedingt durch die mineralischen Bindemittel Kalk und Zement können je nach Witterungsbedingungen während der Trocknung Farbtonunterschiede nicht ausgeschlossen werden. Daher besteht die Forderung, dass zumindest werkseitig eingefärbte Mineralputze mit einem Egalisationsanstrich zu beschichten sind. Eine Ausnahme bildet der Kratzputz, da der optische Eindruck bei dieser speziellen, dickschichtigen Putzstruktur durch einen Anstrich beeinträchtigt wird. Der dickschichtige Kratzputz wird mit dem Nagelbrett aufgetragen und erhält so seine Struktur. Er ist nicht mit der Kratzputzoptik bei dünnschichtigen Putzen zu verwechseln.

Ein Egalisationsanstrich hat in erster Linie die Aufgabe, einer evtl. eintretenden Fleckenbildung durch unterschiedliche Feuchtigkeitsaufnahme des Mineralputzes vorzubeugen. Auch der möglichen Entstehung einer optisch ungleichmäßigen Oberfläche durch austretendes Calciumhydroxid soll dieser Anstrich entgegenwirken. Calciumhydroxidauswaschungen bilden sich meist, wenn während der Verarbeitung des Mineralputzes hohe Luftfeuchtigkeit und niedrige Temperaturen den Abbindeprozess verzögern. Dann kann Calciumhydroxid ($Ca[OH]_2$) bis an die Putzoberfläche wandern und fällt dort zu Kalkstein bzw. Calciumcarbonat ($CaCO_3$) aus, der als weißlicher Belag sichtbar wird. Der gleiche Effekt kann entstehen, wenn Feuchtigkeit durch Regen oder Nebel direkt auf die frisch verputzte Fassade einwirkt.

Die Anforderung, eingefärbte Mineralputze zu beschichten, wird häufig nicht bzw. nicht ordnungsgemäß ausgeführt. Ein einmaliger Anstrich kann Calciumhydroxidauswaschungen meist nicht dauerhaft verhindern. Eine verarbeitungsbedingte ungleichmäßige Putzoberfläche kann nachträglich nicht kaschiert werden.

In manchen Fällen ist eine Vorbehandlung mit einem Fluat nötig. Fluat, bestehend aus Salzen der Fluorkieselsäure (Fluorsilikate, Silicofluoride), wird neben der Entfernung von Sinterhaut auch bei der Putzsanierung eingesetzt, um die hohe Alkalität bei frischen Putzen zu reduzieren. Fluatierte Oberflächen weisen ein gleichmäßiges Saugverhalten auf und beugen einer Fleckenbildung bei Anstrichen vor. Auch Calciumhydroxidauswaschungen und Verseifungsschäden lassen sich durch Fluatieren vermeiden. Die Lösung wird auf den Putz aufgetragen. Der alkalische Untergrund wird durch das Fluatieren neutralisiert und gehärtet. Fluatierte Bereiche müssen vor der Überarbeitung gründlich mit Wasser nachgewaschen werden.

Da werkseitig eingefärbte Mineralputze nur mit Oxidpigmenten gefertigt werden können, ist das Farbtonspektrum sehr eingeschränkt. Die Kunden-

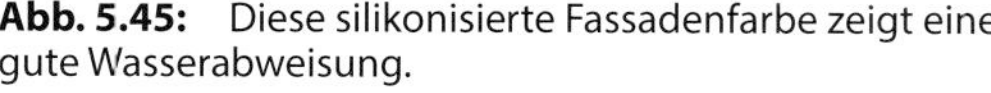

Abb. 5.45: Diese silikonisierte Fassadenfarbe zeigt eine gute Wasserabweisung.

Abb. 5.46: Leuchtende Anstriche sollten mit UV- und alkalitätsbeständigen Pigmenten ausgeführt werden.

wünsche werden jedoch immer vielfältiger; oft sind die gewünschten Farbtöne mit Mineralputzen nicht herstellbar. So bleibt dem Verarbeiter oft nur die Möglichkeit, den Egalisationsanstrich nicht, wie ursprünglich vorgesehen, auf den Farbton des eingefärbten Mineralputzes abzustimmen, sondern mit dem Egalisationsanstrich den Farbtonwunsch des Kunden zu erfüllen. Immer häufiger werden daher weiße bzw. nicht eingefärbte Mineralputze aufgebracht und anschließend im entsprechenden Farbton beschichtet. Dies hat den Nachteil, dass bei mechanischen Beschädigungen Farbtonunterschiede auftreten.

Die Kundenwünsche beziehen sich nicht nur auf eine umfangreiche Farbtonpalette, sondern ebenso auf funktionale Fassadenanstriche mit

- geringer Verschmutzungsneigung,
- guter Wasserabweisung (siehe Abb. 5.45),
- hoher Farbtonstabilität (siehe Abb. 5.46),
- guter Kornabdeckung sowie
- guter Algen- und Pilzresistenz.

5.4.2 Egalisationsfarben

Der Begriff Egalisationsfarbe ist ein Überbegriff und gibt keine Auskunft über die Art und Qualität des Beschichtungsstoffes. Hinter diesem Begriff können sich Farben auf

- Dispersionsbasis,
- Silikatbasis oder
- Silikonharzbasis

verbergen. Das Spektrum reicht somit von der einfachen, hoch gefüllten bis hin zur hochwertigen, Wasser abweisenden und lichtbeständigen Fassadenfarbe mit Fungizidausstattung.

Die diffusionsäquivalente Luftschichtdicke (s_d-Wert) von Egalisationsfarben liegt in der Regel unter 0,1 m. Je kleiner der s_d-Wert, umso weniger wird

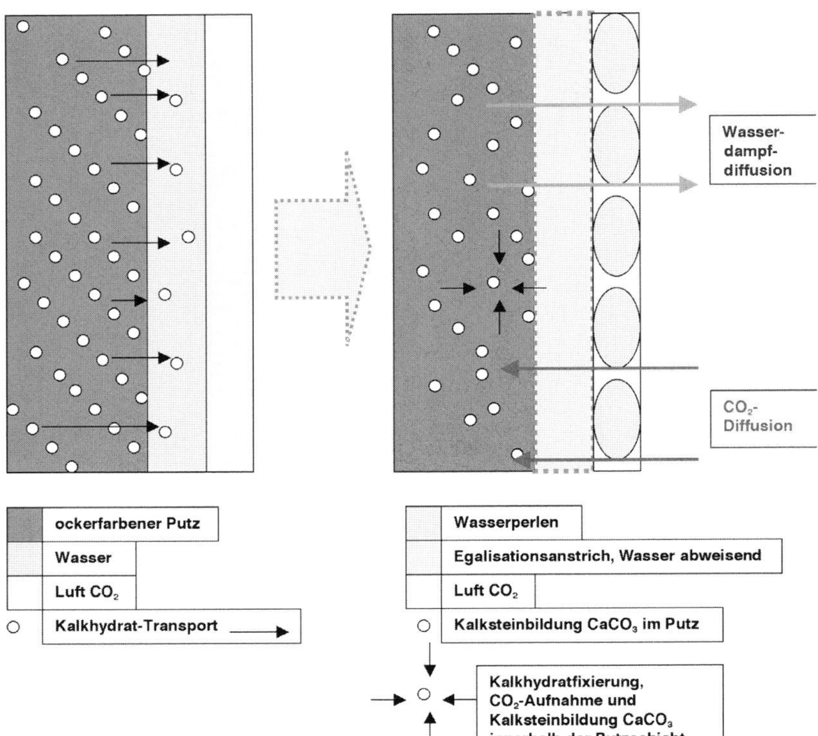

Abb. 5.47: Egalisationsfarben haben die Funktion, stabilisierende Vorgänge in der Putzschicht zu unterstützen.

auch die Carbonatisierung von frischen Putzen beeinträchtigt. Egalisationsfarben sollen den Transport von weißem Calciumhydroxid auf die Oberfläche verhindern. Damit das Calciumhydroxid innerhalb des Putzes fixiert und dort in festes Calciumcarbonat umgewandelt werden kann, dürfen Egalisationsfarben die Putzaustrocknung (Wasserabgabe) und die Putzhärtung (CO_2-Aufnahme) nicht negativ beeinträchtigen (siehe Abb. 5.47). Daher sind die Trockenzeiten von kalkhaltigen Putzen unbedingt einzuhalten, bevor mit den Beschichtungsarbeiten begonnen wird.

Um den Farbtonwünschen der Kunden gerecht zu werden, erfolgt die Abtönung der Egalisationsfarben nicht nur mit anorganischen, sondern häufig mit organischen Pigmenten. Organische Pigmente weisen üblicherweise eine geringere Alkalibeständigkeit auf. Dies kann bei einer zu frühen Überarbeitung von frischen Mineralputzen, durch Missachtung der Carbonatisierung, zu Farbtonausbleichungen führen, weil die organischen Pigmente zerstört werden. Doch die Alkalität zerstört nicht nur organische Pigmente, sondern auch die nicht alkalibeständigen Algizide und Fungizide. Dies kann wiederum zu einer frühzeitigen Veralgung und zu Pilzbefall auf der Fassade führen.

Sicher werden auch zukünftig Egalisationsfarben auf zu frischen Putzen ausgeführt und bedingt durch die Alkalität des Untergrundes bezüglich der Farbtonstabilität und der fungiziden Wirkung geschädigt. Daher empfiehlt es sich, nur Pigmente mit einer hohen Alkalibeständigkeit einzusetzen und auf ein Farbtonspektrum zu verzichten, dass mit anorganischen Pigmenten nicht erreichbar ist. Egalisationsanstriche auf Silikatbasis weisen schon durch die eigene Rezeptierung eine Alkalität auf, die ausschließlich die Pigmentierung mit anorganischen Pigmenten zulässt. Die hohe Eigenalkalität von Silikatfarben bewirkt eine Pilz- und Algenresistenz für den Zeitraum, bis sich die Alkalität durch Bewitterung (saure Luftschadstoffe) abgebaut hat. Bedingt durch die geringe Schichtdicke des Anstriches verläuft der Alkalitätsabbau meist in einem kurzen Zeitraum.

5.4.3 Anstrichmängel bei Egalisationsanstrichen

Die Qualitätsunterschiede der Egalisationsfarben zeigen sich in unterschiedlicher Form erst nach Fertigstellung der Beschichtungsarbeiten. Schadensfolgen mit Abplatzungen, Blasenbildungen oder Rissen treten bei Egalisationsanstrichen in den ersten Jahren nach ihrer Verarbeitung kaum auf. Zunehmend können jedoch Mängel infolge mangelnder UV- oder Alkalitätsbeständigkeit sowie mangelnder Resistenz gegen mikrobielle Belastung beobachtet werden.

Die Ausführung der Putz- und Beschichtungsarbeiten wird immer stärker vom Preis- und Termindruck beeinflusst. Dies führt oftmals zur unsachgemäßen Verarbeitung bzw. zur Überschreitung der Grenzen von Materialeigenschaften bei Putz und Anstrich. Die notwendige Standzeit und die Witterungsbedingungen während der Ausführung der Putzarbeiten und der Trocknung des Putzes vor der Beschichtung mit Egalisationsfarbe werden häufig nicht berücksichtigt. Ebenso wird die erforderliche Carbonatisationszeit des Mineralputzes oft nicht eingehalten.

Bei der Ausführung der Beschichtungsarbeiten wird der Egalisationsanstrich meist nur einmalig aufgetragen und nicht selten auch noch stark mit Wasser verdünnt. Die erwartete Funktionalität der Beschichtung, wie eine Wasser abweisende Wirkung, geringere Verschmutzungsneigung sowie eine gute Algen- und Pilzresistenz, kann mit einem einmaligen Anstrich nicht erzielt werden. Dies gilt nicht nur für Anstriche auf weißen Mineralputzen, sondern selbstverständlich auch für einmalige Anstriche auf eingefärbten Mineralputzen.

Dadurch können Schäden entstehen, deren Ursachen nachfolgend anhand typischer Beispiele gezeigt werden.

Fehlstellen im Anstrich

Fehlstellen im Anstrich entstehen häufig bei einmalig aufgebrachten Anstrichen auf eingefärbten Mineralputzen, wenn der Farbton des Egalisationsanstriches auf den Farbton des Mineralputzes abgestimmt wurde. Bedingt durch die Farbtongleichheit bleiben bei der Applikation des Anstriches unbeabsichtigt Teilbereiche der verputzten Fläche unbeschichtet.

Vor allem bei feuchter Witterung werden diese Fehlstellen im einmaligen Anstrich erkennbar. Bereiche im Mineralputz, auf denen der Anstrich fehlt, zeichnen sich durch eine höhere Feuchtigkeitsaufnahme dunkler ab (siehe Abb. 5.48 und Abb. 5.49). Wird ein zweifacher Beschichtungsaufbau mit Egalisationsfarbe ausgeführt, lassen sich solche Fehlstellen sicher vermeiden.

Abb. 5.48: Objektansicht

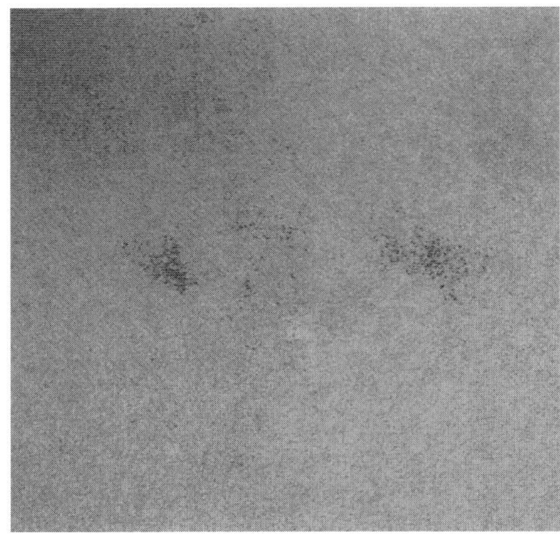

Abb. 5.49: Verarbeitungsbedingte Fehlstellen im Anstrich

Abb. 5.50: Objektansicht

Abb. 5.51: Unbeabsichtigte Fehlstelle im helleren, von der vorhandenen Alkalität angegriffenen Egalisationsanstrich

Wird ein eingefärbter Mineralputz aufgebracht und mit einem einmaligen Egalisationsanstrich, der im Farbton leicht abweicht, egalisiert, besteht ebenfalls die Gefahr, dass Teilbereiche der verputzten Oberfläche unbeabsichtigt nicht gestrichen werden. Nach der Fertigstellung des Objektes zeigen sich die Fehlstellen im Anstrich (siehe Abb. 5.50 und Abb. 5.51). Auch solche Mängel lassen sich bei einer ordnungsgemäßen Beschichtung des Mineralputzes vermeiden.

Zu geringe Schichtdicke des Egalisationsanstriches

Bei einer zu geringen Schichtdicke des Anstriches entstehen Poren, welche die Fixierung des alkalischen Kalkes im Putz verhindern und so eine Farb-

Abb. 5.52: Die extreme Porenbildung durch starke Anstrichverdünnung (Anstrichschichtdicke ca. 25 µm) mit der Folge starker Kalkausblühungen ist unter dem Mikroskop sichtbar.

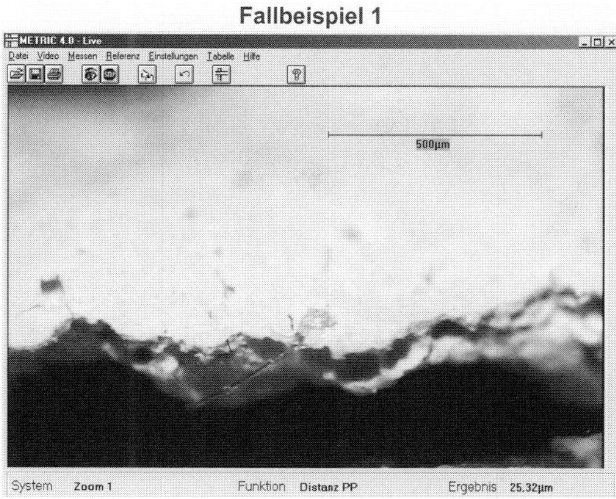

Abb. 5.53: Unter dem Mikroskop sind Fehlstellen im Anstrich in Form von Poren gut sichtbar. Die Schichtdicke der Egalisationsfarbe beträgt 0 bis 26 µm.

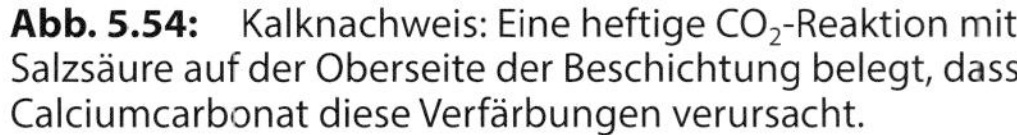

Abb. 5.54: Kalknachweis: Eine heftige CO_2-Reaktion mit Salzsäure auf der Oberseite der Beschichtung belegt, dass Calciumcarbonat diese Verfärbungen verursacht.

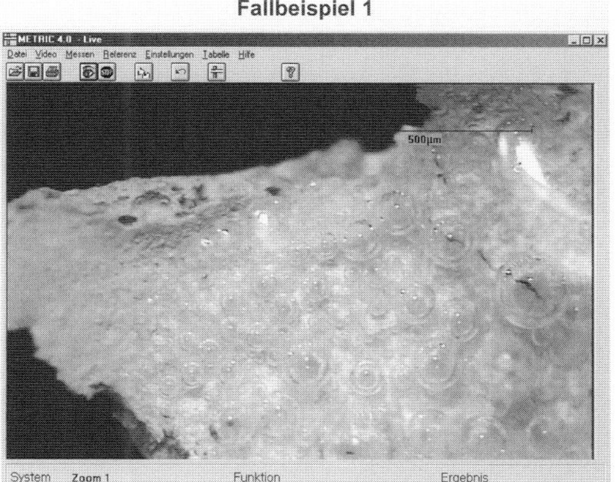

tonverblassung des Egalisationsanstriches bewirken. Zu geringe Schichtdicken bei Egalisationsfarben sind oft die Folge von zu starker bis hin zu extremer Verdünnung mit Wasser vor der Verarbeitung. Dies hat negative Auswirkungen auf die Lebensdauer und die Schutzwirkung des Anstriches. Die Einflüsse von Alkalität, UV-Belastung und Witterung erreichen extreme Ausmaße, wenn zu geringe Schichtdicken vorliegen.

Neuanstriche erfordern für eine gute Beständigkeit eine mittlere Schichtdicke von ca. 150 bis 200 µm. Schichtdicken von 100 µm und weniger, wie sie durch übermäßiges Verdünnen von Egalisationsanstrichen entstehen, entsprechen nicht den allgemein anerkannten Regeln der Technik (vgl. Kapitel 4.1.4) und halten oftmals auch der Gewährleistungsdauer nicht stand.

Auf der Oberfläche des Egalisationsanstriches ist Calciumhydroxid aus dem unzureichend abgebundenen Putz nachweisbar (siehe Abb. 5.52 bis Abb. 5.54).

Calciumhydroxidauswaschungen durch unzureichende Trockenzeiten

Verfärbungen durch ausgewaschenes Calciumhydroxid treten immer auf, wenn kalkhaltige Putze unzureichend abgebunden haben (siehe Abb. 5.55). Daher sind die Trockenzeiten von kalkhaltigen Putzen unbedingt einzuhalten. Verzögert sich durch hohe Luftfeuchtigkeit (Nebel) oder Regen und niedrige Temperaturen der Abbindeprozess des Putzes, so wandert Calciumhydroxid bis an die Putzoberfläche und carbonatisiert dort zu Calciumcarbonat, das als weißlicher Belag sichtbar wird.

Bei den Mörtelgruppen P Ic und P II sind abhängig von den Witterungsbedingungen während der Trocknung 1 bis 2 Tage pro mm Putzdicke einzuhalten. Dies bedeutet, dass bei einem Putzaufbau mit einer Dicke von 20 mm, abhängig von der Art und der Struktur des verwendeten Oberputzes, mindestens 20 Tage Trockenzeit einzuplanen sind. Die Voraussetzung ist, dass bereits beim Auftragen des Grundputzes die erforderliche Abbindezeit (2 Tage/mm) eingehalten wurde. Andernfalls kann sich die Trockenzeit des Grundputzes verlängern. Bei ungünstigen Witterungsbedingungen wie hoher Luftfeuchtigkeit und niedrigen Temperaturen sind die Standzeiten des Putzes vor dem Anstrich entsprechend zu verlängern, und zwar um die Anzahl der Tage mit Witterungsbedingungen, die eine ausreichende Carbonatisierung nicht zugelassen haben.

Bei Mauerwerksdurchfeuchtungen, die nach dem Aufbringen des Putzes eintreten, ist eine ausreichende Austrocknung des Mauerwerks und des Putzes abzuwarten und anschließend eine Prüfung des Putzes vor der Beschichtung durchzuführen; ggf. sind Trocknungsmaßnahmen einzuleiten.

Bleiben die Witterungsbedingungen und die Standzeit des Putzes vor der Überarbeitung mit Egalisationsfarbe unberücksichtigt, können sich schon wenige Tage nach der Ausführung des Anstriches extreme Calciumhydroxidauswaschungen an der Oberfläche des Anstriches zeigen (siehe Abb. 5.56 und Abb. 5.57).

Calciumhydroxidauswaschungen können durch das Auftragen von Salzsäure einfach nachgewiesen werden. Die Reaktion führt zu einer unübersehbaren Blasenbildung (siehe Abb. 5.58).

Abb. 5.55: Eine unzureichende Trockenzeit zwischen Putzauftrag und Beschichtung führt zu massiven Verfärbungen.

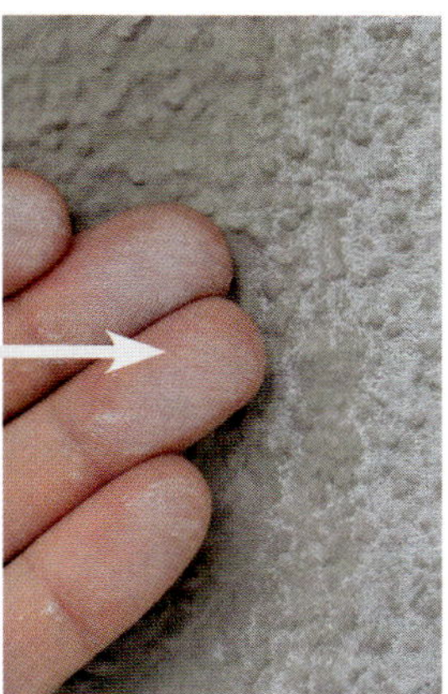

Abb. 5.56 und 5.57: Calciumhydroxidauswaschungen lassen sich hier optisch (weiße Stellen) auch ohne Mikroskop gut erkennen.

Abb. 5.58: Fassadenflächen mit sichtbaren Ausblühungen; beim Kalknachweis mit Salzsäure (HCl) führt die CO_2-Entwicklung zu starkem Aufschäumen.

Abb. 5.59: Die Algizide im Anstrich wurden durch die Alkalität des Untergrundes zerstört. Algenbildung an der Fassade ist die Folge.

Abb. 5.60: Algenbildung am selben Objekt auf Glas: Ohne fungizide Wirkstoffe können Fassaden genauso mikrobiell befallen werden wie alle anderen Gegenstände unter denselben Bedingungen.

Pilzbefall und Algenwachstum

Werden Mineralputze zu früh mit Egalisationsfarben beschichtet, dann zerstört die Alkalität des frischen Putzes die begrenzt alkalibeständigen algiziden und fungiziden Wirkstoffe im Anstrich. Eine algen- bzw. pilzabtötende Wirkung ist somit nach dem Beschichtungsauftrag auf einen stark alkalischen Putz nicht mehr gegeben (siehe Abb. 5.59 und Abb. 5.60).

Mängel bei Nichtberücksichtigung des pH-Wertes

Der pH-Wert gibt an, wie sauer oder basisch ein Stoff bzw. ein Untergrund ist (siehe Tabelle 5.18). Die Bestimmung des pH-Wertes ist erforderlich, um festzustellen, ob ein Untergrund z. B. durch eine Fluatierung vorbehandelt werden muss, damit eine ausreichende Neutralisierung für die nachfolgende Beschichtung erzielt wird (siehe Kapitel 5.1.1).

Der pH-Wert kann durch verschiedene Messmethoden wie Indikatorpapier, Indikatorflüssigkeit und pH-Messelektroden ermittelt werden. Die beiden Erstgenannten basieren auf einem Farbumschlag (siehe Abb. 5.61). Bewährt hat sich die Messmethode mit einprozentiger Phenolphthalein-Lösung (Indikatorflüssigkeit). Phenolphthalein ist eine farblose Lösung, die ab einem pH-Wert von 9,5 in eine rote (Magenta) Färbung umschlägt (siehe Abb. 5.62).

0	1	2	3	4	5	6	7	8	9	10	11	12	13	14
sauer							neutral	alkalisch						

Abb. 5.61: pH-Wert-Skala

Abb. 5.62: Phenolphtalein-Nachweis der Alkalität

Tabelle 5.18: pH-Werte verschiedener Substanzen

Substanz	pH-Wert
Salzsäure 1 N	0,1
Salzsäure 0,1 N	1,1
Essigsäure 1 N	2,4
Salzsäure 0,01 N	3,0
Wasser	7,0
Dispersionsputz P Org 1	8,5
Silikonharzfassadenfarbe	8,5
Acrylfassadenfarbe	8,5
1K-Silikatfarbe	11,8
1K-Silikatputz	11,8
Ammoniak 10%ig	11,8
Mineralputz P Ic	12,3
Mineralputz P II	12,6

Abb. 5.63: Farbtonschattierungen in der Oberfläche

Abb. 5.64 und 5.65: Abplatzungen des Egalisationsanstriches infolge einer vorhandenen Sinterhaut

Abzeichnung von Farbschattierungen

Verfärbungen und Farbschattierungen können sich bilden, wenn eine Farbtonrezeptur mit einem nicht alkalibeständigen Pigment verwendet wird und der Anstrich in ungleichmäßiger Schichtdicke auf einen frischen alkalischen Putz aufgebracht wird. Das Pigment wird vor allem in Bereichen mit zu geringer Farbschichtdicke angegriffen und zerstört (siehe Abb. 5.63).

Mangelnde Haftung durch Sinterhaut

Eine Sinterschicht (Bindemittelanreicherung) an der Oberfläche von Putzen ist oftmals an einer glasklaren, glänzenden, harten Bindemittelhaut zu erkennen. Sinterschichten entstehen an Putzoberflächen besonders durch übermäßige Glättvorgänge, aber auch witterungsbedingt bei hoher Luftfeuchtigkeit während der Abbindephase des Putzes. Eine Sinterschicht stellt keinen beschichtungsfähigen Untergrund dar und muss vor der Ausführung von Anstricharbeiten, z. B. durch Schleifen oder Fluatieren mit flusssäurehaltigen Mitteln (siehe Kapitel 5.1.1) entfernt werden.

Ablösungen der Beschichtung aufgrund einer Sinterschicht zeigen sich meist in den ersten Monaten nach Abschluss der Beschichtungsarbeiten. Unter den Anstrichabplatzungen zeigt sich eine, bedingt durch die Sinterhaut, glänzende Oberfläche, die keine Feuchtigkeit aufnimmt (Abb. 5.64 und Abb. 5.65). Oftmals löst sich die Sinterschicht auch mit dem Anstrich von der Fassade ab und ist dann auf der Rückseite des Anstriches zu finden.

5.4.4 Egalisationsanstriche nach den anerkannten Regeln der Technik

Farbige Mineralputze müssen grundsätzlich mit einem Egalisationsanstrich beschichtet werden, um witterungsbedingte Farbtonunterschiede und trocknungsbedingte Calciumhydroxidauswaschungen zu egalisieren (siehe Tabelle 5.19). Eine Ausnahme ist nur möglich, wenn der Auftraggeber schriftlich erklärt, dass er Beeinträchtigungen durch evtl. eintretende Calciumhydroxidauswaschungen oder witterungsbedingte Verfärbungen des Putzes akzeptiert.

Gemäß dem „Technischen Handbuch Putz, Stuck, Trockenbau, Wärmedämmung“ (Fachverband der Stuckateure für Ausbau und Fassade Baden-Württemberg, 2010) dienen Egalisationsanstriche dem farblichen Ausgleich unterschiedlich austrocknender mineralischer Oberputze. Egalisationsanstriche müssen die Feuchtigkeitsaufnahme vom Putz reduzieren, ohne die Dampfdiffusion und die Feuchtigkeitsabgabe zu beeinträchtigen.

Ein einmaliger Egalisationsanstrich dient der Verbesserung des Witterungsschutzes gegenüber einer ungestrichenen Fassade. Mindestens eine Grund- und Schlussbeschichtung sind erforderlich, wenn

- Farbtöne mit einem Hellbezugswert unter 40 zur Anwendung kommen; hier ist ein einmaliger Egalisationsanstrich nicht geeignet, da eine schattierungsfreie Beschichtungsoberfläche nicht sichergestellt werden kann;
- die Gefahr einer Algen- und Pilzbelastung besteht; zum Schutz gegen Algen- und Pilzbefall ist ein entsprechend fungizid ausgestatteter Anstrichaufbau notwendig;
- Fassaden keinen oder einen nur geringen Dachüberstand aufweisen, weil dadurch eine höhere Belastung durch Witterungseinflüsse besteht;
- die Fassade gedämmt ist und aufgrund bauphysikalischer Vorgänge z. B. mit einer Taupunktunterschreitung und einer dadurch längeren Feuchtebelastung der Putzoberfläche zu rechnen ist.

Zur fachgerechten Ausführung von Beschichtungen auf nicht eingefärbten Putzen empfiehlt der technische Ausschuss des Stuckateurhandwerks Baden-Württemberg in der Empfehlung Nr. 19:

„Soll ein nicht eingefärbter mineralischer Oberputz einen Farbanstrich erhalten, so ist mindestens ein Vor- und Deckanstrich, ggf. auch eine spezielle Grundierung aufzubringen. Das Aufbringen eines Egalisationsanstriches ist nicht ausreichend.“ (Baur u. a., 1996, S. 274).

Tabelle 5.19: Beschichtungsempfehlung für Edelputze (nach Industrieverband Werkmörtel e.V., Bundesverband Ausbau und Fassade, Hauptverband Farbe Gestaltung Bautenschutz (Hrsg.): Merkblatt Egalisationsanstriche auf Edelputzen. Duisburg, Berlin/Frankfurt a.M., 2009)

Beschichtungsstoffe	**Kalk-, Kalkzement- und Zementputze**			
	Druckfestigkeitsklasse nach DIN EN 998-1			
	CS I	**CS II**	**CS III**	**CS IV**
	Prismendruckfestigkeit nach 28 Tagen (N/mm²)			
	0,4 bis 2,5	**1,5 bis 5**	**3,5 bis 7,5**	**≥ 6**
Dispersionssilikatfarben	+ [1]	+	+	+
Silikonharzfarben	+/– [1] [2]	+	+	+
Dispersionsfarben, wetterbeständig	+/– [1] [2]	+/– [3]	+	+

\+ geeignet
+/– bedingt geeignet

[1] Verfestigende Grundierungen sind nicht zulässig.
[2] Putze der Festigkeitsklasse CS I sind als Untergrund für diese Beschichtungsstoffe nur geeignet, wenn der Hersteller des Putzmörtels die Eignung ausdrücklich bestätigt.
[3] Putze Festigkeitsklasse CS II sind als Untergrund für diese Beschichtungsstoffe nur geeignet, wenn
- die Druckfestigkeit mindestens 2 N/mm² beträgt oder
- der Hersteller des Putzmörtels die Eignung ausdrücklich bestätigt.

DIN EN 998-1 „Festlegungen für Mörtel im Mauerwerksbau – Teil 1: Putzmörtel" (2010)

Das BFS-Merkblatt Nr. 9 (Bundesausschuss Farbe und Sachwertschutz, 2010) beschreibt, dass die Regelausführung bei Fassaden-Beschichtungssystemen aus

- einer Grundbeschichtung,
- einer oder mehreren Zwischenbeschichtungen und
- einer Schlussbeschichtung

besteht. Des Weiteren heißt es dort (S. 13):

„Abweichend von der Regelausführung wird der Egalisationsanstrich in der Regel einschichtig ausgeführt und dient ausschließlich der Verbesserung des optischen Erscheinungsbildes von mineralischen Neuputzen. Weil Egalisationsanstriche die Anforderung an den Beschichtungsaufbau und andere Funktionen (wie z. B. Witterungsstabilität, Farbbeständigkeit) nicht oder nur begrenzt erfüllen, sind sie keine Fassadenbeschichtungen/-beschichtungssysteme nach DIN 18363."

Diese laut BFS-Merkblatt Nr. 9 vorgesehene einmalige Beschichtung stellt jedoch einen Widerspruch zur VOB/C ATV DIN 18363 „Maler- und Lackierarbeiten – Beschichtungen“ dar. Gemäß VOB/C ATV DIN 18363 ist bei der Erstbeschichtung auf mineralischen Untergründen eine Grund- und eine Schlussbeschichtung aufzubringen. Auch VOB/C ATV DIN 18345 „Wärmedämm-Verbundsysteme“ verweist auf eine Beschichtung der Oberputze und nicht auf einen Egalisationsanstrich.

Da für den Anwender nun unterschiedliche Aussagen in den Normen, Richtlinien und Merkblättern bestehen, muss auch bei der Ausführung von Egalisationsanstrichen an den Sachverstand der Planer, Auftraggeber und Auftragnehmer appelliert werden, den Beschichtungsaufbau immer so zu wählen, dass ein funktionierender und schützender Fassadenanstrich entsteht.

Vermeidung von Beanstandungen bei Egalisationsanstrichen

Ein dauerhafter, schützender Fassadenanstrich und somit auch der Egalisationsanstrich sollte in jeder Form den Ansprüchen des Auftraggebers gerecht werden. Wie beschrieben ist eine einschichtige Ausführung des Egalisationsanstriches häufig nicht ausreichend, um dauerhafte und funktionierende Beschichtungen zu gewährleisten. Ein Beschichtungsaufbau bestehend aus Grundbeschichtung, Zwischenbeschichtung und Schlussbeschichtung sichert die Beständigkeit innerhalb der Gewährleistungsfrist, da Probleme infolge einer zu geringen Schichtdicke und Applikationsfehlstellen bei entsprechender Ausführung ausgeschlossen werden können. Die Gefahr einer unterschiedlichen Feuchtigkeitsaufnahme des Putzes mit anschließenden Verfärbungen durch ungleichmäßige Kalkausblühungen und alkalisch bedingte Pigmentzerstörungen wird so ebenfalls praktisch ausgeschlossen.

Um Beanstandungen zu vermeiden, sollte die Ausführung auch bei Egalisationsanstrichen nach den folgenden Empfehlungen ausgeführt werden:

- Putz unter Berücksichtigung der Putzdicke, Witterungs- und Untergrundbedingungen austrocknen lassen
- vor der Beschichtung den Putz auf eine evtl. vorhandene Sinterschicht prüfen, ggf. Sinterschicht durch Fluatieren entfernen und mit klarem Wasser nachwaschen
- Putz auf Alkalität prüfen, bevor der Egalisationsanstrich aufgebracht wird
- Witterungsbedingungen beim Aufbringen des Egalisationsanstriches berücksichtigen
- bei Bedarf Putz mit Tiefengrund grundieren
- Qualität der zu verwendenden Egalisationsfarbe hinterfragen
- Farbtöne wählen, die sich mit alkalibeständigen Pigmenten herstellen lassen
- grundsätzlich einen entsprechenden **Beschichtungsaufbau** wählen,
  - um eine ausreichende Schichtdicke zu erzielen und Fehlstellen im Anstrich zu vermeiden
  - um eine ausreichende algizide und fungizide Wirkung zu erreichen
  - damit auch kritischere Farbtöne entsprechend stabil bleiben
  - damit die Pigmente zumindest im Deckanstrich besser vor der Alkalität des Untergrundes geschützt sind

5.5 Netzmittelauswaschungen bzw. Glanzläufer

Ein eigentlich allgemein bekanntes Phänomen löst jedes Jahr, meist im Frühjahr und Herbst, erneut große Verwunderung aus: Wenn bei feuchter, kühler Witterung Fassaden gestrichen werden, kann es zu Auswaschungen in Form von glänzenden, transparenten Abläufern kommen. Die Feuchtigkeit bewirkt, dass aus der Beschichtung wasserlösliche Agenzien wie Celluloseleime, Emulgatoren, Tenside, Netzmittel usw. gelöst werden, die oftmals als sog. Netzmittelauswaschungen oder Glanzläufer sichtbar werden. Die als Netzmittel bezeichneten Zusatzstoffe sind ein wichtiger Bestandteil der Rezepturen bei der Herstellung von Fassadenfarben und haben vielfältige Aufgaben zu erfüllen, wie z. B. die Verteilung der Pigmente und Füllstoffe im Anstrichstoff oder die Optimierung der Verarbeitung im Hinblick auf spezifische Anforderungen. Fassadenfarben auf Dispersionsbasis bestehen im Wesentlichen aus folgenden Bestandteilen:

- Bindemittel
- Pigment und Füllstoff
- Wasser

Hinzu kommen in Abhängigkeit von der Produktanwendung Zusatzstoffe wie

- Emulgatoren,
- Verdickungsmittel,
- Konservierungsmittel,
- Entschäumer,
- Filmbildehilfsmittel,
- pH-Regulatoren.

Das Bindemittel hat die Aufgabe, die Pigmente untereinander und mit dem Untergrund zu verbinden, d. h., einen funktionierenden Anstrichfilm als Beschichtung herzustellen. Bei dispersionsgebundenen Anstrichstoffen auf der Basis thermoplastischer Polymere beruht die Filmbildung auf dem Prinzip der Verklebung, indem das Bindemittel durch den sog. kalten Fluss die Pigmente und Füllstoffe zum Untergrund hin fest verbindet. Beim kalten Fluss fließen die Polymerteilchen bei Temperaturen oberhalb der Mindestfilmbildetemperatur (MFT) zusammen. Die Pigmente werden in die Bindemittellösung eingerührt. Dabei müssen die Pigmente vom Bindemittel vollständig benetzt werden. Dies gelingt umso besser, je geringer die Oberflächenspannung zwischen Pigment und Bindemittel ist.

Der Netzmittelzusatz verringert die Oberflächenspannung zwischen Bindemittel und Pigmenten und fördert so die Benetzung der Pigmente. Eine gute Benetzung vermindert u. a. auch das Entmischungsbestreben der Pigmente in der Bindemittellösung, d. h. das Absetzen bei der Lagerung und Rub-out-Farbtonstörungen.

Emulgatoren und Netzmittel bestehen jeweils aus einem hydrophoben (Wasser abweisenden) und einem hydrophilen (Wasser aufnehmenden) Teil. Die Emulgatoren dienen der Stabilisierung von Dispersionen und Emulsionen und beeinflussen die Pigmentdispergierung.

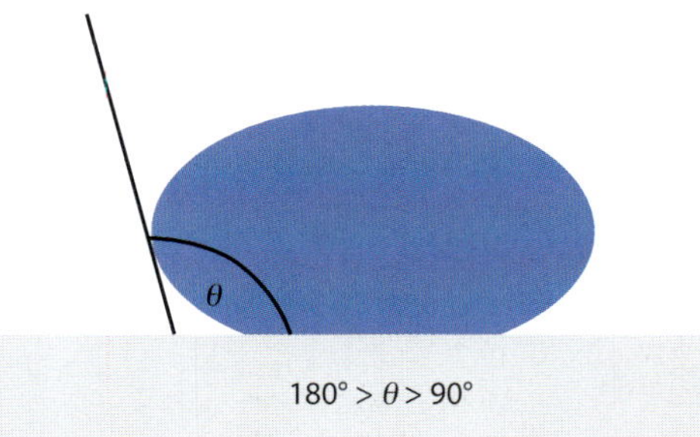

Abb. 5.66: Ein großer Kontaktwinkel bedeutet eine schlechte Benetzung bzw. hohe Wasserabweisung (Hydrophobie).

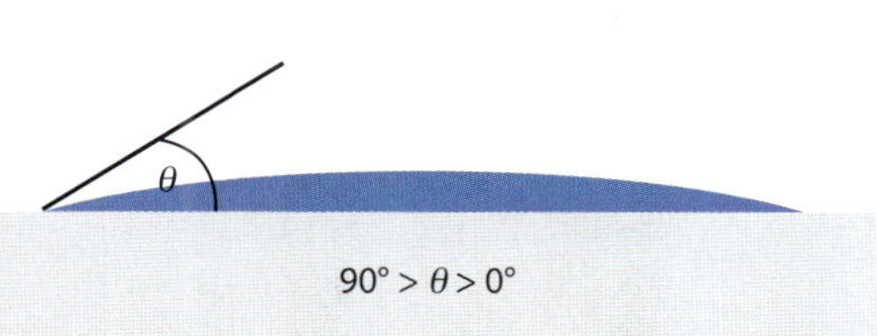

Abb. 5.67: Ein kleiner Kontaktwinkel bedeutet eine gute Benetzung bzw. hohe Wasseraufnahme (Hydrophilie).

Abb. 5.68: Als glänzende Ablaufspuren sichtbare Netzmittel

Netzmittel sind oberflächenaktive Substanzen natürlicher (z. B. Sojalecithin) oder synthetischer Art, die als Substrat die Oberflächenspannung bzw. Grenzflächenspannung von Wasser oder anderen Flüssigkeiten herabsetzen, sodass unter Verdrängung der eingeschlossenen Luft Pigmentaggregate als einzelne Pigmentteilchen benetzt werden können. Die weißen Pigmente (Titandioxid, Zinkweiß usw.) und die Füllstoffe (Kreide, Talkum usw.) sind feste Partikel, die aus Pigmentagglomeraten einer definierten Korngröße bestehen und entsprechend in Wasser ohne Netzmittel nicht genügend dispergiert (verteilt) werden können. Sie können nur unter Zusatz einer Vielzahl spezieller Hilfsmittel wie Netz- und Dispergiermittel in Wasser verteilt werden. Die Pigmentpräparationen für die farbliche Gestaltung sind wasserfreundliche, hochkonzentrierte Zubereitungen. Die Pigmente können mit nicht ionogenen und anionaktiven oder kationaktiven Netz- und Dispergiermitteln mithilfe einer entsprechenden Dispergierenergie, z. B. schnell laufender Rührer (Dissolver), in Wasser sehr fein verteilt werden.

Sind derart hergestellte Fassadenfarben verarbeitet, kann es unter Umständen vorkommen, dass nach der ersten Feuchtigkeitseinwirkung von Regen, Tau oder Nebel farblose, glänzende Abläufer die Oberfläche des Anstriches trüben (Abb. 5.68).

Abb. 5.69: Im rechten Abschnitt wurden die Netzmittel bereits durch eine 2 Monate andauernde Bewitterung größtenteils abgewaschen; auf dem linken Abschnitt ist die Beschichtung dagegen erst wenige Tage alt – hier zeigen sich starke Netzmittelauswaschungen.

5.5.1 Ablaufspuren bei Dispersionsfarben

Jede Fassadenfarbe auf Dispersionsbasis beinhaltet Netz- und Dispergiermittel, Verdickungsmittel, Emulgatoren usw. Solche wassermischbaren bzw. hydrophilen Netzmittel oder löslichen Bestandteile wie Celluloseleim können bei Bewitterung durch Regen, Tau, Nebel, Schnee oder Luftfeuchtigkeit aus der Beschichtung ausgewaschen werden. Dieses Auswaschen erfolgt normalerweise nur in sehr geringen Mengen, die optisch nicht wahrnehmbar sind.

Werden Fassaden jedoch bei ungünstigen Witterungsbedingungen wie niedrigen Temperaturen und/oder hoher Luftfeuchtigkeit beschichtet und stellt sich nach einer ausreichenden Durchtrocknung eine hohe Feuchtigkeitsbelastung der Beschichtung ein, dann werden die wasserfreundlichen Bestandteile in großem Umfang ausgespült und zunächst auf die Oberfläche der Beschichtung transportiert. So können sich auf der Oberfläche der Fassade mehr oder weniger markante farblose, glänzende Abläufer bilden, die oft eine etwas klebrige Oberfläche aufweisen und beim Abwaschen mit Wasser leicht schäumen.

Dieses Phänomen tritt bei bunten und dunklen Beschichtungen in Abhängigkeit vom Farbton, von den verwendeten Abtönpasten und den auswaschbaren Bestandteilen im Anstrichsystem verstärkt zutage (siehe Abb. 5.69). Auf weiß gestrichenen Fassaden sind diese Abläufer meist kaum sichtbar, wobei sie bei grauen, dunkelbraunen und auch dunkelroten Beschichtungen oft nicht zu übersehen sind.

Das gleiche Erscheinungsbild kann aber auch im Sommer entstehen, wenn z. B. ein Gewitterregen nur kurz auf eine beschichtete Fassade einwirkt, sodass die Niederschlagsmenge zwar ausreicht, um die Auswaschungen auf die Beschichtungsoberfläche zu transportieren, gleichzeitig aber zu gering ist, um diese Auswaschungen vollständig abzuspülen. Der Niederschlag muss dabei nicht unbedingt unmittelbar nach der erfolgten Beschichtung auf die Fassadenoberfläche einwirken. Netzmittelauswaschungen können auch Tage

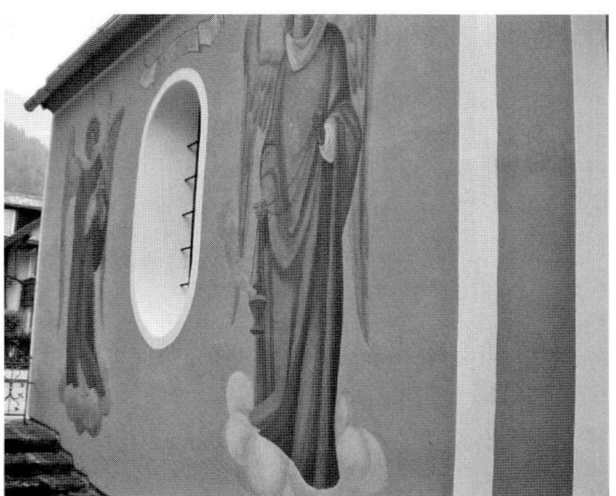

Abb. 5.70: Die Ausführung der Malerarbeiten erfolgte bei dieser Kapelle im Herbst. Nach der Fertigstellung wirkte eine hohe Luftfeuchtigkeit in Form von Nebel auf die Fassadenoberfläche ein, die zu Abläufern führte.

Abb. 5.71: Abläufer mit dunkleren Rändern, die mit Wasser nicht zu entfernen sind

oder Wochen nach dem Abschluss der Beschichtungsarbeiten und der vollständigen Filmtrocknung auftreten.

Diese wasserlöslichen Abläufer beeinträchtigen die Beschichtung nicht negativ. Die Praxis zeigt, dass sie sich durch Niederschläge wieder auflösen. Das Auswaschen der wasserlöslichen Bestandteile ist ein wichtiger Vorgang, denn erst nachdem diese Bestandteile ausgewaschen sind, kann eine Beschichtung ihre endgültige Filmfestigkeit und ihre Wasser abweisenden Eigenschaften optimal ausbilden.

5.5.2 Ablaufspuren bei Silikatfarben

Ein ähnliches Bild von Auswaschungen zeigen auch Beschichtungen auf Silikatbasis (siehe Abb. 5.70 und Abb. 5.71), wobei hier der Schichtdicke eine größere Bedeutung zukommt. Je dicker eine Beschichtung aufgetragen wird, desto größer ist die Gefahr von Auswaschungen. Eine wesentliche Rolle bei der Verarbeitung spielen auch hier die Witterungsbedingungen, die die Silikatisierung behindern können.

Verstärkt treten solche Auswaschungen bei Silikatfarben auf, denen ein Alkalisilikat als Hydrophobierungsmittel zugesetzt wurde, oder bei lasierenden Silikatfarben, welche im Verhältnis einen hohen Anteil an Wasserglas bzw. Alkalisilikat aufweisen. Das Erscheinungsbild der Auswaschungen bei Silikatfarben kann sich von dem bei Dispersionsfarben unterscheiden, da es bei hydrophobierten Silikatfarben zu unterschiedlichen Auswaschungen kommen kann.

Eine Form der Auswaschungen stammt von Netzmitteln, wie sie auch bei Beschichtungen auf Dispersionsbasis auftreten. Diese sind wasserfreundlich und können abgewaschen werden. Die andere Form der Auswaschungen tritt als matte Ablaufspuren auf, deren Seitenränder meist dunkler sind. Verursacht werden diese Ablaufspuren bei witterungsbedingter Verkieselungsstörung durch Wasserglas, das in Verbindung mit Kohlendioxid nicht ausreichend silikatisieren konnte. Diese Auswaschungen sind nicht wasserlöslich und lassen sich am besten durch den Auftrag eines Anstriches auf Dispersions- oder Silikonharzbasis beheben.

5.5.3 Vermeidung von Ablaufspuren

Solange für die Herstellung von Dispersionsfarben wasserlösliche bzw. wasserfreundliche Bestandteile benötigt werden, kann das Risiko einer Bildung von Glanzläufern bei Beschichtungen auf Dispersionsbasis nicht vollständig ausgeschlossen werden. Es wird jedoch eindeutig minimiert, wenn bestimmte Rahmenbedingungen während der Verarbeitung berücksichtigt werden. So treten kaum Abläufer auf, wenn die Verarbeitungstemperaturen, also die Umgebungs- und Objekttemperatur, mindestens 5 °C betragen und die Luftfeuchtigkeit während der Filmbildung und Trocknung unter 80 % beträgt. Eine vollständige Verfilmung von Dispersionsbeschichtungen vor dem Einwirken von Niederschlägen reduziert die Entstehung von Netzmittelauswaschungen erheblich. In Abhängigkeit von Klima und Luftfeuchtigkeit kann dieser Verfilmungsgrad nach wenigen Stunden, aber auch erst nach Tagen oder Wochen erreicht werden.

Keinesfalls sollten Netzmittel, etwa zur Behebung der optischen Beeinträchtigung, nochmals überstrichen werden, da ein zusätzlicher Anstrich oft kein befriedigendes Ergebnis liefert, sondern diesen Effekt der Glanzspuren erfahrungsgemäß eher verstärkt.

Silikatfarben sollten nicht unter 8 °C Luft- und Objekttemperatur verarbeitet werden. Niedrigere Temperaturen können die Aushärtung des Bindemittels verhindern, somit die Wasserfestigkeit negativ beeinträchtigen und zu einer Kreidung des Anstriches führen. Hohe Temperaturen und direkte Sonneneinstrahlung bei der Verarbeitung führen hingegen zu einem schnellen Wasserentzug und beeinträchtigen die Aushärtung der Beschichtung ebenfalls. Zudem sollten die Herstellerangaben bzw. die Verarbeitungsbedingungen berücksichtigt werden. Die Beschichtung sollte gemäß VOB/C ATV DIN 18363 „Maler- und Lackierarbeiten – Beschichtungen“ (2012), Abschnitt 3.1.11, vor negativen Witterungseinflüssen geschützt werden, z. B. durch ein Abhängen des Gerüstes mit einer Plane. Im genannten Abschnitt heißt es dazu: *„Bei ungeeigneten klimatischen Bedingungen […] sind besondere Maßnahmen zu ergreifen.“*

5.6 Dunkle Farbtöne – Vermeidung thermosolarer Schäden

Jeder kennt das Phänomen, dass sich dunkle und insbesondere schwarze Flächen im Sonnenlicht stärker aufheizen als helle und insbesondere weiße. Je nach Farbtonsättigung und Helligkeit können daher bei sonnenbestrahlten Oberflächen sehr unterschiedliche Temperaturen auftreten, wie Tabelle 5.20 zeigt.

Tabelle 5.20: Oberflächentemperaturen deckender Beschichtungen im Sonnenlicht nach BFS-Merkblatt Nr. 18 „Beschichtungen aus Holz und Holzwerkstoffen im Außenbereich" (Bundesausschuss Farbe und Sachwertschutz, 2006), Tabelle 4

RAL-Code	Farbton	°C	Tönung
9001	cremeweiß	40 bis 50	hell getönt
1004	goldgelb		
1015	hellelfenbein		
2002	blutorange	50 bis 65	mittel getönt
3000	feuerrot		
3003	rubinrot	65 bis 80	dunkel getönt
5007	brillantblau		
5010	enzianblau		
6011	resedagrün		
7001	silbergrau		
7031	blaugrau		
8003	lehmbraun		
9005	tiefschwarz		

Demzufolge unterliegen insbesondere dunkel beschichtete Oberflächen von Bauteilen im tages- und jahreszeitlichen Wechsel, je nach Umgebungstemperatur und Sonnenbestrahlung, beträchtlichen Temperaturschwankungen um bis zu 100 °C, die je nach Stabilität des Bauteils entsprechend starke thermische Bewegungen (Dehnen und Schrumpfen, Spannungen und Verformungen) auslösen können. Derartige hohe solarthermische Belastungen betreffen dabei nicht nur Bauteile in dunklen Farbtönen, sondern auch die dunkle Beschichtung selbst. Ihre Beständigkeit gegenüber UV-Strahlung und Witterungseinflüssen wird, ebenfalls solarthermisch bedingt, in der Glanzhaltung,

Abb. 5.72: Wärmedämm-Verbundsystem mit thermosolarer Rissbildung im dunklen Farbtonbereich

Abb. 5.73: Solarthermisch bedingte Rissbildung als Folge eines zu dunklen Anstriches auf einem verputzten Leichtziegelmauerwerk

Kreidungsstabilität, Farbbeständigkeit und Dauerhaftigkeit beeinträchtigt. Weil helle und mittlere Farbtöne deutlich geringeren solarthermischen Belastungen und Wechselbeanspruchungen ausgesetzt sind – die Temperaturschwankungen sind ca. 15 bis 30 °C niedriger –, können entsprechende Schadensrisiken durch die Farbauswahl minimiert werden.

Bei Wärmedämmstoffen oder bei energiesparenden Mauerwerkskonstruktionen aus Porenbeton, Leichtziegel und dergleichen sind die Temperatur-Wechselbeanspruchungen, die auf die Beschichtungsschicht aus Putz- und Anstrichsystemen einwirken und damit das Schadensrisiko steigern, am höchsten. Denn aufgrund der niedrigen Wärmeleitfähigkeit ist sowohl die temporäre Frequenz als auch die energetische Intensität außerordentlich stark und nimmt noch zu, je dunkler ihre sonnenbestrahlten Oberflächen eingefärbt werden (siehe Abb. 5.72 und Abb. 5.73). Nicht umsonst müssen z. B. in Wärmedämm-Verbundsystemen zwingend Glasgittergewebe im Unterputz als Armierung zum Abbau thermischer und solarer Spannungen sowie zur Vermeidung von Rissschäden eingebaut werden.

Auch Holz und Holzwerkstoffe weisen eine relativ geringe Wärmeleitfähigkeit auf. Daher fördern dunkle Anstriche auch hier neben thermohygrischen Quell- und Schwundvorgängen solarthermisch bedingte Holzrisse. Folgeschäden sind Abplatzungen. Harzreiche Nadelhölzer können bei hohen Temperaturen auch einen Harzfluss auslösen, der den Anstrich zerstört. Dunkle Holzanstriche oder Farbtonwechsel von hellen zu dunklen Farbtönen sollten deshalb nach BFS-Merkblatt Nr. 18 (Bundesausschuss Farbe und Sachwertschutz, 2006) besonders bei rissanfälligen und oder harzreichen Holzarten stets vermieden werden.

Darüber hinaus berücksichtigen weitere technische Regelwerke, die zu beachten sind, Begrenzungen in der Farbtonauswahl zur Vermeidung thermosolarer Folgeschäden, speziell auf wärmedämmenden Bauteilen mit geringer Wärmeleitfähigkeit.

Wirkungen der Sonnenstrahlung auf Beschichtungen

Die Strahlenenergie der Sonne als extraterrestrische Sonnenstrahlung wird auf ihrem Weg zum Erdplaneten zu 30 % an der Erdatmosphäre reflektiert und zu 20 % darin absorbiert, sodass nur noch 50 % auf der Erdoberfläche als terrestrische Sonnenstrahlung auf Bauteilflächen ankommen. 3 % der terrestrischen Sonnenstrahlung entfallen auf kurzwellige, unsichtbare UV-A- und UV-B-Strahlenanteile, die u. a. chemische Kohlenstoffverbindungen in Beschichtungen, wie z. B. von Bindemitteln und organischen Pigmenten, im Alterungsprozess zerstören, beginnend mit Farbveränderungen, Glanzabfall und Kreidung. 39 % der terrestrischen Sonnenstrahlung entfallen auf das sichtbare Lichtwellenspektrum im Bereich von 420 bis 780 nm mit dessen Spektralfarben. Bei Absorptions- und Remissionsvorgängen dieser Strahlenanteile entstehen bunte oder unbunte Farbeffekte bis hin zu Weiß oder Schwarz, ohne dass sich dadurch Temperaturen auf Oberflächen beeinflussen lassen. 58 % der totalen terrestrischen Sonnenstrahlung ist unsichtbare nahinfrarote Strahlung (NIR). Sie versetzt Atome und Moleküle in Schwingungs- und Drehbewegungen. Die dabei entstehende Wärmeenergie löst Temperaturerhöhungen aus. Die NIR ist somit der wesentliche verantwortliche Strahlenbestandteil, der im Sonnenlicht zu Aufheizungen führt und Schäden durch thermisch bedingte Deformationen an beschichteten Bauteilen verursachen kann.

Ausdehnungskoeffizient

Bei der Sanierung von Untergründen müssen vor der Ausführung Farbtonänderungen berücksichtigt werden. Sollen z. B. ursprünglich weiße Kunststofffenster oder -türen mit dunklen Anstrichen versehen werden, kommt es bedingt durch die solare Aufheizung und Dehnung nicht selten zu Schäden infolge einer nicht mehr gegebenen Maßhaltigkeit auf solchen Untergründen. Rahmen könnten sich verziehen und Scheiben zerbersten. Der Ausdehnungskoeffizient α bei einem weiß beschichteten Kunststoffprofil beträgt bei einer Temperaturdifferenz von 50 °C ca. 1,65 mm/m. Dies bedeutet bei einem Türprofil mit einer Höhe von 2,10 m, welches z. B. von Weiß auf Dunkelblau umlackiert wurde, nunmehr eine Ausdehnung von ca. 5,04 mm bei einer Höhe von 2,10 m und einer Temperaturdifferenz von 110 K. In Abhängigkeit von der Qualität und Konstruktion des Kunststoffprofils wird diese Dehnung teilweise abgetragen, dennoch verbleibt eine Ausdehnung in der Sommerperiode bzw. eine Stauchung in der Winterperiode, die sich auf die angrenzenden Bauteile entsprechend auswirkt und bei ungenügender Fugenausbildung zur Rissbildung führen kann. Temperaturdifferenzen von 100 K können durchaus auftreten, geht man im Winter von ca. –20 °C und im Sommer von ca. 80 °C bei einem dunklen Anstrich an der Südseite aus. Daher dürfen weiße und helle maßhaltige Kunststoffbauteile wie Fenster und Außentüren nicht dunkel beschichtet werden oder nur dann, wenn der Fensterhersteller ausdrücklich erklärt, dass sie dafür geeignet sind.

Dieselbe Problematik stellt sich z. B. auch beim Einbau von Fensterbänken aus Aluminium mit einem ähnlich hohen Ausdehnungskoeffizienten (siehe Tabelle 5.21). Hier müssen geeignete Vorkehrungen getroffen werden, um den Anschlussbereich zwischen Putz und Laibung ausreichend vor Beschädigungen zu schützen. Dies wird üblicherweise mit einer Fugenausbildung erreicht, bei der die Fugen mit dem entsprechenden Dichtstoff in der erforderlichen Breite ausgeführt werden.

Beispiel

Berechnet wird die erforderliche Fugenbreite b der Dehnfuge zwischen Putz und Fensterbank aus Aluminium auf beiden Seiten der Fensterbank. Dabei werden folgende Werte zugrunde gelegt:

- Fensterbank, Länge: $L = 1{,}20$ m
- Farbton: Alu eloxiert, thermischer Ausdehnungskoeffizient: $\alpha = 0{,}0235$ mm/(m · K)
- Sommer-Winter-Temperaturdifferenz: $\Delta\vartheta = 100$ K
- praktische Dehnfähigkeit des Fugendichtstoffs Acryl: 10 % (Silikon: 25 %), angebracht auf beiden Seiten der Fensterbank

$$\Delta L = L \cdot \alpha \cdot \Delta\vartheta$$

$$= 1{,}20 \text{ m} \cdot 0{,}0235 \text{ mm/(m} \cdot \text{K)} \cdot 100 \text{ K}$$

$$= 2{,}82 \text{ mm}$$

mit

ΔL = thermische Längenänderung der Fensterbank
L = Länge der Fensterbank
α = Ausdehnungskoeffizient bei 100 K
$\Delta\vartheta$ = Temperaturdifferenz

Die Gesamtausdehnung beträgt 2,82 mm, d. h. pro Seite ca. 1,41 mm, die innerhalb einer auszubildenden Dehnfugenkonstruktion aufgenommen werden müssen. Wird diese Dehnfuge mit Acryldichtstoff mit einer praktischen Dehnfähigkeit von 10 % ausgeführt, ist theoretisch eine Fugenbreite von mindestens 14,1 mm erforderlich.

$$b_{\text{Acryl}} = \Delta L/(\text{praktische Dehnfähigkeit}_{\text{Acryl}} \cdot 2)$$

$$= 2{,}82 \text{ mm} \cdot 100/(10 \cdot 2)$$

$$= 14{,}1 \text{ mm}$$

mit

b_{Acryl} = Soll-Fugenbreite auf beiden Seiten der Fensterbank mit Acryldichtstoff
ΔL = thermische Längenänderung der Fensterbank

Bei der Verwendung von Silikondichtstoff mit einer praktischen Dehnfähigkeit von 25 % reduziert sich die Mindestfugenbreite auf 5,64 mm:

$b_{\text{Silikon}} = \Delta L/(\text{praktische Dehnfähigkeit}_{\text{Silikon}} \cdot 2)$

$= 2{,}82\ \text{mm} \cdot 100/(25 \cdot 2)$

$= 5{,}64\ \text{mm}$

mit

b_{Silikon} = Soll-Fugenbreite auf beiden Seiten der Fensterbank mit Silikondichtstoff

ΔL = thermische Längenänderung der Fensterbank

Nur eine entsprechend den Anforderungen ausgebildete Dehnfugenkonstruktion mit geeigneter Dichtstoffmasse und unter Berücksichtigung der erforderlichen Fugenbreite und -tiefe mit Zweiflankenhaftung zwischen den angrenzenden Bauteilen übersteht Belastungen durch Stauchung der Fuge im Sommer und Dehnung im Winter schadlos.

Da Temperaturdifferenzen von 100 K durchaus auftreten können, weist auch die VOB/C ATV DIN 18339 „Klempnerarbeiten" (2010), Absatz 3.1.5, auf daraus resultierende Gefahren in Verbindung mit Bewegungsausgleichern hin:

„Verbindungen und Befestigungen sind so auszuführen, dass sich die Teile bei Temperaturänderungen schadlos ausdehnen, zusammenziehen oder verschieben können. Hierbei ist von einer Temperaturdifferenz von 100 K – im Bereich von –20 °C bis +80 °C – auszugehen. Die Abstände von Bewegungsausgleichern sind in Abhängigkeit von deren Ausführung und der Art und Anordnung der Bauteile zu wählen."

Tabelle 5.21: Lineare Ausdehnung von Baustoffen bei einem Temperaturunterschied von 100 K

Baustoff	**Ausdehnungskoeffizient *α* in mm/m**
Acrylglas (Plexiglas)	8,0
Glas	0,8
Aluminium	2,3
Beton/Stahlbeton	1,1
Porenbeton	1,1

Fortsetzung Tabelle 5.21

Baustoff	Ausdehnungskoeffizient a in mm/m
Hart-PVC	8,0
Polyester GFK	2,5 bis 4,0
Holz (längs zur Faser)	0,7
Holz (quer zur Faser)	4,5
Kalksandstein	0,9
Klinker	0,7
keramische Platten	0,6
Kupfer	1,7
Stahl	1,2
Ziegelsteine	0,5
Zink	3,6

Um solarthermische Schäden durch Ausdehnungen und Aufheizungen von Oberflächen zu vermeiden, sollten die folgenden Punkte berücksichtigt werden. Deren Beachtung wird mit abnehmender Helligkeit und zunehmender Ausdehnung umso wichtiger:

- Farbtonwechsel bezogen auf den Hell-Dunkel-Kontrast in einer durchgehenden Fläche möglichst vermeiden
- Anschlussfugen so dimensionieren, dass die Dehnfähigkeit vom Dichtstoff sowie die Breite und Tiefe der Dehnungsfuge auf die Ausdehnung der angrenzenden Bauteile ausgelegt sind
- bei Bauteilen, z. B. Fensterbänken, entsprechend Bewegungsausgleicher einplanen

5.6.1 Farbtonbegrenzungen durch Hellbezugswerte

Die in Tabelle 5.22 genannten technischen Regelwerke, die solche Farbtonbegrenzungen berücksichtigen, betreffen eingefärbte Putz- und Anstrichsysteme auf Leichtmauerwerk und Wärmedämm-Verbundsystemen. Sie beruhen auf Mindeststandards, die in der Praxis breite Anerkennung finden. Sie sind Empfehlungen zur Gewährleistung von Mindest-Qualitätsgüteeigenschaften, die, in Werkverträgen vereinbart, rechtlich bindend sind, aber dennoch nicht zwangsläufig im Zuge des technischen Fortschritts dem sog. „aktuellen Stand der Technik“ entsprechen müssen.

Tabelle 5.22: Gültige technische Regelwerke zu Farbtonbegrenzungen

Regelwerk	Bezeichnung	Farbbegrenzungshinweis
DIN 55699 (2005)	Verarbeitung von Wärmedämm-Verbundsystemen	„Der Hellbezugswert (Y-Wert) nach DIN 5033-3 darf den Wert 20 nicht überschreiten. Unter bestimmten objektspezifischen Randbedingungen kann hiervon abgewichen werden (z. B. Kleinflächen, Verschattungen, Nordseite).“
BFS-Merkblatt Nr. 21[1] (5-2012)	Technische Richtlinien für die Planung und Verarbeitung von Wärmedämm-Verbundsystemen	„Der Hellbezugswert des Oberputzes/der Schlussbeschichtung darf den Wert 20 nicht überschreiten […]. Werden dennoch Hellbezugswerte < 20 geplant, so muss das jeweilige WDVS darauf technisch durch z. B. spezielle Armierung und/oder Pigmentierung abgestimmt sein.“
IWM-Leitlinien[2] (2007)	Leitlinien für das Verputzen von Mauerwerk und Beton	„Daher sollten Hellbezugswerte unter 20 keine und von 20 bis 30 nur ausnahmsweise Anwendung auf hoch wärmedämmenden Untergründen finden.“

[1] Bundesausschuss Farbe und Sachwertschutz, Frankfurt a. M.
[2] Industrieverband WerkMörtel e. V., Duisburg

In Österreich darf nach dem österreichischen Normungsinstitut Wien gemäß ÖNORM B 6400 „Außenwand-Wärmedämm-Verbundsysteme Anwendung“ (2004) ein Hellbezugsgrenzwert von 25 und in der Schweiz nach dem schweizerischen Ingenieur- und Architektenverein gemäß SIA 243 „Verputzte Aussenwärmedämmung“ (2008) ein Hellbezugsgrenzwert von 30 nicht unterschritten werden.

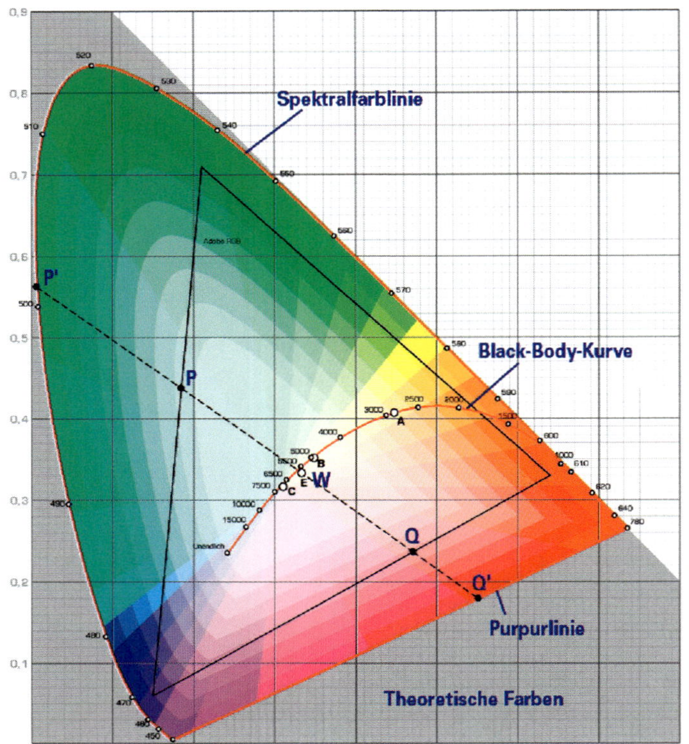

Abb. 5.74: CIE-Normfarbtafel mit dem Weißpunkt W: Y = 100 (Quelle: Wikipedia, Torge Anders, 2005)

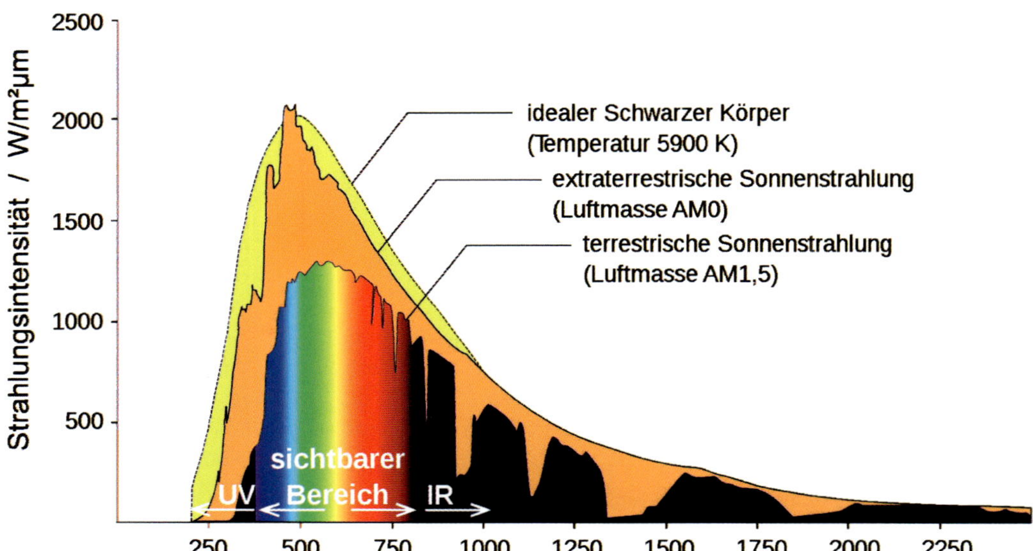

Abb. 5.75: Strahlenspektrum des Sonnenlichts und dessen energetische Intensität in Abhängigkeit von den Lichtwellenlängen in mm mit Darstellung des UV-, des sichtbaren Licht- und nahen Infrarot-Bereichs (IR bzw. NIR) (Quelle: Wikipedia, M. Matthias, 2006)

Bedeutung des Hellbezugswerts bezüglich Infrarotstrahlung und solarer Aufheizung der Oberflächentemperaturen

Der Hellbezugswert entspricht gemäß DIN 55699 und DIN 5033-3 „Farbmessung; Farbmaßzahlen" (1992) dem Y-Wert nach der internationalen Beleuchtungskommission CIE im räumlichen XYZ-Farbmodell der Normfarbtafel (siehe Abb. 5.74). In diesem räumlichen Farbmodell, das in seiner Gestalt einer Schuhsohle ähnelt, befindet sich am höchsten Punkt das absolute Weiß mit dem Y-Wert 100. Ihm gegenüber befindet sich auf der niedrigsten farbintensivsten Ebene das ideale, tiefe Schwarz mit dem Y-Wert 0.

Dem Farbmodell entsprechend kann jedem Buntfarbton und jeder unbunten Abstufung zwischen Schwarz und Weiß ein Y-Wert als Hellbezugswert zugeordnet werden. Damit beschreibt der Y-Wert nichts anderes als eine Helligkeitsstufe einer Farbe oder einer unbunten Graumischung als Kennwert im optischen Farbraum des sichtbaren Lichts. Nicht beschrieben werden die Absorption und Remission (Reflexion im Volksmund) des sichtbaren Lichtwellenspektrums des Sonnenlichts, welches für die Farbgebung eines Buntfarbtons verantwortlich ist (siehe Abb. 5.75). Auch die im Sonnenlicht enthaltenen Infrarotstrahlen (IR-Strahlen) jenseits des sichtbaren Lichtwellenspektrums werden vom Hellbezugswert nicht erfasst.

Auswirkungen der Infrarotstrahlung auf Oberflächentemperaturen

Je mehr nahinfrarote Strahlen ein Beschichtungsstoff bzw. ein Bauteil infolge seiner chemischen Struktur und Zusammensetzung zu absorbieren vermag, umso mehr Wärme wird auf dessen Oberfläche erzeugt; die Oberflächentemperatur steigt. Folgeschäden durch thermosolare Überbeanspruchungen können dann ggf. auftreten, insbesondere wenn Dämmstoff- und Wanddicken weiter erhöht und Raumgewichte sowie Wärmeleitfähigkeiten von Baustoffen weiter gesenkt werden.

Die Begrenzungen des Hellbezugswerts nach den gültigen technischen Regelwerken können bei der Farbgebung solcher Konstruktionen ihren Zweck zur Vermeidung der Schadensrisiken in der Praxis verlieren, wenn der Einfluss der Infrarotstrahlung auf die Oberflächentemperatur unberücksichtigt bleibt, so wie dies bei der optischen Kenngrößenbetrachtung mittels Y-Wert im alleinigen sichtbaren Lichtwellenspektrum geschieht. Hierzu ein Beispiel aus der Praxis:

Beispiel

Im folgenden Fall sind vor Ablauf der fünfjährigen Gewährleistungsfrist Risse mit schädlichen Rissweiten von über 0,5 mm in den Lagerfugenbereichen einer wärmedämmenden, monolithischen Mauerwerkskonstruktion aus Leichtziegel aufgetreten. Die Putzlagenrisse konzentrierten sich an mehreren gleichartig hergestellten Reihenhäusern stets auf Gebäudeecken an Westfassaden, die an die Nordseiten angrenzten und mit Farbanstrichen behandelt waren, deren Hellbezugswerte im Y-Wert über 30 lagen. Weil die Gebäude exakt in der Nord-Süd-Achse ausgerichtet waren, wurden die Nordseiten kaum (nur minimal im Hochsommer), die Westseiten dagegen ganzjährig stark thermisch durch Sonneneinstrahlung und hygrisch durch Schlagregen belastet. In Richtung Süden sowie in den angrenzenden Gebäudeeckbereichen waren keine Rissbildungen aufgetreten, wobei die Südseiten der Gebäude mit weißen Beschichtungen versehen waren.

Weil in diesem Fallbeispiel Mängel in der Ausführung bei der Mauerwerksherstellung und bei den Putz- und Anstricharbeiten ausgeschlossen werden konnten, können nur thermisch bedingte Ursachen zur Rissbildung geführt haben. Obwohl hier die gültigen technischen Regelwerke, u. a. die Hellbezugswertbegrenzungen, eingehalten wurden, müssen offenbar im Ergebnis für dieses Schadensbild hauptsächlich solarthermische Deformationen aufgrund der Sonneneinstrahlung verantwortlich gewesen sein. Eine in den frühen Morgenstunden erstellte Infrarotabbildung des Schadensbereichs zeigt die Unterschiede der Oberflächentemperaturen, die bereits ohne direkte Sonnenbestrahlung im diffusen Tageslicht im Spätherbst auftraten:

- im Eckbereich an der Nordseite mit Graupigmentierung (Y = 36): 9 °C
- im Eckbereich an der roten West-Fassadenfläche (Y = 36): 7 °C
- weiße Fläche ebenfalls im Eckbereich an der Nordseite unterhalb des grauen Bereichs (Y = 87): 5 °C (siehe Abb. 5.76)

Wechselt der Sonnenstand nachmittags auf die Westseite, steigt die Oberflächentemperatur entsprechend stark an. Die Temperaturspannungen wurden durch den Kontrast mit den weißen Flächen auf der Nordseite weiter verschärft. Im Eckbereich zur relativ kühlen Nordseite nehmen die thermischen Spannungen folglich so stark zu, dass sich im Laufe der Zeit Putzlagenrisse ausbilden konnten. Die hohe Temperaturdifferenz zwischen den weißen Flächen und den dunkleren Flächen lösten die schädlichen Spannungen mit der Folge von Rissbildungen aus (siehe Abb. 5.77).

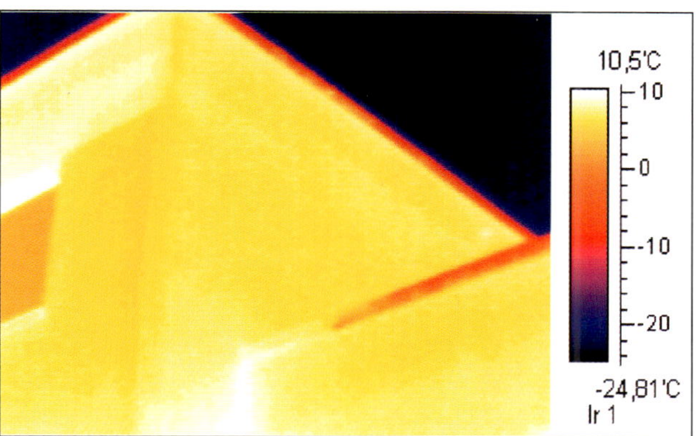

Abb. 5.76: Thermografie zum Fallbeispiel

Abb. 5.77: Fallbeispiel: Nord-West-Objektansicht mit Lagerfugenrissen auf der roten Westfassadenfläche im Gebäudeeckbereich (siehe Detailausschnitt)

Verhalten von Nahinfrarotstrahlung (NIR) im Zusammenhang mit Hellbezugswerten auf dunklen Pigmentierungen

Weil die meisten gebräuchlichen dunklen Pigmentierungen in Beschichtungen wie Schwarz, Grau, Blau, Grün, Umbra, Braun oder Rot in Beschichtungen in der Regel auch einen hohen Anteil NIR-Strahlung absorbieren, trifft es unzweifelhaft zu, dass damit entsprechende Temperaturerhöhungen und solarthermische Belastungen verbunden sind. Nicht zutreffend ist dagegen, dass Pigmentierungen in gleichen Farbtönen bei demselben Hellbezugswert zwangsläufig auch dieselben Oberflächentemperaturen mit denselben Schadensrisiken erzeugen, weil ihre Absorptions- und Remissionsanteile im nahinfraroten Sonnenlichtspektrum, je nach Pigmenttyp und dessen chemischer Zusammensetzung, unterschiedlich sein können. Infolgedessen entwickeln unterschiedliche Pigmenttypen bei gleichem Hellbezugswert auch deutlich unterschiedliche Oberflächentemperaturen. Die Auswirkungen auf solarthermische Oberflächeneffekte und Schadensfolgen können beträchtlich sein.

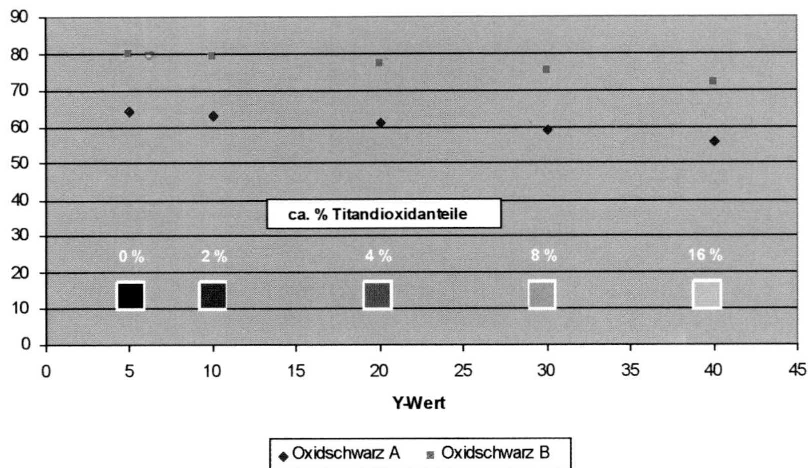

Abb. 5.78: Fassadenfarben mit zwei verschiedenen Oxidschwarzpigmenten im Vollton mit Hellbezugswert Y = 5 und in Abmischung mit Titandioxid bei Y-Werten bis 40; dargestellt sind die Oberflächentemperaturen bezogen auf die Y-Werte bei Schwarz-Weiß-Abmischungen im Halogenlicht bei 500 W

Abb. 5.78 zeigt, dass die Oberflächentemperaturen der beiden Oxidschwarzpigmente bei gleichem Hellbezugswert stark unterschiedlich sind. Als Schwarzpigmente nehmen sie mit Unterschieden von hier ca. 15 °C entscheidenden Einfluss auf die Temperatur. Die Zugabe von Titandioxid-Weißpigment reduziert die Oberflächentemperaturen dagegen nur um wenige °C, obwohl deren Dosierung im quadratischen Verhältnis stark zunimmt. Dabei bewirkt Titandioxid im Vollton als pures Weißpigment die größte Remission mit der niedrigsten Absorption des nahinfraroten Wellenspektrums und heizt sich deshalb nur wenig auf, in dem Sonnenlicht vergleichbaren infrarothaltigen Halogenlicht bei 500 W und einem Hellbezugswert von 89 nur auf 50 °C. Auch sind die Temperaturunterschiede zwischen den Hellbezugswerten 5 bis 40 relativ gering und betragen im WDVS-Normengrenzbereich von Y = 20 bis Y = 30 nur ca. 2 °C. Sogar im Hellbezugswertbereich von 20 bis 40 liegen die solaren Oberflächentemperaturen nur ca. 5 °C auseinander.

Das Schwarzpigment A ist ein spezielles Oxidschwarz, das sich vom am meisten verwendeten Eisenoxidschwarzpigment vom Typ B unterscheidet. Im Gegensatz zu Typ B besitzt es die Eigenschaft, selektiv nur sichtbares Licht zu absorbieren, aber Nahinfrarotstrahlen, ähnlich wie beim Titandioxid Weiß, in hohen Anteilen durch Streuung zu remittieren. Die außergewöhnlich geringe Absorptionseigenschaft im Infrarotstrahlenbereich wird beim Oxidschwarz A durch eine Modifikation mit Chrom als zusätzlichem Metall im Eisenoxidgerüst erzeugt, um so einen zu starken Anstieg gefährlich hoher Oberflächentemperaturen vermeiden zu können. Auch beim tiefschwarzen Flammruß, der häufig alternativ zu Oxidschwarz B eingesetzt wird, werden in vergleichbar ungünstiger Weise Nahinfrarotstrahlen besonders stark absorbiert. Die Folge davon sind die bekannt starken Temperaturanstiege von damit eingefärbten Beschichtungen, die im Sonnenlicht ggf. Schäden an Bauteilen verursachen (siehe Abb. 5.79).

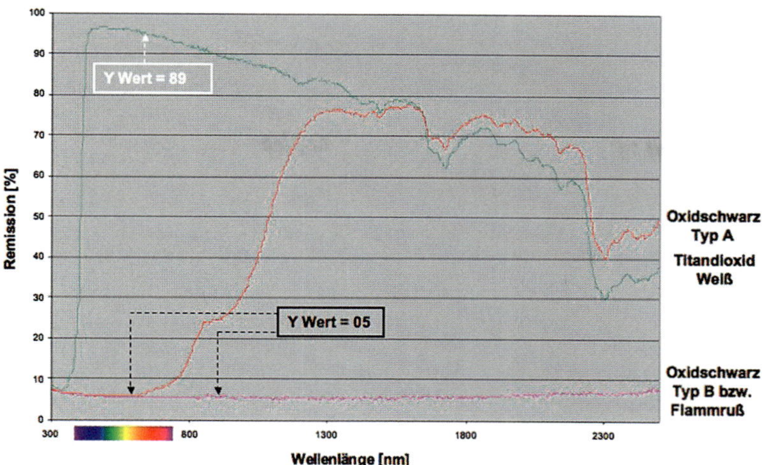

Abb. 5.79: Remissionsverhalten von Schwarzpigmenten im Vergleich zu Titandioxid Weiß (Quelle: BASF SE, Ludwigshafen)

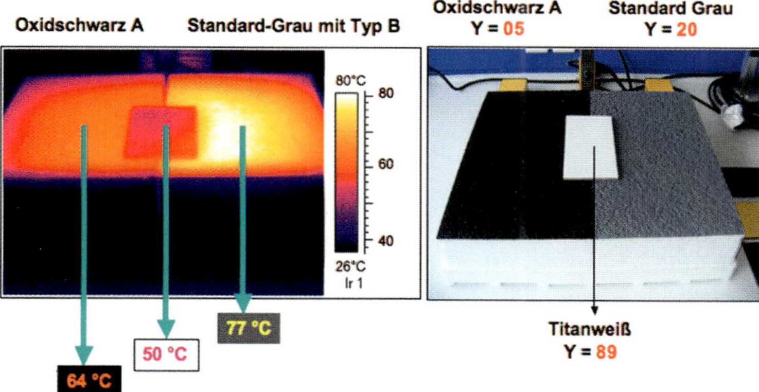

Abb. 5.80: Oberflächentemperaturen im Vergleich zum regelkonformen Graustandard mit Hellbezugswert Y = 20 im Halogenlicht bei 500 W

Derartige selektive Eigenschaften wie das Schwarzpigment A besitzen auch weitere verfügbare dunkle Blau-, Grün-, Braun- und Rotpigmente auf Basis anorganischer Spinellen sowie auf organischer Basis im purpurfarbenen Rotbereich sowie bei tiefem Blau oder Grün in vergleichbarer Weise bis zu einem Hellbezugswert von Y = 5. In Abb. 5.78 und Abb. 5.79 ist zudem erkennbar, dass bei Verwendung von Pigmentierungen, die selektiv insbesondere im Nahinfrarotbereich remittieren bzw. „reflektieren", bis zu einem Hellbezugswert von 5 sogar niedrigere Oberflächentemperaturen erreicht werden können als bei herkömmlicher Standardpigmentierung im regelkonformen Hellbezugsgrenzwert von Y = 20 im neutralen, unbunten Farbton Grau (siehe Abb. 5.80).

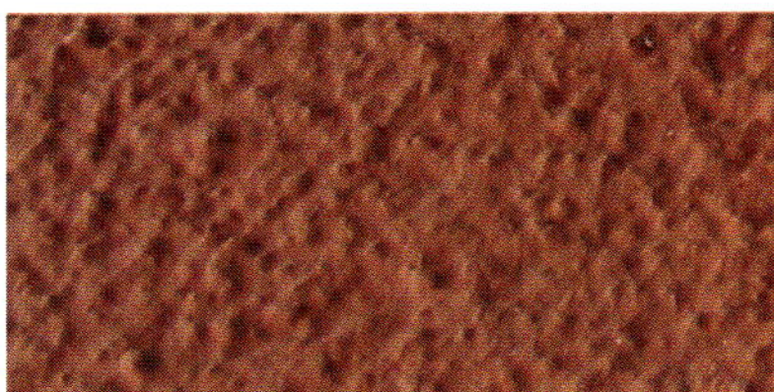

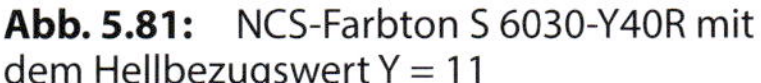

Abb. 5.81: NCS-Farbton S 6030-Y40R mit dem Hellbezugswert Y = 11

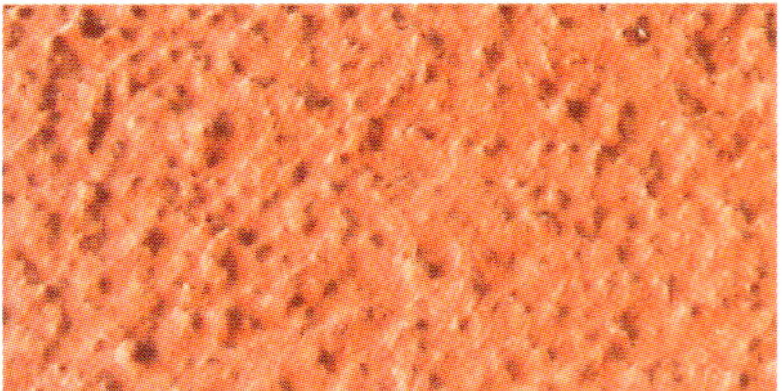

Abb. 5.82: NCS-Farbton S 2030-Y50R mit dem Hellbezugswert Y = 41

Solarthermische Schäden wie in den Abb. 5.72 und Abb. 5.73 in Farbtönen mit Hellbezugswerten weit unter 20 oder wie in Abb. 5.77 mit regelwerkskonformen Hellbezugswerten können vermieden werden, wenn in Beschichtungen dunkle Pigmentierungen mit höchstmöglichen NIR-Streuungs- bzw. „NIR-Reflexionseigenschaften" (als häufig verwendeter Begriff der Pigmentindustrie) zur Anwendung kommen. Die alleinige Orientierung von Farbpigmentierungen am Hellbezugswert kann zur Beurteilung solarer Oberflächentemperaturen nicht zuverlässig sein, weil die für solare Temperatursteigerungen verantwortlichen Nahinfrarotstrahlen keine Berücksichtigung finden, so wie dies bei der Kenngröße als Y-Wert im optischen Farbraum des sichtbaren Lichtwellenspektrums geschieht.

Dies bestätigen auch folgende Pigmentierungen in 3 verschiedenen Kombinationen im NCS-Farbton **S 6030-Y40R**, der im Natural-Colour-System (NCS) nach dessen Farbcodierung aus **60 % S**chwarz- und **30 %** Buntanteil, welcher wiederum aus **60 %** Gelb (**Y**ellow) und **40 % R**ot besteht, plus einem Rest aus 10 % Weiß zusammengesetzt ist (siehe Abb. 5.81). Der Hellbezugswert beträgt 11 und liegt damit deutlich unter dem regelkonformen minimalen Grenzwert für Wärmedämm-Verbundsysteme von Y = 20. Gemäß den gültigen technischen Regelwerken wäre dieser Farbton eindeutig zu dunkel, weil vermeintliche solarthermische Überbeanspruchungen Schäden verursachen könnten. Um im Vergleich dazu einen farbtonähnlichen helleren NCS-Farbton S 2030-Y50R mit unschädlichem Hellbezugswert gegenüberstellen und bewerten zu können, wurde eine Standardpigmentierung gewählt, die mit herkömmlichen Pigmenten aufgebaut ist und einen Hellbezugswert von 41 hat (siehe Abb. 5.82).

Die jeweiligen Pigmentierungen von Silikonharzfarbenanstrichen der beiden Farbtöne auf Wärmedämm-Verbundsystemen und die sich daraus ergebenden Oberflächentemperaturen sind in Tabelle 5.22 zusammengefasst. Die Messungen fanden unter Halogenlicht bei 500 W statt, das Infrarotlichtanteile ähnlich dem Sonnenlicht enthält. Trotz gleichem Hellbezugswert ergeben sich beim dunklen NCS-Farbton S 6030-Y40R völlig unterschiedliche Oberflächentemperaturen. Der stärkste Temperaturanstieg bis 79 °C wird hier durch das standardmäßig übliche Eisenoxidschwarz vom Typ B verursacht. Wird das Schwarzpigment durch eine andere Pigmentkombination ohne Oxidgelb im gleichen Farbton mit üblichen Standardpigmenten aus Chromoxidgrün und Eisenoxidrot ersetzt, tritt eine erhebliche Senkung der Oberflächentemperatur um 14 °C auf nur 65 °C ein.

Tabelle 5.23: Einfluss von Pigmentierungen auf Oberflächentemperaturen bei Silikonharzfarben mit einem Hellbezugswert von Y = 11 und einem Hellbezugswert von Y = 41 in den NCS-Farbtönen S 6030-Y40R und S 2030-Y50R

NCS-Farbton		**S 6030-Y40R**		**S 2030-Y50R**
Pigmentierung	1	2	3	4
Titandioxid	+	+	+	+
Oxidgelb	+	+	–	+
Oxidrot	+	+	+	+
Oxidschwarz A	+	–	–	–
Oxidschwarz B	–	+	–	+
Oxidgrün	–	–	+	–
Hellbezugswert	11	11	11	41
Oberflächentemperatur	59 °C	79 °C	65 °C	74 °C
+ Pigment enthalten – Pigment nicht enthalten				

Im Vergleich dazu entsteht, mit üblicher standardgemäßer Pigmentierung im hellen NCS-Farbton S 2030-Y50R, der nach den gültigen Regeln der Technik mit einem Hellbezugswert von 41 unbedenklich einsetzbar sein soll, eine deutlich höhere Temperatur von 74 °C. Die solarthermische Aufheizung und Beanspruchung ist bei diesem Beispiel also im zulässigen hellen Anstrich erheblich größer als in der unzulässigen, nicht regelkonformen Variante im angeblich zu dunklen NCS-Ton. Die geringste Oberflächentemperatur von nur 59 °C ergibt die Pigmentierung mit dem gut NIR-streuenden („NIR-reflektierenden") Oxidschwarz vom Typ A, obwohl auch hier die vorgeschriebene Hellbezugswertbegrenzung nicht eingehalten wird.

Damit ist zusammenfassend festzustellen:

- Der Hellbezugswert ist zur Bewertung solarer Oberflächentemperaturen ungeeignet.
- Thermosolare Überbeanspruchungen, Schadensfolgen oder Risiken lassen sich durch Einschränkung von Farbtönen mit zulässigen Hellbezugswerten nicht zuverlässig begrenzen, vermeiden oder ausschließen.
- Die allgemein gültigen technischen Regelungen, die auf Begrenzungen von Hellbezugswertangaben beruhen, berücksichtigen die Temperatureffekte durch Wärmeabstrahlung im infraroten Lichtspektrum unzureichend.

- Dunkle Farbtöne bis hin zu Schwarz unterhalb gültiger Hellbezugswertgrenzen sind realisierbar, wenn die gewählten Pigmentierungen die Nahinfrarotstrahlen optimal streuen bzw. „reflektieren".
- Schadensfolgen durch thermosolare Überbeanspruchungen können besser oder ganz vermieden werden, wenn dunkle Farbtöne infolge maximierter „Nahinfrarotreflexion" signifikant niedrigere Oberflächentemperaturen aufweisen als beim vergleichbaren Graustandard im Hellbezugswert 20 in üblicher Pigmentierung mit normalem Eisenoxidschwarz oder Flammruß. Unter diesem Aspekt können Hellbezugswertgrenzen bis hin zu Y = 5 vernachlässigt werden.

Weil nicht alle Buntfarbtöne mit sog. „infrarotreflektierenden" Pigmentierungen optimiert werden können, sind Einschränkungen in der Farbtonauswahl möglich. Dennoch ist technisch eine sehr umfassende Farbauswahl realisierbar. Rücksprachen bei Farbenherstellern über umsetzbare Möglichkeiten sind in jeder Hinsicht zu empfehlen.

Der TSR-Wert als Alternative zum Hellbezugswert (Y-Wert)

Der TSR-Wert (von engl. „Total Solar Reflexion") beschreibt den prozentualen Anteil der terrestrischen Sonnenstrahlung, den ein angestrahlter Körper über das gesamte Wellenlängenspektrum des UV-, sichtbaren und nahinfraroten Bereichs bis 2.500 nm Wellenlänge durch Remission (Streuung) reflektiert. Körper mit niedrigen TSR-Werten emittieren durch hohe Sonnenlichtabsorption mehr Wärmestrahlung mit entsprechend hohen Temperaturen als Körper mit hohen TSR-Werten, die Sonnenlicht stärker streuen bzw. reflektieren und dadurch kühler bleiben können. Ein Titandioxid-Weißpigment mit einem TSR-Wert von 89 % absorbiert z. B. nur 11 % des Sonnenstrahlenspektrums, das in Deutschland eine Intensität bis 1.000 W/m^2 aufweisen kann. Zur Erhöhung der Oberflächentemperatur (T_S) stehen also nur 11 % dieser Strahlenintensität zur Verfügung. Entsprechend gering ist folglich die Erwärmung, weil der größte Anteil mit 89 % des einfallenden Sonnenlichts reflektiert werden kann. Übliche Schwarzpigmente aus Eisenoxidschwarz oder Flammruß mit einem TSR-Wert von nur 5 % absorbieren dagegen 95 % der gesamten Sonnenstrahlung, sodass die Oberflächentemperatur deutlich stärker ansteigt. Wird beispielsweise bei der mit Titandioxid pigmentierten Beschichtung eine Oberflächentemperatur von 45 °C gemessen, beträgt die Differenz der TSR-Werte im Vergleich zu den schwarz pigmentierten Beschichtungen (89 % bis 5 %) = 84 % mehr Reflexion bei Weiß bzw. (95 % bis 11 %) = 84 % mehr Absorption bei Schwarz. Demzufolge wird bei der Schwarzpigmentierung die Oberflächentemperatur mit 45 °C gegenüber der Weißpigmentierung um die 84 %-Rate (= ca. 37,8 °C) auf T_S ca. 82,8 °C ansteigen, wenn man weitere Parameter, wie z. B. Wärmetransmission, Wärmeleitfähigkeit, Emissionsgrad, Windkonvektion und sonstige Umgebungseinflüsse, nicht berücksichtigt.

Verwendet man dagegen im gleichen Hellbezugswertniveau (Y-Wert = 5) z. B. ein infrarotreflektives Schwarzpigment, analog Colour Index PBr 29 Eisenchromoxid, mit einem TSR-Wert von 33 % und mit selektiven Absorptions-/Reflexionseigenschaften, so beträgt die TSR-/Absorptionsdifferenz nur noch (89 % bis 33 %) bzw. (67 % bis 11 %) = 56 %. Somit wird anstelle der üblichen Schwarzpigmentierung mit T_S ca. 82,4 °C der Temperaturanstieg bei 56 % · 45 °C = ca. 25,2 °C (+ 45°C) insgesamt nur noch ca. 70,2 °C betragen.

Folglich kann der TSR-Wert die in der Praxis beobachtbaren Oberflächentemperaturen deutlich besser erfassen als der Hellbezugswert bzw. Y-Wert. Beim Hellbezugswert wird lediglich die Helligkeitsachse Y im räumlichen CIE-XYZ-Farbmodell innerhalb des sichtbaren Sonnenlichtspektrum erfasst, sodass die für Oberflächentemperaturen verantwortlichen NIR- und UV-Strahlen, die mehr als 60 % der Gesamtstrahlung betragen, unberücksichtigt bleiben. Dementsprechend können vorgeschriebene Begrenzungen mit Hellbezugswerten weniger mit tatsächlich messbaren Oberflächentemperaturergebnissen in der Praxis korrelieren, als dies mittels TSR-Wertbestimmungen möglich ist.

Der ε-Wert (Emissionsgrad) und seine Bedeutung im Zusammenhang mit dem TSR-Wert

Die von der Sonne angestrahlten Oberflächen absorbieren und reflektieren die Strahlung in Abhängigkeit ihrer Oberflächeneigenschaften unterschiedlich. Raue Oberflächen absorbieren z. B. mehr Strahlung als glatte, und dunkle Farben absorbieren mehr Strahlung als helle. Ein schwarzer Mattlack wird also mehr Sonnenstrahlung absorbieren und folglich eine etwas höhere Oberflächentemperatur entwickeln bzw. abstrahlen als ein schwarzer Hochglanzlack gleicher Art. Das Verhältnis abgestrahlter Energie zu eingestrahlter Energie beschreibt den Emissionsgrad ε:

$$\varepsilon = \frac{\text{abgestrahlte Energie}}{\text{eingestrahlte Energie}}$$

Der Emissionsgrad ist demzufolge eine dimensionslose Kennzahl und erreicht den Wert 1,0 nur, wenn die eingestrahlte Energie der Sonne genauso groß ist wie die von der Oberfläche abgestrahlte Energie.

Um die Oberflächentemperatur T_S im Sonnenlicht abschätzen zu können, genügt es nicht, nur den TSR-Wert alleine heranzuziehen, denn dieser Wert berücksichtigt nur den Prozentanteil der reflektierten Sonnenstrahlung im Wellenlängenbereich bis 2,5 µm. Die Emission und Wärmeabstrahlung im Wellenlängenbereich über 2,5 bis 40 µm ist damit noch unberücksichtigt. Also ist zur Abschätzung der Oberflächentemperatur T_S auch der Emissionsgrad ε als zweite Kenngröße zu berücksichtigen. Denn die Oberflächentemperatur T_S verhält sich nicht nur proportional zur Absorption α des Sonnenlichts ($\alpha = 1 - [\text{TSR-Wert}/100]$), sondern auch proportional zum Emissionsgrad ε der bestrahlten Oberfläche. Dies erklärt auch, weshalb je nach Zusammensetzung einer Beschichtung unterschiedliche solare Oberflächentemperaturen auftreten können, obwohl sie den gleichen TSR-Wert aufweisen. Die Emission von Wärmeabstrahlung ist vom Emissionsgrad der Beschichtung abhängig, der wiederum von der Zusammensetzung des jeweiligen Beschichtungsstoffes beeinflusst werden kann.

Die Emissionsgrade von deckenden Beschichtungsstoffen liegen meist in Bereichen von 0,78 bis 0,95. Metalliclacke liegen dagegen in Bereichen von 0,3 bis 0,6 darunter. Blanke Metalle weisen mit ε-Werten < 0,1 die geringste Abstrahlung auf, insbesondere bei polierten Oberflächen. Die Oberflächentemperaturen von Metallen sind daher bei Sonnenbestrahlung deutlich höher als die von den meisten deckenden Beschichtungsstoffen oder von Holz (ε = ca. 0,9).

IWM-Druckschrift „Total Solar Reflectance“

Gemäß der Veröffentlichung „Total Solar Reflectance“ des Industrieverbands WerkMörtel e. V. (Stand 4/2014), entstanden unter Mitwirkung des Bundesverbands Ausbau und Fassade, des Bundesverbands Farbe Gestaltung Bautenschutz und des Verbands der deutschen Lack- und Druckfarbenindustrie e. V., können Fassaden aus hochwärmegedämmtem Mauerwerk oder mit Wärmedämm-Verbundsystemen in dunklen Farbtönen unterhalb des Hellbezugswerts von Y = 20 ausgeführt werden, wenn der Hersteller des Beschichtungssystems einen TSR-Wert von ≥ 25 % bestätigt. Denn Herstelleruntersuchungen belegen, dass ein Mindest-TSR-Wert von 25 % die thermische Sicherheit solcher Ausführungen gewährleisten kann.

Laut ASTM E1980-01 „Standard Practice for Calculating Solar Reflectance Index of Horizontal and Low Sloped Opaque Surfaces (Non Bituminous Organic Roof Coverings)“ kann mithilfe der folgenden Gleichung die solare Oberflächentemperatur T_S berechnet werden, wenn der TSR-Wert und der Emissionsgrad ε einer Beschichtung bekannt sind:

$$\alpha I = \varepsilon\sigma\,(T_S{}^4 - T_{sky}{}^4) + h_C\,(T_S - T_a)$$

mit

α = solar absorptance = 1 – solar reflectance = 1 – TSR/100
I = solar flux in W/m²
ε = thermal emissivity
σ = Stefan Boltzmann constant, $5{,}66961 \cdot 10^{-8}$ W/(m² · K)
T_S = steady-state surface temperature in K
T_{sky} = sky temperature in K
h_C = convective coefficient in W/(m² · K)
T_a = air temperature in K

Die Gleichung besagt, dass die von der Oberfläche absorbierte Strahlung der Sonne gleich der Summe aus der thermisch emittierten Strahlung und der durch Konvektion abgeführten Strahlung ist, wenn keine Ableitung (Transmission) in den Untergrund (infolge Wärmeisolierung) erfolgt. Die Kalkulation geschieht unter konstanten Bedingungen bei einer Sonneneinstrahlung von 1.000 W/m², einer Umgebungslufttemperatur von 310 K (37 °C), einer Himmelstemperatur von 300 K (27 °C) und einem Konvektionskoeffizienten von 12 W/(m² · K) entsprechend einer mittleren Windgeschwindigkeit von 6 bis 10 m/s.

Berechnet man unter diesen Bedingungen die solaren Oberflächentemperaturen T_S mit dem vom IWM veröffentlichten definierten Mindest-TSR-Wert

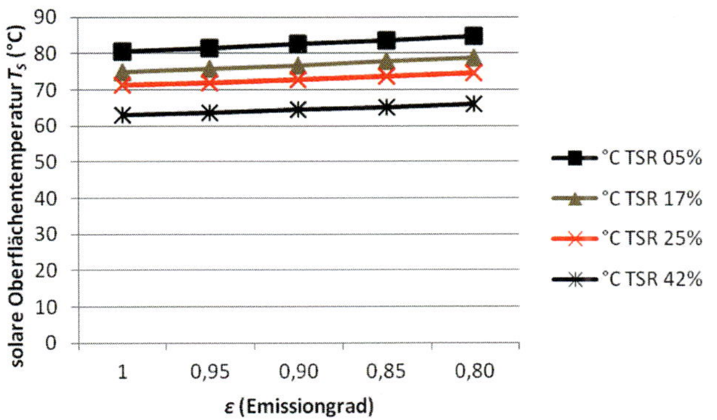

Abb. 5.83: Solare Oberflächentemperaturen T_S von Beschichtungen gemäß ASTM E1980-01

TSR-Wert 5 %, pigmentiert mit Eisenoxidschwarz (Y = 5), TSR-Wert 17 % Standard-Grau (Y = 20), TSR-Wert 25 % gemäß IWM und TSR-Wert 42 %, pigmentiert mit NIR-reflektivem Schwarz (Y =5) in Abhängigkeit zu Emissionsgraden $\varepsilon = 1$, $\varepsilon = 0{,}95$, $\varepsilon = 0{,}90$, $\varepsilon = 0{,}85$, $\varepsilon = 0{,}80$

Abb. 5.84: Im Sonnenlicht geschmolzene EPS-Dämmstoffplatten. Die Schmelztemperatur von > 100 °C ist durch die dunkelgraue Farbe, die windgeschützte Lage und die hohe Umgebungstemperatur des aufgeheizten Blechdaches entstanden.

von 25 % und mit typischen Emissionsgraden ε von Fassadenbeschichtungen im Bereich von ε = 0,95, 0,90, 0,85 und 0,80, so können im Sonnenlicht Oberflächentemperaturen von T_S 72 °C bis 74,7 °C auftreten (siehe Abb. 5.83). Ein Graufarbton mit Hellbezugswert Y = 20 aus einer Standardpigmentierung mit Titandioxid und Eisenoxidschwarz und TSR-Wert von 17 % ergibt dagegen höhere solare Oberflächentemperaturen von T_S 75,9 bis 78,8 °C, als dies gemäß der IWM-Mindestanforderung erfolgt. Im Vergleich hierzu ergibt z. B. eine schwarze Fassadenbeschichtung mit einem Standard-Eisenoxidschwarzpigment bei einem Y- und TSR-Wert von 5 die höchsten solaren Oberflächentemperaturen von T_S 80,4 bis 84,7 °C, bei denen Schadensfolgen durch Überbeanspruchungen von Wärmedämmungen oder Verformungen von EPS-Dämmstoffen, insbesondere beim Überschreiten von maximalen Anwendungsgrenztemperaturen (85 °C), nicht ausgeschlossen werden können. Auch können die laut DIN EN 13163 „Wärmedämmstoffe für Gebäude – werkmäßig hergestellte Produkte aus expandiertem Polystyrol (EPS) – Spezifikation“ (2009) genannten Anforderungen in der

Dimensionsstabilität bei Temperaturen von 60 bis 80 °C unter verschiedenen Druck- und Feuchtigkeitsbelastungen nicht mehr dauerhaft erfüllt werden. Dagegen erzielt ein NIR-reflektives Schwarzpigment bei gleich niedrigem Hellbezugswert Y = 5 infolge des hohen TSR-Wertes von 42 % die niedrigsten solaren Oberflächentemperaturen T_S von 63,1 bis 65,9 °C, sodass eine Beeinträchtigung in der Dimensionsstabilität ebenso wie bei Einhaltung des Mindest-TSR-Wertes von 25 % nicht besteht.

5.6.2 Haltbarkeit sog. „infrarotreflektiver" Beschichtungen

Die gesamte energiegeladene Strahlung der Sonne in der Summe aus den UV-, sichtbaren und infraroten Spektren beeinflusst die Verwitterung von Beschichtungen hinsichtlich Versprödung, Glanzhaltung, Kreidung und Farbbeständigkeit folgenschwer durch chemische Abbauprozesse. Die Strahlungsanteile und ihre Wechselwirkungen sind für die Zerstörung chemischer Bindungen verantwortlich (siehe Abb. 5.85). Demnach hat besonders die Nahinfrarotstrahlung des Sonnenlichts aufgrund ihrer aufheizenden Wirkung pigmentabhängig eine ebenso hohe Relevanz bei Verwitterungsprozessen von Farbbeschichtungen wie die zerstörerisch wirkenden ultravioletten Strahlen.

Ihr Potenzial bezüglich der Haltbarkeit betrifft folgende Zusammenhänge:

- Weil sich nach dem Arrhenius-Gesetz die Geschwindigkeit chemischer Reaktionen bei einem Anstieg der Temperatur um 10 °C verdoppelt, verlaufen im Umkehrschluss chemische Reaktionen bei einer Absenkung um 10 °C nur noch in halber Geschwindigkeit ab.
- Weil der Verwitterungsprozess von Beschichtungen ein chemischer Zerstörungsprozess ihrer Bestandteile ist und im UV-Licht in Gang gesetzt wird, ist die Langzeitbeständigkeit abhängig von den solarthermischen Belastungen durch wärmeerzeugende Nahinfrarotstrahlen im Sonnenlicht.
- Folglich kann sich die Haltbarkeit einer Beschichtung bei Bewitterung im Sonnenlicht verdoppeln, wenn die solare Oberflächentemperatur durch eine Pigmentierung mit optimierter „Reflexion" von NIR-Strahlen um 10 °C abgesenkt wird.

Temperaturabsenkungen um 10 °C bei Sonneneinstrahlung sind bei „infrarotreflektiven" Beschichtungen durchaus möglich, wie die unterschiedlichen Pigmentierungen in Tabelle 5.22 gezeigt haben. Den beispielhaften Einfluss auf die Verbesserung der Wetterbeständigkeit zeigen die Ergebnisse mit engobierten Dachziegeln in der Freibewitterung (siehe Abb. 5.86) und die Farbbeständigkeit einer purpurroten silikonmodifizierten Reinacrylat-Fassadenfarbe auf Wärmedämm-Verbundsystem in der Praxis eindrucksvoll (siehe Abb. 5.87 und Abb. 5.88).

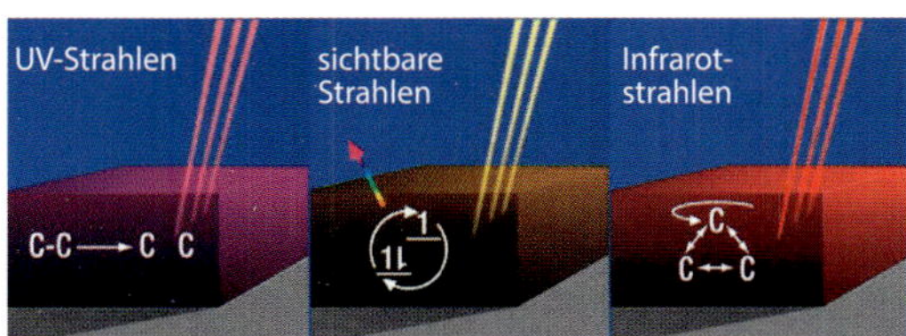

Abb. 5.85: Einfluss der Sonnenstrahlung auf chemische Bindungen bei Verwitterungsprozessen von Farbbeschichtungen (Quelle: BASF, Ludwigshafen)

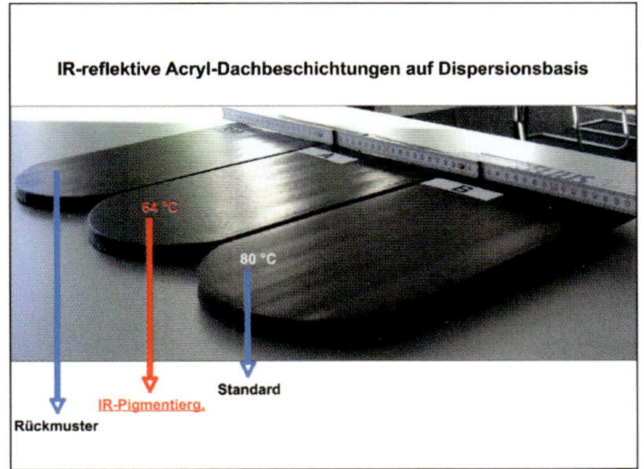

Abb. 5.86: Glanzhaltung, Kreidungs- und Farbbeständigkeit von Dachbeschichtungen auf engobierten Dachziegeln mit unterschiedlich dunklen Pigmentierungen (Y-Wert = 5) und temperaturabhängigen Wetterstabilitätsergebnissen als Folge der unterschiedlich ausgeprägten NIR-Strahlungsabsorption nach 16 Monaten Bewitterung bei 45° Neigung gegen Süden

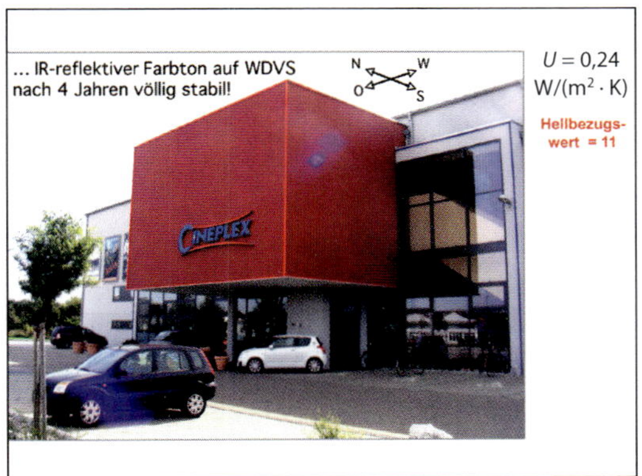

Abb. 5.87: Solarthermisch stabile purpurrote Reinacrylat-Fassadenfarbe auf WDVS mit Mineralputzuntergrund auf der sonnenbelasteten Westseite mit infrarotreflektiver Pigmentierung im Hellbezugswert Y = 11 im Vergleich zur solarthermisch unbelasteten Nordseite nach 4 Jahren Bewitterung

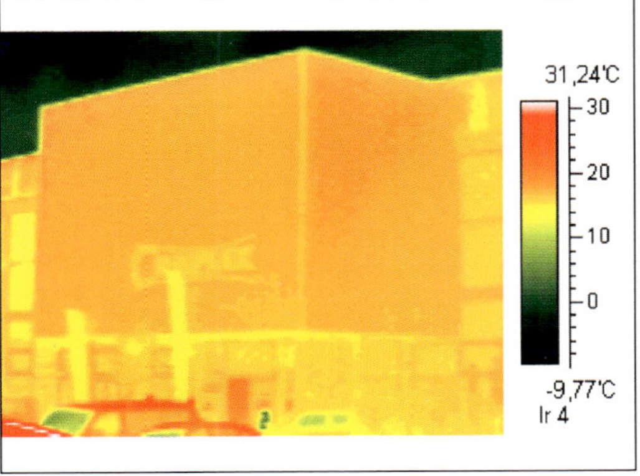

Abb. 5.88: Infrarotbild des in Abb. 5.87 gezeigten Objekts bei 15 °C Lufttemperatur mit Sonnenbestrahlung der Westfassade im Monat März

Wichtige anwendungstechnische Hinweise für sog. IR-reflektive Beschichtungen

Infrarotreflektive Fassadenfarben können nur dann ihre optimale temperatursenkende Wirkung erzielen, wenn sie absolut deckend und in ausreichender Schichtdicke aufgetragen werden. Sollten wegen eines zu geringen Anstrichauftrags infolge Transparenz Infrarotstrahlen auf Untergründe treffen, die Infrarotstrahlen absorbieren, beeinträchtigt dies ihre infrarotreflektiven Eigenschaften und damit den Effekt zur Vermeidung von solarthermischen Aufheizungen und möglichen Überbeanspruchungen zur Erzielung einer schadensfreien Wirkung. Eingefärbte Putzuntergründe in Weiß oder mit infrarotreflektiven Pigmentierungen können daher bei weniger gut deckenden Farbtönen die sichere Wirkung der Infrarotreflexion am besten gewährleisten.

Bei erstmaligen Beschichtungen im Neubau können solche möglichen Untergrundeffekte relativ einfach im Beschichtungsaufbau berücksichtigt werden. In der Sanierung ist bei der Beschichtung herkömmlich pigmentierter Untergründe unter einem Hellbezugswert von 20 hingegen unbedingt darauf zu achten, dass der infrarotreflektive Beschichtungsauftrag absolut deckend, mehrlagig und in ausreichender Schichtdicke erfolgt. Auch sollte hierfür grundsätzlich der Beschichtungshersteller zur Ausführung mit einbezogen werden.

Realisierung dunkler Farbtonwünsche auf WDVS mit alternativen Lösungen

Bevor sog. IR-reflektive Beschichtungen zur Anwendung zur Verfügung standen, wurden dunkle Farbtöne anfangs bis zu einem Hellbezugswert von 15 und später sogar bis Y = 5 auf andere Weise bei Farbtonwünschen auf Wärmedämm-Verbundsystemen realisiert. Das Funktionsprinzip beruht hier auf der Tolerierung hoher solarer Oberflächenaufheizungen und damit verbundenen thermischen Belastungen. Die schädlichen Einflüsse werden durch verschiedene Maßnahmen im Beschichtungssystem vermindert bzw. beseitigt. So können Überbeanspruchungen durch solarthermische Verformungen im Wesentlichen durch den Einbau doppelter Gewebearmierungen verhindert werden. Hierzu werden häufig zementfreie Armierungsmassen verwendet, die zur Verstärkung der Querzugfestigkeit Fasern u. a. auch aus Kohlefasern enthalten können. Bei besonders dunklen Farbtönen mit größtmöglichen thermischen Belastungen werden in der Regel temperaturempfindliche Wärmedämmstoffe wie expandierter oder extrudierter Polystyrol-Hartschaum durch temperaturbeständigere Dämmstoffe wie Polyurethan-Hartschaum oder unbrennbare Mineralwolle ersetzt (siehe Tabelle 5.24).

Problemlösungen dieser Art haben neben der solarthermischen Stabilisierung den zusätzlichen Vorteil, dass infolge der doppelten Gewebearmierung auch die Schlag- und Durchstoßfestigkeit verbessert wird. Ihre Anwendung ist dagegen auf WDVS-Neuerstellungen beschränkt und erfordert einen größeren Aufwand als bei herkömmlichen Wärmedämm-Verbundsystemen.

Tabelle 5.24: Rohdichte, Wärmeleitfähigkeit und Temperaturbeständigkeit der häufigsten Wärmedämmstoffe

Kenngröße	EPS-Hartschaum	XPS-Extruderschaum	PUR-Hartschaum	Mineralwolle (Steinwolle)
Rohdichte in kg/m^3	15–30	25–45	30–35	22–200
Wärmeleitfähigkeit in W/(m · K)	0,035–0,040	0,035–0,045	0,020–0,030	0,035–0,045
Temperaturbeständigkeit in °C	70–85 (langfristig bei 5 kN/m^2), 100 (kurzzeitig)	75 (langfristig bei 5 kN/m^2), 100 (kurzzeitig)	90 (langfristig bei 5 kN/m^2), 250 (kurzzeitig)	sehr gut, da unbrennbar (A2) nach DIN 4102

Problemlösungen mit IR-reflektiven Beschichtungssystemen sind dagegen universell im Neubau und bei Sanierungen mit geringerem Aufwand einsetzbar mit dem Vorzug, dass thermische Belastungen wegen der geringeren Aufheizung erst gar nicht so intensiv entstehen. Ausgrenzungen von Wärmedämmstoffen können entfallen und die Haltbarkeit der Beschichtungen selbst oder ihrer Bauteile kann verbessert werden.

Baurechtliche Situation bei Vernachlässigung gültiger Hellbezugswertgrenzen

Alle technischen Methoden, die dunkle Farbtonwünsche auf Wärmedämm-Verbundsystemen oder wärmedämmenden Leichtbaustoffen nach dem neuesten Stand der Technik realisieren und dabei Begrenzungen von Hellbezugswerten nach den allgemein anerkannten, gültigen technischen Regelwerken missachten, können als mangelhafte Ausführung bewertet werden, auch wenn gar kein Schaden eingetreten ist oder eintreten wird. Rechtens und möglich ist dies vor allem dann, wenn im Bauvertrag (Leistungsverzeichnis etc.) die Einhaltung gültiger technischer Regelwerke vereinbart wird. Unter diesem Aspekt ist also die Nichteinhaltung des Vertrags deshalb ein Mangel, denn Vertrag ist Vertrag.

Kompromisslose Auftraggeber werden ihre Farbtonwünsche also nicht umsetzen können, sollten zu niedrige Hellbezugswerte vorliegen. Besteht der Auftraggeber dennoch auf der Realisierung seines Farbtonwunsches, muss er einer Vertragsabweichung hierzu zustimmen. Um Schwierigkeiten zu vermeiden, ist es sehr zu empfehlen, sich gegenüber seinem Auftraggeber, aber auch gegenüber seinem Lieferanten als Beschichtungsstoff- oder Systemhersteller schriftlich abzusichern. Dies kann gegenüber dem Auftraggeber durch Anzeigen von Bedenken z. B. nach § 4 VOB/B geschehen, welche hier besonders auf den Ausschluss der Vertragsvereinbarung in puncto Vernachlässigung allgemein gültiger technischer Regelwerke bei der Farbtonauswahl abzielen. Gegenüber dem Lieferanten oder Hersteller sollte man sich ebenfalls absichern, indem dieser die dauerhafte Funktion des zur Debatte stehenden Farbtons des Beschichtungsstoffs oder Systems schriftlich zusichert. Gerade beim Auftreten von Mängeln innerhalb vereinbarter Gewährleistungsfristen kann dies ggf. hilfreich und von Bedeutung sein.

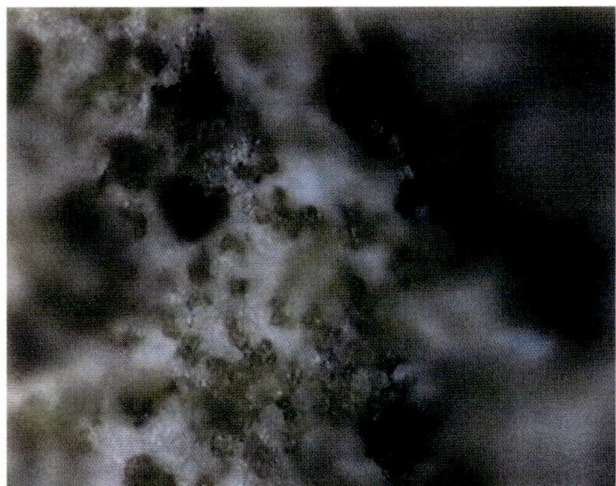

Abb. 5.89: Vom großen Artenreichtum der Algen sind nur wenige auf der Fassade anzutreffen: *Chlamydomonas, Chlorella, Pleurococcus, Trentepohlia, Volvox.*

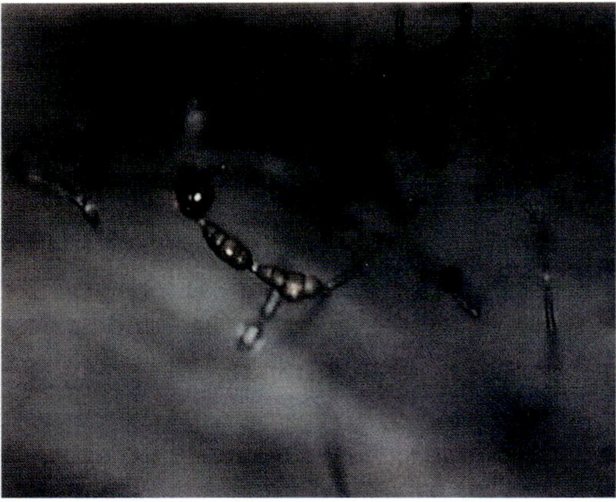

Abb. 5.90: Mikroskopische Aufnahme einer Alge in zweihundertfacher Vergrößerung

5.7 Mikrobieller Befall an Fassadenoberflächen

In der Natur kommen Algen und Pilze auf nahezu jedem Untergrund vor. Man findet sie hauptsächlich auf der Schattenseite von Felsen und Bäumen, an feuchten Steinen und auf feuchter Erde. Störend wirkt sich das Wachstum solcher Organismen allerdings aus, wenn Gebäudefassaden befallen sind (siehe Abb. 5.89).

Algen stellen eine äußerst genügsame Lebensform dar. In exponierten Lagen reicht schon eine erhöhte Luftfeuchtigkeit aus, um ihnen eine Lebensgrundlage zu bieten. Da ihre Keimzellen mit dem Wind verbreitet werden, können Algen überall auftreten, sobald genügend Feuchtigkeit vorhanden ist. Sind Feuchtigkeit, Licht und Luft vorhanden, gewinnen sie aus der Luft mittels Fotosynthese des in ihnen enthaltenen Chlorophylls die lebenswichtigen Kohlehydrate und Eiweißverbindungen. Algen sind autotroph; sie können sich selbstständig ernähren, d. h., ihr Wachstum ist nicht von Aktivitäten anderer Lebewesen abhängig (siehe Abb. 5.90).

Grünalgen zeichnen sich auf der Fassade meist als grüner Algenteppich ab, wobei die Grünalge der Gattung *Trentepohlia iolithus* auch rote Biofilme ausbildet. In einer Trockenperiode kann sich der Algenbefall auch gräulich darstellen.

In der Regel beginnt der mikrobielle Befall einer Fassade mit dem Bewuchs von Algen als sog. Pionierorganismen, zu denen sich Pilze, Flechten und Moose gesellen, da diese in den Algen wiederum genügend organische Nährstoffe finden, um wachsen und sich ausbreiten zu können. Dabei sind Flechten eine Form der Symbiose zwischen Algen und Pilzen.

Abb. 5.91: Algenbefall an einer Fassade

Pilze benötigen für ihr Wachstum Feuchtigkeit und Kohlenstoff aus organischen Stoffen. Ihre Sporen verbreiten sich ebenfalls mit dem Wind. Pilze benötigen im Gegensatz zu Algen kein Licht für ihr Wachstum. Es genügen Luft, Feuchtigkeit und ein organischer Nährstoff. Solche Nährstoffe in Form von Kohlenstoffverbindungen sind als Stäube, Pollen usw. jederzeit vorhanden. Pilze sind heterotroph, also auf das Vorhandensein von organischem Material angewiesen.

Algen- und Pilzwachstum an Gebäuden und Bauteilen ist stets ein Hinweis darauf, dass an den befallenen Stellen zumindest zeitweise eine erhöhte Material- und Oberflächenfeuchte vorliegt bzw. dass diese nicht schnell genug abgeführt werden kann. Liegt ein mikrobieller Befall vor, so ist zunächst durch Laboranalysen zu untersuchen, um welche Form des Befalls (Algen, Pilze oder Flechten) es sich handelt. Grundsätzlich kann zwischen einem Primär- und einem Sekundärbefall unterschieden werden. Als Primärbefall wird der direkte Befall des Substrates bezeichnet, da dieses selbst als Nährstoff dient, z. B. Holz. Ein Sekundärbefall liegt bei Ablagerungen, wie z. B. nährstoffhaltigem Schmutz, auf dem Untergrund vor.

Algen und Pilze werden auf vielen Baukörpern wie Dächern, Betonwänden und Zäunen oder auf Baumaterialien wie Glas oder Metall geduldet. Auf der Fassade wird ein Bewuchs meist jedoch nicht toleriert (siehe Abb. 5.91). Dies führt oftmals zu Beanstandungen, die häufig den Ausführenden der Fassadenbeschichtung, also den Maler oder Stuckateur, treffen.

Pilze und Flechten können nicht nur optische Beeinträchtigungen hervorrufen, sondern auch Schäden an der Beschichtung, etwa durch die Produktion von Säuren oder eine Veränderung des Feuchtehaushalts im Material. Auf dem mikrobiellen Befall können sich zudem Schmutz, Staub und andere Nährstoffe für weiteren mikrobiellen Bewuchs ablagern. Die Beschichtung kann ihre Wasseraufnahme und -abgabe verändern, was dazu führen kann, dass Feuchtigkeit in den Anstrich, den Putz oder das Mauerwerk eindringt und diese Untergründe schädigt. Ein Befall mit Algen ist somit weit mehr als nur eine optische Beeinträchtigung, da Algen einen Pilzbefall beschleunigen bzw. auslösen können. Die Tabellen 5.25 und 5.26 zeigen das Wachstumsspektrum von Algen und Pilzen, die überwiegend an der Fassade anzutreffen sind. Dabei muss von der tatsächlich verfügbaren Feuchtigkeit über dem Substrat ausgegangen werden. Die Wasseraktivität a_w eines Materials ist proportional zur relativen Luftfeuchte der direkt in Kontakt stehenden Luft.

Tabelle 5.25: Wachstumsspektrum von Algen

Temperatur in °C	**relative Luftfeuchte in %**	**pH-Wert**	**Luftfeuchte über dem Substrat a_w**	**Nährstoffe**	**Licht**
ca. 0 bis 70, optimal 20	ca. 80, möglichst hoch	ca. 1 bis 10, optimal 6 bis 7	0,70 bis 1,00	keine organischen Nährstoffe nötig, CO_2 als Kohlenstoffquelle, Salze, Spurenelemente	diffuses Sonnenlicht
Die Wachstumsbedingungen können je nach Algenart unterschiedlich sein.					

Tabelle 5.26: Wachstumsspektrum von Pilzen

Temperatur in °C	**relative Luftfeuchte in %**	**pH-Wert**	**Luftfeuchte über dem Substrat a_w**	**Nährstoffe**	**Licht**
ca. 0 bis 50, optimal 20 bis 35	ca. 80	ca. 1,5 bis 11	0,70 bis 1,00, optimal 0,80 bis 0,89	organische Kohlenstoffquelle, Stickstoffquellen, Salze, Spurenelemente	nicht erforderlich
Die Wachstumsbedingungen können je nach Pilzart unterschiedlich sein.					

5.7.1 Ursachen des mikrobiellen Befalls

Die Ursache der Zunahme des Algenbefalls wurde von verschiedenen Institutionen umfangreich untersucht. In Deutschland wurde eine große Anzahl von Objekten, die mit Algen befallen waren, begutachtet und ausgewertet. Dabei konnte festgestellt werden, dass der Befall mit Algen von verschiedenen Faktoren abhängig ist und in den untersuchten Regionen unterschiedlich häufig auftritt. Bei der Auswertung wurden Klimadaten der verschiedenen Objektstandorte wie Lufttemperatur, Feuchtigkeit, Niederschlagsmenge usw. sowie die Umgebungsbedingungen ebenso miteinbezogen wie die Beschaffenheit des befallenen Untergrundes. Die Auswertung der Daten ergab, dass alle Putzoberflächen nahezu gleichermaßen befallen waren, unabhängig davon, ob Mineral-, Kunstharz- oder Silikatputze verwendet wurden. Fassaden, die mit einem Wärmedämm-Verbundsystem gedämmt wurden, neigen eher zur Algen- und Pilzbildung, da die Fassadenoberfläche geringere Temperaturen – bedingt durch den verringerten Wärmestrom von innen nach außen – aufweist.

Wirkstoffe gegen Mikroorganismen werden als Biozide bezeichnet, wobei Wirkstoffe gegen Algenbefall Algizide und Wirkstoffe gegen Pilzbefall Fungizide genannt werden. Biozid ausgerüstete Beschichtungsprodukte weisen einen geringeren mikrobiellen Bewuchs auf als nicht ausgerüstete Beschichtungsprodukte. Putze, die mit einem biozid ausgerüsteten Farbanstrich beschichtet wurden, zeigen bessere Ergebnisse als biozid ausgerüstete Putze ohne Farbanstrich.

Mitverursacher der Zunahme des Bewuchses von Fassaden mit Algen und Pilzen sind auch Faktoren wie

- die Veränderung des Weltklimas, insbesondere die Erderwärmung,
- die Veränderung der Luft durch die Abnahme von Schadstoffen wie CO_2 und SO_2,
- die Veränderung der verfügbaren Feuchtigkeit,
- die Veränderungen in der Natur, der Landwirtschaft, der Landschafts- und Gartenpflege, etwa durch die Zunahme atmosphärischer Düngemittel wie Stickoxide (NO_x), blühende Rapsfelder usw.,
- neue Bautechniken mit neuen Konstruktionen und Baustoffen sowie dadurch bedingte Veränderungen des Mikroklimas an der Fassade.

Wesentliche Faktoren sind die Oberflächentemperatur und vor allem die Häufigkeit und Dauer der Befeuchtung (time of wetness). Eine erhöhte Feuchtigkeit in der Nähe von Flüssen und Seen kann sich genauso negativ auswirken wie der dichte, lang anhaltende Nebel in bestimmten Gebieten. Auch die erhöhte Niederschlagsmenge in Verbindung mit der Häufigkeit der aufeinanderfolgenden Regentage, wie sie z. B. in den Jahren 2000 bis 2002 und 2010 zu beobachten waren, ergibt günstige klimatische Voraussetzungen für das Algenwachstum. In Deutschland fällt der meiste Regen im Sommer, doch die Niederschlagsmengen im Winter steigen stetig. Einem Bericht der WDR-Wissenschaftssendung „Quarks & Co" aus dem Jahr 2006 zufolge gab es eine Zunahme der Regenmenge im Winter im Zeitraum der letzten 100 Jahre in manchen deutschen Gebieten von bis zu 40 %. Betroffen sind vor allem Gebiete im Nordwesten und Südwesten, aber auch Teile von Franken.

Ein Bewuchs durch Mikroorganismen ist unter geeigneten klimatischen Bedingungen immer möglich. Dabei spielt die Beschaffenheit des Untergrundes nur eine untergeordnete Rolle. Ein Befall kann sich auf glatten wie auf rauen Untergründen mit hoher ebenso wie mit geringer Wasserabweisung einstellen. In einem solchen Fall ist meist nicht nur die Putzoberfläche betroffen, sondern es sind auch Gegenstände der Umgebung aus Glas (Hoflampe), Holz (Zaun, Holzverschalung), Kunststoff (Behälter), Metall (Straßenschild, Geländer) usw. bewachsen. Natürlich stellt sich ein Befall je eher ein, desto besser die Bedingungen sind. So wird ein rauer Putz, in dem sich Schmutz, Pollen usw. in einer höheren Konzentration ansammeln, schneller befallen als ein gleichartiger glatter Putz. Sind Bäume, Sträucher und Hecken in unmittelbarer Nähe zum Objekt vorhanden, wirkt sich dies ebenfalls bewuchsfördernd aus. Ein Befall kann sich auf nahezu allen Untergründen einstellen (siehe Abb. 5.92 bis Abb. 5.95).

Da die Einflüsse, die einen Befall hervorrufen, sehr vielfältig sein können, lassen sich die exakten kritischen Bedingungen nicht in allgemeingültige Regeln fassen. Die lokalen Makro- und Mikrobedingungen üben einen entscheidenden Einfluss aus.

Abb. 5.92 und 5.93: Bedingt durch starken Bewuchs mit Bäumen und Sträuchern direkt oder auch in der Nähe der Fassade stellt sich eine höhere Feuchtigkeit auf der Fassadenoberfläche ein, was einen Primär- und Sekundärbefall beschleunigt.

Abb. 5.94 und 5.95: Sträucher und Bäume in unzureichendem Abstand zur Fassade begünstigen den Befall durch Mikroorganismen.

Abb. 5.96: Besonders gefährdete Bereiche an der Fassade sind die Nord- und Westseite, der Sockelbereich sowie die Bereiche in Schattenlage.

Abb. 5.97: Bedingt durch den Bewuchs mit Sträuchern ist keine ausreichende Luftzirkulation und Abtrocknung der Fassadenflächen möglich.

Selbst wenn alle Fassadenseiten eines Objekts aus den gleichen Produkten hergestellt wurden und den gleichen Wandaufbau aufweisen, kann es aufgrund von Feuchtigkeits- und Temperaturunterschieden zu Algen- und Pilzwachstum an vereinzelten Stellen kommen (siehe Abb. 5.96). Sobald ausreichend Feuchtigkeit vorhanden ist, besteht das Risiko eines Befalls mit Mikroorganismen. Der Zeitpunkt eines möglichen Befalls ist allerdings nicht vorhersehbar. Ein Algen- oder Pilzbefall an Fassaden hat immer mehrere Ursachen. Daher müssen zur Vorbeugung oder bei der Sanierung immer das gesamte Gebäude sowie die Umgebungsbedingungen miteinbezogen werden.

Objektbedingte Ursachen

Die Umgebung und die geografische Lage haben einen großen Einfluss auf einen möglichen mikrobiellen Befall (siehe Abb. 5.97). So sind Fassaden bzw. Gebäudeteile, die an

- Gewässer, Seen, Flussniederungen,
- Biotope,
- Komposthaufen,
- landwirtschaftlich genutzte Flächen,
- Bäume und Sträucher

angrenzen oder in deren Nähe gelegen sind, stärker gefährdet als Gebäude in innerstädtischen Bereichen.

Bauzeitbedingte Ursachen

Will man die Ursachen eines Befalls durch Mikroorganismen finden, muss auch die Bauzeit berücksichtigt werden. Immer kürzere Bauzeiten und Winterbauten reduzieren die Standzeiten und damit die Austrocknungsmöglichkeiten zwischen den einzelnen Bauabschnitten. Die Folge davon ist eine

Abb. 5.98: Durch den fehlenden Dachüberstand wird Niederschlag direkt über die Fassadenfläche abgeführt.

Abb. 5.99: Flächen mit ungeeigneter Wasserabführung begünstigen mikrobiellen Bewuchs.

Abb. 5.100: An diesem Gebäude wird deutlich, wie sich der konstruktive Schutz (Dachvorsprung) auswirken kann. Fassadenbereiche mit großem Dachvorsprung weisen keinen mikrobiellen Befall auf. Fassadenbereiche mit geringem konstruktiven Schutz sind stark mikrobiell befallen.

hohe Restfeuchte im Mauerwerk, die sich begünstigend auf einen mikrobiellen Befall auswirkt.

Konstruktive Ursachen

Der konstruktive Schutz eines Gebäudes ist der wichtigste Schutz. Es empfiehlt sich deshalb, schon bei der Planung eines Gebäudes folgende Details zu berücksichtigen:

- ausreichende Dachüberstände
- funktionierende Wasserableitung, z. B. bei Tropfwasser von Gesimsen und Sohlbänken
- dichte, funktionierende Anschlussstellen
- minimierte Kondensatbildung an der Fassade

Bei ungenügenden Wasserabläufen, an waagerechten Flächen oder bei fehlendem Regenschutz usw. tritt ein Bewuchs häufiger auf. Oft ist der Bewuchs lokal begrenzt, vor allem dort, wo sich Nässe und Feuchtigkeit stauen (siehe Abb. 5.98 bis Abb. 5.100).

Abb. 5.101: Mikrobieller Bewuchs über der Fensteröffnung und am inneren Fensterrahmen

Abb. 5.102: Mikrobieller Bewuchs über der Fensteröffnung

Nutzerbedingte Ursachen

Eine Dauerbelüftung beheizter Wohnräume verschwendet Energie und führt zu Kondensat- und Algenbildung an der Fassade. Bei falscher Lüftung, z. B. bei Dauerkippstellung der Fenster, zeigt sich häufig im Sturzbereich ein mikrobieller Befall (siehe Abb. 5.101 und Abb. 5.102). Verursacht wird dieser Befall in der Regel durch ein Kondensieren der ausströmenden feuchtwarmen Luft an den kühleren Sturzflächen und durch gute Wachstumsbedingungen bei Schmutzablagerungen.

Thermische Entkopplung bei Wärmedämm-Verbundsystemen

Aufgrund der thermischen Entkopplung des Putzes vom Wandbildner bei Wärmedämm-Verbundsystemen kann das Mikroklima für einen möglichen Befall begünstigt werden. Die Putzoberflächen sind länger feucht, da zur Energieeinsparung der Wärmefluss von innen nach außen reduziert wird. Die Temperatur an der Bauteiloberfläche beeinflusst den Feuchtigkeitshaushalt und die Dauer der Feuchtigkeitsbelastung und somit das Wachstum und die Art der Mikroorganismen wesentlich. Bereits geringste Temperaturunterschiede können für das Wachstum entscheidend sein.

Durch Berechnungen oder Messungen können Unterschiede der Oberflächentemperaturen zwischen einem gedämmten und einem ungedämmten Wohngebäude z. B. aus den 1950er-Jahren deutlich gemacht werden. Bei Annahme einer Außenlufttemperatur von 0 °C und einer Innenraumtemperatur von 20 °C beträgt die Temperatur an der Außenwandoberfläche unter den gleichen Voraussetzungen bei einem Wandaufbau ohne Dämmung 1,8 °C und beim Wandaufbau mit Dämmung (Polystyrol, 140 mm) 0,2 °C. Die Oberflächentemperatur ist somit bei diesem Wohngebäude 1,6 °C höher als bei dem Wandaufbau mit Dämmung.

Abb. 5.103: Fehlender Abtransport von Feuchtigkeit an der Fassadenoberfläche durch starken Bewuchs

Ausschlaggebend für mikrobielles Wachstum ist überwiegend die verfügbare Feuchtigkeit (a_w-Wert). Sie wird nicht nur vom Niederschlag, sondern auch maßgeblich von der Häufigkeit der Taupunktunterschreitung an der Fassade beeinflusst. Werden Außentemperaturabsenkungen z. B. in der Nacht mit einbezogen, wird ersichtlich, dass durch die Temperaturschwankungen, insbesondere zwischen Tag und Nacht, eine Taupunktunterschreitung und Tauwasserbildung auf der Putzoberfläche mit einem Wärmedämm-Verbundsystem eher eintritt als bei einem monolithischen Wandaufbau. Die Abtrocknung des Oberflächentauwassers nimmt beim Wärmedämm-Verbundsystem einen längeren Zeitraum in Anspruch, was den Bewuchs von Mikroorganismen begünstigt.

5.7.2 Vermeidung von mikrobiellem Befall

Vorbeugung durch planerische Maßnahmen

Vorbeugende Maßnahmen beginnen bereits mit der Grundstückswahl. Selbstverständlich kann ein zu bebauendes Grundstück nicht allein nach dem Kriterium des Gefährdungspotenzials für einen Befall mit Mikroorganismen gewählt werden. Doch werden je nach Grundstück und Gefährdungspotenzial Maßnahmen erforderlich, um die Gefahr des Befalles so weit wie möglich zu reduzieren. So ist das Befallsrisiko in einer ländlichen Gegend als höher einzustufen als in einem Ballungszentrum (siehe hierzu auch § 13 Musterbauordnung [10/2008]).

Der Abstand von Sträuchern und Bäumen ist so zu wählen, dass die Luftzirkulation an der Fassade nicht gestört wird (siehe Abb. 5.103). Es sollten Bäume und Sträucher mit möglichst geringer Pollenproduktion, d. h. nach Möglichkeit keine blühenden Pflanzen, gewählt werden. Grenzen Baugebiete an Feuchtgebiete, Flüsse oder Seen an, sollten Baumaterialien eingeplant werden, die weniger anfällig gegen den Befall von Mikroorganismen sind bzw. entsprechend ausgestattet werden können.

Abb. 5.104: Der fehlende konstruktive Schutz führt zu einer extremen Niederschlagsbelastung der Fassade.

Vorbeugung durch konstruktive Maßnahmen

Durch konstruktive Maßnahmen muss die Zufuhr von Feuchtigkeit verhindert werden. Dazu gehören

- ausreichende Dach- und Verblechungsüberstände (siehe Abb. 5.104),
- funktionstüchtige Ausbildung von Fugen und Abdichtungen,
- gezielte Wasserableitung,
- Verhinderung von Kondensatbildung,
- Wasser abweisende Beschichtungen,
- Reduzierung der Infrarotabstrahlung, z. B. durch größere Dachüberstände,
- Spritzwasserschutz an Sockeln, Gesimsen und Terrassen.

Vorbeugung durch bauzeitbedingte Maßnahmen

Ein mikrobieller Befall lässt sich auch durch bauzeitbedingte Maßnahmen vermeiden. Dazu gehört, dass

- eine ausreichende Standzeit zur Austrocknung des Mauerwerks eingeplant wird,
- Innenputz- und Estricharbeiten vor der Fertigstellung der Fassade eingebracht werden und ausreichend austrocknen können,
- die Jahreszeit bei der Bauausführung ausreichend berücksichtigt wird.

Vorbeugung durch den Hersteller

Auch die Hersteller von Beschichtungsstoffen sind gefordert, ihre Rezepturen bezüglich der eingesetzten Rohstoffe entsprechend zu optimieren. Nach Möglichkeit sollte der Einsatz bioverfügbarer, wasserlöslicher Stoffe, z. B. Polyphosphate, Cellulose-, Stärke-, Polysaccharidprodukte, Netzmittel und Emulgatoren, vermieden bzw. so weit wie möglich reduziert werden. Eine weitere Produktoptimierung in Bezug auf bewuchshemmende Eigenschaften ergibt sich z. B. durch den Einsatz schwach löslicher Wirkstoffe wie Zinksulfid (ZnS), Zinkoxid (ZnO) oder Silber (Ag) und eine Synergieeffektsteigerung durch die Kombination von Bioziden.

In begrenztem Umfang kann eine mikrobizide Wirkung durch eine Steuerung der Oberflächenaktivität über den pH-Wert erzielt werden. Auch die Optimierung bauphysikalischer Eigenschaften wie die Reduzierung der Wasseraufnahme (w-Wert) und die Verbesserung der Wasserdampfdiffusionsfähigkeit (s_d-Wert) kann einen Beitrag dazu leisten, das Befallsrisiko zu reduzieren. Die Erhöhung der UV- und Wetterbeständigkeit von Beschichtungsmitteln sichert schließlich eine Verringerung des Bewuchsrisikos über einen längeren Zeitraum.

Weitere Möglichkeiten bieten die derzeitigen Entwicklungen in der sog. Nanotechnologie, d. h. eine Erwärmung der Oberfläche durch den Einbau latenter Wärmespeicher in Putzen, eine Optimierung der Rohstoffe, eine Senkung der Infrarotemission und eine hohe Schmutzabweisung.

Vorbeugung durch biozide Wirkstoffe

Biozide Wirkstoffe müssen zur Vermeidung und Bekämpfung von Bewuchs wasserlöslich sein, um vom Schadorganismus aufgenommen werden zu können. Bedingt durch diese notwendige Wasserlöslichkeit ist die Wirkung bei Bewitterung und durch Auswaschung nur über einen begrenzten Zeitraum vorhanden. Die Dauer der Wirkung ist objektspezifisch und daher nicht vorhersehbar. Die Funktion von Bioziden ist abhängig vom Wirkstoff, von der Dosis, der Auswaschbarkeit und der UV- und Chemikalienbeständigkeit. Die Wasserlöslichkeit, das Wirkungsspektrum und die UV- und Alkalistabilität schränken die Schutzwirkung eines jeden Biozides ein. Auch Wirkstoffkombinationen schließen nicht alle Lücken gegenüber der Vielzahl von Mikroorganismen.

Biozide Wirkstoffe müssen der geltenden Biozidrichtlinie (Richtlinie 98/8/EG „Inverkehrbringen von Biozid-Produkten", 1998) im Hinblick auf Umwelt- und Verbraucherschutz entsprechen. So sind Wirkstoffe wie Pentachlorphenol (PCP) sowie Quecksilber- und zinnorganische Verbindungen gefährliche Stoffe gemäß Chemikaliengesetz (ChemG) und daher nicht mehr zugelassen.

Der Zeitpunkt und das Gefährdungspotenzial eines möglichen mikrobiellen Befalls sind in der Praxis nicht vorhersehbar. Deshalb ist es auch nicht möglich, eine zuverlässige Aussage über eine Schutzwirkung zu treffen und diese über einen definierten Zeitraum durch Gewährleistungen zu bestätigen. Nach heutigen Erkenntnissen kann davon ausgegangen werden, dass die Schutzwirkung durch biozide Wirkstoffe je nach Dosis und Leistungsspektrum einen Befall mindestens um das etwa Zwei- bis Vierfache verzögert (siehe Abb. 5.105).

Abb. 5.105: Mikrobieller Befall, linke Petrischale ohne, rechte Petrischale mit biozidem Wirkstoff

Abb. 5.106: *Alternaria*-Spezies, oben unbewittert, unten bewittert, A – Fassadenfarbe ohne Biozid, B – Fassadenfarbe mit herkömmlichem Biozid, C – Fassadenfarbe mit neuartigen Bioziden

Eigenschaften, die ein Wirkstoff bzw. eine Wirkstoffkombination zur Vorbeugung gegen Algen- und Pilzbefall aufweisen sollte, sind:

- breites Wirkungsspektrum gegen die bekannten Organismen auf Fassaden,
- geringe Auswaschbarkeit durch Niederschlag,
- hoher Langzeitschutz gegen das Wachstum von Algen und Pilzen,
- geregelte Wasserlöslichkeit,
- geringe Umwelttoxizität,
- geringe Humantoxizität,
- hohe Effizienz, maximale Wirkung bei geringster Dosierung – so wenig wie möglich, so viel wie nötig (responsible care),
- pH-Stabilität in einem breiten Spektrum.

Auch wenn die eingesetzten Biozide der Biozidrichtlinie entsprechen, stellen sie dennoch selektiv wirksame Giftstoffe dar, die es nach Möglichkeit einzuschränken bzw. zu vermeiden gilt. Das Ziel aller am Bau Beteiligten muss es somit sein, einen mikrobiellen Befall durch konstruktive Maßnahmen, eine entsprechende Produktauswahl, eine Wartung des Gebäudes und durch eine Rezepturoptimierung der Hersteller zu vermeiden und Biozide nur dort gezielt einzusetzen, wo andere Möglichkeiten nicht gegeben sind oder versagen.

Nach dem heutigen Wissensstand gibt es keinen bioziden Wirkstoff, der ohne Kennzeichnung als Gefahrstoff in Rezepturen eine ausreichende Alkalistabilität aufweist, um damit Mineralputze und Silikatfarben dauerhaft stabil ausstatten zu können. Eine Resistenz mineralischer Produkte gegen einen Sekundärbefall ist derzeit somit ohne entsprechende Gefahrstoffkennzeichnung nicht möglich. Mineralische Produkte weisen bedingt durch ihre Alkalität nur im frischen Stadium einen ausreichenden Schutz gegen mikrobiellen Befall auf. Nicht zuletzt aufgrund der geringen Schichtdicken des mineralischen, dünnschichtigen Oberputzes (2 bis 3 mm) und des Silikatanstriches (150 bis 200 µm) wird diese Alkalität schon nach wenigen Wochen bis Monaten durch Bewitterung wieder abgebaut. Anschließend kann ein Befall wie auf anderen vergleichbaren Baustoffen stattfinden. Auch bei Kunstharzputzen, die vom Putzhersteller standardmäßig gegen einen Primärbefall durch Mikroorganismen mit Bioziden ausgestattet sind, kann Bewuchs entstehen. Gegen einen Sekundärbefall können vom Hersteller weitere Biozide zugegeben werden; die Schutzwirkung ist bedingt durch die notwendige Wasserlöslichkeit und eine dadurch gegebene Auswaschung der Biozide jedoch auch hier begrenzt (siehe Abb. 5.106).

Bei den Beschichtungsstoffen haben sich Silikonharzfarben, die mit bioziden Wirkstoffen gegen Sekundärbefall ausgerüstet sind, aufgrund der hohen Wasser- und Schmutzabweisung gegen einen Befall am besten bewährt.

Vorbeugung durch den Verarbeiter

Vom Verarbeiter als Fachmann wird verlangt, dass er das Leistungsverzeichnis bzw. den Auftrag auf fachliche Eignung prüft und dem Auftraggeber bei Gefahr durch einen späteren mikrobiellen Befall entsprechende Hinweise gibt. Folgende Maßnahmen und Hinweise sind zu beachten:

- Angebot hinsichtlich der zu verwendenden Produkte auf Wasserabweisung, Schmutzabweisung, Oberflächenstruktur, fungizide und algizide Ausstattung prüfen
- die neuesten technischen Vorschriften bei der Verarbeitung und der Produktwahl berücksichtigen
- Vorleistungen anderer am Bauwerk beteiligter Gewerke hinsichtlich einer ausreichenden Standzeit bzw. Austrocknung prüfen
- auf geeignete Witterungsbedingungen bei der Ausführung der Leistungen achten
- Verarbeitungs- und Verbrauchsangaben, speziell bei der Beschichtung von Fassaden mit Anstrichstoffen, einhalten
- Putze zusätzlich mit biozid ausgerüsteten Farbanstrichen beschichten
- Wasserabführung von Abdeckungen, Fensterbrüstungen und Tropfkanten funktionstüchtig ausführen

Liegt bereits ein mikrobieller Befall in der näheren Umgebung vor, befindet sich in unmittelbarer Objektnähe eine stärkere Bepflanzung oder befindet sich das Objekt an einem Feuchtgebiet, dann sollten Beschichtungsmittel grundsätzlich fungizid und algizid ausgestattet sein. Besteht hinsichtlich der Lage und/oder der Umgebungsbedingungen des Objekts die Gefahr eines rasch eintretenden Befalls, sollten Bedenken gegenüber dem Auftraggeber schriftlich angemeldet werden. In diesem Fall kann es entsprechend dem Befallsrisiko sinnvoll sein, zur Gewährleistung einen Wartungsvertrag anzubieten.

Vorbeugung durch den Nutzer

Auch der Nutzer eines Gebäudes kann wesentlich zur Vermeidung eines Befalls an der Fassade beitragen. Dies bezieht sich in Wohnungen vor allem auf die entsprechenden Lüftungsgewohnheiten und die Vermeidung von dauerhafter Wasserdampfkondensation der Raumluft über den Fensteröffnungen

Abb. 5.107: Wachstum von Mikroorganismen über den Fensterlaibungen, hervorgerufen durch eine dauernde Kippstellung der Fenster und der damit verbundenen Wasserdampfkondensation

an der Fassade. Eine Dauerkippstellung der Fenster ist nicht nur ineffektiv und verschwendet Heizenergie, sondern führt auch zu einer Kondensation der wärmeren Raumluft auf der kühleren Fassadenoberfläche. Dadurch stellt sich eine länger anhaltende höhere Oberflächenfeuchtigkeit ein, was zu entsprechend guten Wachstumsbedingungen für Mikroorganismen führen kann (siehe Abb. 5.107).

Verschmutzungen, z. B. auf Fensterbänken, sind vor allem nach stärkerem Pollenflug zu entfernen, sodass diese nicht mit dem nächsten Niederschlag über die Fassade abgeführt werden. Auch Verschmutzungen durch Spritzwasser im Sockelbereich sind ggf. regelmäßig zu entfernen.

Bepflanzungen sind mit genügend Abstand zur Fassade anzulegen. Es sollte vermieden werden, dass durch die Bepflanzung eine ständige Schattenlage auf der Fassade entsteht.

5.7.3 Mikrobieller Befall als Mangel

Von einigen Fachleuten am Bau wird die Meinung vertreten, dass der Befall mit Mikroorganismen, speziell der Befall mit Algen, eine höhere Gewalt der Natur darstellt und nur als „optische Beeinträchtigung" zu bewerten ist. Aus gutachterlicher Sicht kann dieser Meinung nur bedingt gefolgt werden und nur dann, wenn alle vorbeugenden Maßnahmen versagt haben. Algen, die z. B. auf einer verputzten Fassade anzutreffen sind, führen zwar zu keiner direkten Schädigung des Untergrundes, können aber Pilzen und Flechten als Nährboden dienen, die den Untergrund schließlich beeinträchtigen können. Außerdem besteht die Gefahr, dass der Feuchtehaushalt der Beschichtungsoberfläche gestört wird, was zu einer Schädigung der Beschichtung führt. Laut den BFS-Merkblättern Nr. 9 (Bundesausschuss Farbe und Sachwertschutz, 2010) und Nr. 21 (Bundesausschuss Farbe und Sachwertschutz, 2012) ist der Verlust einer technischen Funktion der Beschichtung praktisch ausgeschlossen. Dieser Ausführung kann aus der vorgenannten Begründung nicht gefolgt werden.

Bei der Beurteilung eines Algenbefalls sind die Lage des Gebäudes, die Konstruktion, die Umgebungs- und Witterungsbedingungen sowie die verwendeten Beschichtungsstoffe unter Einbeziehung der Standzeit nach Erstellung oder erfolgter Sanierung des Gebäudes zu berücksichtigen. Unter Beachtung der erwähnten Faktoren ist das Risiko eines möglichen Befalls abzuschätzen. In jedem Fall empfiehlt es sich für den Auftragnehmer, gegenüber dem Auftraggeber seiner Hinweispflicht nachzukommen und auf die Gefahr durch einen möglichen mikrobiellen Befall hinzuweisen.

Ein Renovierungsanstrich auf einer bisher nicht bewachsenen, ungedämmten Altbaufassade wird in der Regel nicht mit einer gegen mikrobiellen Befall ausgerüsteten Fassadenfarbe erfolgen. Wird aber ein Wärmedämm-Verbundsystem angebracht, empfiehlt sich bei Putz und Farbe der Einsatz von Produkten mit algiziden und fungiziden Wirkstoffen.

In gefährdeter Umgebung wird laut BFS-Merkblatt Nr. 9 (Bundesausschuss Farbe und Sachwertschutz, 2010, S. 8) die Zusatzausstattung gegen einen Sekundärbefall grundsätzlich empfohlen. Dies entspricht somit den allgemein anerkannten Regeln der Technik. Demgemäß sind bei algen- und pilzgefährdeten Oberflächen biozide Wirkstoffe einzusetzen:

„In der mitteleuropäischen Klimazone tritt mikrobieller Bewuchs auf nahezu allen Außenoberflächen auf. Dies gilt auch für die meisten Baustoffoberflächen, unbeschichtet und beschichtet. Ausnahmen bilden Zink- und Kupferoberflächen – wegen der bioziden Eigenschaften dieser Metalle – sowie dauerhaft trockene Oberflächen und Flächen, die üblicherweise regelmäßig gereinigt werden, wie z. B. Fensterscheiben.

Algen und Pilze sind allgegenwärtige, natürliche, pflanzliche Bestandteile der Umwelt. Algen und Pilzsporen werden über die Außenluft (Wind) transportiert und an die Oberflächen der Gebäude herangetragen. Dort können sie, bei ausreichendem Feuchtigkeitsangebot, einen sichtbaren Bewuchs entwickeln.

Auf Bauwerksoberflächen werden meist nur Teilflächen befallen. Dies ist abhängig von der örtlichen unterschiedlichen Feuchtigkeit und Temperatur unmittelbar auf bzw. über der Oberfläche, je nach Himmelsrichtung, Beschattung und Beregnung. Zusätzlich können durch die Luft angetragene Partikel (klebrige, nährstoffhaltige, feuchtigkeitsspendende) zur Entstehung von Bewuchs beitragen.

Das vorherrschende Feuchtigkeitsangebot und der „Besiedlungsdruck" durch die Mikroorganismen werden durch eine Vielzahl jeweils unterschiedlich wirksamer Randbedingungen bestimmt. Die wachstumsfördernden Bedingungen in der Natur verändern sich von Jahr zu Jahr und können in der Summe und ihrer Gewichtung nicht genau erfasst und bewertet werden. Die biologische Aktivität, d. h. das Befallsrisiko, ist deshalb nicht prognostizierbar.

Bei Neubauten und bei Änderungen der Fassade muss das Bewuchsrisiko bereits bei der Planung berücksichtigt werden. Dazu zählen in erster Linie das Fernhalten von Feuchtigkeit durch bauplanerische und baukonstruktive Maßnahmen (z. B. Dachüberstände, Tropfkanten, Pflanzabstände etc.) oder planmäßige Instandsetzungsmaßnahmen (z. B. regelmäßige Reinigung).

Unterstützend kann auf befallsfähige Flächen ein speziell gegen Algen- und Pilzbewuchs ausgerüstetes (filmkonserviertes) Beschichtungssystem eingesetzt werden. Solche Beschichtungen sind in der Lage, das Wachstum der Mikroor-

ganismen für eine begrenzte Zeit zu unterdrücken oder zu vermindern. Ein dauerhafter Schutz kann nicht erreicht werden.

Im Gebäudebestand sollen technische und wirtschaftliche Maßnahmen zur Verhinderung von Bewuchs ausgeschöpft werden, wie z. B. undichte Regenrinnen, angrenzende Bäume und Sträucher zurückschneiden lassen etc. Gegen Algen und Pilzbewuchs ausgerüstete Beschichtungsstoffe sollen verwendet werden, wenn bereits ein Befall durch Mikroorganismen vorliegt. Planmäßige Instandhaltungsmaßnahmen (z. B. regelmäßige Reinigung) sind vorzusehen.

Grundsätzlich ist die besondere Ausrüstung der Fassadenbeschichtung gegen Algen- und Pilzbewuchs (Filmschutz) gezielt zu planen und auszuführen und nicht für alle Bauvorhaben vorauszusetzen.

Ein Verlust der technischen Funktionalität der Beschichtung durch den oberflächlichen Bewuchs mit Algen und Pilzen ist praktisch ausgeschlossen."

Eine Gewährleistung über mehrere Jahre sollte weder vom Verarbeiter noch vom Hersteller gegeben werden. Ob ein Befall – auch bei der Verarbeitung von Beschichtungen mit Biozidzusatz – innerhalb der Gewährleistungszeit verhindert wird, ist unsicher und nicht kalkulierbar; der eigentliche Sinn einer Gewährleistung würde hier infrage gestellt. Die anerkannten Regeln der Technik geben eindeutig vor, dass zur Vorbeugung auf algen- und pilzgefährdeten Oberflächen biozid ausgerüstete Wirkstoffe einzusetzen sind. Dennoch ist es empfehlenswert, den Einsatz von bioziden Wirkstoffen aus ökologischen Gründen kritisch zu sehen und mit dem Auftraggeber abzustimmen, denn nicht jeder Auftraggeber wünscht Biozide an seiner Fassade. Bedingt durch die Wasserlöslichkeit sind Biozide nach ca. 2 Jahren ausgewaschen. Spätestens nach dieser Zeit wird die Oberfläche ebenso von Algen und Pilzen besiedelt wie alle anderen Oberflächen auch. Ob es zu einer störenden Beeinträchtigung kommt, hängt dann vorwiegend vom Mikroklima an der Fassadenoberfläche ab. Auch Staub- und Schmutzablagerungen an der Putzoberfläche bilden einen Puffer zwischen der mit einem Biozid ausgestatteten Beschichtungsoberfläche und dem mikrobiellen Bewuchs und können die biozide Wirkung einschränken oder sogar aufheben.

Wünscht der Auftraggeber nach eingehender Beratung durch den Auftragnehmer keine biozide Ausstattung der zur Anwendung kommenden Produkte, hat der Auftragnehmer nur die Wahl, seine Bedenken bezüglich eines mikrobiellen Befalls schriftlich anzumelden. Nur so kann er sich im Nachhinein vor ungerechtfertigten Vorwürfen und Forderungen schützen. Eine alternative Möglichkeit zu bioziden Produkten bieten nanofunktionelle Beschichtungen mit Selbstreinigungseffekt z. B. durch Fotokatalyse und niedrige w- und s_d-Werte (siehe Kapitel 7.5).

5.7.4 Sanierung von Fassaden mit mikrobiellem Befall

Bei Sanierungsarbeiten an Fassaden, die bisher ohne Befall waren, oder an neuen Fassaden, die in gefährdeten Gebieten stehen, sollten vorbeugend folgende Maßnahmen ergriffen werden:

- Untergrund mit biozider Lösung grundieren
- je nach Bedarf den Untergrund mit einem geeigneten Tiefengrund grundieren
- Schlussbeschichtung mit bioziden Wirkstoffen wählen, abgestimmt auf den Untergrund mit einer möglichst niedrigen Wasserdampf-Diffusionswiderstandszahl

Bei Fassaden mit mikrobiellem Befall empfehlen sich folgende Sanierungsmaßnahmen:

- biozide Lösung aufbringen
- sichtbare Verunreinigungen mit möglichst geringem Wasserdruck entfernen, da durch Wasserdruck Keime in den Untergrund transportiert werden können, gründlich reinigen
- Untergrund mit biozider Lösung grundieren (nicht abwaschen)
- je nach Bedarf Untergrund mit einem geeigneten Tiefengrund grundieren,
- Schlussbeschichtung mit biozider Ausstattung wählen, abgestimmt auf den Untergrund mit einer niedrigen Wasserdampf-Diffusionswiderstandszahl

Nach heutigen Erkenntnissen ist es erforderlich, im Neubaubereich sowie bei der Sanierung von Gebäuden – auch wenn bisher kein Befall vorlag – eine biozide Ausstattung zu wählen, wenn z. B. an den Nachbargebäuden ersichtlich wird, dass in der Umgebung ein erhöhtes Risiko für einen mikrobiellen Befall besteht.

6 Farbtonabweichungen

6.1 Farbtonprobleme – theoretische Grundlagen

Mängel und Beanstandungen des Farbtons sind bei Beschichtungs- und Anstricharbeiten sicher die häufigste Ursache für unangenehme Auseinandersetzungen. Denn schließlich haben Beschichtungs- und Anstricharbeiten nicht nur Ansprüche hinsichtlich des Objektschutzes und der Werterhaltung zu erfüllen, sondern in der Regel auch ästhetischen Anforderungen und Vorstellungen Genüge zu leisten. Hauptsächlich sind hierbei Abweichungen beim Farbton selbst oder Unregelmäßigkeiten im Farbtonergebnis einer Fläche, des Glanzgrades oder nach Ausbesserungen betroffen. Derartige Unregelmäßigkeiten gehen in der Regel relativ selten vom Anstrich- oder Beschichtungsmaterial direkt aus. In den meisten Fällen spielen die Umgebungsbedingungen klimatischer Art bei der Trocknung von Beschichtungsstoffen, die Belichtungsverhältnisse oder die Verarbeitung und Vorbehandlung des Untergrundes eine entscheidende Rolle für das Ergebnis, das vom Auftraggeber dann letztlich nicht toleriert wird. Natürlich entsteht hierbei oft ein Spannungsfeld, was denn überhaupt tolerierbar, inakzeptabel und normgerecht sei oder dem Stand der Technik entspräche. Häufig entstehen dann Auseinandersetzungen, die vor Gericht ausgetragen werden, mit Fragen, die nur von beauftragten Sachverständigen zu beantworten sind. Deren Beurteilung des Sachverhalts kann allerdings von Fall zu Fall variieren und mangels fehlender Richtlinien, Normen oder sonstiger Bewertungsgrundlagen im Ergebnis oft nur bedingt objektiv sein.

Deshalb ist zu empfehlen, Auseinandersetzungen bzw. Unstimmigkeiten dieser Art bereits im Vorfeld dadurch zu begegnen, dass beispielsweise durch entsprechende Bemusterungen oder Probeaufstriche unter Objektbedingungen dem Auftraggeber schon vor Beginn der vorgesehenen Ausführung aufgezeigt wird, welcher optische Eindruck nach der Ausführung, z. B. nach Ausbesserungen, im Ergebnis entsteht. Auf diese Weise können in Abstimmung mit dem Auftraggeber in der Regel einvernehmliche Lösungen erzielt werden, wenn beispielsweise anstelle von vorgesehenen punktuellen Ausbesserungen nur ein Überholungsanstrich über die gesamte Fläche einer Wand zum gewünschten Ergebnis führt.

Welche Ursachen und Maßnahmen die Toleranzgrenzen farbtonbedingter Unregelmäßigkeiten beeinflussen und überschreiten können, soll nachfolgend aufgezeigt werden. Allerdings ist die Vielfalt solcher problematischen Vorfälle derart groß, dass sich der Verfasser im Rahmen dieses Kapitels lediglich auf die häufigsten Fälle beschränkt.

6.1.1 Richtlinien und anerkannte Regeln der Technik

Zur Orientierung kann bei Beschichtungsarbeiten in und an Bauwerken das BFS-Merkblatt Nr. 25 „Richtlinien zur Beurteilung von Farbübereinstimmungen und Farbabweichungen“ (Bundesausschuss Farbe und Sachwertschutz, 2003) herangezogen werden, das anerkannte Regeln der Technik repräsentiert. Des Weiteren wurde die Richtlinie VdL-RL-10 „Farbtoleranzen“ (Verband der deutschen Lackindustrie e. V., 2013) herausgegeben, die „zulässige Farbtoleranzen für unifarbene Pulverlacke bei Architekturanwendungen“ insbesondere von Lieferungen betrifft. Beide Richtlinien nehmen Bezug auf die DIN 6175-1 „Farbtoleranzen für Automobillackierungen; Unilackierungen“ (1986).

Diese Festlegungen und Informationen können zur Beurteilung von tolerierbaren Farbtonabweichungen bei Bautenlacken und Baufarben sowie Pulverlackierungen, sofern diese im Baubereich eingesetzt werden, entsprechend herangezogen werden. Betroffen sind sog. pigmentierte, einfarbige oder unifarbene Anstriche bzw. Beschichtungen, die ohne richtungsabhängige Effekte farbtongleiche Oberflächen ergeben. Metalliceffekte oder Interferenzpigmentierungen, die im Gegensatz dazu wegen ihrer plättchenförmigen Pigmentstruktur richtungsabhängige Farbtonveränderungen erzeugen, sind von diesen Richtlinien ebenso ausgenommen wie Lasuren, mehrfarbige Beschichtungen bzw. Kreativtechniken, Spachteltechniken und Putze. Auch Farbtonveränderungen, die durch Bewitterung oder Belichtung nach längeren Zeiträumen auftreten, zählen dazu und bleiben in dieser Bewertung von Farbtonabweichungen ebenfalls unberücksichtigt.

6.1.2 Einflussfaktoren bei Farbtonbeurteilungen

Licht und Lichtarten

Eine Voraussetzung zur Wahrnehmung einer Oberfläche bzw. eines Körpers, ob farbig bunt, weiß, grau oder schwarz, ist Licht. Der Volksmund sagt, „in der Nacht sind alle Katzen grau“, denn mangels Licht erscheinen im Dunkeln alle Gegenstände oder Körper unbunt grau bis hin zu schwarz. Dies reicht bis zur völligen Unkenntlichkeit bei totaler Dunkelheit, sofern sie nicht in der Lage sind, Lichtstrahlen energetisch selbst zu erzeugen, z. B. chemisch mittels phosphoreszierender Pigmente oder biochemisch im Tierreich und bei einigen Mikroorganismen.

Das Licht selbst strahlt je nach Herkunft (Sonne, Leuchtstoffröhre, Glühlampen usw.) in unterschiedlichen elektromagnetischen Wellenlängen, die in ihrer Summe mehr oder weniger reines weißes Licht ergeben. Die Farbtemperatur gibt je nach Lichtquelle an, bei welcher Temperatur ein Körper zu glühen beginnt und dadurch Licht aussendet, z. B. der Wolframdraht einer Glühlampe (siehe Tabelle 6.1, Abb. 6.1 und Abb. 6.2).

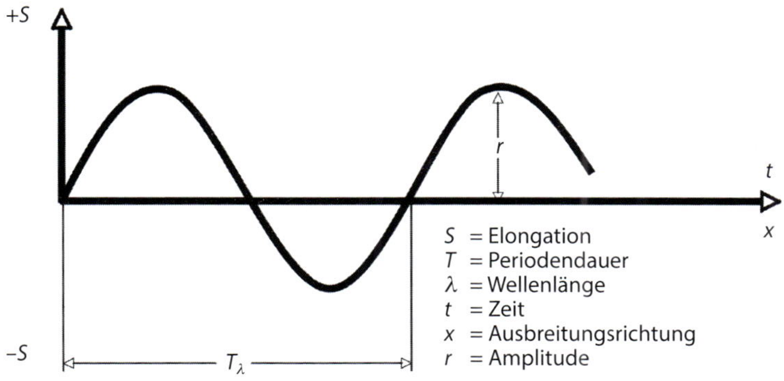

Abb. 6.1: Elektromagnetische Wellenlängenformation von Licht (Quelle: Bengs, 2006)

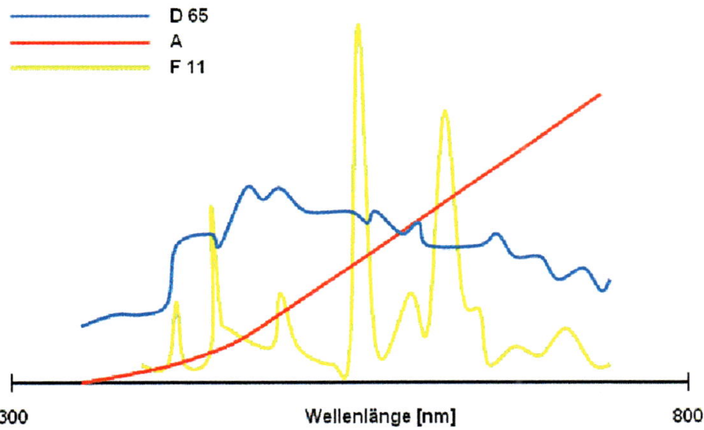

Abb. 6.2: Wellenlängenanteile verschiedener Normlichtarten (D 65: Tageslicht, A: Glühlampe, F 11: Leuchtstoffröhre) (Quelle: Max-Emanuel Ruprecht, Memmingen)

Tabelle 6.1: Standardisierte genormte Lichtquellen

Normbezeichnung	Lichtart	Farbtemperatur in K
D 65	Tageslicht	6.500
A	Glühlampe	2.856
F 11 (früher TL 84)	Leuchtstoffröhre	4.100
U 30	Leuchtstoffröhre (USA)	3.000

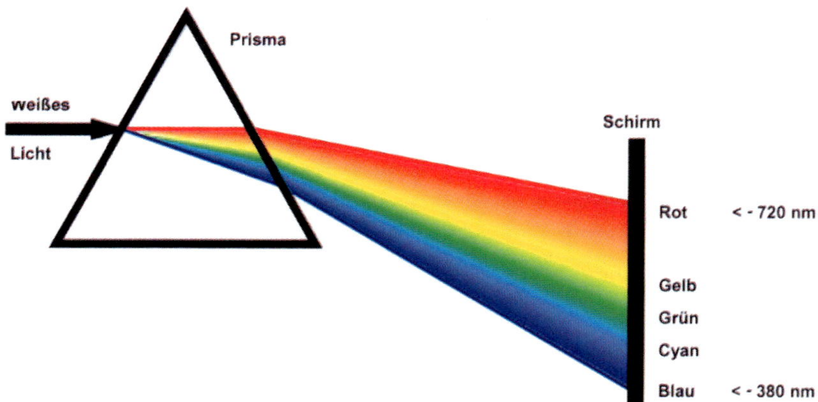

Abb. 6.3: Spektralfarben des weißen Lichtes

Aus der in Abb. 6.2 aufgezeigten stark differenzierten Lichtzusammensetzung der verschiedenen Lichtarten wird deutlich, dass Farbtonbeurteilungen bei wechselnder Beleuchtung die Wahrnehmung von Farben entsprechend stark beeinflussen. Weil die Farbtonwahrnehmung im Grunde selbst nichts anderes ist als die Wahrnehmung eines Bruchteils des jeweiligen Lichts bzw. der jeweiligen Beleuchtung, erscheinen Farbtöne je nach Lichtart z. B. bei bläulichem Tageslicht kälter und bei rötlichem Glühlampenlicht entsprechend wärmer. So kann beispielsweise gelbliches Leuchtstoffröhrenlicht Blautöne entsprechend in Richtung Grün verschieben, d. h. in Blautöne mit leichtem Grünstich verwandeln.

Wahrnehmung von Farben

Wird ein farbloser weißer Lichtstrahl durch ein Glasprisma gelenkt, so werden durch die Brechung des Lichtstrahls die ineinanderfließenden Regenbogenfarben bzw. Spektralfarben sichtbar, wobei jeder einzelne Farbton einer bestimmten elektromagnetischen Wellenlänge entspricht (siehe Abb. 6.3).

Der am stärksten abgelenkte Blauanteil strahlt in entsprechend kurzen, der Rotanteil in entsprechend langen elektromagnetischen Wellenlängen. Das am blauen Licht angrenzende, nicht mehr sichtbare Wellenspektrum ist das kurzwellige ultraviolette und das am roten Licht angrenzende, entsprechend langwellige, nicht sichtbare infrarote Licht (siehe Abb. 6.4).

Additive Farbmischung

Lenkt man die Spektralfarben des durch Lichtbrechung zerlegten Lichtes durch eine Sammellinse (Vergrößerungsglas), so bildet sich ab dem Brennpunkt der Linse durch Zusammenmischung aller Spektralfarben wiederum farbloses weißes Licht. Dieser Vorgang wird additive Farbmischung genannt (siehe Abb. 6.5). Werden nicht alle, sondern nur Ausschnitte der jeweiligen

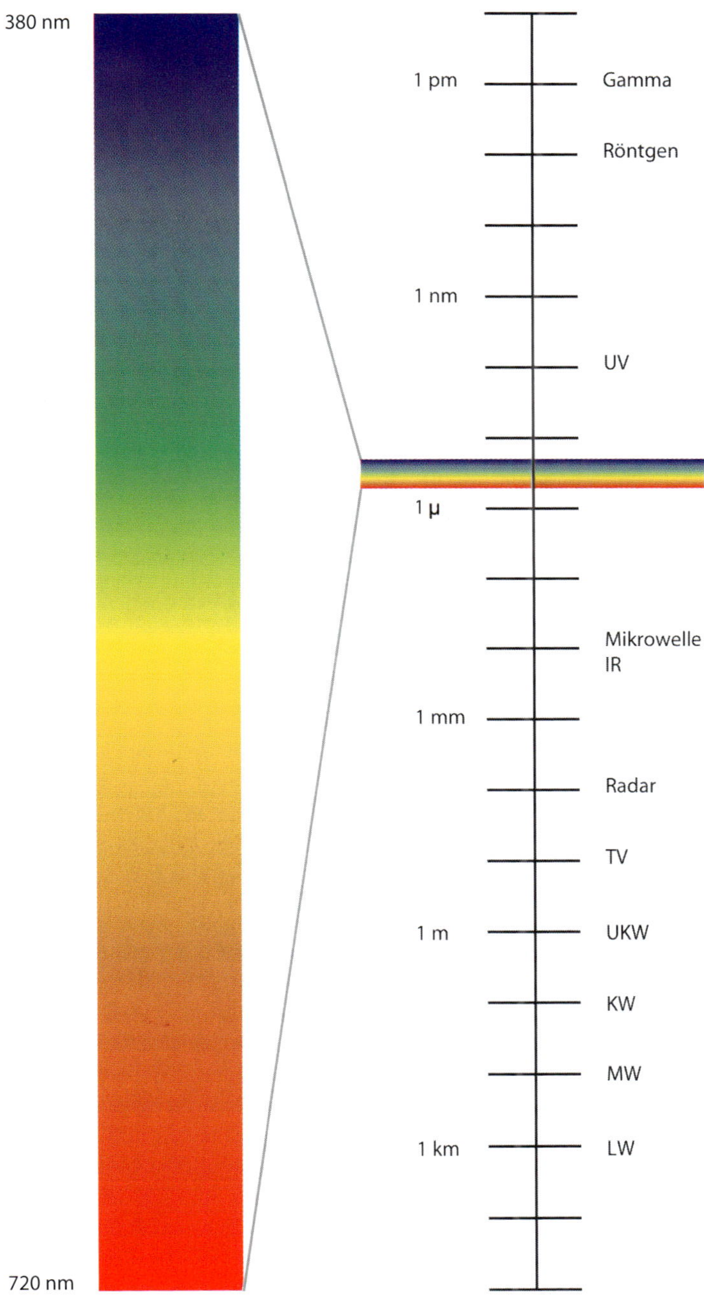

Abb. 6.4: Elektromagnetische Wellenlängen mit dem relativ geringen Ausschnitt des sichtbaren Lichtwellenspektrums (Quelle: Max-Emanuel Ruprecht, Memmingen)

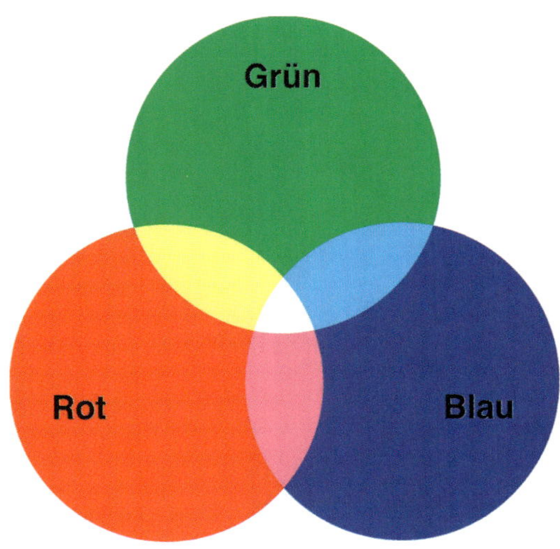

Abb. 6.5: Beispiel additiver Mischergebnisse von Spektralfarben (Quelle: Max-Emanuel Ruprecht, Memmingen, 2006)

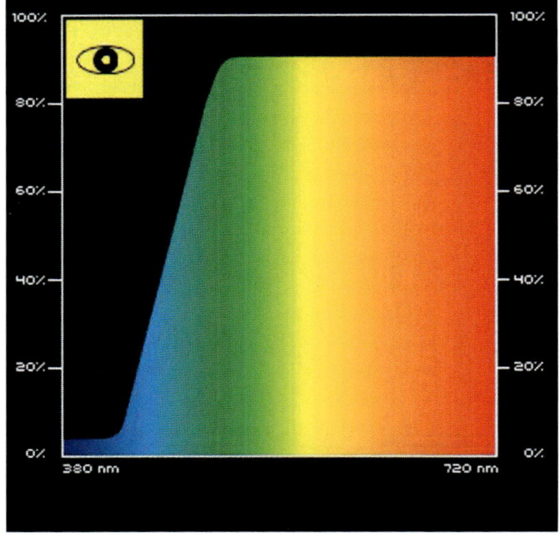

Abb. 6.6: Beispiele des Farbensehens durch Remission von Spektralfarben: Wahrnehmung als Gelb (Quelle: Max-Emanuel Ruprecht, Memmingen, 2006)

Spektralfarben gemischt, nehmen wir mit dem Auge den Mischfarbton der entsprechenden Spektralfarben wahr. Demzufolge erkennen wir Körper bei Licht im jeweiligen Farbton, weil eine Mischung verschiedener Spektralfarben oder eine Bündelung ähnlicher Spektralfarben vorliegt. Das wahrgenommene Farbtonergebnis ist demnach das Ergebnis der additiven Farbmischung als Abstrahlungsergebnis des Körpers oder Anstrichstoffes, was als Remission bezeichnet wird.

So wird beispielsweise ein Anstrich- oder Beschichtungsstoff als grün, blau oder rot wahrgenommen, weil in das Auge mehr oder weniger grüne, blaue oder rote Spektralfarben treffen. Remittiert ein Anstrich- oder Beschichtungsstoff grüne und rote Spektralfarben, empfinden und sehen wir ihn als gelben Farbton (siehe Abb. 6.4). Beim Farbton Cyanblau identifiziert das Auge eine Remission eines Anstrich- oder Beschichtungsstoffes durch die Mischung von grünem und blauem Spektralfarbenlicht (siehe Abb. 6.7). Als Farbton Magenta wird eine Spektralfarbenmischung aus blauen und roten Lichtanteilen wahrgenommen (siehe Abb. 6.8). Der unbunte Farbton Weiß ist, wie schon aufgezeigt, die Summe und Addition aller Spektralfarben (siehe Abb. 6.9). Unbuntes reines Schwarz ist die Absorption aller Spektralfarben des gesamten Lichtwellenspektrums und reines Grau die Remission aller Spektralfarben in verringertem Anteil gegenüber einem idealen weißen Licht, das alle Spektralfarben im Idealfall zu 100 % remittiert (siehe Abb. 6.10).

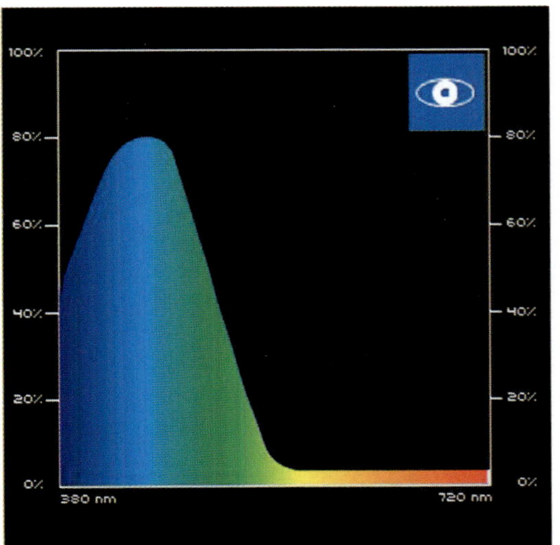

Abb. 6.7: Beispiele des Farbensehens durch Remission von Spektralfarben: Wahrnehmung als Cyanblau (Quelle: Max-Emanuel Ruprecht, Memmingen, 2006)

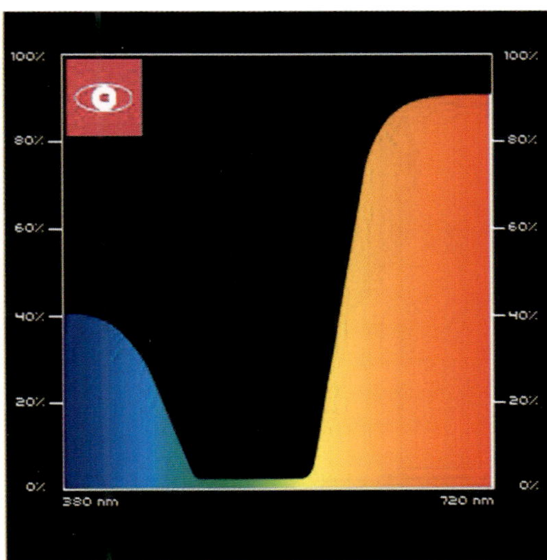

Abb. 6.8: Beispiele des Farbensehens durch Remission von Spektralfarben: Wahrnehmung als Magentarot (Quelle: Max-Emanuel Ruprecht, Memmingen, 2006)

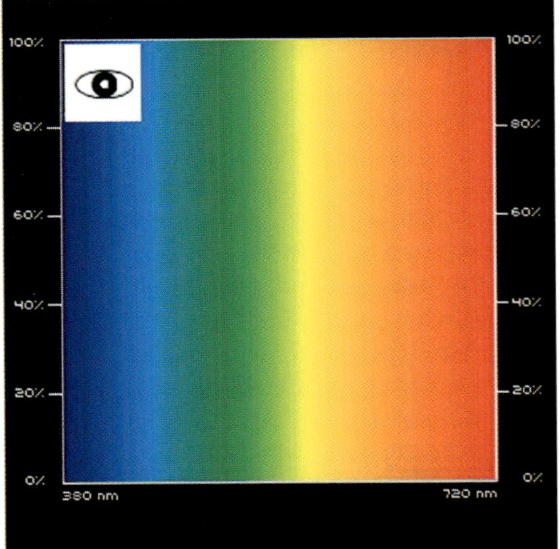

Abb. 6.9: Beispiele des Farbensehens durch Remission von Spektralfarben: Wahrnehmung als ideales Weiß (Quelle: Max-Emanuel Ruprecht, Memmingen, 2006)

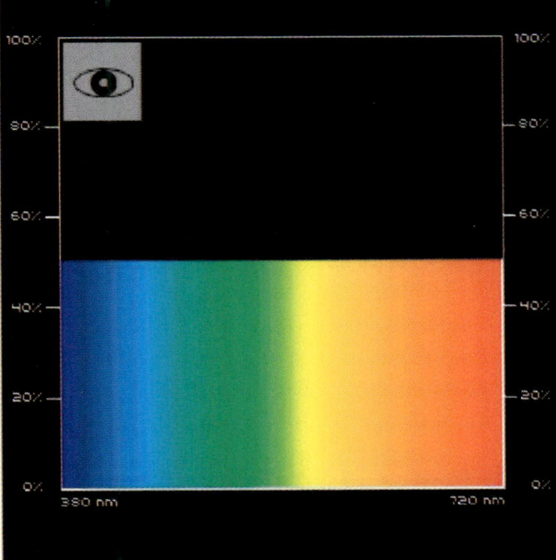

Abb. 6.10: Beispiele des Farbensehens durch Remission von Spektralfarben: Wahrnehmung als ideales unbuntes Grau (Quelle: Max-Emanuel Ruprecht, Memmingen, 2006)

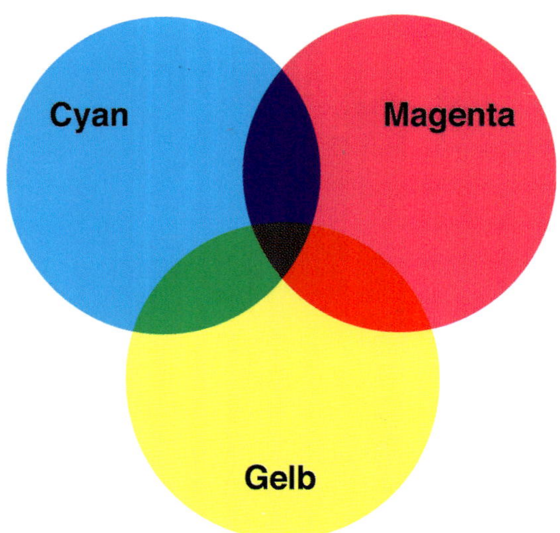

Abb. 6.11: Subtraktive Farbmischung von Körperfarben (Quelle: Max-Emanuel Ruprecht, Memmingen, 2006)

Subtraktive Farbmischung

Damit eine additive Farbmischung im Auge überhaupt stattfinden kann, müssen die Farbkörper, z. B. Pigmente, Teile des auf sie treffenden weißen Lichtes aus dem Wellenspektrum von 380 bis 720 nm erst wegnehmen, d. h. durch Absorption subtrahieren. Mit anderen Worten bedeutet dies, dass die Farbwahrnehmung immer eine Funktion additiver Spektralfarbenmischung in Form remittierten Lichtes und subtraktiver Absorption des auftreffenden oder eindringenden, also transmittierten Lichtes im Körper ist. Im Ergebnis finden also beide Abläufe bzw. Vorgänge bei der Farbwahrnehmung gleichzeitig statt: Transmission und Subtraktion des Lichtes im Farbkörper sowie Remission des aus dem Körper austretenden Lichtes, das schließlich im Auge als Sinnesorgan addiert und gemischt wird. Weil beide Vorgänge entgegengesetzt verlaufen, ergibt die subtraktive Mischung aller Körperfarben im Gegensatz zur additiven Farbmischung des Spektrallichtes anstelle von Weiß Schwarz (siehe Abb. 6.11). Insofern ist zwar der subtraktive Mischvorgang eine Addition, aber eben nur dieser, was leider gelegentlich zu Verwirrungen oder Missverständnissen bei der Unterscheidung zwischen additiver und subtraktiver Farbmischung führt.

Lichtstreuung – Auswirkungen auf Deckvermögen und Farbton

Ein weiteres grundlegendes Phänomen ist die sog. Lichtstreuung, welche die optische Wahrnehmung von farbigen Gegenständen stark beeinflusst. Die Lichtstreuung darf hierbei keinesfalls mit der Lichtreflexion verwechselt werden.

Abb. 6.12: Hochglanzeffekt auf spiegelglatter ebener Oberfläche

Abb. 6.13: Stumpfmatte mikroraue Oberfläche mit diffuser Reflexion einer Silikonharzfassadenfarbe (Quelle: Degussa, Trostberg)

Abb. 6.14: Mikroraue Oberfläche einer Fassadenfarbe

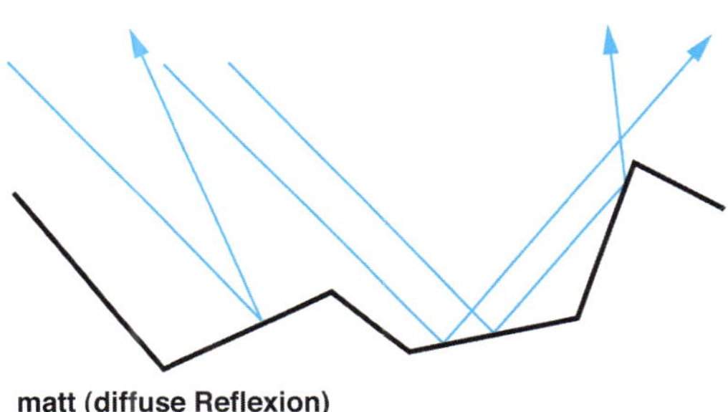

Während bei der Lichtreflexion das Licht ausschließlich an der Oberfläche von Körpern, z. B. an Anstrichen, reflektiert und so bei spiegelglatten Oberflächen einen Hochglanzeffekt (siehe Abb. 6.12) oder bei mit Mattierungsmitteln hergestellten, entsprechend im Mikrometerbereich rauen Oberflächen einen adäquaten Matteffekt hervorruft (siehe Abb. 6.13 und Abb. 6.14), dringt das Licht beim Vorgang der Lichtstreuung in die Oberflächenschicht ein. Je nach Streueigenschaft des Pigments oder Streu- und Absorptionseigenschaft einer Pigmentmischung wird das Licht im Körper bzw. im Anstrich gestreut, bis es schließlich in Form von remittiertem Licht austritt und als Farbe wahrgenommen werden kann.

Unifarbene Anstrich- und Beschichtungsstoffe liefern nur dann das gewünschte Farbtonergebnis am Objekt, wenn nach der Applikation des Anstriches der Untergrund nicht mehr durch mögliche Kontrastunterschiede durchscheint und so das Farbtonergebnis negativ beeinflusst bzw. verfälscht. Je mehr also ein in einem Anstrich- oder Beschichtungsstoff eingesetztes Pigment das transmittierte, eingestrahlte Licht streuen kann, umso besser ist seine Deckfähigkeit und umso besser ist es in der Lage, seinen Originalfarbton wiederzugeben.

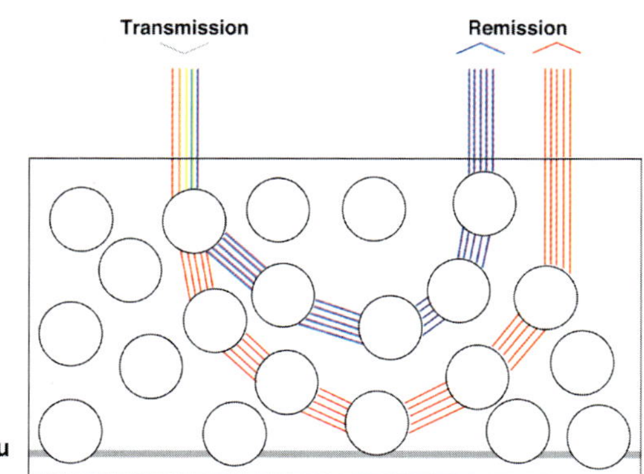

Abb. 6.15: Deckkraftvorgang eines farblosen weißen Titandioxides in einem Anstrichstoff mit optimaler Korngrößenverteilung, das durch Lichtstreuung den Farbton Weiß remittiert (Quelle: Kronos Titan-GmbH, Leverkusen)

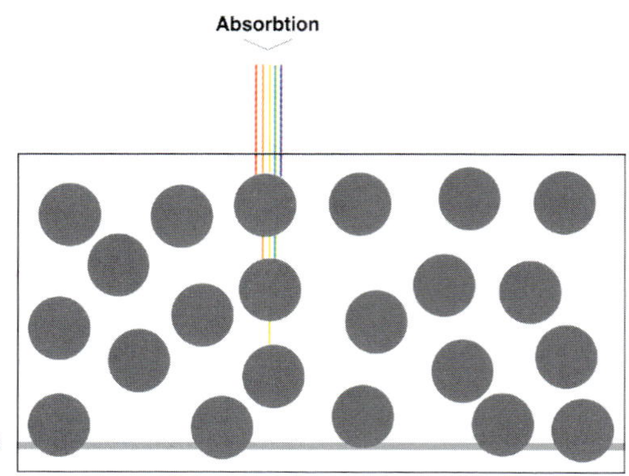

Abb. 6.16: Deckkraftvorgang durch Absorption mit Flammruß als Schwarzpigment in einem Anstrichstoff (Quelle: Kronos Titan-GmbH, Leverkusen)

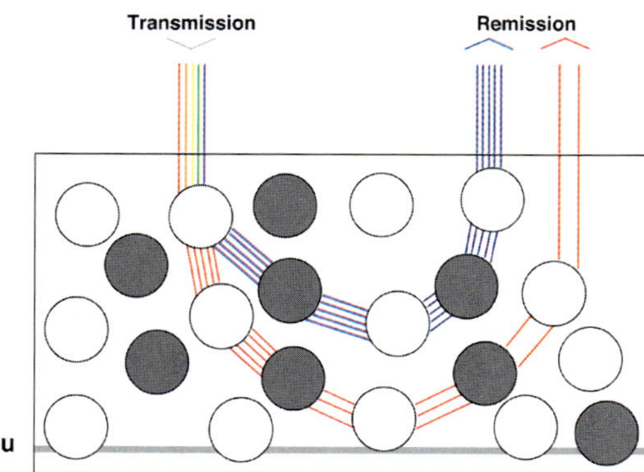

Abb. 6.17: Deckkraftvorgang durch Transmission und Absorption bei einem grauen Anstrich mit der Pigmentkombination Titandioxid/Flammruß (Quelle: Kronos Titan-GmbH, Leverkusen)

u = Grenzlinie des Deckvermögens

Im Ergebnis erscheint die Oberfläche deckend weiß, weil der Untergrund, wie in Abb. 6.15 dargestellt, vom eintreffenden Lichtstrahl bis zum Austritt aus der Beschichtungsmatrix nicht berührt wird.

Pigment und Füllstoff

Der Fachmann spricht dann von einem Pigment, wenn es als Folge optimaler Lichtstreuung Deckkrafteigenschaften erzielt (siehe Abb. 6.16 und Abb. 6.17). Bleibt die Lichtstreuung, z. B. in einer bindemittelreichen, schwach gefüllten Dispersionsfarbe, die beispielsweise hauptsächlich Kreide enthält, aus, wirkt der Anstrich mehr oder weniger transparent und lasierend. Das Ergebnis entspricht also nicht dem optischen Weißgrad als Rohstoff. In diesem Fall wäre die Kreide, wie in der Regel bei Anstrichstoffen, wegen ihrer transparenten Eigenschaft nicht als Pigment, sondern als Füllstoff zu definieren. Dieselbe Kreide, eingesetzt in einer besonders hoch bzw. stark gefüllten Farbe, wie beispielsweise einer Leimfarbe, streut das auftreffende Licht insbesondere nach der Trocknung wesentlich stärker, sodass im Ergebnis eine Deckfähigkeit nach entsprechend genügendem Anstrichauftrag erzielt wird. In diesem Fall ist für den Fachmann dieselbe Kreide ein Pigment.

Demnach ist die Lichtstreuung eines Farbkörpers bzw. Pigments von verschiedenen Eigenschaften abhängig, und zwar von

- seinem Brechungsindex, der aussagt, dass das auf ihn auftreffende Licht umso stärker gebeugt und abgelenkt und damit im Ergebnis gestreut wird, je größer die Differenz seines Brechungsindexes zur umgebenden Bindemittelmatrix ist sowie
- seiner Korngröße, die im Idealfall ein Optimum an Lichtstreuung verursacht.

Beide Faktoren stellen lediglich einen Teil der Pigmenteigenschaften dar und sind deshalb für die Verarbeitungspraxis von Anstrich- und Beschichtungsstoffen auch nur entsprechend teilweise relevant. Denn die Untergrundbedingungen, wie beispielsweise ein farblicher Kontrast zwischen Untergrund und Anstrich oder eine unterschiedliche Saugfähigkeit des Untergrundes an manchen Stellen, und die klimatischen Bedingungen sowie das jeweilige Applikationsverfahren bestimmen neben anderen Faktoren ebenso das Ergebnis von Lichtstreuung, Deckkraft und Farbton bei Anstricharbeiten.

Farblose Weißpigmente

Wie in diesem Zusammenhang schon erwähnt, ist die Eigenschaft der Lichtstreuung bei farblosen Weißpigmenten anders als im Buntbereich nicht allein von der chemischen Zusammensetzung des Pigments abhängig. Dies liegt an den bereits genannten Faktoren wie der optimalen Teilchengröße und dem Brechungsindex. Ein Polystyrol-Kunststoff, in Lösemittel gelöst und auf eine Glasplatte aufgestrichen, ist beispielsweise farblos transparent, d. h. glasklar durchsichtig. Derselbe Kunststoff, aufgeschäumt mit Luft als Polystyrol-Hartschaum, erscheint weiß. Ebenso ist Glas farblos glasklar, erscheint aber in Pulverform weiß. Auch Titandioxid ist als kompakter Feststoff farblos und glasklar durchsichtig. Erst nach der Pulverisierung erscheint es weiß, wobei die Lichtstreuung bei einem Teilchendurchmesser von 200 nm optimal ist und Titandioxid dann seine Funktion als Deckpigment am besten erfüllt. Bei optimaler Lichtstreuung liegt der Brechungsindex von Titandioxid mit 2,76 sehr hoch im Vergleich zu Kreide (1,54) und Bindemittel (1,5) und noch höher als der eines Diamanten (2,5), aus dem der funkelnde Brillant geschliffen werden kann. Die Ursachen für die jeweilige Wahrnehmung sind offensichtlich die Brechung und Streuung des farblosen weißen Lichtes zwischen den vorgenannten Medien und Luft sowie deren jeweilige optimale Partikelgrößen und Lichtbrechungs- bzw. Lichtstreuungseigenschaften bei gleicher chemischer Zusammensetzung. Gleiches gilt für das farblose Wasser als Flüssigkeit mit einem Brechungsindex von 1. In feinen Tröpfchen dampfförmig verteilt erscheinen Wolken grau bis weiß und als gefrorenes Eiskristall in Form von Schnee auf gleiche Weise schneeweiß.

Weil in Anstrichstoffen die Weißpigmente entsprechend mit Bindemittel umgeben sind, ist neben der Teilchengröße für die Lichtstreuung und

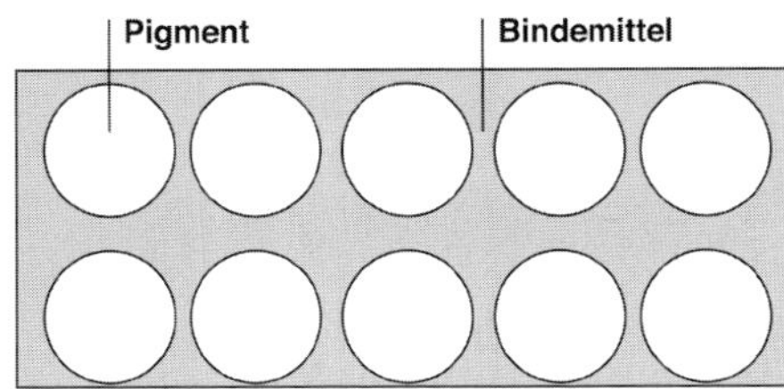

Hochglanz – niedrige PVK

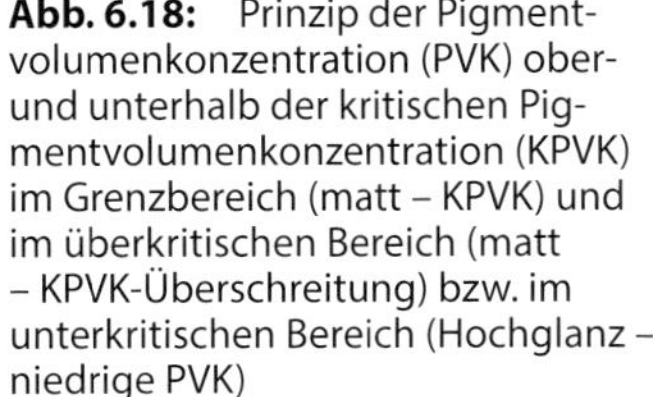

Abb. 6.18: Prinzip der Pigmentvolumenkonzentration (PVK) ober- und unterhalb der kritischen Pigmentvolumenkonzentration (KPVK) im Grenzbereich (matt – KPVK) und im überkritischen Bereich (matt – KPVK-Überschreitung) bzw. im unterkritischen Bereich (Hochglanz – niedrige PVK)

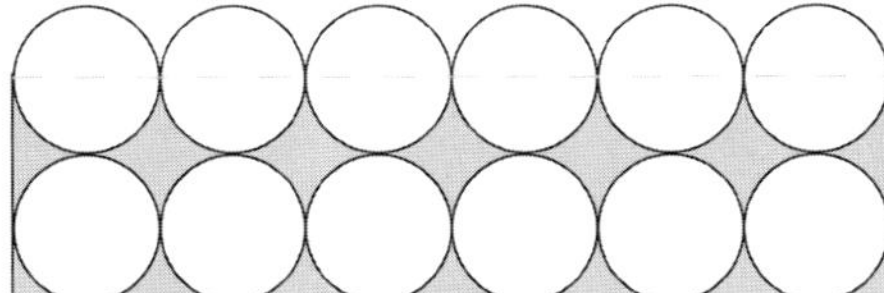

matt – KPVK, minimale Bindemittelkonzentration zur Pigmentbindung

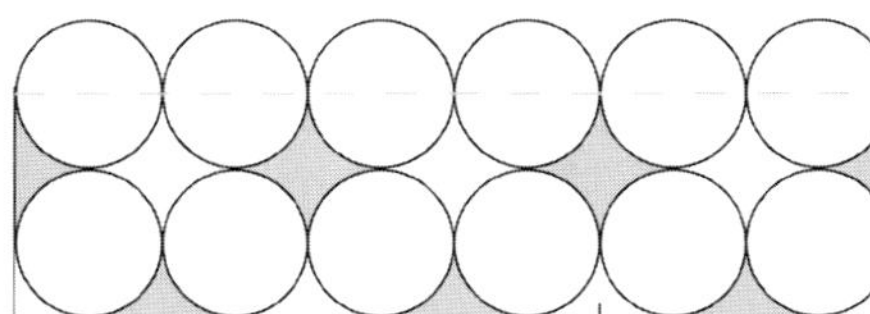

matt – KPVK-Unterschreitung, Unterschreitung der minimalen Pigmentbindung (Lufteinbindung/Hohlräume)

Luft

Lichtbeugung vor allem die Brechungsindexdifferenz zwischen Pigment und Bindemittel hinsichtlich der Deckkrafteffizienz ausschlaggebend.

Nass- und Trockendeckkraft

Anders sieht es bei sehr hohen Pigment- und Füllstoffkonzentrationen im überkritischen Bereich aus, die also oberhalb der sog. kritischen Pigmentvolumenkonzentration (KPVK) liegen, wie beispielsweise bei waschbeständigen matten Innenfarben. Hier enthalten die Pigment- und Füllstoffe Hohlräume, die im trockenen Zustand mit Luft und im nassen Zustand, im Fall wasserverdünnbarer Innenfarben, mit Wasser gefüllt sind (siehe Abb. 6.18). Derartige Anstrichstoffe sind in der Regel während der Verarbeitung und Trocknung im nassen Zustand in der Deckkraft geringer als im trockenen. Die Ursache dafür ist die Erhöhung der Brechungsindexdifferenz und damit der Lichtstreuung im ausgetrockneten Zustand, wenn sich luftgefüllte Hohlräume bilden. Der Einbau von Luft in einige Füllstoffe, die aus Kunststoffpolymeren bestehen, funktioniert übrigens im Hinblick auf anstrichtechnische Deckkraftoptimierungen nach demselben Grundprinzip.

Anstrichstoffe mit unterkritischer Pigmentierung, d. h. niedriger Pigmentvolumenkonzentration (PVK), wie z. B. glänzende Latexfarben, verhalten sich dagegen in der Regel umgekehrt und zeigen nach dem Auftrag im nassen Zustand je nach Wasser- oder Lösemittelgehalt meist eine höhere Deck-

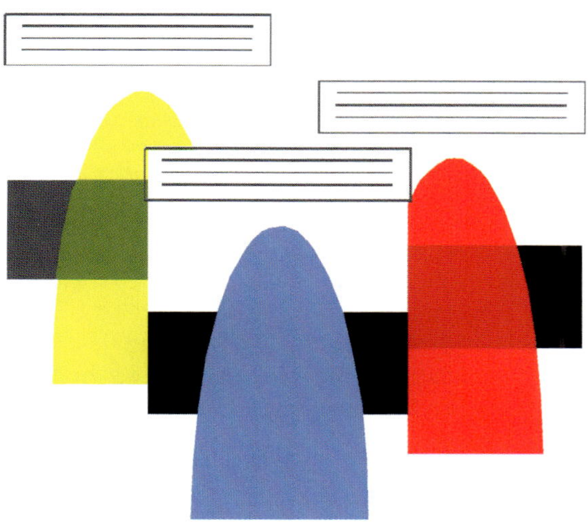

Abb. 6.19: Prinzip der Deckkraft- und Farbtonbestimmung auf Kontrastprüfkarten (Quelle: Wilms, 2006)

kraft als im trockenen. Weil hier in beiden Zuständen kaum nennenswerte Veränderungen in den Brechungsindexdifferenzen stattfinden, ist vor allem der Schichtdickenabbau durch die Verdunstung von Wasser und Lösemitteln während des Trocknungsprozesses für diese Erscheinung verantwortlich.

Buntpigmente

Bei Buntpigmenten ist grundsätzlich die stoffliche bzw. chemische Zusammensetzung für das Farbtonergebnis neben der Eigenschaft der Lichtstreuung von besonderer Bedeutung. Deren Farbtonergebnis kann nicht wie im Unbuntbereich nur durch Lichtstreuung (Weiß) oder Lichtabsorption (Schwarz) vorgetäuscht werden. Meist sind es die organischen Buntpigmente, d. h. auf Basis von Kohlenstoff synthetisierte und leuchtend gelbe, orange, rote sowie entsprechend farbtiefe, intensive wie blaue und grüne, die geringere Lichtstreueigenschaften mit niedrigerer Deckkraftleistung aufweisen und bei denen die genannten Faktoren der Lichtstreuung entsprechende Farbtonergebnisse mehr oder weniger stark beeinflussen. Je mehr also z. B. ein organisches Pigment durch die Optimierung seiner Korngröße in der Lage ist, Licht zu streuen und so optimale Deckkrafteigenschaften zu erzeugen, umso sicherer sind die erzielbaren Farbtonergebnisse (siehe Abb. 6.19).

Selbstverständlich kann der störende Einfluss mangelnder Deckkraft und damit geringer Lichtstreuung durch einen zusätzlichen Auftrag des Anstrichstoffes in entsprechend hoher Schichtdicke im Regelfall ausgeglichen werden. Sollten dazu jedoch die Lichtstreueigenschaften eines meist organischen Buntpigments nicht ausreichend sein, lässt sich sein tatsächlicher Farbton im Ergebnis auch nicht produzieren – ein Problem, das in der Praxis gerade bei intensiven, organisch pigmentierten Farbtönen, beispielsweise bei einigen klaren RAL- oder NCS-Farbtönen, besonders auf kontrastreichen Untergründen gelegentlich vorkommen kann. In derartigen Situationen sollte das organische Buntpigment eines solchen kritischen Farbtons, das nur einen Circa-Farbton erzielt, mit stark streuenden, in der Regel anorganischen abgestumpften Buntpigmenten kombiniert werden, um im Ergebnis durch Deckkraftverbesserung genauere Circa-Farbtöne erzielen zu können.

Glanzeffekte

Wie bereits dargestellt, ist eine Voraussetzung für die Entstehung der Sinneswahrnehmung von Farbe das Eindringen des Lichtes als Transmission in die Oberflächenschicht eines Körpers, z. B. eines Anstriches. Überlagert wird dieser Vorgang, je nach Beschaffenheit seiner Oberflächenstruktur, auch durch Lichtreflexion direkt auf der Oberfläche des Körpers. Sehr glatte Oberflächen reflektieren das farblose weiße Licht und führen zur Wahrnehmung als hochglänzend. Glatte Oberflächen, die im Mikrometerbereich etwa durch Mattierungsmittel aufgeraut wurden, erscheinen durch die diffuse Reflexion entsprechend weniger glänzend, matt bis stumpfmatt. Je matter folglich die Oberfläche eines Anstriches eingestellt ist, umso größer ist die diffuse Reflexion des farblosen weißen Lichtes und umso weißlicher bzw. milchiger verfärbt wirken die Farbtöne. Stumpfmatte Wand- oder Fassadenfarben können daher oftmals nicht in tiefen, intensiven RAL- oder NCS-Farbtönen hergestellt werden. Aus demselben Grund ist auch kein Schwarz mit einem Hellbezugswert von 0 möglich (siehe Abb. 6.12 bis Abb. 6.14).

Schattenwirkung

Farbtonänderungen durch Schattenwirkung kommen bei deutlich erkennbaren Strukturunterschieden an Oberflächen zum Tragen, insbesondere im Bereich von Strukturputzen, die mehr oder weniger glatt verspachtelt, gefilzt oder in ihrer Kornstruktur in mehreren Millimeterbereichen strukturiert werden können. Hier führen Schatteneffekte besonders bei Streiflicht zu Hell-Dunkel-Differenzen und entsprechend auffälligen Schattierungen, die größere Flächenbereiche einnehmen können. Betroffen sind meist die Ansatzflächen über Gerüstlagen infolge einer zu schnellen Trocknung durch erhöhte Temperaturen, Wind, Zugluft, fehlende Beschattung bei Sonneneinstrahlung, zu wenig Personal auf Gerüstlagen, zu hohe Saugfähigkeit des Untergrundes oder eine fehlende Putzgrundierung. Sie sind häufig Ursachen von Beanstandungen und beispielhaft für typische Unregelmäßigkeiten.

Je nach Einstrahlrichtung bzw. -winkel des auftreffenden Lichtes entstehen so unterschiedliche Eindrücke bzw. Wahrnehmungen von Helligkeit, Farbton, Farbintensität, Oberflächenglanz und Struktur, wobei auch die Untergrundabdeckung bzw. Deckkraft des Beschichtungsmaterials einen entscheidenden Einfluss ausüben kann.

6.1.3 Bestimmung von Farbtonabweichungen

Derartige Eindrücke können neben der visuellen Wahrnehmung auch messtechnisch, d. h. farbmetrisch, erfasst werden. Bei den sog. unifarbenen deckenden Farbtönen können heute sehr zuverlässige und genaue Messergebnisse erzielt werden. Stark strukturierte Oberflächen, wie beispielsweise die von Putzen, und lasierende oder stark lichtreflektierende, wie metallicpigmentierte, Anstrichstoffe sind davon allerdings im Hinblick auf Genauigkeit und Reproduzierbarkeit der Messergebnisse eher auszunehmen. Die Farbmessung erfolgt heute überwiegend im bereits 1976 von der Internationalen Beleuchtungskommission CIE genormten sog. CIE-Lab-Farbraum, der die Farbortbestimmung eines jeden Farbtones in gleichförmigen Koordinaten-

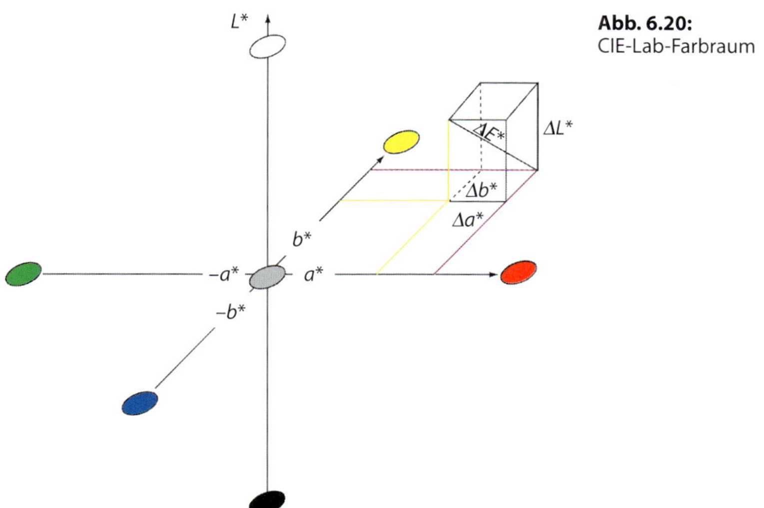

Abb. 6.20:
CIE-Lab-Farbraum

abständen in Skalenwerten von 0 bis 100 ermöglicht (siehe Abb. 6.20). Der Vorteil dieser Mess- und Darstellungsmethode besteht darin, dass Farbtonabweichungen weitgehend nachvollziehbar dargestellt und als ΔE^*_{ab} nach dem Satz von Pythagoras berechnet und so auch zahlenmäßig definiert werden können.

In diesem Farbraum beschreibt die *L*-Achse den Farbort in seiner Helligkeitsstufe von Weiß (= 100) bis Schwarz (= 0), die *a*-Achse den Farbort zwischen Grün und Rot und die *b*-Achse den Farbort zwischen Blau und Gelb. Im Zentrum der Farbachsen sind a^* und b^* gleich 0, d. h. unbunt bzw. farblos. Dies bedeutet, dass vom Zentrum bzw. Nullpunkt ausgehend mit zunehmender Entfernung bis zum Ende des CIE-Lab-Farbraumes der Buntanteil bzw. die Farbsättigung zunimmt. Im Grün- und Blaubereich sind die Zahlenwerte von 0 ausgehend negativ, im Gelb- und Rotbereich positiv gekennzeichnet.

Wie bereits aufgezeigt, kann der Farbort eines jeden Farbtones im CIE-Lab-Farbraum durch die 3 Koordinaten L^*, a^* und b^* definiert werden. Farbtonabweichungen eines in diesem Raum definierten Farbtones, z. B. einer Mustervorlage zur Nachmischung, entsprechen den Differenzwerten ΔL^*, Δa^*, Δb^* als Farbortabstand. Demnach ist die unter gleichen Bedingungen bestimmte ΔE^*_{ab}-Abweichung eines deckenden Anstrich- oder Beschichtungsstoffes im Vergleich zum gemessenen Referenzfarbton einer Mustervorlage die Quadratwurzel aus der Summe von ΔL^{*2}, Δa^{*2} und Δb^{*2}.

$$\Delta E^*_{ab} = (\Delta L^{*2} + \Delta a^{*2} + \Delta b^{*2})^{0,5}$$

mit

ΔE^*_{ab} = Farbtonabweichung
ΔL^* = Differenzwert (Farbortabstand) Weiß–Schwarz (Helligkeit)
Δa^* = Differenzwert (Farbortabstand) Grün–Rot
Δb^* = Differenzwert (Farbortabstand) Blau–Gelb

Dies bedeutet, dass ΔE^*_{ab} als einzelner Kennwert von Farbtonabweichungen oder Toleranzgrenzen auf alle wichtigen Kenngrößen, die einen Farbton im CIE-Lab-Farbraum kennzeichnen, Bezug nimmt, indem er alle Abweichungen von L^*, a^* und b^* berücksichtigt. In diesem Zusammenhang sei aber erwähnt, dass die Farbortbestimmung auch anders erfolgen kann, indem der Sättigungsfarbort von a^* und b^* über eine Winkelfunktion h (hue) vom Zentrum bzw. vom Nullpunkt der Farbachsen ausgehend als Sättigungsvektor C (Chroma) gelegt wird, sodass C im Ergebnis den gleichen Schnittpunkt zwischen a^* und b^* beschreibt. Abweichungen auf der Basis dieser Größen, z. B. ΔC^*, ergeben so zusätzliche Möglichkeiten der Interpretation von Farbtonabweichungen, die bei bestimmten Farbtönen, z. B. im Orangebereich, von Vorteil sind, wenn es um Farbtonempfindungen geht, die vom Auge gerade noch wahrnehmbar sind, aber als ΔE^*_{ab} so nicht deutlich werden.

Wie eingangs bereits erwähnt, dient der ΔE^*_{ab}-Wert im CIE-Lab-Farbraum zur Orientierung hinsichtlich tolerierbarer Farbtonabweichungen von Bautenlacken und Beschichtungen für normale Anforderungen sowie von Lieferungen für Pulverlacke zur Anwendung im Baubereich. Demnach gilt allgemein im Bausektor etwa der vierfache ΔE^*_{ab}-Toleranzwert der DIN 6175-1 als Bezugsgröße. Je nach Farbtonbereich oder Farbtonfamilie differieren die Toleranzwerte jedoch. Dies hängt in erster Linie damit zusammen, dass in manchen Farbtonfamilien, die laut DIN 6175-1 als Grenzbereiche gekennzeichnet sind, das Auge die gemessenen Abweichungen ΔE^*_{ab} empfindungsgemäß unterschiedlich interpretiert. Mit anderen Worten ausgedrückt bedeutet dies, dass eine Abweichung, z. B. eines hellen Grau- oder Pastellfarbtones, durchaus ab $\Delta E^*_{ab} > 0{,}3$ von einem geschulten Auge als solche wahrgenommen werden kann. Andererseits ist ein etwa zehnfacher Wert von $\Delta E^*_{ab} = 3$ eines intensiven brillanten Orangefarbtones wie RAL 2004 Reinorange kaum wahrnehmbar. Aus diesem Grund gelten pro Farbton auch unterschiedliche Toleranzwerte (siehe Tabelle 6.3). Hierbei ist allerdings zu berücksichtigen, dass die in der Tabelle genannten Toleranzwerte eben nur normalen Anforderungen genügen. Für die Praxis bedeutet dies, dass beispielsweise im Fall von Nachlieferungen oder Ausbesserungen, also in Fällen direkt nebeneinanderstehender Farbtonflächen, derartige Toleranzgrenzen für solche erhöhten Anforderungen zu weit gesteckt sind und nicht angewendet werden können.

Dieser komplexe Zusammenhang mit all den wahrnehmbaren Eindrücken bestimmt zwar das Erscheinungsbild von fertiggestellten Anstrich- bzw. Beschichtungsarbeiten bei Farbtonbeurteilungen maßgebend. Jedoch ist in der Praxis bei der handwerklichen Verarbeitung neben dieser Farbortbestimmung, die mit oder ohne Berücksichtigung von Glanz und Lichtstreuung erfolgen kann, eine Reihe weiterer Einflussgrößen zu beachten, die untergrund-, applikations-, beleuchtungs-, witterungs- oder anstrichbedingt auftreten können.

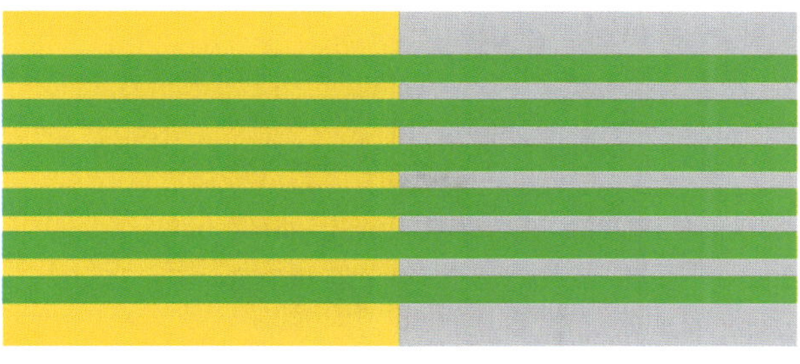

Abb. 6.21: Farbtonveränderung trotz durchgehend gleichem Farbton

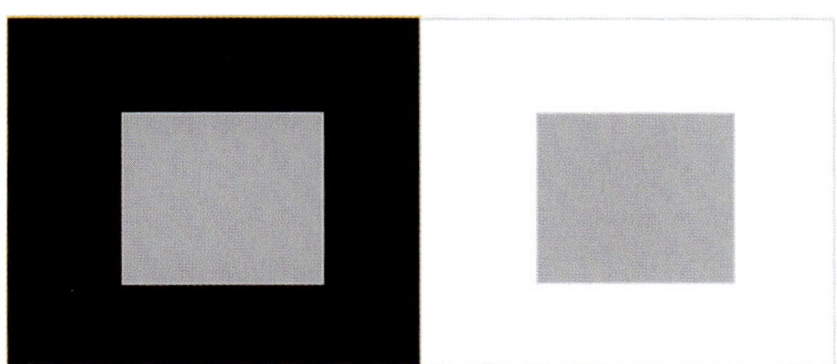

Abb. 6.22: Unterschiedliche Helligkeitswahrnehmung trotz gleicher Grautönung

6.2 Farbtonprobleme in der Praxis

Es ist wichtig, davon Kenntnis zu haben, unter welchen Umgebungsbedingungen und Lichtarten, z. B. Tages- und/oder Kunstlicht, Anstriche oder Beschichtungen in der Praxis zu beurteilen sind, um ohne erkennbare Mängel funktionieren zu können. Selbst Tageslicht ist je nach Himmelsrichtung, Tages- und Jahreszeit bzw. Sonnenstand oder Bewölkung unterschiedlich zusammengesetzt. Auch die Umgebung emittiert je nach ihrer Farbigkeit entsprechend farbige Lichtstrahlen, die z. B. sichtbare Farbtonveränderungen eines angestrahlten weißen Anstriches verursachen können.

Ebenso können nebeneinanderstehende Farbtöne den Farbreiz unseres Auges beeinflussen, wie die Beispiele in Abb. 6.21 und Abb. 6.22 zeigen, und Täuschungen im Farbtonergebnis bei ein und demselben Farbton und gleicher Lichtart ergeben.

All diese Sinneswahrnehmungen kommen letztlich dadurch zustande, dass je nach stofflicher Zusammensetzung, Oberflächenstruktur und Glanz eines angestrahlten Körpers und je nach Lichtart und den danebenstehenden Farben das auf ihn auftreffende Licht mehr oder weniger stark reflektiert und Bruchteile des eingestrahlten elektromagnetischen Lichtwellenspektrums absorbiert werden, sodass schließlich nur das restliche Lichtspektrum entsprechend stark zurückstrahlt, was als Farbinformation über das Auge im Gehirn als Farbeindruck verarbeitet wird.

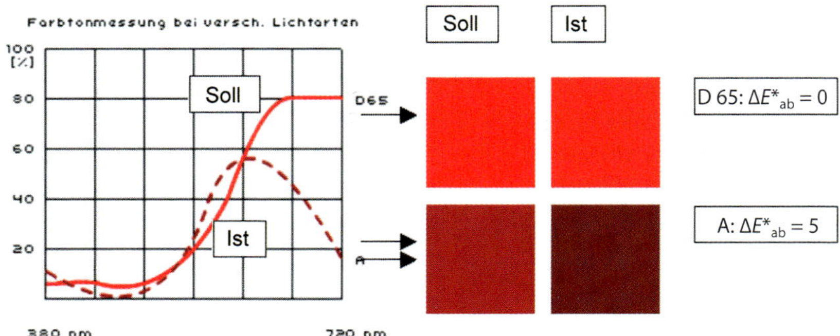

Abb. 6.23: Metamerieeffekt eines roten Farbtones bei wechselnder Beleuchtung; Remissionskurven-Überschneidungen zeigen Metamerie an; je höher die Anzahl der Schnittpunkte, umso stärker der Effekt

6.2.1 Farbtonabweichungen durch Metamerie bei Lichtwechsel

Für die Wahrnehmung eines Farbtones bei einem Anstrich- oder Beschichtungsstoff ist u. a. die stoffliche Zusammensetzung entscheidend. Im Umkehrschluss bedeutet dies, dass Farbtöne, wenn sie stofflich nicht identisch zusammengesetzt sind, in ihrem Farbtonergebnis grundsätzlich auch nicht vollständig identisch sein können. Zu berücksichtigen ist diese Tatsache vor allem bei Vergleichen von Farbmustervorlagen mit unterschiedlichen Anstrich- oder Beschichtungsstoffen, die meist wegen ihres Einsatzgebietes, ihrer Eigenschaften und ihrer Schutzfunktion eine Pigmentierung erfordern, die eben nicht mit einer drucktechnisch, fotografisch oder anderweitig hergestellten Musterkarte identisch sein kann. Besonders deutlich sichtbar können hier Farbtonunterschiede nicht nur bei gleicher Lichtart, sondern vor allem beim Wechsel der Lichtart sein (siehe Abb. 6.23).

Ein solches Phänomen kann beispielsweise an einer Fassade beobachtet werden, die mit farbtongleichen Anstrichstoffen hergestellt wurde, welche aus Pigmentmischungen unterschiedlicher chemischer Zusammensetzung aufgebaut sind, z. B. bei Nachmischungen, Nachbestellungen, Lieferantenwechsel, Ausbesserungen, untergrundbedingtem Anstrichstoffwechsel, und des Nachts als Werbefläche mit Kunstlicht bestrahlt wird. Hier kann es durchaus passieren, dass bei der Betrachtung im Tageslicht das farbliche Erscheinungsbild zwar weitgehend homogen wirkt, jedoch in der Nacht unter Kunstlichtbestrahlung Farbtonabweichungen auftreten, die als Störungen empfunden werden. Dieses als Metamerie bezeichnete Phänomen zeigt auf, wie stark die stoffliche Zusammensetzung Einfluss auf die Wahrnehmung gleichartiger Farbtöne nimmt, wenn aus vielerlei anstrichtechnischen Begründungen heraus, z. B. Alkali- und Lichtbeständigkeit, unterschiedliche Pigmentierungen eingesetzt werden und die Lichtart wechselt.

Dies bedeutet aber auf der anderen Seite auch, dass die Pigmentzusammensetzung einer nachgestellten Farbtonprobe dann tatsächlich mit dieser stofflich übereinstimmt, wenn die farbmetrisch bestimmten Messungen bei unterschiedlichen Lichtarten identische Remissionswerte aufweisen. So hergestellte Nachstellungen können dann bei gleichen Umgebungsbedingungen, Oberflächenstrukturen usw. auch wirklich entsprechend farbtonidentisch sein.

Problem farbgleicher Ausbesserungen

Für die Praxis gilt daher u. a., dass Ausbesserungen innerhalb einer Fläche, wenn überhaupt, nur dann zu tolerierbaren Ergebnissen führen können, wenn material- und chargenidentische Anstrich- oder Beschichtungsstoffe eingesetzt werden. Sind Nachmischungen von Farbtönen, insbesondere in der Pigmentierung, nicht stoffgleich, können bei geringen Änderungen der Lichtverhältnisse oder bei Beleuchtungswechsel durch Metamerieeffekte Farbtonänderungen deutlich sichtbar werden, die sich je nach Blickwinkel noch weiter verstärken können. Im Fall größerer Baustellenflächen, die infolge ihrer Größenordnung nur mit mehreren Chargenansätzen ausgeführt werden können, sollten deshalb pro Bau- bzw. Chargenabschnitt insbesondere bei Altweiß oder hellen Farbtönen, die besonders empfindlich vom menschlichen Auge wahrgenommen werden, stets ausreichende Reservemengen für eventuell nachfolgend erforderliche Ausbesserungen zurückgestellt werden. Trotzdem sind Ausbesserungen selbst mit identischen Anstrichqualitäten und Chargen im Farbtonergebnis grundsätzlich problematisch und nur nach entsprechenden Bemusterungen bzw. Abstimmungen mit dem Auftraggeber zu tolerieren. Dies liegt daran, dass bei solchen Nacharbeiten infolge des begrenzten Anstrichauftrages unvermeidbare Schichtdickenunterschiede bzw. Strukturunterschiede an der Oberfläche entstehen, die infolge ihrer Lichtreflexion unvermeidbare Farbtonabweichungen in der Wahrnehmung verursachen. Daher ist ein Hinweis, ggf. in Form einer pflichtgemäßen schriftlichen Bedenkenanmeldung nach § 4 Nr. 3 VOB/B dem Auftraggeber gegenüber grundsätzlich zu empfehlen, um daraus entstehende Kosten für Nachbesserungen in Form kompletter Wandanstriche als „zu vergütende Leistung“ sichern zu können. Oftmals fehlen entsprechende Hinweise, sodass infolgedessen derartige Nachbesserungen wegen „Mangel der gelieferten Leistung“ unberechtigterweise durch den Auftragnehmer auf eigene Kosten auszuführen sind.

Bestellungen von Nachlieferungen

Am besten sollten Nachlieferungen, die als Nachanfertigung in der Regel mit neuen Chargennummern gekennzeichnet sind, stets vor der Verarbeitung im Farbtonergebnis überprüft und ggf. vor der Weiterverarbeitung an angrenzenden Flächen mit der vorausgegangenen Ware vermischt werden, um eventuell störende Farbtonabweichungen unter den objektbedingten Verhältnissen auszuschließen.

Nachbestellungen von bereits verarbeiteten Farbtönen erfüllen nur dann erhöhte Ansprüche an das Farbtonergebnis, wenn der Lieferant von der Nachlieferung überhaupt erfährt und so in der entsprechend erforderlichen und am besten vom Auftraggeber angeforderten engeren Toleranz nachproduzieren kann. Bestellungen allein nach Farbtoncodierungsnummern können erhöhte Anforderungen an die Farbtongleichheit, wie sie für Nachlieferungen erforderlich sein können, generell nicht sicherstellen, weil beim Zusammentreffen mit vorausgegangenen Lieferungen sonst übliche, tolerierbare Farbtonabweichungen vom Soll-Farbtonmuster durch unkontrollierte Aufaddierung tatsächlich zu starke Abweichungen verursachen können.

Farbtonlieferungen über Mischautomaten

Farbtonlieferungen aus Farbenmischanlagen bzw. Mischautomaten werden mit höchstmöglicher Präzision hergestellt. Hierbei ist zu berücksichtigen, dass die Farbtongenauigkeit von der Pflege und Wartung, der Dosier- und Maschineneinrichtung sowie von den Farbtonrezepturen, der personellen Bedienung und der qualitativen Konstanz der Pasten- und Basisfarben abhängt. In der Regel geben deshalb entsprechende Gebindehinweise Informationen zur Farbtonkontrolle vor der Verarbeitung von auf diese Weise hergestellten Produkten. Zwangsläufig fallen die Beurteilung und Einschätzung, ob eine Farbtonlieferung für den Einsatz unter Baustellenbedingungen geeignet ist, in die Verantwortlichkeit des Anwenders. Solche Hinweise und Kontrollprüfungen durch Probeaufstriche sollten daher auch entsprechend beachtet werden.

6.2.2 Farbtonprobleme durch Temperatureinflüsse

Egal ob Lack- oder Dispersionsanstrich, Mineralputz oder organischer Putz, in allen Fällen können besonders bei Einfärbungen, aber auch bei nicht abgetönten Systemen, also auch in Weiß, Temperatureinwirkungen, wie sie durch die Aufheizung bei Sonneneinstrahlung insbesondere an Fassadenflächen je nach Helligkeitsgrad bzw. Hellbezugswert des jeweiligen Farbtones entstehen, während der Trocknungsphase Farbtonverschiebungen bewirken. Sonnenbestrahlte Flächen sehen demnach merkbar anders aus als gleich ausgeführte Flächen in kühleren Schattenbereichen. Die Ursache dafür sind die Temperaturdifferenzen zwischen Sonnen- und Schattenbereich, die zwischen 20 und 40 K betragen können. Solche Phänomene sind bei einer Betrachtung großer Flächen wie Fassaden aus geringen Abständen, z. B. auf dem Fassadengerüst, nicht ausreichend erkennbar bzw. sichtbar. Erst nach der Entfernung des Gerüstes werden solche Unregelmäßigkeiten bei der Betrachtung der kompletten Fassade aus der Ferne als störend erkannt, weil sich im Anstrichergebnis das Negativabbild der Schattenbereiche als Folge der Temperaturunterschiede abzeichnen konnte. In der Regel handelt es sich hierbei um bei kühleren Temperaturen getrocknete Schattenflächen von Gerüststangen oder von Reklametafeln an Gerüsten, die je nach Sonneneinstrahlung, Trocknungsphase und Art des Beschichtungsstoffes als hellere oder dunklere begrenzte Flächen zu sehen sind. Besonders auffällig sind solche Effekte bei dunklen oder satten Farbtönen mit einem niedrigen Hellbezugswert. Aber auch helle Farbtöne und sogar Weiß, z. B. Weißputze auf der Basis organischer Bindemittel, können unter solch ungünstigen Bedingungen derartige Störungen auch bei geringen Temperaturdifferenzen ergeben. Obwohl hier in der Regel nur sehr kleine Abweichungen beispielsweise von $\Delta E^*_{ab} < 0{,}3$ vorliegen, werden diese als Flächenbegrenzungen aus größeren Entfernungen beim Anblick der kompletten Fassade wahrnehmbar, weil die Empfindlichkeit des menschlichen Auges gerade bei der Wahrnehmung in unbunten Bereichen und im Besonderen bei Weiß sehr groß ist („Weiß ist nicht gleich Weiß").

Ähnlich wie beim Phänomen des Pigmentausschwimmens könnten Pigmentseparierungen eine Erklärung für dieses Phänomen sein. Nach dem Auftrag des Anstrich- oder Beschichtungsstoffes verursachen – je nach Temperatur unterschiedliche – Zirkulationsströmungen in der ungetrockneten Flüssigphase gewisse Pigmententmischungen, die sich im verfestigten, getrockneten Zustand als wahrnehmbare Verfärbung äußern. Solche Strömungsabläufe mit Pigmentseparierungen während der Trocknungsphase von Beschichtungsstoffen sind bekannt und werden Bénard'sche Zellen genannt.

Des Weiteren ist bei farbmetrischen Messungen für Farbtonnachstellungen, beispielsweise mit transportablen Farbmessgeräten, die bei einigen Farbmischanlagen zur Ausstattung gehören und Messungen am Objekt vor Ort erlauben, die sog. Thermochromie zu beachten. Hierunter versteht man ebenfalls zum Teil sehr stark auftretende Farbtonveränderungen durch Temperatureinflüsse, jedoch am Anstrich im ausgetrockneten Zustand. Beispielsweise können bei einem Gelb, z. B. RAL 1006, allein durch eine Temperaturänderung von 10 °C bereits Farbtonänderungen von $\Delta E^*_{ab} > 2$ auftreten. Für die Ausführung von Anstrichen oder Beschichtungen selbst hat dies jedoch in der Praxis sonst selten Bedeutung.

Trotzdem ist grundsätzlich darauf zu achten, dass Anstrichausführungen stets im Schatten erfolgen. Bei entsprechend großen Flächen, bei denen diese Vorgehensweise nicht eingehalten werden kann, sollten die Gerüste grundsätzlich zum Schutz vor Sonneneinstrahlung bis zur wetterfesten, d. h. vollständigen, Austrocknung der Beschichtungsstoffe in geeigneter Weise abgehängt werden. Obwohl dies in zahlreichen Richtlinien und Normen bei Anstrich-, Beschichtungs- und Putzarbeiten gefordert ist, wird diese prinzipiell wichtige Schutzmaßnahme in der Praxis häufig nicht ergriffen. Trocknungs- und witterungsbedingte Anstrich- oder Beschichtungsschäden in allen Erscheinungsformen, wie beispielsweise Haftungsstörungen, Abblätterungen, Blasenbildungen, Auswaschungen, Verfärbungen, Kreidungen, Film- und Abbindestörungen bis hin zu Frostschäden, könnten bei einer Beachtung dieser geforderten Wetterschutzmaßnahme oftmals vermieden werden. Erfahrungsgemäß sind die Folgekosten für derart verursachte Reparaturmaßnahmen deutlich höher als der Aufwand für die Schutzmaßnahme selbst. Deshalb sei an dieser Stelle besonders darauf hingewiesen, dass aus Gründen der zu erbringenden Gewährleistung der nach den anerkannten Regeln der Technik geforderte Witterungsschutz eine extra zu vergütende Leistung ist. Sollte der Auftraggeber nach Bedenkenanmeldung gemäß §

Abb. 6.24: Farbtonunterschiede bei Mineralputzen

4 Nr. 3 VOB/B auf den Witterungsschutz während der Ausführung lieber verzichten wollen, betreffen die daraus evtl. entstehenden Folgekosten ihn selbst, weil hierfür die Gewährleistung ausgesetzt ist.

Wolkenartige Verfärbungen bei Mineralputzen

Insbesondere bei eingefärbten Mineralputzen können Verfärbungen nicht nur temperaturbedingt, sondern zusätzlich vom Putzabbindungsmechanismus beeinflusst und verursacht werden. Die Empfindlichkeit gegenüber derartigen Verfärbungsreaktionen ist sehr hoch. Hinzu kommen noch Einflüsse, die applikationsbedingt zu unterschiedlichen Verdichtungsgraden führen und witterungsbedingt, insbesondere durch den Einfluss von Feuchtigkeit, Kalkausblühungen in unterschiedlichen Ausmaßen verursachen und entsprechende Hell-/Dunkelverfärbungen mit wolkenartigen Fleckenbildungen bewirken (siehe Abb. 6.24). Derartige Verfärbungen sind im Gegensatz zu sonstigen temperaturbedingten Verfärbungen bei organisch gebundenen Anstrich- und Beschichtungsstoffen bereits vor der Gerüstabnahme auffällig und deutlich erkennbar.

Solche fleckenartigen Farbtonveränderungen sind jedoch unvermeidbar und stellen keinen Putzmangel dar. Aus diesem Grund sind bei einer Ausführung mit Mineralputzen grundsätzlich sog. Ausgleichs- oder Egalisationsfarben einzuplanen, die abhängig vom erzielten Farbtonergebnis entsprechend aufzutragen sind.

6.2.3 Strukturbedingte Farbtonabweichungen

Strukturbedingte Farbtonabweichungen treten ebenfalls häufig bei verputzten Fassaden auf. Die Ursachen dafür sind Licht- und Schatteneffekte, die Hell-/Dunkelverfärbungen je nach Struktur und Kornstärke erzeugen.

Abb. 6.25: Strukturunterschiede in der Fläche und in Gerüstlagen

Solche Unterschiede werden von zahlreichen Einflüssen hervorgerufen, wie beispielsweise von den Klima- und Trocknungsbedingungen einschließlich Wind und Zugluft, den materialbedingten Trocknungseigenschaften (Sommer-/Winterputzeinstellungen) und durch eine unterschiedliche Verarbeitung durch mehrere Personen von Gerüstlage zu Gerüstlage (siehe Abb. 6.25). So wichtig es normalerweise ist, dass zur Vermeidung trocknungsbedingter Ansätze von Gerüstlage zu Gerüstlage mehrere Personen die Putzarbeit verrichten, so wichtig ist es auch, dass trotz personenbedingter unterschiedlicher Anwendungsweisen im Ergebnis gleichmäßige Strukturbilder für ein einheitliches Fassadenbild entstehen. Die Gefahr personenbedingter Strukturunterschiede ist bei einer klaren Richtungsvorgabe, z. B. horizontal oder vertikal auszuführende Kellenzüge, am geringsten, dagegen bei runden, kreisförmigen Kellenbewegungen am größten. Dies ist nicht nur bei Rillenputzen von Bedeutung, sondern auch bei Kratzputzstrukturen, die eine Korn-an-Korn-Struktur aufweisen und generell kreisförmig strukturiert werden. Deshalb sollten solche runden, kreisförmigen Bewegungen, die rechts- oder linksherum verlaufen können, im Verlauf einer achtförmigen Bahn als Schriftzug und in möglichst einheitlicher Größe ausgeführt werden. Auf diese Weise können derartige Probleme sicher weitgehend vermieden und sehr gleichmäßige, personenunabhängige Putzflächen hergestellt werden.

Eine Gleichmäßigkeit von schattenwerfenden Strukturunterschieden kann durch eine Überarbeitung mit den vorgenannten Ausgleichs- oder Egalisationsfarben nicht erzielt werden.

6.2.4 Farbtonstörungen durch Alkalität

Anstrich- oder Beschichtungsstoffe auf der Basis von alkali- und verseifungsbeständigen Bindemitteln sind bei Einfärbungen mit organischen Pigmenten in ihrer Beständigkeit gegenüber Alkalitätseinflüssen, wie sie auf frischen Mineralputzuntergründen auftreten, oberhalb eines pH-Wertes

Abb. 6.26: Pigmentzerstörung durch zu starke Alkalitätseinwirkung infolge zu früher Anstrichausführung nach dem Mineralputzauftrag

von 10 bis 11 instabil und können spätestens unter dem Einfluss von UV-Strahlung besonders schnell zerstört werden. Selbst Rußpigmente, die allgemein als alkalistabil angesehen werden, können an Fassaden als farbtonbestimmende Komponente einer Pigmentmischung beispielsweise mit Titandioxid, Eisenoxidgelb oder Eisenoxidrot unter solchen Bedingungen vollständig verschwinden. Solche Phänomene sind immer wieder zu beobachten und wohl damit zu erklären, dass unter den gegebenen Bedingungen an Fassaden, also bei UV-Einstrahlung und Oxidpigmenten im alkalischen Milieu, der sonst inaktive Kohlenstoff zu farblosem Kohlenmonoxid- oder Kohlendioxidgas fotokatalytisch aufoxidiert und so verschwindet. In alkalischen Silikatfarben hat sich u. a. wohl auch deswegen zur Pigmentierung nur Eisenoxidschwarz als Schwarzpigment bewährt. Deshalb ist gerade beim Einsatz von Dispersionsfarben als Fassaden- oder Egalisationsanstriche, die wegen der möglichen Pigmentierung mit organischen Pigmenten grundsätzlich ein breites Farbtonspektrum auch in leuchtenden Intensivfarbtönen erlauben, darauf zu achten, dass zumindest die nötige Abbinde- und Neutralisierungszeit zur Carbonatisierung bei der Putztrocknung abgewartet wird, bevor Anstricharbeiten ausgeführt werden (siehe Abb. 6.26). Unter normalen Witterungsbedingungen ist in der Regel eine Abbindezeit von 1 Tag pro mm Putzdicke einzuhalten. Je nach Witterungsbedingungen kann dies aber auch unzureichend sein und durchaus doppelt so lange andauern. Ob eine ausreichende Carbonatisierung und Neutralisierung an der Oberfläche stattgefunden haben, lässt sich am sichersten mit Indikatorpapier oder besser noch mit einer einprozentigen alkoholischen Lösung von Phenolphthalein feststellen, das sich bei pH-Werten oberhalb von 9,5 von farblos zu rot verfärbt und so eine zu geringe Putzabbindung für Anstricharbeiten anzeigt (siehe Abb. 6.27). Alternativ hat sich im Fall verkürzter Wartezeiten zur Putzneutralisierung eine Fluatierung auf der Basis von Flusssäure bzw. Fluorwasserstoffsäure bewährt (siehe Kapitel 5.4).

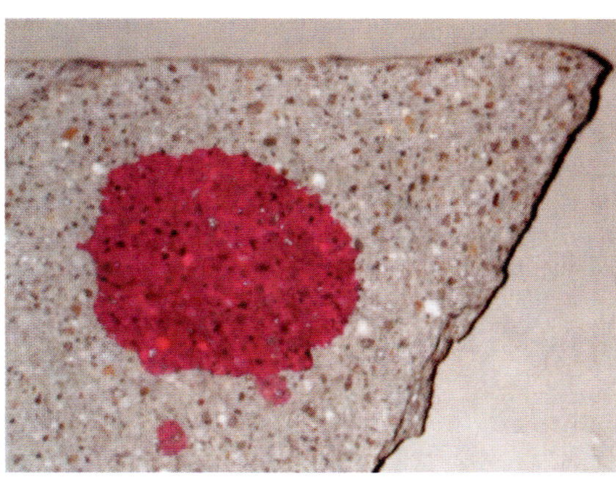

Abb. 6.27: Eine Rotverfärbung der farblosen Indikatorlösung zeigt eine zu hohe Alkalität und noch nicht ausreichend abgeschlossene Mineralputzabbindung (Carbonatisierung und Neutralisierung) für organisch pigmentierte Anstrichausführungen an.

6.2.5 Farbtonprobleme bei Standards und Mustervorlagen

Bei der farblichen Wahrnehmung spielen neben der stofflichen Zusammensetzung und der Lichtart noch eine Reihe weiterer Einflussgrößen eine entscheidende Rolle, die in der Praxis zu beachten sind, wie beispielsweise Glanz und Oberflächenstruktur.

Die Vielfalt von Glanzgradeinstellungen von stumpfmatt bis hochglänzend und von Oberflächenstrukturen in unterschiedlichsten Formen von glatt bis sehr grob ist sicherlich so groß wie die der möglichen Farbtöne selbst. Anstrich- und Beschichtungsstoffe, die auf verschiedenen Untergründen aufgebracht werden müssen und dadurch wiederum unterschiedlich wirken können, sollen oftmals zusätzlich zum gewünschten Farbton auch Anforderungen im Glanz- und darüber hinaus im Strukturbild erfüllen. Mit zunehmenden Glanz- und Strukturabweichungen sollte man sich aber darüber im Klaren sein, dass Farbtonübereinstimmungen mit Farbtonvorlagen, wie dem RAL-Register oder den NCS-Musterkarten usw., grundsätzlich technisch nicht realisierbar sind. Derartige Anforderungen, die in der Praxis häufig bei Putzbeschichtungen vorkommen, können bestenfalls im sog. Circa-Farbtonbereich hergestellt werden, weil zum einen bei gleichbleibender Pigmentierung mit zunehmendem Glanzeffekt Farbtöne durch Lichtreflexion grundsätzlich intensiver und brillanter und zum anderen bei zunehmender Strukturierung der Oberfläche als Folge von Schattenbildung prinzipiell dunkler erscheinen. Umgekehrt bedeutet dies, dass mit abfallendem Glanz in Richtung matt derartige Pigmentierungen eher stumpfer und heller wirken sowie bei nicht strukturierter bzw. glatter Oberfläche eher farbtonneutral. Optisch sind solche Farbtonunterschiede bei ein und derselben Pigmentmischung jedenfalls deutlich wahrnehmbar.

Dementsprechend kann die Festlegung und Codierung nach Farbtonkarten oder Mustern, die weder mit der Applikationstechnik und dem vorgesehenen Untergrund noch mit der Oberflächenstruktur oder dem Glanzgrad des im Farbton nachzustellenden Anstrich- oder Beschichtungsstoffes übereinstimmen, nur bedingt geeignet sein. Aus diesem Grund gibt es unter derselben RAL-Farbtoncodierung, z. B. RAL 3000, ein RAL-Register für glänzende RAL-Farbtöne, z. B. RAL 841 GL, und für seidenmatte Farbtöne, z. B. RAL

840 HR, die mit ihren farbmetrischen Messwerten voneinander abweichen und optisch auch entsprechend erkennbar sind.

Konsequenterweise bedeutet dies aber auch, dass im Vorfeld von Farbtonbestellungen geklärt sein sollte, nach welcher Farbtonvorlage genau eine Lieferung erfolgen soll, weil eben handelsübliche Farbvorlagen je nach Druckausgabe, Qualität und Alter bei gleicher Codierung unterschiedlich sein können. Übliche im Handel befindliche Farbkollektionen können so durchaus merklich sichtbare Farbtonabweichungen von $\Delta E^*_{ab} = 1$ und mehr aufweisen, insbesondere bei handelsüblichen drucktechnischen Auflagen. Selbst qualitätsgesicherte, zertifizierte Farbtonkarten von RAL oder NCS unterliegen je nach Druckausgabe und Alterung geringen Veränderungen. Deshalb sind Originalfarbdarstellungen des halbmatten RAL-Farbenregisters 840 HR nur 2 Jahre ab dem aufgestempelten Ausgabedatum gültig; die Gültigkeitsdauer beim glänzenden RAL-Farbenregister 841 GL ist auf 5 Jahre begrenzt. Originalmuster als Vorlage können, abhängig vom Glanzgrad und von der Struktur der bestellten Produktqualität, nur dann weitgehend farbtongleich eingestellt und geliefert werden, wenn Untergrund, Glanzgrad, Oberflächenstruktur und schließlich auch die Pigmentierung mit dieser Vorlage weitgehend übereinstimmen, sofern dies überhaupt aufgrund der technischen Produktanforderungen möglich ist.

Zu beachten ist, dass dies generell für alle Produktbestellungen zutrifft, wenn Farbtonvorlagen, egal ob RAL, NCS oder andere, im Aussehen nicht mit dem angeforderten Produkt im Glanzgrad und in der Struktur übereinstimmen. Wird also beispielsweise eine stumpfmatte Wandfarbe in intensiven, gesättigten RAL-Farbtönen angefordert, so wird diese optisch mit den entsprechenden glänzenderen Referenz-RAL-Karten oftmals nicht übereinstimmen können, weil deren stumpfmatter Glanzgrad das Farbtonergebnis je nach Betrachtungswinkel sichtbar beeinflusst. Aus demselben Grund lassen sich viele Farbtöne auch häufig nicht zufriedenstellend herstellen. Im Fall strukturierter Beschichtungen wie Streichfüller oder Putz kämen bei solchen Anforderungen optisch wahrnehmbare Farbtonabweichungen durch Schattenwirkungen noch hinzu.

Sollen im Baubereich verschiedene Bauteile, z. B. Wandflächen, Einbauschränke, Türen, mit unterschiedlichen Anstrichmaterialien farbtongleich ausgeführt werden, sollte vor der Ausführung durch Musteraufstriche unter den vorhandenen Objektbedingungen geklärt werden, ob die gewünschte Farbtongenauigkeit mit üblichen, normalen Farbtoleranzen ausreicht. Dies ist besonders zu berücksichtigen, wenn die Farbtöne unterschiedlicher Materialien ohne Begrenzungen, z. B. durch Ecken, direkt aufeinandertreffen. Übliche Hinweise auf Farbtoncodierungen von Musterkarten oder zertifizierten RAL-, NCS-Standards usw. gewährleisten bei unterschiedlichen Produktstoffen grundsätzlich keine absolute Farbtonübereinstimmung. In solchen Fällen ist davon auszugehen, dass wegen der stofflichen Ungleichheit je nach Beleuchtung und Beleuchtungsbedingungen auch Metamerieeffekte auftreten und aufgrund von Glanz- und Strukturunterschieden, Untergrundeinflüssen usw. die Herstellung einer einheitlichen Farbgebung erheblich eingeschränkt ist. Eine genaue Farbübereinstimmung ist unter solchen Umständen nicht möglich, sodass evtl. nur durch eine Nachtönung vor Ort

Abb. 6.28: Farbtonwirkung im selben Farbton auf unterschiedlich großen Flächen

eine zufriedenstellende Lösung als Kompromiss bzw. abnehmbare Leistung erzielt werden kann. Solche Leistungen sind aber Besondere Leistungen, die bei derart hohen Anforderungen auch als solche zu vergüten sind. Gleiches kann für Nachlieferungen sowie bei einem Wechsel des Untergrundes und sonstigen baubedingten Umgebungseinflüssen zutreffen, besonders dann, wenn eine Farbtongleichheit direkt im Anschluss, also ohne sichtbare Abgrenzung an durchgehenden Flächen, gefordert wird.

Farbtonauswahl für große Flächen

Kleine Farbtonstreifen wirken auf den Betrachter in der Regel weniger farbkräftig und intensiv als die gleichen Farbtöne auf großen Flächen (siehe Abb. 6.28). Deshalb ist es ratsam, vor der Farbtonauswahl und -festlegung Musterflächen in geeigneter Größe, z. B. eines Quadratmeters, anzulegen. Wird die Entscheidung auf diese Weise herbeigeführt, stimmt in der Wirkung und im Empfinden eine Aufhellung um eine ganze Farbtonstufe oft besser mit den Vorstellungen überein als eine genaue Farbtonnachstellung des kleinen Farbtonstreifens.

Probleme bei Effektpigmentierungen

Auch Effektbeschichtungen mit Metallicpigmentierungen, die wegen ihrer Plättchenstruktur besonders starke, richtungsabhängige Glanzeffekte aufweisen, sind äußerst schwierig reproduzierbar und deshalb bei RAL 9006 und RAL 9007 auf den Originalmusterkarten mit dem Hinweis gekennzeichnet: „Achtung! Diese Rostschutzfarbe ist als Vorlage für dekorative Zwecke nicht geeignet“. Dasselbe gilt prinzipiell auch für Eisenglimmerfarben, z. B. nach der Vorschrift der Deutschen Bahn für sog. DB-Farbtöne. Solche Pigmentierungen ergeben in der Regel nicht nur verschiedene Farbtoneindrücke bei wechselnder Blickrichtung durch Glanzreflexion, sondern auch dadurch bedingt zusätzliche richtungsabhängige Abweichungen je nach Anwendung (Streichen, Rollen, Spritzen). In der Regel können hierbei oftmals gleichmäßige Oberflächen nur im Spritzverfahren hergestellt werden.

Abb. 6.29: Aluminiumpigmentzerstörung an unbehandelten Schnittkanten von Holzfaserzementplatten

Probleme mit RAL 9006 Weißaluminium auf alkalischen Untergründen

Zur Nachstellung des Farbtones RAL 9006 Weißaluminium wird in der Regel in Anstrichstoffen eine reine Pigmentierung aus Aluminiummetallplättchen eingesetzt. Trotz einer Stabilisierung des Aluminiumpigments ist in der Regel eine Alkalistabilität in pH-Bereichen, wie sie auf zementösen oder kalkhydrathaltigen Untergründen etwa bei Holzfaserzementplatten, Faserzementplatten, Mineralputzen und Beton auftreten können, nicht gewährleistet (siehe Abb. 6.29). Bei alkalischer Einwirkung ist Aluminium hoch reaktiv und wandelt sich chemisch mit starker Volumenausdehnung unter Abspaltung von Wasserstoff zu Aluminiumhydroxid sowie an der Luft zu weißen Aluminiumverbindungen um. Farbton- und Haftungsstörungen mit Blasenbildungen bis hin zu Abplatzungen sind bei Kontakt mit hoher Alkalität unvermeidbar und schreiten unaufhörlich fort, solange Alkalität aus dem Untergrund nachfolgt. Beim Einsatz im Außenbereich auf Fassaden kommt die hohe zerstörerische Wirkung von Säuren aus Luftschadstoffen (Stickstoff- und Schwefeloxide neben Kohlendioxid) aus der Luft noch hinzu.

Deshalb darf eine derart empfindliche Beschichtung keinesfalls direkt mit hoher Alkalität und bei Bewitterung mit Säuren aus Luftschadstoffen in Berührung kommen. Bei Anforderungen, solche Untergründe im Metalliceffekt in RAL 9006 funktionsfähig mit Anstrichstoffen herzustellen, sind die vorgenannten negativen Ein- und Auswirkungen im Anstrichaufbau zu berücksichtigen. Dies bedeutet, dass zunächst eine dem jeweiligen Untergrund angepasste, funktionstüchtige, alkalidichte, also porenfreie, Sperrgrundierschicht aufzubringen ist, die als Träger für den aluminiumpigmentierten Metalleffektanstrich dient. Danach sollte der aluminiumpigmentierte Anstrich bei Bewitterung zum Schutz gegen mögliche Schadstoffeinwirkungen nochmals mit einem farblosen Klarlackanstrich überarbeitet werden (siehe Abb. 6.30). Besondere Sorgfalt erfordert hierbei die Bearbeitung zementgebundener Holz- oder Mineralfaserplatten an Fassaden, die grundsätzlich auch an Kanten porendicht und alkalibeständig zu behandeln sind, um alkalische Auswaschungen durch Regen- oder Tauwassereinwirkungen vermeiden zu können. Zuschnitte bei der Montage solcher Platten müssen ebenfalls im Kantenbereich porendicht nachbehandelt werden. Gleiches gilt auch für

Abb. 6.30: Intakter Beschichtungsaufbau aus EP-Sperrgrund, Acrylaluminiumpigment-Lackierung und farblosem Acrylüberzugslack

unifarbene Beschichtungen, die farbtonbedingt organische und somit nicht alkalibeständige Pigmente erfordern.

Das hier aufgezeigte Beschichtungsverfahren hat sich in der Praxis auch im Hochhausbereich auf Fassaden bewährt. Zu verwenden sind spezielle und geprüfte Beschichtungsstoffe, die nach Herstellervorschrift zu verarbeiten sind.

Mit bedeutend weniger Aufwand lassen sich dagegen auf solch schwierigen Untergründen Metalleffekt- und unifarbene Anstriche herstellen, wenn sich eine entsprechend alkalibeständige Pigmentierung einstellen lässt und die damit erzielbaren farblichen Gestaltungsmöglichkeiten bei der Farbtonwahl berücksichtigt werden. Hier kann auf die alkalischützenden, absolute Porendichte erzielenden Maßnahmen verzichtet werden. Metalliceffekte werden hierbei unter Verwendung spezieller anorganischer Interferenzpigmente auf Glimmerbasis – analog den Automobillackierungen – erzeugt, die zwar eine Vielzahl von Metalleffekten in gold-, kupfer- und silberfarbenen Bronzen ermöglichen, jedoch ausnahmslos nicht die des reinen Aluminiums als Metall mit höchstem Glanzeffekt (RAL 9006) erzielen. Unifarbene Pigmentierungen mit höchster Alkalitätsstabilität werden bei den genannten Beschichtungen auf hochalkalischen Faserzementen mit Oxidpigmenten in entsprechenden Farbtönen erzielt. Dabei haben sich als allseitige Grundanstriche solche auf Epoxidharzbasis und als alkalibeständig pigmentierte Deckanstriche auf der Fassadenfront solche auf der Basis von Acrylpolymeren bewährt.

Farbtonprobleme bei geringer Deckfähigkeit

Neben den bereits aufgeführten Problemen hinsichtlich der Farbtongenauigkeit bei Vorgabemustern kommt hinzu, dass wegen produktspezifischer Anforderungen pigmentierungsbedingt auch Grenzen in der Deckfähigkeit auftreten, sodass der Farbton des Untergrundes mehr oder weniger durchscheinen kann, was folglich das beabsichtigte Farbtonergebnis der Anstrich- oder Beschichtungsarbeit beeinträchtigt. Problematisch ist dies besonders mit zunehmendem Farbkontrast zwischen Untergrund und Anstrich- bzw. Beschichtungsstoff sowie bei satten, leuchtenden Farbtönen, wie beispielsweise Gelb, Orange, Purpurrot, Tiefblau und Tiefgrün, d.h. insbesondere bei Pigmentierungen auf der Basis organischer Pigmente, die bei einigen reinen RAL- oder NCS-Farbtonvorgaben unverzichtbar sind. Bei solchen Intensivtönen sind daher auch mehrere Anstriche im Gesamtanstrichaufbau bzw. höhere Schichtdicken zu berücksichtigen, die wegen des erhöhten Beschichtungsaufwandes auch entsprechend zu vergüten sind. Oft können bereits eingefärbte Grundierungs- und Voranstriche hierbei unter Umständen je nach Farbton 1 bis 2 zusätzlich erforderliche Deckanstriche einsparen. In kritischen Fällen kann als Alternative die Abtönung mit höher deckenden und weniger intensiv gesättigten, z. B. anorganischen, Pigmenten zu besseren Ergebnissen führen, auch wenn dadurch eine erhöhte Abweichung durch eine Abstumpfung des Soll-Farbtones entsteht.

Toleranzabweichungen von Bautenlacken und Baufarben

Im Ergebnis bedeutet dies, dass in den meisten Fällen werkstoff-, applikations-, untergrund- und umgebungsbedingt im Baubereich eine wirkliche oder gar absolute Farbtonübereinstimmung nicht möglich ist. Für normale Anforderungen ist nach den allgemein anerkannten Regeln der Technik entsprechend dem BFS-Merkblatt Nr. 25 „Richtlinien zur Beurteilung von Farbübereinstimmungen und Farbtonabweichungen“ (Bundesausschuss Farbe und Sachwertschutz, 2003) bei unifarbenen Anstrichen und Beschichtungsstoffen eine bis zu vierfach erweiterte Toleranz nach DIN 6175-1 ausreichend und nicht zu überschreiten. Diese Anforderungen sind der Wahrnehmungsempfindlichkeit des menschlichen Auges angepasst und je nach Farbtonrichtung von bunt bis unbunt von der Normfarbtafel aus DIN 6175-1 abgeleitet und 4 verschiedenen Farbtonsegmenten mit dazugehörigen ΔE^*_{ab} der CIE-Lab-Toleranzgrenzen zugeordnet (siehe Tabelle 6.2).

Tabelle 6.2: Farbtonsegmente und Toleranzgrenzen bei normal üblichen Anforderungen

Segment[1)]	Farbtonrichtung[1)]	CIE-Lab-Toleranzgrenze ΔE^*_{ab}
1	Unbuntbereich und schwach gesättigte Bunttöne	< 1,2
2	Grün/Blau/Violett/Purpurbereich	< 2,0
3	Orange/Gelb/Grün	< 2,8
4	Orange(rot)/Gelb mit hoher Sättigung (Intensivtöne)	< 3,6

[1)] siehe Normfarbtafel nach DIN 6175-1:1986-07

In kritischen Fällen, z. B. wenn eine erhöhte Farbtongenauigkeit mit geringerer Toleranz gefordert wird, ist eine Vorabbemusterung vor der Ausführung von Anstricharbeiten unter baustellenüblichen Bedingungen und farbtonbestimmenden Umgebungseinflüssen grundsätzlich zu empfehlen. Das BFS-Merkblatt Nr. 25 (Bundesausschuss Farbe und Sachwertschutz, 2003) gibt hierzu weitere wichtige Hinweise und Informationen, die entsprechend zu beachten sind. Danach liegen normale Anforderungen beispielsweise vor, wenn Anstriche oder Beschichtungen nach Farbcodierungen handelsüblicher Mustervorlagen oder Farbkarten bestellt und ausgeführt werden.

Farbtonbestellungen lediglich nach RAL-Nummern, d. h. ohne Bezug auf Glanzgrad bzw. HR- oder GL-Register bzw. -Zertifizierung, sind in der Praxis sehr häufig und im Baubereich fast die Regel. In solchen Fällen können demnach keine erhöhten Anforderungen hinsichtlich der Farbtongenauigkeit erzielt werden, weil je nach RAL-Register bei gleicher Farbcodierung bereits Farbunterschiede schon im RAL-Register selbst vorhanden sind. Nachdem solche Leistungen im Ergebnis nur als Circa-Farbtöne ausgeführt werden können, liegen hier normale Anforderungen vor, die als solche erfüllbar sind. Im Regelfall reichen die so erzielten Ergebnisse bei solchen Anforderungen auch aus. Im Zweifelsfall sollte jedoch durch Rücksprache geklärt werden, welche Genauigkeit tatsächlich gemeint ist, da vielfach die Vorstellung einer hundertprozentigen Übereinstimmung von Muster und Anstrich bzw. Beschichtung herrscht. In Tabelle 6.3 werden auszugsweise RAL-Farbtöne zur Farbtonorientierung über mögliche ähnliche, handelsübliche Mustervorlagen angegeben, nicht aber explizit für Original-RAL-Registerkarten.

Erhöhte Anforderungen liegen dagegen sicher vor, wenn explizit eine solche Farbtonidentität nach zertifizierten RAL-HR- bzw. -GL-Registerkarten oder anderen genau einzuhaltenden Vorlagen gefordert wird. In solchen Fällen sollte Tabelle 6.3 keinesfalls zur Orientierung von Toleranzgrenzen herangezogen oder angewendet werden. Speziell bei erhöhten Anforderungen, z. B. bei qualitätszertifizierten Nachstellungen nach RAL 840 HR oder genau einzuhaltenden NCS- und anderen Farbtonstandards, könnten im Bedarfsfall beispielsweise die Toleranzgrößen nach DIN 6175-1 zur Orientierung herangezogen werden. Deren Toleranzgrenzen entsprechen je nach Anwendungsfall den in Tabelle 6.2 genannten Farbabständen bei getrennt zueinander stehenden Farbtonflächen an Automobilen bei Reparaturlackierungen. Diese ähneln teilweise denen der VdL-RL-10 (Verband der deutschen Lackindustrie e. V., 2003) zu Lacklieferungen, jedoch sind ihnen als Automobilnorm erheblich geringere Toleranzabstufungen bis hin zu einem Viertel der hier aufgezeigten CIE-Lab-Toleranzgrenzen eingeräumt, die nach der Verarbeitung an unterschiedlichen Stellen der Lackierung diese Werte um nicht mehr als 50 % überschreiten dürfen. Solche Anforderungen sind jedoch in der Baupraxis nur äußerst selten und bestenfalls mit einigen Bautenlacken umsetzbar. Insbesondere mit Beschichtungsstoffen wie Wand- und Fassadenfarben, Putzbeschichtungen und Putzen generell sind diese nicht einzuhalten oder zu vereinbaren.

Farbtonbestellungen nach RAL 9010

Immer wieder entstehen bei Farbtonbestellungen nach RAL 9010 Missverständnisse zwischen Auftraggeber, ausschreibendem Architekten und Auftragnehmer, weil RAL – ursprünglich Reichsausschuss für allgemeine Lieferbedingungen – diesen Farbton historisch bedingt heute noch als Reinweiß bezeichnet. Dies entspricht aber nicht den heutigen Farbtonvorstellungen von Reinweiß. Oft ist es der Auftraggeber, der ganz einfach nur Reinweiß wünscht, dann aber ein abgetöntes Weiß nach RAL 9010 erhält.

Tabelle 6.3: Farbtontoleranzen[1] für normale Anforderungen bei Bautenlacken und Bautenfarben

RAL-Code	Bezeichnung	Farbton-toleranz ΔE^*_{Lab}	RAL-Code	Bezeichnung	Farbton-toleranz ΔE^*_{Lab}
1000	Grünbeige	2,0	2001	Rotorange	2,8
1001	Beige	2,0	2002	Blutorange	2,8[2]
1002	Sandgelb	2,0	2003	Pastellorange	2,8
1003	Signalgelb	3,6[2]	2004	Reinorange	3,6[2]
1004	Goldgelb	3,6[2]	2008	Hellorange	3,6
1005	Honiggelb	3,6	2009	Verkehrsorange	3,6[2]
1006	Maisgelb	3,6	3000	Feuerrot	2,8
1007	Narzissengelb	3,6	3003	Rubinrot	2,8[2]
1011	Hellelfenbein	2,0	3004	Purpurrot	2,0
1016	Schwefelgelb	2,8[1]	3005	Weinrot	2,0
1017	Safrangelb	2,8	3009	Oxidrot	2,0
1018	Zinkgelb	2,8[2]	3014	Altrosa	2,0
1019	Graubeige	1,2	3015	Hellrosa	1,2
1020	Olivgelb	2,0	3020	Verkehrsrot	2,8[2]
1021	Rapsgelb	3,6[2]	4002	Rotviolett	2,0
1023	Verkehrsgelb	3,6[2]	4004	Bordeauxviolett	2,0[2]
1024	Ockergelb	2,0	4010	Telemagenta	2,0[2]
1027	Currygelb	2,8	5000	Violettblau	2,0
1028	Melonengelb	3,6[2]	5001	Grünblau	2,0
2000	Gelborange	3,6	5002	Ultramarinblau	2,0[2]

Fortsetzung Tabelle 6.3

RAL-Code	Bezeichnung	Farbtontoleranz ΔE^*_{Lab}	RAL-Code	Bezeichnung	Farbtontoleranz ΔE^*_{Lab}
5003	Saphirblau	2,0	7001	Silbergrau	2,0
5005	Signalblau	2,0	7004	Signalgrau	1,2
5010	Enzianblau	2,0	7023	Betongrau	1,2
5012	Lichtblau	2,0	7030	Steingrau	1,2
5017	Verkehrsblau	2,0	7032	Kieselgrau	1,2
6001	Smaragdgrün	2,8	7035	Lichtgrau	1,2
6002	Laubgrün	2,8	7038	Achatgrau	1,2
6005	Moosgrün	2,0	7040	Fenstergrau	1,2
6010	Grasgrün	2,8	8003	Lehmbraun	2,0
6011	Resedagrün	2,0	8011	Nussbraun	2,0
6013	Schilfgrün	2,0	8012	Rotbraun	2,0
6016	Türkisgrün	2,0	8015	Kastanienbraun	2,0
6017	Maigrün	2,8	9001	Cremeweiß	1,2
6018	Gelbgrün	2,8[2)]	9002	Grauweiß	1,2
6019	Weißgrün	1,2	9003	Signalweiß	1,2
6024	Verkehrsgrün	2,8	9010	Reinweiß	1,2
6029	Minzgrün	2,0	9016	Verkehrsweiß	1,2

[1)] Farbtongrenzbereiche nach Normfarbtafel, 10° Normalbeobachter (DIN 5033-3: 1992-07) in arithmetischer Mittelwertbildung und in Anlehnung an DIN 6175-1: 1986-07, BFS-Merkblatt Nr. 25 (Bundesausschuss Farbe und Sachwertschutz, 2003) und VdL-RL-10 (Verband der deutschen Lackindustrie e.V., 2003) gerundet

[2)] aufgrund pigmentbedingter Ursachen meist im Farbton bzw. in der Deckkraft besonders problematisch zu erzielen

Umgekehrt kommt es ebenso häufig zu Ausführungen, bei denen ungetönte reinweiße Anstrichstoffe verwendet werden, die dann ebenso falsch sind, wenn tatsächlich RAL 9010 Reinweiß gewünscht wird. Daher sollte vor der Ausführung geklärt werden, was tatsächlich gewünscht wird. Dies gilt selbstverständlich nicht nur bei diesem Farbton, sondern generell bei allen unklaren Anforderungen.

6.2.6 Farbtonveränderung durch Bewitterung

Farbtonveränderungen durch Bewitterung beruhen auf komplexen Abläufen im Pigment- und Bindemittelsystem einschließlich der Zusatzstoffe und Lösemittel eines Anstrich- bzw. Beschichtungsstoffes. Das Bindemittelsystem und dessen Konzentration bestimmt vor allem die Stabilität im Hinblick auf die Haltbarkeit und damit auch die Farbtonstabilität. Zu den Zusatzstoffen bzw. Additiven gehören Mattierungsmittel, die den Glanzgrad regulieren und damit die Kreidungsresistenz beeinflussen, Hydrophobierungsmittel, welche die Schlagregenfestigkeit und Wasserquellbarkeit zusätzlich steuern, sowie Filmkonservierungsstoffe, welche die Resistenz gegen mikrobiellen Befall erhöhen und damit Verfärbungen, z. B. durch Grünalgenbefall, verhindern. Lösemittel oder Wasser als Verdünnungskomponenten bestimmen wesentlich die Verarbeitung und die erzielbare Schichtdicke und beeinflussen so ebenfalls die Haltbarkeit und Kreidungs- oder Farbtonstabilität.

Vergilbung, Dunkelvergilbung und bindemittelbedingte Kreidung

Vergilbungserscheinungen in weißen und aufgehellten Anstrich- oder Beschichtungsstoffen werden in der Regel nahezu ausschließlich durch Verfärbungsreaktionen von Bindemitteln ausgelöst. Diese beruhen je nach der stofflichen Zusammensetzung auf chemischen Reaktionen des Trocknungs- und Aushärtungsprozesses und bei der Alterung auf der Einwirkung von Licht, Sauerstoff oder anderen reaktiven Chemikalien ohne direkte Mitwirkung der Pigmentierung. Die Pigmentierung als solche dient dabei lediglich als neutrales Medium zur Erkennung solcher Vergilbungs- bzw. Verfärbungsreaktionen. Werden die durch Bindemittel ausgelösten Vergilbungserscheinungen von Anbeginn bei Anstrich- oder Beschichtungsausführungen entsprechend berücksichtigt und auf den vorgesehenen Einsatzzweck, z. B. durch geeignete Farbtonauswahl, abgestimmt, stellen solche Farbtonveränderungen in der Regel keinen Mangel dar.

Ungewollt ausgelöste chemische Bindemittelreaktionen können dagegen störende Vergilbungen hervorrufen, wenn beispielsweise bei der Verarbeitung von oxidativ trocknenden Alkydharzlacken während der Trocknungsphase in der Luft Ammoniak oder Aminverbindungen und dergleichen enthalten sind, die aus Dichtstoffen oder Anstrichstoffen emittieren und bei unzureichender Belüftung angereichert vorliegen. Hier können unter den gegebenen Umständen chemische Reaktionen auftreten, die als sog. Schiff'sche Basen entsprechend starke Vergilbungen im Anstrich auslösen.

Bindemittel, die Vergilbungsreaktionen aufweisen, können in der Regel bei Bewitterung durch UV-Licht, insbesondere bei oxidpigmenthaltigen Farbtonmischungen, verstärkt fotochemisch abgebaut werden und so in erhöh-

Abb. 6.31: Weißer Alkydharzlack auf Holz mit Dunkelvergilbung nach Lichtabdeckung (links)

tem Ausmaß oder verkürzter Bewitterungszeit Kreidungserscheinungen durch die Freisetzung von Pigmenten verursachen. Betroffen sind vor allem Bindemittel aus Polyurethan, die mit aromatischen Isocyanaten gehärtet werden, amin- oder amidgehärtete Epoxidharze, styrolmodifizierte Acrylpolymere, Polyvinylchloridpolymere und deren Mischpolymerisate sowie lufttrocknende Alkydharze, die entsprechend häufig in Baufarben, Lacken und Beschichtungen in wasserverdünnbaren, lösemittelhaltigen oder lösemittelfreien Systemen eingesetzt werden.

Nicht vergilbende Bindemittelsysteme, wie beispielsweise Reinacrylatpolymere, mit aliphatischen Isocyanaten gehärtete Polyurethane oder Silikonharze, sind bei Bewitterung beständiger und führen entsprechend erst nach längerer Zeit zu Kreidungserscheinungen, die ebenfalls verstärkt bei Pigmentkombinationen mit Oxidpigmenten auftreten.

Bei lufttrocknenden Alkydharzen ist die Vergilbungsneigung stark von der Art und Konzentration der oxidativ trocknenden Pflanzenöle und ihrer mehrfach ungesättigten Fettsäuren abhängig (siehe Abb. 6.31). So vergilben beispielsweise Soja-, Saflor- und einige Tallöle relativ wenig, Leinöl dagegen deutlich stärker und Holzöl im Vergleich extrem, weshalb früher aus Holzöl sog. farblose Goldlacke hergestellt wurden. Je nach mehrfach ungesättigter Fettsäureart ist die Vergilbungsreaktion im Trocknungs- und späteren Alterungsprozess bei UV-Lichteinwirkung erheblich geringer als im Dunkeln.

Aus diesem Grund treten Vergilbungen in Tür- oder Fensterfalzen, in wenig belichteten Räumen oder bei lang anhaltend geschlossenen Fensterläden besonders stark auf. Vergilbungen, die durch Dunkelvergilbung hervorgerufen wurden, gehen bei Belichtung wieder vollständig zurück, weil durch Lichteinwirkung die hierbei entstandenen chinonartigen chemischen Verbindungen wieder zerfallen. Auch hier äußern sich Kreidungserscheinungen bei Bewitterung zunächst als Glanzabfall, später als hauchfeine Oberflächenkreidung mit zunehmender Farbtonveränderung, in der Regel milchig weiß, die bei oxidpigmentierten, dunkel eingefärbten Alkydharzlacken auf Südseiten und bei starker Sonnenbestrahlung schon innerhalb von 3 Jahren eintreten kann. Derartige bindemittel- oder pigmenttypische Kreidungsphänomene mit Verfärbungsreaktionen sind bei allen Anstrichsystemen stark von der Anfangsglanzgradeinstellung abhängig. Je matter die Glanzgradeinstellung ist, umso früher treten Kreidungen und damit verbundene Verfärbungen auf. Hochglanzlacke sollten deshalb in der Außenanwendung im Hinblick auf die Wetterbeständigkeit grundsätzlich gegenüber mattierten Anstrichsystemen, wie beispielsweise den sog. Seidenmattlacken, vorgezogen werden. Denn oftmals erzielen Hochglanzlacke auf der gleichen Bindemittelbasis doppelt so lange Standzeiten in der Wetterbeständigkeit wie entsprechende Seidenmattlacke.

Methoden zur Erkennung der Ursachen von Ausbleichungen

Sog. bindemittelbedingte Kreidungen, die wie alle Kreidungsphänomene in pigmentierten Systemen Pigmente durch den Bindemittelabbau freilegen, sind wechselseitig sowohl bindemittel- als auch pigmenttypisch verursacht und werden selten oder gar nicht durch Regen abgewaschen. An thermoplastischen Dispersionsfarbenanstrichen lassen sie sich in der Regel auch nicht abwaschen oder abreiben; sie sind aber als weißliche, milchige, hauchdünne Oberflächenschicht durch entsprechende Lichtstreuung sichtbar. Auf duroplastischen Anstrichen, wie luftgetrockneten Alkydharzlacken, PUR- oder EP-Anstrichen bzw. -Beschichtungsstoffen, sind derart wetterbedingte Zerstörungen dagegen als färbender, extrem feiner Abrieb erkennbar, der sowohl trocken als auch nass abwaschbar ist. Werden derartige Flächen mit Wasser benetzt, so wird bei entsprechend lichtbeständiger Pigmentierung in der Regel der ursprüngliche Farbton, so wie er vor der Verwitterung einmal war, erkennbar (siehe Abb. 6.32).

Allerdings dürfen derartige Benetzungsproben speziell an Fassadenanstrichen, die auf relativ frischen alkalischen Mineralputzuntergründen aufgetragen wurden, nicht mit Kalkausblühungen verwechselt werden, die oftmals ebenfalls sehr gleichmäßig und ganzflächig in identischen Aufhellungen ähnliche Verfärbungen erzeugen können. Auch hier entsteht bei der Benetzung mit Wasser bei lichtbeständiger Pigmentierung die gleiche beschriebene Farbtonreaktion (siehe Abb. 6.33 und Abb. 6.34).

Zur Unterscheidung bindemittelbedingter Kreidungen von Kalkausblühungen können Schattenbereiche herangezogen werden, z. B. hinter Regenrohren oder unter Dachvorsprüngen, die bei licht- und damit bindemittelbedingter Pigmentkreidung Farbtonunterschiede zeigen, jedoch in Fällen von Kalkausblühungen eher unverändert bleiben. Eine Benetzungsprüfung mit 1N Salzsäure identifiziert solche kalkbedingten Verfärbungen durch stark schäumendes Aufbrausen infolge einer CO_2-Entwicklung.

Umgekehrt erlaubt eine derartige direkt am Objekt einfach auszuführende Schadensanalyse auch Rückschlüsse darauf, ob neben einer bindemittelbedingten Pigmentkreidung oder einer Kalkausblühung eine Farbtonverblassung durch mangelnde Pigmentstabilität vorliegt, die witterungsbedingt durch UV-Licht oder chemisch bedingt durch zu starke Alkalitätseinwirkung verursacht worden sein kann. Hierbei gilt es oft zu klären, ob materialbedingte (fehlerhafte Pigmentierung) oder verarbeitungsbedingte Mängel (z. B. Missachtung ausreichender Abbindezeiten des Putzes) zur Farbtonausbleichung geführt haben. Eine Pigmentzerstörung durch UV-Licht

Abb. 6.32: Verfärbung durch bindemittelbedingte Kreidung eines Alkydharzanstriches auf Stahl und eines Fassadenanstriches auf Acrylcopolymerbasis – wegen Thermoplastizität nicht abwischbar

Abb. 6.33: Verfärbung durch Kalkausblühungen

Abb. 6.34: Farbtonänderung bei Kalkausblühung nach einer Benetzung mit Wasser

Abb. 6.35: Verfärbung durch mangelhafte Lichtbeständigkeit

Abb. 6.36: Ausbesserungen mit einer nicht lichtechten Pigmentierung

Abb. 6.37: Pigmentzerstörung eines eingefärbten Dispersionsputzes durch Alkalität als Folge zu früher Anwendung auf einem ungenügend carbonatisierten Mineralunterputz und fehlender Putzgrundierung

an Fassaden ist relativ leicht erkennbar, weil Farbtonverblassungen nur auf sonnenbestrahlten Flächen auftreten und auf Schattenflächen weitestgehend ausbleiben. Bleiben solche ausgebleichten Flächen nach einer Benetzung mit Wasser im Farbton unverändert, so können sowohl eine Kalkausblühung als auch eine Zerstörung durch Alkalität aus dem Untergrund ausgeschlossen werden (siehe Tabelle 6.4). Im Unterschied zu Pigmentzerstörungen durch UV-Licht treten alkalibedingte Pigmentzerstörungen als Farbtonverblassung auch in Schattenbereichen auf, die sich ebenfalls nach einer Benetzung mit Wasser nicht verändern. Sollte hierbei die Farbtonverblassung dennoch in den Urfarbton umschlagen, wären Kreidung, UV-Licht und Alkalität als Verursacher auszuschließen und Kalkausblühungen als Ursache der Ausbleichung mittels Salzsäuretest nachzuweisen (siehe Abb. 6.35, Abb. 6.36 und Abb. 6.37).

Tabelle 6.4: Bestimmung der möglichen Ursachen von Ausbleichungen oder Aufhellungen durch Bewitterung

Ursache	**Flächen in Sonnenlichtzonen mit Ausbleichung**	**Flächen in Schattenzonen mit Ausbleichung**	**Farbtonumschlag zum Urfarbton bei Benetzung mit Wasser**	**heftige Reaktion mit 1N Salzsäure**
Kreidung	+	–	+	–
Kalkausblühung	+	+	+	+
UV-Lichtbeständigkeit	+	–	–	–
Alkalibeständigkeit	+	+	–	–
+ = trifft zu, – = trifft nicht zu				

Vergilbung durch färbende Stoffe in Untergründen

Eine andere Form der Vergilbung oder Braunverfärbung tritt oftmals fleckenartig auf und beruht in der Regel auf Anlösungen färbender Stoffe in Untergrundsubstraten, die lösemittel- oder wasserlöslich sind und entsprechende Anstrichverfärbungen auslösen können. Dies kann bei Anwendungen in feuchtem Klima innen und außen auftreten. Ein Beispiel dafür sind gelbliche und bräunliche Verfärbungen auf Gipskarton- oder Holzflächen, die farbige Ligninstoffe aus Holz enthalten, die durch Belichtung wasserlöslich und beim Überstreichen mit Dispersionsfarben, wasserverdünnbaren Acryllacken usw. angelöst werden und so entsprechende Verfärbungen als Flecken im Anstrich verursachen. Ein weiteres Beispiel wäre die Renovierung stark nikotinvergilbter Wandflächen, z. B. in Gaststätten, wo ebenfalls wasserlösliche Gelbverfärbungen bei der Verarbeitung normaler Innenfar-

Abb. 6.38: Wasserflecken im Deckenbereich, die mit Isolieranstrichen abgesperrt werden können

ben auf Dispersionsbasis auftreten können. In solchen Fällen sind spezielle absperrende Anstriche auf Lösemittelbasis einzusetzen – in der Regel auf der Basis geruchsarmer, aromatenfreier Testbenzine –, die die wasserlöslichen Verbindungen nicht anlösen können und so entsprechend isolierend wirken. Derartige lösemittelhaltige Anstrichstoffe sperren zwar wasserverdünnbare färbende Stoffe sehr zuverlässig ab, jedoch sind testbenzinlösliche Stoffe davon ausgenommen, so z. B. nach Brandschäden oder bei mit Filzstiften verunreinigten Untergründen. In solchen Fällen sind spezielle wasserverdünnbare absperrende Anstriche besser wirksam. Falls färbende Substanzen im Untergrund vorliegen, wie beispielsweise bei der Renovierung nach einem Zimmerbrand, die sowohl wasserlöslich als auch lösemittellöslich sind, funktioniert in der Regel nur eine Kombination beider Anstrichsysteme. Hierbei ist zu beachten, dass nach einer sorgfältigen Reinigung des Untergrundes durch ein Abwaschen der entfernbaren Verunreinigungen der Erstanstrich in ausreichender Schichtstärke aufgebracht wird, bevor der zweite, absperrende Deckanstrich erfolgt. Sicherheitshalber sollten hier ein Grund- und ein Zwischenanstrich mit dem gleichen Material erfolgen. Bei dieser Vorgehensweise haben sich in der Praxis der Einsatz einer lösemittelhaltigen Isolierfarbe als Erst- und ggf. Zwischenanstrich gegen färbende wasserlösliche Stoffe und ein Schlussanstrich aus einer wasserverdünnbaren Isolierfarbe zur Absperrung lösemittellöslicher Farbstoffe bewährt.

Alle im Handel befindlichen wasserverdünnbaren Isolieranstrichsysteme sperren bei sog. Wasserflecken die wassergelösten Substanzen in der Regel nur dann ausreichend ab, wenn der Untergrund bis zur Ausgleichsfeuchte ausgetrocknet ist (Abb. 6.38). Bei einer hohen Baufeuchte, ungünstigen Witterungsbedingungen, zu hoher Untergrund- und Luftfeuchte, zu hoher Verdünnungszugabe von Wasser zum Isolierfarbenanstrich und zu früher Überarbeitung der Isolierfarbe im nicht ausreichend durchgetrockneten Zustand kann die absperrende Wirkung des Anstrichsystems versagen. In solchen Fällen erzielen lösemittelhaltige Absperrfarben zwar bessere Ergebnisse als wasserverdünnbare. Trotzdem sollten grundsätzlich gerade auf Holzflächen wegen feuchtigkeitsabhängiger Quell- und Schwundbewegungen keine Anstricharbeiten oberhalb der zulässigen Holzfeuchte (bei Laubholz 12 %, bei Nadelholz 15 %) ausgeführt werden.

Abb. 6.39: Farbtonveränderung durch Kreidung des Titandioxids eines Alkydharzlackes mit lichtechter Blaupigmentierung

Pigmentkreidung

Unter Pigmentkreidung versteht man im Unterschied zur Bindemittel- oder bindemittelbedingten Kreidung vielfach eine Kreidungsform, die sich einfach abwischen lässt und einen deutlich erkennbaren, farblich entsprechenden pulverförmigen Pigmentabrieb erzeugt. Dieser Abrieb kann an Fassaden bei starker Kreidungsintensität abläuferartige Spuren durch Regen ergeben oder bei geringer Intensität dazu beitragen, dass Schmutzanhaftungen an mit Schlagregen direkt bewitterten Flächen vermieden werden, ohne dass störende farbige Ablaufspuren entstehen. Eine solche oftmals als „gezielt eingestellte Kreidung zur Selbstreinigung“ bezeichnete Kreidungsneigung löst allerdings das Problem der Schmutzaufnahme bestenfalls an direkt bewitterten Flächen, die für Schlagregen entsprechend zugänglich sind. Abgedeckte Flächenbereiche unter Dachvorsprüngen, Attiken und Fensterblechen usw. werden auf diese Weise weniger von selbst gereinigt und verschmutzen so dennoch bei Bewitterung.

Besonders Mineralpigmente auf Oxidbasis neigen unter Lichteinwirkung bzw. UV-Einstrahlung je nach Pigmenttyp in unterschiedlicher Stärke zum fotokatalytischen Bindemittelabbau und damit zur Freisetzung der Pigmente aus der Bindemittelmatrix. Dies trifft vor allem auf Anstrich- und Beschichtungsstoffe mit Weißpigmenten wie Titandioxid und Zinkoxid (Zinkweiß) sowie einige häufig eingesetzte Buntpigmente wie Eisenoxidgelb (Ocker), Eisenoxidrot (Englischrot), Chromoxidgrün oder Eisenoxidschwarz zu, die je nach Stabilisierung, Pigmentierungshöhe und Bindemitteltyp mehr oder weniger stark auskreiden. Weil sich in Pigmentmischungen die einzelnen farbigen Pigmente in der Kreidungsstabilität unterschiedlich verhalten, ergeben sich entsprechende Farbtonverschiebungen, jeweils in Richtung des kreidungsdominierenden Pigments, insbesondere in den bewitterten Flächenbereichen, obwohl die genannten Pigmente die höchste Lichtbeständigkeit aufweisen, sich also durch Licht in keiner Weise verfärben. Lichtbeständige Pigmentkombinationen, die beispielsweise aus intensiv farbtonreinem

Abb. 6.40: Starke Pigmentkreidung als Folge einer Verkieselungsstörung bei einer Silikatfarbe

organischen Phthalocyaninblau oder Phthalocyaningrün und zur Aufhellung aus stabilisiertem Titandioxid-Rutil-Weißpigment bestehen, bleiben nicht farbtonstabil, sondern verblassen bei Bewitterung dennoch durch Auskreidung des weißen Titandioxids infolge der fotochemischen Bindemittelzerstörung (siehe Abb. 6.39).

Mineralfarben auf Silikatbasis sind in der Regel wegen ihrer hohen Alkalität nur mit Oxidpigmenten hergestellt. Deshalb ist u. a. eine gewisse Kreidungsneigung typisch und kein Mangel, sofern keine Verkieselungsstörungen vorhanden sind. Verkieselungsstörungen dagegen können starke bis extreme Kreidungsreaktionen auslösen, die insbesondere dann auftreten, wenn bei der Verarbeitung ungünstige Trocknungsbedingungen mit zu hohen oder zu niedrigen Temperaturen herrschten (Abb. 6.40). Auch sollten Silikatfarben nicht mit Wasser, sondern bei Außenanwendungen grundsätzlich nur mit Kaliwasserglaslösungen, dem sog. Fixativ, verdünnt werden, um gleichmäßig aussehende Anstrichergebnisse fleckenfrei und ohne mangelhafte Kreidung herstellen zu können.

Weisen Putzuntergründe oder Untergründe aus Anstrichen oder Beschichtungen Pigmentkreidungen auf, müssen diese nach Reinigung für eine ausreichende Tragfähigkeit bzw. Haftung mit tief in den Untergrund penetrierenden Grundierungsstoffen, sog. Tiefengrundierungen, farblosen oder pigmentierten Grundfestigern, ausreichend vorbehandelt werden. Hierbei sollten durch Probeanstriche unter Objektbedingungen der erforderliche Verdünnungsgrad sowie die nötige Auftragsmenge ermittelt werden.

Bei einer geringen Kreidung mit wenig Abrieb und bei geringer Untergrundsaugfähigkeit ist besondere Vorsicht im Umgang mit farblosen Tiefengrundierungen geboten. In Fällen solcher Kreidungsformen können diese Grundierungen meist nicht ausreichend penetrieren und erzeugen als Anstrichgrundierung einen farblosen, glänzenden Film. Bei der Überarbeitung eines solch glänzend aussehenden Filmes mit den üblichen matt eingestellten, also relativ bindemittelarmen Fassadenfarben besteht ein hohes Risiko für Rissbildungen im Fassadenanstrich, der nach Trocknung, Bewitterung und Temperatureinwirkungen sowie je nach erzielter Schichtdicke der Tiefengrundschicht erhebliche Rissweiten im Millimeterbereich ausbilden kann. Darum sollte immer darauf geachtet werden, dass Tiefengrund entsprechend der Saugfähigkeit des Untergrundes, bei Bedarf auch durch Verdünnen, eingestellt wird. Gegebenenfalls ist auf eine Tiefengrundierung ganz zu verzichten, wenn wegen zu geringer Saugfähigkeit des Untergrundes trotz leichter Kreidung nur glänzende Filmschichten als Folge zu geringer Penetration in den Untergrund entstehen. Hier ist in der Regel ein verdünnter Voranstrich mit Fassadenfarbe ausreichend und besser geeignet. Weil die Qualität des Untergrundes die Basis für das spätere Anstrichergebnis ist und die Haltbarkeit maßgebend bestimmt, ist es wichtig, die hier beschriebenen Vorbehandlungen sorgfältig vorzunehmen.

6.3 Kennzahlen von Pigmenten

Nachfolgend werden in Abb. 6.41 und Abb. 6.42 die wichtigsten Kennzahlen von Pigmenten genannt, die u. a. für Anwender sog. Farbenmischautomaten, welche heute sehr zahlreich im Handwerk und im Handel von Bautenlacken und Baufarben genutzt werden, eine entsprechende Bedeutung haben. Insbesondere bei der Erstellung eigener Pastenrezepturen für Sonderfarbtöne sollten solche Kennzahlen berücksichtigt werden.

Weil Farbtonauswahl und Farbtonentscheidungen bis hin zu Glanzgrad und Struktur sowie Beschichtungsmaterial die erzielbaren Haltbarkeitsergebnisse mit der Folge künftiger Unterhalts- bzw. Renovierungskosten maßgeblich beeinflussen, sollten im Dialog zwischen Auftraggeber und Auftragnehmer die Kennzahlen ebenso beachtet werden. Leider finden jedoch in der Praxis derartige präzise Absprachen und eine Aufklärung über mögliche Folgen relativ selten statt, weshalb über das Ergebnis häufig Auseinandersetzungen entstehen, weil die Vorstellungen zwischen Farbtonwunsch, Erfüllbarkeit und erwarteter erzielbarer Haltbarkeit aus Unkenntnis oft weit auseinanderliegen. Folglich wird über Mangel oder natürlichen Verschleiß, der eben kein Mangel ist, häufig auch vor Gericht eine Entscheidung gesucht, wenn nicht von vornherein bei der jeweiligen Farbtonwahl auf mögliche Auswirkungen hingewiesen wurde.

Pigmentpräparation		Colour Index	W = wässrig /L = LM	Eigenschaften						Farbton	Einsatzmöglichkeiten							
				Ausblühen	Überlackierechtheit	Säure-/Alkalibest.	Lösemittelbest.	Lichtechtheit	Wetterechtheit		Lacke LM	Lasuren LM	Dispersionslacke	Innendispersionen	Fassadenfarben	Putze	Siliconharzfarben	Silikatfarben
	Vollton							8	5		X		X	X	X	X		
Black		P.Bl. 7	W/L	O	5	5 / 5	5 / 5					X						
	Pastellton							8	5		X		X	X	X	X		
	Vollton							8	5		X		X	X	X	X	X	X
Oxide Black		P.Bl. 11	W/L	O	5	5 / 5	5 / 5					X						
	Pastellton							8	5		X		X	X	X	X	X	X
	Vollton							8	5		X		X	X	X	X	X	X
White		P.W. 6	W/L	O	5	5 / 5	5 / 5					X						
	Pastellton							8	5		X		X	X	X	X	X	X

Abb. 6.41: Pigmentpräparationen, Kennzahlen, Eigenschaften und Einsatzmöglichkeiten; LM = Lösungsmittel (nach Wilms, 2006)

Pigmentpräparation		Colour Index	W = wässrig/L = LM	Eigenschaften						Farbton	Einsatzmöglichkeiten							
				Ausblühen	Überlackierechtheit	Säure-/Alkalibest.	Lösemittelbest.	Lichtechtheit	Wetterechtheit		Lacke LM	Lasuren LM	Dispersionslacke	Innendispersionen	Fassadenfarben	Putze	Siliconharzfarben	Silikatfarben
	Vollton							8	5				X	X	X	X	X	X
Bismutvanadat yellow		**P.Y. 184**	**W**	O	5	5 / 5	5 / 5											
	Aufhellung							8	5				X	X	X	X	X	X
	Vollton							7 - 8	4 - 5		X		X	X	X			
Yellow		**P.Y. 74**	**W/L**	●	0	5 / 5	3 / 2											
	Aufhellung							6 - 7	3									
	Vollton							8	5		X		X	X	X	X	X	X
Oxide Yellow		**P.Y. 42**	**W/L**	O	5	5 / 5	5 / 5					X						
	Aufhellung							8	5		X		X	X	X	X	X	X
	Vollton							7 - 8	4 - 5		X		X	X	X			
Red		**P.R. 112**	**W/L**	O	5	5 / 5	3 / 3											
	Aufhellung							6	2 - 3									
	Vollton							8	5				X	X	X	X	X	X
Cobaltblue		**P.B. 28**	**W**	O	5	5 / 5	5 / 5											
	Aufhellung							8	5				X	X	X	X	X	X
	Vollton							8	5		X		X	X	X	X		
Red		**P.R. 168**	**W/L**	O	5	5 / 5	5 / 5					X						
	Pastellton							8	5		X		X	X	X	X		
	Vollton							8	5		X		X	X	X	X	X	X
Oxide Red		**P.R. 101**	**W/L**	O	5	5 / 5	5 / 5					X						
	Pastellton							8	5		X		X	X	X	X	X	X
	Vollton							8	5		X		X	X	X	X		
Magenta		**P.R. 122**	**W/L**	O	5	5 / 5	4 / 5					X						
	Pastellton							7 - 8	4 - 5		X		X	X	X	X		
	Vollton							8	5		X		X	X	X			
Blue		**P.B. 15:3**	**W/L**	O	5	5 / 5	5 / 5					X						
	Pastellton							8	5		X		X	X				
	Vollton							8	5		X		X	X	X	X		
Green		**P.G. 7**	**W/L**	O	5	5 / 5	5 / 5					X						
	Pastellton							8	5		X		X	X	X	X		
	Vollton							7-8	4-5		X		X	X	X	X		
Yellow		**P.Y. 128**	**W/L**	O	5	5 / 5	5 / 5					X						
	Pastellton							7	4		X		X	X	X	X		
	Vollton							8	5				X	X	X	X	X	X
Oxide Green		**P.G. 17**	**W**	O	5	5 / 5	5 / 5											
	Pastellton							8	5				X	X	X	X	X	X

Abb. 6.42: Pigmentpräparationen, Kennzahlen, Eigenschaften und Einsatzmöglichkeiten; LM = Lösungsmittel (nach Wilms, 2006)

Lichtechtheit

Die Lichtechtheit beschreibt die Farbtonbeständigkeit einzelner Pigmente oder Farbstoffe bei UV-Bestrahlung mit einer Xenonbogenlampe. Unter dieser Belastung wird je nach Beständigkeit des Pigments bzw. Farbstoffes der Farbton durch Verblassen bzw. Ausbleichen zerstört. Zur Bewertung des Farbtonabbaues wird als Vergleichsmaßstab die achtstufige Blauwollskala verwendet, die aus 8 verschiedenen Wollstreifen besteht und mit ebenso vielen blauen Farbstoffen unterschiedlicher Lichtechtheit eingefärbt ist. Gemessen anhand dieser Skala, bedeutet die Stufe 8 eine sehr hohe Lichtechtheit und die Stufe 1 eine sehr geringe Lichtechtheit. Diese Bewertung wird auch als Lichtechtheitswert (*LW*) angegeben. Die Lichtechtheit eines Buntpigments ist entgegen der weit verbreiteten Meinung im Vollton am höchsten. Dennoch sind brillante Volltonfarben, die sich aus organischen Pigmenten zusammensetzen, lichtempfindlicher als die in der Regel stumpferen Volltöne der anorganischen Pigmente, die mitunter die besten Ergebnisse bei der Lichtechtheit aufweisen. So gesehen sind brillante intensive Volltonfarben nicht in dem hohen Maße lichtecht wie die aus den stumpferen Oxidpigmenten.

Wird durch eine Aufhellung mit Titandioxid die Buntpigmentkonzentration herabgesetzt, so wirkt die intensive UV-Strahlung auf eine verringerte Buntpigmentmenge entsprechend zerstörerischer ein. Im Ergebnis sind dadurch oftmals deutlich schlechtere Lichtechtheitswerte zu verzeichnen als im reinen, nicht aufgehellten Vollton. Gerade auf die Lichtechtheitswerte sollte besonders geachtet werden, weil bei der Nuancierung zur genauen Farbtonerzielung zum Teil, je nach Farbstärkeeigenschaft des betreffenden Pigments, extrem niedrige Pigmentmengen benötigt werden, die dann auch umso geringer lichtbeständig sind. Keinesfalls darf ein lichtempfindliches Buntpigment in solch geringen Konzentrationen richtungsentscheidend für das Farbtonergebnis sein. So erzeugt z. B. ein lichtempfindliches, farbstarkes organisches Gelbpigment, das in geringster Dosierung in einer hellen Blaupigmentmischung eingesetzt wird, eine grüne Farbe. Solche Pigmentmischungen sind bei Bewitterung und UV-Bestrahlung unbrauchbar, weil innerhalb kurzer Zeit starke Farbtonwechsel in Erscheinung treten.

Mithilfe der Blauwollskala können Pigmente oder Farbstoffe auf der einen Seite gut in ihrer Lichtechtheit charakterisiert und eingestuft werden. Auf der anderen Seite ist jedoch Vorsicht geboten, wenn solche Werte blindlings in die Praxis übertragen werden. So kann beispielsweise in einer Fassadenfarbe ein organisches Rotpigment im schwach abgetönten Volltonbereich mit Lichtechtheit 8 bereits nach 2 bis 3 Jahren, ein anderes erst nach 4 bis 5 Jahren oder später merklich verblassen. Dagegen kann ein organisches Pigment mit Lichtechtheit 6 schon innerhalb eines Jahres sichtbar ausbleichen. Oxidpigmente, die ebenfalls mit einem Wert von 8 die höchste Lichtechtheit aufweisen, bleichen dagegen als Pigment selbst überhaupt nicht aus, sind also per Definition bei Bewitterung dauerhaft lichtecht. Sie können aber wegen ihrer unterschiedlich ausgeprägten Kreidungsneigungen bei Kombinationen untereinander Farbtonverschiebungen ergeben und auf diese Weise ggf. auch ausbleichen. Wie schon beschrieben, können solche Ausbleichungen oder Farbänderungen durch Kreidung bei oxidpigmentierten Alkydharzlacken schon nach wenigen Jahren auftreten, dagegen bei Acryl-, Silikat- oder Silikonharzfassadenfarben je nach Pigmentkombination und Produktqualität erst nach 5 Jahren, nach einem Jahrzehnt oder noch später.

Hierbei mag es erstaunen, dass demnach merklich sichtbare Farbtonveränderungen bereits nach so kurzen Zeiträumen innerhalb von Gewährleistungsfristen auftreten können. Leider ist dies in der Praxis schon deshalb häufig der Fall, weil viele Farbtöne nur mit organischen Pigmentkombinationen erreicht werden können, die eben in ihrer Lichtechtheit selbst bei Stufe 8 begrenzt sind. Oftmals kommt es deshalb auch zu Mangelanzeigen. Wie schon angedeutet, ist hierbei von Fall zu Fall zu klären, inwiefern ein Mangel oder ein natürlicher Verschleiß vorliegt, in welchem Ausmaß also eine Ausbleichung stattgefunden hat und ob die Regeln der Technik eingehalten wurden. Wegen des komplexen Sachverhalts ist zur Klärung oftmals ein Sachverständiger mit entsprechenden Erfahrungen hinzuzuziehen.

Wetterechtheit

Die Wetterechtheit betrifft Pigmentprüfungen unter Witterungsbedingungen. Hierbei wird der Verwitterungszustand visuell mithilfe der fünfstufigen ISO-Grauskala nach DIN EN 20105-A02 „Textilien – Farbechtheitsprüfungen – Teil A02: Graumaßstab zur Bewertung der Änderung der Farbe“ (1994) hinsichtlich der optischen Veränderungen im Vergleich zum Ursprungszustand bewertet. Stufe 5 bedeutet eine sehr gute Wetterechtheit, weil keine Unterschiede sichtbar sind. Stufe 1 bedeutet dagegen eine nur mäßige Wetterechtheit. Bei Stufe 4 sind Unterschiede gerade noch wahrnehmbar. Das bedeutet für die Praxis, dass Ergebnisse mit Bewertungsstufen unter 4 bei Bewitterungen in Zeiträumen von Gewährleistungsfristen deutlich erkennbare Verwitterungserscheinungen durch Farbänderungen aufweisen können.

Colour Index

Mit dem Colour Index (C.I.) werden nach einer international anerkannten Nomenklatur Pigmente und Farbstoffe von der englischen Society of Dyers and Colourists in Bradford in Verbindung mit der American Association of Textile Chemists and Colorists in einer Codierung als C.I. Generic Name nach Farbton und fortlaufender Nummer definiert und unter C.I. Constitution Numbers mit Handelsnamen, Hersteller, physikalischer Lieferform, Haupteinsatzgebiet, Anmeldungsdatum, chemischer Klassifizierung, spezifischer Farbtoncharakteristik, CAS-Nr. und EU-Nr. sowie mit chemischer Struktur näher beschrieben und charakterisiert. Ein Beispiel zeigt Tabelle 6.5.

Tabelle 6.5: Colour-Index-Pigmentdefinition (vgl. Wilms, 2006)

Kriterium	**Angaben zum Pigment**
Commercial Name (Handelsname)	Hostaperm Yellow H5G VP 2295
C.I. Constitution Numbers	C.I. 117875
C.I. Generic Name	C.I. Pigment Yellow 213 (oder P.Y. 213)
Manufacturer (Hersteller)	Clariant GmbH
Physical Form (physikalische Lieferform)	Pulver
Main Applications (Haupteinsatzgebiete)	Anstrichstoffe
Uses and Comments (Gebrauchshinweise)	
Data amended (Anmeldungsdatum)	01.01.2000
Chemical Class (chemische Klassifizierung)	Monoazo
Shade (Farbtonbeschreibung)	Green Yellow (grünstichiges Gelb)
Discoverer (Erfinder)	
First Product (angemeldetes Erstprodukt)	Hostaperm Yellow H5G
CAS No.	220198-21-0
EU No.	
Classical Name (Strukturformel)	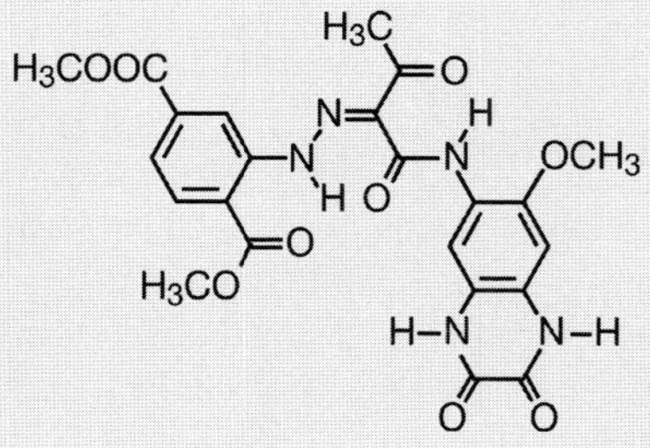 H_3C H_3COOC O N H N N OCH_3 H O O H_3CO H–N N–H O O

Obwohl nach der Colour-Index-Kennzeichnung ein Pigment definiert und umfangreich beschrieben ist, bedeutet dies nicht, dass die Pigmenteigenschaften in Deckkraft und Lichtstreuung, Färbekraft und Lichtechtheit bei gleicher C.I.-Kennzeichnung identisch sind. So kann beispielsweise ein Pigment mit Colour Index P.Y. 83 (rotstichiges Gelbpigment) durch eine Teilchengrößenoptimierung eine verbesserte Lichtstreuung und somit eine deutlich höhere Deckkraft erzielen als ein anderes Pigment mit gleicher Indexkennzeichnung (siehe Abb. 6.43).

Abb. 6.43: Pigmentvergleich Colour Index P.Y. 83 (Quelle: Wilms, 2006)

Abb. 6.44: Pigmentvergleich Colour Index P.Y. 83 in Farbstärke 1 : 10 mit Titandioxid (Quelle: Wilms, 2006)

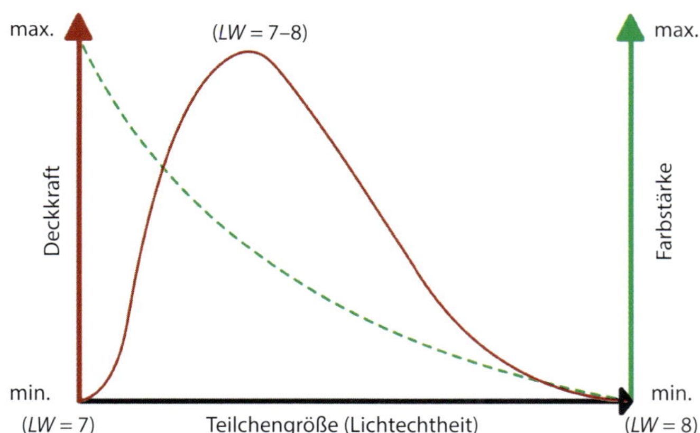

Abb. 6.45: Funktionsbeschreibung Teilchengröße – Deckkraft – Farbstärke – Lichtechtheit (*LW*)

Organische Pigmente zählen mitunter zu den Rohstoffen mit dem höchsten Preisniveau. Ihre Wirtschaftlichkeit als Tönpigment ist stark von ihrer Färbekraft abhängig, die man durch eine Aufhellung mit Titandioxid prüfen und feststellen kann (siehe Abb. 6.44). Auch hier spielt die Teilchengröße eine wichtige Rolle. Je kleiner die Teilchengröße ist, umso stärker ist die Färbekraft und damit die Wirtschaftlichkeit als Tönpigment. Daraus folgend ist also die Färbekraft des hier dargestellten in der Deckkraft optimierten Pigments niedriger, weil dessen Teilchengröße zur Erhöhung der Lichtstreuung vergrößert worden ist.

Daraus kann geschlussfolgert werden, dass im Hinblick auf die Lichtechtheit das farbstärkere Pigment mit einer kleineren Teilchengröße bei gleichem Hellbezugswert in geringerer Menge zu dosieren ist und somit seine Empfindlichkeit gegenüber der zerstörerischen UV-Strahlung zunehmen wird. Die Lichtechtheit des in der Deckkraft optimierten Pigments ist demnach durch die Vergrößerung der Teilchengröße ebenfalls optimiert worden (siehe Abb. 6.45).

6.4 Codierung der Farbbeständigkeit nach BFS-Merkblatt Nr. 26

Das vom Bundesausschuss Farbe und Sachwertschutz 2007 herausgegebene BFS-Merkblatt Nr. 26 „Farbveränderungen von Beschichtungen im Außenbereich" gilt für eingefärbte bzw. abgetönte dekorative Beschichtungen nach DIN EN ISO 4618 „Beschichtungsstoffe – Begriffe" (2007) und klassifiziert Fassadenbeschichtungsstoffe nach DIN EN 1062-1 „Beschichtungsstoffe – Beschichtungsstoffe und Beschichtungssysteme für mineralische Substrate und Beton im Außenbereich – Teil 1: Einteilung" (2004) sowie Lackfarben nach ihrer üblichen zu erwartenden wahrnehmbaren Farbtonveränderung innerhalb eines Bewitterungszeitraums von ca. 3 bis 4 Jahren. Demnach ist das Eintreffen von Farbveränderungen bereits innerhalb häufig vereinbarter Gewährleistungs- bzw. Verjährungsfristen möglich.

Die alphanumerische Codierung der Farbbeständigkeit ist ein Klassifizierungssystem für Farbveränderungen bei beispielgebenden typischen Fassadenfarben und Lacken. Dabei wird die nicht farbpigmentbedingte Farbtonbeständigkeit, wie bindemittel- und pigmentvolumenkonzentrationsabhängige Kreidungs-, Gilbungs- und Glanzstabilität in die Klassen A, B oder C einstuft. Pigmentabhängige produktbezogene Einflussfaktoren werden entsprechend der Lichtbeständigkeit in die Gruppen 1, 2 oder 3 eingeordnet, wie Tabelle 6.6 zeigt.

Klassifizierung nach nicht pigmentbedingter Farbtonbeständigkeit

Nach diesem Schema wird der Sinneseindruck der Farbveränderung bzw. der Farbtonbeständigkeit einer Fassaden- oder Lackbeschichtung in Kreidung, Glanzverlust oder Vergilbung in der

- Klasse A als „kaum sichtbar oder kaum erkennbar", in der
- Klasse B als „sichtbar oder erkennbar" und in der
- Klasse C als „deutlich sichtbar bzw. als deutliche Erscheinung"

bewertet.

Zur Visualisierung könnte auch die fünfstufige ISO-Grauskala verwendet werden (siehe Abb. 6.46). Demnach entspräche die Klasse A in etwa der Stufe 5 bzw. 4 bis 5, Klasse B der Stufe 4 bzw. 3 bis 4 und Klasse C den Stufen 3 und darunter als Farbänderung in der Graukontrastdarstellung.

Weil diese Erscheinungsformen als Verfärbungs- bzw. Verwitterungsprozesse in ihrer Auswirkung nicht farbpigmentbedingt sind und im Wesentlichen vom Bindemitteltyp und vom Bindemittelgehalt bzw. von der Pigmentvolumenkonzentration (PVK) des Beschichtungsstoffes abhängen, werden in Klasse A nur Fassadenbeschichtungen eingestuft, die mit hohen Bindemittelanteilen in einer entsprechend niedrigen PVK mit Werten unter 30 % vorliegen. Deren Farb- und Wetterbeständigkeit ist mit Silikatfarben (ohne organische Bestandteile aus Kunststoffdispersionen) oder mit hoch abgebundenen Dispersionsfarben, wie z. B. plastoelastischen Beschichtungsstoffen, vergleichbar. Ähnliche Voraussetzungen zur Einstufung der Farbbeständigkeit in Klasse A erfüllen Lacke, die gewöhnlich als Schlussbeschichtungen hoch abgebunden pigmentiert vorliegen. Voraussetzung ist, dass diese aus nicht vergilbenden, hoch farb- und wetterbeständigen Bindemitteln, wie z. B.

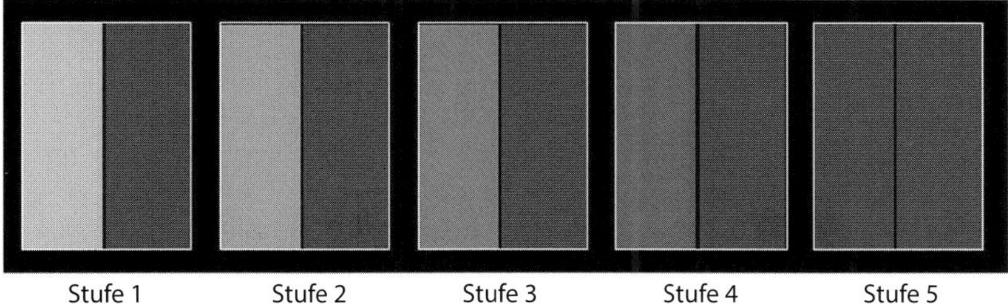

Abb. 6.46: ISO-Grauskala

Tabelle 6.6: Einordnung von Fassadenfarben und Lacken hinsichtlich ihrer farbpigmentbedingten Lichtbeständigkeit und ihrer nicht farbpigmentbedingten, bindemittel- und PVK-abhängigen Farbtonbeständigkeit gemäß BFS-Merkblatt Nr. 26 (nach Bundesausschuss Farbe und Sachwertschutz, 2007)

				Farbpigment nach Lichtbeständigkeit		
				Gruppe 1	**Gruppe 2**	**Gruppe 3**
				sehr gut lichtbeständige anorganische Pigmente	gut lichtbeständige organische und/oder anorganische Pigmente	eingeschränkt lichtbeständige organische und/oder anorganische Pigmente
		Fassadenfarbe	**Lack**			
Beschichtungsstoff nach Bindemittelbasis	**Klasse A**	Silikatfarbe Dispersionsfarbe mit hohem Bindemittelanteil	Acryllack PUR-Lack	**A1**	**A2**	**A3**
Beschichtungsstoff nach Bindemittelbasis	**Klasse B**	Dispersionsfarbe matt Silikonharzfarbe Dispersionssilikatfarbe	Alkydharzlack	**B1**	**B2**	**B3**
Beschichtungsstoff nach Bindemittelbasis	**Klasse C**	Dispersionsfüllfarbe Kalkfarbe, farbig	Mischpolymerisatharz-Lackfarbe Epoxidharzlack	**C1**	**C2**	**C3**

aus Reinacrylaten oder aus Polyurethanen mit aliphatischer Isocyanathärtung, bestehen.

Die Voraussetzung zur Einstufung in Klasse B mit sichtbaren Farbveränderungen durch Kreidungsvorgänge erfüllen Fassadenbeschichtungen auf Dispersionsbasis mit mattem Glanzgrad, wenn ihre PVK bei geringeren Bindemittelanteilen im Bereich von 30 bis 85 % liegt, sowie Silikonharz- und Dispersionssilikatfarben mit weniger als 5 Masse-% organische Bestandteile gemäß VOB/C ATV DIN 18363 „Maler- und Lackierarbeiten – Beschichtungen" (2010). Oxidativ härtende, lufttrocknende Lacke auf Alkydharzbasis erfahren ebenfalls in Bewitterungszeiträumen von 3 bis 4 Jahren bindemitteltypische Glanzverluste durch Kreidungsvorgänge, die zumindest sichtbar und erkennbar (Klasse B) sind. Außerdem ist infolge ihres Gehalts an ungesättigten Fettsäuren insbesondere bei Lichtabschluss eine deutliche Neigung zur Dunkelvergilbung vorhanden. Aus diesen Gründen ist die Bewertung ihrer bindemittelbedingten Eigenschaften in Summe als sichtbar und erkennbar gemäß Klasse B angegeben.

Gegenüber der B-Klassifizierung von Alkydharzlacken gemäß BFS-Merkblatt Nr. 26 (Bundesausschuss Farbe und Sachwertschutz, 2007) sollte jedoch berücksichtigt werden, dass der alkydharztypische Glanzabbau durch Kreidungsvorgänge Farbveränderungen in Form von Ausbleichungen bzw. Aufhellungen bewirkt, welche umso stärker auftreten, je mehr diese Lacke durch Mattierungsmittel oder Füllstoffe im Glanzbild mattiert sind. Demzufolge sollten zur Außenanwendung empfohlene Matt- oder Seidenmattlacke im Gegensatz zu Hochglanzlacken wegen deutlich sichtbarer und erkennbarer Farbänderungen bevorzugt der C-Klasse zugeordnet werden. Seidenglanzlacke sind demzufolge „grenzwertig", abhängig von ihrem Mattierungsgrad und Glanzbild, als Klasse C oder B zu bewerten.

In Klasse C fallen matte Dispersionsfüllfarben mit sehr geringen Bindemittelanteilen und einer entsprechend hohen PVK von über 85 % sowie farbige Kalkfarben mit Farbveränderungen als Folge von deutlich sichtbarer Kreidung, die, im Erscheinungsbild ähnlich wie schwach lichtbeständige Farbpigmentierungen, in der Regel zu Aufhellungen oder Farbtonverblassungen führen. Auch Lacke auf der Basis von Mischpolymerisat-Harz-Kombinationen, welche eine erhöhte Tendenz zu deutlich sichtbarer Kreidung, Glanzabbau und Vergilbung aufweisen, ergeben Farbänderungen entsprechend der Klasse C. Dazu gehören z. B. PVC-, Vinylacetat-, Versatat-, Styrol-Co- oder Terpolymerbindemittel etc. sowie 2K-Epoxidharzbindemittel oder 2K-PUR-Lacke mit aromatischer Isocyanathärtung.

Klassifizierungsmöglichkeit von Kunstharzputzen

Gemäß DIN 18558 „Kunstharzputze; Begriffe, Anforderungen, Ausführung" (1985) sind Kunstharzputze „Beschichtungen mit putzartigem Aussehen", was auch der Definition des Beschichtungsbegriffs nach DIN EN ISO 4618 entspricht. Folglich können für außen anwendbare Kunstharzputze mit der Bezeichnung P Org 1 sowie die heute üblicherweise so bezeichneten pastösen Putze auf Dispersions-, Silikonharz- oder Dispersionssilikatbasis entsprechend dieser Norm ebenfalls sinngemäß nach dem Codierungssystem

Abb. 6.47: Beispiel eines ungestrichenen, orange pigmentierten Silikonharz-Kratzputzes in 2-mm-Körnung auf der Südfassade eines Gebäudes nach 2½-jähriger Bewitterung

Abb. 6.48: Die Farbänderung und Ausbleichung durch Kreidung entspricht Klasse C nach BFS-Merkblatt Nr. 26 (Bundesausschuss Farbe und Sachwertschutz, 2007), welche infolge thermoplastisch bedingter Fixierung wischfest am selbigen Dispersionsputz wie in Abb. 6.47 auftritt, hier erkennbar am Farbunterschied zwischen wasserbenetzten und nicht wasserbenetzten Stellen.

des BFS-Merkblattes Nr. 26 (Bundesausschuss Farbe und Sachwertschutz, 2007) eingeteilt werden, obwohl hierzu im BFS-Merkblatt Nr. 26 explizit keine diesbezüglichen Beispiele genannt werden. Enthalten pastöse Außenputze mit Korngrößen über 1 mm den geforderten Mindestanteil an festen Polymerbindemitteln von 7 Masse-% bezogen auf die nicht flüchtigen Beschichtungsstoffanteile (Festkörper) entsprechend DIN 18558, so kann gemäß der Formel:

$$\%\,\text{PVK} = \frac{\text{Volumen Pigment bzw. Füllstoffe}}{\text{Volumen Pigment bzw. Füllstoffe} + \text{Volumen Bindemittel}} \cdot 100$$

eine für solche Putzbeschichtungen typische Pigmentvolumenkonzentration um 85 % geschätzt werden. Dabei werden Marmorgranulat und Füllstoffe mit ihrem spezifischen Gewicht von ca. 2,7 kg/l als Hauptzuschlagsstoffe und Bindemittel mit einem spezifischen Gewicht um ca. 1,05 kg/l sowie Festkörperanteile von über 85 Masse-% zugrunde gelegt. Demzufolge sollte die Farbbeständigkeit von pastösen Putzen wegen ihrer typischen hohen PVK-Einstellung und der daraus resultierenden Kreidungsneigung in der Regel nach BFS-Merkblatt Nr. 26 (Bundesausschuss Farbe und Sachwertschutz, 2007) eher in Klasse C als in Klasse B eingeteilt werden. (Nur Putzbeschichtungen außerhalb der DIN 18558, mit höheren Bindemittelgehalten oder mit niedrigerer PVK, könnten ggf. bei anorganischer Farbpigmentierung auch in beständigere Klassen eingruppiert werden.) Auch zeigen Erfahrungen aus der Praxis, dass bei pastösen Putzen mit hohen Füllgraden die Unterschiede in der kreidungsbedingten Farbstabilität zwischen Dispersions-, Silikonharz- und Dispersionssilikatputzen relativ gering sind und im Ergebnis ähnliche Farbabweichungen durch Kreidungsreaktionen ergeben (siehe Abb. 6.47). Die wasserbenetzten Stellen in Abb. 6.48 offenbaren trotz der Erscheinungsform der Farbtonausbleichung u. a. eine gut licht- und wetterstabile Farbpigmentierung.

Wie eingangs schon erwähnt, werden die farbpigmentbedingten Farbänderungen als produktbezogene Einflussfaktoren entsprechend ihrer Lichtbeständigkeit in 3 Gruppen eingeteilt. Gruppe 1 gilt für „sehr gut lichtbeständige anorganische Pigmente", die in der Regel farbbeständiger als organische sind und als Mineralpigmente meist aus Metalloxiden, wie Eisenoxidgelb, Eisenoxidbraun, Eisenoxidrot, Eisenoxidschwarz, Kobaltblau, Kobaltgrün, Chromoxidgrün, Nickeltitangelb, Chromtitangelb, Bismutvanadatgelb etc., bestehen. Diese Pigmente sind über Jahrzehnte absolut lichtbeständig und im Gegensatz zu sämtlichen organischen Buntpigmenten hoch alkalibeständig, z. B. gegenüber hydraulischem Kalk, Zement oder Alkalilaugen. Dies ermöglicht zusätzlich die Anwendung absolut farbstabiler Pigmentierungen und Beschichtungen insbesondere auf hoch alkalischen mineralischen Untergründen, wie z. B. Putz, Beton oder Faserzement.

Weißabmischungen bzw. Aufhellungen mit besonders hohen und überwiegenden Anteilen von Titandioxid neigen generell gegenüber Farbpigmenten in Volltönen sowohl in anorganischen als auch in organischen Pigmentkombinationen zu Kreidungsreaktionen und zur erhöhten Verblassung. Dies liegt an der fotokatalytischen Eigenschaft des Titandioxid-Weißpigments. Diese durch Titandioxid induzierte Kreidungsreaktion als pigmentbedingtes Phänomen ist typisch für alle Metalloxide und die bereits genannten bunten Oxidpigmente, welche im UV-Licht als Katalysatoren wirken und oxidative Zerstörungsprozesse auslösen. Während beim fotokatalytisch besonders aktiven Titandioxid auffällige Farbtonveränderungen vorwiegend durch Verblassungen auftreten, fallen Farbtonveränderungen durch Kreidung bei den mineralischen Oxidpigmenten wegen ihrer bunten Eigenfärbung und ihrer etwas geringeren Fotokatalyseaktivität in der Regel in anorganischen Pigmentmischungen optisch deutlich weniger auf.

Dennoch ist festzustellen, dass trotz der absolut höchsten Lichtbeständigkeitskategorie dieser Pigmentklasse in Gruppe 1 durchaus gewisse Farbtonveränderungen auftreten können, weil sie als metalloxidische Halbleiterpigmente im UV-Licht auch katalytisch Einfluss auf die Beständigkeit ihrer Bindemittelmatrix nehmen. Zudem können ansonsten gut lichtbeständige polyzyklische organische Pigmente wie beispielsweise Phthalocyaninblau oder Phthalocyaningrün in der Kombination mit Oxidpigmenten und insbesondere mit Titandioxid ihre Lichtechtheit auf dieselbe Weise verlieren und teilweise verblassen, wie Beobachtungen in der Praxis immer wieder zeigen.

Während in Gruppe 1 als farbabhängige Veränderungen ausschließlich anorganische „sehr gut lichtbeständige" Pigmentierungen erfasst werden, die relativ farbstabil sind und sich kaum verändern, werden in Gruppe 2 „gut lichtbeständige organische und/oder anorganische Pigmente" eingeordnet, die „sichtbare Veränderungen" ergeben können. Die heute in Europa im Baufarbensektor unter Berücksichtigung der Umweltverträglichkeit und Toxizität verwendeten anorganischen Pigmente sind nahezu ausnahmslos hoch lichtbeständig und entsprechen nach dem BFS-Merkblatt Nr. 26 (Bundesausschuss Farbe und Sachwertschutz, 2007) der Beständigkeitsgruppe 1. Neben

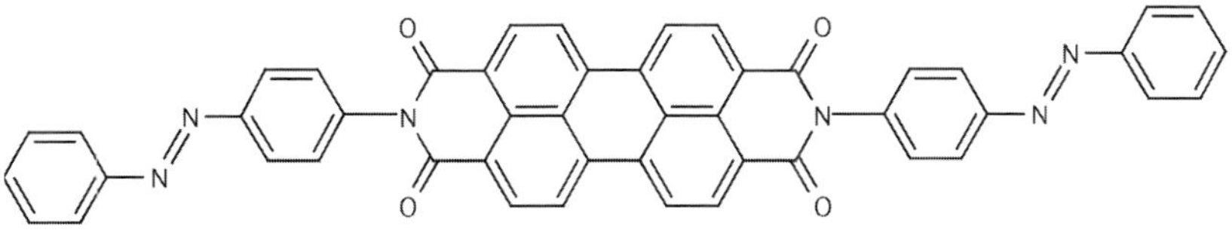

Abb. 6.49: Chemische Struktur von Perylenrot (PR 179) (Quelle: Colour Index. Society of Dyers and Colourists, Bradford, Großbritannien)

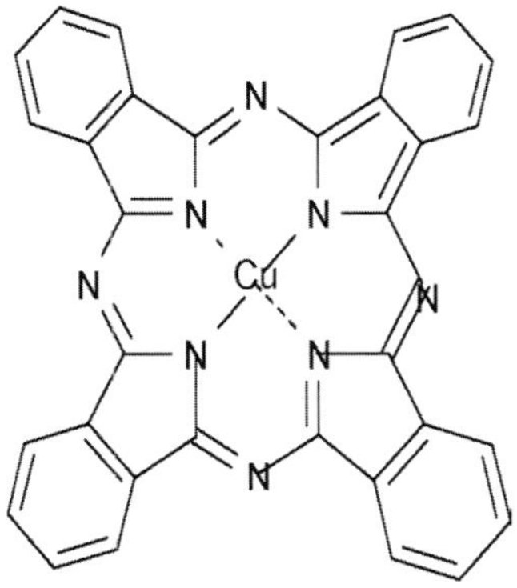

Abb. 6.50: Chemische Struktur von Phthalocyaninblau (PB 15) (Quelle: Colour Index. Society of Dyers and Colourists, Bradford, Großbritannien)

den Oxidpigmenten gehören hierzu auch die anorganischen Sulfidpigmente mit relativ hoher Farbsättigung wie Ultramarinblau, Cersulfidrot, Cersulfidorange und Eisencyanoblau, die jedoch im Fall des Eisencyanoblaus nicht alkalistabil und im Fall von Beschichtungsstoffen auf Sulfidbasis instabil bei Säureeinwirkung sind. Ihr ansonsten eingeschränktes Farbtonspektrum, welches besonders bei Oxidpigmenten nur stumpfe und weniger gesättigte Farbtöne erlaubt, erfordert neben dem Verzicht auf besonders brillante Intensivfarbtöne mit hoher Farbsättigung bei entsprechenden Anforderungen die Kombination mit weniger lichtbeständigen organischen Farbpigmenten, die jedoch zur Eignung in Gruppe 2 eine gute Lichtechtheit aufweisen müssen. Hierzu gehören vor allem sog. polyzyklische organische Pigmente:

- Indanthronblau
- Phthalocyaninblau und Phthalocyaningrün
- Perylen-, Perinonrot und -orange
- Chinacridonrot, -rotviolett und -orange
- Carbazolviolett
- Pyrazolochinazolonorange
- Diketopyrrolopyrrole (DPP) rot und orange
- Chinophtalongelb

Solche Pigmente weisen in ihrer chemischen Struktur eine Vielzahl charakteristischer Ringe (Polyzyklen) auf, wie die Beispiele Perylenrot PR 179 (siehe Abb. 6.49) und Phthalocyaninblau PB 15 (siehe Abb. 6.50) zeigen.

Polyzyklische organische Pigmente erreichen im Vollton vielfach die höchste Lichtechtheitsstufe 8 nach der Wollskala oder, entsprechend ihres chemi-

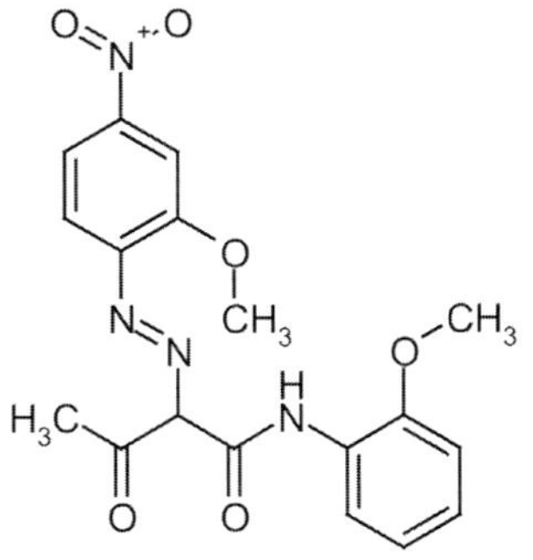

Abb. 6.51: Chemische Struktur von Pigmentgelb (PY 74) (Quelle: Colour Index. Society of Dyers and Colourists, Bradford, Großbritannien)

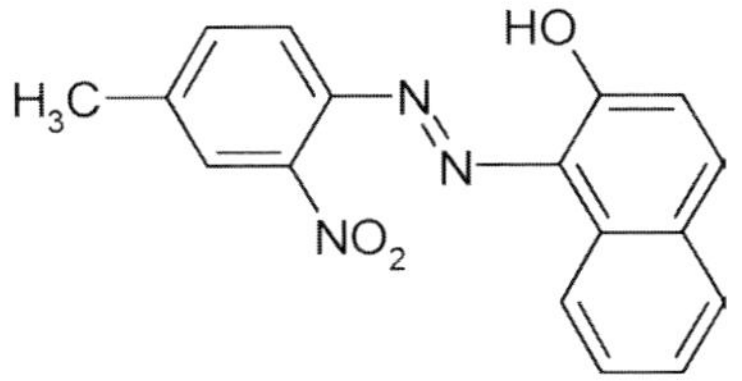

Abb. 6.52: Chemische Struktur von Toluidinrot (Quelle: Colour Index. Society of Dyers and Colourists, Bradford, Großbritannien)

schen Aufbaus, Farbtons und ihrer Teilchengrößen, vereinzelt auch nur Stufe 7 bis 8. Auch in Aufhellung mit Titandioxid liegt ihre Beständigkeit häufig in der höchsten Lichtechtheitsstufe 8. Jedoch verringert sich insbesondere bei polyzyklischen Pigmenten mit der Vollton-Lichtechtheitsstufe 7 bis 8 deren Lichtechtheit bei Aufhellungen mit Titandioxid vereinzelt, je nach Farbton und Pigmentchemie, auf Werte auf Stufe 7 oder 6 bis 7.

Wenn „gut lichtbeständige" polyzyklische Pigmente mit der seitens der Pigmenthersteller katalogisierten Lichtechtheitsstufe 8 in matten Fassadenfarben und pastösen Dispersions- oder Silikonharzputzen angewendet werden, erweisen sich in der Praxis allerdings manche auch als „eingeschränkt lichtbeständig mit deutlichen Farbveränderungen" entsprechend der Gruppe 3 gemäß BFS-Merkblatt Nr. 26 (Bundesausschuss Farbe und Sachwertschutz, 2007). Dies trifft beispielsweise auf die zuvor genannten Phthalocyanine als polyzyklische Grün- und Blaupigmente zu, weshalb sie wegen der Erfahrungen aus der Praxis in Tabelle 6.6 statt in Gruppe 2 auch in Gruppe 3 eingestuft werden. Diese Erfahrungen können wahrscheinlich mit den schon erwähnten fotokatalytischen Prozessen bei der Kombination mit Metalloxidpigmenten, welche besonders in hoch gefüllten Systemen mit entsprechend hohen PVK erhöhte farbverändernde Wirkungen auslösen, begründet werden.

Auch in Gruppe 3 ist die eingeschränkte Lichtbeständigkeit der organischen Buntpigmente der bestimmende Maßstab zur Einordnung von organischen und/oder anorganischen Pigmentierungen mit „deutlichen Farbveränderungen" in Bewitterungszeiträumen von 3 bis 4 Jahren. Solche deutlichen Farbveränderungen könnte man mithilfe der ISO-Grauskala (siehe Abb. 6.46) auch als Stufe 3 und in einzelnen Fällen auch in darunterliegenden Stufen visualisiert darstellen und bewerten. In Gruppe 3 fallen hauptsächlich synthetische Azopigmente (französisch „Azote" für Stickstoff) mit ihrer charakteristischen Stickstoffgruppe als –N=N–, an die unterschiedliche organische Verbindungen u. a. in vereinzelten Ringstrukturen geknüpft sind. Daraus ergeben sich verschiedene, coloristisch bedeutungsvolle brillante Farbtöne in Gelb, Orange, Rot und Bordeauxrot, wie z. B. das u. a. in Bautenanstrichstoffen häufig verwendete Monoazo-Pigmentgelb (PY 74; Abb. 6.51) und das Monoazo-Pigmentrot (PR 3; Abb. 6.52), das auch unter der Bezeichnung Toluidinrot bekannt ist.

Die Lichtbeständigkeit dieser Pigmentklasse ist in der Regel niedriger einzustufen als bei den polyzyklischen organischen Pigmenttypen, die aufgrund ihrer chemischen Struktur mit der erhöhten Anzahl zyklischer Verbindungen gegenüber UV-Licht mehr Stabilität aufweisen. Das Preisniveau von Azopigmenten im Einkauf liegt generell unter dem von polyzyklischen Pigmenten.

Auch die Monoazo- als Disazo- oder Arylamidpigmente, die ebenfalls zur Azopigmentfamilie gehören, einschließlich ihrer möglichen Metallsalzbildungen, die als verlackte Azopigmente bezeichnet werden, können in Volltönen Lichtechtheitsstufen nur vereinzelt von maximal 8, meist nur 7 bis 8 oder 7 erzielen. In Aufhellungen bzw. Abmischungen mit Titandioxid liegt ihre Lichtechtheit konzentrationsabhängig noch um 1 bis 2 Lichtechtheitsstufen darunter. Trotzdem werden diese Azopigmente in optimierten Teilchengrößen explizit zur Außenanwendung von Pigmentherstellern empfohlen und zur Herstellung von Bautenanstrichstoffen aus coloristischen Gründen sowie aus wirtschaftlichen Gründen auch benötigt und eingesetzt. Ihre geringeren Lichtechtheitseigenschaften, die deutliche Veränderungen in der Farbstabilität ergeben, sind jedoch in der Qualitätsbewertung zu berücksichtigen.

6.4.1 Möglichkeiten der Nutzung von Prognosen über Farbveränderungen

Sowohl Hersteller als auch Anwender haben die Möglichkeit, vom Codierungssystem im BFS-Merkblatt Nr. 26 (Bundesausschuss Farbe und Sachwertschutz, 2007), das auf allgemeinen Erfahrungen für Produkte mittlerer Qualität beruht, Gebrauch zu machen, um Auftraggeber bei der Festlegung von Farbtönen und Produktqualitäten entsprechend den Anforderungen nach Preis/Leistung optimal bedienen und zufriedenstellen zu können. Auch kann damit eine kompetente Hilfestellung bei der Beratung und Festlegung von Farbtönen und Produktqualitäten geleistet werden. Darüber hinaus erhalten Auftragnehmer neben der Kompetenz zur Kundenberatung und der Schaffung von Kundenzufriedenheit die Möglichkeit, diesbezügliche Gewährleistungsansprüche im optischen Erscheinungsbild von Bauteilen hinsichtlich Farbton- und Glanzhaltung über langjährige Zeiträume relativieren zu können. Dies ist u. a. bei möglichen Beanstandungen zur Klärung von Fragestellungen bedeutend, wenn die vorausgesetzten Erwartungen des Auftraggebers in puncto Farbstabilität innerhalb der Gewährleistungs- bzw. Verjährungsfristen nicht eingehalten werden. Denn nicht jede Farbtonveränderung durch Ver- bzw. Bewitterung bedeutet zwangsläufig die Nichterfüllung einer vertraglichen Leistung oder die Verletzung einer Beschaffenheitsvereinbarung, die entsprechende Sachmängelansprüche rechtfertigen könnten. Dies gilt insbesondere dann, wenn ein natürlicher Verschleiß zur Farbtonveränderung geführt hat. Statt aber im Nachhinein mühsam Erklärungen zu suchen, die einen möglichen natürlichen Verschleiß evtl. begründen könnten, der ggf. auch bei strittigen Auseinandersetzungen vor Gericht belastbar ist, ist es besser, von vornherein in der Planungsphase oder bei der Auftragsvergabe für Klarstellungen hinsichtlich der zu erwartenden Farbstabilität zu sorgen. Dafür ist die Beständigkeit des Anstriches innerhalb der geforderten Verjährungsfristen nach dem hier aufgezeigten Codierungssystem nach BFS-Merkblatt Nr. 26 (Bundesausschuss Farbe und Sachwertschutz, 2007) zu bewerten und erforderlichenfalls, der Hinweispflicht folgend, in Form von schriftlichen Bedenkenanzeigen nach § 4.3 VOB/B zur Abwendung von vermeidbaren Sachmängelansprüchen der Auftraggeber rechtzeitig über mögliche prognostizierte Farbänderungen in Kenntnis zu setzen. So kann in gewisser Weise die Verantwortung des Auftragnehmers auch auf den Planer und Auftraggeber mit übertragen werden, wenn Alternativen im Preis-Leistungs-Vermögen beispielsweise im selben oder einem ähnlichen Farbton in qualitativ unterschiedlichen Produktklassen oder Pigmentqualitäten möglich und zu vereinbaren sind. Hierbei besteht außerdem die Möglichkeit, durch Sensibilisierung des Qualitäts- und Risikodenkens in Leistungen mit langlebigen Beständigkeiten eine höhere Wertschöpfung zu schaffen. Daraus folgend können im Ergebnis sowohl in qualitativer als auch in finanzieller Hinsicht Investoren im Unterhalt als Auftraggeber und der Auftragnehmer mit seiner Qualitätsleistung profitieren.

6.4.2 Grenzen der Nutzung des Codierungssystems nach BFS-Merkblatt Nr. 26

Hersteller sind im Besitz von sämtlichen erforderlichen Informationen, was die Produktformulierung einschließlich ihrer Rohstoffe betrifft. Auch verfügen die meisten Hersteller über umfangreiche Erfahrungen in der Wetterbeständigkeit ihrer Produkte mit deren Bindemittelsystemen und Pigmentierungen. Somit können gerade Hersteller am treffsichersten farbtonbezogene Prognosen über die Beständigkeit ihrer Produkte erstellen und diese weitergeben. Dennoch verwenden seit der Veröffentlichung des Merkblatts Nr. 26 im Jahre 2007 (Bundesausschuss Farbe und Sachwertschutz, 2007) nur einzelne Hersteller dieses Codierungssystem zur Kennzeichnung der Farbbeständigkeit ihrer Farbtöne.

Die Begründung für die zögerliche Umsetzung des Kennzeichnungssystems dürfte bei vielen Herstellern darin liegen, dass zur Darstellung und Farbauswahl für professionelle Farbgestaltungen bestimmte Kriterien der logischen Farbharmonie zu befolgen sind, die sehr umfangreiche Farbkollektionen in Tausenden von Farbtönen ergeben. Solche multifunktionellen Farbkollektionen müssen synchron für eine Vielzahl von verschiedenen Produkten in unterschiedlichen Qualitäts- und Preisabstufungen gelten. Deshalb ist es oftmals schwierig oder unmöglich, auf den meist kleinen Farbmusterkarten eines zu kennzeichnenden Farbtons dessen zutreffende Beständigkeitscodierung für jede einzelne Produktqualität in der Fülle und Vielfalt unterzubringen. Hinzu kommt, dass jeder Hersteller neben den sog. hauseigenen Farbtonkollektionen, NCS- und RAL-Farbtonsystemen etc. auch jedwede weiteren umfangreichen Farbtoneinfärbungen nach Kundenanforderungen vornimmt, die zusätzlich den Umfang der Codierungen erweitern.

Also werden, wenn überhaupt, solche Codierungen von Herstellern in technischen Produktdatenblättern meist nur als Sammelcodierung pro Produktqualität, differenziert nach ihren Bindemitteln in Klassen wie z. B. A1 bis 3, B1 bis 3 oder C1 bis 3 zusammengefasst und dem Anwender als Information zur Verfügung gestellt, was jedoch die Beständigkeit des einzelnen Farbtons nur ungefähr, aber nicht ausreichend zufriedenstellend beschreibt. Einzelne kleinere Farbkollektionen, selektiert nach z. B. anorganisch pigmentierten Farbräumen der Gruppe 1 oder farbtiefen organisch pigmentierten Farbräumen der Gruppe 2, mit ebenso selektierten einzelnen Produktqualitäten in geringerer Anzahl, z. B. der Klasse A oder B, sind dagegen problemlos auf Farbtonmustern mit vollständigen Farbcodierungen darstellbar. Allerdings ergeben sich auch hier Einschränkungen in der Vielfalt der Farbton- und Produktauswahl sowie der Farbgestaltungsmöglichkeiten.

Um in der Praxis vom Nutzen des Codierungssystems nach BFS-Merkblatt Nr. 26 (Bundesausschuss Farbe und Sachwertschutz, 2007) Gebrauch machen zu können, müssen oftmals Anfragen direkt beim Hersteller oder Lieferanten erfolgen, damit abhängig von Farbton- und Produktwahl zuverlässig über gewährleistbare oder eingeschränkt gewährleistbare Farbtongestaltungen entschieden werden kann. Insbesondere bei Großobjekten ist dies empfehlenswert und notwendig. Im Alltag allerdings und bei einer hohen Vielzahl von Kundenberatungen ist dies jedoch meist hinderlich und schwer umsetzbar. Manche Hersteller haben deshalb in ihren Farbenmischanlagen Datenbanken hinterlegt, die es ermöglichen, bei jeder Farbtonrezeptur und Produktqualität für alle gebräuchlichen Farbräume und Kollektionen eine Farbcodierung unverzüglich angeben zu können. Farbtonentscheidungen, Produktwahl und Beratung können auf diese Weise optimal und sicher erfolgen.

Da jedoch nicht jeder Anwender mit solchen computergesteuerten Farbenmischanlagen ausgestattet ist, werden nachfolgend in Ergänzung zum BFS-Merkblatt Nr. 26 (Bundesausschuss Farbe und Sachwertschutz, 2007) gemäß Abb. 6.53 bis Abb. 6.56 Codierungsvorschläge für gängige Pigmente bzw. Pigmentpräparationen und gemäß Tabelle 6.7 bis Tabelle 6.9 für gebräuchliche Beschichtungsstoffe zur Nutzung eigener Prognosen in der Farbtonstabilität angegeben.

Bewertung der Farbbeständigkeit A3, B3, C3 in der Praxis

Obwohl die Kreidungsneigung in der Produktklasse A bis C und insbesondere in der Pigmentgruppe 2 deutlich zunimmt, spielt sie bei der Bewertung der Farbbeständigkeitsergebnisse in der Pigmentgruppe 3 wegen deren geringer Lichtechtheit praktisch keine Rolle. Differenzierungen liegen innerhalb dieser Klassen zwischen A3, B3 und C3 kaum vor, sodass die Farbveränderungen innerhalb von Gewährleistungs- bzw. Verjährungsfristen im Vergleich als nahezu gleich stark und stets als „deutlich sichtbar“ zu bewerten sind. Auch bei Weißpigmentierungen mit Titandioxid in der Pigmentgruppe 1 sind die Unterschiede in der Farbbeständigkeit im Ergebnis gering bzw. „kaum sichtbar“, weil hier die Kreidung, abgesehen vom möglichen Glanzabfall, den Weißton kaum beeinflusst.

Pigmentpräparation		Colour Index	W = wässrig L = LM	Eigenschaften						Farbton	BFS-Gruppe		
				Ausblühen	Überlackierechtheit	Säure-/Akalibest.	Lösungsmittelbest.	Lichtechtheit	Wetterechtheit		1 = kaum verändert	2 = sichtbar veränd.	3 = deutlich veränd.
Black	Vollton	P.Bl. 7	W/L	O	5	5 / 5	5 / 5	8	5			X	
	Pastellton							8	5			X	
Oxide Black	Vollton	P.Bl.11	W/L	O	5	5 / 5	5 / 5	8	5		X		
	Pastellton							8	5		X		
White	Vollton	P.W. 6	W/L	O	5	5 / 5	5 / 5	8	5		X		
	Pastellton							8	5		X		

Abb. 6.53: Eingruppierung gängiger Pigmente nach pigmentbedingten Farbveränderungen, die abhängig von Lage und Exposition der Bauteiloberflächen nach ca. 3 bis 4 Jahren Bewitterung wahrnehmbar sind; LM = Lösungsmittel

Pigmentpräparation		Colour Index	W = wässrig L = LM	Eigenschaften						Farbton	BFS-Gruppe		
				Ausblühen	Überlackierechtheit	Säure-/Akalibest.	Lösungsmittelbest.	Lichtechtheit	Wetterechtheit		1 = kaum verändert	2 = sichtbar veränd.	3 = deutlich veränd.
Yellow	Vollton	P.Y.128	W/L	O	5	5 / 5	5 / 5	7-8	4-5			X	
	Pastellton							7	4				X
Oxide Green	Vollton	P.G. 17	W/L	O	5	5 / 5	5 / 5	8	5		X		
	Pastellton							8	5		X		

Abb. 6.54: Eingruppierung gängiger Pigmente nach pigmentbedingten Farbveränderungen, die abhängig von Lage und Exposition der Bauteiloberflächen nach ca. 3 bis 4 Jahren Bewitterung wahrnehmbar sind; LM = Lösungsmittel

Pigmentpräparation		Colour Index	W = wässrig L= LM	Eigenschaften						Farbton	BFS-Gruppe		
				Ausblühen	Überlackierechtheit	Säure-/Akalibest.	Lösungsmittelbest.	Lichtechtheit	Wetterechtheit		1 = kaum verändert	2 = sichtbar veränd.	3 = deutlich veränd.
Red	Vollton	P.R. 168	W/L	O	5	5 / 5	5 / 5	8	5			X	
	Pastellton							8	5			X	
Oxide Red	Vollton	P.R. 101	W/L	O	5	5 / 5	5 / 5	8	5		X		
	Pastellton							8	5		X		
Magenta	Vollton	P.R. 122	W/L	O	5	5 / 5	4 / 5	8	5			X	
	Pastellton							7 - 8	4 - 5				X
Blue	Vollton	P.B. 15:3	W/L	O	5	5 / 5	5 / 5	8	5			X	
	Pastellton							8	5				X
Green	Vollton	P.G. 7	W/L	O	5	5 / 5	5 / 5	8	5			X	
	Pastellton							8	5				X

Abb. 6.55: Eingruppierung gängiger Pigmente nach pigmentbedingten Farbveränderungen, die abhängig von Lage und Exposition der Bauteiloberflächen nach ca. 3 bis 4 Jahren Bewitterung wahrnehmbar sind; LM = Lösungsmittel

Pigmentpräparation		Colour Index	W = wässrig L = LM	Eigenschaften						Farbton	BFS-Gruppe		
				Ausblühen	Überlackierechtheit	Säure-/Akalibest.	Lösungsmittelbest.	Lichtechtheit	Wetterechtheit		1 = kaum verändert	2 = sichtbar veränd.	3 = deutlich veränd.
Bismutvanadat yellow	Vollton	**P.Y. 184**	**W/L**	○	5	5 / 5	5 / 5	8	5		X		
	Aufhellung							8	5			X	
Yellow	Vollton	**P.Y. 74**	**W/L**	●	0	5 / 5	3 / 2	7 - 8	4 - 5				X
	Aufhellung							6 - 7	3				X
Oxide Yellow	Vollton	**P.Y. 42**	**W/L**	○	5	5 / 5	5 / 5	8	5		X		
	Aufhellung							8	5		X		
Red	Vollton	**P.R. 112**	**W/L**	○	5	5 / 5	3 / 3	7 - 8	4 - 5				X
	Aufhellung							6	2 - 3				X
Cobaltblue	Vollton	**P.B. 28**	**W/L**	○	5	5 / 5	5 / 5	8	5		X		
	Aufhellung							8	5		X		

Abb. 6.56: Eingruppierung gängiger Pigmente nach pigmentbedingten Farbveränderungen, die abhängig von Lage und Exposition der Bauteiloberflächen nach ca. 3 bis 4 Jahren Bewitterung wahrnehmbar sind

Die folgenden Betrachtungen sollen einer vereinfachten Eingruppierung von Farbtönen aus Pigmentmischungen dienen.

- Die Dosierungsanteile einer Pigmentmischung eines Farbtons sollten zur Bewertung der Einstufung möglicher Farbänderungen nicht maßgeblich herangezogen werden.
- In Pigmentmischungen sollte zur Bewertung stets die höchste Gruppeneinstufung maßgebend sein. Besteht also ein Farbton aus einer Mischung von Pigmenten der Gruppen 1, 2 und 3, gilt Gruppe 3 als Einstufungsergebnis.
- Enthält eine Pigmentmischung ein Pigment mit doppelter Gruppeneinstufung, so sollte ebenfalls nur dessen höchste Stufe zur Farbänderungsprognose herangezogen werden.
- Lediglich Pigmentmischungen aus Pigmenten gleicher Gruppierungen sind gemäß ihrer zugehörigen Einstufung zu bewerten.

Tabelle 6.7: Klassifizierung gängiger Fassadenbeschichtungen nach sichtbarer Kreidung (ohne farbpigmentbedingte Veränderungen) in Zeiträumen von 3 bis 4 Jahren Bewitterung, abhängig von Lage und Exposition der Bauteiloberflächen

Produkt-beschreibung	Bindemittel	Glanz-grad	spezifisches Gewicht in g/cm³	Farbraum[1)]		BFS-Klasse
				anorga-nisch	organisch	
Fassadenfüllfarben, strukturausgleichend	Dispersion, z. B. Acryl-/ Vinylbasis	matt	1,6–1,7	X	X	C
Fassadenstreichfüller, strukturausgleichend, rissverschlämmend, wetterbeständig	Dispersion, z. B. Acryl-/ Vinylbasis	matt	1,7	X	X	C
Sil-Fassadenfarben mit Silikatcharakter	Dispersion, z. B. Acryl-/ Vinylbasis, modifiziert mit Siloxan/Silikonat/ Silikat	matt	1,5–1,6	X		C
Sil-Fassadenfarben mit Silikatcharakter	Dispersion, z. B. Acryl-/ Vinylbasis, modifiziert mit Siloxan/Silikonat/ Silikat	matt	1,4–1,5	X	X	B
Standard-Dispersions-fassadenfarben, leicht füllend	Dispersion, z. B. Acryl-/ Vinylbasis	matt	1,5	X	X	C
Standard-Dispersions-fassadenfarben	Dispersion, z. B. Acryl-/ Vinylbasis	matt	1,4–1,5	X	X	B
Egalisationsfarben bzw. Ausgleichsfarben	Kaliwasserglas < 5 Masse-% org. Anteile	matt	1,4–1,5	X		B[2)]
Egalisationsfarben bzw. Ausgleichsfarben	Dispersion, z. B. Acryl-/ Vinylbasis	matt	1,4–1,5	X	X	C[2)]
Egalisationsfarben bzw. Ausgleichsfarben	Silikonharzemulsion	matt	1,4–1,5	X		B[2)]
Putzrenovierfarben, faserverstärkt, gekörnt, strukturausgleichend, rissverschlämmend	Dispersion, z. B. Rein-acrylat	matt	1,4	X	X	A
Porenbeton-Erstbe-schichtungen, gekörnt	Dispersion, z. B. Acryl-basis	matt	1,5–1,6	X	X	B

Fortsetzung Tabelle 6.7

Produkt-beschreibung	Bindemittel	Glanz-grad	spezifisches Gewicht in g/cm³	Farbraum[1]		BFS-Klasse
				anorga-nisch	organisch	
Allround-Fassadenfarben mit universellen Haftungseigenschaften auf Putz, Beton, Holz, Metall u. Kunststoff	Dispersion, z. B. Reinacrylat	seidenmatt, halb glänzend	1,3–1,4	X	X	A
Reinacrylat-Fassadenfarben, strukturerhaltend	Dispersion, z. B. Reinacrylat, teilweise silikonisiert	matt	1,3–1,4	X	X	A
Reinacrylat-Fassadenfarben, leicht füllend	Dispersion, z. B. Reinacrylat, teilweise silikonisiert	matt	1,5	X	X	B
Betonschutzfarben, OS 2, OS 4, CO_2-bremsend	Dispersion, z. B. Reinacrylat	seidenmatt	1,3–1,4	X	X	A
Betonschutzfarben, OS 5b, rissüberbrückend, plastoelastisch, CO_2-bremsend	Dispersion, z. B. Acryl-/Vinylbasis	seidenmatt	1,3–1,4	X	X	A
plastoelastische Putzrenovierfarben zur Risssanierung, diffusionsfähig	Dispersion, z. B. Acryl-/Vinylbasis, teilw. silikonisiert	matt, seidenmatt	1,3–1,4	X	X	A
Dispersionssilikatfarben, nach VOB/C ATV DIN 18363 Wasser abweisend; *w*-Wert < 0,5 kg/(m² · $h^{0,5}$)	Kaliwasserglas < 5 Masse-% org. Anteile	matt	1,4–1,5	X		B
Kapillarhydrophobe diffusionsoffene Silikonharzfarben	Silikonharzemulsion, org. oder org./anorg., Hybridpolymer-modifiziert	matt	1,5	X		B
UV-vernetzbare Elasto-Silikonharzfarben kapillarhydrophob, diffusionsoffen, rissüberbrückend	Silikonharzemulsion, Reinacrylat-modifiziert, UV-reaktiv	matt	1,3–1,4	X	X	A

[1] Im Farbton Weiß sowie bei anorganischer Farbpigmentierung ist die höchste Lichtbeständigkeit gemäß BFS-Gruppe 1 gegeben.
[2] Alkalitätsbedingte Verblassungen sind auf frischen, unzureichend abgebundenen Mineralputzen möglich.
X = möglicher Farbraum mit anorganischen bzw. organischen Pigmenten

Tabelle 6.8: Klassifizierung gängiger Fassadenputze nach sichtbarer Kreidung (ohne farbpigmentbedingte Veränderungen) in Zeiträumen von 3 bis 4 Jahren Bewitterung, abhängig von Lage und Exposition der Bauteiloberflächen

Produktbeschreibung	Bindemittel	Glanzgrad	spezifisches Gewicht in g/cm³	Farbraum[1]		BFS-Klasse
				anorganisch	organisch	
Dispersionsstreichputze	Dispersion, z. B. Acryl-/ Vinylbasis	0,3	1,7–1,8	X	X	C
Silikonharzstreichputze	Silikonharz-Acryl-/ Vinyl-Kombination	0,3	1,7–1,8	X		C
Silikatstreichputze	Kaliwasserglas < 5 Masse-% org. Anteile	0,3	1,7–1,8	X		C
Dispersionsputze in Rillen-, Kratz- und Modellierputzstruktur	Dispersion, z. B. Acryl-/ Vinylbasis	ca. 1–5	1,7–1,9	X	X	C
Silikonharzputze in Rillen-, Kratz- und Modellierputzstruktur	Silikonharz-Acryl-/ Vinyl-Kombination	ca. 1–5	1,7–1,9	X		C
Silikatputze in Rillen-, Kratz- und Modellierputzstruktur	Kaliwasserglas < 5 Masse-% org. Anteile	ca. 1–5	1,7–1,9	X		C

[1] Im Farbton Weiß sowie bei anorganischer Farbpigmentierung ist die höchste Lichtbeständigkeit gemäß BFS-Gruppe 1 gegeben.

Tabelle 6.9: Klassifizierung gängiger Lackbeschichtungen nach sichtbarer Kreidung (ohne farbpigmentbedingte Veränderungen) in Zeiträumen von 3 bis 4 Jahren Bewitterung, abhängig von Lage und Exposition der Bauteiloberflächen

Produktbeschreibung	Bindemittel	Glanz	BFS-Klasse
Alkydharzlacke, lösungsmittelhaltig oder wasserverdünnbar	Alkydharz, teilw. PUR-modifiziert	hochglänzend, seidenglänzend	B
Alkydharzlacke, lösungsmittelhaltig oder wasserverdünnbar	Alkydharz, teilw. PUR-modifiziert	seidenmatt	C
Fensterlacke, ventilierend, lösungsmittelhaltig oder wasserverdünnbar	Alkydharz, teilw. PUR-modifiziert	seidenglänzend	B
Acryllacke, wasserverdünnbar	Reinacrylat, teilw. PUR-modifiziert	glänzend	A

Fortsetzung Tabelle 6.9

Produktbeschreibung	**Bindemittel**	**Glanz**	**BFS-Klasse**
Acryllacke, wasserverdünnbar, teilweise mit universeller Haftung auf Holz, NE-Metall, Kunststoff, Beton etc.	Reinacrylat, teilw. PUR-modifiziert	seidenglänzend	A
Acryllacke, wasserverdünnbar	Reinacrylat, teilw. PUR-modifiziert	seidenmatt	B
Holzfarben, deckend, wasserverdünnbar	Alkydharz-Dispersions-Kombination	seidenglänzend	B
Holzfarben, deckend, wasserverdünnbar	Dispersion, z. B. Reinacrylat-/Vinylbasis	seidenglänzend	A
einkomp. Metallschutzlacke, lösungsmittelhaltig, teilweise in Eisenglimmer-Pigmentierung	PVC-Alkyd-Kombination	seidenglänzend	C
einkomp. Metallschutzlacke, lösungsmittelhaltig, teilweise in Eisenglimmer-Pigmentierung	Acryl-Alkyd-Kombination	seidenglänzend	B
einkomp. Metallschutzlacke, lösungsmittelhaltig, teilweise in Eisenglimmer-Pigmentierung	Epoxidharzester	seidenglänzend	B
Polymerisat-Harzlacke, lösungsmittelhaltig	Reinacrylat	seidenglänzend	A
Polymerisat-Harzlacke	PVC	seidenglänzend	C
einkomp. PUR-Lacke und -Beschichtungen, lösungsmittelhaltig, feuchtigkeitshärtend	Basis: aliphatisches Isocyanat	glänzend, seidenglänzend	A
einkomp. PUR-Lacke und -Beschichtungen, lösungsmittelhaltig, feuchtigkeitshärtend	Basis: aromatisches Isocyanat	glänzend, seidenglänzend	C
zweikomp. PUR-Lacke und -Beschichtungen, lösungsmittelhaltig, wasserverdünnbar oder lösungsmittelfrei	Härterbasis: aromatisches Isocyanat	glänzend, seidenglänzend	C
zweikomp. PUR-Lacke und -Beschichtungen, lösungsmittelhaltig, wasserverdünnbar oder lösungsmittelfrei	Härterbasis: aliphatisches Isocyanat	glänzend, seidenglänzend	A
zweikomp. Epoxidharzlacke und -Beschichtungen, lösungsmittelhaltig, wasserverdünnbar oder lösungsmittelfrei	Epoxidharz, amin-/amidgehärtet	glänzend, seidenglänzend	C

Im Hinblick auf die PVK-abhängige Klassifizierung nach BFS-Merkblatt Nr. 26 (Bundesausschuss Farbe und Sachwertschutz, 2007) soll folgender Hinweis gegeben werden: Weil dem Anwender kaum produktbezogene Informationen zur Pigmentvolumenkonzentration (PVK) vorliegen, beziehen sich Tabelle 6.7 und Tabelle 6.8 stattdessen auf die spezifischen Gewichte oder Dichteangaben, die üblicherweise in Produktdatenblättern angegeben werden. Diese lassen zwar keine genauen Rückschlüsse auf die jeweils wahre PVK zu. Nachdem jedoch die meisten gängigen Fassadenbeschichtungen vergleichsweise bei der PVK-Einschätzung über das spezifische Gewicht nebst den Angaben zum Glanzbild ähnliche Differenzierungen ergeben wie die PVK-Grenzwerte gemäß BFS-Merkblatt Nr. 26 (Bundesausschuss Farbe und Sachwertschutz, 2007), ist eine solche Handhabung zur Prognostizierung praktikabel. Ohnehin sind die zulässigen variablen PVK bei der B-Klassifizierung mit Werten von 30 bis 85 % sehr weit gespannt und zudem zur Abstufung in Klasse C mit > 85 % PVK sehr hoch gesetzt. Berücksichtigt man Ergebnisse von matten Fassadenprodukten aus der Praxis mit PVK-Werten um 70 %, wird deutlich, dass sich das Ausbleichungs- bzw. Farbänderungsverhalten bei Bewitterung im Vergleich zu Pigmentierungen über 85 % PVK im Ergebnis kaum unterscheiden. Auch aus diesem Grund erscheint die als Behelfsmaßnahme zu wertende Gruppierung im Bezugsmaßstab der hier genannten spezifischen Gewichts- oder Dichteangaben praktikabel. Bei Dichtewerten um 1,5 bis 1,6 g/cm^3 liegt häufig der grenzwertige Bereich zur Unterscheidung zwischen den Klassen B und C, der sich mithilfe weiterer Parameter, wie Bindemitteltyp und Korngrößen, neben dem Glanzgrad differenzieren lässt. In Zweifelsfällen sollte hier bevorzugt die C-Klassifizierung prognostiziert werden.

6.4.3 Bewertungen und Prognosen witterungsbedingter Farbveränderungen

Witterungsbedingte Farbveränderungen sind nicht nur von der farbtonbezogenen Produktqualität als solcher abhängig. Gebäudearchitektur, Lage, Exposition, Klima, Umwelt- und Untergrundbedingungen der Beschichtungen von Bauteilflächen wirken als Einflussfaktoren von erheblicher Bedeutung ebenfalls auf die Farbstabilität ein. Hinzu kommen noch witterungsbedingte Einflüsse während der Ausführung von Beschichtungsarbeiten, wenn dadurch die Beschichtungsstoffe infolge ungünstiger Trocknungs- und Aushärtungsbedingungen in der Filmbildung gestört werden. Gerade solche Störungen sind nicht immer unmittelbar oder relativ kurzfristig nach der Ausführung von Beschichtungsarbeiten erkennbar. Sie können abhängig vom Störungsgrad ihrer Filmbildungsqualität auch erst nach Monaten oder Jahren in Form von Verfärbungen (z. B. Kreidung) bzw. anderweitigen Schadensbildern und nicht selten zum ungünstigen Zeitpunkt vor Ablauf von Verjährungs- bzw. Gewährleistungsfristen als Spätfolgen in Erscheinung treten. Ebenso kann der Einfluss hoher Alkalität aus dem Untergrund kurz- und langfristig auftretende Verfärbungen durch Pigmentzerstörungen oder Ausblühungen verursachen, wenn z. B. die Abbindezeiten von Mineralputzen, Vorbehandlungen und Grundierungen unzureichend und/oder die Witterungsbedingungen ungünstig sind.

Vergleicht man Erfahrungen aus der Praxis an Bauteilen mit Bewitterungstests in der Freibewitterung an Proben, die mit 45° und 90° Neigung gegen Süden exponiert wurden, wird deutlich, dass allein infolge der winkelabhängigen unterschiedlichen Witterungsbelastung in der Senkrechten etwa eine Verdoppelung in der zeitlichen Beständigkeit von Glanzhaltung und Farbstabilität gegenüber der 45°-Neigung zu beobachten ist. Im Umkehrschluss ergibt sich bei Bewitterung von geneigten Flächen gegenüber senkrechten Flächen eine Halbierung in der zeitlichen Beständigkeit. Ähnlich und extremer in der zeitbezogenen Beständigkeit verhalten sich Verwitterungserscheinungen in ihrer Auswirkung bei Expositionen und Lagen an Gebäuden beim Vergleich beschatteter und unbeschatteter Flächen, z. B. in angrenzenden Bereichen von Dachvorsprüngen. Unterschiede ergeben sich bei Nord-/Süd- und Ost-/Westlagen oder bei hohen und niedrigen Gebäuden, die jeweils unterschiedlich bewittert werden, oder bei Bauwerken an Seen, in verschiedenen Höhenlagen (Alpengebiete und Flachland), in Wohn- und Industriegebieten sowie in verschiedenen geografischen Ländern.

Somit sind die tabellarisch aufgezeigten Bewertungen der Farbcodierung gemäß BFS-Merkblatt Nr. 26 (Bundesausschuss Farbe und Sachwertschutz, 2007), die sich auf Erfahrungen mittlerer Qualitäten bei Witterungsbelastungen in Zeiträumen von 3 bis 4 Jahren berufen, nicht geeignet, um zu gewährleistende Haltbarkeitszusagen abzuleiten. Vielmehr ist lediglich von Erfahrungswerten im Durchschnitt zur Orientierung auszugehen. Sie stellen Prognosen dar, die objektbedingt entsprechend den hier genannten Einflussfaktoren in jährlichen Größenordnungen abweichen können. Des Weiteren ist darauf hinzuweisen, dass sich Farbveränderungen im Laufe der Bewitterung am Gebäude objektiv nicht quantifizieren lassen, weil sich Bezugsfarbtöne wegen der meist vorhandenen Unterschiede in der Materialbeschaffenheit bei Bewitterung auch in der Farbstabilität unterschiedlich verhalten.

Farbstabilitätsbezogene Bewertungen und Prognosen sollten daher stets unter Berücksichtigung einer qualitätsorientierten Farbton- und Produktauswahl sowie nach sorgfältigen Analysen der Objektbedingungen erfolgen. Bei Bedarf sollten in Fällen von objektbedingten und/oder farbton-/produktbedingten Einschränkungen in der Farbbeständigkeit dem Auftraggeber entsprechende Bedenkenanzeigen schriftlich mitgeteilt werden, um innerhalb der Gewährleistungs- bzw. Verjährungsfristen mögliche Ansprüche wegen Nichterfüllung vertraglicher Leistungen vermeiden zu können.

7 Nanotechnologie bei Beschichtungen

Die Nanotechnologie gilt als Schlüsseltechnologie des 21. Jahrhunderts mit herausragenden Zukunftsperspektiven für neue Anwendungen. Mit stark zunehmender Tendenz werden neue Entwicklungen auf Basis der Nanotechnologien angeboten, die über die klassischen Schutz- und Verschönerungsfunktionen hinaus neue Funktionen und Merkmale aufweisen. Für den Baubereich stehen vielerlei Produkte zur Verfügung, die mithilfe der Nanotechnologien an Oberflächen Schmutzablagerungen und Schadstoffe aus der Luft abbauen sowie Bakterienkeime oder Algen- und Pilzbewuchs angreifen und zerstören können. Des Weiteren können durch Einbau von Nanoteilchen Optimierungen in der UV-Absorption bei transparenten und farblosen Beschichtungen, in der Kratz- und Abriebbeständigkeit von Versiegelungen und Haftungsverbesserungen von Beschichtungen auf problematischen Untergründen erzielt werden. In der Farben- und Lackindustrie wird in den nächsten Jahren der Anteil und die Nutzung von Nanotechnologien mit erheblichen Wachstumsraten zur Erschließung neuer funktionaler Lackeigenschaften als sog. „Smart Coatings“ rasant zunehmen.

7.1 Grundbegriffe Nanotechnologie

Der Begriff Nano ist eine Ableitung aus dem Griechischen „Nanos“ und heißt übersetzt Zwerg. Als Zwerg versteht man hierunter ein Längenmaß in der Größeneinheit eines Milliardstel Meters. Ein Nanometer (1 nm) entspricht also 10^{-9} Meter (m) oder 0,000.000.001 m bzw. 0,001 Mikrometer (µm). Abb. 7.1 zeigt einen bildhaften Vergleich zum Nanokosmos. Der Umfang eines Würfels mit der Kantenlänge von 1 cm verhält sich zum Umfang unseres Erdplaneten wie 1 nm zu 1 m – im Ergebnis also ein Verhältnis von 1 zu 1 Milliarde ($1:10^9$).

Abb. 7.1: Größenverhältnisse im Nanomaßstab: 0,040 m Würfelumfang/40.000.000 m Erdumfang = 1 m/10^{-9} m oder 1 m/1 nm (Quelle: Wikipedia)

Im Vergleich dazu hat das menschliche Haar einen Durchmesser von 100.000 nm und die DNA-Erbsubstanz als spiralförmiges Makromolekül einen Durchmesser von 2,5 nm. Das Spektrum des sichtbaren Lichts liegt zwischen 420 nm und 780 nm als elektromagnetische Wellenlängen vor. Generell erscheinen Nanopartikel im gewöhnlichen Licht unsichtbar und können erst mit hochleistungsfähigen, mit extrem kleinen Teilchen arbeitenden sog. Rastertunnel-Elektronenmikroskopen sichtbar gemacht werden.

Nanomaterialien

Nanomaterialien als solche sind keine Neuheit, sondern in unserer Umwelt allgegenwärtig, z. B. als Stäube in Vulkanasche und im Rauch bei Waldbränden, als Salzaerosole an Meeresküsten, als lebendige Organismen in Form von Viren sowie in Form vielfältiger Strukturen mit erstaunlichen Funktionen und Effekten in der Pflanzen- und Tierwelt. Auch die Zivilisation produziert durch Fahrzeugverkehr, Straßen- und Reifenabrieb oder durch Verbrennung von Holz und von fossilen Brennstoffen in Kraftwerken und Heizungsanlagen Schadstoffe in Form von Feinststäuben in Nanogrößenordnungen.

Überhaupt ist die Herstellung von Materialien, die heutzutage als Produkte der Nanotechnologie oder als Nanomaterialien und dergleichen beschrieben werden, keine Erfindung unserer Zeit. Schon in prähistorischer Zeit wurde beispielsweise nanostrukturierter Flammruß für Höhlenmalereien verwendet. Im alten Ägypten wurde die Herstellung von Wasserglas aus Quarzsand und Soda entdeckt. Heute weiß man, dass Wasserglas als Lösung in Wasser, wie man es seit über 100 Jahren auch zur Herstellung von Silikatfarben auf Basis von Kaliwasserglas verwendet, in Teilchen von ca. 2 nm Durchmesser vorliegt.

Natürlich waren die physikalischen und chemischen Zusammenhänge bei der Entdeckung damals fortschrittlicher Materialien bis in die Neuzeit unbekannt. Trotzdem stellen sie die ersten frühzeitlichen Anwendungen der aktuell modernen Nanotechnologien dar, unter denen wir heute im Wesentlichen die gezielte technische Herstellung und Nutzung der physikalischen, chemischen oder biologischen Effekte von Nanomaterialien in der Größenordnung unter 100 nm verstehen. Neu daran ist also lediglich, dass Nanomaterialien mit ihren neuen Eigenschaften und Funktionen im Gegensatz zu früheren Zeiten nicht mehr zufällig, sondern ganz gezielt und maßgeschneidert hergestellt und modelliert werden können. Dies geschieht entweder durch die Zerkleinerung von Materialien oder durch ihren Aufbau aus einzelnen Atomen bzw. Molekülen – oftmals mit nanotechnischen Phänomenen biologischen Ursprungs aus dem Wissenschaftszweig der Bionik als Vorbild.

Gemäß der internationalen Norm DIN CEN ISO/TS 27687 „Nanotechnologien – Terminologie und Begriffe für Nanoobjekte – Nanopartikel, Nanofaser und Nanoplättchen" (2008, Abschnitt 2) gelten als

„[...] Nanoobjekte Materialien, die ein, zwei oder drei Außenmaße im Nanomaßstab bzw. nanoskaligen Größenbereich von etwa 1 bis 100 nm aufweisen.

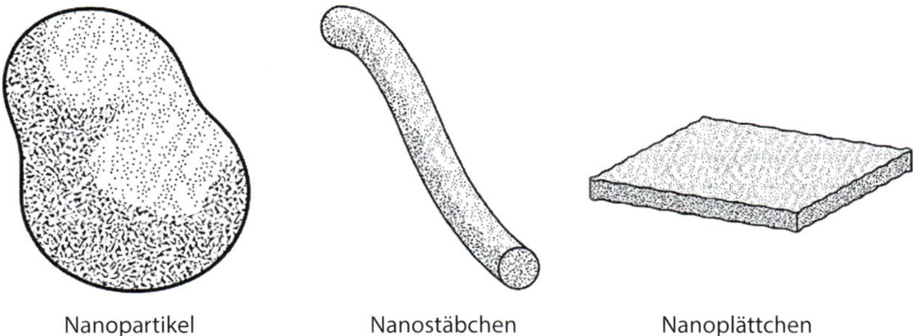

Abb. 7.2: Nanoobjekte (Quelle: DIN CEN ISO/TS 27687, Einleitung Bild 1)

Abb. 7.3: Agglomeratbildung aufgrund der nanoskaligen Oberflächenaktivität eines Nano-Zinkoxidpigments (Quelle: Copyright by BASF, Ludwigshafen)

Moleküle oder Molekülverbände unterhalb eines Nanometers gehören nicht zur Begriffsdefinition dieser Norm."

Sie werden normgemäß unterteilt in

- Nanopartikel mit 3 Dimensionen im Nanomaßstab,
- Nanofasern mit 2 Dimensionen im Nanomaßstab,
- Nanoplättchen mit mindestens 1 Dimension im Nanomaßstab,

wie Abb. 7.2 zeigt.

Nanoobjekte haben eine starke Tendenz, sich zusammenzuballen und dabei größere Agglomerate mit lockeren Verbindungen über Van-der-Waals-Kräfte (siehe Abb. 7.3) oder feste Aggregate mit kaum zerstörbaren Verbindungen zu bilden.

Neben der Norm DIN CEN ISO/TS 27687 gibt es noch weitere Definitionen von Nanoobjekten und Nanomaterialien. Dies ist u. a. bei der Bewertung möglicher Gefahren beim Umgang mit Nanomaterialien von Bedeutung. Hier sind international die von der OECD (Organisation de Cooperation et de Enveloppement Economiques) erarbeiteten Definitionen von Nanomaterialien weitgehend anerkannt. Sie berücksichtigen u. a. konkrete Verwendungs- und Expositionsbedingungen beim Umgang mit Nanomaterialien und den daraus hergestellten Produkten.

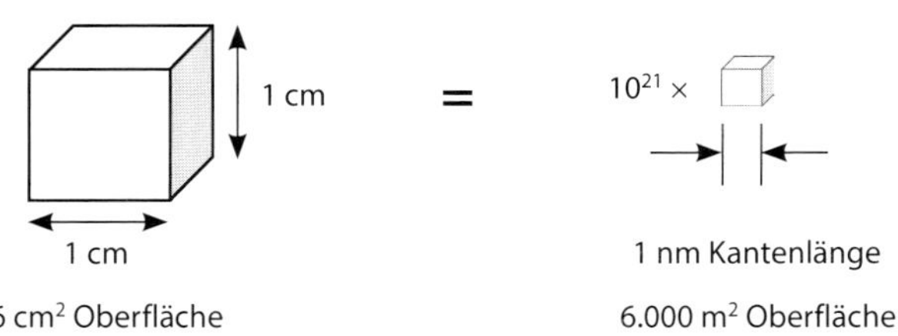

Abb. 7.4: Oberflächenvergrößerung bei gleicher Masse und gleichem Volumen eines Würfels

7.2 Eigenschaften und Einsatzmöglichkeiten

Gegenüber gröberen Partikeln haben Nanoobjekte bei gleicher Masse und gleichem Volumen eine erheblich größere Oberfläche. Zerkleinert man beispielsweise einen Würfel mit 1 cm Kantenlänge in Nanowürfel von 1 nm Kantenlänge, so erhält man insgesamt $10^7 \cdot 10^7 \cdot 10^7 = 10^{21}$ Nanowürfel. Während die Oberfläche des ganzen Würfels nur 6 cm^2 beträgt, vergrößert sie sich nach der Zerkleinerung auf 1 nm Kantenlänge insgesamt auf 6.000 m^2 (siehe Abb. 7.4).

Die enorme Zunahme der Oberfläche löst eine enorme Zunahme ihrer Oberflächenaktivitäten aus und ist für die funktionellen Veränderungen verantwortlich. Die chemische Reaktivität nimmt durch das vermehrte Vorhandensein von außen liegenden Atom- oder Molekülverbänden infolge der Oberflächenvergrößerung ebenfalls entsprechend exorbitant zu. Schlussendlich entstehen dadurch völlig neue Materialeigenschaften, die sich die Nanotechnologie bei gezielter Anwendung zur Herstellung neuer Materialien und Produkte zunutze macht. So können z. B. Nano-Keramiken biegsam wie Gummi fabriziert werden.

Wäre der Würfel im vorangegangenen Beispiel (siehe Abb. 7.4) aus Aluminium, würde er sich an der Luft völlig unspektakulär allmählich mit einer dichten, kaum sichtbaren Oxidschicht überziehen. In Nanoform dagegen verliefe derselbe Vorgang als heftige Explosion mit einer vollständigen Umwandlung zu Aluminiumoxid.

Neben der chemischen Reaktivität und der physikalisch-chemischen Oberflächenaktivität verändern sich auch die physikalischen Eigenschaften. So werden beispielsweise deckende Farbpigmente wie Eisenoxide unterhalb 100 nm transparent, weil sie das sichtbare Licht nicht mehr streuen können, deckende Weißpigmente in der Beschichtungsmatrix aus demselben Grund durchsichtig bzw. farblos oder unsichtbar. Des Weiteren beeinflussen Nanostrukturen maßgeblich die Viskosität und das Fließverhalten von Beschichtungen aufgrund ihrer äußerst großen Oberfläche sowie den Glanzgrad, beispielsweise als Mattierungsmittel, je nach Einsatzmenge und Oberflächenbenetzung durch deren Dispergierung und Verteilung im Bindemittel.

Weitere Effekte zur Erzielung verbesserter oder neuer Eigenschaften von Beschichtungen z. B. im UV-Schutz, in der Selbstreinigung, im fotokatalytischen Schadstoffabbau, bezüglich antibakterieller Wirkungen, im Korrosions- und Verschleißschutz sowie bei Farbeffekten kommen hinzu und werden seit geraumer Zeit in der Praxis angeboten. Schaltbare Lacke, selbstheilende Beschichtungen und wärmereflektierende oder isolierende Beschichtungen zur Energieeinsparung sind Beispiele künftiger Möglichkeiten und Entwicklungen. Mehrere Dämmstoffe mit verminderter Wärmeleitfähigkeit sind bereits in der Anwendung, so z. B. nanoporöse Fasermatten mit extrem niedriger Wärmeleitfähigkeit bei Lambda-Werten von 0,0013 W/(m · K) auf der Basis von Silikat-Aerogelen, mit Nano-Silikat-Aerogelen modifizierte Mineralwolle als Dämmstoff mit verringerter Wärmeleitfähigkeit von 0,019 W/(m · K) für Innenraumisolierungen sowie Vakuum-Isolationspaneele, gefüllt mit pyrogener Nano-Kieselsäure zur effizienten Wärmedämmung von Gebäuden in niedrigen Schichtdicken mit Wärmeleitwerten von 0,005 W/(m · K). Ihr Nachteil ist häufig das hohe Preisniveau, insbesondere beim extrem teuren Silikat-Aerogel. Wirtschaftlichere organische Nanoschaum-Dämmstoffe, die den Wärmeleit-Schwellenwert von 0,025 W/(m · K) ruhender Luft mit Werten um ca. 10 mW/(m · K) erheblich unterschreiten können, könnten zur Verfügung stehen, sobald sie sich großtechnisch wirtschaftlich herstellen lassen.

7.3 Mechanismen von Nanofunktionen in Beschichtungen

Beschichtungen mit Nanofunktionen sind mittlerweile seit Jahren und, wie beispielsweise Silikonharzbeschichtungen, teilweise schon seit Jahrzehnten für verschiedene Anwendungen auf dem Bau- und Renovierungssektor verfügbar. Ihr Anteil wächst mit zunehmendem Qualitätsbewusstsein immer stärker an. Sie dienen zur Behandlung von Wänden, Decken und Böden in Innenräumen sowie zum Schutz und zur Gestaltung von Fassaden mit verbesserten oder neuen Eigenschaften. Sie können auf alle üblichen Baustoffuntergründe, u. a. Putz, Beton, Faserzement, Holz, Metalle, Kunststoffe und bereits vorhandene Beschichtungen, aufgebracht werden.

Seit jeher beschäftigt sich die Farben-, Lack- und Beschichtungstechnologie bei der Herstellung von Beschichtungen mit dünnen Schichten in relativ geringen Mikrometerdicken, mit Pigmentierungs- und Bindemittelmechanismen, mit Benetzungs- und Dispergiervorgängen und mit Fließeigenschaften zur Erzielung optimaler Applikationen. Aus dem Zusammenwirken der Vorgänge in den kleinsten Strukturen gehen die unterschiedlichsten Produkt- und Oberflächeneigenschaften hervor. Diese Vorgänge laufen nicht nur auf der Mikrometerebene ab, sondern tangieren schon immer den Nanometerbereich bis hinunter zu Molekülkomplexen weit unterhalb von 100 nm, z. B. bei physikalischen Trocknungs- und Filmbildungsprozessen oder bei chemischen Reaktionen und Vernetzungsmechanismen.

Demnach sind Nanostrukturen und -objekte in Beschichtungen eine der Grundlagen der Lack- und Beschichtungstechnologie und waren in diesem Sinne schon lange vor dem Aufkommen der neuheitlichen Nanobegriffe in der Formulierungspraxis bekannt. Diese Betrachtungsweisen sind u. a. Teil der Ursachen, weshalb die Begriffsdefinitionen im Zusammenhang mit Nanotechnologien in Fachkreisen noch immer kontrovers diskutiert werden, trotz der vorliegenden Norm DIN CEN ISO/TS 27687. Im Folgenden werden deshalb nur solche Mechanismen und Funktionen aufgezeigt, deren ursächliche und hauptsächliche Wirkung in der Schaffung neuer oder verbesserter Materialeigenschaften zielgerichtet aus der Anwendung von

Nanostrukturen oder -objekten hervorgehen. Dazu zählen mithilfe von Nanotechnologien erzeugte

- UV-Schutzfunktionen (siehe Kapitel 7.4),
- fotokatalytische Effekte (siehe Kapitel 7.5),
- nanostrukturelle Mechanismen (siehe Kapitel 7.6),
- Auswirkungen auf Härte, Kratz- und Verschleißfestigkeit,
- antibakterielle Mechanismen und Wirkungen auf Mikroorganismen.

Hierbei werden auch praxisbezogen die schädigenden Auswirkungen auf die Gesundheit und die Umwelt betrachtet, die als Folge der Nanofunktionen entstehen könnten (siehe Kapitel 7.8).

Leider werden des Öfteren Produkte, deren Eigenschaften auf solchen Nanofunktionen beruhen, gar nicht oder undeutlich mit Hinweisen auf Nanotechnologien deklariert. Dies mag zum Teil den Unklarheiten in Begriffsdefinitionen geschuldet sein. Oft sind es aber auch andere Motive. Endverbraucher kommen mittlerweile mit einer fast unüberschaubaren Vielzahl nanofunktioneller Produkte in Berührung, die bis in den täglichen Bedarf hineinreichen: Reinigungs- und Körperpflegemittel, Medikamente oder industriell verarbeitete Lebensmitteln etc. Daher werden von Gesundheitsbehörden und Verbraucherverbänden mögliche Gesundheits- und Umweltrisiken zu Recht kritisch hinterfragt. Trotz umfangreicher Untersuchungen und trotz vorhandener umfangreicher gesetzlicher Regelungen zur Kennzeichnung und Bewertung solcher Erzeugnisse gibt es dennoch Klärungsbedarf zur Beantwortung kritischer Fragestellungen, insbesondere was mögliche Umweltrisiken betrifft.

So gesehen könnte die Ursache mancher Nichtdeklarationen von Nanotechnologien bei einigen Herstellern auch einfach darin bestehen, kritische Fragestellungen zu vermeiden, um breite Käuferschichten allein über diverse vorteilhafte Produkteigenschaften gewinnen zu können. Andererseits werden in manchen Branchen Marketingstrategien entwickelt, die lediglich dazu dienen, dem Verbraucher einen technischen Fortschritt ihrer althergebrachten Erzeugnisse mittels Nanodeklaration zu signalisieren.

Betroffen sind aber nicht nur Verbraucher im Allgemeinen, sondern auch gewerbliche Verarbeiter und Anwender solcher Produkte, die zur Auftragserteilung bzw. Auftragsabwicklung in der Regel jegliche Produkt- oder Verarbeitungsvorteile erforderlichenfalls aus Wettbewerbsgründen ausschöpfen. Selbstverständlich erwarten hier Auftraggeber bei der Lösung ihrer Aufgabenstellungen, dass ihre Auftragnehmer als Fachfirmen oder Fachleute nicht nur am technischen Fortschritt teilnehmen, sondern darüber hinaus über ausreichende Kenntnisse verfügen, worauf ihre angebotenen Leistungen beruhen und welche eventuellen Risiken für sie daraus entstehen könnten, die ggf. zu beachten sind.

Die nachstehenden Informationen zu Beschichtungen mit möglicherweise nanotechnologischen Eigenschaften können auch Indikatoren zur Erkennung neuer Produkteinführungen sein, die nicht speziell als Nanoqualitäten deklariert sind, aber dennoch aufgrund ihrer vom Hersteller versprochenen Leistungen auf nanotechnologische Anwendungen hindeuten.

7.4 Nanotechnologien mit UV-Schutzfunktionen

Bedarf und Funktionsweise von Lichtschutzmitteln

UV-Schutzfunktionen sind insbesondere bei lichtdurchlässigen, farblosen oder farbig transparenten Beschichtungen und Überzügen von UV-lichtempfindlichen Untergründen wie Holz, Holzwerkstoffen, diversen Kunststoffen und Beschichtungsstoffen unverzichtbar. Deckende Beschichtungen hingegen sind wegen ihrer Pigmentierung bei genügender Schichtdicke lichtundurchlässig und können ihre UV-lichtempfindlichen Untergründe ohne spezielle Lichtschutzmittel schützen. Lichtschutzmittel haben die Aufgabe, durch Sonnenlicht ausgelöste Zerstörungsprozesse zu unterbinden, um Schäden in den Beschichtungen selbst und bei vorhandener Lichtdurchlässigkeit auch ihrer Untergründe zu vermeiden.

Die Zerfallsphänomene betreffen Verfärbungen, Ausbleichungen, Vergilbungen, Versprödungen, Rissbildungen, Kreidungen und sonstige Erscheinungsformen von Beschichtungs- und Untergrundzerstörungen mit Festigkeits- und Haftungsverlusten. Sie werden durch chemische Alterungsvorgänge ausgelöst, bei denen im Zerstörungsverlauf u. a. durch UV-Lichteinfluss chemisch hochreaktive Radikale entstehen, die eine Kettenreaktion zum Abbau organischer Verbindungen auslösen und so organische Bindemittel oder Pigmente zerstören. Verantwortlich für diese Vorgänge ist hauptsächlich der kurzwellige ultraviolette Strahlenbereich.

Aber nicht allein das UV-Licht des Sonnenspektrums verursacht und beeinflusst die Zerstörung von Beschichtungen und damit deren Haltbarkeit im Sonnenlicht bei Bewitterung. Auch die elektromagnetischen Wellenspektren des sichtbaren und des unsichtbaren nahen infraroten Lichts (IR) nehmen Einfluss auf die Intensität der durch UV-Strahlung ausgelösten chemischen Zerstörungsreaktionen. So absorbieren Oberflächen, die von uns als dunkel oder gar schwarz wahrgenommen werden, im Sonnenlicht nicht nur hohe Anteile des sichtbaren Lichts, sondern auch des nahen UV- und IR-Lichtspektrums, je nach chemischer Pigmentstruktur und Dunkelpigmentierung des Beschichtungssystems. Die Lichtabsorption bewirkt auf der dunklen Oberfläche von Beschichtungen und deren Substraten eine deutliche Temperaturerhöhung, da neben dem sichtbaren Lichtspektrum in der Regel auch das langwellige nahe Infrarotlicht mit Emission von Wärmestrahlung absorbiert wird. Gegenüber hellen Farbtönen oder Weiß entstehen dadurch um bis zu 40 °C höhere Temperaturen, je nach Bestrahlungsfläche und Einstrahlungsintensität der Sonne.

Die Lichtspektren im sichtbaren und IR-Bereich sind somit bei lichtinduzierten Materialzerstörungen von Beschichtungen aufgrund ihrer erheblichen Erwärmungsauswirkungen bei Sonnenbestrahlung ebenso wirksam wie der zerstörerische UV-Strahlenbereich selbst. Denn Zerstörungsprozesse von Beschichtungen, die wegen mit lichtinduzierten Alterungsvorgängen bei Bewitterung auf chemischen Reaktionen bzw. ihren Deformationen beruhen, verlaufen bei der farbtonbedingten solaren Erwärmung von lediglich 10 °C nach dem in der Physik bekannten Arrhenius-Gesetz (Svante Arrhenius, Physikochemiker und Nobelpreisträger, 1903) in doppelter Geschwindigkeit ab, was im Ergebnis der Halbierung der Haltbarkeit bei Sonnenbestrahlung gleichkommt.

Lichtschutzmittel können demzufolge in Beschichtungen eine hohe Bedeutung zur Erzielung optimaler Ergebnisse in der Haltbarkeit und Außenbeständigkeit bei Bewitterung haben, weil sie die chemischen Alterungsreaktionen in der Entstehung durch ihre UV-Schutzfunktion behindern. Höchste Bedeutung haben sie bei der UV-Lichtstabilisierung von farblosen oder farbig transparenten sowie halbdeckenden Beschichtungen insbesondere auf Holzbauteilen bei Außen- und Innenanwendungen in Klarlacken, Versiegelungen und Lasuren.

Lichtschutzmittel in Holzbeschichtungen sind am wirkungsvollsten, wenn sie aus einer Kombination von anorganischen Metalloxiden, organischen UV-Absorbern und organischen Radikalfängern bestehen. Die dauerhaft wirkenden Metalloxide werden bevorzugt in Zwischen- und Schlussbeschichtungen als UV-absorbierende und lichtdurchlässige, farblose oder farbige Metalloxidpigmente in Nanoteilchengrößen verwendet. Die farblosen organischen UV-Absorber aus Benzophenonen, Triazolen und Phenyltriazinen entfalten bei solchen UV-Schutzanstrichsystemen in Holz schützenden Imprägniergrundierungen trotz ihrer eingeschränkten Beständigkeit optimale Wirkungen, insbesondere wenn zugesetzte organische Radikalfänger wie Tetramethylpiperidin-Derivate in die lichtinduzierten chemischen Zerstörungsprozesse der Holzsubstanz blockierend eingreifen.

Nano-Metalloxide im UV-Schutz

In bunten Holzimprägnierungen und Holzlasuren werden Metalloxide bereits seit Jahrzehnten als Eisenoxidpigmente in Braun-, Gelb-, Rot- und Schwarztönen eingesetzt, die wegen ihren geringen nanoskaligen Teilchengrößen in nadelförmigen Nanostrukturen das sichtbare Lichtspektrum farbig absorbieren bzw. remittieren (siehe Abb. 7.5). Sie sind transparent und absorbieren UV-Strahlung durch UV-Lichtstreuung. Im Anstrichsystem eingebunden, sind sie entsprechend jahrelang wetterbeständig.

Inzwischen liegen seit vielen Jahren auch gute Erfahrungen mit farblosen Außenanstrichen auf Holzbauteilen vor, welche die genannten Lichtschutzmittelkombinationen enthalten und als wasserverdünnbare oder lösungsmittelhaltige Anstrichsysteme in Schichtdicken mit mindestens > 40 μm aufgetragen werden. Möglich geworden sind solche wetterbeständigen farblosen Holzbeschichtungen nur deshalb, weil hierfür dauerhaft beständige Weißpigmente zur Verfügung stehen, die in Nanogröße farblos sind und so mit ihren UV-Licht-absorbierenden und -streuenden Eigenschaften, im Anstrichfilm eingebunden, ebenso wie farbige transparente Eisenoxidpigmente jahrelang funktionieren (siehe Abb. 7.6 und Abb. 7.7).

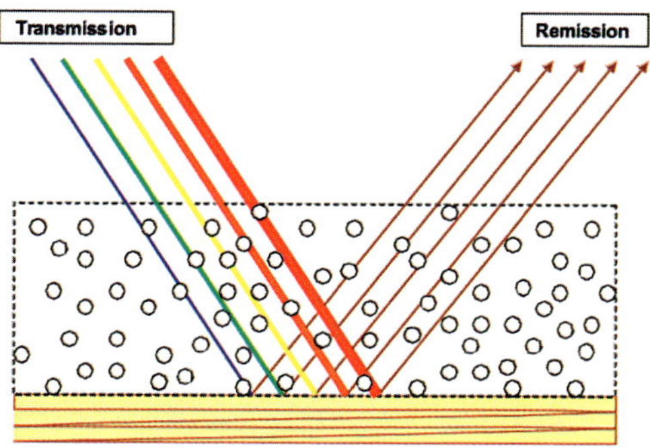

Abb. 7.5: Wirkungsprinzip einer UV-stabilisierten farblosen Holzlasur im sichtbaren Licht mit farblosen, lichtdurchlässigen Nano-Metalloxiden

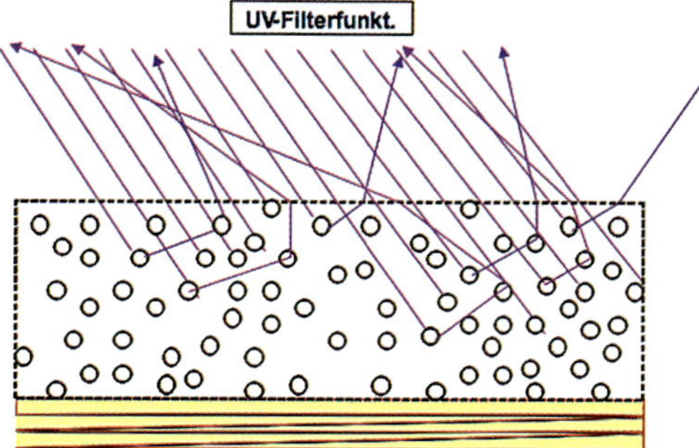

Abb. 7.6: Wirkungsprinzip einer langzeitwirkenden, UV-stabilisierten Nano-Metalloxid-Pigmentierung in einer farblosen Holzlasur im UV-Licht; die Holzschutzwirkung wird durch UV- Lichtstreuung bewirkt, sofern eine Schichtdicke von mindestens 40 µm aufgebracht wird

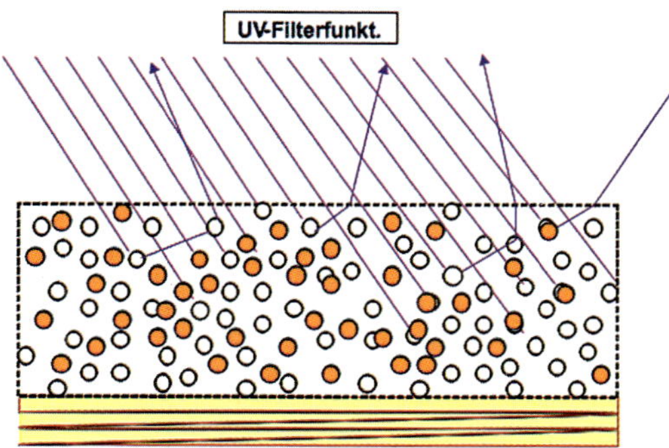

Abb. 7.7: Wirkungsprinzip einer farbigen, permanent wirkenden, UV-stabilen Nano-Pigmentierung: Die farblosen und farbig-transparenten Nano-Pigmente können durch ihre optimal verdichtende Ansammlung und ihre gesteigerte UV-Wirkung den Wetterschutz optimieren, auch wenn ggf. Schichtdicken unter dem nahen Grenzbereich von 40 µm vorliegen sollten. Sie werden über Farbmischsysteme zugesetzt.

Abb. 7.8: Farblose und pigmentierte Lasuraufstriche nach zweijähriger Bewitterung in den Alpen (1.100 m ü. M.) bei 45°-Exposition gegen Süden im Vergleich: Die paarweisen Kiefernholzbretter mit Nano-UV-stabilisierten Anstrichen in farbiger (3) und farbloser Einstellung (4) zeigen keinerlei Verwitterungserscheinungen. 1 (eingefärbt) und 2 (farblos) sind herkömmliche Lasuren ohne solche zusätzlichen farblosen Nano-UV-Schutzmittel. 5 ist unbehandeltes Holz im selben Bewitterungszeitraum.

Ohne diese Möglichkeit würden farblose Holzanstriche im Außenbereich nach wie vor in kurzen Zeitabläufen zu Abplatzungen führen, weil die Holzsubstanz als tragfester Anstrichuntergrund durch den Einfluss von UV-Strahlung aufgrund des wasserlöslichen Ligninabbaus unter Witterungsbedingungen ihre Festigkeit verliert. Die dadurch erzeugten lose gebundenen Cellulosefasern beeinträchtigen generell die Anstrichhaftung und bilden die sichtbare Holzvergrauung (siehe Abb. 7.8).

Für Grundierungen eignen sich hier bei farblosen Holzbeschichtungen vor allem solche mit sog. **HALS**-Radikalfängern (**H**indered **A**mine **L**ight **S**tabilisers) aus Tetramethylpiperidin-Derivaten als modifizierte und gegen Bläuepilzbefall ausgestattete Holzimprägnierungen. Sie garantieren infolge ihrer Wirkungstiefe im Holz, die nach der Norm DIN EN 152 „Prüfverfahren für Holzschutzmittel; Laboratoriumsverfahren zur Bestimmung der vorbeugenden Wirksamkeit einer Schutzbehandlung von verarbeitetem Holz gegen Bläuepilze; Teil 1: Anwendung im Streichverfahren“ (1988) 2 mm betragen muss, dass dadurch der UV-bedingte Ligninabbau jahrelang witterungsunabhängig unterbunden wird, wenn nachfolgend eine UV-beständige farblose Schutzschicht aus transparenten Nanopigmenten zur UV-Lichtstreuung in Schichtdicken von > 40 µm aufgebracht wird (siehe Abb. 7.8 und Abb. 7.10).

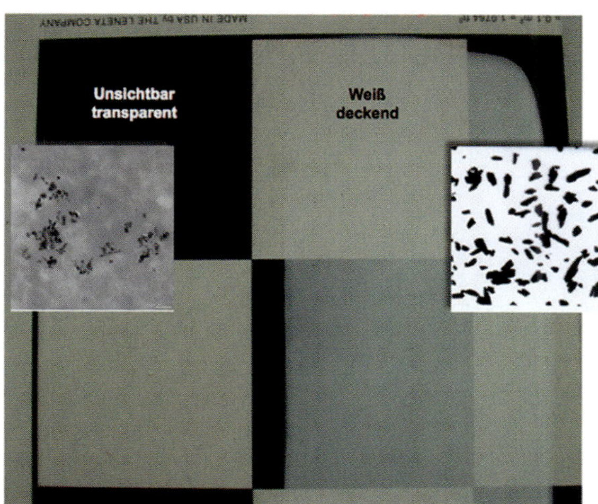

Abb. 7.9: Wasserverdünnbare, farblose Lasur, links mit Nano-Metalloxid in 25-nm-Teilchengrößen, rechts mit Mikro-Metalloxid in 225-nm-Teilchengrößen

Abb. 7.10: Holzverkleidung, mit dem wasserverdünnbaren, farblosen Lasursystem RELIUS Olassy UVL im dreischichtigen Aufbau behandelt, nach sechsjähriger Bewitterung

Als Nano-Metalloxide eingesetzt werden farblose Pigmente im Teilchenbereich von ca. 25 bis 50 nm, die UV-Licht-streuend und -absorbierend wirken, wohingegen größere Teilchenmaße von 200 bis 300 nm (Mikroteilchen) im sichtbaren Licht optimal dessen Lichtwellenspektrum streuen und deshalb als deckende Weißpigmente Verwendung finden (siehe Abb. 7.9). Spezielle Pigmentsorten mit Nano-Titandioxid (TiO_2), Nano-Zinkoxid (ZnO) und Nano-Ceroxid (CeO_2) funktionieren als farblose UV-Blocker. Aufgrund ihrer unterschiedlichen Lichtbrechungsindizes können die Oxide in geringen Maßen unterschiedlich farblos-transparent und mehr oder weniger gering milchig weiß erscheinen. Ceroxid gefolgt von Zinkoxid weist die transparentesten Erscheinungsformen auf (siehe Tabelle 7.1).

Tabelle 7.1: Anorganische farblose UV-Lichtschutzpigmente und organische UV-Absorber im Vergleich

Eigenschaft	Nano-ZnO	Nano-CeO_2	Nano-TiO_2	organische UV-Absorber/HALS
Langzeitbeständigkeit	+	+	+	–
Transparenz	o	+	–	+
Ausblühbeständigkeit	+	+	+	o
Kreidungsstabilität	+	+	–	+
Legende: + = gut; o = zufriedenstellend; – = ausreichend				

Metalloxide sind metallische Halbleiter, die unter UV-Lichteinwirkung fotokatalytisch aktiv sind. Durch chemische Redoxvorgänge mit Luftsauerstoff und Feuchtigkeit bilden sie Hydroxylradikale, die Zerstörungsprozesse in Anstrichfilmen erzeugen. Daher können hier nur oberflächenbehandelte Metalloxide verwendet werden, deren ureigene fotokatalytische Wirkungen durch Überzüge aus Quarz (SiO_2), Aluminiumoxid (Al_2O_2) bzw. weitere Dotierungen blockiert und herabgemindert werden. Dies trifft insbesondere für Nano-Titandioxid zu, das als Fotokatalysator die höchste Aktivität besitzt und etwa doppelt so aktiv ist wie unbehandeltes Nano-Zinkoxid. Transparente bunte Nano-Eisenoxide sind am geringsten fotokatalytisch wirksam (Tabelle 7.1). Eine Nachbehandlung wie in Abb. 7.13 ist deshalb in dieser Hinsicht nicht nötig.

Vorsicht bei farblosen und hellfarbigen Holzbehandlungen

Die natürlichen charakteristischen Farbgebungen der Hölzer verändern sich bei Belichtung und bei Lichtabschluss im Dunkeln. Die Verfärbungen treten sowohl in Innenräumen als auch im Außenraumklima gleichermaßen auf und ergeben zwischen weniger belichteten, geschützten Flächen und ungeschützten Bereichen stets kontrastreiche Verfärbungen, die abhängig von der Herkunft der Holzart und den Lichtstärkendifferenzen ganz erheblich sein können. Hierbei verlaufen die Farbveränderungen in unterschiedliche Richtungen. Sie können im Licht dunkler und farbtonintensiver oder heller werden und in lichtgeschützten Bereichen wiederum gegensätzlichen Kontrastveränderungen unterliegen.

Dies ist zwar allgemein bekannt, aber es wird unterschätzt, dass auch farblose Beschichtungen, selbst wenn sie mit UV-Schutzmitteln ausgestattet sind, solche holztypischen Verfärbungen nicht verhindern können, etwa bei Versiegelungen von Parkett oder bei Lasuranstrichen von Holzverkleidungen an Fassaden. In dieser Hinsicht kann im Allgemeinen lediglich bei hellen Holzarten eine leichte Verbesserung erzielt werden.

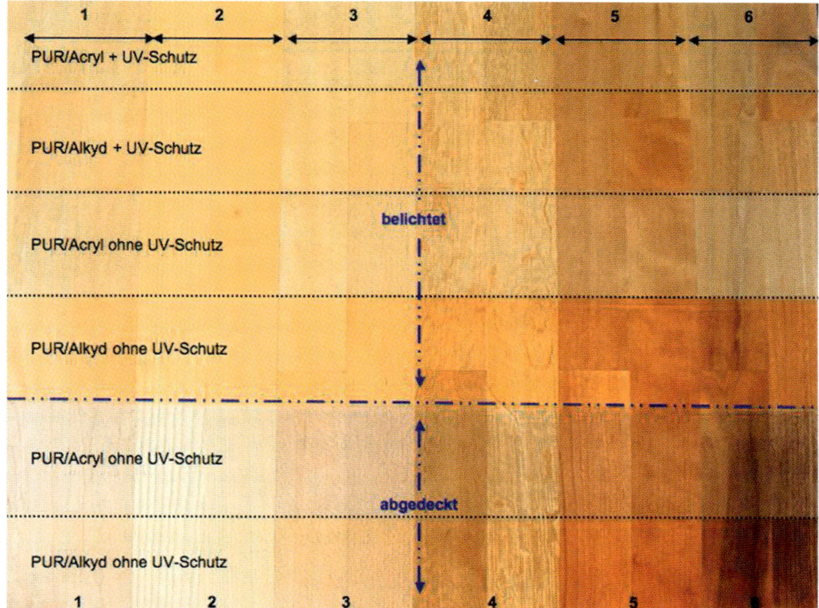

Abb. 7.11: Veränderungen von Holzfarbtönen unterschiedlicher Holzarten mit transparenten Versiegelungen bei Belichtung und bei Lichtabdeckung, mit und ohne UV-Lichtschutzmittel in der Holzimprägnierung (1 = kanadischer Ahorn, 2 = Esche, 3 = Buche, 4 = Eiche, 5 = amerikanische Kirsche, 6 = Nussbaum; • – • – abgedeckte und belichtete Bereiche; •••••• Anstrichbereiche einer wasserverdünnbaren PUR/Acrylversiegelung oder einer lösungsmittelhaltigen PUR-modifizierten Alkydharzversiegelung, jeweils farblos, teils mit und ohne UV-Lichtschutzmittel)

Die Begründung für dieses Verhalten besteht darin, dass sich die farbgebenden Ligninstoffe nicht nur im UV-Licht, sondern auch im sichtbaren Lichtspektrum und bei Lichtabschluss unterschiedlich verfärben. Beide Vorgänge können UV-blockierende Beschichtungen nicht verhindern. Sie verhindern nur die Zerstörung der Ligninstoffe als Kittsubstanzen der Cellulosefasern, aber nicht deren Verfärbungsneigungen als solche. Weil farblose und hellfarbige Lasuren für das sichtbare Lichtspektrum lichtdurchlässig sind und sein sollen, können weder diese noch die bei Lichtabdeckung erzeugten Holzverfärbungsmechanismen unterbunden werden (siehe Abb. 7.11). Deshalb ist zu empfehlen, insbesondere farbige Hölzer wie Teak, Mahagoni, Sipo Meranti, Nussbaum, Kirsche, Eiche etc., entsprechend farbig pigmentiert, jeweils im angepassten Holzfarbton gänzlich oder zumindest als Vorbehandlung farbig zu beschichten.

Auch Holzoberflächen, die mit hellfarbigen, mit transparenten Nano-Eisenoxidpigmenten hergestellten Holzlasuren behandelt sind, unterliegen starken Kontrastunterschieden innerhalb geschützter und ungeschützter Lagen, wenn der Lasur zusätzliche farblose Lichtschutzmittel fehlen und/oder die erzielten Schichtdicken des Anstrichaufbaus zu gering sind (siehe Abb. 7.12).

Abb. 7.12: Typisches Ergebnis einer hellfarbigen Dünnschichtlasur bei geringer Lichtschutzausrüstung: starke Farbveränderungen zwischen geschützten und ungeschützten Lagen

7.5 Fotokatalytische Beschichtungen auf Basis von Nano-Titandioxid

Die fotokatalytische Eigenschaft des konventionellen Titandioxids (TiO_2) im herkömmlichen Teilchengrößenbereich von 0,2 bis 0,3 µm ist seit der Verwendung als deckendes Weißpigment in Beschichtungen bekannt. Sie ist die Ursache für typische Kreidungsphänomene, Glanzabfall und Ausbleichungen bei Buntpigmentabmischungen, die dadurch entstehen, dass das Weißpigment auf Beschichtungsoberflächen nach der fotochemischen Zerstörung ihrer umgebenden Bindemittelmatrix im Bewitterungsverlauf unter UV-Lichteinwirkung freigelegt wird. Aus diesem Grund wird die negative Eigenschaft der fotokatalytischen Aktivität weitgehend unterbunden, indem die einzelnen Titandioxidpartikel bei ihrer Herstellung mit einer stabilisierenden, reaktionshemmenden Schutzschicht aus z. B. Aluminiumoxid (Al_2O_3) oder Siliciumdioxid (Quarz, SiO_2) nachbehandelt bzw. überzogen werden (siehe Abb. 7.13). Dies trifft auch für die Verwendung von Nano-Titandioxid oder Nano-Zinkoxid zu, wenn z. B. diese Metalloxide als hochwirksame UV-Absorber in kreidungs- und wetterbeständigen farblosen Holzbeschichtungen optimal funktionieren sollen.

Titandioxid wird als deckendes Weißpigment in zwei Kristallmodifikationen hergestellt und verwendet: Die stabilere kristalline Form mit der geringeren fotokatalytischen Aktivität ist das Titandioxid Rutil (siehe Abb. 7.14). Es ist deshalb auch das meistverwendete deckende Weißpigment in wetterbeständigen Beschichtungen. Das thermodynamisch instabile kristalline Titandioxid Anatas (siehe Abb. 7.15) ist dagegen in hohem Ausmaß fotokatalytisch aktiv und somit in wetterbeständigen Beschichtungen als deckendes Weißpigment ungeeignet.

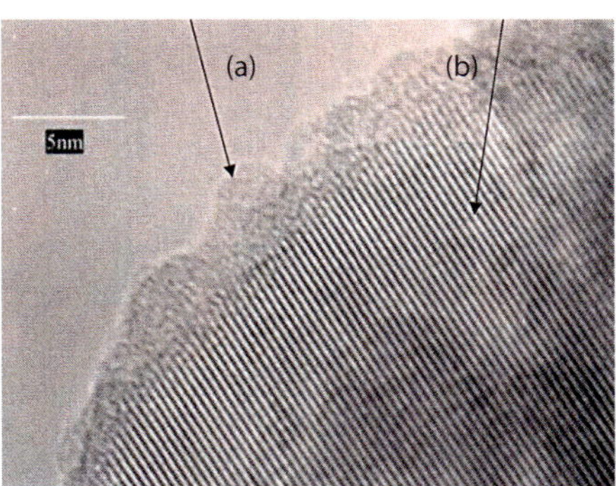

Abb. 7.13: Oberflächenschutzschicht aus Aluminiumoxid und Quarz (a) zur Reduzierung der fotokatalytischen Aktivität des Titandioxid-Pigmentgrundkörpers (b) (Quelle: Sachtleben Chemie, Duisburg)

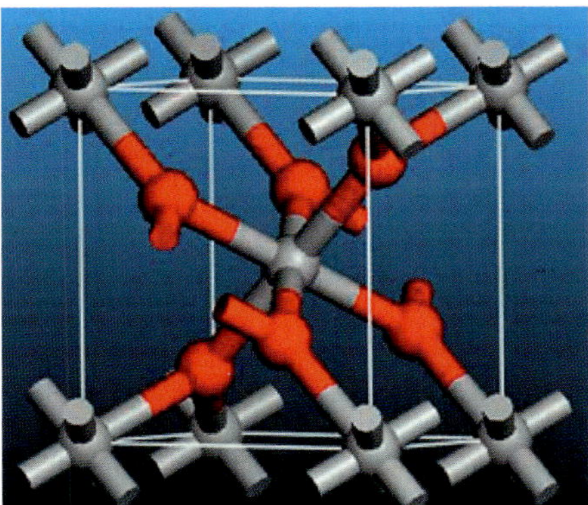

Abb. 7.14: Kristallstruktur aus Titan (grau) und Sauerstoff (rot) von Titandioxid-Modifikation Rutil (Quelle: Akarsu, Murat: Herstellung undotierter und dotierter TiO_2-Partikel und Untersuchung ihrer fotokatalytischen Aktivität. Saarbrücken, Universität des Saarlandes, Naturwissenschaftlich-Technische Fakultät III, Diss., 2006, S. 11)

Abb. 7.15: Kristallstruktur aus Titan (grau) und Sauerstoff (rot) von Titandioxid-Modifikation Anatas (Quelle: Akarsu, Murat, 2006, S. 11)

Nano-Titandioxid als prädestinierter Fotokatalysator

Als nicht deckendes Weißpigment und praktisch farblos erscheinendes Titandioxidpigment in Nanoteilchengröße, z. B. um ca. 25 nm, kann man sich hingegen die extreme fotokatalytische Wirkung von Nano-Titandioxid zunutze machen, vor allem deshalb, weil es wegen seiner Nanogröße enorm große Reaktionsoberflächen bildet, die bei Belichtung das Potenzial besitzen, fotokatalytische Zerstörungen hocheffizient zum Abbau von Schadstoffen und Verschmutzungen auf Beschichtungsoberflächen zu nutzen. Hierfür eignet sich die hochaktive Anatas-Kristallform am wirkungsvollsten. Aber auch die weniger aktive Rutil-Form kann eingesetzt werden, besonders als unbehandelte Titandioxidsorte ohne Modifizierung mit Schutzüberzügen.

Solche Pigmentierungen wirken in Beschichtungen als Katalysator

- zum Abbau von Luftschadstoffen,
- zum Abbau von Schadorganismen in Form von Algen- und Pilzbefall sowie
- zur Herstellung selbstreinigender Oberflächen.

Dabei funktioniert Titandioxid als Katalysator und Reinigungsmedium im Prinzip wie übliche Katalysatoren z. B. zur Reinigung von Autoabgasen. Denn wie diese nimmt Nano-Titandioxid selbst nicht an den chemischen Zerstörungs-, Abbau- oder Reinigungsprozessen teil und kann deshalb durch diese Prozesse auch nicht verbraucht, zerstört oder unwirksam werden. Auch funktioniert der Schadstoffabbau wie beim Autokatalysator durch eine erhebliche Beschleunigung der chemischen Schadstoffzersetzung in schadstoffarme Verbindungen.

Während aber beim Autokatalysator die Abgasreinigung bei hohen Temperaturen durch Oxidationsreaktionen mit Luftsauerstoff geschieht, laufen die oxidativen Verbrennungsprozesse zum Schadstoffabbau und zur Selbstreinigung an fotokatalytischen Beschichtungsoberflächen bereits bei normalen Umgebungstemperaturen ab. Nano-Titandioxid dient demzufolge in solchen Beschichtungsstoffen als Katalysator, der den Schadstoff- und Schmutzabbau nur durch die Einwirkung des mit Strahlungsenergie beladenen Lichts in einer Art „kalten Verbrennung" ermöglicht. Auf diese Weise werden Schadstoffe in harmlosere chemische Verbindungen zerlegt, wie beispielsweise zu Wasser und Kohlendioxid gemäß folgendem Prinzip:

$$\underset{\text{(z. B. als Kohlenwasserstoffe)}}{\text{Organische Verbindung}} + O_2 \xrightarrow[\text{Lichtenergie}]{TiO_2\text{-Katalysator}} H_2O + CO_2$$

Funktionsmechanismus der Fotokatalyse

Um die beschriebenen fotokatalytischen Prozesse in Gang setzen zu können, benötigt man Metallverbindungen als Halbleiter, entweder mit Schwefel aus Metallsulfiden oder mit Sauerstoff aus Metalloxiden, wie das besonders fotoaktive Titandioxid. Diese Verbindungen haben gegenüber ihren reinen Metallen die Fähigkeit verloren, auf ihren Oberflächen elektrischen Strom aus frei beweglichen negativ geladenen Elektronen zu leiten. Trotzdem können Elektronen im Halbleiter wandern bzw. fließen, wenn sie durch Schwin-

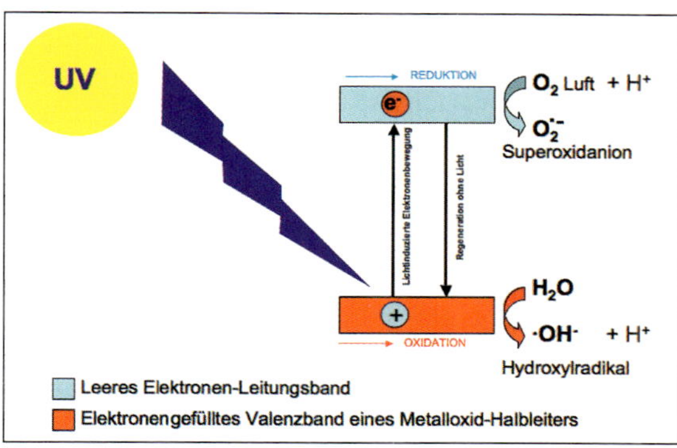

Abb. 7.16: Funktionsprinzip der Fotokatalyse von Metalloxiden als Halbleiter im kurzwelligen UV-Licht als Beispiel

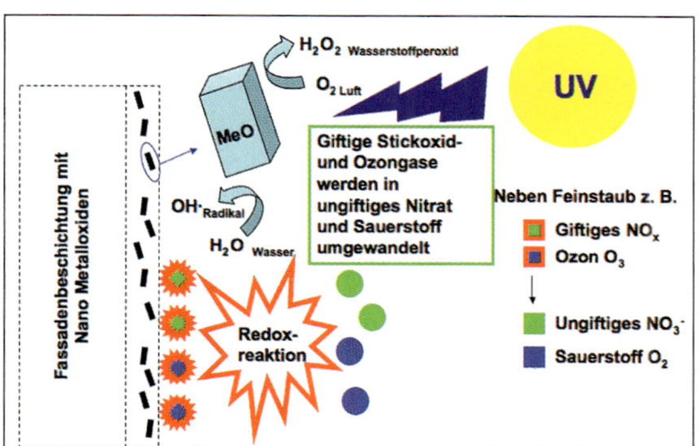

Abb. 7.17: Fassadenbeschichtung mit Nano-Metalloxiden als Katalysator zum Abbau von Luftschadstoffen

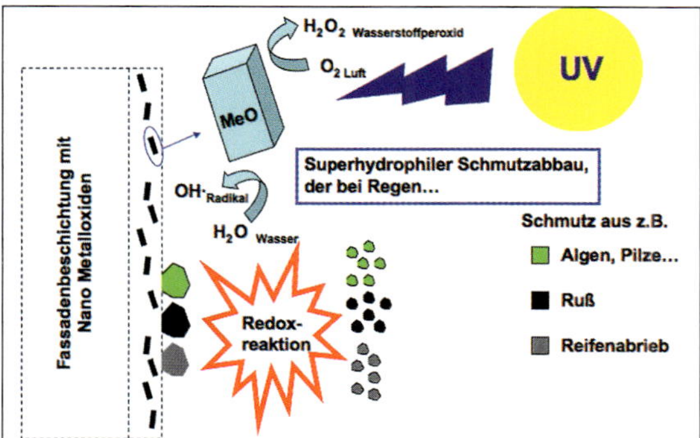

Abb. 7.18: Fassadenbeschichtung mit Nano-Metalloxiden als Katalysator zum Abbau von Verschmutzungen

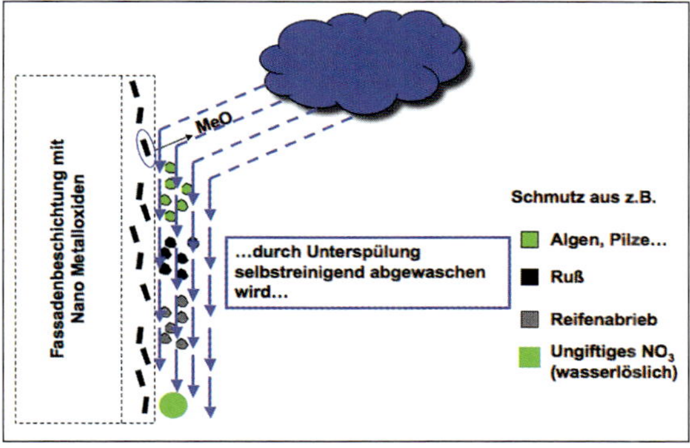

Abb. 7.19: Wirkungsweise des fotokatalytischen Selbstreinigungseffekts auf einer Fassadenbeschichtung mit Nano-Metalloxiden

gungen der elektromagnetischen Lichtwellen mit ausreichender Strahlungsenergie (z. B. des kurzwelligen UV-A-Lichts) angeregt und so in Bewegung gesetzt werden. Dabei finden auf ihren Oberflächen beim Kontakt mit Luft, Oxidations- und Reduktionsreaktionen statt, die Wasser und Luftsauerstoff in chemisch extrem reaktive Radikale, wie Superoxidationen ($O^{2-}\bullet$) mit negativer Ladung und hochreaktive Hydroxylradikale ($\bullet OH$), umwandeln.

Beide Radikale lösen chemische Kettenreaktionen aus und zerstören so nach und nach Luftschadstoffe (wie z. B. Stickoxide oder Ozon), Schmutz (u. a. Feinstaubablagerungen) und Mikroorganismen auf Fassaden- bzw. Innenwandoberflächen wirkungsvoll. Es entstehen fortwährend immer kleinere Bruchstücke der angegriffenen Substanzen, die auf diese Weise selbst zum Radikal werden. Bei den Abbau- und Umwandlungsprozessen erhalten alle damit kontaktierten Stoffe, wie die aufgezeigten Schadstoffingredienzien, superhydrophile Oberflächeneigenschaften und können somit extrem gut mit Regenwasser benetzt werden. Schlussendlich führt dies zum Selbstreinigungseffekt durch Unterspülung derartiger unerwünschter Oberflächenkontaminationen bei Beregnung (siehe Abb. 7.16 bis Abb. 7.19).

Alle diese Mechanismen geschehen mit dauerhaft beständiger Wirksamkeit, weil sich bei diesen Vorgängen der Katalysator selbst nicht verändert bzw. verbraucht und stets zum Ursprungszustand regeneriert, sobald die Belichtung aussetzt oder das Licht in Innenräumen ausgeschaltet wird.

Grenzen der Fotokatalyse in der Praxis

Zu den bereits beschriebenen fotokatalytischen Abbau- und Zerstörungsmechanismen gibt es hinsichtlich ihrer Leistungen zahlreiche Laboruntersuchungen von Prüfinstituten sowie Erfahrungen aus der Praxis. Sie bestätigen im Grundsatz mehr oder weniger – je nach Verwendungszweck – die typischen Effekte der Fotokatalyse von Nano-Titandioxid und damit hergestellten Beschichtungen in ihren möglichen bzw. erzielbaren Wirkungen. Jedoch können nicht alle Erwartungen an die fotokatalytischen Nanobeschichtungen in der Praxis erfüllt werden, weder im Hinblick auf

- den Selbstreinigungseffekt noch
- den Abbau von Luftschadstoffen oder
- den Abbau von Schadorganismen, wie Algen und Pilze.

Des Weiteren kommt hinzu, dass

- die Farbbeständigkeit sowohl an Fassaden als auch in Innenräumen und
- folglich die Farbtonauswahl beschränkt sind.

In diesen Punkten gibt es also Grenzen, die zu berücksichtigen sind, denn die Wirksamkeit und die Intensität der Reinigungs- und Abbaueffekte hängen von vielen Faktoren ab. Dies sind im Wesentlichen

- die Beschichtungsformulierung bzw. deren Titandioxidtyp, Pigmentvolumenkonzentration (PVK), Bindemittelbasis und die daraus erzielte fotokatalytische Leistung und
- die Art der Lichtintensität auf den Bestrahlungsflächen (z. B. Sonnenlicht, Leuchtmittel in Innenräumen etc.).

Die Lichtintensität wird wiederum beeinflusst

- von der Lage des Bauteils (z. B. Himmelsrichtung, Innen- oder Außenbauteil etc.),
- von der strukturellen Oberflächengestaltung des Bauobjekts mit lichtgeschützten bzw. ungeschützten Flächenbereichen sowie
- vom Verhältnis des mengenmäßigen Schmutz- bzw. Schadstoffaufkommens zu den bestrahlten Flächengrößen.

Deshalb sollte man zu hohe Erwartungen oder Versprechungen wie „dauerhaft schmutzfrei“ oder „extrem haltbar, weil selbstreinigend“ oder „sorgt fortwährend für keimfreie oder bewuchsfreie Oberflächen“ bis hin zu „unangenehme Gerüche werden in Innenräumen fotokatalytisch beseitigt“ von vornherein relativieren. Ihr Ausmaß in der Wirksamkeit lässt sich in der Regel nicht so einfach einschätzen. Auch wenn die fotokatalytischen Wirkungsmechanismen der Beschichtung tatsächlich existieren und nachweislich funktionieren, sind zur vollen Ausschöpfung der Eigenschaften günstige Umgebungsbedingungen notwendig, die oftmals in der Praxis nicht erreicht werden.

Hinzu kommt: Je höher die Fotoaktivität eines Beschichtungsstoffs ist und je erfolgreicher seine Reinigungs- und Abbaueffekte sind, umso mehr wird er durch die Erzeugung seiner eigenen Radikale aufgrund der Zusammensetzung aus organischen und anorganischen Verbindungen in seiner Substanz und Existenz auch selbst angegriffen und zerstört. Kreidung, Versprödung, Glanzabbau, Ausbleichen, Verfärbung etc. treten so verstärkt auf und beschränken die Haltbarkeit. Aus diesen Gründen wird von den meisten Herstellern intensiv wirksamer fotoaktiver Innenfarben, Fassadenfarben und Putzbeschichtungen auch darauf hingewiesen, dass ihre Farbbeständigkeit und Farbtonvielfalt eingeschränkt sind.

Eine weitere Einschränkung gilt für den Selbstreinigungseffekt: Er funktioniert bei Fassadenbeschichtungen nur in den Flächenbereichen, die für Schlagregen gut zugänglich sind, damit der durch die Fotokatalyse aufbereitete superhydrophile Schmutz leicht abgespült und entfernt werden kann. Unter Dachvorsprüngen, Fensterbänken und sonstigen Fassadenvorsprüngen gelingt dies jedoch wesentlich seltener oder gar nicht. Folglich ergibt

Abb. 7.20: Regengeschützte Flächen mit Schmutzablagerungen gegenüber sauberen ungeschützten Flächenbereichen, in denen Schmutz durch Regen abgewaschen werden konnte: Die Abb. 7.21 und Abb. 7.22 verdeutlichen das Ergebnis des selbstreinigenden Effekts.

Abb. 7.21: Detailansicht der regengeschützten und ungeschützten Fläche mit und ohne Schmutzablagerungen an der Fassade in Abb. 7.20

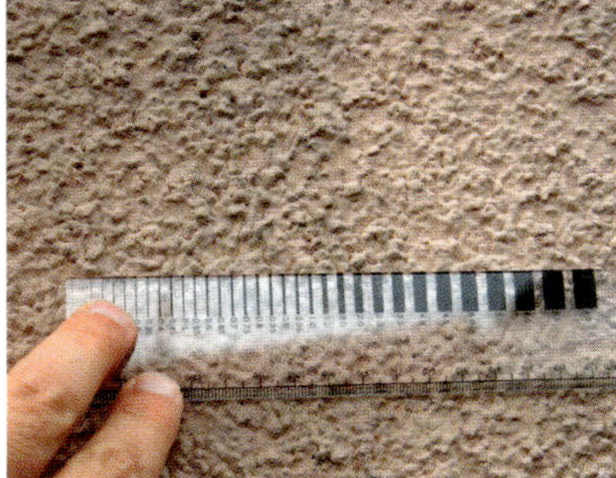

Abb. 7.22: Detailansicht der regengeschützten und ungeschützten Fläche mit und ohne Schmutzablagerungen an der Fassade in Abb. 7.20

sich trotz des Selbstreinigungseffekts mit der Zeit eine Fassadenverschmutzung, weil relativ saubere Flächen gegenüber regengeschützten Arealen durch nicht abgewaschene Schmutzablagerungen ein kontrastreiches Bild ergeben, das die Gesamtansicht einer Fassade schmutzig erscheinen lässt. Für die Praxis bedeutet dies, dass der durch Fotokatalyse erzeugte Selbstreinigungseffekt in der Haltbarkeit oder im Unterhalt, durch Verlängerung von Renovierungszyklen, keine wesentlichen Verbesserungen gegenüber herkömmlichen Fassadenbeschichtungen ergibt (siehe Abb. 7.20 bis Abb. 7.22).

In diesem Zusammenhang wird darauf hingewiesen, dass die Fotokatalyse mit speziellen Sorten von Nano-Anatas-Titandioxid nicht nur allein im UV-Strahlenbereich, sondern auch im energieärmeren sichtbaren Lichtspektrum funktioniert. Dies wird durch eine Nachbehandlung des Titandioxids mit Stickstoffbasen und Glühen bei 400 °C erreicht, wobei im Titandioxid Kohlenstoff als sog. Kohlenstoffdotierung verbleibt. Solche Titandioxidsorten werden bevorzugt in Innenfarben zum Abbau von Gerüchen und Schadstoffen zur Raumluftverbesserung verwendet, weil in Innenräumen durch die UV-Absorption von Fensterglas sonst kaum wirksames UV-Licht zur Fotokatalyse zur Verfügung steht. Tageslicht und Innenraumleuchten reichen bei solchen speziellen Nano-Titandioxid-Sorten zur Aktivierung der Fotokatalyse aus. Dennoch sind die Effizienz der Luftverbesserung sowie die mögliche antibakterielle Wirkung stark abhängig von der Größe der fotokatalytisch behandelten Wandflächen und der Lichtstärke der Beleuchtung.

Auch in Fassadenfarben sind solche kohlenstoffdotierten Anatas-Titandioxide bevorzugt im Einsatz, weil in Lichtschattenbereichen normales Tageslicht ausreicht, um die Fotokatalyse in Gang zu setzen. Da aber in Schattenbereichen meist auch weniger oder gar keine Beregnung stattfindet, sind hier fotoaktive Selbstreinigungseffekte dennoch nur eingeschränkt wirksam. Auch ist festzustellen, dass im UV-Licht und bei direkter Einstrahlung von Sonnenlicht die Fotoaktivität trotz der Kohlenstoffdotierung entschieden effektiver ist als in Schattenbereichen oder im Kunstlicht. Natürlich betrifft dies nicht nur die fotokatalytischen Selbstreinigungseffekte als solche, sondern auch die Abbaumechanismen von Luftschadstoffen oder störenden Schadorganismen.

7.6 Nanostrukturelle Beschichtungen

Die besonderen Eigenschaften von nanostrukturellen Beschichtungen beruhen auf Oberflächenformen in Nanostrukturen, die meist in physikalischer Hinsicht maßgeblichen Einfluss auf Oberflächengrenzen nehmen, so z. B. hinsichtlich Benetzbarkeit, Verschmutzungsneigung und Reinigungsfähigkeit, Haftungseigenschaften zum Untergrund, Wasseraufnahme und Diffusionseigenschaften. Oftmals dient die Natur der Pflanzen- und Tierwelt als Vorbild zur Nachbildung natürlicher Strukturformen, um in der Produktentwicklung effektvolle neue oder verbesserte Eigenschaften erzielen zu können. Anwendung findet die Nutzung solcher nanostrukturierten Formen im Baubereich u. a.

- bei Silikonharzbeschichtungen,
- bei Silikat- und daraus weiterentwickelten Sol-Silikatbeschichtungen und
- bei Polymer-Mineral-Hybridbeschichtungen als jüngster Beschichtungsgeneration, die gewissermaßen eine Weiterentwicklung und Optimierung der vorgenannten Silikonharz- und Silikat-Beschichtungstechnologien darstellt.

Bei optimalen Produktformulierungen ergeben sich bei den einzelnen Beschichtungsformen verschiedene Oberflächeneigenschaften (Tabelle 7.2).

Tabelle 7.2: Oberflächeneigenschaften von Beschichtungen mit Nanostrukturen

Beschichtung	Produkteigenschaften
Silikonharzbeschichtung	hydrophobe oder superhydrophobe, selbstreinigende Oberflächeneigenschaften mit hoch wasserdampf- und kohlendioxiddurchlässigen Kapillaren innerhalb ihrer Filmstruktur
Silikatbeschichtung	sehr hohe Diffusionseigenschaften für Wasserdampf und Kohlendioxid, gekennzeichnet durch eine nano- und mikroporöse Filmstruktur mit Mineralcharakter auf Quarzbasis
Sol-Silikatbeschichtung	• sehr hohe Diffusionseigenschaften für Wasserdampf und Kohlendioxid • sichere Haftung auf organischen Beschichtungsuntergründen wie z. B. Dispersionsanstrichen
Polymer-Mineral-Hybridbeschichtung	• Optimierungen im langzeitbeständigen Selbstreinigungseffekt sowie bei der Wetterbeständigkeit • Reduzierung thermoplastischer Eigenschaften, Verringerung von Schmutzanhaftungen, Versprödung, Kreidung etc.

Nanostrukturelle Silikonharzbeschichtungen

Bauphysikalische Eigenschaften

Das in solchen Beschichtungen bestimmende Bindemittel aus Silikonharzemulsion besteht zu ca. 90 % aus mineralischem Siliciumdioxid. Chemisch darin eingebunden sind ca. 10 % paraffinwachsartige Kohlenwasserstoffverbindungen als sog. Methylgruppen ($-CH_3$). Sie sind völlig unpolar und somit Wasser abstoßend (hydrophob), während das gitterartige, dreidimensionale Quarzgerüst eine polare Grenzoberfläche aufweist (siehe Abb. 7.23).

Quarz als Mineral ist bekanntlich hart und spröde, gegenüber sehr vielen Chemikalien und Säuren absolut stabil bzw. chemisch resistent, in Laugen dagegen begrenzt stabil und sehr beständig gegenüber Witterungseinflüssen. Quarz ist außerdem unbrennbar und schmilzt erst bei sehr hohen Temperaturen um ca. 1.500 °C. Paraffine bzw. Wachse sind dagegen weich und brennbar und schmelzen bei relativ niedrigen Temperaturen. Gegenüber Laugen und Säuren sind sie beständig, chemisch relativ reaktionsträge und gegenüber Witterungseinflüssen relativ gut widerstandsfähig. Betrachtet man diese Eigenschaften der Einzelkomponenten eines Silikonharzes, so wird klar, dass ihre chemische Verbindung erst recht ein stabiles, gegenüber Witterungseinflüssen entsprechend hoch beständiges Konstrukt ergibt. Silikonharz ist daher ein besonders stabiles, hoch temperatur- und wetterbeständiges Material. Seine keramischen Eigenschaften sind unpolar und polar zugleich. Dies führt einerseits auf polaren mineralischen Untergründen zu einer guten Benetzung und stabilen Haftung, die einer chemischen Verbindung ähnlich sind. Andererseits werden aufgrund der Methylgruppen stark Wasser abstoßende (unpolare) Grenzflächen ausgebildet (siehe Abb. 7.23). Die Wasser abstoßenden Grenzflächeneigenschaften bilden im wässrigen Medium des Beschichtungssystems während der Trocknung einen Film aus

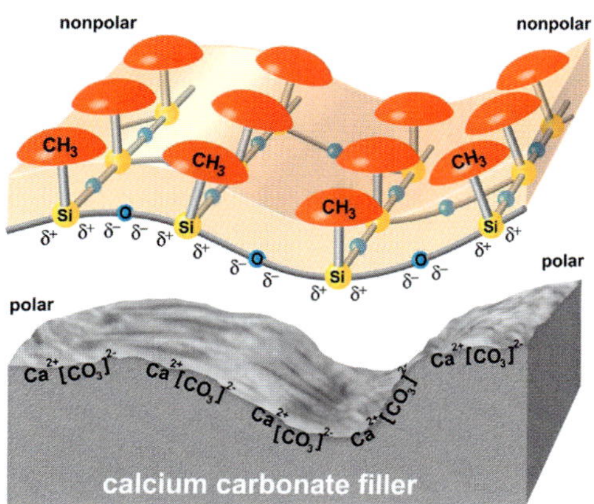

Abb. 7.23: Benetzungs- und Haftungsprinzip von Silikonharzen auf mineralischen Substraten durch zwischenmolekulare Kräfte mit Orientierung des polaren Quarzgerüsts zum polaren Untergrund (Quelle: Wacker Chemie AG)

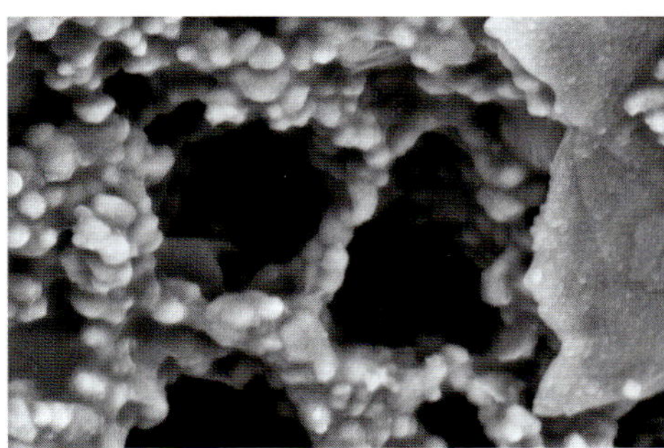

Abb. 7.24: REM-Aufnahme der Kapillarbildung durch Wasser abstoßende Silikonharzgrenzflächen innerhalb eines pigmentierten Beschichtungssystems (Quelle: Wacker Chemie AG)

Kapillaren in Nano- und Mikrogrößenordnungen aus (siehe Abb. 7.24), der für Wasserdampf und Kohlendioxid leicht durchlässig ist.

Das Eindringen von Schlagregen wird durch die hydrophoben Eigenschaften der Kapillaren wirksam behindert, während das Verdampfen von aufgenommenem Regenwasser durch Diffusion gleichsam über dieselbe kapillare Porenstruktur zusätzlich optimiert wird. Silikonharzbeschichtungen sollten daher bei Schichtdicken unter 1.000 µm nach DIN 1062 „Beschichtungsstoffe – Beschichtungsstoffe und Beschichtungssysteme für mineralische Substrate und Beton im Außenbereich – Teil 1: Einteilung“ (2004) in die höchste Klasse V_1 > 150 g Wasserdampfdurchlässigkeit pro m^2 und Tag bzw. s_d < 0,14 m diffusionsäquivalente Luftschichtdicke sowie in die niedrigste Klasse bezüglich der Wasserdurchlässigkeit $W_1 \leq 0{,}1$ kg/($m^2 \cdot h^{0,5}$) eingestuft sein.

Der Lotus-Effect®

Neben den bauphysikalischen Eigenschaften von Nanostrukturen in Silikonharzbeschichtungen gibt es weitere Grenzflächenphänomene, die zur Reduzierung von Oberflächenverschmutzung genutzt werden können. Entdeckt wurde dieses Phänomen bereits in den 1970er-Jahren bei der Erforschung des Selbstreinigungseffekts von Lotuspflanzen. Die inzwischen weltbekannte und geschützte Markenbezeichnung Lotus-Effect® beschreibt die superhydrophoben Eigenschaften von selbstreinigenden mikro- bis nanostrukturierten Oberflächen nach dem pflanzlichen Vorbild.

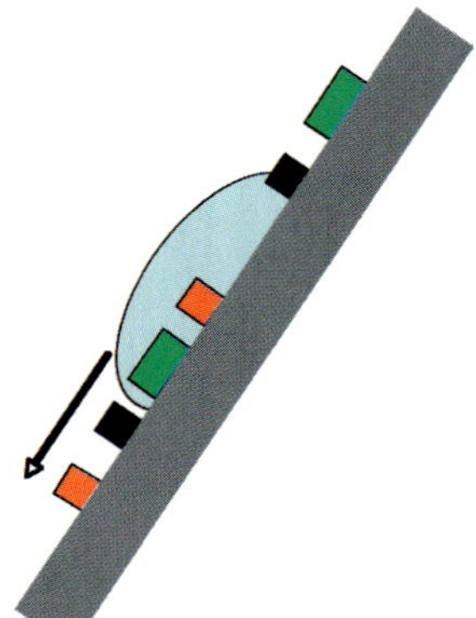

Abb. 7.25: Prinzip der Schmutzanhaftung bei glatten, hydrophoben und glänzenden Oberflächen: Wassertropfen (blau) und Schmutzpartikel (grün, schwarz, rot) haften durch großflächige Benetzungsmöglichkeiten fest am Untergrund, sodass die Schmutzabspülung in Pfeilrichtung behindert wird.

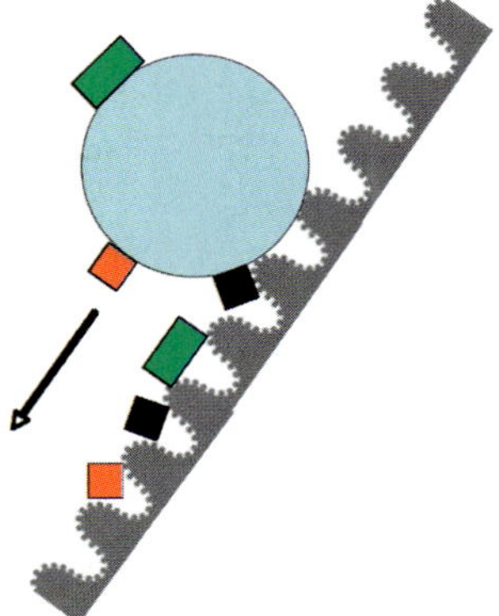

Abb. 7.26: Prinzip des Selbstreinigungseffekts bei Lotuspflanzen: Auf der mikro- und nanostrukturierten Oberfläche eines Lotusblatts finden Wassertropfen (blau) und Schmutz (grün, schwarz, rot) keine Haftungsflächen, sondern nur vereinzelte Punkte zur Benetzung. Wassertropfen verwandeln sich durch superhydrophobe Grenzflächenaktivität in Kugelformen und rollen mitsamt den nicht anhaftenden Schmutzpartikeln von der Blattoberfläche ab.

Abb. 7.27: Lehmstaub löst sich im Inneren des Wassertropfens auf. Durch Abrollen von der superhydrophoben Lotusblattoberfläche geschieht der Selbstreinigungseffekt. (Quelle: Bonn, Nees-Institut für Biodiversität der Pflanzen. Internet: http://www.lotus-salvinia.de/index.php/lotus-effect [Zugriff: 11.06.2014]).

Die Oberflächen von Lotusblättern sind nicht glatt, sondern sowohl im Mikrometer- als auch im Nanometerbereich ausgeprägt rau gestaltet. Dadurch nimmt die Benetzbarkeit der Oberfläche mit Regen- oder Tauwasser gegenüber hochglänzenden, glatten Flächen extrem ab. Weil Lotusblätter zudem aus einer wachsartigen, hydrophoben Substanz bestehen, werden Wassertropfen in Kugelgebilde verformt. Auf diese Weise stehen nur noch punktuelle Haftflächen zur Verfügung, die es ihnen erlauben, völlig widerstandslos, gewissermaßen schwebend, von den Lotusblättern abzurollen. Dabei werden Verschmutzungen von ihren Oberflächen mitgenommen (siehe Abb. 7.25 bis Abb. 7.27). Auch hydrophobe Verschmutzungen, die gewöhnlich auf hydrophoben Untergründen anhaften, sowie Mikroorganismen können im Selbstreinigungseffekt durch abrollende Wassertropfen von Lotusblattoberflächen entfernt werden. So entstehen nach Beregnungen stets saubere Oberflächen.

Bei Silikonharzbeschichtungen wird zur Erzeugung superhydrophober Oberflächen die naturraue Oberflächentextur durch Füllstoff- und Pigmentkombinationen in optimalen Mikro- und Nanokorngrößenverteilungen näherungsweise imitiert. Auch wenn eine exakte Nachbildung der natürlichen Oberflächentextur von z. B. Lotusblättern nicht möglich ist, verhalten sie sich entsprechend superhydrophob. Die Unbenetzbarkeit mit Wasser kann jedoch bei technischen Rekonstruktionen unter Taukondensationsbedingungen erheblich herabgesetzt werden. Lotus *Nimbus nucifera* dagegen funktioniert auch unter diesen Bedingungen praktisch ohne Verlust der Superhydrophobie und des Selbstreinigungseffekts inklusive der unterstützenden Abwehrfunktion gegen Mikroorganismenbefall. Superhydrophobe Silikonharzbeschichtungen können demzufolge nicht dieselbe Effizienz im Selbstreinigungseffekt erzielen wie ein Lotus als Vorbild, auch wenn sie mit dem Label Lotus-Effect® beworben werden.

Trotzdem stellen solche superhydrophoben Silikonharzbeschichtungen zweifellos hochwertige Produkte dar, die sich inzwischen weltweit unter verschiedensten Klimabedingungen hervorragend bewährt haben. Hierzu gehören aber auch die klassischen Silikonharzbeschichtungen, die silikontypisch „nur" hydrophob, aber nicht superhydrophob sind und seit vielen Jahrzehnten mit ebenso guten Erfahrungen eingesetzt werden. Ihre Kontaktwinkel bei Oberflächenbenetzung mit Wasser sind je nach Konditionierung erheblich kleiner, sodass Wassertropfen weniger leicht abrollen. Dennoch erweisen sich, entgegen den Erwartungen, klassische Silikonharzbeschichtungen mit ihren geringeren hydrophoben Eigenschaften signifikant weniger schmutz- und biobefallsanfällig als superhydrophobe Einstellungen. Dies zeigen sowohl Beobachtungen über jahrelange Zeiträume aus der Praxis als auch Ergebnisse aus Freilandbewitterungstests bei Vergleichen (siehe Abb. 7.28 bis Abb. 7.30).

Den Bewitterungsergebnissen zufolge perlt offenbar trotz Lotus-Selbstreinigungseffekt nicht jede Verschmutzung dauerhaft von superhydrophoben Silikonharzbeschichtungen mit dem Regen ab. Klassische hydrophobe Silikonharzbeschichtungen bleiben unter gleichen Bedingungen sogar sauberer. Die Gründe hierfür können sehr vielfältig und komplex sein, wie die folgenden Beispiele für mögliche Ursachen von abweichenden Ergebnissen zwischen der beschichtungstechnischen Reproduktion und dem Lotusvorbild zeigen:

- Die Übereinstimmungen in der Oberflächentextur und Oberflächenchemie sind nicht perfekt. Weder die Lotus-Wachschemie noch dessen Nanoröhrchenstruktur lassen sich bisher realistisch imitieren.
- Ein temporärer Verlust der Unbenetzbarkeit in klimabedingten Tauwasser- und Kondensationssituationen ist möglich.
- In der technischen Reproduktion können verwitterte Oberflächentexturen durch UV-Bestrahlungen nicht wie bei der lebendigen Lotuspflanze nachwachsen.
- Als Folge davon entsteht langfristig eine erhöhte Verschmutzungs- und Biobefallsneigung bei der technischen Reproduktion, u. a. durch erhöhte Feuchtigkeitseinwirkung und erhöhte Benetzungsmöglichkeit für hydrophobe Schmutzpartikel in Feinstäuben aus Ruß, Reifenabrieb etc.

Abb. 7.28: Freilandbewitterungstest einer Silikonharzbeschichtung auf Faserzementplatten (DIN-A4-Format) nach 24 Monaten bei 45°-Neigung gegen Süden in den Lechtaler Alpen auf 1.100 m Höhe ü. M; links **ohne** und rechts **mit** superhydrophober Einstellung

Abb. 7.29 und 7.30: Makro-Detailansicht zu Abb. 7.28 bei Benetzung mit Wasser: links **ohne** und rechts **mit** superhydrophober Einstellung

Natürlich darf generell auch nicht außer Acht gelassen werden, dass beim Selbstreinigungseffekt durch das Abwaschen bei Beregnung objektspezifisch Bauteile nur dann von Verschmutzung befreit werden können, wenn sie nicht regengeschützt sind. Dies bedeutet, dass zukünftig Verschmutzungen in Form von unterschiedlichen Kontrastierungen an Gebäuden langfristig unvermeidbar sind, obwohl die technische Reproduktion des Lotuseffekts komplett gelungen ist, weil übliche Fassadengliederungen immer regengeschützte Bauteilflächen aufweisen.

Im Ergebnis wird man also auch in ferner Zukunft, trotz eines möglichen technischen Fortschritts, auf Sanierungen nicht verzichten können. Deshalb sollten jegliche Versprechungen hinsichtlich „dauerhaft sauberer Oberflächen" bis hin zu „Selbstreinigungseffekten" für jede Bindemittel- oder Materialart sowie deren technische Funktionsgrundlagen (Nano etc.) in Bauverträgen generell entsprechend relativiert werden, um Ansprüchen durch Nichterfüllung von geforderten Leistungsansprüchen zu entgehen. Dies gilt auch, wenn die Beschichtungsstoffhersteller ihre diesbezüglichen Produktinnovationen dementsprechend ausloben und dafür rechtlich die Verantwortung tragen. In der Regel betreffen nämlich ihre Werbeaussagen nur nachweisbare Prüfergebnisse, die mit praxisgemäßen Objektbedingungen nur

Abb. 7.31: Kaliumsilikat-Stückglas als abgekühltes Schmelzprodukt vor der Auflösung in Wasser

äußerst selten übereinstimmen. Somit verbleibt die Verantwortlichkeit in speziellen Zusagen nach wie vor beim Auftragnehmer oder Planer, sollte er sie zur Begründung seines speziellen, objektspezifischen Auftrags als Argument verwenden bzw. versprechen.

Zur Begründung der möglichen Ursachen für die geringere Verschmutzungsneigung von nicht superhydrophob eingestellten Silikonharzbeschichtungen könnte folgender Ablauf relevant sein:

- Unter Kondensationsbedingungen können bei selbstreinigenden, superhydrophoben Silikonharzbeschichtungen lange Perioden hoher Oberflächenfeuchte auftreten, die bei geringerer Hydrophobie, wie bei klassischen Silikonharzbeschichtungen, weniger vorhanden sind.
- Dies gilt deshalb, weil die zum Abrollen benötigte Gewichtsmasse Wasser groß genug sein muss.
- Der Zeitbedarf zum Anwachsen solcher gewichtigen Tropfen unter Kondensationsbedingungen ist entsprechend größer. Dabei können Möglichkeiten zur Ansiedlung und Auskeimung von Pilzsporen etc. oder Anhaftungen von Schmutzpartikeln entstehen.
- Im Ergebnis dauern Feuchtigkeitsperioden bei superhydrophober Einstellung länger als bei der silikonharztypischen Einstellung.
- In der Folge können bei der Langzeitbewitterung von superhydrophoben Silikonharzbeschichtungen mit Lotuseffekt verstärkt punktförmige mikrobiologische Befallserscheinungen neben feuchtigkeitsbedingten Schmutzanhaftungen auftreten, wie die in Abb. 7.28 bis Abb. 7.30 dargestellten Ergebnisse eines Freilandbewitterungstests zeigen.

Silikatbeschichtungen auf Basis von Kaliwasserglas

Kaliwasserglas entsteht beim Verschmelzen von Kieselerde in Form von Quarz (SiO_2) und Pottasche bzw. Kaliumcarbonat (K_2CO_3) bei Temperaturen von 1.300 bis 1.500 °C unter Abspaltung von Kohlendioxid (CO_2), das optisch von Flaschenglas nicht zu unterscheiden, aber wasserlöslich ist (siehe Abb. 7.31). Die folgende Formel zeigt das Prinzip der Herstellung von

Kaliwasserglas als bedeutendstem Bindemittel für Silikatanstriche und Silikatputzbeschichtungen.

$$\underset{\text{(Quarz)}}{SiO_2} + \underset{\text{(Pottasche)}}{K_2CO_3} \xrightarrow[\text{ca. 1.300 °C}]{\text{Schmelze bei}} \underset{\text{(Kaliwasserglas/Kaliumsilikat)}}{K_2SiO_3} + CO_2$$

In Wasser gelöstes Kaliwasserglas besteht aus unsichtbaren, schwach sauren Kieselsäureteilchen (H_2SiO_3) in Nanogrößenordnungen von ca. 2 nm, die als quarzverwandte glasartige Substanz in feinster Verteilung im stark alkalischen Milieu aus Kalilauge (KOH) vorliegen. Kaliwasserglas reagiert deshalb als Lösung in Wasser mit pH-Werten von 11 bis 13, abhängig vom Kieselsäuregehalt, stark alkalisch. Die Zugabe von Kaliwasserglas bestimmt die Eigenschaften von Silikatbeschichtungen.

Trocknungs- und Abbindefunktion von Silikatbeschichtungen

Im Gegensatz zu dispersions- oder silikonharzgebundenen Beschichtungen, die überwiegend physikalisch durch Verdunstung des Wassers abbinden, erhärten Silikatbeschichtungen mit dem Bindemittel Kaliwasserglas chemisch mithilfe der Kohlensäure aus der Luft und bilden dabei feste Verbindungen mit den Pigment- und Füllstoffbestandteilen und dem Untergrund. Diese Verkieselungsreaktionen laufen allerdings nur ab, wenn die Voraussetzungen dafür vorhanden sind. Hierzu gehören

- ausreichende klimatische Bedingungen (zwischen 8 und max. 30 °C Objekttemperatur, über 40 bis max. 90 % relative Luftfeuchte sowie Schutz vor direkter Sonneneinstrahlung und starkem Wind; keine Beregnung, Tauwasserbildung oder Frosteinwirkung während der Trocknung und Abbindung),
- verkieselungsfähige Pigment- und Füllstoffkombinationen (alkali- und lichtbeständige Mineraloxidpigmente sowie geeignete silikatische und carbonatische Füllstoffe),
- verkieselungsfähige mineralische Untergründe in geeigneter silikatischer und carbonatischer Zusammensetzung (Gips, Holz, Gipskarton und organisch gebundene Beschichtungen wie Dispersionsfarben sind zur chemischen Verkieselung ungeeignet),
- Untergrundkonstitutionen, die als solche zur Vermeidung von Farbunterschieden im Saugverhalten gleichmäßig, nicht zu feucht und nicht zu trocken sind, keine Sinterschichten, Schalöle oder trennenden Substanzen wie Schmutz, Algen etc. auf ihren Oberflächen aufweisen, sauber, ausreichend tragfest, mechanisch fest abgebunden und ggf. mit fixierenden Fluaten (Fluorkieselsäurepräparaten) und Silikatgrundierungen vorbehandelt sind.

Sind alle Voraussetzungen erfüllt, entstehen unter solchen Bedingungen nahezu wieder dieselben Ausgangssubstanzen, wie sie zuvor zur Herstellung von Kaliwasserglas unter sehr hohen Schmelztemperaturen mit entsprechend hoher Energiezufuhr erzeugt wurden, allerdings schon ab 8 °C, wie folgende Formel zeigt.

$$\underset{\text{Kaliwasserglas}}{K_2SiO_3 \cdot n\,H_2O} + \underset{\text{Kohlendioxid}}{CO_2} \xrightarrow[\text{> 40 bis ca. 90 \% rel. Luftf.}]{\text{oberhalb +8 °C}} \underset{\text{Pottasche}}{K_2CO_3} + \underset{\text{Kieselsäure (Quarz)}}{SiO_2 \cdot n\,H_2O}$$

Demnach stellt in Wasser gelöstes Kaliwasserglas eine reaktionsfreudige und somit instabile chemische Verbindung dar. Kaliwasserglas als Bindemittel geht z. B. im Kontakt mit verkieselungsfähigen Untergrundsubstraten wie Calciumhydroxid oder Metalloxidpigmenten wie Zinkweiß (ZnO) chemische Verbindungen ein, wie folgende Formeln zeigen.

$$\underset{\text{Calciumhydroxid}}{Ca(OH)_2} + \underset{\text{Kaliwasserglas}}{K_2SiO_3 \cdot n\,H_2O} + CO_2 \longrightarrow \underset{\text{Calciumsilikat}}{CaSiO_3 \cdot n\,H_2O} + \underset{\text{Pottasche}}{K_2CO_3} + H_2O$$

$$\underset{\text{Zinkoxid}}{ZnO} + \underset{\text{Kaliwasserglas}}{K_2SiO_3 \cdot n\,H_2O} + CO_2 \longrightarrow \underset{\text{Zinksilikat}}{ZnSiO_3 \cdot n\,H_2O} + \underset{\text{Pottasche}}{K_2CO_3}$$

Dass dadurch im Endeffekt hoch wetterbeständige Beschichtungssysteme entstehen können, ist in Anbetracht der Wetterbeständigkeit von Quarz oder Glas als Material plausibel. Hinzu kommt, dass deren Haftungs- und Bindungsmechanismen auf unlösbaren chemischen Verbindungen mit quarzkeramikähnlichen Eigenschaften in stabiler Form beruhen, die aus dem instabilen bzw. reaktiven Kaliwasserglas hervorgegangen sind.

Oberflächenstrukturen

Die Oberflächenstrukturen von Silikatbeschichtungen sind im Gegensatz zu Dispersionsbeschichtungen erheblich offenporiger. Aus diesem Grund erreichen Silikatfarben und Silikatputze neben Silikonharzbeschichtungen auch die höchste Wasserdampf- und Kohlendioxiddurchlässigkeit mit niedrigsten Diffusionswiderständen. Hierbei spielt es praktisch keine Rolle, ob man diesbezüglich Reinsilikat- oder Dispersionssilikatbeschichtungen nach VOB/C ATV DIN 18363 „Maler- und Lackierarbeiten – Beschichtungen" (2010) betrachtet, die maximal 5 Gew.-% organische Bestandteile, bezogen auf die Gesamtmenge Beschichtungsstoff, enthalten dürfen. Offenbar werden die Diffusionseigenschaften durch den geringen Dispersionsgehalt solcher Silikatbeschichtungen nicht beeinflusst. Die Porosität beruht wiederum auf Nanostrukturen.

Typische Oberflächeneigenschaften

Nicht hydrophobierte Silikatbeschichtungen wie zweikomponentige Reinsilikatfarben oder einkomponentige Dispersionssilikatfarben sind aufgrund der wasserlöslichen Pottasche sowie des nach der Pottascheauswaschung verbleibenden Quarzgerüstes ausgeprägt hydrophil. Auch ihre Neigung zur hohen kapillaren Wasseraufnahme ist darin begründet.

Die Wasserdurchlässigkeit nach DIN 1062 „Beschichtungsstoffe – Beschichtungsstoffe und Beschichtungssysteme für mineralische Substrate und Beton im Außenbereich – Teil 1: Einteilung" (2004) liegt bei zweikomponentigen

Reinsilikatfarben in Klasse W_1 (sehr hoch) und erreicht w-Werte > 2,0 kg/(m^2 · h^{0,5}), was einer Wassermenge > 9,8 kg/m^2 in 24 Stunden entspricht. Nach der Norm DIN 4108-3 „Wärmeschutz und Energie-Einsparung in Gebäuden – Teil 3: Klimabedingter Feuchteschutz; Anforderungen, Berechnungsverfahren und Hinweise für Planung und Ausführung" (2001) können derart wasserdurchlässige Beschichtungen in Deutschland nur in Gebieten eingesetzt werden, die der Schlagregenbeanspruchungsgruppe I mit Jahresniederschlagsmengen unter 600 l/m^2 entsprechen (siehe Kapitel 2.3.2, Abb. 2.22).

Dagegen ermöglicht die Zugabe des Dispersionsanteils neben erheblichen Erleichterungen in der Verarbeitung weitere Verbesserungen bei einkomponentigen Dispersionssilikatfarben: Verringerung der Wasseraufnahme, Erhöhung der Kreidungsresistenz, Erniedrigung der Filmspannung, Haftungsverbesserung auf Mischuntergründen. Jedoch ist trotz des Dispersionsbindemittelanteils in Einkomponentensilikatfarben die kapillare Wasseraufnahme ohne Zusätze weiterer Hydrophobierungsmittel aus Paraffinwachsen, Silikonölen oder Silikonharzen bei Schlagregenbeanspruchung entsprechend der Klassifizierung W_1 nach DIN 1062-1 relativ hoch. Ihre w-Werte liegen im Bereich 0,5 bis 2,0 kg/(m^2 · h^{0,5}), was gemäß DIN 4108-3 der Klassifizierung Wasser hemmend entspricht. Dispersionssilikatfarben mit Hydrophobierungsmittelzusätzen weisen dagegen eine mittlere kapillare Wasseraufnahme auf und werden gemäß DIN 1062-1 in Klasse W_2 mit w-Werten von 0,1 bis 0,5 kg/(m^2 · h^{0,5}) sowie nach DIN 4108-3 als Wasser abweisend eingestuft. Sie sind uneingeschränkt für alle Schlagregenbeanspruchungsgruppen (I, II und III) einsetzbar (siehe auch Kapitel 2.3.2, Abb. 2.22) und entsprechen den Anforderungen der Künzel'schen Fassadenschutztheorie. In dieser Qualitätseinstufung sind sie an ihren Oberflächen hydrophob, wobei bei Benetzung mit Wassertropfen Kontaktwinkel von 90 bis ca. 130° ausgebildet werden können. Superhydrophobe Einstellungen mit mehr als 140° Kontaktwinkel sind nicht möglich.

Dennoch entwickeln Silikatbeschichtungen im Laufe der Bewitterung im Gegensatz zu Silikonharzbeschichtungen wegen ihrer typischen Kreidungsneigung, der sog. Edelkreidung, ebenfalls einen Selbstreinigungseffekt. Sie wird vor allem durch Fotokatalyse bei UV-Bestrahlung ausgelöst, wobei Titandioxid sowie die metalloxidischen Buntmineralpigmente als Katalysatoren funktionieren (siehe Kapitel 7.5). Weil die Bindemittelmatrix wegen des niedrigen Dispersionsgehalts überwiegend mineralkeramischer Natur ist, werden die durch Kreidung freigelegten Pigmentierungen auf den Oberflächen weniger thermoplastisch verklebt und festgehalten, sodass sie relativ leicht mit dem Regen abgewaschen werden können.

Infolge ihrer porigen Filmstrukturen sind alle Silikatbeschichtungen nach VOB/C ATV DIN 18363, Abschnitt 2.4.1, egal ob mit oder ohne Zusatz von Dispersionsbindemittel und Hydrophobierungsmittel, sehr diffusionsoffen. Ihre Wasserdampf-Diffusionsstromdichte (V-Wert) entspricht nach DIN 1062-1 der höchsten Klasse V_1 mit mindestens 150 g Wasserdampfdurchlässigkeit pro m^2 in 24 Stunden. Bei einem s_d-Wert von 0,01 m äquivalenter Luftschichtdicke, der bei hydrophobierten Dispersionssilikat-Fassadenfarben durchaus gängig ist, bedeutet dies gemäß Umrechnung nach DIN 1062 mit dem Faktor 21 sogar:

$$V\text{-Wert} = \frac{21}{s_d\text{-Wert}} = \text{Wasserdampfdurchlässigkeit in g/m}^2 \text{ in 24 h}$$

$$V\text{-Wert} = \frac{21}{0{,}01 \text{ m}} = 2.100 \text{ g/(m}^2 \cdot 24 \text{ h)}$$

Demzufolge würde eine nicht hydrophobierte Zweikomponenten-Reinsilikatfarbe nach historischem Vorbild mit einem *w*-Wert von > 2,0 kg/(m² · h^0,5) in 24 Stunden 4,9-mal so viel Wasser durch Beregnung aufnehmen, also insgesamt > 9,8 kg/m². Setzt man den *w*-Wert zum *V*-Wert ins Verhältnis, so erhält man gemäß

$$w\text{-Wert}/V\text{-Wert} = > 9{,}8 \frac{\text{kg}}{\text{m}^2 \cdot 24 \text{ h}} / 2{,}1 \frac{\text{kg}}{\text{m}^2 \cdot 24 \text{ h}}$$

einen Faktor im Wert von > 4,7. Er besagt, dass die bei Schlagregen aufgenommene Wassermenge mehr als 4,7 Tage benötigt und mehr als 4,7-mal mehr Zeit in Anspruch nimmt, bis eine vollständige Austrocknung durch Dampfdiffusion eintritt. Dies bedeutet, dass eine nicht hydrophobierte Silikatbeschichtung relativ lange der Feuchtigkeit ausgesetzt sein kann, was sich auf die Algen- und Pilzresistenz negativ auswirkt, sobald die Alkalität aus der bei der Verkieselung erzeugten wasserlöslichen Pottasche durch Beregnung ausgewaschen ist.

Betrachtet man dagegen in derselben schematischen Weise eine stark hydrophobierte Dispersionssilikatfarbe mit gleichem s_d-Wert von 0,01 m, aber ungleich kleinerem *w*-Wert von nur 0,1 kg/(m² · h^0,5), so können durch die geringere Wasseraufnahme wesentlich bessere Verhältnisse im Feuchtehaushalt erzielt werden. Denn die Wasseraufnahme [W_{24}] beträgt nach 24 Stunden nur 0,49 kg/m², wie folgende Umrechnung zeigt:

$$W_{24} = w\text{-Wert in 24 h} = 0{,}1 \frac{\text{kg}}{\text{m}^2 \cdot \text{h}^{0{,}5}} \cdot \sqrt{24 \text{ h}} = 0{,}49 \frac{\text{kg}}{\text{m}^2}$$

Die Austrocknungszeit nach der Beregnung ist nach

$$w\text{-Wert}/V\text{-Wert} = 0{,}49 \frac{\text{kg}}{\text{m}^2 \cdot 24 \text{ h}} / 2{,}1 \frac{\text{kg}}{\text{m}^2 \cdot 24 \text{ h}}$$

im Ergebnis um das 4,3-Fache kürzer als die Wasseraufnahme. Oberflächen und Untergründe bleiben demzufolge mit solchen Dispersionssilikatfarben länger trocken und sind weniger durch Befall mit Mikroorganismen gefährdet als nicht hydrophobierte Flächen.

Silikonharzbeschichtungen mit vergleichbar geringen s_d-Werten und gewöhnlich deutlich niedrigeren w-Werten verhalten sich bezüglich des Feuchtehaushalts mindestens vergleichbar günstig mit – bei biozidfreier Ausstattung – ebenso geringen Befallsrisiken. Die Alkalität von Silikatbeschichtungen funktioniert in Form der extrem wasserlöslichen Pottasche zwar bewuchshemmend, neutralisiert sich aber erfahrungsgemäß durch Auswaschung bei Beregnung deutlich schneller als die geringer löslichen Biozidzusätze in hydrophoben Silikonharzbeschichtungen. Weil diese im Gegensatz zu Dispersionssilikatprodukten pH-neutral und nicht alkalisch sind, werden biozide Zusätze zur Bewuchshemmung nicht vorzeitig durch Alkalitätseinwirkung zerstört und die Wirksamkeit gegen Befall mit Mikroorganismen bleibt somit länger erhalten. Biozidausgestattete Silikonharzbeschichtungen sind daher hinsichtlich des geringeren Befallsrisikos gegenüber biozidfreien und biozidhaltigen Silikatbeschichtungen in der Langzeitbetrachtung bei entsprechenden Formulierungen eher im Vorteil.

Nanostrukturelle Sol-Silikatbeschichtungen

Neben den zweikomponentigen Reinsilikatbeschichtungen und den einkomponentigen Dispersionssilikatbeschichtungen stellen Sol-Silikatbeschichtungen seit etwa einem Jahrzehnt die jüngste oder dritte Generation von Silikatbeschichtungen dar. Im Handel werden sie auch als Dispersionssilikatbeschichtungen auf Basis einer „Kieselsol-Technologie", „Sol-Gel-Technologie", „nanokristallinen Silikattechnologie" oder „alkaliarmen Polysilikat-Technologie" bezeichnet. Sie sollen die Vorteile der Silikattechologie mit denen der organischen Beschichtungstechnologie verbinden. Bevor Kieselsole den Dispersionssilikatbeschichtungen hinzugefügt wurden, waren sie schon lange zur Herstellung von Injektionsmörteln und Hinterfüllmassen in der Steinrestaurierung im Einsatz.

Funktionsweise von Sol-Silikatbeschichtungen

Kieselsol ist im Prinzip eine Art Vorverkieselungsstufe bei der Abbindung von Wasserglasbindemittel, die grundsätzlich bei jeder Silikatbeschichtung während der Verkieselungsreaktion durch das Ansäuern mit Luftkohlensäure in der Kieselsäure-Gelphase entsteht, bevor der Verkieselungsprozess mit der Ausbildung von Pottasche endgültig abgeschlossen ist. Es handelt sich also um eine Art vorverkieseltes Wasserglas. Bei der Herstellung von Kieselsole werden die darin enthaltenen Kaliumionen (K^+) durch Wasserstoffionen (H^+) ausgetauscht. Das so entstandene Kieselsol wird alkalisch stabilisiert, um lagerfähig zu sein. Dennoch bleibt es wegen des Austausches von Kalium ein alkaliarmes Kieselsol in Form einer wässerigen Kieselsäuredispersion aus Nano-Polysilikatpartikeln mit Teilchengrößen zwischen 10 und 100 nm. Kieselsole in dieser Form trocknen bzw. binden chemisch ab wie Kaliwasserglas. Sie entstehen während des Trocknens bei der Annäherung und Berührung der Kieselsäurepartikel durch Abspaltung von Wasser und Vernetzung zu – Si-O-Si-Bindungen und bilden dabei analog zu Silikatbeschichtungen ein räumliches Netzwerk als dreidimensionales Quarzgittergerüst analog Abb. 7.32.

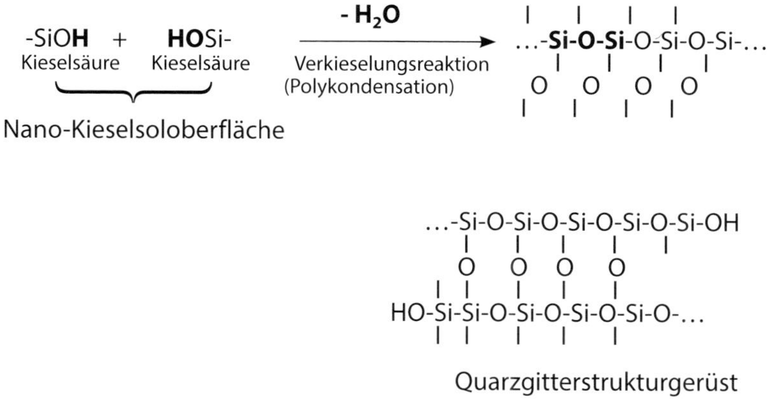

-SiO**H** + **HO**Si- $\xrightarrow{-H_2O}$ ...-**Si-O-Si**-O-Si-O-Si-...

Kieselsäure Kieselsäure Verkieselungsreaktion (Polykondensation)

Nano-Kieselsoloberfläche

...-Si-O-Si-O-Si-O-Si-O-Si-OH

O O O O

HO-Si-Si-O-Si-O-Si-O-Si-O-...

Quarzgitterstrukturgerüst

Abb. 7.32: Prinzip der Verkieselungsreaktion bei der Abbindung von Kieselsol während des Trocknungsprozesses

Eigenschaften von Sol-Silikatbeschichtungen

Dispersionssilikatbeschichtungen mit Kieselsolen können auf organischen Untergründen, wie z. B. matten Dispersionsfassadenanstrichen, auch ohne spezielle sog. kaliwasserglasbasierte Quarzhaftbrücken direkt aufgetragen werden und eine gute Haftung erzielen. Die Ursache hierfür soll, den Angaben verschiedener Hersteller zufolge, vor allem die Kombination aus Wasserglas und Kieselsol sein, die jeweils als alleinige Bindemittelkomponente keine Benetzung und Haftung auf organischen Untergründen erzielen, hingegen als stabilisierte Mischung darauf benetzen und haften, auch wenn ihnen kein Dispersionsbindemittel zugesetzt wird. Um eine Verbesserung der Lagerstabilität und der Haftung, eine Herabminderung der Filmspannung und der glasartigen Sprödigkeit sowie eine Verbesserung der Pigmentbindung und eine einfache, sichere Verarbeitung zu erzielen, wird allerdings auf die Zugabe von Dispersionsbindemittel, in der Regel im Rahmen der zulässigen Grenzwertdosierung nach VOB/C ATV DIN 18363, Abschnitt 2.4.1, nicht verzichtet. Sol-Silikatbeschichtungen werden demzufolge wie diverse Dispersions- und Silikonharzbeschichtungen auch direkt zur Überarbeitung auf tragfeste organische und mineralische Beschichtungen empfohlen. Dies ist ein wesentlicher Fortschritt in der Silikattechnologie der sog. dritten Generation.

Der Haftungsmechanismus auf organischen Dispersionsbeschichtungsstoffen oder Kunststoffen in Form von Verkieselungsreaktionen kann hier jedoch nicht auf denselben chemischen Bindungsmechanismen beruhen wie bei gewöhnlichen Silikatbeschichtungen auf mineralischen, verkieselungsfähigen Untergründen. Er ist sicherlich mehr physikalischer Natur und kann durch die Zugabe thermoplastischer Dispersionsbindemittel wesentlich unterstützt werden. Denn organische Polymere sind weder mit Kaliwasserglas noch mit Kieselsolen und mit deren Mischungen chemisch vernetzbar oder verkieselungsfähig. Sol-Silikatbeschichtungen verkieseln zwar auf organischen Untergründen als Beschichtungssystem mit sich selbst, aber eben nicht mit dem Untergrund.

Sol-Silikatbeschichtungen unterscheiden sich nach VOB/C ATV DIN 18363, Abschnitt 2.4.1, von herkömmlichen Silikatbeschichtungen ansonsten im Eigenschaftsbild hinsichtlich Wetterbeständigkeit, sog. Edelkreidung, in der Farbtonauswahl und in der Lichtbeständigkeit, im Brandverhalten, bezüglich der s_d-, w- und V-Werte nach DIN 1062-1 sowie in der Verarbeitung nur unwesentlich oder gar nicht voneinander. Auch die Verkieselungschemie ist prinzipiell gleich. Der Unterschied besteht in der Vorverkieselung in Form des eingebauten Kieselsols. Es senkt den Kaliumgehalt und damit den Anteil alkalisch wirkender Pottasche nach der Abbindung. Alte, ggf. nicht verseifungsbeständige Dispersionsanstriche können dadurch evtl. weniger angegriffen oder zerstört werden als bei der Überarbeitung mit herkömmlichen Dispersionssilikatbeschichtungen. Alkaliempfindliche Bauteile aus Glas, Keramik, Aluminiumblechen und Kunststoffen können evtl. durch die etwas verminderte Alkalität weniger angreifbar sein.

Dafür können Mikroorganismen wie Algen und Pilze aber etwas früher auskeimen, was mit generell alkaliempfindlichen Bioziden wiederum erfolgreicher vermieden werden kann, weil sich im alkaliärmeren Milieu eine verbesserte Stabilität gegenüber stark alkalischen Silikatbeschichtungen erzielen lässt. Auch entsteht durch eine schnellere Abbindung aufgrund der Vorverkieselung mehr Sicherheit für störungsfreie Verkieselungsreaktionen bei ungünstigen labilen Witterungsbedingungen.

Historische Natursteine, insbesondere tonhaltige Sandsteine, und weiche Kalkputze sind problematische Untergründe für die schwundspannungsreichen, glasigen und sprödharten Silikatbeschichtungen, auch bei geringen thermoplastischen Dispersionszusätzen in einkomponentigen Silikatbeschichtungen. Hier können evtl. durch die Vorverkieselung und die schnellere Abbindung ggf. die typischen hohen Schwundspannungskräfte der Silikatbeschichtungen etwas herabgemindert sein, um im erprobten Einzelfall besser, ohne Abplatzungen, funktionieren zu können.

So betrachtet bringt die nanoskalige Kieselsolmodifizierung in Silikatbeschichtungen dem Anwender, Planer und Investor insgesamt verbesserte Chancen, Beschichtungsmängel zu vermeiden und bei Renovierungen oder Neuanstrichen die silikattypischen langen Haltbarkeitsziele mit den angestrebten langen wartungsfreien Standzeiten mit höherer Sicherheit umzusetzen.

Nanostrukturelle Polymer-Mineral-Hybridbeschichtungen

Im Handel werden Polymer-Mineral-Hybridbeschichtungen u. a. umschrieben mit Begriffen wie „Nano-Hybrid-“, „Nanokomposit-“, „Anti-Aging-“ oder „Nano-Quarzgitter-Technologie“. Sie enthalten Bindemittel in einer speziellen neuen wässerigen Dispersionsform, die ein anorganisch-organisches Verbundmaterial als Hybrid darstellen, in das harte keramische Nanopartikel aus Kieselsolen in einer elastoplastischen Acrylpolymermatrix homogen eingebunden bzw. eingebettet sind. Dies geschieht durch eine innovative Emulsionspolymerisation gemäß dem von BASF dargestellten Schema in Abb. 7.33.

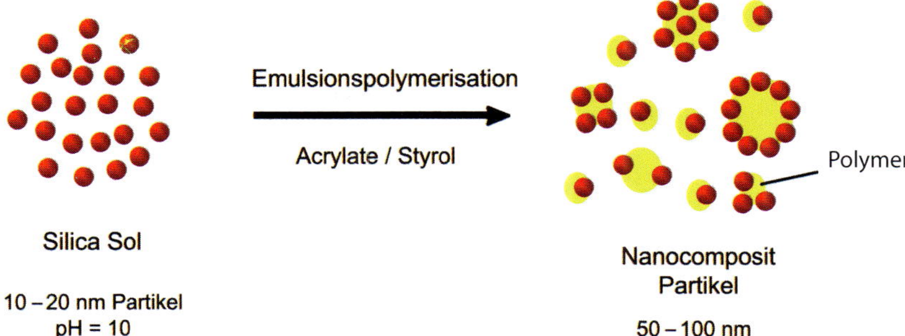

Abb. 7.33: Prinzip der Emulsionspolymerisation aus Kieselsol (Quelle: BASF SE, Ludwigshafen)

Anders als bei Dispersionssilikat- und Sol-Silikatbeschichtungen stellen diese Nanokompositionen keine einfachen Mischungen aus organischen Dispersions- und anorganischen Silikatbindemitteln, sondern nanohomogene Netzwerkstrukturen dar. Daher können diese Nanokomposit-Bindemittel die Vorzüge organischer Bindemittel wie Elastizität und Wasser abweisende Wirkung dauerstabil mit denen anorganischer Bindemittel wie Härte und Diffusionsoffenheit verbinden. Nach dem Auftragen und Trocknen der Nano-Hybridbeschichtung entsteht aus den eingebetteten Nano-Kieselsolpartikeln eine homogen ausgebildete dreidimensionale Quarzgitterstruktur im kompletten Beschichtungssystem.

Die Dispersionspolymerkomponente selbst bindet physikalisch nach dem Verdunsten von Wasser wie übliche Dispersionsbindemittel bei einer Mindestfilmbildetemperatur (MFT) von +5 °C durch den sog. plastischen Fluss ab. Hierbei fließen die einzelnen thermoplastischen Mikro-Dispersionspartikel zu einem festen Polymerfilm zusammen. Nach diesem Prinzip werden sowohl die Pigment- und Füllstoffkombinationen miteinander als auch das Beschichtungsmaterial mit dem Untergrund haftfest verbunden.

Die Oberflächen von Beschichtungen mit nanostrukturierten Polymer-Mineral-Hybrid-Bindemitteln sind dauerhaft weniger schmutzanfällig, weil aufgrund der beschriebenen Mineralisierung im organischen Medium die Thermoplastizität verloren geht. Auch wird die Oberfläche dadurch hydrophil, wobei der hydrophile Charakter bei mineralischen, lichtbeständigen Oxidpigmentierungen durch deren fotokatalytische Effekte weiter gesteigert werden kann. Somit kann Schmutz durch Beregnung und Unterspülung relativ leicht abgewaschen werden, sodass Beschichtungsoberflächen entstehen, die länger anhaltend sauber bleiben als Beschichtungsstoffe mit herkömmlichen Bindemittelformulierungen. Trotz des hydrophilen Oberflächencharakters bleibt die Wasseraufnahme wie bei klassischen Dispersionsbeschichtungen unverändert gering. Weil zudem dünne Wasserfilme, wie sie typischerweise auf hydrophilen Oberflächen entstehen, schneller abtrocknen können als auf hydrophoben, reduziert sich das Risiko eines möglichen Befalls mit Mikroorganismen wie Algen und Pilzen.

Die Wasserdampfdiffusionseigenschaften werden durch die Mineralisierung und die Nanostrukturierung gegenüber klassischen Beschichtungen ebenfalls optimiert. In Kombination mit Silikonharzemulsionen können diffusionsoffene Beschichtungssysteme hergestellt werden, die s_d-Werte weit unter 0,1 m ergeben und sich somit problemlos wie Silikatbeschichtungen auf kalkreichen Putzen (PI) einsetzen lassen.

Die Polymerkomponente als Einbettungsmatrix elastifiziert den harten mineralischen Keramikverbundwerkstoff in Gestalt der Nano-Hybridbeschichtung. Rissprobleme wegen starrer sprödharter Filmeigenschaften oder starker Schwundspannungen, wie sie bei Silikatbeschichtungen möglich sind, sowie die damit verbundenen Haftungsprobleme (z. B. auf Natursteinen) können dadurch wirksam vermieden werden. Auch optimiert die Polymerkomponente die Pigmentbindung und kann dadurch die Neigung von Kreidungs- und Ausbleichungsreaktionen bei bunten Farbtönen reduzieren, sodass insgesamt gegenüber herkömmlichen Beschichtungssystemen eine verbesserte Farb- und Wetterbeständigkeit entsteht.

Nano-Hybridbeschichtungen stellen demzufolge eine neue Kategorie von nanostrukturierten Beschichtungsstoffen dar, die für den Fassadenschutz wegen ihrer verbundwerkstofflichen, ausgeprägt organisch-anorganischen Charakteristika neue Möglichkeiten erschließen, die zur Vermeidung und Behebung von Beschichtungs- und Bauteilschäden an Bedeutung gewinnen können.

7.7 Antibakterielle Beschichtungen mit Nanosilber

Die antimikrobiellen Eigenschaften von Silber gegen Mikroorganismen wie Algen und Pilze ist seit Langem bekannt. Je kleiner die Silberpartikel sind, umso effektiver ist ihre antimikrobielle Wirkung, weil größere Oberflächen mehr hochwirksame Silberionen freisetzen können als größere Partikel. Die Wirksamkeit von Nanopartikeln ist daher am größten (siehe Abb. 7.4). Silber und insbesondere Nanosilber bildet mit Luftsauerstoff eine hauchdünne Silberoxidschicht, aus der in Gegenwart von Luftfeuchtigkeit Silberionen (Ag^+) diffundieren. Sie wirken auf Mikroorganismen toxisch.

Beschichtungs- und Anstrichstoffen zugesetzt, soll Nanosilber als „ungiftigere Substanz" auch herkömmliche organische Biozide ersetzen. Dafür reichen bereits kleinste Dosierungen mit Nanosilber (unter 0,01 %) aus. Als Bestandteil in Beschichtungen für Wände etc. soll es die Ausbreitung multiresistenter Krankheitserreger vermeiden. Die Anwendung solcher Beschichtungen ist besonders in Krankenhäusern, Altenheimen, Schulen und Kindergärten, in allen Räumen mit viel Publikumsverkehr und überall dort, wo Hygiene eine große Rolle spielt, von großem Interesse. Gutachten und Prüfzertifikate belegen in der Regel die Wirksamkeit u. a. gegen antibiotikaresistente Mikroorganismen.

Als Breitbandbiozid zur effizienten Vermeidung von Algen- und Pilzbefall in Außenbeschichtungen für Fassaden- und Wärmedämm-Verbundsysteme eignet sich dagegen Nanosilber als Alleinkomponente wegen seiner Wirkungslücken nicht. Die Zugabe von Nano-Zinkoxid kann seine Wirkung zwar steigern, in der Regel sind jedoch Kombinationen mit bewährten organischen Bioziden dennoch erforderlich. Trotzdem kann, wie generell bei allen bioziden Zusätzen in Beschichtungen, ein Befallsrisiko auf wärmegedämmten Fassadenkonstruktionen innerhalb von gesetzlichen Gewährleistungsfristen insbesondere bei ungünstigen Objekt- und Umgebungsbedingungen nicht hundertprozentig ausgeschlossen werden. Auch unterstützende Maßnahmen wie die Erzeugung nanostruktureller, kapillarhydrophober Oberflächen wirken hier nur in begrenztem Umfang, genau wie die Fotokatalyse mit Nano-Titandioxid oder anderweitig hergestellte selbstreinigende Oberflächen.

Verzichtet man wegen Gesundheits- und Umweltschutzargumenten gänzlich auf solche Zusätze, erhöhen sich unter den genannten Bedingungen die Befallsrisiken zusätzlich, auch wenn man den traditionellen (biozidfreien) hydraulischen Dickputzsystemen mit Mineralfarben vertraut, die ihre Biozidwirkung durch ein Depot alkalischer Auswaschungen erzeugen sollen. Denn unter den heutigen Wärmedämmanforderungen nach der Energieeinsparverordnung sind auch deren Oberflächen, im Gegensatz zu früheren überlieferten Bauweisen, lang anhaltend kalt und vermehrt feucht und somit ebenfalls bewuchsgefährdet. Dies gilt im Besonderen dann, wenn das Alkalidepot im Mineralputz durch Neutralisation mit Luftkohlensäure aufgebraucht ist und infolgedessen keine Biozidwirkung mehr gegen Bewuchs zur Verfügung steht. Weil Auftraggebern bis auf Weiteres keine dauerhaft befalls- und schmutzfreien Fassaden- und Beschichtungsoberflächen bei Wärmedämm-Verbundsystemen versprochen werden können, sollten Gewährleistungen insbesondere bei Vorliegen ungünstiger Umgebungs- und Objektbedingungen durch schriftliches Anzeigen diesbezüglicher Bedenken ausgeschlossen und stattdessen Wartungsverträge geschlossen werden.

Die Weltgesundheitsorganisation (WHO) stuft Silber bei hohen Dosierungen als toxische Substanz ein. Auch können Silberbelastungen im Abwasser und in Böden für aquatische Organismen toxisch sein. Abschließende Bewertungen zur möglichen Umwelttoxizität insbesondere von Nanosilber liegen derzeit noch nicht vor.

7.8 Gesundheits- und Umweltrisiken von Nanomaterialien

Menschen kommen im Alltag mit einer Vielzahl von Nanomaterialien, z. B. in Lebensmitteln, Kosmetikprodukten, Medikamenten, Textilien etc., in Berührung. Entsprechend der Fragestellungen des vorliegenden Buchs soll hier jedoch besonders auf die Gefahren eingegangen werden, die sich aus Beschichtungen ergeben können.

Die Nanotechnologie eröffnet der Farben- und Lackindustrie große Chancen, neue, innovative Produkte herstellen zu können, welche die Funktionseigenschaften von Werkstoffen nachhaltig verbessern. In der Produktanwendung können mögliche Mängel infolge von Qualitätsverbesserungen vermieden oder ggf. Arbeitsschritte, Materialverbräuche und Kosten gespart werden. Möglichkeiten und Chancen also, die im Ergebnis zu Verbesserungen in der Nachhaltigkeit führen, dem Erhalt von Rohstoffressourcen und Bausubstanzen dienen und bei ganzheitlicher Betrachtung im Endeffekt Umweltbelastungen durch die Reduzierung von Produktionsprozessen vermindern können.

Jedoch liegt es in der Natur jeglicher neuer Innovationen, dass ihre vielversprechenden Verbesserungen auf Materialeigenschaften beruhen, die vom Charakter her neu sind. So sind nicht nur fachliche Fragestellungen zum „Stand der Technik", sondern auch im Hinblick auf mögliche Gesundheits- und Umweltrisiken zu klären. Dabei geht es vor allem um Nanoprodukte, bei deren Verwendung einzelne freie oder frei gewordene Nanopartikel direkt mit dem menschlichen Organismus oder der Umwelt in Kontakt kommen können, weil dann das Risikopotenzial am höchsten ist.

Bedenkt man, dass verschiedene toxikologische Studienergebnisse darauf hindeuten, dass ungiftige Stoffe wie z. B. zermahlenes Titandioxid mit zunehmender Zerkleinerung bis in Nanogrößenordnungen toxische Wirkungen entfalten können, wird deutlich, dass die Toxizität von Materialien im Nanometerbereich anders zu bewerten ist als im Mikrometer- oder Makrobereich. Da Menschen mit einer Vielzahl von Nanomaterialien in Berührung kommen, wird verständlich, dass Verbraucherverbände und das Umweltbundesamt (UBA) eine Kennzeichnung solcher Produkte fordern und wegen möglicher Gesundheits- und Umweltrisiken besorgt sind. In der UBA-Veröffentlichung „Nanotechnik für Mensch und Umwelt – Chancen fördern und Risiken mindern" empfiehlt das Amt:

„[...] die Verwendung von Produkten, die Nanomaterialien enthalten oder freisetzen können, im Sinne eines vorsorgenden Umweltschutzes so lange zu vermeiden, als ihre Wirkungen in der Umwelt und auf die menschliche Gesundheit noch weitgehend unbekannt sind." (Umweltbundesamt, 2009, S. 20)

Das UBA begründet die Aussage damit, dass eine umfassende Risikobewertung weiterführender toxikologischer und ökotoxikologischer Forschungen noch fehlt. Zu eingebundenen Nanomaterialien heißt es in diesem Hintergrundpapier weiter:

„Unter Umwelt- und Gesundheitsschutzaspekten ist entscheidend, ob Nanomaterialien fest in eine Matrix eingebunden sind oder frei vorliegend verwendet werden. Zur Freisetzung ursprünglich fest eingebundener Nanomaterialien aus Produkten durch Alterungs- oder Abbauprozesse (z. B. im Abfall) liegen bisher nur wenige Informationen vor. Generell erwartet das Umweltbundesamt bei der festen Einbindung von Nanomaterialien in Schichten oder in Dispersionen nach derzeitigem Wissen keine Freisetzung größeren Ausmaßes aus diesen Produkten." (Umweltbundesamt, 2009, S. 4)

In einer Studie zur Freisetzung von Nanopartikeln aus einer Lackmatrix hat der Verband der deutschen Lack- und Druckfarbenindustrie in Zusammenarbeit mit der Technischen Universität Dresden die mögliche Freisetzung von Nanopartikeln beim Schleifen von Lackoberflächen untersucht. Die Ergebnisse wurden in der Zeitschrift „The Annals of Occupational Hygiene" veröffentlicht (Göhler, Daniel u.a., 2010. Internet: http://annhyg.oxfordjournals.org/cgi/content/full/meq053 [Zugriff: 11.6.2014]).

In seinem Positionspapier „Nanotechnologie" vom 27.10.2010 stellt der Verband der deutschen Lack- und Druckfarbenindustrie e. V., basierend auf der oben genannten Studie, fest:

- Die durch Abrieb freigesetzten Nanopartikelmengen liegen dicht an der Nachweisgrenze und geben keinen Anhaltspunkt für Risiken.
- Zwischen Lacken mit und ohne Nanopartikel(n) besteht weder durch Abrieb noch nach dem Bearbeiten mit einem Handschleifgerät ein Unterschied in den freigesetzten Partikelzahlen.
- Durch das Abschleifen wird erwartungsgemäß eine deutlich erhöhte Anzahl von Nanopartikeln freigesetzt.
- Die zugesetzten Nanopartikel liegen auch im Abrieb fest in die Lackmatrix eingebunden vor.
- Bei gealterten Lacken ist die Abriebmasse verringert, aber die Freisetzung von Nanopartikeln erhöht.
- Es erfolgt keine Freisetzung von freien Nanopartikeln. Nanopartikel sind in Bindemittel eingebunden.
- Bei Winderosion war keine signifikante Partikelfreisetzung feststellbar.

Im „VdL-Leitfaden für den Umgang mit Nanoobjekten am Arbeitsplatz" (Verband der deutschen Lack- und Druckfarbenindustrie e. V., 2010) steht der sichere Umgang mit Nanoprodukten und -beschichtungen von der Herstellung der Produkte bis zur Entsorgung von unvermeidbaren Abfällen im Fokus. Auch hier wird hinsichtlich der Verwendung von Beschichtungsstoffen mit Nanoobjekten festgestellt:

„Bei der Verarbeitung von Nanolacken ist eine Gefährdung der menschlichen Gesundheit durch Nanoobjekte bei Beachtung der in der Gefährdungsbeurteilung definierten Schutzmaßnahmen nach derzeitigem Kenntnisstand ausgeschlossen. Bei der industriellen Applikation sowie der handwerklichen Verarbeitung in Gewerbe und Privathaushalt treten Nanopartikel aus den flüssigen Lacken und Farben nicht aus. Unabhängig vom Einsatz von Nanopartikeln im Lackmaterial wird aber empfohlen, bei allen Spritzapplikationen stets geeignete Atemschutzmasken zu verwenden, soweit gemäß Gefährdungsbeurteilung eine nachteilige Exposition nicht vollständig ausgeschlossen werden kann.
Bei der Bearbeitung von lackierten Oberflächen ist eine Gefährdung ebenfalls nicht zu erwarten." (Verband der deutschen Lackindustrie e.V [Hrsg.]: VdL-Leitfaden für den Umgang mit Nanoobjekten am Arbeitsplatz, 2010, S. 9)

Dennoch wird im VdL-Leitfaden die Technik des Nassschleifens dringend empfohlen, da der Schleifprozess auch bei nanoobjektfreien Lacken Partikel im Nanomaßstab erzeugt. Die Entsorgung stellt laut VdL-Leitfaden kein Problem dar. Selbst beim Schreddern lackierter Gegenstände bleiben die Nanopartikel mit der Matrix verbunden, sodass keine Gesundheitsgefährdung gegeben ist.

Zusammengefasst ist also festzustellen, dass von Nanobeschichtungen kein oder nur ein sehr geringes Gesundheits- oder Umweltrisiko ausgeht, sofern die Nanoobjekte fest in die Bindemittelmatrix eingebunden sind. Weitere Forschungen, insbesondere im Hinblick auf Ökotoxizität, laufen noch. Eine abschließende oder verallgemeinernde Bewertung, wie gefährlich oder ungefährlich Nanoprodukte sind, ist derzeit nicht möglich. Wegen der Vielzahl von Anwendungen werden weitere Einzelbewertungen notwendig sein.

Die Aufnahme von Nanostoffen in den Körper über die Haut, durch Verschlucken oder durch Einatmung kann durch die Verwendung üblicher Arbeitsschutzmittel (Filtermasken, Schutzhandschuhe etc.) beispielsweise bei Schleif- und Spritzarbeiten wirksam verhindert werden. Gemäß Angaben des Instituts für Arbeitsschutz der Deutschen Gesetzlichen Unfallversicherung (IFA) zeigen bisher durchgeführte Untersuchungen, dass übliche Atemschutzfilter auch gegenüber ultrafeinen Partikeln < 100 nm effektiven Schutz bieten (siehe Bericht der BG BAU, Zentralreferat Gefahrstoffe, „Nanomaterialien in der Bauwirtschaft" von Corinne Ziegler, 2010). Während Partikel > 300 nm durch Impaktion an Filterfasern haften bleiben, werden Partikel < 300 nm durch Zusammenstöße mit Luftmolekülen am Durchgang durch Filterfasern behindert.

8 Literaturverzeichnis

A

Akarsu, Murat: Herstellung undotierter und dotierter TiO_2-Partikel und Untersuchung ihrer fotokatalytischen Aktivität. Saarbrücken, Uniersität des Saarlandes, Naturwissenschaftlich-Technische Fakultät III, Diss., 2006

APU AG (Hrsg.): Profile am Bau, Schaffhausen, 06/2003

B

BASF-Broschüre: Keep cool! Products for solar heat management in plastics. Graphik. Ludwigshafen: BASF Aktiengesellschaft, o. J.

Bengs, Dennis: Script Farbe. In: www.typografiker.de, Gewerbeschule Drucktechnik, Zahntechnik, Mediengestalter für Digital- und Printmedien. Berlin, 2006

Büchli, Roland/Raschle, Paul: Algen und Pilze an Fassaden. Ursachen und Vermeidung. Stuttgart: Fraunhofer-IRB-Verlag, 2004

Bundesanstalt für Geowissenschaften und Rohstoffe (Red.): Reserven, Ressourcen und Verfügbarkeit von Energierohstoffen, hrsg. v. Bundesministerium für Wirtschaft und Arbeit. Berlin, 2002 (Dokumentation Nr. 519)

Bundesausschuss Farbe und Sachwertschutz (Hrsg.): Beschichtungen auf mineralischem Außenputz (BFS-Merkblatt Nr. 9). Frankfurt a. M., 2010

Bundesausschuss Farbe und Sachwertschutz (Hrsg.): Beschichtungen auf Holz und Holzwerkstoffen im Außenbereich (BFS-Merkblatt Nr. 18). Frankfurt a. M., 2006

Bundesausschuss Farbe und Sachwertschutz (Hrsg.): Risse in Außenputzen: Beschichtung und Armierung (BFS-Merkblatt Nr. 19). Frankfurt a. M., 1997

Bundesausschuss Farbe und Sachwertschutz (Hrsg.): Beurteilung des Untergrundes für Putzarbeiten, Maßnahmen zur Beseitigung von Schäden (BFS-Merkblatt Nr. 20.1). Frankfurt a. M., 1991

Bundesausschuss Farbe und Sachwertschutz (Hrsg.): Technische Richtlinien für die Planung und Verarbeitung von Wärmedämm-Verbundsystemen (BFS-Merkblatt Nr. 21). Frankfurt a. M., 2012

Bundesausschuss Farbe und Sachwertschutz (Hrsg.): Richtlinien zur Beurteilung von Farbübereinstimmungen und Farbabweichungen (BFS-Merkblatt Nr. 25). Frankfurt a. M., 2003

Bundesausschuss Farbe und Sachwertschutz (Hrsg.): Farbveränderung von Beschichtungen im Außenbereich (BFS-Merkblatt Nr. 26). Frankfurt a. M., 2007

Bundesministerium für Umwelt, Naturschutz, Bau und Reaktorsicherheit: EU-Bauproduktenverordnung (EU-BauPVO) [online]. Stand 09.03.2011. Berlin: Bundesministerium für Umwelt, Naturschutz, Bau und Reaktorsicherheit. Internet: http://www.bmub.bund.de/themen/bauen/bauwesen/gesetzgebung-und-leitfaeden/bauproduktenrecht/eu-bauproduktenverordnung [Zugriff: 13.08.2014]

Bundesverband Ausbau und Fassade im Zentralverband des Deutschen Baugewerbes (Hrsg.): Instandhaltungsleitfaden Beschichtungen und Verputze auf Fassaden und Wärmedämm-Verbundsystemen, Stand 03.2011

Bundesverband Ausbau und Fassade im Zentralverband des Deutschen Baugewerbes (Hrsg.): Merkblatt „Putzsysteme – Außenputz auf Ziegelmauerwerk", Stand 03.2010

C

Cerman, Zdenek: Superhydrophobie und Selbstreinigung: Wirkungsweise, Effizienz und Grenzen bei der Abwehr von Mikroorganismen. Bonn, Rheinische Friedrich-Wilhelms-Universität, Mathematisch-Naturwissenschaftliche Fakultät, Diss., 2007

Colour Index. Society of Dyers and Colourists, Bradford, Großbritannien

Cziesielski, Erich/Vogdt, Frank Ulrich: Schäden an Wärmedämm-Verbundsystemen. Stuttgart: Fraunhofer-IRB-Verlag, 1999

D

dena – Deutsche Energie Agentur GmbH (Hrsg.): Bauteilkatalog: Energetische Bewertung von Bestandsgebäuden. Berlin, 2004

Deutsches Institut für Bautechnik: Was ist eine Europäische technische Zulassung [ETA]? [online]. Berlin: Deutsches Institut für Bautechnik [DIBt]. Internet: http://www.dibt.de/de/Zulassungen/abZ-FAQ-Frage-8.html [Zugriff: 13.08.2014]

E

European Council of the Paint, Printing Ink and Artists' Colours Industry (CEPE), o. J.

F

Fachverband der Stuckateure für Ausbau und Fassade Baden-Württemberg (Hrsg.): Technisches Handbuch Putz – Stuck – Trockenbau – Wärmedämmung. 3. Auflage. Stuttgart, 2010

Fachverband der Stuckateure für Ausbau und Fassade Baden-Württemberg (Hrsg.): Richtlinie Anschlüsse an Fenster und Rollläden bei Putz, Wärmedämm-Verbundsystem und Trockenbau. 2. Auflage. Stuttgart, 2010

Fachverband der Stuckateure für Ausbau und Fassade Baden-Württemberg (Hrsg.): Richtlinie Ausführung luftdichter Konstruktionen und Abschlüsse. Stuttgart, 2009

Fachverband der Stuckateure für Ausbau und Fassade Baden-Württemberg (Hrsg.): Richtlinie Fassadensockelputz/Außenanlage. 3. Auflage. Stuttgart, 2013

Fachverband der Stuckateure für Ausbau und Fassade Baden-Württemberg (Hrsg.): Richtlinie Metallanschlüsse an Putz und Wärmedämm-Verbundsysteme. Stuttgart, 2003

Fachverband der Stuckateure für Ausbau und Fassade Baden-Württemberg (Hrsg.): Wärmebrücken Ratgeber. Stuttgart, 2013

Fachverband Wärmedämm-Verbundsysteme e. V. (Hrsg.): Technische Systeminfo Nr. 6 Brandschutz. Baden-Baden, 2009

G

Göhler, Daniel; Stintz, Michael; Hillemann, Lars; Vorbau, Manuel: Studie Nanopartikelfreisetzung aus Beschichtungen. Characterization of Nanoparticle Release from Surface Coatings by the Simulation of a Sanding Process. In: The Annals of Occupational Hygiene. Jahrgang 54, Nr. 6 (2010), S. 615–624

Gütegemeinschaft Wärmedämmung von Fassaden e. V. (Hrsg.): Empfehlung für den Einbau/Ersatz von Metall-Fensterbänken – WDVS-Fassade. Frankfurt a. M., 2011

H

Haas, Reinhold: Der Sachverständige des Handwerks. 5. Auflage. Stuttgart: Gentner Verlag, 2001

Hauptverband Farbe, Gestaltung, Bautenschutz (Hrsg.): Strukturierte Putzoberflächen – Visuelle Anforderungen. Frankfurt a. M., 2008

Heiermann, Wolfgang; Riedl, Richard; Rusam, Martin: Handkommentar zur VOB, Teile A und B, Rechtsschutz im Vergabeverfahren. 11. Auflage. Wiesbaden: Vieweg+Teubner Verlag, 2008

I

Im Focus: Algen und Pilze. Sonderdruck der Deutschen Malerzeitschrift Die Mappe, 11/2002

Industrieverband Hartschaum e. V./Fachverband Wärmedämmverbundsysteme e.V. (Hrsg.): Richtlinien EPS – Fassaden – Dämmplatten. Heidelberg, Baden-Baden, 2011

Industrieverband Werkmörtel (Hrsg.): Leitlinie für das Verputzen von Mauerwerk und Beton – Grundlage für die Planung, Gestaltung und Ausführung. Duisburg, 2007

Industrieverband Werkmörtel e. V. (Hrsg.): Total Solar Reflectance. Duisburg, 2014

Industrieverband Werkmörtel e. V.; Bundesverband Ausbau und Fassade; Hauptverband Farbe Gestaltung Bautenschutz (Hrsg.): Merkblatt Egalisationsanstriche auf Edelputzen. Duisburg, Berlin, Frankfurt a. M., 2009

Innenministerium Baden-Württemberg, Landesstelle für Bautechnik (Hrsg.): Impuls-Programm Altbau, Energie sparen im Altbau. Stuttgart, o. J.

K

Kranz, Carolin: BASF Enabling responsible Innovations of Nanotechnologies: Nano Composite Facade Paints, Cefic Stakeholder Engagement Workshop Brussels, June 24th, 2008

Kreditanstalt für Wiederaufbau – KfW: Energieeffiziente Sanierung – Programmnummer 151, 152, 430; Anlage – Technische Mindestanforderungen und ergänzende Informationen für Maßnahmen zur Sanierung zum KfW-Effizienzhaus und für Einzelmaßnahmen. Frankfurt a. M., 2010

Kreditanstalt für Wiederaufbau – KfW: Anlage zu den Merkblättern Energieeffizient Sanieren: Kredit (151/152), Investitionszuschuss (430) – Technische Mindestanforderungen. Frankfurt a. M., 03/2013

Kreditanstalt für Wiederaufbau – KfW: Verwendungsnachweis im Programm „Energieeffizient Sanieren – Investitionszuschuss" (430). Frankfurt a. M., 03/2014

Kreditanstalt für Wiederaufbau – KfW: Merkblatt Bauen, Wohnen, Energie sparen. Energieeffizient Sanieren – Kredit (151/152). Frankfurt a. M., 06/2014

Kreditanstalt für Wiederaufbau – KfW: Merkblatt Bauen, Wohnen, Energie sparen. Energieeffizient Sanieren – Investitionszuschuss (430). Frankfurt a. M., 06/2014

Kronos Titanfabriken (Hrsg.): Kronos-Leitfaden: Grundlagen und Anwendungen von Kronos Titanoxid. Langenbrugge, 1967

Künzel, Helmut: Schäden an Fassadenputzen. Stuttgart: IRB-Verlag, 1994

L

Landesbund für Vogelschutz (Hrsg.): Wer klopft denn da? Fassadenhacker am Werk! München, 2010

Lork, Anette (Fa. Wacker): Siliconharzbeschichtungen: Die Stärke des Siliconharznetzwerkes im Mikrogefüge. Brüssel PRA Konferenz 30.06.–01.07.2004

Lork, Anette; König-Lumer, Ingeborg; Mayer, Hans: Siliconharznetzwerk (Fa. Wacker): Die Struktur macht die Wirkung. In: Farbe und Lack, Ausgabe 04/2003

O

Oswald, Rainer; Abel, Ruth: Hinzunehmende Unregelmäßigkeiten bei Gebäuden. 3. Auflage. Wiesbaden: Vieweg, 2005

P

Pfundstein, Margit: BASF. Innovative Lösungen und Entwicklungen der Chemie für die Bauindustrie, in: Haus Forum, Duisburg 06.11.08

R

Rentschler, Thomas: Schützende Schichten. 10. DAfP Symposium, 01./02. Juli 2005, Farbstoffe und Licht im täglichen Leben. Duisburg, 2005

Richtlinie 2010/31/EU „Gesamtenergieeffizienz von Gebäuden", 08.07.2010

Richtlinie 98/8/EG „Inverkehrbringen von Biozid-Produkten", 16.02.1998

U

Umweltbundesamt (Hrsg.): Nanotechnik für Mensch und Umwelt – Chancen fördern und Risiken mindern. Dessau-Roßlau, 2009

V

Verband der deutschen Lackindustrie e.V. (Hrsg.): Zulässige Farbtoleranzen für unifarbene Pulverlacke bei Architekturanwendungen (VdL-RL-10). Frankfurt a. M., 2013

Verband der deutschen Lackindustrie e.V. (Hrsg.): Richtlinie zur Deklaration von Inhaltstoffen in Bautenlacken, Bautenfarben und verwandten Produkten (VdL-RL-01). Frankfurt a. M., 2013

Verband der deutschen Lackindustrie e.V. (Hrsg.): VdL-Leitfaden für den Umgang mit Nanoobjekten am Arbeitsplatz . Frankfurt a. M., 2010

W

Wissenschaftlich-Technische Arbeitsgemeinschaft für Bauwerkserhaltung und Denkmalpflege e. V. (Hrsg.): Beurteilung und Instandsetzung gerissener Putze an Fassaden (WTA-Merkblatt 2-4-08/D). Baierbrunn, 2008

Wissenschaftlich-Technische Arbeitsgemeinschaft für Bauwerkserhaltung und Denkmalpflege e. V. (Hrsg.): Ertüchtigung von Holzbalkendecken nach WTA II: Balkenköpfe in Außenwänden (WTA-Merkblatt E-8-14-13/D, Ausgabe 09.2013). Baierbrunn, 2013

Wissenschaftlich-Technische Arbeitsgemeinschaft für Bauwerkserhaltung und Denkmalpflege e. V. (Hrsg.): Fachwerkinstandsetzung nach WTA I: Bauphysikalische Anforderungen an Fachwerkgebäude (WTA-Merkblatt 8-1-03/D, Ausgabe 07.2008). Baierbrunn, 2008

Wissenschaftlich-Technische Arbeitsgemeinschaft für Bauwerkserhaltung und Denkmalpflege e. V. (Hrsg.): Fachwerkinstandsetzung nach WTA V: Innendämmungen (WTA-Merkblatt 8-5, Ausgabe 05.2008). Baierbrunn, 2008

Wissenschaftlich-Technische Arbeitsgemeinschaft für Bauwerkserhaltung und Denkmalpflege e. V. (Hrsg.): Innendämmung nach WTA I: Planungsleitfaden (WTA-Merkblatt 6-4, Ausgabe 05.2009). Baierbrunn, 2009

X

Xella Technologie- und Forschungsgesellschaft mbH (Hrsg.): Wärmebrückenkatalog, Entwicklungsteam Wärmebrückenberechnungen: Haniel Baustoff-Industrie Technologie- und Forschungs-GmbH. Kloster-Lehnin, 2005

Z

Ziegler, Corinne: Nanomaterialien in der Bauwirtschaft. In: die BG 02.10. Berlin: Erich Schmidt Verlag, 2010, S. 56–60. Internet: http://www.bubw.de/PDF_Dateien/Downloadbereich/Downloads_2010/nano_Bauwirtschaft.pdf [Zugriff: 24.09.2014]

Websites

http://www.bbsr-energieeinsparung.de

http://www.bmub.bund.de

http://www.bmwi.de

http://www.dibt.de

http://www.kfw.de

http://www.lotus-salvinia.de

http://www.nachhaltigesbauen.de

http://www.zukunft-haus.info

9 Stichwortverzeichnis

G

H

M

N

O

P

Q

R

S

T

U

V

W

X

Y

Z